U0175238

面向国家公共安全的
互联网信息行为及治理研究

齐佳音 等 著

科 学 出 版 社
北 京

内 容 简 介

本书解决的核心问题是：如何对互联网信息行为背后“人”的认知进行有效干预，让“人”在心理上主动遵守法律，抵制偏差信息，使网络空间成为保卫国家公共安全的坚强阵地。本书构建了以心理治理为基础，以法律治理为核心，以大数据技术为工具，以偏差互联网信息行为背后的“人”的行为、认知和态度改变为目标的融合治理模式，这是一种全新的“治本为宗、标本兼治”的互联网治理模式，将推动互联网治理理论的新发展，具有重大的学术价值和重要的现实意义。

本书旨在为公共管理者的互联网信息行为管理提供理论与实践的参考和借鉴。

图书在版编目（CIP）数据

面向国家公共安全的互联网信息行为及治理研究 / 齐佳音等著. —北京：科学出版社，2021.8

ISBN 978-7-03-066523-2

Ⅰ. ①面… Ⅱ. ①齐… Ⅲ. ①互联网络-信息管理-研究-中国 Ⅳ. ①TP393.407 ②G203

中国版本图书馆 CIP 数据核字（2020）第 204595 号

责任编辑：郝 悦 / 责任校对：贾娜娜
责任印制：张 伟 / 封面设计：无极书装

科 学 出 版 社 出版
北京东黄城根北街 16 号
邮政编码：100717
http://www.sciencep.com
北京虎彩文化传播有限公司 印刷
科学出版社发行 各地新华书店经销
*
2021 年 8 月第 一 版 开本：720 × 1000 B5
2021 年 8 月第一次印刷 印张：34 1/2
字数：690 000

定价：298.00 元
（如有印装质量问题，我社负责调换）

编写组成员名单

主　编	齐佳音	方滨兴		
编　委	吴　斌	孙时进	邓建高	李　蕾
	傅湘玲	邓士昌	吴联仁	冯彦杰
	郭　栋	张钰歆	赵天远	曾令昱
	张镇平	孙传超	陈璐婷	徐　鑫
顾　问	赖茂生	蔺玉红		

前　言

习近平总书记指出“公共安全建设对于构建和谐社会，推动全面小康建设，乃至于中华民族的伟大复兴都具有非常现实和深远的意义”[①]。随着信息社会的发展，网络空间对国家公共安全逐渐呈现嵌入态势。“这是最好的时代，也是最坏的时代”，以互联网、社交网络和移动通信技术等为主的信息革命引领并推动了人类社会的迅猛发展，宽带互联网、高速移动网、泛在融合网的演进发展，使得网络不再只是一种新媒体、新商务和新的交流方式，网络正在对社会产生极其广泛而深刻的影响。一方面，网络每天都在产生海量有价值的网络内容；另一方面，网络每天也滋生着网络谣言、网络诈骗、网络“污名”、网络暴力等偏差互联网行为。这些偏差互联网行为对民众心态、情绪、认知甚至倾向性选择产生了很大影响，冲击社会公共安全，亟须治理。

通常，网络治理的模式被分为三类，即科层治理（hierarchical governance）、市场治理（market governance）和网络治理（network governance）（李维安等，2014）。Bell 等（2010）在过去三种治理模式的基础上，提出了第四种治理模式，即 governance by persuasion，在此将其翻译为“劝导治理”。Mols 等（2015）在劝导治理模式的基础上，根据英国卡梅伦政府的治理经验，提出了第五种治理模式，即 nudging governance，在此将其翻译为“助推治理”。

“网络空间不是法外之地”，网络偏差信息行为治理的关键在于治理互联网背后“人”。如何对互联网信息行为背后“人”的认知进行有效干预，让“人”在心理上主动遵守法律，抵制偏差信息，使网络空间成为保卫国家公共安全的坚强阵地？在本书中，我们提出了第六种网络治理模式——面向国家公共安全的互联网信息行为融合治理模式。面向国家公共安全的互联网信息行为融合治理模式是以心理治理为基础、以法律治理为核心、以大数据技术为工具、以改变偏差互联网信息行为背后的“人”的行为、认知和态度改变为目标，通过主体融合、过程融

---

① 健全公共安全体系 构建安全保障型社会. http://opinion.people.com.cn/n1/2016/0418/c1003-28282303.html [2016-04-18].

合、规则融合、工具融合、数据融合等，构建一套完整的融合治理体系。融合治理强调在治理的早期运用心理治理方法，主动调整个体认知，助推其做出理性的自主决策；在治理的中后期强调运用大数据手段及时发现危害国家公共安全的个体互联网行为，并运用法律工具形成足够的震慑和惩罚。

面向国家公共安全的互联网信息行为融合治理模式的主要内容包括“一个范围、两个重点、三个视角、四个层面、五个内容”——“一个范围”是指服务于“国家公共安全”；“两个重点”指围绕着“国家公共安全”的核心，互联网信息行为的“影响”和“治理”是重点；“三个视角”是指系统论视角、大数据视角和互联网法治观视角；“四个层面”指治理机制、治理体系、治理技术和治理能力四个层面；“五个内容”指的是学理剖析、模式构建、感知理解、演化研判和治理策略。

相较于之前的互联网治理模式，面向国家公共安全的互联网信息行为融合治理模式实现了如下理论创新。

一是互联网信息行为治理的思路创新：从“以信息为出发点”到“以人为出发点”。“以信息为出发点”是治标，“以人为出发点”是治本。“以信息为出发点”是传统模式，“以人为出发点”是融合治理模式的内核。

二是互联网信息行为治理的手段工具创新：从“技术手段”到“心理手段”。传统治理多运用“技术手段”，融合治理更加建议运用“心理手段”。针对偏差信息的倡导者、支持者和传播者，我们设计了心理震慑、心理劝导和心理助推三种心理治理策略下的十三种心理干预手段，并提出政府信息沟通的“五维度信息空间”与 N 法则。

三是互联网信息行为治理的效果评价创新：从“信息和谐”到“人心和谐”。“以信息为出发点”的治理目标是达到“信息和谐”，强调见效快，但可能会带来长期的负面社会治理成本。融合治理的目标是“人心和谐”，“人心和谐”才是最终的治理目标。

回望 2020 年的春天，新型冠状病毒肺炎疫情全球肆虐。前所未有的疫情检验着各国政府的执政理念和执政能力。在这场抗击疫情的艰苦卓绝大考中，中国政府和百姓联手战疫，成功阻断了疫情，并在全球率先复工复产，向世界提交了“人民至上，生命至上”的中国答卷。2020 年 6 月 2 日，中共中央总书记习近平主持召开专家学者座谈会，再次提出“人民至上”，强调人民安全是国家安全的基石[①]。2020 年 6 月 7 日，国务院新闻办公室发布《抗击新冠肺炎疫情的中国行动》白皮书，与国际社会分享了“人民至上，生命至上”的中国抗疫方案。

---

① 人民至上，习近平擘画共建人类卫生健康共同体. http://news.cnr.cn/native/gd/20200609/t20200609_525121366.shtml[2020-06-09].

与“人民至上，生命至上”的抗击疫情的中国方案相对应，另外一场由疫情引发、席卷了互联网的全球舆情战场上，中国政府也始终秉承着“人民至上”的执政理念和责任担当，在疫情的舆情战场上，同样书写了可歌可泣的“民心至上”的中国答卷。新冠肺炎疫情不仅仅是抗击疫情的“战场”复杂多变，由于疫情所引发的舆情“舆论场”也是“硝烟弥漫”。党和国家在几次大的舆情险情中，决策迅速，出手果断，信息明确，直接回应百姓关切，不仅有效排除了舆情隐患，还极大地凝聚了民心，鼓舞了信心，全国上下同心同德，取得了舆情应对与治理的空前胜利。再次证实，只有坚持“民心至上”，才能“人心和谐”，做好舆情应对与治理。

正如 2018 年 6 月 29 日，习近平总书记在十九届中央政治局第六次集体学习时强调“加强党的政治建设，要紧扣民心这个最大的政治，把赢得民心民意、汇集民智作为重要着力点”[①]。面向国家公共安全的互联网信息行为融合治理就是在这样一种理念指导下的理论尝试与构建。

本书尽管已经成稿，但受研究者能力、水平等所限，提出的面向国家公共安全的互联网信息行为融合治理模式还有诸多不完善之处，仅能起到抛砖引玉的作用，敬请同行批评指正。我们愿与大家一起为营造风清气正的网络空间而努力！

齐佳音

2020 年 12 月于上海

① 增强推进党的政治建设的自觉性和坚定性. http://www.qstheory.cn/dukan/qs/2019-07/15/c_1124750360.htm [2019-07-15].

目　录

第1章 绪 论

1.1 研究背景

习近平指出，“国泰民安是人民群众最基本、最普遍的愿望。实现中华民族伟大复兴的中国梦，保证人民安居乐业，国家安全是头等大事。要以设立全民国家安全教育日为契机，以总体国家安全观为指导，全面实施国家安全法，深入开展国家安全宣传教育，切实增强全民国家安全意识。要坚持国家安全一切为了人民、一切依靠人民，动员全党全社会共同努力，汇聚起维护国家安全的强大力量，夯实国家安全的社会基础，防范化解各类安全风险，不断提高人民群众的安全感、幸福感”①。范维澄（2016）认为，国家安全工作以人民安全为宗旨，公共安全工作以保障人民生命财产安全、社会安定有序和经济社会系统的持续运行为核心目标，是总体国家安全的重要组成部分。国家公共安全领域的问题涵盖范围较广泛。根据我国刑法对“危害公共安全罪”的定义，公共安全指不特定的多数人的生命、健康和重大公私财产安全及公共生产、工作生活等方面的安全。按照最高人民法院的司法解释，“不特定”指的是公共安全的对象并不是针对某一个人或某几个人的人身权利或财产权利，而是不特定的多数人的。公共安全事件一旦发生，其后果具有严重性和广泛性，是行为人难以预料和控制的。根据范维澄（2016）的总结，当前我国面临的国家公共安全威胁，主要来自自然灾害、事故灾难、突发事件、公共卫生、食品药品和违法犯罪等多个方面。

随着信息社会的发展，网络空间对国家公共安全逐渐呈现嵌入态势。于志刚（2014）认为，网络空间对国家公共安全的冲击主要体现为网络空间信息内容对于国家公共安全的碰撞与融合。伴随工业社会向信息社会转型日益加快，经济社会发展和国家整体对于网络的依赖性快速增强，网络空间成为承载经济社会

① 习近平在首个全民国家安全教育日之际作出重要指示. http://cpc.people.com.cn/n1/2016/0415/c64094-28278100.html[2016-04-15].

发展和公众工作生活的主要活动空间。因此，网络空间上的信息内容不断扩展，涉及国家公共安全问题的信息行为日益增多，这是信息社会发展的不可逆结果。Huang 等（2007）在总结以往研究的基础上，认为无论是个体有意识的信息获取和信息发布，还是个体无意识的信息浏览和信息交换，都是个体在网络空间中的互联网信息行为。根据中国网络空间研究院（2017）的整理，各国的互联网上都存在着包括危害国家安全和民族尊严、网络邪教和迷信、网络谣言和诽谤、网络欺诈和非法交易、侵犯隐私和个人权益等在内的偏差互联网信息。按照我国刑法和司法解释对公共安全的定义，对“特定个人”的人身和财产权利的侵害，不属于危害公共安全的行为（陈兴良，2013）。因此，在本书中，我们把在网络空间中，可能对不特定多数人的生命、健康、财产、生产生活、社会安定和经济社会运行造成严重影响的互联网信息行为，定义为面向国家公共安全的互联网信息行为，这些信息行为包括危害国家安全和民族尊严、网络色情和暴力、网络邪教和迷信、网络谣言和诽谤、网络欺诈和非法交易等方面。

“网络空间不是法外之地”，习近平在第二届世界互联网大会上指出，“网络空间同现实社会一样，既要提倡自由，也要保持秩序。自由是秩序的目的，秩序是自由的保障。我们既要尊重网民交流思想、表达意愿的权利，也要依法构建良好网络秩序，这有利于保障广大网民合法权益”[①]。方滨兴等（2016b）认为，由于网络空间是一种去中心化的和扁平化的结构，各种在现实社会中被忽视、被弱化和被隐蔽的信息能够在网络中更迅速、更直接和更尖锐地传播。在很多时候，这些偏差互联网信息会溢出网络空间本身，和现实社会中的各种意见互动叠加，使得网络空间中的舆情事件与现实空间中的实体事件相互作用，为这两类事件的处置都带来极大的复杂性。具体到国家公共安全而言，网络空间中的不当信息行为不仅能在网络空间中制造公众危机情绪和舆情事件，也能通过点燃公众危机情绪而导致或加重现实空间中的国家公共安全事件。2015 年，网络空间安全被国务院学位委员会正式批准为国家一级学科，这标志着互联网信息对国家公共安全的嵌入态势已经得到高度的重视。

方滨兴（2016a）指出，当前世界各国都用行动表明，在网络空间中，人们的行为不仅应该符合公共秩序，而且还应该受到规则的约束。根据中国网络空间研究院（2017）的整理，各国的互联网上都存在着大量的偏差互联网信息，这些信息在很多时候对国家公共安全产生了严重影响。自 1996 年“互联网治理”（internet governance）的概念被正式提出以来，包括中国在内的世界各国都针对网络空间里的偏差信息进行了大量治理，具体体现为各种行政干预、法律规范、技术手段

① 习近平在第二届世界互联网大会开幕式上的讲话. http://www.xinhuanet.com/world/2015-12/16/c_1117481089.htm[2015-12-16].

和专项行动等。虽然这些治理方法是绝对必要的，并且也取得了很大成就，但不得不承认，传统的互联网信息治理针对的都是互联网信息本身，没有考虑到互联网背后的网民。当前世界各国的互联网信息治理都是“治标”的方法，虽然它们实施简单、方法直接、见效迅速，但不得不承认，传统的互联网信息治理普遍存在着成本高、介入晚、反弹大等问题，因此，当前的互联网信息治理模式多是治标不治本的。可以看到，虽然世界各国都对互联网信息进行了大量治理，但各种偏差信息还是在网络空间中频频出现，影响也越来越大（中国网络空间研究院，2017）。

德鲁克指出，包括管理在内的各种社会活动，其最终目标都是要回归到人性和人心上来。本书认为，虽然网络空间是一个虚拟社会，但是网络空间中的网民是真实存在的“人”。每一个网络账号（ID）背后对应的都是实实在在、有血有肉的“人”。“人”是网络空间中任何活动的主体，互联网上的任何信息，都是个体信息行为的结果。因此，要达到对互联网偏差信息的“标本兼治”，其关键是要从浩瀚的互联网信息中跳脱出来，紧紧围绕着网络空间背后的“人”来展开。

1.2　融合治理的概念提出

《中共中央关于全面推进依法治国若干重大问题的决定》指出，同党和国家事业发展要求相比，同人民群众期待相比，同推进国家治理体系和治理能力现代化目标相比，法治建设还存在许多不适应、不符合的问题，主要表现为……部分社会成员尊法信法守法用法、依法维权意识不强，一些国家工作人员特别是领导干部依法办事观念不强、能力不足，知法犯法、以言代法、以权压法、徇私枉法现象依然存在。这些问题，违背社会主义法治原则，损害人民群众利益，妨碍党和国家事业发展，必须下大气力加以解决。所以，治理在网络空间中那些偏差信息行为（即在网络空间中发布、浏览和扩散前述可能对国家公共安全造成影响的不良的信息行为）背后的“人”，使得他们在心理上尊法、信法、守法、用法、依法，是治理面向国家公共安全的互联网信息的根本方法，也就是说，对偏差互联网信息行为的有效治理，是通过治理这些信息背后的“人”来实现的。桂勇等（2015）对网络极端情绪人群类型的调查研究表明，在网络空间中有极端偏差情绪和信息行为的个体占少数，因此，对这部分人进行心理治理，是完全必要且可行的。因此，本质上，对偏差互联网信息行为的基础治理应该是一种以心理治理为基础、以法律治理为核心的融合治理模式，其目的是使用包括法律在内的各种方法，改变偏差互联网信息背后的“人”的偏差行为、认知和态度，让偏差互联网信息行为背后的“人”在心理上尊法、信法、守法、用法、依法。

上述观念是契合治理理论的新发展的。通常，治理的模式被分为三类，即科层治理（hierarchical governance）、市场治理（market governance）和网络治理（network governance）（李维安等，2014）。科层治理依靠的是等级权力，它通过限制不合作行为来使治理对象服从权威；市场治理依靠的是利益，它通过让个体的行为能够达到利益最大化来使治理对象配合；网络治理依靠的是政府部门、社会组织团体、商业团体和公民个人等众多行为主体彼此合作，它通过不同主体之间的相互信任、互利互惠和共同规范来使得治理对象参与到治理活动中来。Bell等（2010）在过去三种治理模式的基础上，提出了第四种治理模式，即governance by persuasion，本书在此将其翻译为“劝导治理”。这种治理模式强调的是转变治理对象的观念系统，使治理对象自觉地、自愿地、自发地按照治理主体的意愿行动，以此达到治理的目的。相比于其他三种治理模式，劝导治理是一种软性的、非侵入性的治理模式，治理主体可以采取各种方法，使治理对象在心理上接受并参与治理。

在劝导治理模式的基础上，根据英国卡梅伦政府的治理经验，提出了第五种治理模式，即nudging governance，本书在此将其翻译为“助推治理”。该治理模式的基础是认知缺陷理论和有限理性理论，强调治理主体应该创造决策环境，引导个体自动做出有利于治理的行为。它与劝导治理的区别在于劝导治理是民众经过认知思考，自愿做出的行为改变，而“助推”则不经过认知思考，治理主体可以利用个体的认知规律，引导民众做出无意识的行为改变。卡梅伦政府于2010年在英国率先实践了助推治理模式，并在治理偏差行为上取得了良好效果（Jones et al.，2013）。

可以看到，科层治理、市场治理和网络治理等模式在世界各国的互联网治理中都有着广泛运用。根据中国网络空间研究院（2017）的整理，美国、欧盟、俄罗斯、澳大利亚、日本和韩国等国家和地区都出台了大量法律、采取了许多技术手段、进行了很多专项行动，并且各国和地区的互联网组织都与政府积极合作，对偏差的互联网信息开展了全社会的网络式治理。但是，正如前面所阐述的，虽然这些治理方法实施简单、手段直接、见效迅速，但可以看出，目前的互联网信息治理普遍存在着成本高、介入晚、反弹大等问题，因此，当前的互联网信息治理模式多是治标不治本的。当前的治理模式都着重于偏差信息本身，而没有深入这些偏差信息背后的“人”的心理之中。本书认为，只有当偏差互联网信息行为背后的“人”的信念系统和治理主体保持一致，他们在网络空间中的信息行为才是真实的、自然的、持久的。因此，要真正地实现对偏差互联网信息的有效治理，其根本的目标并不是使这些信息消失，而是要使这些偏差互联网信息背后的信息行为和“人”的认知发生转变。

在这个思路下，“人”在网络空间中的行为改变和认知改变，是面向国家公共安全的互联网信息行为治理的根本目的。在融合了当前五种治理模式的基础上，本书结合我国的互联网环境和国家公共安全环境的特点，提出了第六种治理模式，即 integration governance，本书在此将其翻译为“融合治理”。这种治理模式是以心理治理为基础、以法律治理为核心、以大数据技术为手段、以改变偏差互联网信息行为目标的治理模式。它是一种“治本为宗、标本兼治”的全新治理模式，其原理是通过多种策略，转变偏差互联网信息背后的“人”的偏差行为和心理认知，使得偏差互联网信息行为背后的“人”在心理上遵守相关法律，抵制偏差信息，从而让面向国家公共安全的互联网信息能够得到有效的、长期的、根本的治理。在本书中，融合治理模式是一种以政府为中心、全社会共同参与的治理模式，它与当前的治理模式并不是互斥关系，而是相互融合的关系。

融合治理模式的特点，就在于其“治本为宗、标本兼治”。要达到心理改变的目的，当前的科层治理、市场治理、网络治理、劝导治理、助推治理的思想和手段必不可少。融合治理模式作为一种全新的互联网治理模式，它并不是当前治理模式的简单混合，而是一个以心理治理为基础，以法律治理为核心，以大数据技术为工具，以偏差互联网信息行为背后的“人”的行为、认知和态度改变为目标的融合治理模式。在本书中，系统论提供了以心理治理和法律治理来融合各种治理模式的基本思维框架。在系统论中，系统内的各要素不是孤立地存在着，每个要素在系统中都处于一定的位置上，起着特定的作用。要素之间相互关联构成了一个不可分割的整体。在对面向国家公共安全的互联网信息行为进行有效的心理治理中，科层治理、市场治理和网络治理是互联网信息治理中“看得见的手”，而劝导治理和助推治理则是互联网信息治理中“看不见的手”，融合治理模式就是要融合这些治理模式，让“看得见的手”和“看不见的手”能够穿越屏障，紧紧地握在一起，构成一个完整的、系统的、有效的治理体系。

对偏差互联网信息行为背后的“人”的偏差行为和心理认知进行有效的融合治理，依靠的是以心理治理为基础、以法律治理为核心的融合治理模式。在本书中，心理治理并非治理面向国家公共安全的互联网信息行为的排他方法，它是引导和融合各种治理模式的灵魂。齐佳音和张一文（2016）研究认为，由于网络空间中的信息具有爆炸式传播、随意发布和弱连接的特点，要在网络空间中以心理治理和法律治理来融合各种治理模式，大数据工具是必不可少的。在本书中，大数据工具提供了以融合治理来转变网民的行为、认知和态度，使得偏差互联网信息行为背后的“人”在心理上尊法、信法、守法、用法、依法的基本技术手段。大数据是引领网络空间时代发展的新技术，海量的互联网数据中蕴含着丰富的信息行为。在以往，由于面向国家公共安全的互联网信息行为是多源的、异构的、海量的，因此传统的技术方法很难有效处理。但是随着云计算与大数据技术的发展，人类首次具备了对网络空间中海量非结构化数据的分析能力，因而使得技术对于网络空间中人的信息行为的感知与理解成为可能。更进一步来说，随着大数据技术对社会科学（包括心理学、传播学）领域的不断渗透，运用大数据技术来分析社会学问题正在成为交叉学科领域的重要发展分支之一。在此背景下，本书将借助大数据技术，实现对偏差互联网信息行为背后的“人”的偏差信息行为的感知、理解、演化与影响力分析，使得面向国家公共安全的偏差互联网信息行为能够被及时发现、准确预警和有效阻断。

在网络空间中，个体的行为改变与认知改变是不容易达成的，这两者的改变需要政府的引导和全社会的协同合作。2014年，中央正式成立中央网络安全和信息化领导小组（现已更名为中国共产党中央网络安全和信息化委员会），标志着互联网治理工作上升至国家战略地位。方兴东（2016）认为，在日益复杂的国家公共安全形势下，在互联网治理中弱化政府的角色是不可行的；Bell 等（2010）也认为，在包括网络治理在内的全社会治理中，政府必须扮演中心角色。十八届三中全会后，党和政府对互联网治理有了很多新认识，形成了符合我国国情的互联网法治观。在本书中，互联网法治观提供了以心理治理为基础、以法律治理为核心、面向国家公共安全的互联网信息行为的融合治理模式的基本指导方向。党和政府一贯主张依法管理互联网、有序发展互联网、科学利用互联网的互联网法治观，强调互联网治理的依法、有序、协商、民主、透明，这些互联网法治观为本书提供了思想保证。如前所述，本书认为融合治理是一种以政府为中心、全社会共同参与的治理模式。在面向国家公共安全的互联网信息行为的融合治理中，政府应该成为多个利益相关方的总协调人和公共利益的总托管人，政府的职能将表现为顶层设计、规则制定和社会动员。但是，对互联网的融合治理不能仅仅依靠政府的全知全能，虽然融合治理以政府为中心，但是改变公众行为和认知的关键是社会组织和商业团体的协同参与，在融合治理中，社会力量是政府和民众之间的重要中介与调节变量。

正如盐和菜肴的关系一样，盐本身并不能成为菜肴，但它却使得各种菜肴的美味得到融合。和无盐的菜肴一样，缺少心理治理的互联网信息行为治理，是无法达到预期成效的。无论是法律规定、行政干预等科层治理方法，还是互惠规范、相互依赖等网络治理方法，各种治理模式的目的都是减少偏差互联网信息的数量和影响。但是，想要对偏差互联网信息，尤其是面向国家公共安全的互联网信息进行最有效、最持久、最深刻和最根源的治理，其最终策略应该是转变偏差互联网信息行为背后的“人”的偏差行为和心理认知，让面向国家公共安全的互联网信息行为背后的“人”在心理上尊法、信法、守法、用法、依法。从这个层面上说，心理治理是融合治理模式的基础，而法律治理是融合治理模式的核心。

需要特别指出的是，融合治理并非要控制网民的行为、认知和态度，而是要塑造自由、平等、公正、法治的互联网核心价值观，使网民在网络空间中的获得安全感。融合治理的目的，乃是要让我国的互联网成为一个民主、文明、诚信、友善的和谐空间。Zhao 等（2013）研究表明，在谣言事件中，有相当多的理性网民开始主动地驳斥和抵制谣言的传播，互联网逐渐开始成为反对谣言的阵地。以心理治理为基础，以法律治理为核心，以偏差互联网信息行为背后的“人”的行为、认知和态度改变为目标的融合治理模式，就是要充分治理网络 ID 背后的“人”的心理态度模式和行为认知模式，让偏差互联网信息行为背后的“人”在心理上遵守相关法律，抵制偏差信息，让面向国家公共安全的互联网信息行为在网络空间中失去生存的土壤，从而使得互联网成为保卫国家公共安全的坚强阵地。

1.3 融合治理的研究内容设置

以心理治理为基础、以法律治理为核心的融合治理模式并不是容易达成的，在当前的理论范式和技术手段的限制下，要对面向国家公共安全的互联网信息行为进行有效的融合治理面临着诸多挑战。

要构建以心理治理为基础、以法律治理为核心的融合治理模式和治理的方法及策略，首先，要了解互联网信息行为与国家公共安全之间的作用机制，即要明晰：哪些互联网信息行为可以对国家公共安全造成影响；在什么耦合机制下可以造成影响；能造成什么影响；这些互联网信息行为背后的“人”的心理态度模式和行为认知模式是怎样的。为此，本书设置了核心内容一“互联网信息行为与国家公共安全的作用机制研究”，这是融合治理的原理基础和全局构建，是融合治理的治理机制。

其次，以心理治理为基础、以法律治理为核心的融合治理模式如何与当前的治理模式相互渗透、相互融合？行政行为、法律法规、技术手段和专项行动等如何与心理学原理结合，从而改变个体的认知和行为模式？政府机构、互联网组织和网民在融合治理中的角色是怎样的？互联网中的各方参与者应该以什么样的机制合作，以使得心理治理的效果达到最佳？为回答这些问题，本书设置了核心内容二“面向国家公共安全的互联网信息行为的融合治理模式研究”，这是融合治理模式与当前治理模式在体系上融合的基础，是融合治理的治理体系。

再次，如何感知与理解面向国家公共安全的互联网信息行为？它们的线索如何发现？在这些互联网信息行为中，如何分析公众的情感？面向国家公共安全的互联网信息是怎样传播与演化的？这背后的意见领袖该如何发现？回答这些问题，是找出并刻画面向国家公共安全的互联网信息行为背后“人”的形象的技术基础，也是对这些人进行以心理治理为基础、以法律治理为核心的融合治理的技术前提。因此，本书设置了核心内容三“面向国家公共安全的互联网信息的感知与理解研究”和核心内容四“面向国家公共安全的互联网信息的传播与演化研究”，这是融合治理的技术基础与实施前提，是融合治理的治理技术。

最后，在研究并了解了上述问题之后，在大数据、多学科和多角度的视角下开发对偏差互联网信息行为的融合治理策略和融合治理方法。如何实现融合治理能力的有效性指标，切实保障这些治理方法是真实、有效和可用的？如何开展对面向国家公共安全的互联网信息行为的融合治理的示范应用，并在此基础上提供有理、有效的政策建议？为了让研究成果能够发挥效用、落到实处，本书设置了核心内容五“面向国家公共安全的互联网信息行为的心理治理研究”。综合运用前面四部分内容研究成果，核心内容五将系统提升对偏差互联网信息行为进行融合治理的能力，并对这些治理能力和手段进行示范应用与效果评估，让研究成果能够发挥效用、落到实处。核心内容五是融合治理的方法策略和效果评估，是融合治理治理能力的开发与落实。

1.4　总体问题、研究对象和主要内容

本书的总体问题可以概括为两个，即“哪些互联网信息行为在何种条件下会对国家公共安全产生什么影响”和“如何对这些信息行为背后的‘人’的行为、认知和态度进行有效的融合治理，让面向国家公共安全的互联网信息行为背后的‘人’在心理上遵守相关法律，抵制偏差信息，使网络空间成为保卫国家公共安全的坚强阵地”。

可以看到，把这两个相互联系的问题进行融合，本书的研究对象就落在了“影响”和“治理”上。“影响”指的是互联网信息行为对国家公共安全的影响，这个“影响”有方向、范围和大小的区别。而“治理”指的是以心理治理为基础，以法律治理为核心，以偏差互联网信息行为背后的“人”的行为、认知和态度改变为目标的融合治理模式。治理要采用多学科、多角度的策略和方法，转变偏差互联网信息行为背后“人”的偏差信息行为和心理认知，使得偏差互联网信息行为背后的“人”在心理上尊法、信法、守法、用法、依法，从而让面向国家公共安全的互联网信息能够得到有效的、长期的、根本的治理。

在本书中，“影响”是客观世界，“治理”是主观能动，本书所研究的主要内容，即在“治理”观念的引导下，充分认识“影响”中所蕴含的客观规律，并在此基础上，发挥主观能动作用利用和改造客观世界。也就是说，在系统论、大数据和互联网法治观的引领下，本书要在充分理解互联网信息行为与国家公共安全的作用机制的基础上，构建一套完备的，以心理治理为基础，以法律治理为核心，以偏差互联网信息行为背后的“人”的行为、认知和态度改变为目标的融合治理模式。同时，在充分研究面向国家公共安全的互联网信息的感知、理解、传播和演化的基础上，从多学科的视角发展互联网信息行为的融合治理能力与手段，并进行示范应用和效果评估。

1.5 总体研究框架和内容构成

本书的总体框架可以概括为“一个范围、两个重点、三个视角、四个层面、五个内容”，具体如下。

“一个范围”指的是本书将服务于国家公共安全的总体要求。本书对互联网信息行为及融合治理的研究，并不是漫无边际的，而是有研究范围的。也就是说，本书是围绕着国家公共安全展开的，不管是对互联网信息行为本身的研究，还是对其融合治理模式与能力的研究，都是以服务国家公共安全为目的展开的。

“两个重点”指的是本书的研究对象“影响”和“治理”。围绕着国家公共安全这个核心，本书将重点从互联网信息行为的“影响”和“治理”开展研究。如上所述，这两个重点之间的关系，是客观世界与主观能动之间的辩证关系。本书将在“治理”这个重点的引导下，充分认识“影响”中所蕴含的客观规律，并在此基础上，发挥主观能动作用利用和改造客观世界。

“三个视角”指的是引导本书的进行研究的系统论视角、大数据视角和互联网法治观视角。这三个视角是贯穿整个内容的研究视角，也是本书进行研究的基本指导思想和技术方法。系统论视角是指把面向国家公共安全的互联网信息行为的融合治理模式看作是一个按照系统论规律融合起来的有机系统。在这个系统中，不存在孤立的元素，所有组成元素都是相互依靠、相互作用和相互制约的。系统论视角为本书提供了全局观，是本书的基本方法思路，为本书提供了思维框架。

大数据是引领网络空间时代发展的新技术，海量的互联网数据中蕴含着丰富的信息。在以往，由于面向国家公共安全的互联网信息行为是多源的、异构的、海量的，因此传统的技术方法难以在网络空间中构建融合了各种治理模式的融合治理的系统论模型。随着技术的进步，大数据工具在各学科领域的运用日趋成熟，为网络空间中的融合治理模式及能力研究提供了技术前提。大数据视角为本书提供了新工具，是本书的基本技术手段，为本书提供了技术支撑。

互联网法治观指的是本书的研究都是以十八大以来党对互联网治理的新认识为指导思想。党和政府一贯主张依法管理互联网、有序发展互联网、科学利用互联网的互联网法治观，强调互联网治理的依法、有序、协商、民主、透明。互联网法治观视角是本书的基本指导方向，为本书提供了思想保证。

“四个层面”指的是本书的研究分为治理机制、治理体系、治理技术和治理能力四个层面。

其中，治理机制层面和治理体系层面是相对应的。治理机制层面上的问题是“互联网信息行为影响国家公共安全的作用机制是什么”。只有先在机制上明确互联网信息行为影响国家公共安全的作用方式，才能够在此基础上总结出科学的融合治理模式。在治理体系层面，本书将依据治理机制层面中所得到的研究结果，以心理治理为基础、以法律治理为核心、以偏差互联网信息行为背后的“人”在心理上遵守相关法律，抵制偏差信息为目标来构建融合治理模式，从而在根本性、全局性和长远性上提高我国对面向国家公共安全的互联网信息行为进行有效治理的能力。

治理技术层面和治理能力层面是相对应的。治理技术层面上的问题是“如何感知和理解面向国家公共安全的互联网信息”和“这些互联网信息是如何传播与演化的”。只有在技术层面上明确面向国家公共安全的互联网信息行为的线索发现、主题分类、话题演化和传播路径等问题，才能在此基础上发展多学科、多视角的融合治理能力。在治理能力层面上，本书除了依据治理技术层面的成果，开发各种以转变偏差互联网信息行为背后的“人”的心理、认知和态度的目的的融合治理能力与手段策略外，还会对这些治理能力进行示范应用和效果评估，保证这些治理能力和手段的有效性和可用性。

治理机制层面和治理技术层面之间、治理体系层面和治理能力层面之间有着密不可分的辩证关系。明晰互联网信息行为影响国家公共安全的作用机制，不仅仅是感知与理解这些互联网行为的基础，同时也是探讨它们传播与演化的前提。同时，对偏差互联网信息行为的感知、理解研究与传播、演化分析，也是了解作用机制所不可或缺的重要内容。对于治理体系和治理能力来说，二者是相辅相成的有机整体，有了好的融合治理模式才能真正提高融合治理能力，提高融合治理能力才能充分发挥融合治理模式的效能。因此，在本书里，融合治理能力是构建融合治理模式的中心，而融合治理模式是发挥融合治理能力的效用的保障。

“五个内容”指的是构成本书的五个方面。在上面“一、二、三、四”的框架下，本书将由五个研究内容构成。

内容一是“互联网信息行为与国家公共安全的作用机制研究”。围绕着“明晰作用机制”，研究了：①研究现实与虚拟互动的哲学解构；②基于戈夫曼的自我呈现理论解构互联网信息行为的用户心理机制；③哲学视角下的社交媒体信息行为实证研究；④自我呈现理论下的互联网金融点对点（peer-to-peer，P2P）平台安全预警。内容一是融合治理的原理基础和全局构建，是融合治理的治理机制。

内容二是“面向国家公共安全的互联网信息行为的融合治理模式研究”。围绕着“融合治理模式构建”，研究了：①面向国家公共安全的国内外互联网信息行为治理现状分析；②国家公共安全信息行为治理的心理路径，即网络社会张力的建构与意义；③提出治理网络偏差信息行为的融合模式；④融合治理模式下的互联网信息行为干预策略。内容二是融合治理模式与当前治理模式在体系上融合的基础。

内容三是“面向国家公共安全的互联网信息的感知与理解研究”。以互联网金融 P2P 平台风险防范为例，围绕着“感知与理解”，研究了：①面向国家公共安全的互联网信息的线索发现研究；②面向国家公共安全的互联网信息的主题分类研究；③面向国家公共安全的互联网信息的公众情感分析研究；④面向国家公共安全的互联网信息的态势研判研究。内容三是融合治理的技术基础与实施前提。

内容四是“面向国家公共安全的互联网信息的传播与演化研究”。以突发性网络舆情事件防范为例，围绕着“传播与演化”，内容四包括：①面向国家公共安全的互联网信息的话题发现研究；②面向国家公共安全的互联网信息的传播路径挖掘研究；③面向国家公共安全的互联网信息的话题演化分析；④面向国家公共安全的互联网信息的意见领袖发现研究；⑤面向国家公共安全的互联网信息的话题影响力与流行度研究。内容四也是融合治理的技术基础与实施前提，如果不能够对偏差互联网信息的传播与演化进行精确认知，那对这些互联网信息行为的有效融合治理是不可想象的。

内容五是“面向国家公共安全的互联网信息行为的心理治理研究”。围绕着“心理治理策略研究与基于大数据的社会公众幸福感测量”，内容五包括：①基于社会心理视角的认知偏差和极端化群体情绪等微观因素的互联网偏差信息行为研究；②在剖析公共安全信息行为产生的框架内，建构网络社会张力概念的维度及相关测量指标；③借用心理学干预技术，对偏差信息行为中三类人的心理治理策略进行了研究。内容五是融合治理的能力和效果评估。

综上所述，本书“一个范围、两个重点、三个视角、四个层面、五个内容”的总体框架如图 1-1 所示。

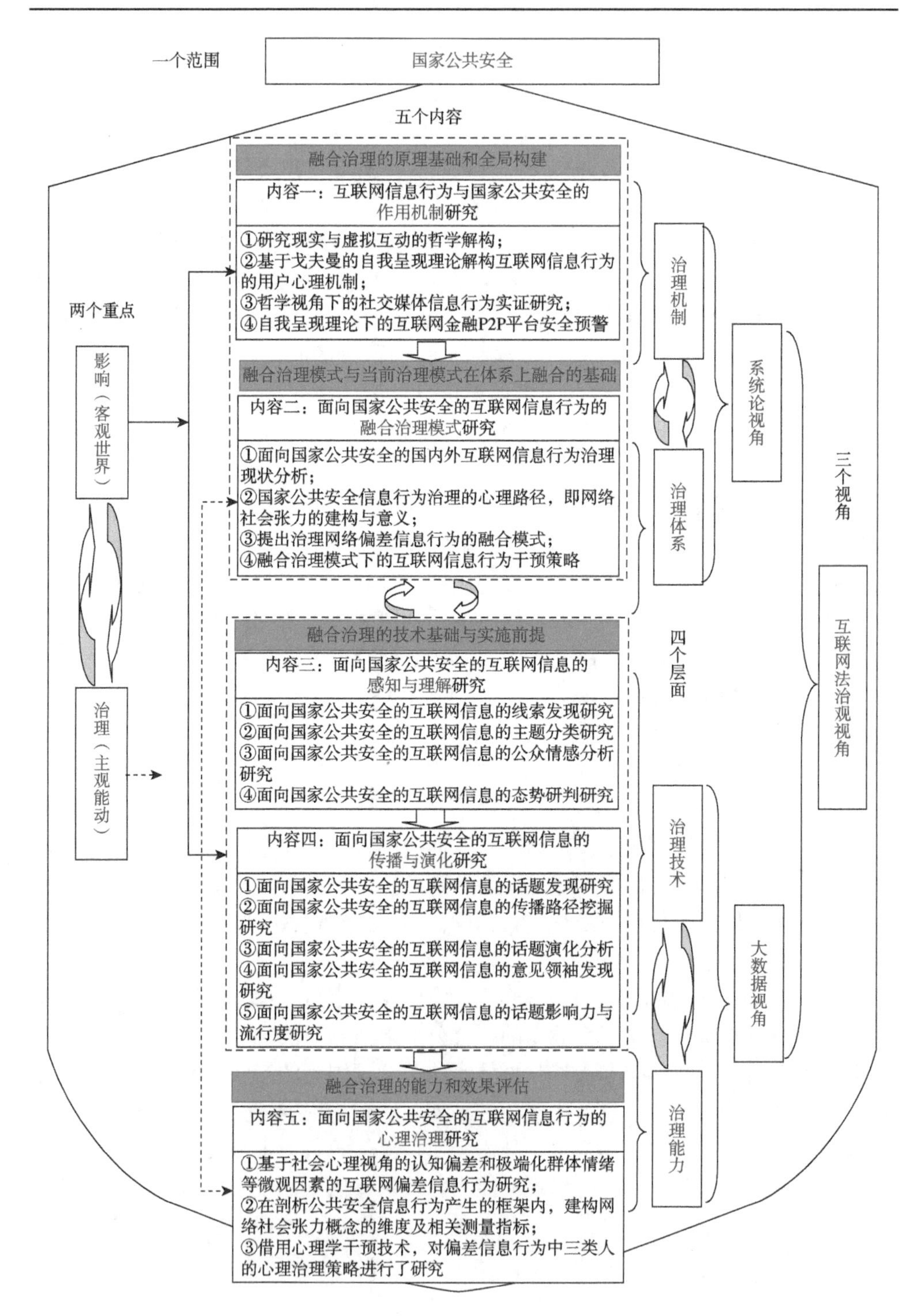
一个范围
国家公共安全
五个内容
融合治理的原理基础和全局构建
内容一：互联网信息行为与国家公共安全的作用机制研究
①研究现实与虚拟互动的哲学解构；
②基于戈夫曼的自我呈现理论解构互联网信息行为的用户心理机制；
③哲学视角下的社交媒体信息行为实证研究；
④自我呈现理论下的互联网金融P2P平台安全预警
融合治理模式与当前治理模式在体系上融合的基础
内容二：面向国家公共安全的互联网信息行为的融合治理模式研究
①面向国家公共安全的国内外互联网信息行为治理现状分析；
②国家公共安全信息行为治理的心理路径，即网络社会张力的建构与意义；
③提出治理网络偏差信息行为的融合模式；
④融合治理模式下的互联网信息行为干预策略
融合治理的技术基础与实施前提
内容三：面向国家公共安全的互联网信息的感知与理解研究
①面向国家公共安全的互联网信息的线索发现研究
②面向国家公共安全的互联网信息的主题分类研究
③面向国家公共安全的互联网信息的公众情感分析研究
④面向国家公共安全的互联网信息的态势研判研究
内容四：面向国家公共安全的互联网信息的传播与演化研究
①面向国家公共安全的互联网信息的话题发现研究
②面向国家公共安全的互联网信息的传播路径挖掘研究
③面向国家公共安全的互联网信息的话题演化分析
④面向国家公共安全的互联网信息的意见领袖发现研究
⑤面向国家公共安全的互联网信息的话题影响力与流行度研究
融合治理的能力和效果评估
内容五：面向国家公共安全的互联网信息行为的心理治理研究
①基于社会心理视角的认知偏差和极端化群体情绪等微观因素的互联网偏差信息行为研究；
②在剖析公共安全信息行为产生的框架内，建构网络社会张力概念的维度及相关测量指标；
③借用心理学干预技术，对偏差信息行为中三类人的心理治理策略进行了研究
两个重点
影响（客观世界）
治理（主观能动）
治理机制
治理体系
四个层面
治理技术
治理能力
系统论视角
大数据视角
三个视角
互联网法治观视角

图 1-1　本书总体框架图

1.6 研究内容之间的逻辑关系

如上所述，本书所设置的所有内容，都是围绕着“影响”和“治理”展开的。这些内容的研究目的就是在“治理”思想的指引下，充分研究和认识“影响”中所蕴含的客观规律，并在此基础上利用客观规律来“治理”这些“影响”。因此，本书的所有研究内容都反映在两个问题中，即“现实社会与虚拟社会之间的哲学关系是什么”和“如何对这些信息行为背后的‘人’的行为、认知和态度进行有效的融合治理，让偏差互联网信息行为背后的‘人’在心理上尊法、信法、守法、用法、依法，使得网络空间成为保卫国家公共安全的坚强阵地”。在系统论、大数据和互联网法治观的引领下，本书要在充分理解互联网信息行为与国家公共安全的作用机制的基础上，构建一套完备的、融合了当前各种治理模式的融合治理模式，让偏差互联网信息行为背后的“人”在心理上遵守相关法律，抵制偏差信息。同时，在充分研究面向国家公共安全的互联网信息的感知、理解、传播和演化的基础上，从多学科的视角发展互联网信息行为的融合治理能力与手段，并进行示范应用和效果评估。

科学研究上的创新从来就不是无中生有的，本书所涉及的研究内容都是在已有研究的基础上，结合现实需求提出来的。当前，国内外学者基于不同的学科角度，利用不同的理论方法对面向国家公共安全的互联网信息行为的特征及治理进行了很多研究，为本书的开展奠定了良好的基础。本书涉及多个学科领域，因此需综合运用跨学科的理论、方法和技术，组建跨学科的强大科研团队进行充分研究。本书将在已有研究的基础上，从系统论、大数据和互联网法治观的高度出发，充分研究互联网信息行为与国家公共安全的作用机制，并在此基础上构建一套融合所有治理模式的、面向国家公共安全的互联网信息行为的融合治理模式。同时，在充分研究面向国家公共安全的互联网信息的感知与理解、传播与演化的基础上，从多学科的视角对融合治理的方法与手段进行系统的示范应用与效果评估。

内容一“互联网信息行为与国家公共安全的作用机制研究”，围绕着从“以信息为出发点”到“以人为出发点”的理念，从哲学角度来深层次分析个体如何通过使用社交媒体来实现现实社会与虚拟社会的互动，并在此基础上，应用理论成果来指导 P2P 平台的风险预警研究。

内容二“面向国家公共安全的互联网信息行为的融合治理模式研究”，承接内容一的研究成果，构建融合治理的体系、模式和框架。首先，在内容一奠定的研究基础上，内容二将对比分析面向国家公共安全的互联网信息行为的国内和国外治理现状，为融合治理模式的构建提供现实经验基础。其次，内容二将基于系统论的视角，以心理治理为基础、以法律治理为核心，融合当前治理模式与融合治理模式，形成完整的融合治理模式。最后，提出融合治理的策略建议。

内容三"面向国家公共安全的互联网信息的感知与理解研究"，它既是解决"治理的对象是什么"的关键研究，也是在大数据层面上对偏差互联网信息行为进行深入的融合治理和提升心理治理能力与手段的基础和前提。内容三将在面向国家公共安全这个大框架的指引和在大数据的视角下，运用多种技术方法，进行面向国家公共安全的互联网信息的线索发现研究、主题分类研究、公众情感分析研究和互联网舆情态势研判。

内容四"面向国家公共安全的互联网信息的传播与演化研究"，它将承接内容三对偏差互联网信息的感知与理解的研究成果，进一步地从大数据层面探究偏差互联网信息的传播与演化。该内容将深入研究偏差互联网信息的话题发现和传播路径挖掘，并在此基础上进行话题演化分析和意见领袖发现研究，最后，内容四将进行面向国家公共安全的互联网信息的话题影响力与流行度研究，明晰这些偏差互联网信息的传播方式和机理。

内容五"面向国家公共安全的互联网信息行为的心理治理研究"，是面向国家公共安全的互联网信息行为的心理治理手段研究，它将把前面四个内容的研究成果落到实处，从心理治理角度提出治理策略。内容五将承接前四个内容的理论研究成果，探讨心理学理论在融合治理模式中的应用问题，构建国家公共安全信息行为治理的心理路径：网络社会张力。

"专题应用研究"主要是将前面五个核心研究内容的成果应用到三个主要领域：P2P 金融风险监管、新闻线索发现和青少年网络内容引领。该部分虽然不是核心研究内容，但也是整体书中不可缺少的一块研究内容。

本书的主要研究内容之间的逻辑关系见图 1-2。

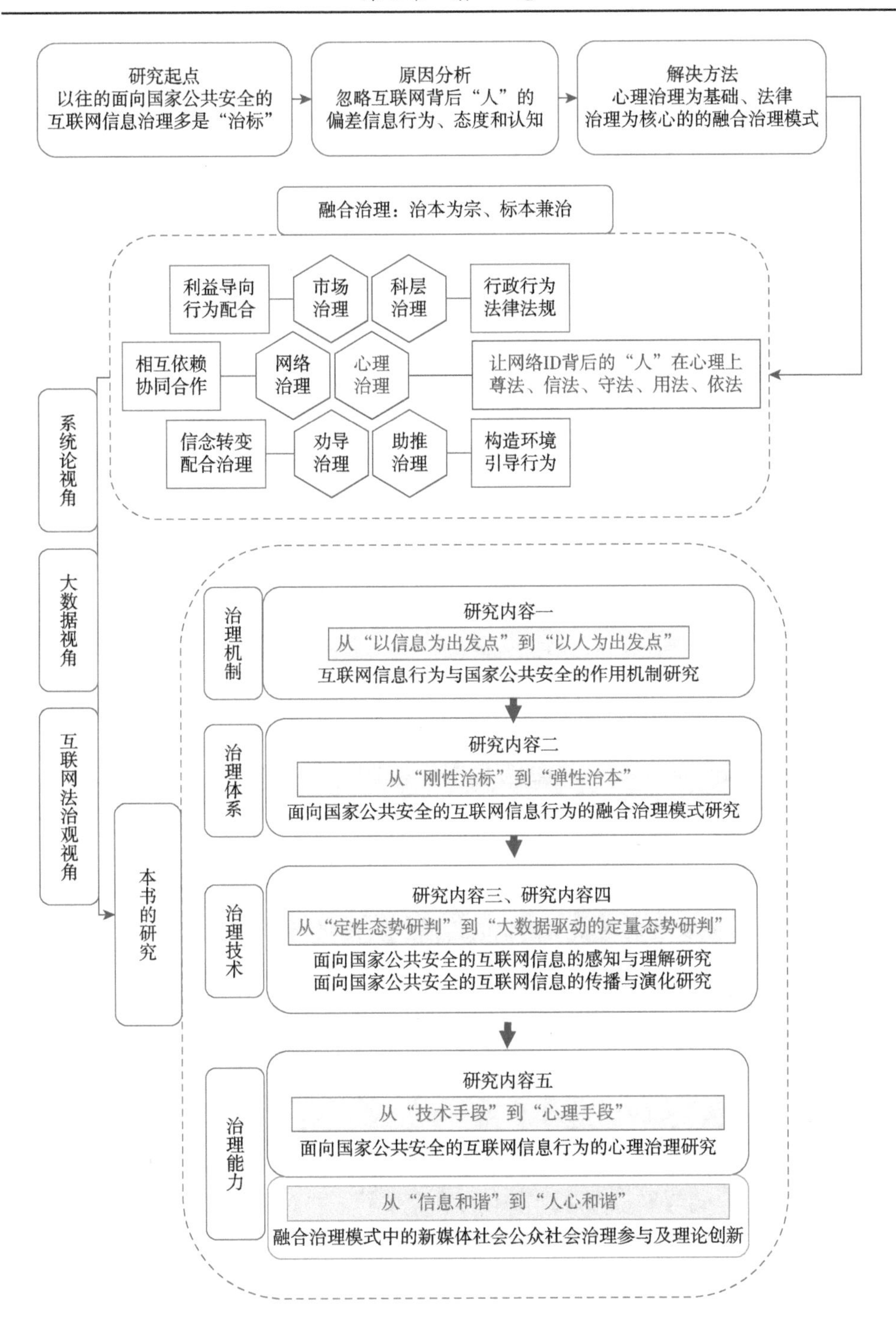

图 1-2 本书主要研究内容之间的逻辑关系图

1.7　本书章节安排

本书各章节逻辑关系见图 1-3，具体章节安排如下。

第 1 章：绪论。介绍整体研究的背景、目标、内容和全书内容安排。

第 2 章：文献综述。第 2 章对整体研究所涉及的国内外现状进行全面、系统的综述。

第 3 章：现实社会与虚拟社会互动机制的哲学解构。第 3 章是内容一“互联网信息行为与国家公共安全的作用机制研究”的第一部分，从哲学视角来理解社交媒体如何实现个体在现实社会与虚拟社会中的互动，并通过实证来对微信和微博上的用户行为的哲学机制进行研究。

第 4 章：自我呈现理论下的互联网金融 P2P 平台安全预警。第 4 章是内容一“互联网信息行为与国家公共安全的作用机制研究”的第二部分，从戈夫曼的自我呈现理论出发来指导构建 P2P 平台风险的预警模型，并进行实证。

第 5 章：面向国家公共安全的互联网信息行为的融合治理模式研究。第 5 章是内容二“面向国家公共安全的互联网信息行为的融合治理模式研究”的依托篇章，提出、系统论证第六种互联网治理模式——融合治理模式。

第 6 章：面向国家公共安全的互联网信息的感知与理解研究。第 6 章是内容三“面向国家公共安全的互联网信息的感知与理解研究”的依托篇章，从大数据技术出发，完成对面向国家公共安全的互联网信息的内容分析。

第 7 章：面向国家公共安全的互联网信息的传播与演化研究。第 7 章是内容四“面向国家公共安全的互联网信息的传播与演化研究”的依托篇章，从大数据技术出发，完成对面向国家公共安全的互联网信息传播规律的挖掘。

第 8 章：面向国家公共安全的互联网信息行为的心理治理研究。第 8 章是内容五“面向国家公共安全的互联网信息行为的心理治理研究”的依托篇章，从心理学视角出发，完成对网络社会张力初步理论的构建，并提出干预偏差互联网信息行为的心理策略。

第 9 章：专题应用研究。第 9 章是前面五个核心研究内容的应用落地实践。

第 10 章：总结与展望。总结本书的研究贡献，并对未来研究进行展望。

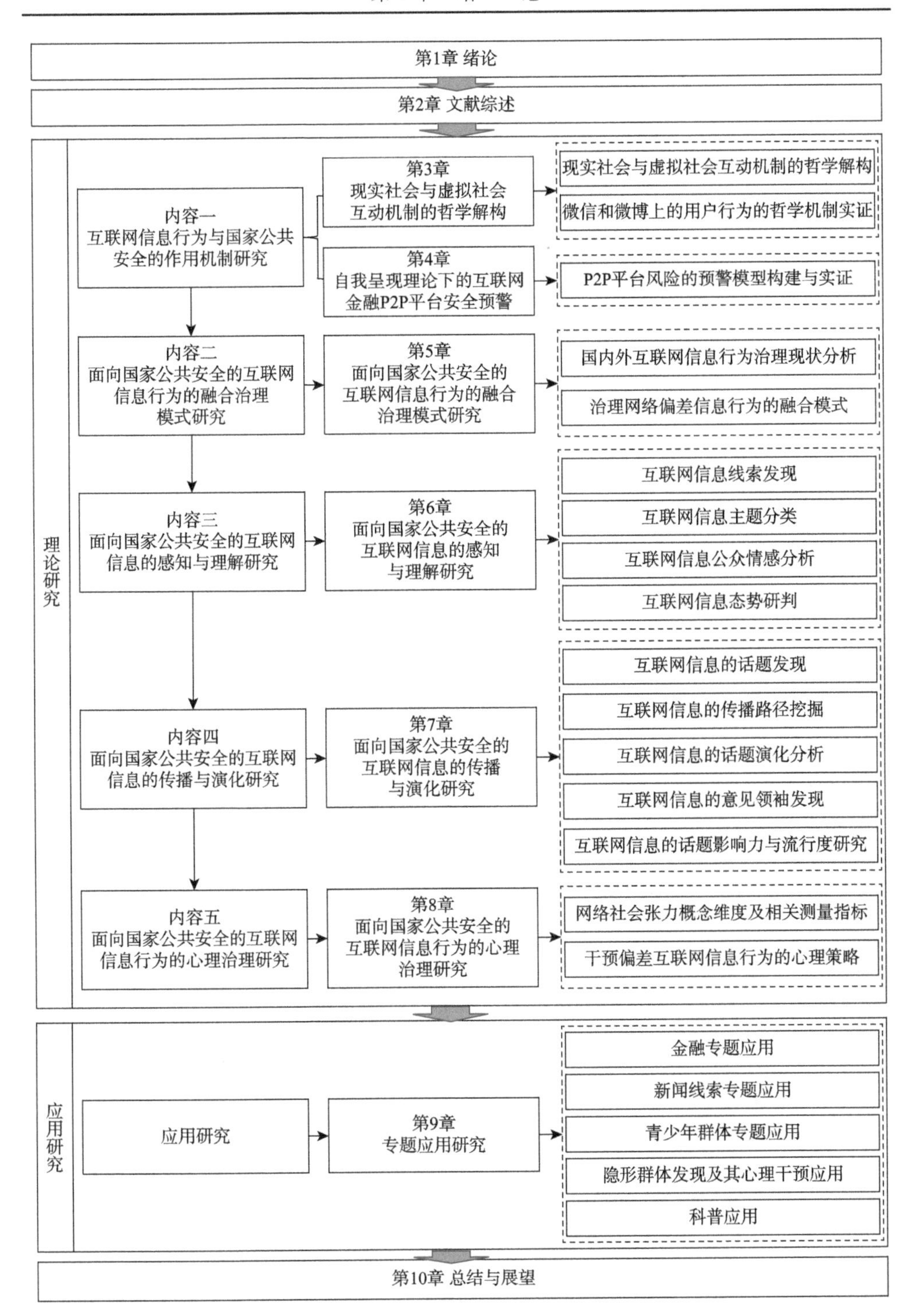

图 1-3　本书各章节逻辑关系

1.8　本 章 小 结

本章对整体研究的研究背景、核心概念、研究问题、研究内容、章节安排等进行介绍，为后续各章做了概要性铺垫。

第2章 文献综述

2.1 个体行为、认知和态度改变的心理学理论

以心理治理为基础，以法律治理为核心，以偏差互联网信息行为背后的“人”的行为、认知和态度改变为目标的融合治理模式，是本书所提出的第六种治理模式。融合治理的目的是通过多种方法，转变偏差互联网信息背后的“人”的偏差行为的心理态度模式和行为认知模式，使得面向国家公共安全的互联网信息行为背后的“人”在心理上尊法、信法、守法、用法、依法，发挥法律在互联网治理中的核心作用。

在网络空间中，个体的行为改变与认知改变是不容易达成的，这两者的改变需要政府在行为环境中的引导和全社会的协同合作。要达到“心理改变”的目的，当前的科层治理、市场治理、网络治理、劝导治理和助推治理的思想和手段必不可少。参照健康行为改变中的心理学理论（林丹华等，2005），将融合治理中所涉及的心理学理论进行了梳理及评述，具体如下。

2.1.1 强化理论

在心理学中，社会态度及行为的引导离不开强化，强化这一概念是指人的行为结果对其态度和行为的反作用。自 20 世纪中期开始，行为主义心理学的代表人物 Skinner（1950）不仅用强化来解释操作学习的发生，而且也用强化来解释动机的引起。人类众多有意义的行为和态度都是操作性强化的结果，强化理论认为在操作条件作用的模式下，如果一种反应之后伴随一种强化，那么在类似环境里发生这种反应的概率就会增加。而且，强化与实施强化的环境一起，都是一种刺激，人们可以以此来控制反应。在强化理论的理解下，人之所以会产生面向国家公共安全的互联网信息行为，是因为人的这些信息行为受到了鼓励，或者这些信息行为没有受到惩罚。

Skinner（1950）在强化理论中认为，强化的主要功能，就是按照人的心理过程和行为的规律，对人的行为和态度予以导向，并加以规范、修正、限制和改造。它对人的行为的影响，是通过将行为和态度的后果反馈给行为主体来间接实现的。人们可根据反馈的信息，主动适应环境，不断地调整自己的行为和态度。强化理论区分了两种强化类型：正强化和负强化。当在环境中增加某种刺激，个体反应概率增加，这种刺激就是正强化。当某种刺激在个体环境中消失时，反应概率增加，这种刺激便是负强化，是个体力图避开的那种刺激。除此之外，惩罚也是通过反馈个体的行为后果，使其所不希望的行为和态度逐渐削弱，甚至完全消失的一种方法。

Burgess 和 Akers（1966）把强化理论应用到了改变犯罪行为和犯罪态度上，他们提出了强化理论应用的四个要点：①分阶段目标。对于人的激励，要先设立一个明确的、鼓舞人心而又切实可行的目标，只有目标明确而具体时，才能进行衡量并采取适当的强化措施。②及时反馈。要取得最好的行为效果，就应该在行为发生以后尽快采取适当的强化或惩罚方法。③不固定时间和频率间隔。在不固定的强化程序下，个体不知道什么时候会出现强化，但总有一种强化即将出现的期待。长此以往自然会形成行为和态度习惯。④正强化比负强化和惩罚更有效。负强化和惩罚仅是一种治标的方法，它们只能暂时降低行为和态度的反应概率，而不能减少消退过程中反应的总次数。

对强化理论的评述：早在 20 世纪 50 年代，Chomsky（1959）就对强化理论提出过批评，认为强化理论只讨论外部因素或环境刺激对行为的影响，忽略人的内在因素和主观能动性对环境的反作用。当人们思维中的对成败因素的主观思维判断、预期期望意识、本能欲望倾向等占了上风时，强化理论往往便不适用了。在对面向国家公共安全的互联网信息行为进行融合治理时，仅仅依靠行为和态度的强化或惩罚是远远不够的。因此，要对面向国家公共安全的互联网信息行为进行全面的融合治理，让偏差互联网信息行为背后的“人”在心理上遵守相关法律，抵制偏差信息，其他的心理学理论和治理模式的参与必不可少。

2.1.2　计划行为理论

计划行为理论强调认知因素在个体道德行为、信息行为和其他行为的产生及改变中的重要作用。人类的行为具有理性的特点，行为意图是影响行为发生转变的最重要的预测因素，是行为改变的直接决定力量。同时，行为意图又受到行为态度和主体规范的影响。其中，行为态度是个体对一种行为的总体评价，包括参与某种行为后的行为结果信念和对行为后果的评价两个部分。主体规范指个体感知到的重要他人（包括配偶、家人、要好的朋友等）对其行为改变的认可和倾向程度，它由标准信念和遵从动机两个成分组成。标准信念表示个体感知到的重要他人对其行为改变的支持和期望程度，而遵从动机则表明个体对重要他人的期望的遵从程度（Fishbein and Ajzen，2005）。

在上述基础上，Fishbein 和 Ajzen（2005）对上述模型进行了拓展，增加了感知到的行为控制，形成了在行为和态度改变领域颇有影响的计划行为理论。感知到的行为控制指个体对自己“可以在多大程度上成功的改变行为”的能力进行判断和评价，该变量与自我效能感相似。计划行为理论的总体框架就是行为态度、主体规范和感知到的行为控制对行为意图产生预测作用，同时，行为意图和感知到的行为控制又直接影响行为的发生。以面向国家公共安全的互联网信息行为为例，如果个体认为发布和传播危害国家公共安全的互联网信息是不应该的（行为态度），同时，社会规范和公共秩序也告诉个体这种行为是不应该的（主体规范），并且个体感知到如果做了这种行为就会受到惩罚（感知到的行为控制），那么个体就不会产生发布和传播危害国家公共安全的互联网信息的意图（行为意图），进而不会产生这种偏差的互联网信息行为（行为）。在这些条件中，任何一个条件的动摇，都可能导致个体产生偏差的互联网信息行为发生。

对计划行为理论的评述：计划行为理论看似严密，但在面向国家公共安全的互联网信息行为的融合治理中，这种理论是存在不足的。Montano 和 Kasprzyk（2015）认为，该理论仅是一种行为目标设置的模型，而不是目标实现的模型。也就是说，计划行为理论只解释了态度、主体规范、行为控制及性别等变量对行为意图形成的预测机制，而没有直接说明这些认知变量如何真正促使行为发生变化，以及如何保持改变后的行为不再复发等。由于行为意图不是行为本身，因此很多个体只产生了较强的“不能发布和散播影响国家公共安全的互联网信息”的行为意图，却并不一定会真正付诸行动改变行为本身。在群体心理和从众性的引导下，个体仍有可能产生偏差的互联网信息行为。因此，计划行为理论在面向国家公共安全的互联网信息行为的解释方面还是有局限性的。

2.1.3　多阶段改变理论

Prochaska（2013）认为，个体行为和态度的改变分为五个发展阶段，以面向国家公共安全的互联网信息行为举例：①前沉思阶段，此时个体尚未意识到偏差互联网信息行为所带来的危害，不想改变自己的行为。②沉思阶段，个体已经意识到了偏差互联网信息行为能导致面向国家公共安全方面的问题，并开始准备转变自己的行为和态度。③准备改变阶段，个体开始计划，准备改变自己的行为。在此阶段中，一些间断性的行为和态度变化已经出现，但持续性的变化尚未出现（如明显大是大非的信息不传播，但自认为无关紧要的偏差互联网信息行为还是存在的)。④行动阶段，此时个体已经出现了持续性的行为和态度变化(一般认为持续时间在 6 个月之内)。⑤保持阶段，个体保持新出现的行为和态度超过了 6 个月。

在多阶段改变理论看来，与关注行为和态度的结果相比，行为和态度的转变阶段及发展过程更为重要。行为的变化是渐进、分阶段、螺旋式的复杂发展过程，这种改变可能会呈前进式特点，但也可能出现后退问题，按照这样的螺旋式特点，个体不断发展直至完成所有的行为和态度改变(West，2005)。个体是否能从一个阶段过渡到另一个阶段，取决于每个阶段的 10 种认知过程(包括知觉因素和行为因素两大类)，认知过程和 5 个变化阶段的整合最终解释了个体行为的改变。不仅如此，Prochaska(2013)还非常强调自我效能感和行为改变的决定权衡等因素的重要作用，并且，影响每一个阶段向下一阶段改变的认知过程因素具有很大的差异。因此，在对面向国家公共安全的互联信息行为进行融合治理中，有效的融合治理策略不仅应充分考虑到个体当前所处的改变阶段，还要根据实际情况采取与个体所处阶段相匹配的特定治理策略。要满足这些要求，融合治理所强调的以政府为中心，全社会互惠合作、相互依赖是必不可少的。政府只能提供某些阶段的融合治理策略，但在另一些阶段，更为了解个体在网络空间中的认知过程和自我效能的互联网组织和企业能够提供更为匹配的治理方案。

对多阶段改变理论的评述：虽然该理论被广泛地运用在行为和态度改变上，但它还是存在不足的。Quinlan 和 McCaul(2000)就曾认为该理论所提出的五种阶段尚不清晰，在概念上尚存在含糊、不明确之处，因此在实证研究中，对个体所处的变化阶段的测量不尽如人意，由此直接影响到预测和干预的效果。另外，该理论过分重视行为主体的认知过程，而忽视了环境因素对行为改变的作用，因而忽略了个体行为改变的整个过程。因此，在对面向国家公共安全的互联信息行为进行心理治理时，过分强调行为和态度改变阶段中的认知过程是不能达到预期的治理效果的。

2.1.4　信念系统理论

信念系统理论由 Rosenstock(1974)提出，并由 Becker 和 Maiman(1975)加以修订，该理论从心理认知角度对行为和态度的改变做了阐释和说明，强调运用个体的态度和信念来解释和预测各种行为改变，其核心部分包括四种与行为和态度转变紧密相关的信念，以面向国家公共安全的互联网信息行为为例：①感知到的主观意识，这里是指个体感受不到自己的某些互联网信息行为会对国家公共安全造成影响。②感知到的严重性，这里是指个体虽然知道自己的行为会对国家公共安全造成影响，但是却在主观上大大低估了这些影响的严重性。③感知到的行为转变的益处，这里是指个体对改变偏差行为所带来的好处的认识和评价（如守法带来的内心宁静）。④感知到的行为转变的障碍，即个体感知到的行为改变可能带来的心理方面的不适应感。当感知到的行为转变的益处大于坏处时，行为的转变成为可能，否则，个体则可能依旧维持原有的偏差互联网信息行为（如守法虽能带来心理宁静，但违法能带来难以抵御的经济利益）。

在以上四种信念的基础上，Becker 和 Maiman（1975）进一步拓展了该理论模式，提出了行为线索的概念，它是导致个体改变行为的最后推动力。在信念系统理论看来，行为线索指任何与偏差互联网信息行为有关的、促进个体改变行为和信念的事件和暗示。它包括内在和外在两方面，内在线索包括个体意识到自己的偏差互联网信息行为造成了严重后果，外在线索包括全社会积极宣传偏差互联网信息行为会对国家公共安全造成的严重后果。在内外线索的推动下，个体的信念系统将得到转变。

对信念系统理论的评述：信念系统理论也是存在不足的。Prentice-Dunn 和 Rogers（1986）指出，信念系统理论未充分考虑环境和社会准则等因素对行为和态度转变的作用，该理论的四种信念因素被看作同一范畴下对行为的预测变量，四种因素呈简单的线性关系，由此使一个复杂的问题过于简单化。

2.1.5 保护动机理论

保护动机理论可以看作是对信念系统理论的延伸和扩展，二者都认为认知过程在态度和行为改变之间起着调节性作用。但保护动机理论更综合、深入地分析行为转变的内在机制和过程。Prentice-Dunn 和 Rogers（1986）认为，环境和个体中有关“偏差的互联网信息行为会受到惩罚”的威胁信息引发个体出现威胁评价和应对评价两个认知过程。威胁评价过程包括四种促进或减少偏差互联网信息行为的因素，即外部奖励、内部奖励、感知到的主观意识和感知到的严重性。应对评价过程中，反应有效性和自我效能感可以有效地推动个体出现积极的互联网信息行为。保护动机理论认为，个体的威胁评价和应对评价共同形成保护动机，从而推动特定行为和态度的发生和保持。

该理论强调，威胁评价和应对评价各自对行为意图和行为改变具有重要的预测作用。当个体意识到“偏差的互联网信息行为会受到惩罚”的威胁很强烈，并且自身的“进行偏差互联网信息行为”的主观意识不强烈，认为行为改变有好处，行为改变的代价少，有信心和能力改变行为且偏差行为的内、外部奖励很少时，个体的保护动机达到最大，并推动个体出现积极的互联网信息行为。同时，威胁评价和应对评价还存在交互作用。也就是说，当反应有效性和自我效能感较高时，感知到的主观意识和感知到的严重性的提高会对行为改变的意图起到积极的促进作用，反之则没有效果或起到反作用。

对保护动机理论的评述：该理论存在的最大不足，即实证研究太少，缺乏经验证据支持。Milne 等（2002）指出，将完整的该理论模式运用到行为和态度的转变干预时仍需小心谨慎，因为该理论涉及的模块较多，尚未有系统的实证研究论证过该理论的完整效力。由于“构建行为引导系统”并不是短时间内可以达成的，因此保护动机理论的完整功效还需要研究经验的支持。

2.1.6　对个体行为、认知和态度的心理学理论的综合评述

正如前面所提到的，“人”是网络空间中任何活动的主体，互联网上的任何信息，都是个体信息行为的结果。心理学是研究人的行为和态度规律的科学，因此，以心理治理为基础，以法律治理为核心，以偏差互联网信息行为背后的“人”的行为、认知和态度改变为目标的融合治理模式，可以在心理学中找到依据。当前，包括中国在内的世界各国都根据不同的治理模式，对面向国家公共安全的互联网信息行为进行了大量治理，但可以看到，当前治理的效果往往没有达到预期目标。如上所述，在改变偏差信息行为上，心理学提供了大量的理论和方法，可以对偏差互联网信息行为背后的“人”的行为和态度观念进行治理，这就是融合治理的基本思路。要从根本上治理互联网上的偏差信息，其关键是要治理在网络空间中制造、发布、浏览和扩散这些偏差信息的信息行为。换句话说，对偏差互联网信息行为的有效治理，是通过治理这些信息背后的“人”来实现的。以心理治理为基础、以法律治理为核心的融合治理模式，就是要使用各种方法，改变偏差互联网信息背后的“人”的偏差行为和态度，让这些互联网信息背后的“人”在心理上遵守相关法律，抵制偏差信息。

在网络空间中，个体的行为改变与态度改变是不容易达成的，这两者的改变需要政府的引导和全社会的协同合作。要达到“心理改变”的目的，当前的各种治理思想和手段必不可少。当前的治理模式都存在着一些不足，上述行为和态度改变的心理学理论也都是存在各自缺陷的，这为本书的开展留下了大量的研究空间。如何综合各种心理学理论，使得它们的优点能够重合、缺点能够弥补；如何将行为和态度改变的心理学理论应用于网络空间，使得传统的心理学理论能在网络空间中得以施展；如何将当前的各种治理模式与行为态度改变的心理学理论融合起来，使得面向国家公共安全的互联网信息行为能够得到全面、有效、长远的治理；如何依据心理学理论和方法，让偏差互联网信息行为背后的“人”在心理

上遵守相关法律，抵制偏差信息；等等。这都是本书和未来的类似研究所面临的挑战。

2.2 互联网信息行为的研究及评述

如前所述，以心理治理为基础的、以法律治理为核心的、以偏差互联网信息行为背后的“人”的行为、认知和态度改变为目标的融合治理模式，是对面向国家公共安全的互联网信息进行最有效、最持久、最深刻和最根源的治理方法。由于网络空间是一个信息空间，所以在本书中，个体在网络空间中的行为都可以看作是互联网信息行为，因此，对互联网信息行为的全面研究，是构建融合治理的模式和策略方法的理论基础。

2.2.1 互联网信息行为概念研究

互联网信息行为涉及信息源选择、信息搜寻、信息交流、信息使用等行为。国内对信息行为概念的探讨经历了不同的时段。20 世纪 90 年代以前，信息行为被称为情报行为（卢太宏等，1988）。进入 20 世纪 90 年代后，学术界开始使用信息行为这一概念，并从用户的角度将信息行为定义为：为了满足人的信息需求而进行的信息查询行为、信息选择行为和信息使用行为（岳剑波，1999）。对互联网信息行为概念的界定虽然也存在不同的表述，但大多数研究将传统信息行为概念沿用于网络环境中，互联网信息行为被看作是网络用户有意为之的主体性信息活动（曹双喜和邓小昭，2006）。Huang 等（2007）在总结以往研究的基础上，将互联网信息行为定义为个体在网络空间中以“信息”为目的全部行为，如交流、表达、信息获取和信息使用。Huang 等（2007）强调，无论是个体有意识的信息获取和信息发布，还是个体无意识的信息浏览和信息交换，都是个体在网络空间中的互联网信息行为。

作为国外图书馆与信息研究的核心概念，国外对信息行为的研究最早可追溯到 1916 年美国学者 Ayres 和 McKinnie 对图书馆文献资源展开的一系列调查（Ayres and McKinnie，1916）。1948 年在英国举行的皇家学会科学情报会议（royal society scientific information conference），开启了现代信息行为研究的先河，促使人们开始关注如何在工作中真正使用信息及如何将信息应用于科技发展中。此后 30 余年里，信息行为研究主要集中于对图书文献的存储、检索和利用情况的调研。信息行为的研究虽然起步较早，但是直到 20 世纪 70 年代，信息行为的概念才开始逐步确立成为研究者所运用的核心概念，其概念源于人们对信息需求与利用的行为描述。早期学者对信息行为概念的分析并不全面和深入。这主要表现为没有任何研究者去讨论信息行为概念的科学性，也没有任何人去详细地探求信息行为的本质。Feinmen 及其同事或许是第一批严肃地研究信息行为一词本质的人，并且将不同种类的信息行为概括为：个人内在（intrapersonal）、人际（interpersonal）和超个体（extra-personal）因素的信息行为（Savolainen，2007）。进入 20 世纪 80 年代以来，随着认知科学的引入，信息行为研究范式发生了转变，用户个体的信息需求和行为成为研究的核心，逐渐取代了以信息和系统本身为中心的研究（Kim et al.，2012）。

综上国内外对互联网信息行为的概念研究，主要从情报科学、图书馆学和信息系统领域对互联网信息行为进行定义。在情报科学和图书馆学领域互联网信息行为涉及信息源选择、信息搜寻、信息交流、信息使用等行为。在信息系统领域互联网信息行为涉及采纳行为和持续使用行为。然而，在 Web 2.0 时代，互联网信息行为中较常见的信息创建、转发和评论行为缺乏定义和研究。

2.2.2 互联网信息行为研究的类型、对象和方法

互联网信息行为涉及信息源选择、信息搜寻、信息交流、信息使用等行为。国内外对信息行为概念的探讨经历了不同的时段。同时，互联网信息行为的特征、类型、模式、研究方法等也得到关注，如姚海燕和邓小昭（2010）认为互联网信息行为的特征有目的性、易用性、习惯性、积累性、经济性、社会性、媒介性、策略性、可塑性和戏剧性，其类型包括信息需求认识与表达行为、信息查询行为、信息选择与存储行为、信息加工行为、信息吸收与利用行为、信息交互行为、信息发布行为及信息创造行为。姚海燕等（2010）进一步探讨了网络信息消费行为模式、浏览或检索整合式的网上信息查询模式。任淑宁（2011）、韩金凤和谈大军（2012）就互联网信息行为的研究方法（出声思考法、视频捕捉法）进行了阐述。此外，国内学者还对高校用户（陈梅和黄丽霞，2010）、网络消费者（范敏和邓小昭，2011）、投资者（李月琳等，2013）等特定群体的互联网信息行为的内涵、特征和类型进行论述。这些围绕基本问题的探寻和甄别为未来互联网信息行为的理论研究奠定了基础。

互联网信息行为包括从识别信息需求到信息搜索、选择、共享、交流和吸收利用等一系列活动。在图书情报领域，有学者对信息浏览行为（肖大成，2004；刘合翔，2010）、信息觅食行为（杨阳和张新民，2009）展开定性分析。随着网络技术的发展，Web 2.0 模式得到广泛应用，一些学者对网络口碑和消费者点评信息

的搜索和利用（Li et al.，2017）、社交网站用户信息交互行为（杨善林等，2015）、问答网站协同信息行为（张薇薇，2010）等展开广泛的研究。上述研究主要采用了问卷调查法、搜索引擎调查法、Cookie 数据搜集法、用户注册信息调查法等搜集用户的一手数据，或者根据统计年鉴、《中国互联网发展状况统计报告》等二手数据，结合日志分析法、统计分析法等进行实证研究。

在信息系统研究领域，学者通常从过程视角将信息系统用户行为分为采纳前（pre-adoption）和采纳后（post-adoption）分别加以探讨。前者关注潜在用户对特定信息系统的采纳与接受行为，后者则关注用户对特定信息系统的持续使用行为（王臻，2015）。并且，在互联网用户信息行为研究中，又分为个体行为和群体行为。在个体信息行为方面，吴联仁（2013）实证研究了微博信息发布行为及行为时间统计特征。在群体信息行为方面，郭海云等（2010）研究了 Flickr、Yahoo!、360 及 Twitter 等社交网络上的互惠行为（选择其他用户发表的信息内容进行互动）。周涛等（2005）和闫强等（2013）基于大规模在线社交数据集的挖掘，研究了群体信息行为互动的时间规律。

上述互联网信息行为研究的对象、内容和理论方法见表 2-1。

表 2-1 互联网信息行为研究的对象、内容和理论方法

文献来源	调查对象	研究内容	研究方法和理论	信息行为类型
赖茂生等（2009） 蔡剑和詹庆东（2012）		针对网络用户在搜索过程中语言使用和查询式构造策略等问题进行用户实验研究	实验、观察、问卷调查、访谈	信息搜索行为
乔欢和陈颖颖（2009）		基于“沉默的螺旋”理论，分析网络环境中的从众行为	问卷调查和观察法	信息交流行为、信息传播行为
叶晓飞（2008） Anandarajan 等（2000）	在校学生	研究外部因素及 LISA 数据库提供的功能与学生使用数据库所要完成任务之间的匹配度和学生使用该数据库的主观认识、态度行为之间的关系	问卷调查法整合技术接受模型（technology acceptance model，TAM）和任务技术适配模型（task-technology fit，TTF）模型	信息使用行为
王蕾（2013） Sin 和 Kim（2013）		针对消费者网络信息搜寻行为的影响因素体系、过程化特征、搜寻量等展开探索性研究	问卷调查法、日志分析法	信息搜寻行为
曹梅（2011） Kwon 和 Song（2011）		针对用户的网络图像检索过程，从检索入口选择、关键行为分布、行为状态变换等不同角度研究用户网络图像检索的行为和心理	用户实验法、行为观察法	信息检索行为
张鹏翼（2013） 郭海霞（2012）	社交媒体用户	研究用户在在线社交网络中的社会资本及其他特征对信息寻求结果的影响	案例分析	信息搜寻行为

续表

文献来源	调查对象	研究内容	研究方法和理论	信息行为类型
吴联仁（2013）	社交媒体用户	研究社交媒体用户信息发布、评论和转发行为	统计分析 复杂网络理论 人类动力学理论	转发、评论和发布行为
杨善林等（2015）		研究社交媒体用户采纳行为和持续使用行为	TAM 理论 社会影响理论	采纳行为和持续使用行为
Nov 等（2010）	Flickr 用户	承诺（commitment）、自我发展、名声和使用时间（tenure）对 Flickr 用户的信息共享行为有显著影响；使用时间对乐趣、自我发展与信息共享行为间的关系有调节作用	动机理论	信息共享行为
Stefanone 等（2013）	Facebook 网站用户	亲朋好友的地理位置、社交网络的强度、个体的心理特征对社交网站的信息搜寻行为有显著影响	不确定性减少理论	信息搜寻行为
Fullwood 等（2013）	博客	年龄、性别和博客作者的可识别性影响博客使用者的语言使用风格和自我揭示模式，博客作者的可识别性对交流策略仅存在有限的影响	信息经济理论	信息交流行为
Oh（2012）	网络消费者	利他主义、互利互惠、娱乐性、自我效能对在线问答网站提供信息具有显著影响	社交问答服务、在线健康信息搜寻的相关理论	信息搜索与共享行为
Kulviwat 等（2004）		易用性、搜索的有效性、用户满意度直接影响感知利益；感知风险直接影响感知成本；用户经历、知识和教育程度直接影响搜索能力；感知利益、感知成本、搜索能力、购买战略、情境因素、个性因素都是在线搜索的驱动因素	信息经济理论	信息搜索行为
胡蓉等（2017）	移动互联跨屏行为	整合时间维和任务维对跨屏行为进行分类与描述性界定，并结合情境视角，从跨屏行为特征、行为动因及行为实现研究 3 个方面进行综述	信息经济理论	跨屏行为
李振林（2019）	人金融信息行为	个人金融信息保护与信息披露的冲突与制衡实际上决定了刑法对非法利用个人金融信息行为的规制限度。非法利用个人金融信息行为的刑法规制应当遵循不得侵犯公民个人合法权益和不能阻滞金融信息的合理使用与传播这两个原则	信息经济理论	金融信息行为
肖鹏等（2018）	学术阅读载体偏好与行为	“学术阅读载体国际研究”计划是一项由全球 36 个国家或地区参与的大型研究项目，目的在于探讨大学生学术阅读过程中对纸质与数字文本的载体偏好及相应的信息行为。中国研究团队除了利用通用的“学术阅读调查问卷”获取来自 16 个省（自治区、直辖市）的 1165 份调研样本，还对 5 个学校的 40 名在校大学生进行了深度访谈，以构建解释路径	问卷调查法	学术阅读行为

综上对国内外互联网信息行为的研究，主要存在于情报科学和信息系统两个领域，总体上呈现以下特点：在研究对象上，主要集中于高校科研人员，包括教师、学生和网络信息消费者（范敏和邓小昭，2011）；在研究内容上，重点围绕用户的信息行为目的、用户利用网络的态度和障碍等（杨善林等，2015），同时也开始关注用户个性特征及一些社会变量，如性别差异、上网经历、工作任务等；在研究方法上，通过关注某一情境下（如网络教育等）的群体行为，采用案例分析、人种志（ethnography）、扎根理论方法、观察法、访谈法等定性研究方法分析人类的各种信息行为；在研究趋势上，移动互联网信息行为受到广泛关注，如田梅等（2018）基于个体认知角度阐释了移动互联网信息偶遇行为演进动力机制。从个体认知信息需求状态、目标、信息价值判断及动机的目标化过程等方面进行分析，发现面向移动互联网环境下信息获取的复杂情境，个体认知信息需求是信息偶遇过程中行为演进的初始动力与主要动力。胡蓉等（2017）等在剖析涉及“两点一径”的跨屏行为三要素基础上，整合时间维和任务维对跨屏行为进行分类与描述性界定，并结合情境视角，从跨屏行为特征、行为动因及行为实现研究 3 个方面进行综述。

2.2.3 互联网信息行为模型研究综述

在互联网信息行为采纳和持续使用行为理论研究方面，大致分为三类：一是内因主导论，侧重于探讨心理动力因素（动机）、心理过程因素（认知、情感、态度）和心理特征因素（人格）等内因对用户采纳意愿或实际采纳行为的影响作用。研究的理论基础分别为使用与满足理论（uses and gratifications theory，UGT）、TAM 和五大人格模型（five-factor model）；二是外因中心论，侧重于探讨外在社会性因素对信息采纳行为的影响作用，理论基础主要有社会影响理论（social influence theory）和网络外部性理论（network externality theory）；三是内外因综合作用论，即同时考虑外包因素对采纳行为的影响作用，主要基于计划行为理论（theory of planned behavior，TPB）。

国外学者 Wilson 在 1981 年提出了著名的信息行为模型，清晰地描述了信息用户从需求到利用的总体框架，强调把用户的需求放入各种环境中进行分析（Wilson，1981）。以互联网为代表的信息技术的发展从根本上改变了信息交流和发布的环境（Pei et al.，2015）。毫无疑问，用户的信息行为与环境密切相关，因此互联网出现之后就迅速成为重要的信息来源、信息发布渠道和交流工具，并成为人们日常生活不可或缺的一部分（Bakshy et al.，2015；Lao et al.，2016）。

国外学者在信息行为理论模型研究方面更为丰富，尤其在信息的寻求行为和建设行为两个方面更为突出。例如，Wilson（1981）认为信息行为研究领域的行为模型大多只是针对某一具体问题或具体行为的，而对能够体现信息行为内涵丰富性的模型却很少，于是他在自己原有的信息寻求行为模型的基础上，构建了试图容纳更多具体信息活动及其关系的信息行为模型。1999 年 Wilson 对 1981 年的模型进行了修正和完善，提出了信息行为一般性模型，Wilson 没有局限于情报学的视野，而是广泛借鉴和引入了其他领域的研究成果，如决策、心理学、创新、生理传播和用户研究等。Spink 等（2006）综合了信息寻求研究、日常生活信息寻求和信息采集研究的观点，提出了信息行为初级模型。2011 年 Shenton 和 Hay-Gibson 基于系统思维方法的信息搜寻模型均产生影响，成为基于意义构建理论揭示信息行为研究方法的重要参考模型。Freud 模型以具体任务实施为研究对象，明确信息需求的形成受到用户认知、方案设计、工作任务和信息任务四方面因素的影响（李小青等，2018）。

国外信息行为研究经历了近一个世纪的不断探索和发展，到目前为止，对于信息行为的研究除了概念的丰富性和模型的多样化之外，还形成了该领域不同研究者群体所遵从的三大范式：以系统为中心的研究范式，该范式起源于通信领域及控制论的思想。从时间序列来说，它属于信息行为早期研究的主流规范，为当时的信息行为研究提供了理论基础和实践规范；以人或用户为中心的研究范式，该范式是现在最具影响力也是研究成果最为显著的理论体系，它以个体的信息需求和行为为核心，强调对主体个性化信息行为的研究；以文化为中心的研究范式，文化中心范式把信息寻求行为看作是人类文化的一个方面，关注信息行为以何种方式发生和起作用，研究不同文化群体的信息行为方式及社会和组织结构对信息行为本身的影响。

随着移动互联网的发展，移动 App 的使用日益普遍。在移动互联网环境下用户信息行为也被学者广泛关注，如国内学者对移动互联网下线上到线下（online to online，O2O）用户信息行为的影响因素、消费者信息搜索行为及对消费者参与影响的理论模型进行了研究（李欣颖等，2020；曹越，2018；邱长波等，2016；刘春年和陈通，2015）。

2.2.4 对互联网信息行为研究的评述

综上，国内外互联网信息行为的研究，主要存在于情报科学和信息系统两个领域，总体上呈现出以下特点：在研究对象上，主要集中于高校科研人员，包括教师、学生和网络消费者（范敏和邓小昭，2011）；在研究内容上，重点围绕用户的信息行为目的、用户利用网络的态度和障碍等（杨善林等，2015），同时也开始关注用户个性特征及一些社会变量，如性别差异、上网经历、工作任务等；在研究方法上，往往只关注某一情境下（如网络教育等）的群体行为，采用的方法也集中在案例分析、人种志、扎根理论方法、观察法、访谈法等传统定性研究方法；从研究深度来看，国内文献多集中于对互联网信息行为的基本问题及网络信息利用情况等问题的辨析，对于互联网信息行为影响因素的研究处于浅层分析阶段。

整体来看，当前国内外互联网信息行为研究主要存在着以下四点不足。

（1）较少研究偏差互联网信息行为。现有研究绝大部分聚焦在互联网一般信息行为（即信息查询行为、信息选择行为和信息使用行为）上，但对危机事件信息、面向国家公共安全的互联网信息行为研究非常少，这造成了对偏差互联网信息行为进行以心理治理为基础、以法律治理为核心的融合治理模式时的理论基础不足。

（2）现有的文献对个体信息行为的探讨不充分，没有从心理认知和动机上探讨偏差的互联网信息行为。虽然对信息安全行为的研究已经展开（李晶，2014），但现有的文献对个体行为的探讨仍不充分，如很少有文献研究个体违背信息安全规则是行为偏差还是主观故意造成的，在实际研究过程中区分这两类样本至关重要，这是对互联网信息行为背后的“人”进行有效的融合治理的基础。

（3）当前互联网信息行为研究的方法单一，缺少行为和认知实验研究。现有的文献主要通过自我报道式的问卷调查，收集目标用户的一手数据进行实证研究，数据分析方法多采用结构方程模型法探寻研究变量之间的因果关系。如上所述，互联网信息行为的研究是一个跨学科的多视角研究，一个跨学科的研究只局限于采用某一种或某几种方法是不够的，只有吸纳不同学科规范的研究方法，才能获得更多有价值的结论。要对面向国家公共安全的互联网信息行为进行有效的融合治理，通过借鉴和综合应用不同学科领域的研究方法，进一步拓展现有的理论成果是必不可少的。

（4）当前互联网信息行为研究的样本单一，主要集中在企业员工和在校学生上。在现有的研究中，企业员工和在校学生仍然是被调查的主体。要有效地对面向国家公共安全的互联网信息行为采用全社会的、以心理治理为基础的、以法律治理为核心的融合治理模式。研究样本不能局限在员工和学生上。仅仅针对一小群人的研究成果，得出的结论是难以令人信服的。由此可见，对面向国家公共安全的互联网信息行为的研究，还需要进一步获取更有针对性的、可信的一手数据和目标样本。

当前，互联网信息行为已经溢出网络本身，逐渐成为影响国家公共安全的重要原因之一。因此，对面向国家公共安全的互联网信息行为进行系统、深入的研究是十分迫切的，这不仅是填补国内外互联网信息行为研究的一个空白，更是维护网络空间时代的国家公共安全的必要前提。所以，从行为科学的角度，借助信息系统、信息行为、经济学等领域的经典理论，本书将对网络空间时代的互联网信息行为进行微观化和精细化研究，并不断探索新的互联网信息行为类型及其影响因素。在此基础上，本书将在大数据和系统论的视角下，采用多研究手段融合的方法，探讨互联网信息行为与国家公共安全的作用机制。

2.3 面向国家公共安全的互联网治理体系与能力研究及评述

随着互联网的产生与发展，虚拟与现实、数字与物质的边界正日渐消融，互联网的信息传播渗透到人类社会各个领域，成为我们这个时代社会发展不可替代的推动力，与此同时也给人类社会带来了不可忽视的负面冲击，互联网的治理问题日益凸显并引起各方高度关注，其中与安全问题相关的治理研究更是各国监管实践和业界研究理论的前沿内容（方滨兴等，2016c）。互联网治理是信息时代的全球命题，相关研究内容丰富、覆盖面广，研究内容包括治理理念、治理模式、治理能力和手段，研究对象覆盖政府、行业和网民个体。如前所述，互联网的融合治理模式是以心理治理为基础，以法律治理为核心，以偏差互联网信息行为背后的“人”的行为、认知和态度改变为目标的。如何将各种治理模式相融合，以构成一个完备的互联网融合治理模式，让偏差互联网信息行为的“人”在心理上尊法、信法、守法、用法、依法，这正是本书的核心内容二所研究的内容。

2.3.1 互联网治理的理论研究

于志刚（2014）认为，互联网作为一种新兴的媒介，已经脱离了纯科学技术那种跨越国界、社会、文化和政治体制而为全人类所使用的独善其身的本质属性，随着互联网在人类的社会各个领域的普及和应用，它越来越具有与人类意识形态、社会结构和文化背景紧密相连的特质。因此，对互联网的治理是绝对必要的。治理一词于 20 世纪 90 年代开始在西方政治学和经济学界兴起，主要用来研究和解决国家政府与市场经济不能达到理想管理和调节效果的问题，其基本含义和功能是社会实践活动的一种方式。后来，治理的概念在社会公共管理研究和实践中广泛使用。治理理论的主要创始人之一 James（2002）在其代表作《没有政府统治的治理》和《21 世纪的治理》中指出，与统治不同，治理指的是一种由共同的目标支持的活动，这些管理活动的主体未必是政府，也无须依靠国家的强制力量来实现。这一社会控制思想同样适合对带有明显社会公共产品属性的互联网及其衍生事务的管理。

俞可平（2000）指出，治理与管理在概念上是存在差异的。在国际语境中，“治理”对应着英文词“governance”，该词普遍被用于商业、非营利性行业、公共管理和国际合作等情境。它是一个比“政府管理”含义更宽泛的概念，一般指社会与政府的共管共治，强调市场、中介组织及个人在社会管理中的重要作用。因此，可以这样理解治理：政府与企业、个人同为治理的主体，三方共同制定规则和程序来协调、执行政策及解决争端。而“管理”则通常对应着英文词“regulation”。其字面意思是控制、规章和规则。管理是指政府对企业市场活动的直接干预。它一般包括以下几个方面内容：①管理是由政府主导的；②管理需要立法提供法律依据；③管理过程中，企业和个人属于受管理群体，但可以根据普通法和行政法对政府的管理行为提出法律诉讼。管理和治理的最大区别在于行为主体的不同，管理强调政府的主导作用，但并不排斥企业和个人的作用；而治理则倾向政府、企业和个人三方合作共同作用。目前，国际上对互联网管理行为的研究与实践，逐步呈现出崇尚治理这一概念的趋势。

信息社会世界峰会的互联网治理工作组（Working Group on Internet Governance，WGIG）对互联网治理所做的定义是，互联网治理就是各国政府、企业界和民间团体从他们各自的角度出发。对于公认的那些塑造互联网的演变及应用的原则、规范、规则、决策方式和程序所做的发展和应用。WGIG 的工作报告明确指出，互联网治理的主体是政府、私营部门和民间社会。互联网治理是一个非常复杂和庞大的新内容，WGIG 在对互联网实际状况的调查之上，确认了与互联网治理有关的公共政策问题，并将这些问题分为四类：与基础设施和互联网重要资源的管理有关的问题，包括域名系统和互联网协议地址（IP 地址）管理、根服务器系统管理、技术标准、互传和互联、包括创新和融合技术在内的电信基础设施及语言多样性等问题；与互联网使用有关的问题，包括垃圾邮件、网络安全和网络犯罪；与互联网有关但影响范围远远超过互联网并由现有组织负责处理的问题，如知识产权和国际贸易问题；互联网发展的相关问题，特别是发展中国家的能力建设。

在互联网发展早期，理论界普遍认为互联网是不应该被控制或者不能被控制的。约翰·佩里·巴洛认为，互联网是独立自由的空间，它不需要治理也不应该被治理，任何对互联网的监管都是对自由的干涉。尼葛洛庞帝认为，由于大多数法律都是为现实世界而制定的，很难对虚拟的互联网进行管理，而且互联网没有国界，法律却往往只对一国有效，即使有专门针对互联网的法律，也很难起到多大作用。罗斯托克认为，技术往往走在法律前面，通信领域技术日新月异，试图通过立法来控制互联网，如同用牛车来追赶飞机，显然不会成功（何百华，2001）。

在互联网技术日新月异的当前社会，国际上已经对互联网需要治理达成了共识，我国政府也一直坚持互联网需要治理的主张，十八届三中全会通过的《中共中央关于全面深化改革若干重大问题的决定》强调指出，要坚持积极利用、科学发展、依法管理、确保安全的方针，加大依法管理网络力度，完善互联网管理领导体制。2014 年中央网络安全和信息化领导小组办公室的成立，以及我国监管网络信息的微博十条、微信十条、账号十条及近期网络安全法的草案制定，均代表了我国对此方面监管及立法的高度重视。

当前信息安全已经被公认为是一国竞争力中的核心要素，以信息安全为重点的非传统安全成为学术界研究的重点。美国丹宁著有《信息战与信息安全》、汉斯·摩根索著有《国际纵横策论——争强权，求和平》、瓦尔多·罗沙·弗洛斯、艾吉尔·安东森和马蒂亚斯合著《信息安全知识在各组织中分享》、约翰·马可夫著有《五角大楼重导美元研究》、法国马丁·阿巴迪著有《信息安全》。这些学者通过不同的视角，均阐明了信息资源已经成为国家资产中举足轻重的要素。包括信息安全在内的非传统安全因素正在给国际秩序带来冲击，其对世界的影响已经远远大于传统的威胁因素。互联网将世界连成一张网，一旦发生信息战，没有一国可以独善其身。

我国学者十分重视信息安全研究，在充分考虑我国国情、民情的基础上，吸收、借鉴国外先进研究成果。主要代表作有沈伟光的《解密信息安全》、乌家培的《信息社会与网络经济》、陆忠伟的《非传统安全论》、崔国平的《兵不血刃信息战》。这些学者将我国面临的信息安全现状与美欧等主要发达国家和地区进行比较，从不同角度论证了信息安全给国家综合安全带来的影响，完善了我国信息安全及国家战略的相关理论。

对互联网治理理论研究的评述：互联网信息治理是一个全球化的命题。当今的互联网技术飞速发展，网络空间的面貌日新月异。虽然已经有很多研究比较深入地剖析和实践了面向国家安全的互联网信息行为的治理体系，但是都存在比较片面的缺点，并且没有紧跟时代的技术快速更新。从前面互联网治理的理论研究中可以看到，前期研究主要集中在过去传统的 Web 1.0 或者 Web 2.0 的互联网信息模型上，这些信息模型中用户之间的互动较少，因此在过去的互联网治理中是有效的。但是，随着近年来社交网络等新媒体信息快速传播技术的发展，互联网生态和其上的信息传播行为发生了较大变化，对国家安全也带来了全新的挑战，因此需要重新构建以心理治理为基础，以法律治理为核心，以偏差互联网信息行为背后的“人”的行为、认知和态度改变为目标的融合治理模式。

2.3.2 面向国家公共安全的世界各国互联网治理体系研究

世界各国根据治理模式的不同，衍生出不同的互联网治理体系。按照治理主体的不同，各国的互联网治理模式大致可以分为政府主导型（科层治理）、政府指导行业自律型（市场治理）和政府与行业共同管理型（网络治理）三类。政府主导型强调政府在网络管理中的作用，通过政府立法及网络过滤技术进行网络管理，代表国家，如新加坡、德国、澳大利亚等。政府指导行业自律型指在政府指导之下，倚重网络行业的自律进行管理，在基本法律框架之下，尊重网络行业的分级制度、自律规范等，代表性国家，如美国、英国、加拿大、日本等（赵水忠，2002）。政府与行业共同管理模式则强调政府和行业平等协商，共同管控，法国是该类型的典型代表。各国的具体情况如下。

美国的网络信息治理是以立法管理为基础、行业自律为核心、技术手段为保障的综合管理体系。在立法管理上，美国的互联网立法分为联邦立法和州立法，涉及未成年人保护、个人隐私保护、行业法规、国家安全等方面，法律规范体系已经十分的健全。自“9·11”事件以后，美国将信息安全战略上升为国家战略的核心地位，先后颁布了《网络安全法案》《信息安全与互联网自由法》，在网络监管上体现了前所未有的重视。在行业自律上，美国政府从互联网供应商、经营者和网络使用者三方面入手，倡导其遵守网络行为准则，保障互联网络秩序。在技术手段上，美国按照色情、暴力、赌博、烟酒等重要指标对网站上的内容进行分类，对中小学集中采用技术手段，防范色情等信息被儿童接触，并且加强了对反黑客、反病毒等网络安全技术的研究（王静静，2006）。

欧盟主要通过制定法律法规和成立专门的机构加强网络的管理，大多数国家成立了专门打击防范互联网犯罪的机构。德国是世界上第一个颁布网络成文法的国家。1997年通过《信息和通信服务规范法》，此法主要用来制止通过网络传播的违法内容。相对通过立法对网络进行管理，德国的非官方机构更为活跃，有健全的网络自律机制。法国对网络的管理经历了早期调控、自动调控和共同调控三个时期。早期调控时期法国政府主要通过颁布法律来主导互联网的管理，自动调控阶段政府开始强调行业自律和网民自律。2006年，法国政府颁布了《信息社会法案》，开始执行共同调控的管理政策。20世纪80年代到20世纪90年代中期，英国主要依靠行政和法制管理网络，20世纪90年代后期英国对网络的管理多偏重行业自律，1996年成立了互联网行业自律机构——互联网观察基金会（江小平，2000；姜群，2006；丁懿南，2007）。

日本的互联网管理基本上采取行业自主管理、自我约束的方针。迄今日本互联网行业颁布的行业规范有《电子网络运营中的伦理纲领》《互联网用户规则与方法集》等。这些行业规范规定了互联网用户应遵守的网上行为规范，就侵害著作权、商标使用、侵害肖像权、侵害隐私、有关他人的社会评价、散布色情信息、性产业、传销、销售未获批准的药品、广告、邮购，以及保护个人信息等事项做出说明，明确指出此类行为一旦触犯法律就会受到相应的惩处。虽然日本政府在网络的管理中重视行业自律，但政府也不是完全放任，刑法和民法是法制管理的重要保障。针对网络不良信息的发布、网络诈骗等犯罪行为都有严格的处罚（严久步，2001）。

新加坡从立法、执法、准入及公民自我约束等渠道加强网络管理。政府在互联网执法与执法中非常重视公共利益，将《广播法》《互联网实务法则》《国内安全法》等法律相互结合起来，严厉打击网络危害国家安全的行为。同时，《互联网实务法则》明确禁止出现以下内容的信息：危及公共安全和国家防务；动摇公众对执法部门信心；煽动或误导部分或全体公众；引起人们痛恨和蔑视政府、激发对政府不满；影响种族和宗教和谐；对种族或宗教团体进行抹黑和讥讽；在种族和宗教之间制造仇恨；提倡异端宗教或邪教仪式的内容；另外，新加坡也非常重视网络素养的教育，通过家庭、社会共同来加强网络教育，提高公民的网络素养。

韩国在网络信息治理中已经形成了完备的管理体系。根据网络传播的特征，韩国政府于 2006 年设置了一个独立的互联网管理机构——韩国因特网安全委员会。该委员会制定了韩国主要网站内容分级标准，并就信息传播伦理，净化网络内容等提出一般性的准则与政策建议。同时，成立了非法有害信息举报中心，受理有害网站信息举报，并在发现违法和有害信息时加以纠正，建立了政府与各部门之间的互联网协同治理机制。另外，韩国政府应用网络技术实施实名化管理，通过阻止、屏蔽有害信息的接入或下载，保护未成年人合法权益。在法制管理上，韩国制定了互联网内容管制、网络犯罪、促进信息传播与利用等一系列互联网法律、法规，并以此为基础对互联网进行法治化管理。此外，韩国也非常注重媒介素养的教育，在未成年人中开展网络素养的教育。

中国互联网管理的基本模式是政府主导型管理，以立法管理、行政监督、技术控制、行业自律等手段进行网络控制与导向（钟瑛，2006）。目前我国已形成一套相对完整的互联网管理系统，通过立法管理、行政监督、技术监督、自律引导、市场调节等手段的综合使用，进行网络控制与导向（王静静，2006）。方兴东（2016）总结了我国互联网治理方式的演进过程和特点，发现我国互联网治理逐步形成了以政府为主导、多方参与的模式，治理手段也不断多元化，从最初的立法为主，发展到行业自律、社会监督等多种手段。

对各国互联网治理体系的评价：互联网治理的一个基本特征在于共治，即多种主体共同参与治理并发挥各自的角色功能，形成治理的协作力和总体效应。从治理主体上看，强调党、国家机构、社会等共同参与，但各主体的治理权限、治理效力和治理责任存在差异；从治理方式上看，既采取法律制度等他律性规则，又有行为主体自愿接受，并符合共同利益的非正式措施、自我约束等自律性规则，是综合运用法律、市场、技术、教育等多种方式建立网络规则和秩序的方式（于雯雯，2015）。但是，对于如何充分考虑到互联网自身的技术逻辑及不同主体的治理成本和效率，综合使用他律性规则和自律性规则，目前还没有相关的研究。

2.3.3 面向国家公共安全的互联网治理能力研究

当前，尚未见专门针对互联网治理能力的定义和评价体系。当前对于治理能力的概念定义来自法学和公共管理领域。魏治勋（2014）从两方面定义了国家治理能力：从重构国家治理体系的角度来看，国家治理能力意味着作为主要治理主体的国家改造自身体制、与社会组织和公民相结合共同建构自主性治理网络的能力，它本质上是一种治理主体自我重构的能力；而从国家治理体系能力输出的角度来看，国家治理能力表现为在体制和机制上获得重构的国家治理体系实施公共治理、达成治理目标的能力。应松年（2015）定义的国家治理能力为一个国家治理体系综合协调、分工合作、发挥作用、体现价值和实现目标的一种资格、水平和能力。类似地，国家公共安全的互联网治理能力指互联网治理体系综合协调、分工合作、发挥作用、体现价值和实现国家公共安全的一种资格、水平和能力，具体地体现为治理体系的行动力和解决问题的能力。

李欲晓和谢永江（2016）综合各国的网络安全战略实践，总结了九大类战略行动：提高侦测、预防、阻止和处置网络攻击风险的能力，控制网络犯罪；保护关键信息基础设施；加强政府、企业和公众的合作；加强能力建设，开发自主可控技术；完善网络安全法律；重视网络安全专业人才培养；加强信息共享；培养网络安全意识；加强国际合作。胡启恒（2006）把互联网治理问题分解为十个具体问题，这些问题包括互联网地址与域名资源的管理、服务器主记录的管理权限、地址是否够用、域名和商标的纠纷仲裁、域名管理中的其他问题、服务提供商对于内容的责任、互联网的安全问题、网络治理和个人隐私的平衡、垃圾邮件等具体问题。

综合对治理能力的定义和上述的观点，可以认为，面向国家公共安全的互联网治理能力指互联网治理体系综合协调、分工合作、发挥作用、体现价值和实现国家公共安全的一种资格、水平和能力，而具体地体现为治理体系的行动力和解决问题的能力：①侦测、预防、阻止和处置网络攻击风险及其他互联网安全问题的能力；②信息基础设施的保护能力；③政府、企业和公众的合作能力；④对于核心技术的掌控能力；⑤网络安全法律的完善能力；⑥网络安全专业人才的培养能力；⑦信息共享能力；⑧工作人员和网民的网络安全意识；⑨国际合作能力。本书将根据上述定义，构建基于大数据的定量评估方法，识别治理体系的薄弱点，从而有针对性地提升互联网治理能力。

对互联网治理能力研究的评述：现有的治理能力研究，在研究对象上，一般以国家为主体，讨论整个政治体系的治理能力，而没有专门针对互联网治理能力进行定义；在研究内容上，强调治理的方式、方法、如何实现治理能力现代化，而没有对治理能力的可操作的定义和评估方法；在研究方法上，以概念讨论为主，缺少实证研究和案例分析。

2.3.4 对面向国家公共安全的互联网治理体系和治理能力研究的评述

综观世界各国的互联网治理体系，不外乎以下几种：科层治理模式的立法管理和行政治理（严格限制、管制、社会监督和举报）；市场治理模式的自律治理（行业自律和网民自律）；网络治理模式的政府、行业和网民协同治理。在这些治理模式中，技术手段和自律型规则都起了重要作用（信息过滤、阻断技术、内容自动分级、实名认证、下一代互联网研究、行业规则）。不论哪一个国家的互联网治理，均是对以上几种方法的综合运用。然而，各国对待互联网治理的指导思想不同、治理目标不同，各种治理方法所处的地位也不相同。互联网治理问题是全球面临的全新内容，并不存在放之四海而皆准的标准通用模式（方兴东，2016），因此需要根据各国的具体情况，如网络环境、发展水平（刘腾飞，2009）、行业格局、网民素养等制定符合本国情况的互联网治理模式。

在对文献进行整理和分析的过程中，本书发现学术界对互联网治理的研究已经有了不少的积累，做出了非常有价值的概念界定、国内外治理模式对比、治理技术手段研究等。但是这方面的研究在学理认知、实际操作和顶层设计诸环节仍有巨大的可拓展空间。研究中存在的不足表现在以下几个方面。

（1）缺少互联网治理的系统性研究。这是指当前国内互联网治理研究缺乏系统性、整体性，总体看来比较散乱。在既有研究中，研究主题涉及网络空间、虚拟社区、人际互动、网络侵权、网络色情、网络社会的本质、网络群体、网络伦理规范等。目前，研究人员既有来自社会学界的，也有来自哲学、伦理学等相关学科的，研究成果则散见于各种级别的刊物之中。从表面来看，互联网治理研究呈现一派繁荣的景象，但由于缺乏整体的思考，这些零散成果的出现并不能实质性地推动互联网治理研究的整体向前发展。在这不多的思考中，不仅存在诸多的分歧，难以达成一致的观点，而且整体思考之后往往缺乏后续研究。

（2）从研究方法上来看，面向国家公共安全的互联网信息行为的治理研究角度还比较单一，大多数文章仅仅是对互联网治理进行了观点阐述，只有少数成果运用了规范的质性或量化方法进行研究。其中，学科融合不多，文理渗透很少，这在某种程度上造成了学科的近亲繁殖，不利于研究的可持续发展和全面发展。

本书认为，应该综合运用公共管理学、传播学、社会学、公共政策、信息管理学等多学科的理论和方法来具体分析互联网治理这个问题。

（3）现有互联网治理的研究多是治标的。现有的互联网治理研究涵盖了互联网信息的线索发现、主题分类、公众情感分析研究和互联网舆情态势研判等多种技术手段，但存在明显的不足。一方面，没有特定的主题，研究散乱且各自为政，只在某一个技术点上进行探讨，而没有在互联网信息行为的传播、演变过程上进行整体把控；另一方面，当前缺少融合技术与社会学、心理学的研究，只知其然而不知其所以然，忽略了行为主体自愿接受，并符合共同利益的非正式措施、自我约束等自律性规则的作用，往往治标不治本，没有从国家公共安全角度整合各种治理技术和治理方式，形成面向国家公共安全的综合治理体系。因此，开展以心理治理为基础、以法律治理为核心的互联网信息行为的融合治理模式，使面向国家公共安全的互联网信息行为背后的“人”在心理上遵守相关法律，抵制偏差信息，是当前所迫切需要的。

2.4 面向国家公共安全的互联网信息行为的感知与理解研究及评述

要对面向国家公共安全的互联网信息行为进行有效的融合治理，离不开对偏差互联网信息的感知与理解，这是提升心理治理的能力与效果的关键前提。因此，本书的重要内容之一，就是对网络空间时代下的偏差互联网信息进行感知与理解。

2.4.1 面向国家公共安全的互联网信息的线索发现研究

如何从海量互联网信息中及时准确地发现我们所关注的重要线索已经成为摆在人们面前的一个重要问题，也是目前国内外公共管理、舆情监测、网络信息智能处理和大数据分析等领域的热点问题，学者也已经从多种角度出发研究了互联网信息中的特定线索发现问题。由于数据挖掘技术是在大量数据中自动发现隐藏的有用信息的过程，于是有很多学者试图采用数据挖掘技术来解决线索发现问题，其中用到的主要技术包括关联规则（刘向蓉，2005；申林，2012）、数据仓库（卢达，2013）、专家系统（Ferrara et al.，2014）等。

随着相关工作的推进，很多研究进一步聚焦到了线索发现相关的一些关键信息的挖掘上，如文本挖掘（闫泽华，2012；张虎，2014；Anwar and Abulaish，2014）、意见挖掘（费绍栋，2015）和个人信息挖掘（吴羽翔，2014；Been and van Keulen，2014）。此外，综合文本、图像、音频、视频等多媒体信息的情报信息技术及话题检测与跟踪技术也是与线索发现密切相关的。陈庆彬等（2013）均在此方向有所尝试，其基本思想是利用自然语言处理技术识别多媒体信息中的关键要素，以达到发现线索及预警的目的。目前，机器学习、深度学习在自然语言处理领域已有许多成功应用的案例，十分适合用于线索发现的研究。例如，支持向量机（support vector machine，SVM）、逻辑回归、随机森林用于文本数据分类（Chen et al.，2016）。卷积神经网络及其变体用于文本分类（Wang et al.，2017）、循环神经网络预测股票价格。Yang 等（2016）提出多层注意力模型（hierarchical attention networks，HAN）进行文本分类，在句子层和篇章层都进行了注意力（attention）操作，通过引入一个额外向量，将句子中的每个词都和该向量进行 attention 操作，进而选取一句话中最重要的词语信息。Wang 等（2017）提出了中断循环神经网络（disconnected recurrent neural networks，DRNN）模型，该模型将位置不变性引入递归神经网络（recurrent neural network，RNN）模型中，使得 RNN 模型既可以捕捉长距离依赖信息，又可以更好地抽取位置不变的局部特征。强化学习在各个领域也有诸多成功应用，因此将尝试基于强化学习技术研究线索发现问题。例如，Mnih 提出了一种异步的强化学习方法，即并行地使用多个实例来更新值函数，并将这种思想用于多种强化学习算法，如 Sarsa、Q-learning、actor-critic。刘智斌等（2015）提出了一种基于反向传播算法（back propagation，BP）神经网络的双层启发式强化学习方法，利用神经网络的泛化性能，改变了传统强化学习过程的盲目性。Hasselt 等（2015）阐述了 Q-learning 算法在大规模数据问题上可能存在的过度优化问题，证明 Double-Q 学习算法可以减轻过度优化问题，并提出了基于 Double-Q 学习算法的 Double DQN（deep Q network）模型。Lee 和 Chung（2015）将 TD 误差（TD error）应用于 Ant-Q 学习算法中生成了一种混合模型，并通过实验证明了这种方法比传统的 Ant-Q 学习算法更快地收敛于最优策略。在自动化控制领域，Kang 等（2017）通过强化学习中的 Q-学习算法，建立了一种基于车辆动力学的自主车辆行为友好策略。在机器人领域，Cui 等（2017）提出了一种新的值函数方法，用于涉及高维状态的无模型强化学习，解决了难以处理的计算复杂性问题，从而使基于值函数方法的强化学习算法适用于高维系统。而在金融领域，对强化学习的研究主要集中在股票市场，Deng 等（2017）提出了一种深度强化学习框架来进行金融信号处理和在线交易。

对线索发现研究的评价：前人的研究已经表明，互联网信息的线索发现是一项非常综合而富有挑战性的研究，涉及多种研究领域的多种算法和技术，包括网络爬虫、信息检索、分类与聚类、数据挖掘、情报分析、机器学习、主题模型、自然语言处理等。在应用方面则是非常广泛的，包括网络犯罪、侦查、线索预警、舆情监测、信息安全等。但是，就国家公共安全领域的应用而言，前人的研究并没有很好地聚焦于此，还有很多研究工作需要展开，包括国家不同公共安全领域的需求分析、数据采集、特定知识学习与获取、线索决策、目标评价与改进等。前人的研究也已说明，多种技术各有其优缺点，但未能很好地说明这些技术如何能有机地融合，实现优势互补。随着各种新技术的不断涌现，新技术和已有成熟技术如何融合？更进一步，前人的研究已经明确了自然语言处理技术的重要性，但是在自然语言文本的理解方面，主要集中在传统的语法信息和浅层语义信息层面，对于深层语义信息、语用信息关注较少。因此，我们提出面向国家公共安全领域的互联网信息线索发现应用，采用机器学习、深度学习、强化学习等新技术，深挖自然语言文本的语义信息和语用信息，依托元学习的框架，探索多技术融合机制及模型。

2.4.2 面向国家公共安全的互联网信息的主题分类研究

主题分类与自然语言处理领域的文本分类研究关系极为密切，也是数据分析、数据挖掘、模式识别、机器学习等领域研究的核心问题之一。近20年来，学者已经研究实现了多种经典的文本分类方法与技术，主要包括：贝叶斯分类（徐会，2014）、决策树分类（栾丽华和吉根林，2004）、K最邻近分类（王继成等，2000；韩家炜等，2001；鲍文等，2003；李晓明等，2005；Pedersen et al.，2010）、SVM分类（平源，2012；曲凯扬，2016）、模糊分类（阳爱民，2005）、基于文档主题生成（latent dirichlet allocation，LDA）模型的分类（姚全珠和刘波，2010；张志飞等，2013）等。这些方法已经被应用到多种任务中，表现出了不错的效果，也不可避免地存在一些有待改进的问题，如性能有待进一步提高、语法信息和浅层语义信息的理解深度受限、训练集还不合适、面向新数据新特性的自适应问题等。

近年来，随着社交网络技术与应用的飞速发展，很多与此前不同的网络信息内容和特点就此产生，并成为文本分类领域的一个新的热点研究方向。其中，最具代表性的一个内容是大众标注技术——用户主动对网络信息资源进行标注（即分类），以方便自己或他人的共享技术。大众标注包含了用户、资源、标签三个元素，具有四个非常鲜明的特征：①用户主动参与；②共享信息资源；③用户交互性；④贴近用户的真实想法。Al-Khalifa和Davis给出了大众分类法的有效性，很多学者也将其用于改进语义 Web 问题、自主式学习概念、信息检索和知识发现（Lux and Dosinger，2007；Morrison，2008；Kim et al.，2012）等，取得了一些成果，但较少用于国家公共安全相关的领域中。

对主题分类研究的评价：前人的研究已经表明，互联网信息为传统的主题分类技术带来了很多新的特点和挑战，需要找到更加适合这些新特点的新技术。前人的研究大多侧重于传统的语法信息和浅层语义信息层面，然而，对于更能揭示主题含义的深层语义信息的研究较少，在语法、语义和语用信息的综合利用方面的研究则更少。因此，在分析总结互联网信息新特点的同时，应当深挖自然语言文本的语义信息和语用信息，更好地抓住主题分类的关键知识。同样，不同技术各有其优缺点，如何能够有机地融合？本书试图从面向国家公共安全领域的互联网信息的动态性、交互性、模糊性等特点出发，引入隐含狄利克雷分布主题模型和 K 均值两种方法拓展主题意义及其关系表示，借助机器学习技术探索语法、语义和语用信息的综合利用，依托元学习框架，优化多技术融合方法，从而及时发现公共安全或突发事件并进行有效控制。

2.4.3 面向国家公共安全的互联网信息的公众情感分析研究

情感分析计算是近年来得到众多学者和业界人士重视的热点问题之一。随着网民对于现实社会的影响力急剧上升，网络公众（赵翠翠，2014）对于社会突发事件的传播、对于社会情绪的影响起着相当大的作用。Jurek 等（2015）试图从情绪的角度反过来影响和预测公共事件。如果可以正确分析网络公众的情感倾向，就可以预测某些突发事件或将事件的伤害性降低。1992 年，Hearst 就提出了对文本中包含的观点和情绪进行挖掘。2004 年，美国加利福尼亚大学的 Kim 和 Hovy 对文档的主观性和文字的主观观点挖掘方法进行研究。此后，情感分析的基础文本分析工作逐渐成为众多学者的研究对象，研究也逐渐形成体系。在我国，随着互联网的繁荣和中文在国际语言中地位的提升，涌现出了大批中文情感分析方面的研究。中国传媒大学易红发等（2014）提出了使用 R 语言中的 sentiment 包来研究 Twitter 上英文用户对有关中国议题的观点，开始跨学科使用情感分析技术，这表明了我国对情感分析技术的研究越来越深入、清晰、广泛。

根据所需判断的单元不同，情感分析可分为不同级别：文档级、句子级、字或词级别。许斌（2013）提出了一种基于树结构的中文微博情感倾向性规则分析方法，但是因为网络信息数量庞大更新速度快，所以在实验选材上有局限。根据传统人工智能研究的视角，大部分文献采用的情感分析方法可以归为两类：基于机器学习的方法和基于情感词典的方法。基于机器学习的方法重点在于有监督学习算法，如朴素贝叶斯、SVM、条件随机场（conditional random field，CRF）等，或无监督学习算法，如主题模型、激活力模型、点互信息等。基于情感词典的方法重点在于带有情感信息的词典构建和应用。崔连超（2015）针对电商网站和手机评论文本数据集，根据语法规则、词之间关联程度和情感词典预测文本情感倾向。文献中还普遍提到了为情感分析算法提供输入的特征抽取和选择算法，如文档频率和信息增益；文本表示算法，如布尔模型、向量空间模型和概率模型；常用的特征权重算法，如 TF-IDF（term frequency-inverse document frequency）（Yang et al., 2016）和常用情感词词典，如 HowNet 情感分析中文词表（傅向华等，2013）。上述机器学习、情感词典和特征选择方法都有很多研究积累，各有优缺点，因此也有很多工作是将上述方法结合起来进行的。比较多的是将情感词典、规则与 SVM 相结合（Hamouda et al., 2011），也有将规则与 CRF 结合的（夏梦南，2015），此外，也有研究者注意到集成分析。经过国内外多年的共同研究，目前关于情感分析的研究已经有很多较为成熟的方法。最初出现的是基于规则的方法，它多依靠人工编纂的规则来进行语句分析，但是随着互联网时代到来，语料规模急剧增大且涉及主题急剧增多，基于机器学习的方法逐渐脱颖而出。

对公众情感分析研究的评价：研究者已经注意到互联网络情感分析的新特点和新挑战，尝试从情感词典资源、情感特征抽取、机器学习算法、统计分析等多个角度进行改进和提升。目前，仍然有很多问题有待进一步深入研究与探索，如网络新词、表情图标、错写词语等现象导致的情感词典构造受限问题；微博口语化程度高并且属于短文本语料，依存句法分析的效果不够理想；机器学习算法与语法语义规则的兼容问题；机器学习算法中的参数设定问题；多种情感特征与特征顺序、上下文的关系问题；汉语中常用的欲扬先抑、欲抑先扬、反讽等修辞手法的情感分析问题等。因此，本书研究试图从大数据文本规模的优势出发，采用深度学习技术探索互联网语料中语法、语义和语用情感信息的综合利用，并在元学习框架下优化实现多技术融合，推动情感分析的实用化进程。

2.4.4 面向国家公共安全的互联网舆情态势研判

当前，互联网已成为各阶层利益表达、情感宣泄、思想碰撞的舆论渠道，也成为折射现实社会舆论和民情的镜像。蔡立辉和杨欣翥（2015）认为，社会舆情是一定时期、一定范围内的社会公众对社会现实中带有一定影响力的焦点、热点问题的主观反应或者有明确态度的意见与言论，是群体性的思想、心理、情绪、意见和要求的综合表现。郝晓玲（2012）指出，互联网舆情是社会舆情在互联网空间的映射，也是政府治国理政、了解社情民意，以及公共危机事件的信息收集、分析和预警的重要研究领域。网络舆情研判是对网络媒体上的舆情进行价值和趋向判断的过程，基本流程包括：信息采集，主要话题主题的识别与抽取，主题语义、情感和统计分析，生成热点，基于用户的评价准则进行研判，前景预测。参考这一流程，可将舆情研判所涉及的关键技术分为五个部分：主题抽取技术、情感分析技术、热点发现技术、舆情研判技术及演化分析技术。

针对五个不同部分，学者进行了许多技术研究。主题抽取技术主要包括：基于词语相关度的方法（袁晓峰，2012）、基于关系概念的方法（程春雷等，2016）、词聚类（陈炯和张永奎，2005）、基于结构框架的方法（任玉等，2009）。情感分析主要方法有：贝叶斯网络（高岩，2014）、LDA 模型（毛龙龙，2015）、基于半监督机器学习方法（王成，2015）。互联网的热点发现、热度计算等热点分析技术主要有：基于词频统计的方法（郑魁等，2010）、聚类（王伟和许鑫，2009）、词语相关度（周亚东等，2007）、基于 K 均值（K-means）和 SVM 的方法（徐春光，2014）、话题检测与跟踪（topic detection and tracking，TDT）技术（毛立鹏，2014）、基于社会网络（李勇等，2010）、基于关键词（Zhang and Liu，2012）。对互联网舆情进行研判需要建立指标体系，以便于直观地反映舆情。徐迪（2013）基于层次分析法、杨永红（2010）基于数据挖掘技术来进行研究，建立研判指标体系。针对演化分析部分，Shimeall（2002）提出了基于流程的分析模型；周耀明和李弼程（2013）提出一种自适应网络舆情演化建模方法。胡艳丽（2011）提出了在线话题演化分析框架和方法、Zeng 等（2007）引入隐马尔可夫模型（hidden Markov model，HMM）来描述网络舆情的活动。Wenlei 和 Mao（2016）考虑使用组合权重，并且提出了一种改进的层次分析（analytic hierarchy process，AHP）熵方法，综合了主观权重和客观权重，以此建立了网络舆论的评价体系，并且证明其对网络舆情风险评价的可靠性和有效性。目前，深度学习技术在舆情态势方面已有诸多应用。王国华（2016）提出了基于大数据语义特征分析提取的网络舆情监管预测算法，采用二元语义信息表达方法，对网络舆情进行主题词表构建和匹配，并且结合时间序列实现了预测算法的改进。Fu 等（2016a）实现了长短期记忆（long short-term memory，LSTM）对交通流量的预测，Wang 等（2017）使用 LSTM 对地震进行预测。

对舆情态势研判研究的评价：目前对于互联网舆情研判方面的研究越来越多，前人的研究主要针对 Web 文本信息进行舆情分析，涉及多种研究领域的多种技术和算法，包括网络爬虫、聚类分析、中文分词、机器学习、自然语言处理等。但是目前的研究较少有专门针对国家公共安全进行网络舆情分析和研判，也较少有多门类不同技术的融合研究。核心内容三将从国家公共安全应用角度出发，关注相关互联网信息的特性，在开放性的元学习框架下，探索如何将新兴技术与成熟技术相结合、实现优势互补。

2.4.5 国家公共安全的互联网信息的感知与理解

近年来，各种网络威胁不断涌现，面向国家公共安全的、高效可靠的互联网信息的感知与理解已经成为互联网络安全健康发展的主要任务之一，有着很大的挑战性和创新空间。围绕该问题，研究者面向多种应用展开了广泛的探索。网络安全是网络时代国家公共安全的一个重要基础应用领域。胡威（2007）认为，网络安全态势感知研究主要包括三个处理过程，即网络安全态势觉察、理解和预测。Pirscoveanu 等（2015）使用了基于有监督的机器学习方法。徐茹枝和王宇飞（2013）针对电力信息网络的安全态势精确判断问题，提出一种基于量子遗传算法优化训练参数的球向量机分类器。Carter 等（2014）提出一种图模型来检测僵尸网络和恶意网站。与此相对应的网络舆情和安全监管是另一个重要的应用领域。张蕾（2014）介绍了 7 个国内知名的网络舆情系统。夏红星等（2014）研究了安全监管数据融合与预警决策软件。

国家公共安全还有很多相关的应用领域，如食品安全、政府危机决策、飞行安全。王二朋（2012）借助计量经济学分析方法，研究食品安全事件冲击中消费者对食品安全风险感知及其影响因素和食品安全事件冲击后消费者应对行为及其影响因素。孙晓宇（2015）介绍了网络信息态势感知应用决策模型涉及的算法和技术。Naderpour 等（2014）提出一个情境态势感知支持系统（situation awareness support system，SASS）。Malan 等（2004）提出了一种基于小波神经网络的安全态势预测方法。范竣翔等（2017）提出了基于循环神经网络的空气污染时空预报模型研究方法。

对感知与理解研究的评价：学术界已经对国家公共安全相关的应用进行了一些研究，但由于网络公共安全危机事件本身具有的高度随机性、不确定性、模糊性等属性，导致了公共安全危机决策的信息极端复杂化，真假信息混杂、危机信息繁杂冗余，对危机决策的支撑严重不足。已有多种技术的研究既表现出了不少优势，也暴露出了很多问题，如特定数据依赖性、有监督训练机制的性能缺陷、不同机器学习方法的多种训练参数调整等。本书将努力解决这些问题，在开放的元学习框架下，融合多种技术，实现优势互补，提高信息感知与理解的精度。

2.4.6 对上述研究的综合评述

要对面向国家公共安全的互联网信息行为进行有效的心理治理，离不开对偏差互联网信息的感知与理解，这是提升融合治理的能力与效果的关键前提。以上文献对面向国家公共安全的互联网信息的感知与理解的研究提供了可借鉴的方法和思路，具有重要的参考价值。然而，目前的研究在以下方面有待进一步展开和深化。

（1）关于面向国家公共安全的互联网信息的线索发现的研究，虽然已有多种技术被应用到线索发现领域，但在目前的研究中，这些技术使用较为单一，没有很好地聚焦到国家公共安全领域，特别是作为关键技术之一的文本处理技术仍然集中在传统的语法信息和浅层语义信息层面。核心内容三将在已有技术的基础上，面向国家公共安全领域的应用，依托元学习框架，融入机器学习、深度学习、强化学习等新技术，深挖自然语言文本的语义和语用信息，探索发现国家公共安全方面的互联网信息线索的新方法。

（2）关于面向国家公共安全的互联网信息的主题分类的研究，较少有研究深层语义信息的获取与表示，更少有研究语法、语义和语用信息的综合应用，即表象可变的语法信息，复杂多样的语义信息，它们是如何在某种特定语用环境之下被赋予唯一主题含义的？核心内容三将从互联网信息新特点与传统自然语言文本特点共存的应用出发，将主题分类体系的结构从扁平化提高到层次化和立体化，增强对于主题相关的语法、语义和语用信息的挖掘和利用，优化主题分类的性能。

（3）关于面向国家公共安全的互联网信息的公众情感分析的研究，针对具体方法的研究较多，只有少数试图综合多种方法的优势，而很多复杂问题的解决急需深入研究语法、语义和语用信息的一体化计算。核心内容三将面向国家公共安全的多个子领域，在元学习框架下，融合经典情感分析算法、循环神经网络、分布式文本表示等新技术，探索更具实用性的公众情感分析技术。

（4）关于面向国家公共安全的互联网舆情态势研判的研究，已有研究涉及非常广泛的相关技术领域，但较少有涉及多门类、不同技术的融合研究，也较少有专门针对国家公共安全进行网络舆情的分析和研判。核心内容三将从国家公共安全应用出发，对其不同子领域的互联网信息进行综合采集与特点分析，依托开放性的元学习框架，探索多种技术融合方法的同时，降低对特定领域特定信息的依赖。

（5）关于面向国家公共安全的互联网信息的感知与理解的研究，已有工作开展了一些针对国家公共安全相关领域的应用，但对公共安全危机决策的互联网信息极端复杂化的特点应对不足。核心内容三将立足国家公共安全应用的信息特点分析，在开放的元学习框架下，融合多种技术，探索解决特定数据依赖性、有监督训练机制的性能缺陷、不同机器学习方法的多种训练参数调整等问题。

在以上文献综述的基础上，主要研究面向国家公共安全的互联网信息的感知与理解技术，重点解决以下几个科学问题：①国家公共安全的应用领域及其所涵盖的多个子领域不同于其他领域的信息特点如何；我们的技术如何能更好地适应这些特点。②多种技术孰优孰劣；多技术融合是否更有优势；如何实现更好地融合。③机器学习不可或缺，但如何才能降低其对于领域特性、人工标记等特定信息的依赖程度。④自然语言文本处理技术至关重要，但如何深挖语义信息甚至语用信息。上述研究，将逐步实现面向国家公共安全的互联网信息的感知与互联网舆情的研判理解，以便有效地对热点事件做出分析和态势预测，从而提升处理能力和应对能力，加强舆情管理，更好地服务国家公共安全和国计民生。

2.5 面向国家公共安全的互联网信息的传播与演化研究及评述

要构建以心理治理为基础，以法律治理为核心，以偏差互联网信息行为背后的“人”的行为、认知和态度改变为目标的融合治理模式，对面向国家公共安全的互联网信息的传播与演化的深入研究必不可少。针对互联网信息传播和演化的分析和研究是近年来信息处理领域内的热点。互联网中不仅有官方发布的权威信息，也有普通用户参与讨论的用户生成内容（user generated content，UGC）。虽然搜索引擎技术能够解决对海量分散在互联网中的信息检索的难题，但并不能按照一定规律（如按照事件发展的规律）将有效信息聚集、组织形成话题返回给用户或公共事务管理者，从而影响对信息传播与演化的进一步分析。话题发现与跟踪技术能自动将分散的信息聚合，并加以整理、分析和挖掘，形成一组对某一事件或多个事件的话题描述，并借此研究信息的传播路径、事件发展脉络及影响力评估和流行度预测，为对国家公共安全的互联网信息的治理提供决策。该部分内容建立在以下几个方面的研究文献基础上。

2.5.1 互联网信息话题发现研究

为对大量语料进行话题发现，需要对文本内容进行分词，找出其中潜在的与某一领域相关的主题词，如面向国家公共安全的主题词。从文本中抽取主题词一般有抽取出现频率增长快的词语作为主题词、抽取有意义词串及利用实体库抽取主题词等方法。例如，Lietal 指出信息往往由 3W 组成——who（谁）、where（哪儿）和 what（什么事），他们利用斯坦福大学编写的命名实体识别（named entity recognition，NER）器提取语料中的人名、机构名、地名等匹配为 3W 之一，从而作为潜在的话题主题词。目前已有的研究一般基于普遍适用的分词系统，但尚未有研究能够针对公共安全领域的专有词汇进行抽取。

基于分词后潜在的主题词，目前话题发现一般分为两大类，一类基于聚类的思想，将从文本信息中提取的主题词按照一定规则进行聚类，利用聚类方法对主题词进行聚类，将文本信息划分为基于不同话题主题词的群组，从而完成话题发现。对主题词进行聚类生成话题有两种方法，一种利用主题词的基本特征及主题词出现频率的相似度进行聚类，从而发现话题。例如，贺敏等（2013）采用 TF-IDF 值作为距离度量方法，采用二分 K 均值算法对信息进行聚类产生候选话题后，根据每个话题的相关文档数量来对话题进行热度排序，获得最热的 n 个热点话题。另一种利用主题词的共现关系生成共现网络，在该网络上运用图划分（社区发现）技术找到话题划分。由于网络中的节点间的互联程度不同，可以采用网络社区发现（community detection）算法用来发现网络中的社区结构，使得在相同社区内部的节点联系紧密，而在不同社区间的节点联系稀疏。社区发现算法也是一种聚类算法。例如，通过计算语料中所提取关键词的 TF-IDF 值作为权重，并计算两两关键词权重的余弦相似性生成主题词关系矩阵（网络），在此网络上应用标签传播算法（label propagation algorithm，一种网络社区发现方法）对主题词进行社区发现，从而发现话题。另一类是利用概率图模型方法生成主题模型，以文档中的词语生成给出文本信息中每个隐含主题在词语上的概率分布，抽取概率较高的几个主题词来描述某一话题。例如，隐含狄利克雷分布技术通常用于长文本，如新闻报道、专题文章等的话题发现。基于 LDA 主题模型，姜晓伟等（2013）提出了词项聚合 LDA 策略来实现微博话题发现的方法，首先将具有相同主题词的文档进行聚合，然后在聚合后的文档集上训练 LDA 模型，从而得到话题分布。

对话题发现研究的评述：对于话题发现，不论是对主题词的聚类方法还是对主题词共现网络进行社区划分发现话题，都需要有一套能够对面向国家公共安全主题词进行精准划分的专业领域的主题词词库，而目前尚未有这样有针对性的词库。

2.5.2　互联网信息传播路径挖掘研究

话题的传播与演化，是互联网信息传播与演化的一个缩影。互联网中信息的传播形成了信息传播网络，信息传播网络既不同于互联网中网页间链接形成的万维网，也不同于在线社交网络中用户间关注形成的关注或朋友关系网络。对话题传播的研究一般通过对信息传播路径的挖掘来完成，即从与某一话题相关的海量互联网信息中推断出这些信息的传播网络。一般而言，传播网络的推断方法是通过利用机器学习算法找到最能描述话题信息真实传播的传播路径。借助网页间（信息间）链接的万维网及信息传递者（在线社交网络用户）形成的用户关系网，依照生存分析方法对每个节点（信息或用户）对其他节点的影响模式进行概率建模，利用机器学习算法使用真实传播对该模型参数进行推断，进而由该模型找到最能描述真实传播的信息传播网络。例如，Du等（2014）对传播节点间受影响的时间进行显式建模，提出了一种时间参数连续的概率模型，借此来挖掘信息的传播网络。在这个工作中，研究者同时考虑了针对不同话题领域的传播路径挖掘，并且所提出概率模型中的参数可以作为话题在信息传播速率方面的一种度量。对于以上提到的万维网与信息传播者关系网络均不存在，仅观测到某信息传播者发出传播动作的时间时，Du等（2014）提出了一种利用生存分析方法的时间参数连续的核模型，来推断潜在于信息传播中的传播网络。这种模型还可以对多种传播者形成的异质信息传播网络进行推断。

此外，也有学者结合传播节点的影响力，将传播网络按照传播路径的模式不同进行划分。于洪和杨显（2012）结合影响力度量，给出了微博网络中信息传播路径的几种典型形式，如“一触即发传播模式”中的传播用户基本停留在一级传播节点的位置，“多级传播模式”中的传播用户会带动下次用户对信息进行传播，“多点触发传播模式”中影响力大的用户会形成各自的传播网络。

对传播路径挖掘研究的评述：在信息传播网络推断方面，于洪和杨显（2012）的研究成果是较为突出的。但已有研究往往局限于单一信息、单一信息源头和单一渠道的传播。面向国家公共安全的互联网信息往往在某一相关话题的传播中，出现以多个信息源头或同时或异步的、多渠道的多个信息的传播，因此需要对这种较为复杂的情形构建信息传播路径挖掘模型。

2.5.3 互联网信息话题演化分析研究

话题在传播过程中，往往会受到其他信息和信息传递者的影响而发生变化。通过对有关国家公共安全的话题演化的研究，可以整理出事件发展的脉络，对了解国家公共安全事件的掌控和对面向国家公共安全的互联网信息的治理提供重要的信息和决策基础。

针对不同的话题发现方法，话题演化分析方法一般分为两种，第一种是根据主题词出现频率的变化对不同时刻话题中的主题词进行更新，并对新的主题词聚类生成话题。这些方法在话题发现部分有所体现，如李磊等（2016）首先提取主题词，对按照规则划分的时间片内对文本信息进行聚类后，根据某一话题内所包含文本数量的变化描述话题的发展过程。第二种是通过建立概率模型，使之其中的某些参数来描述话题演化，如Lin等（2013）提出一种可以对任意主题演化进行跟踪的概率模型。该模型利用信息传播者层面的影响力传播，通过高斯马尔可夫随机场对文本信息、社交影响力和话题演化进行联合建模，而模型中话题与时间相关的参数可以描述话题的演化。基于 LDA 模型提出了一种在线 LDA 模型——OLDA[①]，从而随着新文档信息的加入，增量建立更新的主题模型，按时间序列对隐含主题中的主题词概率进行更新，再抽取新的概率较高的主题词生成话题。胡艳丽等（2012）则提出了一种基于 OLDA 模型的话题演化方法，进一步考虑了话题分布在时间片间的联系，实现在线话题演化分析。除此以外，也有学者提出了一些混合概率模型，如为能更好地发现话题演化，Fu 等（2016a）则将时间序列划分为粗粒度和细粒度的两种时间序列，然后基于层次狄利克雷模型，在两层时间序列上提出了动态在线层次狄利克雷模型。

对话题演化分析研究的评述：互联网信息中的话题演化往往是在时间序列上对话题内包含数量的建模，其方法与话题发现的方法紧密相关。但涉及与国家公共安全相关联信息的话题演化，往往具有独特的演化模式，如可能存在周期性“涨落”与多次“突变”现象并伴随着可能出现的“谣言”等不实信息，因此需要建立有效的数学模型对其进行研究分析。

2.5.4　互联网意见领袖发现研究

对信息传播网络和演化过程中的意见领袖的识别，不但有助于对话题传播路径挖掘和对话题演化分析有帮助和促进作用，而且也为互联网信息行为的治理提供目标。虽然已有学者对传播网络中传播节点影响力进行研究，但仍需要对意见领袖的内涵及其作用、影响力进行规范定义。

意见领袖的发现方法一般是在计算所有信息传播者的某种指标后，按照这个指标对他们进行排序，排序考前的信息传播者被认为是意见领袖。例如，于洪和杨显（2012）利用社会网络分析法，结合网络常用指标，如多种中心性，提出了一种结合局部和全局两方面影响能力的指标来刻画传播节点的影响力，对传播节点的影响力排序从而发现可能的意见领袖。王祎珺等（2016）结合了传播网络的网络特性和在话题演化中信息传播者的活跃度和话题参与度等与话题内容相关的特征，提出了基于话题演化的意见领袖发现方法。此外，也有研究者根据情感对信息传播者进行评价，从信息传播中找出情感影响者。例如，朱江等（2015）利用信息的情感相似性和信息传播者的情感行为相似性，建立了含有信息、信息传播者的异质网络，确认了该异质网络中确实存在的情感影响，并提出了 EmotionRank 模型在该异质网络中发现情感影响者。此外，利用话题的相似性，通过对信息传播者可能对信息传播的概率进行建模，以计算该信息传播者的影响力。

---

① OLDA：在线 LDA 模型，英文全称 online latent dirichlet allocation。

值得注意的是，信息传播者在不同领域的影响力是不同的。并且，在国家公共安全这个大的领域中的互联网信息，必然涉及多个领域，如食品安全、事故灾难、公共卫生等，因此，按照领域来评估信息传播者的影响力，进而识别领域相关的意见领袖是很有必要的。刘金龙等（2015）提出了一种基于领域划分的信息传播者的影响力分析方法，通过对基于信息传播者所传递信息的领域来对传播者进行划分，并同时根据信息传播者及其关联传播者的身份对其进行划分，得到的两种划分结果按照一定权重进行加权合并，基于这种划分，计算信息传播者的影响力，从而找到意见领袖。

对意见领袖发现研究的评述：现有方法往往根据对信息传播者的影响力排序而发现意见领袖，也有一些按照领域划分的影响力计算来发现意见领袖的研究成果。但值得注意的是，在某一个面向国家公共安全领域的互联网信息话题中，往往涉及的不是单一领域，如发生自然灾害后，涉及的是与公共卫生、食品安全、紧急交通和通信等多个方面的领域。因此需要对跨领域或重叠领域内的意见领袖进行识别。

2.5.5 互联网信息话题影响力评估与流行度预测研究

虽然目前还没有相对统一的话题影响力定义及其计算模型，但是已有一些研究尝试对话题的影响力进行评估，大多根据话题中所包含的信息数量进行排序得到，如 Du 等（2013）先利用信息传播路径挖掘方法得到信息传播网络，然后通过对参与讨论的用户数量（信息传播者）的数量进行统计，来形成话题影响力的评估和流行度预测，也就是说，在信息传播网络中对所有信息传播者所影响用户数量求和，得到某话题的影响力。同时也有不少研究利用传染病模型对信息传播进行建模，如 Liu 等（2016）从真实世界的信息传播出发，观测了信息影响者影响他人的统计信息，基于普通的传染病模型，建立了用来描述带有超级传播特征的信息传播模型，并用描述信息传播速度和范围的参数对信息传播的影响能力进行标识。

在得到话题在某一时刻的影响力之后，可以根据与该话题相关的信息传播者的历史数据，如兴趣、影响力等信息，计算该传播者是否会对这类信息进行传播的可能性，进而在其关系网上计算其他信息传播者对信息传播的可能性，最后预测得到话题的流行程度。例如，Zhang 等（2015）通过对话题中出现相关信息量的统计，对用户兴趣的挖掘、用户影响力的分析和计算，对信息传播流行度进行了预测。Liu 等（2016）则先将信息按照一定规律进行分类，再在分类上对信息传播者是否会对信息进行传播的可能性进行计算，从而预测信息传播的结果。

对话题影响力评估与流行度预测研究的评述：目前对话题影响力系统评估的研究较少，对信息或话题的影响力计算往往局限于单一的评价标准，因此可以借助传播网络中传播节点的影响力的计算，可以从影响深度、影响范围、影响时间跨度等不同尺度上对话题的影响力进行评估并对其流行度进行预测。

2.5.6 对上述研究的综合评述

融合治理的目的是以心理治理为基础、以法律治理为核心，让面向国家公共安全的互联网信息行为背后的“人”在心理上遵守相关法律，抵制偏差信息。要达到融合治理的目的，对面向国家公共安全的互联网信息的传播与演化的深入研究必不可少。国家公共安全科技发展“十二五”专项规划中曾指出，我国在事故灾难、公共卫生和社会安全事件的形成机理和预测预报研究方面有待深入。与公共安全事件相关的互联网话题的发展往往由公众、政府和媒体三类参与者共同作用，三类参与者关系紧密，在互联网话题的发展演变过程中相互影响并相互制约。不同于普通信息的传播和演化，与公共安全事件相关的信息往往在事件发展的不同阶段形成不同的话题组成，并在事件发展中受到多个信息源所发出的相同或不同信息的影响作用，从而干预话题的传播和演变。尽管当前在基于互联网信息的话题发现和传播与演变已有一定的研究成果，但目前有针对面向国家公共安全这一特定领域的互联网信息的话题发现、传播路径挖掘及话题演变等相关研究还较少。

如前所述，在互联网信息中发现话题一般需要先对文本信息进行分词，再对分词的结果通过聚类或使用概率图模型来发现。但目前缺少面向国家公共安全的主题词词库，这使得发现与国家公共安全相关的话题的有效性受到很大影响，如一些实际上与该领域相关侧词语若未收录在相应的分词词库中，则无法发现与该主题词相关的话题。因此，需要有一套能够对面向国家公共安全主题词进行精准划分的专业领域的主题词词库，以使得面向国家公共安全的互联网信息的话题发现能够顺利完成。

当前的话题发现技术一般针对以文本为载体的信息来完成。事实上，随着Web 2.0技术的发展，越来越多的互联网传播者使用多媒体载体，如图片、视频等发布信息。但目前针对作为信息载体的图片、视频的话题发现研究还在初级阶段。虽然已有研究将多媒体信息与文本信息联合建模后发现话题，但由于基于图片或视频的语义发现的研究还有很大的提升空间，并且面向图片、视频等的话题研究还较少，将文本信息与以多媒体作为载体的信息联合话题发现的研究仍然具有很大的创新空间。同时，考虑到与国家公共安全相关的互联网多媒体信息具有的特殊性，跨媒体的面向国家公共安全的互联网信息话题发现有其独特的必要性。

传统的信息传播路径挖掘一般只在信息传播中考虑了一个信息源，虽然也有研究者在信息传播中考虑了多个信息源，但也同时假设了信息接收者仅受单一信源影响，未能考虑在多个信息源、多种传播渠道作用下信息接收者可能会发生的行为。面向国家公共安全的互联网信息的传播往往在公共安全事件发展中，或同时，或异步地在互联网中出现多个发布相同、相似或不同信息的信息源，对信息传播的影响还尚未有研究涉及。因此，对这种特殊形式的信息传播的路径挖掘有其应用空间。

由于公众、政府和媒体三类参与者在与公共安全事件相关的互联网信息的话题演化中相互影响和制约，并在外部环境的作用下，这类话题演化与普通网络话题演化相比，可能存在周期性“涨落”与多次“突变”现象并伴随着可能出现的“谣言”等不实信息，因此，面向国家公共安全的互联网信息的话题演化分析具有较大的难度，目前还少有以建立有效的数学模型的方式对其进行研究分析。

目前还没有对信息或话题影响力形成一个较为统一的定义与评估标准，且不同研究者给出的影响力定义组成多种多样，也没有对适用性进行讨论。而且，针对国家公共安全这一领域下的信息影响力，还鲜有研究设计。针对这一领域，不仅应从信息传播范围、影响时间跨度等方面考虑，也应衡量更长时间下对社会和对生产生活的影响。

总体来说，从国内外相关研究来看，关于互联网信息的传播与演化研究已有一定的研究成果，处于稳定的发展之中。但与此同时，面向特定领域的研究还比较缺乏，如面向国家公共安全的互联网话题发现及信息传播与演化研究，并且在研究中还可能会遇到在国家公共安全领域高度相关的实际问题需要解决。从传统的信息传播与演化研究方法入手是有效的途径，传统的信息传播与演化研究方法与国家公共安全领域的结合也提供了创新的空间。

2.6 治理偏差互联网信息行为的手段研究

本书将进行多学科支撑的面向国家公共安全的互联网信息行为的治理策略研究、面向国家公共安全的互联网信息行为治理效果评估方法研究、基于大数据分析技术的社会态度和心理反应的测量方法研究。下面将对治理偏差互联网信息行为的手段研究进行梳理和评述，从中理出研究思路和目标。

2.6.1 互联网信息行为干预手段与技术研究

目前对互联网信息行为干预手段和干预技术主要包括信息发布（如正面信息、反驳信息、干扰信息、娱乐化信息等信息的发布）、信息审查监管和传播免疫与控制。在网络空间中网民对面向国家公共安全的危机信息的需求是有内容差异与时序差异的。从某种意义上来说，有效的危机信息供给与沟通问题的实质就是在高度不确定的复杂环境下，危机信息选择性传递问题。科学合理的选择政府危机信息发布的信息内容、时间、频次、方式，能够促进应急信息的及时与准确传递，满足网民对危机信息的需求。例如，Sturges（1994）将传统公共危机分为四个阶段，并指出在危机信息生命周期的不同阶段，管理者需要区别和定制三种不同内容的信息：结构化信息、调节性信息和内在化信息。孙多勇（2005）经过实证分析认为，危机信息发布的连贯性、针对性、熟悉性、可信度等会影响公众对危机信息的反应。Glik（2007）认为突发公共事件的特性、信息的类型与发布形式、信息、接收者属性等因素是决定公众是否采取保护性行为的关键因素。研究表明谣言爆发初期是谣言治理的最佳时期，此时发布真实信息可以迅速有效地阻断谣言的传播。

近年来基于网络空间情感的研究成果，对干预内容研究具有参考价值。通过用户在网络中发布的帖子或评论来判断在线社交网络中用户的情感，并在用户的在线社交网络图中进行标注，如 Bliss 等（2007）对 Twitter 用户的幸福感进行了可视化处理，用不同颜色来标注节点的幸福程度。Zafarani 等（2013）提出了情感传播的数学表达，通过不同时间点用户情感值的变化来衡量情感是否发生传播，并通过实验揭示了发生情感传播和未发生情感传播的用户的特征，指出发生情感传播的用户的朋友都很少发帖，某一用户如果拥有许多喜欢发帖的朋友，他发生情感传播的可能性要小。而且，情感表达的立场和角度会影响信息接受者的行为和态度，如 Yin（1981）等研究了从负面情绪（焦虑和愤怒）的角度和从对方（即接受者）的立场对信息接受者行为和态度的影响。

互联网信息行为的预警和干预可借鉴流行病预警与干预的相关模型和理论。1760 年，Daniel 就提出了第一个流行病传播模型。1927 年，Kermack 和 McKendrick 确立了流行病传播的现代数理模型框架，激励了无数科学家的后续工作。从 1998 年，复杂网络理论诞生以来，网络化的思考方式可以将流行病传播过程中的重要因素（如个体交互的结构、移动性、交互模式）进行很好的建模。传播阈值、网络结构和关键节点的复杂网络上流行病传播研究受到了极大关注。其中传播阈值是传播动力学的基础特性之一，界定了传播行为是否能够爆发，也被称为传播临界点（Wang et al.，2017）。通过对传播阈值的理论预测，能够预测传播行为在什么条件下能够爆发，从而可以对流行病传播进行预警和干预。

同时，传播阈值现象引发了基于复杂网络结构的疾病免疫策略研究，免疫策略的研究旨在通过对一部分个体采取免疫措施进而保护更多的人免受疾病感染。因此，究竟选择哪部分节点进行免疫是免疫策略的研究关键。目前普遍采用随机选择节点进行免疫（随机免疫）、选择大度节点进行免疫（目标免疫）和随机选择节点邻居进行免疫（熟人免疫）的三种免疫方法。受疾病免疫策略研究的启发，复杂网络研究开始关注网络中哪些节点是影响传播过程的关键节点。众所周知，诸如级联失效、同步、传播等许多动力学过程都会受到一些关键节点的极大影响。研究网络中的关键节点具有重要的实际应用价值。例如，在疾病传播过程中，若能确定哪些节点作为初始感染源会使最终的感染范围最大化，便能有效地阻止疾病的大范围暴发。尤其是当传播过程不是疾病传播而是一个正面新闻的传播时，选择影响传播过程的关键节点作为信息扩散源头，将能够在大众群体中产生更为深远的社会影响力。

对互联网信息行为干预手段与技术研究的评述：以上从信息发布内容、信息审查监管及传播阈值理论和免疫策略等方面综述了信息行为干预的手段和技术。对危机信息、网络舆情和谣言主要采用信息发布、审查和监控等措施，而传播阈值理论和免疫策略普遍用于疾病传播领域。从现有研究中发现，目前缺乏专门针对面向国家公共安全的互联网信息行为干预的策略和技术手段。因此，对面向国家公共安全的互联网信息行为干预的策略和技术手段进行研究，提出针对不同情境的信息行为干预手段工具库是内容五的一个重要目标，且具有重要的理论价值和实践意义。

2.6.2　互联网信息行为干预效果评估研究

对干预手段和治理效果评估的研究，主要是对短期效果（行为）和长期效果（态度）的评估方法应用研究。然而，目前还没有文献专门对互联网信息行为干预效果进行研究，但效果评估（或效果评价）理论与方法属于现代评价理论与决策理论的研究内容之一，在经济学、管理学、计算机学和心理学等学科中，已有成熟的概念、方法、模型和理论。效果评估指的是分析目标和指标的实现程度，目的在于对研究计划的价值做出科学的判断。效果评估的内容分为近期、中期和远期效果评估。Spearman（1913）在《和与差的相关性》中研究了不同加权在评价活动中的作用。到20世纪七八十年代，产生了许多评估方法，如多维偏好分析的线性规划法（LINMAP）、AHP、数据包络分析法（data envelopment analysis，

DEA)、理想解排序逼近法(technique for order preference by similarity to an ideal solution,TOPSIS)、ELECTRE 等。20 世纪八九十年代,评价科学在多个研究领域深入展开,如在评价基础理论方法的研究,多属性评价问题,多目标评价问题,组合评价问题,群体评价问题,动态评价问题,自主式评价研究等。21 世纪初,苏为华和陈骥(2005)、郭亚军等(2007)提出了综合评估方法和模型,是相对单向评估而言的,指在多个准则或者评价属性有多个方面时的评价,即对事物多个方面或者维度的评估。随着计算机技术的发展,人工智能的理论和技术不断充实着评价理论与方法的研究,杨勇等(2010)提出了智能化综合评估模型,将人工智能方法如机器学习和人工神经网络等应用到综合评估中。

目前,效果评估理论和方法较常应用在政策评估和教育培训评估领域。分别以政策效果评估和培训效果评估为主题词在中国知网中进行搜索,可查找到从 1994 年至 2016 年 8 月关于政策效果评估和培训效果评估的文献分别为 666 篇和 2220 篇。从图 2-1 可知培训效果评估领域的研究从 2015 年开始减少,政策效果评估领域的研究一直在稳步增加。

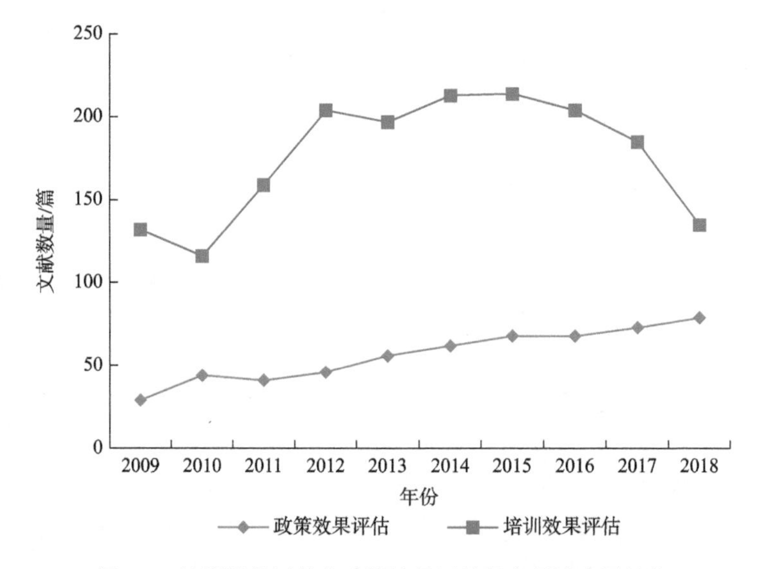

图 2-1　培训效果评估和政策效果评估研究领域发展趋势

互联网信息行为干预的短期效果是对网络空间各干预客体行为的改变,进一步的,长期效果是希望对网络空间各干预客体的态度形成改变。在行为效果评估和态度效果评估研究领域,已有学者采用效果评估理论和方法。如图 2-2 所示,分别以行为效果评估和态度效果评估为主题词,在中国知网中进行搜索,可查找到从 2009 年至 2018 年 8 月关于行为效果评估和态度效果评估的文献分别为 426 和 68 篇文献。如图 2-2 所示,2009~2018 年关于行为和态度改变的测量研究还不

足，特别是对网络空间网民行为和态度的改变干预效果评估研究不足。

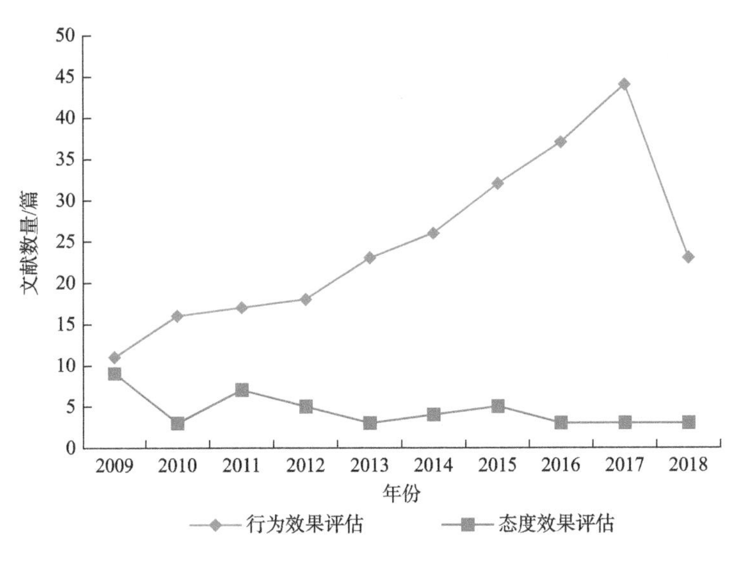

图 2-2　行为和态度效果评估研究发展趋势

对互联网信息行为干预效果评估研究的评述：综上所述，虽然目前对效果评估概念、方法、模型和理论的研究已相当成熟，但缺乏专门针对面向国家公共安全的互联网信息行为干预策略评估理论和方法的研究，包括对干预策略、干预行为和态度的效果评估。因此，研究目标：形成一套完善的、多角度的面向国家公共安全的网络信息行为治理策略、行为和态度效果评估机制。

2.7　研究评述总结

通过以上简略的回顾与讨论，我们认为，以往国家公共安全的互联网治理研究在理论上的融合性、实践上的操作性、思维上的突破性及对国家的政策引导性上，仍有较大的提升空间。我们通过对比以往国内外的研究中得到了以下启示。

启示一：我国对面向国家公共安全的互联网信息行为的治理，将是一种融合治理的模式。

我国互联网事业的发展速度非常惊人，然而速度过快也有可能导致失控。当前，我国存在的一个严重缺陷是网络发展速度、规模与人文研究的规模和能力不对称，或者说迄今为止社会科学对此领域的关注和研究始终处于缺位与错位的状态。以往的互联网治理，片面强调技术，忽视了民族文化、生存方式、价值观、行为规范等对网络发展的推动和影响；忽视了虚拟社会对现实社会的政治和文化效应。具体表现为：在国家网络发展战略和规划的制订、各地网络基础设施的建设、网络综合管理和网络安全问题的应对等重大环节方面几乎都是由政府官员和技术专家唱主角，社会科学研究人员对虚拟社会相关问题的关注和研究一直处于一种游离于社会决策和应用之外的隔绝或被动的状态。如果这一状况得不到根本的改变，那么随着技术的发展，我们就不可避免地要付出巨大的社会代价。

启示二：国家公共安全的互联网治理，不能照搬其他国家经验。需要结合我国实际情况，建立符合当下我国国情的互联网融合治理模式。

从 1994 年算起，我国互联网治理已走过了 20 多年的发展历程。以往，国际舆论常常以美国模式作为国际互联网治理的标杆，我国的互联网治理长期得不到外界认同。但是，当前我国互联网规模已经居于世界前列，根植于中国互联网的中国治理模式必将在世界上产生重要影响。我们党一直以来密切关注互联网发展，高度重视对互联网的科学和全面治理。十八届三中全会以后，党提出了互联网治理上的最新精神，为今后进行互联网治理研究点亮了灯塔。当前，已有的治理理论体系普遍存在着“大而全”的不聚焦问题，针对面向国家公共安全的互联网信息行为的治理理论体系的研究还相对缺乏，因此，构建一个以心理治理为基础、以法律治理为核心，以互联网信息行为背后“人”的心理认知改变为目的的融合治理模式，使得我国的偏差互联网信息行为能够得到有效治理，是当前所急需的。

启示三：在融合治理模式中，在互联网治理中弱化政府的角色是不可行的。

在整个治理体系中，政府软权力的应用是大势所趋。诚然，在当前的互联网发展趋势下，政府应该转变职能，弱化行政控制，但这绝不意味着政府的角色在互联网的治理中可以被弱化。政府应站在管理、发展、繁荣互联网的角度，思考互联网治理模式，充当良好环境的创造者、解决负面作用的行动者和新技术的使用者。2014 年，中央正式成立中央网络安全和信息化领导小组，标志着互联网治理工作上升至国家战略地位。方兴东（2016）认为，在日益复杂的国家公共安全形势下，政府的角色在互联网治理中的弱化是不可行的；Bell 等（2010）也认为，在包括网络治理在内的全社会治理中，政府必须担任中心角色。我们党和政府一贯主张依法管理互联网、有序发展互联网、科学利用互联网的互联网法治观，强调互联网治理的依法、有序、协商和多边、民主、透明。如前所述，本书认为融合治理是一种以政府为中心的，全社会共同参与的治理模式。在面向国家公共安全的互联网信息行为的融合治理中，政府应该成为多个利益相关方的总协调人和公共利益的总托管人，政府的职能将表现为顶层设计、规则制定和社会动员。但是，对互联网的融合治理不能仅仅依靠政府的全知全能，虽然融合治理以政府为中心，然而改变公众行为和认知的关键是社会组织和商业团体的协同参与，在融合治理中，社会力量是政府和民众之间的重要中介和调节变量。

2.8 本章小结

本章针对本书的五个核心内容所涉及的研究领域进行全面、系统的国内外文献综述，从而为核心内容明确当前研究的基础和可以创新的方向。

第3章　现实社会与虚拟社会互动机制的哲学解构

伴随着互联网的快速发展和 Web 2.0 的兴起，每一社会成员除了现实社会中的自己以外，在网络上还存在自己的一个“替身”，它能够在网络上体现其个性、思想及发布信息，同时也能够随时与他人的“替身”沟通交流。在这种背景之下，现实社会和虚拟社会的互动已经成为常态。但是，现实社会和虚拟社会之间的深层互动机制仍是有待研究的问题。

3.1　研究过程设计

第 3 章研究过程如图 3-1 所示，研究内容是在基础学理上，拟从哲学框架来理解现实社会与虚拟社会互动机制，分为两个部分：第一部分，从学理层面出发，解构现实社会与虚拟社会互动的哲学机制，从理论层面讨论基于戈夫曼的自我呈现理论、解构互联网信息行为的用户心理机制；第二部分，以微博和微信为例，对社交网络平台的用户互联网行为的哲学机制进行实证。

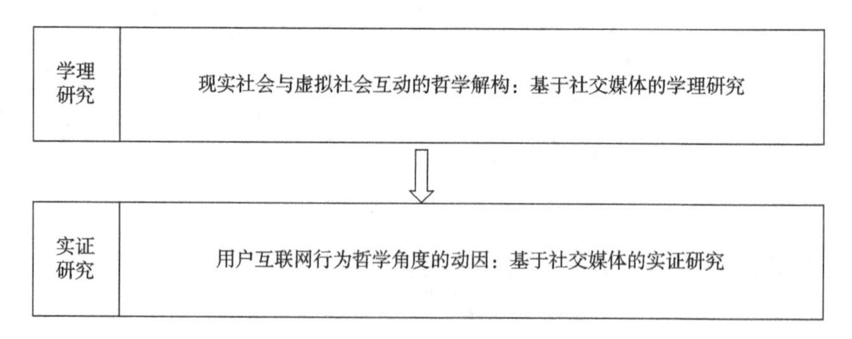

图 3-1　研究过程设计

3.2　现实社会与虚拟社会互动的哲学解构：基于社交媒体的学理研究

3.2.1　研究问题

关于社交媒体的研究是近年来非常流行的话题，其研究方向大致可以分为两个：方向一是来自技术方面的。大多数计算机科学领域的研究者使用这种研究方法，用以分析用户在社交媒体中的行为，并为其开发智能服务。方向二是来自社会科学领域的。在这些研究中，多种学科知识都被用于分析社交媒体的使用，如管理学、经济学、法学、社会学等。为了构建理解用户社交媒体使用行为的理论工具，哲学比其他学科更加根本。如果我们能够从哲学层面出发，或许就能得到更强大的理论工具以探究人们对社交媒体使用的深层次意义，同时也将为从技术方面出发的社交媒体研究提供支持。本节研究旨在回答如下问题。哪些哲学理论可以帮助理解社交媒体？不同理论对社交媒体的使用有何贡献？这些理论演绎结果与信息系统领域的实证研究是否相匹配？

虽然有许多理论可以满足上述研究需求，但本书主要考虑了四个理论：戈夫曼的自我呈现理论、布迪厄的社会资本理论、萨特的存在投射理论和海德格尔的“此在”理论。虽然前两个理论已经被广泛用于研究信息系统中社交媒体的使用行为分析，但后面两个理论得到的关注并不多。

3.2.2　研究路径

1. 研究框架

为了描述社交媒体的使用行为，从哲学角度提出如图 3-2 所示框架。横轴表示人与世界的关系，用“生活世界”这一术语来说明。人与世界的关系或者是理性的或者是历史性的。纵轴表示人与他人的关系，用“对他人的考虑”来指代。“他人”可视为手段或目的，工具主义将“他人”视作手段，而“此在”思想将“他人”视作目的。

人与世界的关系不是在人与对象对立的基础上构建（理性观），而是在人与对象的历史关系基础上构建的（历史性观）。海德格尔阐述了基于历史性的人与世界关系理念，并指出理性与历史性相对立的观点。笛卡儿阐述了关于理性的哲学，也即笛卡儿哲学（cartesianism），它的基础是建立在思维和世界上其他客观物体

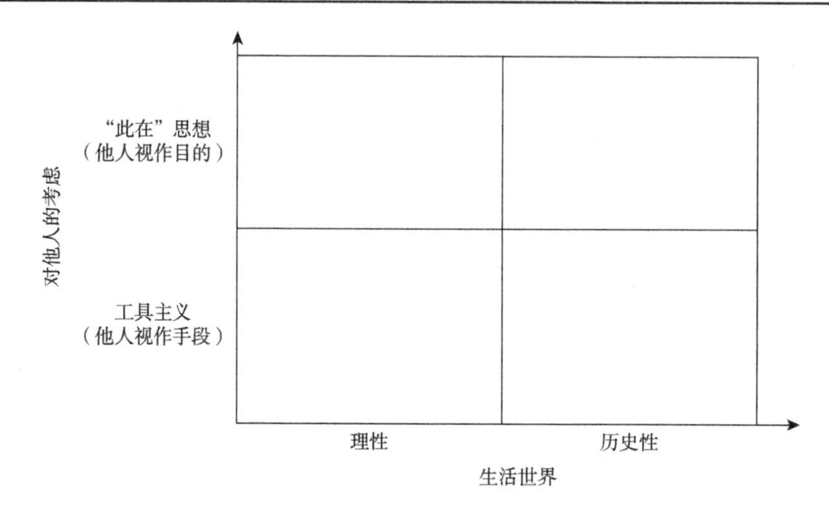

图 3-2　解释社交媒体使用的哲学框架

之间是分离的这一思想之上。正如胡塞尔所论述的，世界在我的生活世界中的意义是历史。海德格尔定义了这些过往世界在我们的存在中仍然存在，以及作为世界历史性的我们的存在。

通过哈贝马斯的交往行动理论，本书将“对他人的考虑”这一概念引入框架中。德国哲学家康德所问的问题正是我们如何考虑他人的问题：他人是作为实现我们目标的工具，还是被认为是目的？如果我们认为他人是手段，我们就以一种工具的方式行事；如果我们把别人看作是目的，我们就会按照海德格尔所称的“与他人共在”的方式行事。

2. 理论选择

戈夫曼的自我呈现理论已经在社交媒体研究中广泛使用。该理论依赖于人类通过理性行事的假定，是与笛卡儿的理性理论相对应的，即世界中的理性观察者脱离了世界。然而，因为这种理性是基于冲突的，因而也属于工具主义的范畴。

布迪厄的社会资本理论不仅是迄今为止唯一能够同时分析权力在组织和个体层面影响的理论，而且提供了一种个体通过惯习而复制结构的分析思路。由于外部世界对我们的行动存在影响，惯习可以被视为一个近似的内部世界化过程。“他人”出现在我们行为的各个方面，如对品味的判断等。虽然对实践理论的世界观包括通过惯习达到的近似内部世界化过程，但由于该理论体系中的“策略”（moves）概念（在后面将谈到），它对“他人”的态度仍然是工具主义立场的。

相比较而言，哈贝马斯的沟通行动概念中包含近似的“此在”概念。工具主义行动的目标是获取成就，因此在非社会世界中，我们使用“他人”时的一个原则就是距离化。而沟通行动的目标不是为了获取成就，而是为了达到理解，在这一理论框架中，世界被认为是社会性的。因此，“他人”的地位从手段走向目的，这与海德格尔的“此在”概念是一致的。然而，由于其语言假设，哈贝马斯仍然处于理性主义的视角，其观点也是通过理性主义的方式描述的。此外，虽然沟通行动理论在组织层面或社会层面上是相关的，但其在个人层面上的关联性令人质疑。

萨特的存在投射理论认为我们赋予了自己的生命，在他的理论中可以发现包括个人层面在内的所有层面上都表现出“此在”。实际上，通过对与“他人”的具体关系的描述，萨特认为他人被纳入了我们的存在投射，因此其与海德格尔的“此在”是一致的。萨特的存在投射理论认为我们每个人最终都会做出判断，由于笛卡儿的二元论，因此该判断过程是独立的，因而是理性的。

唯一将内部世界化与存在结合起来的理论是海德格尔的“共享世界”理论（图 3-3）。

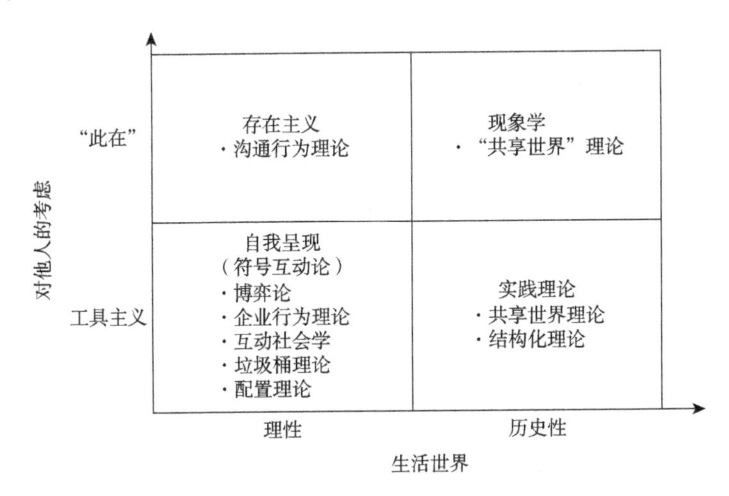

图 3-3　与框架相关的理论

因此，尽管有多种的理论来理解日常生活中的社交媒体使用，本书只采用其中的四个原型理论：戈夫曼的符号互动理论、布迪厄的实践理论、萨特的存在性理论和海德格尔的现象学。在这四种原型理论中各取一个和社交媒体最符合的概念，即戈夫曼的自我呈现、布迪厄的社会资本、萨特的存在投射和海德格尔的“共享世界”（图 3-4）。

3.2.3　研究结果：利用理论来理解社交媒体

1. 社交媒体和戈夫曼的自我呈现理论

在戈夫曼看来，所有的互动都是个人试图以某种方式表现自己的表演（Goffman，

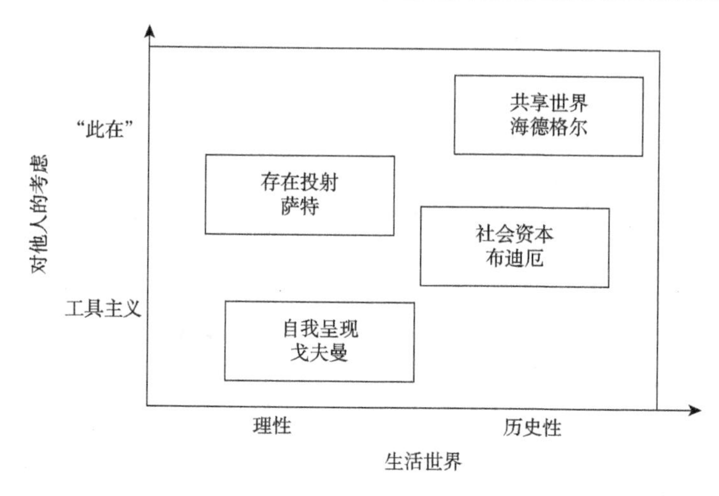

图 3-4　框架中的四种典型理论

1959）。以舞台剧为比喻，戈夫曼认为个体的社会互动可以被区分为前台区域和后台区域。这些区域将具有它们自己的模式和相应的主题位置。前台区域是被观众目睹的表演的一部分。Clarke 解释说，"如果我们考虑到表演的原则，那么我们可以使用舞台道具，如桌子、学者服、医生的白大褂等，这些道具都是用以管理前台的。在前台，'演员们'希望可以'在聚光灯下最好地表现出对文化和社会规则的遵从'"。后台区域是那些"演员们可以放松并走出角色"的地方，在后台，与表演相关的行为仍然在发生，但是其与前台的表演却未必保持一致了（Goffman，1959）。由于这种差异，人们很自然会希望从前台到后台的通道被隔绝或被隐藏起来（Goffman，1959）。戈夫曼的自我呈现理论是如何与我们的生活世界和我们考虑他人的方式联系起来的呢？

1）生活世界

在 *The Presentation of Self in Everyday Life* 一书中，戈夫曼描述了呈现的方式——"不论个人在心中的具体目标是什么……"当一个人在他人面前呈现时，他通常会有某种理由协调他的行为以便向其他人传达他希望给他们留下的印象。这种呈现是客观的。他根据自己的利益向他人传达一种印象。因此，自我呈现理论传递的是关于外在的个体。这种外在行动首先表现在动因上。自我呈现是我们客观地表现给他人的方式，其他人将通过感知的理性来形成对我们的看法。在这里，他人是通过外部客观品质及表象被主体感知的，他人与我们是不一样的。

此外，戈夫曼还在该书中介绍了"在普通工作环境中，个人向他人展示自己的方式和他对他人的活动方式，他引导和控制他们对他的印象的方式，以及他在维持他的表演之前可能做或可能不做的事情"。从类比的角度，该观点与笛卡儿二元论的观点是完全相通的。

自我呈现理论得到了以下事实的验证，这种控制主要通过影响他人形成对于情形的界定来实现。世界并不只是一个我们居住的地方，也不只是一个我们熟悉的地方，世界是一个舞台，并且是一个临时性的舞台。在这个舞台中没有过去，它唯一的目标是实现客观，将世界中对他人的描述减少到执行该动作所必需的严格的最小值。实际上，整本书的目的是作为一种生活手册。因此，由戈夫曼的自我呈现所设想的生活世界更接近理性，而不是“在世界中的存在”。

2）他人

戈夫曼是依据个体应该给他人一种印象，使他人能够按照自己的计划自愿行事的原则来描述他人的状态的。他人被认为是“按照个体的计划行事”。他人的这种状态具有工具主义的意味，但却不是被工具化。控制的概念证实了他人的这种工具状态：控制他人的行为符合个体的利益。

戈夫曼在理论中描述的个体概念倾向工具主义，这点在他的著作《互动仪式》中体现得尤为明显。战略互动基于博弈论。这是一个类似于游戏的场景，描述了当一个人知道其他玩家很可能提前预料出他的决定时改变他的决定。因此，个人根据这种向自己和他人的方向进行的行动可以称为战略互动（Goffman，1969）。首先，玩家可以评估对方的举动，试图猜测对方的潜在动机和可能的举动。接下来，玩家应该观察对方玩游戏的方式，或者行动代码。然后，玩家必须对对手的决心进行评估，即对对方的动机进行评估，并有能力不顾个人代价继续比赛。其次，行动者需要将对方的信息状态考虑进去，因为行动者必须围绕对方的知识安排任何可能的行动。最后，互动各方必须考虑到对手的资源，包括对方在做出下一步行动时掌握的可能援助（Goffman，1969）。在被描述为一个舞台后，世界变成了一个象棋游戏，一个有待征服的领域。在这种情况下，工具主义的所有方面都得到体现：个体与他人是完全无关的、个体与他人之间是陌生人关系、个体不在意其他人、个体利用他人等，可以说在这种关系中是不存在信任的。正如Karl-Otto Apel在他的著作 *Towards a Transformation of Philosophy* 中所指出的，冲突的最终阶段再现了客观情况。实际上，他人的存在会使个体的纯粹客观存在消失，这里个体也可以被称为代理。因此，在戈夫曼的陈述中，他人的地位融入了工具主义的理念。

3）戈夫曼的自我呈现理论的实证研究

社交媒体领域的实证研究发现人们普遍对社交网络服务（social networking services，SNS）平台的使用是一种高度自我的行为（Schwartz and Halegoua，2015），它可以实现可能性更受控和更富有想象力的在线身份（Papacharissi，2010）。例如，一项大型的研究项目揭示青年人（Edwards，2015）和青少年利用社交媒体（Livingstone，2008）的重要目标是实现他们社会生活的多元化（Boyd，2007）。

研究者发现在社交媒体上管理自我形象和对他人的印象是非常常见的（Schwartz and Halegoua，2015；Ellison et al.，2007；Donath and Boyd，2004）。这些结果揭示社交媒体是一个高度形象管理的过程，它与戈夫曼对自我的理解有着明显的相似之处。个人在社交媒体中最重要的是其观众（Cunningham，2013），他们在社交媒体中构建自己的各种身份，如年龄（Livingstone，2008）和其所经历的事件等。在其中，观众影响着个体分享什么的选择决策。

Marwick（2013）在旧金山硅谷的研究证明了这一点。2006~2010 年，Marwick（2013）进行了一项人种学研究，研究了科技是如何“作用”、如何“被赋予价值”和其如何“产生”影响的。她发现，某些人将他们的身份视为一个“品牌”，他们会通过各种社交网站维护自己的身份。在这些实例中，一个重要的形象管理是通过实时和非实时社交媒体信息实现的。个人能够选择自己的特征，他们想要立即与他人分享，就像他们有时间与和他们的“品牌”一致的方式回应信息，使得他们能够保持“特定的陈述语境”。

在公开的、可访问的“品牌”描述中，微博类网站允许信息在平台上发表，并允许用户通过喜欢和再分享的方式传播，如 Twitter 的转发是这种个人“品牌”建设的理想选择。其采用相对有限和简短的报文传送方式，并通过标签简单地分类主题，允许以一致和可见的方式展示文化、社会和政治利益。尽管其他社交媒体的特征基于共享地理、环境或个人经历的连接，但是微博类站点允许与网络上的任何其他人进行连接，无论所涉及的人员是否彼此认识，在此过程中以呈现的态度来展示自我。戈夫曼的自我呈现理论与已有实证文献对于社交媒体使用特点的比较分析，见表 3-1。

表 3-1　戈夫曼的自我呈现理论与实证文献比较

社交媒体与戈夫曼的自我呈现理论	信息系统领域的研究成果
· 社交媒体就像是剧院上演的一场戏，我扮演一个角色 · 在社交媒体上，我只向他人展示我的“前台”，并隐藏在“幕后” · 在社交媒体上，我为了影响我的观众而展示 · 我试图根据我在社交媒体上的利益来影响他人 · 在社交媒体上，我想控制别人对我的印象 · 在社交媒体上，我试着引导别人 · 在社交媒体上，我试图让别人按照我的意图行事 · 社交媒体是一种类似游戏的情境，我是一个玩家 · 在社交媒体上，我们知道其他人可能做些什么 · 我应该试着猜测对方的社会动机 · 在社交媒体上，我应该尝试猜测对方可能的举动	· 社交媒体是有关自我呈现的 · 社交媒体是关于印象管理的，我如何打动他人 · 在社交媒体上，我呈现一个经过策划的自我 · 在社交媒体上，我进行富有想象力的表演 · 在社交媒体上，我控制自己的表现 · 在社交媒体上，我对他人呈现理想化的自我 · 在社交媒体上，我向观众建构自我身份 · 在社交媒体上，我像对待“品牌”一样管理自我身份 · 在社交媒体上，我展示想象中的形象 · 在社交媒体上，我选择性地呈现自己的特征与他人分享 · 微博是一个展示文化、社会和政治利益的便利平台 · 在微博上，我以一致和可见的方式展示自己兴趣

2. 社交媒体和布迪厄的社会资本理论

1）布迪厄的社会资本理论

社会资本被定义为资源的集合，这些资源与拥有相互熟悉和认可关系的持久社会网络有关，换言之，个人属于某一群体的成员。这一资本为其成员提供了集体资本的支持，这是赋予他们信用的凭证（Bourdieu，1977）。通过成员关系所累积的利益是团结的基础，但这并不意味着个体一开始就有意识地追求这种利益。布迪厄的生活世界显然与理性观点对立。“惯习”的概念在“理性选择方面具有推延解释的作用”（Bourdieu and Wacquant，1992）。然而，在布迪厄的体系中，他人的地位仍然是工具主义的。

2）生活世界

通过惯习的概念，布迪厄社会资本概念下的生活世界与内在世界一致。事实上，布迪厄声称，我们的所有行动（甚至品味判断）都受到诸如我们的教育水平或社会出生等环境因素的影响。人的头脑是社会性的、有限判断的、有社会结构的（Bourdieu and Wacquant，1992）。社会结构的影响与理性的世界观有着根本的对立关系。心灵是主体的特权，其成为世界的对象。主体本身的主体性消失，个体，甚至是人性和主体，都是社会的、集体的（Bourdieu and Wacquant，1992）。个体融入群体中，成为群体及群体外在结构的一部分。布迪厄指出，“我们认为是最具个人主观判断的品位也会变得集体化和社会化”。在他的著作 *Distinction：a Social Critique of the Judgement of Taste* 中指出我们发现艺术品之所以美丽并不是因为它们美丽，而是因为我们的社会出身。这种品味差异的解释与不同阶级的气质特征体系……品味阶层化，阶层化成为分类依据结合起来。美丽与丑陋、高贵与庸俗之间的区别，与这种判断产生的经济和社会条件有关。即使在食品中，在质量和数量、形式和物质之间，工人阶级需要的是方便和易用，而上层阶级需要的是奢侈和自由，两者的品位是相对立的。

在组织中，个体的意愿通过惯习而受组织的结构影响。惯习被定义为社会性构成的理性和激励结构体系（Bourdieu，1977）。从惯习的定义来看，理性本身成为社会性构成的一部分，因而惯习中包含更多的社会性，相对少一些理性，也就是说惯习考虑世界中的关联性。从这一定义出发，实践理论批判了理性理论，尤其是经济学所依赖的方式：经济学概念中的理性是狭隘的，它忽视了个体和集体的历史，通过这种历史，浸染其中的个体受群体结构偏好影响而与促成个体发展的客观目标之间形成了复杂的动态互动关系，并倾向不断复制这一过程（Bourdieu and Wacquant，1992）。通过集体的维度，戈夫曼的自我呈现理论所遗忘的维度终于出现，即历史。从社会维度来看，这种历史可能与海德格尔的历史性不同。然而，在这种观点中，过去影响了现在，现在由过去构成。过去往往由表演者再现，即使他们并没有意识到这种再现。尽管这里并没有海德格尔的那种历史性概念的精髓之所在，但已经包含了历史通过存在而对表演者产生影响的意味。

社会资本与惯习之间的联系是，网络连接的存在并不是最初行为一次性形成的。它是在机制层面不断推进的产物，目的是产生和复制一种可以保证物质或象征利益的持久关系。社会资本的不断产生意味着无止境的社交参与，这是一系列连续的相互承认和肯定的交流过程。可见，戈夫曼的生活世界是从理性的角度出发，布迪厄的社会资本通过惯习概念中的历史视角而与内部世界化有所关联。

3）他人

他人在社会资本中的地位是什么？它们是通过工具主义或通过“此在”联系起来的吗？通过策略的概念，布迪厄与戈夫曼在工具主义的立场上相似，而不是走向“此在”的概念。策略被定义为对某一特定情况下某项行动成功的可能性的实际评价（Bourdieu，1977）。然而，这一概念仍然是反对理性视角的，“合情”的特征比“理性选择”似乎更有必要（Bourdieu and Wacquant，1992）。因此，如果脱离理性视角的限制，那么他人只能通过“距离”的视角来思考，“主观希望和客观际遇在整个社会世界中是辩证的，其可以产生各种各样的结果，从而达到完美的相互适应（当人们希望达到客观目标时）或激烈的脱节”（Bourdieu and Wacquant，1992）。在此过程中，欲望将落回到个人层面上。这种欲望的“客观命运”再次表现出不信任他人和不关心他人的一面。此外，策略是一种“对游戏的感觉”，“它不是一个显性的和有意识的策划，策略是一种惯习，是‘对游戏的感觉’”（Bourdieu and Wacquant，1992）。在戈夫曼提到博弈论之后，世界再次成为一个重要的概念。即使玩家的可能行动不是主观地而是客观地受到历史和社会环境影响，其中的生活世界也是在利用他人，其初衷并不是关心他人。这种观点被客观机会所强化，社会策略就是主观希望和心理模式的目标机会内部化。布迪厄的主要策略是不仅要增加经济资本，也要增加社会资本。长期看来，社会资本可以转化为经济资本。

因此，社会资本和策略之间的联系是，关系网络是旨在建立或再现长期可直接使用的社会关系的投资策略的产物。由于这些策略，布迪厄的社会资本不可能与海德格尔的“此在”相一致，并且其仍处于将他人置于工具主义的思维框架之中。

4）布迪厄的社会资本理论的实证研究

实证研究确实证实了策略在微博类平台上的重要性：从策略上决定如何发布、分享什么及与谁在一个开放的平台上分享信息，在这个平台上，信息可以通过网络传播。这些策略在管理自我形象或自我表现方面起着至关重要的作用。在微博类平台的策略使用中，社交媒体上发布内容成为一种包括从网络中的他人及从网络本身的指标和数据中获得社会资本的方法（Evans，2015）。在线社会资本或社会技术资本可以区别于离线社会资本，因为独特的在线工具提供了即时与广泛的人与人交流的工具（Ellison et al，2007）。社会技术资本的形成可以认为是社会资本的一个子集，以便突出社会和技术部门共同影响人们采取行动的能力的方式。在社交媒体的这种使用中，使用的特征有助于将一组目标嵌入使用模式中，这对应于使用策略。例如，学者经常在策略上利用社交媒体来树立自己的形象，将自己定义为社交媒体上的专家。这种微博的使用方式实际上属于展示计算（representational computing）领域，因为使用目的和特征都有助于追求社会资本（Yoo，2010）。

布迪厄的社会资本理论和关于社交媒体使用的实证结果的比较见表 3-2。

表 3-2　布迪厄的社会资本理论与文献比较

社交媒体与布迪厄社会资本理论	信息系统领域的研究成果
· 社交媒体的主要目的是建立社会资本，从而带来长期的经济资本 · 对于每个可能的帖子，我应该评估我的期望所得与带来收益的可能性 · 在社交媒体上，我应该有一种“游戏的感觉” · 我的社交媒体策略是在主观希望和心理模式下将外部机会内部化 · 我的社交媒体策略部分来自外部因素，并受到外部条件的影响 · 我在社交媒体上写的任何东西都受社交影响 · 我在社交媒体上写的不是个人的，而是社会的、集体的 · 我在社交媒体上发表的每张照片都与我的品位无关，它是由社会决定的 · 每个照片都有社会功能。它反映了道德的集体规范 · 我的帖子受到社会思维和社会动力的影响 · 我的社交媒体帖子受我个人历史的影响，也受集体历史的影响 · 社交媒体是由社会结构所构成的 · 我在社交媒体上的任何一篇文章都是我再现的社会结构的产物 · 在社交媒体上发布任何信息之前，我评估它对于我成功的影响	· 我在社交媒体上发布内容以积累我的社会资本 · 我的在线社会资本比我的线下社会资本更强大，因为在线工具提供了更多的即时通信方式 · 我的在线社会资本可以影响人们一起行动的能力 · 我的在线社交媒体是实现我目标的工具

3. 社交媒体和萨特的存在投射理论

1）萨特的存在投射理论

Burrell 和 Morgan（1979）将萨特的存在投射理论作为一种社会学的范式。Yoo（2010）通过体验介绍了自己的存在层面，“体验是我们存在努力的一个重要方面。正是我们的体验塑造了我们的身份、理想和世界观”。社交媒体上的存在主义可以通过萨特的存在投射作为原型理论。使用这个理论，如何解读生活世界和对他人的考虑?

2）生活世界

存在投射假设理论的生活世界是怎样的？首先，我们需要清楚地描述存在投射需要什么。根据萨特的描述，在每个人的背后，我们可以发现他生活的统一。这种统一应当是责任的统一，这种统一可能是令人愉快的，或者是可恨的、可憎的和可赞扬的，但它应该是个人的。这种统一考虑的是人类的存在，它应该是自由的统一。萨特的 *L'être et le néant* 描述了我们正经历着一种存在的意义。他把它称为原始目标，也即存在投射。这个目标在我们每个可观察到的趋势中得到体现。在每一种倾向中，人们都从不同的角度完全地表达了自己，这与斯宾诺莎的物质在每个属性中完全表达自己的概念有相似性。为了达到这一点，必须采用一个特殊的方法解开存在所承认的基本含义，而这可能是这个主题在世界中的个体秘密。因此，在我们达到存在的目的时遇到了不言而喻的不可约性。虽然我们不能更进一步分析下去，但是，对于作家福楼拜而言，对于传记的每一个主题，都意味着在世界上的团结一致。我们所应该找到的、不可约性的统一是一个原始存在的统一，这正是福楼拜等作家在传记中向我们展示的。这个统一向我们展示自己作为一个非实质性的绝对。布迪厄批评这样一个非实质性的绝对原则，从而回到了笛卡儿的主体性。在任何情况下，由于对个人决定和自由选择的重视，对笛卡儿二元论的明确回应是个体决策的自由选择。它唤起了与世界分离的理性主体的幽灵，并将决策作为孤立于物质世界之外的“思考物”。由于这个原因，萨特的存在投射比海德格尔的共享世界更接近笛卡儿的理性。

3）他人

虽然萨特的存在投射理论已经被布迪厄和海德格尔批评为接近笛卡儿的思想与世界的二元性，但它却打开了一个在戈夫曼或布迪厄的体系中都不能联系起来的维度，即“此在”。与戈夫曼和布迪厄不同，萨特的存在和虚无探究了与他人的具体关系，并在这种关系中系统地质疑对方的地位。与他人的具体关系取决于我对对方的态度。他人在观察我，拥有我的秘密，他知道我是谁。我对他人负责，但我不是他人的基础。对我来说，问题是要求自己接受对方的观点。为了在我面前保持他人对我的自由，我完全认同自己的身份。例如，如果爱情实际上是纯粹的肉体占有的欲望，那么它在许多情况下都很容易满足。对所爱的人的彻底奴役杀死了爱人的爱。因此，爱人不愿意拥有所爱的人，因为他需要一种特殊类型的反馈。他想拥有自由作为激情。在恋爱中，它并不是我们所渴望的激情，也不是一种超越的自由；它是一种扮演了激情的自由，并被自己的角色所吸引。爱人的要求是一个独特而特殊的场合，在爱中，爱人想成为心爱的人的整个世界。这就意味着他将自己置于世界的一边，他是世界的象征。世界必须从“我”的角度来揭示，因此，萨特的存在投射与海德格尔的“此在”是一致的。虽然这个理论是规范的，但据我们所知，信息系统的研究领域中并没有明确地提到该理论。然而，这一理论的一些假定是否与当前的社交媒体研究中的实际经验相吻合，将在下面论述。

4）萨特的存在投射理论的实证研究

虽然个人表达的一些特征清楚地出现在了微博类站点和其他 SNS 上，但是作为即时信息发布的微博与根植于日常生活分享的 SNS 的关键区别在于，人们在 SNS 上通过与日常生活的融合构建在该平台上的一致性的个人历史记载。在这个意义上，SNS 以从过去到未来投射的方式成为个人日常与他人共在的一部分，塑造着个体现在的行动，而不是像微博那样做出反应性和形象提升性的策略。在这里，我们提出日常生活中的 SNS 应用，如 Facebook，可以理解为借用 SNS 更加便利地投射一个人的历史，这种 SNS 带来的外部化记忆可以看作是通过字母、日记和其他基于媒介的个人记录在自媒体中实现持续的个人记忆过程。SNS 在发展年轻人之间的亲密人际关系中的作用可以被理解为通过电子媒介渠道延伸自身在生活中的统一性投射。例如，由于 SNS 在本质上是一种灵活的、可以个人定制的社交方式（Valtysson，2010），年轻人使用 SNS 体验他们的族裔、文化或性别身份的合法性（Coleman and Rowe，2004；Montgomery et al.，2004）。SNS 还可以加强部分身份特征（如族裔或文化背景），以此通过 SNS 应用便利地实现个人生活统一目标一致性投射（Blanchard et al.，2007）。

萨特关于存在投射的理论和社交媒体使用的实证研究结果的比较如表 3-3 所示。

表 3-3　萨特的存在投射理论与文献结果的比较

社交媒体与萨特存在投射理论	信息系统领域的研究成果
·我对 Facebook 或微信上的朋友保有保密，这个秘密就是“我是谁” ·我与 SNS 上朋友的关系受他们看待我的方式支配 ·我对我与 SNS 上朋友的行为负责，但我不是负责的基础 ·我希望了解我在 SNS 上的朋友对我的看法 ·在 SNS 上，我以朋友看待我的方式来定位自己 ·在 SNS 上，我想成为向朋友介绍世界的人 ·世界应该通过我披露给我的朋友 ·在 SNS 上，我想变成为向朋友推介和符号化世界的人 ·我在 SNS 上的每个帖子都完全表达了自己 ·每个 SNS 的帖子都可以通过我设定的存在投射来理解 ·我的所有帖子都可以通过我的存在投射来理解 ·我在 SNS 上的所有帖子都是我存在投射的自由统一	·在 SNS 上，可以构建我在现场的一致历史 ·社交媒体是我每天与他人相处的一部分 ·在 SNS，我将我的过去关系投影到未来的行动上，这种投射又影响了现在的行为 ·我的 SNS 上的帖子可以看作自我历史化的投射 ·我在 SNS 上的帖子是我在媒体上持续的记忆化过程，过去它通过书信、日记和其他媒体记录我的历史 ·SNS 是我整体目标的投射 ·SNS 有助于我对于个人文化或族裔认同等的体验 ·SNS 是个人生活目标的整体投射

4. 社交媒体和海德格尔的“共享世界”理论

1）海德格尔的“共享世界”理论

海德格尔的理论是 Yoo（2010）在解释体验计算时的主要参考理论之一。如前所述，由于海德格尔反对笛卡儿的理性理论，因此海德格尔将生活世界定义为一个“存在的世界”。在这种意义下，他对工具主义的批判将他的理论定位于“此在”这一边。然而，海德格尔的“共享世界”理论的具体内涵是什么？它又如何被用于解释社交媒体？由于在“共享世界”理论中，他人的地位更重要，因此本节将首先介绍他人，然后再介绍生活世界。

2）他人

根据海德格尔的说法，我们对于世界的存在，可以通过对他人的关心来定义。我所做的一切甚至是我所考虑的一切，都是对我的父母、我的朋友们、我生命中的所爱的一种关怀，即使他们不在场，甚至即使他们去世了，我的行为都依然如此。我的行为的意义在于展示我对他们的关怀，就像小时候我的父母关心我，就像我的朋友在我需要的时候关心我一样。这种关怀也可以通过我照顾我的孩子的方式，或者通过我关心陌生人来实现。因为我们都是人类，而人性并不是自然给予的，而是建立在我们的需求上的。这就是海德格尔所说的“共享世界”（德语为“Mitwelt”，直译为“和世界一起”）。因此，“共享世界”的概念与工具主义中的“此在”相去甚远。

3）生活世界

从“共享世界”的角度来看，客观性并不存在，这和笛卡儿的理性设定是一样的。在“此在”和向他人“此在”中，“此在”和“此在”之间是产生关联的。我们可以“看透他人”，因为他人会选择自我公开。这个自我的公开性与“此在”一起构成了内部世界。对他人的理解将成为我们对自我“此在”理解的基础，它使我们作为“此在”能够被需要面对的世界所理解，并因此而存在。因此，“共享世界”远离理性，它走向了内在世界。在哪些方面，这种规范性观点可能有助于解释在已有研究中发现的关于社交媒体使用行为？

4）海德格尔的“共享世界”理论的实证研究

海德格尔“共享世界”理论的近似应用可以在对网络社区的实证研究中发现。事实上，研究表明，SNS 可以促进连通性、社区团结和归属感。创造性地展示自己的机会、探索和体验身份、生产和消费在线内容是 SNS 社区建设方式的核心（Coleman and Rowe，2004；Montgomery et al.，2004）。人们经常使用这些服务，是因为在社区中感受到的体验，吸引人们的不是空间本身，而是社区中的社群（Johnson et al.，2009）。

正如 Yoo（2010）所言，这种社区和共存并不是通过将复杂性降低到一个平面的、简约的模式而实现的（Evans，2015），而是通过将自然现象转变成数字现象这种数字媒体所独有的特征而实现转变。这种转变或修复并不保护最初的实体，但通过这些渠道进行人际交流的可能性只是“此在”的另一种形式。存在于这些社交网站的个人之间的社团形式可以以几种不同的方式扩大。当前，大多数流行的社交网站使用好友网络来构建用户之间的关联（Yoo，2010）。

历史性也是社交媒体使用的一个方面。当使用 Facebook 时，现在正被过去和未来的预测所塑造。用户会描绘 Facebook 中其使用意图的过去状态，他们在使用 Facebook 时是带着某种心境的，并且这种心境基本上取决于过去与平台的交互。同时，Facebook 通过特定方式组织了用户的过去信息，当用户使用 SNS 来查看现在发生了什么时，这个过去就被拉向前台了。同时，未来（即继续使用 SNS 或用户在使用 SNS 之后要做什么）描绘了用户行为的水平维度，该用户行为被其当前行为的情境限制住了。从这个意义上说，Facebook 通过将过去和未来带入其使用而塑造了现在。

我们可以看到大量关于上述理论在 SNS 使用行为中的研究证据。SNS 对身份的表达起着越来越重要的作用，这种表达不仅是自我欣赏，而且是具有关键支持的、基于同伴的社会性（Boyd，2007）。作为正在进行的社会化和“与他人存在”的一部分，社交网络可以为年轻人提供工作空间，让他们了解身份和地位，了解文化线索，并且与公共生活沟通。社交网络远离成年人的监管，年轻人向其朋友展示了多样化的个人身份，而其他人则提供了来自同类的社会性支持（Boyd，2007）。社交媒体克服了高水平的流动性和复杂性，对长期关系的影响方面发挥着至关重要的作用。例如，研究发现，SNS 帮助从高中过渡到大学的年轻人在发展新的友谊关系的同时还可以保持着其高中友谊网络。特别地，这一研究发现那些对大学生活满意度较低且自信水平较低的学生更加受益于使用 Facebook（Ellison et al.，2007）。实际上，一些形式的在线社交网络，如即时通信服务，通常涉及更小的参与群组（一对一的通信），并且主要用于维护现有的友谊网络（Grinter and Palen，2004）。通常，大部分研究都发现年轻人使用互联网是为了加强现有的人际关系（Valentine and Holloway，2002）。SNS 还在青年人发展亲密关系中发挥重要作用（Boyd，2007；Berk，2001；Cobb，1995）。从前，在学校之外的青少年之间的接触通常发生在和父母共享并由父母监管的家庭电话上。现在，SNS 和移动电话一起提供了可以发生这种通信的空间（Livingstone，2008；Sprecher，2009）。社交网络在青年人巩固自己的身份、从家庭中脱离、争取独立及发展其亲密伴侣等社会化过程中，对其社会心理的发展起到至关重要的作用。作为正在形成中的个人身份认同的一部分，SNS 使千禧一代深受影响；我们认为，这些活动应被理解为一般化的、日常的体验计算的嵌入式实践，这个过程中用户是一种嵌入式的存在。

这种理论理解下的 SNS 研究在 21 世纪的文献中比比皆是，这些研究集中于探索 SNS 在保持和加强现有的离线关系中的作用。这些研究表明，那些仅在网络上发生的关系，尽管它们很重要，其连接却较弱（Donath and Boyd，2004）。然而，对于一些年轻人，特别是那些被边缘化或社会孤立的年轻人来说，在线关系提供了一个重要的，有时是唯一的社会化的机会。通过对患有慢性疾病或残疾的年轻人的 SNS 的研究发现，SNS 不仅提供了开发这种友谊的机会，而且参与者将这些友谊描述为他们最可靠和持久关系中的“真正的朋友”。这种与他人有共同价值观、观点、需要或经历的能力，可以帮助经历边缘化的青年在其当地社区中找出潜在的支持关系（Munt et al.，2002）。另一项研究表明，Facebook 帮助那些社会技能水平较低的年轻人在网上发展友谊，然后将其转化为离线社交技能。还有研究发现，SNS 在形成新形式的“集体身份”方面起着重要作用。例如，研究发现通过使用 SNS 可以帮助有着性别认同障碍的年轻人相互见面并相互学习，创造拥有归属感的一个更广泛的社区（Hillier and Harrison，2007；Munt et al.，2002）。这种归属感和接受感可能意味着，以往可能更容易被孤立的年轻人（如患有慢性病或残疾的人），在最初的隔阂消失后，通常会成为一个在线社区的成员。海德格尔的“共享世界”理论和信息系统领域的研究成果的比较见表 3-4 所示。

表 3-4　海德格尔的“共享世界”理论与文献的比较

社交媒体与海德格尔的“共享世界”理论	信息系统领域的研究成果
· 我在 SNS 上的帖子对那些关心我的人意味着我关心他们 · 我想在 SNS 上告诉他们，我对他们的关心是构成我身份的一部分 · 我想在 SNS 上告诉那些我关心的人，他们的存在定义了我 · 我在 SNS 上展示的向其他人展示的是构成我的存在的世界 · 在 SNS 上，我想让那些关心我的人知道，我的存在不能没有他们，我的存在是为了他们 · 我在 SNS 的时间轴的分享是我关心的和我为之存在的 · 我的帖子是为了告诉我关心的人，如果没有他们，我一无所有，我关心他们，我为他们而存在 · 在 SNS 上，我想表达的是，我只是一个与周围世界中其他人共在的存在 · 关于我自己的认识都以与他人共在的状态观察，这些呈现在我以时间轴为序发布的 SNS 帖子中 · 理解我就是理解我与他人在世界中相处的方式，其他人让我的存在有意义，这正如我在 SNS 的时间线上所发布的帖子 · 通过我在 SNS 上的帖子，你可以看到我如何通过我关心的人来理解世界和我自己 · 我在 SNS 上的帖子表明我只是一个与他人有关联的人	· 社交媒体建设和加强社区 · SNS 上的状态更新和时序信息是我过去的结构化呈现 · SNS 支持我与同伴交往，这是我身份社会化和“与他人存在”的一部分 · SNS 支持我与同类群体的关键社交 · SNS 帮助我在保持先前关系的同时建立新关系 · SNS 加强我现有的人际关系 · SNS 帮助我的社会化进程并巩固我的身份 · SNS 协助我找出当地社区的潜在支持关系 · SNS 帮助建立集体认同 · SNS 创建一个更广泛的社区的归属感

3.2.4 总结

最后提出了一种应用于社交媒体的现象学计算框架，其允许四个理论被纳入这个新的理论框架中。从四个理论中外推的一些概念，有些在文献中的实证研究中被证实，有些尚未在实证研究中找到对应。在表 3-5 中提供了关于社交媒体的文献中的四个理论和实证发现中有关概念之间的比较。

表 3-5　社交媒体使用的理论和实证研究的比较

理论	理论推演的特征	未实证检验的特征
戈夫曼的自我呈现理论	自我呈现 印象管理 高度关联的自我 富有想象力的表演 能力控制 理想化自我 观众身份建构 身份管理品牌 可预见的想象 与他人共享的特征选择	战略互动（博弈论）
布迪厄的社会资本理论	社会资本累计 在线社交资本比我的离线社会资本更强大 大众行动能力的影响 目标实施	社会资本和惯习 （社会结构复制）
萨特的存在投射理论	建构“我在场”的连贯历史 每天与他人在一起 过去关系的投射与未来的行动 历史性内容 从历史上延续我在媒体上的记忆 目标实现	“别人对我身份的贡献”
海德格尔的“共享世界”理论	社区建设与强化 过去的结构化 同伴交往 关系维护 加强现有人际关系 社会化与身份认同 识别当地社区的潜在支持连接 集体身份建构 归属感	“在世界中存在”

当前在实证研究还没有实证检验的理论有戈夫曼的战略互动（博弈论）、布迪厄的社会资本和惯习（社会结构复制）、萨特的“别人对我身份的贡献”和海德格

尔的“在世界中存在”理论。这种差距可以通过以下事实来理解，即这些概念不单是没有包括在研究中作为可观察到的现象，也有可能由于方法理论工具缺乏问题而被忽略。

一项重要的发现表明，关于社交媒体的研究并不完全适合戈夫曼或布迪厄的理论。事实上，应用戈夫曼的自我呈现理论来讨论个人生活方式是有问题的，因为戈夫曼的书是针对工作情境而设定的。戈夫曼的意图是描述“一个物理建筑物内的组织或者工厂”的情况（书的序言）。戈夫曼提供的例子有售货员、服务员、教师、难民、医生、加油站服务员和旅馆经理。因此，虽然戈夫曼的象征性互动主义是为解释工作环境而建立的，但是它可能与理解我们的个人生活毫无关联。

布迪厄的社会资本理论与戈夫曼几乎完全相反。虽然戈夫曼的自我呈现是为解释工作环境而提出的，但布迪厄在文化资本和象征资本中引入了社会资本，而不是经济资本。社会资本是针对社会世界的不同群体进行讨论的，如家庭、阶级、部落、学校、政党、部族或俱乐部。问题是，尽管这些种类的资本与经济资本不同，但它们都可以在长期的经济活动中相互兑换。布迪厄的社会资本理论已经在管理学的研究中争论了二十年（Adler and Kwon，2002），其应用在工作环境中是有限的几个研究（Levina and Orlikowski，2009；Lee and Myers，2004），至于对企业社交网络的研究就更少了。

而海德格尔的现象学已经作为一种优选的方法，由 Boland（1986）介绍到了社交媒体的研究中。沿着与哈贝马斯的交往行为理论，萨特的存在主义也已经被 Burrell 和 Morgan（1979）引用作为一种社会学的研究范式。然而，据我们所知，这些参考文献都没有用于描述社交媒体的研究。其中的原因是这两种哲学都是为日常生活编写的，它们可能更适合描述社交媒体的日常生活，而不是戈夫曼或布迪厄。实际上，虽然布迪厄的理论是指社会世界中的任何群体，但从长远来看，社会资本可以转换为经济资本，还是从经济角度而不是从日常生活的角度观察得出的。

考虑到情境问题，这里还应讨论另一个情况：社交媒体使用的意图。Boyd（2007）详细阐述和区分了三种意图：开放、半开放和封闭的使用意图。首先，社交媒体使用的开放意图可以对应于微博，因为帖子大部分对任何人开放。任何人都可以读帖子并重新发布。任何人未经许可都可以联系任何人。其次，当我们有限制地使用我们的微博客账号时，可以找到使用的半开放意图。最后，可以在 SNS 中找到使用的封闭意图，如 Facebook 或微信。实际上，这些 SNS 要求用户限制他们帖子的观众。要建立联系，一个人首先需要对方的同意。虽然封闭使用意图更对应于个人环境，但是开放使用意图可以对应于工作环境。然而，这种区分受到了公司的挑战，这些公司往往鼓励他们的员工不仅使用 SNS 与同事讨论工作事项，还与同事讨论个人问题，以加强合作（Huy and Shipilov，2012）。虽然我们将理论与情境相联系的思路还属于推断，但在表 3-6 中提供了可以指导未来研究的框架。

表 3-6　四种理论的研究应用框架

理论	环境	意图
戈夫曼的自我呈现	工作	开放的
布迪厄的社会资本	工作 个人	开放的 半开放的
萨特的存在投射	个人	封闭的 半开放的 开放的
海德格尔的“共享世界”	个人 工作	封闭的 半开放的

本节的贡献如下。

（1）以社交媒体为例，提出了现实与虚拟互动机制的哲学分析框架：生活世界和对他人的考虑。

（2）阐述了戈夫曼的自我呈现理论、布迪厄的社会资本理论、萨特的存在投射理论和海德格尔的“共享世界”理论对于社交媒体用户行为的解读。

（3）比较了四种理论在社交媒体上的推断与社交媒体的实证研究发现。

（4）提出了每个理论的关联背景，提出了未来进一步应用研究的框架。

虽然许多与这些理论有关的概念与研究结果在社交媒体方面的研究是一致的，但其他一些概念尚未被讨论过，从而创造了新的研究机会。此外，有关这些理论的相关性的应用研究模型，包括环境和使用意向还有待讨论。环境可能与个人生活相关，使用的意图可以是开放的、半开放的或封闭的。然而，戈夫曼和布迪厄的理论是在经济背景下发展的，他们在没有评估其适用性的情况下被应用于个人环境的背景和封闭意图下的社交媒体使用。自康德的纯粹理性批判以来，这种外推一直受到批评。理性主义总是将冒险排除在可能的条件之外。特定的情况需要特定的理论。为了描述个人环境的背景和封闭意图的社交媒体应用，萨特和海德格尔的理论可能更相关，因为它们不是从经济的观点出发提出的，而是基于日常生活的哲学。

3.3　用户互联网行为哲学角度的动因：基于社交媒体的实证研究

3.3.1　研究背景

伴随着网络发展的社会化，人际化程度不断加深，网络人际关系的建构成为其主要表现形式，其中社交媒体平台的表现尤为突出，虽然新的传播工具产生的速度越来越快，但微信和新浪微博凭借其不断完善的用户体验维持庞大的用户数量、快速的用户增长率和较强的用户黏性，在社交媒体应用中形成了难以撼动的领先地位。根据中国互联网信息中心（China Internet Network Information Center，CNNIC）《2018 年中国社交应用用户行为研究报告》，社交应用市场产品类型丰富，呈多样化发展趋势，当前社交应用市场主要包括即时通信工具、综合社交应用和垂直细分社交应用。通信工具以微信、QQ 为主要代表，主要满足用户进一步展现自我、认识他人的社交需求，使用率在 90%左右。使用率介于即时通信工具和垂直社交应用之间；垂直社交应用主要包括婚恋社交、社区社交、职场社交等类别，在特定领域为用户提供社交联系，除百度贴吧使用率（34.4%）相对较高以外，其他应用使用率都在 10%以内。

综合社交应用内部，微信朋友圈、QQ 空间是以即时通信工具为基础衍生出的社交服务，网民使用率分别为 85.8%、67.5%，逐渐以服务群体年龄段的不同拉开距离。新浪微博主要是基于社交关系来进行信息传播的公开平台，网民使用率为 37.1%。

此外，作为网民分享社交信息的主要载体——综合社交应用的使用率为 69.7%，该类社交应用由 QQ 空间和新浪微博领跑。根据腾讯和新浪 2016 年第三季度业绩报告，即时通信工具类的微信和 QQ 用户概况如下：QQ 月活跃账户数达到 8.77 亿位，比去年同期增长 2%。而微信和 WeChat 的合并月活跃账户数达到 8.46 亿位，比去年同期增长了 30%。根据二者的同比增长数，可见 QQ 活跃账户数增速缓慢，而微信势头正猛，微信正在快速追上并即将取代 QQ“老大哥”的地位。反观综合社交应用类的 QQ 空间和新浪微博的用户概况：QQ 空间月活跃账户数达到 6.32 亿位，比去年同期下降 3%，微博 2016 年 9 月的月活跃用户数（monthly active user，MAU）同比增长了 34%，达到了 2.97 亿位，其中 89%为移动端用户。可见，QQ 空间虽然依靠 QQ 庞大的用户基数保持着较大的月活跃账户数，但随着 QQ 活跃账户数的增速缓慢，它也不可避免地出现了活跃账户数负增长的情况。

因此本节选取微信和新浪微博作为研究对象，不光因为其庞大的用户数量和高速的活跃用户增长率，也因其出现时间相对较为接近，能在一定程度上避免 QQ 与 QQ 空间的关联性所造成的研究结果的偏差，使研究结果更具说服力。

1. 微信的定义及典型使用行为

1）定义及特性

微信是一种可以获取信息、分享图片和实时语音聊天的即时通信工具。微信是以关系为核心的、具有高度私密性的社交工具。总结来说具有以下几个特性：强关系，偏重熟人社交圈的沟通和分享；形成了空间封闭、话题私密但用户彼此认识的熟人社区；个人账号的日常生活内容在朋友圈的交流传送，公众账号的商业性信息、公益性信息；社交属性强，媒体属性弱，但微信公众号的影响力增强其媒体属性；点对点的人际传播为主。

2）使用功能

根据CNNIC《2018年中国社交应用用户行为研究报告》，对我国内地网民进行随机抽样调查，调查时长一个月。通过调查结果可知，网民在微信上的主要使用功能为朋友圈、群聊和微信公众号，可见微信的社交属性较强。

根据企鹅智酷的《2017微信用户&生态研究报告》，2017年微信8.89亿位月活跃用户，近一年来直接带动信息消费1742.5亿元。经过六年的高速发展，微信已经成为中国移动互联网的国民级应用。朋友圈、收发消息和公众号排主要使用功能的前三位，支付相关的微信红包等功能排名同样靠前。此外，报告指出超过八成用户是朋友圈的高黏性使用者，超过六成的用户几乎每次使用微信都会有同步访问朋友圈的行为。除浏览外，近六成的用户倾向给好友点赞，评论好友的朋友圈这一行为的占比超过自己发布或分享信息；值得注意的是，只看不互动的用户仅占一成。通过以上报告结果，说明朋友圈已成为用户手机社交的主要阵地，用户表现出登录高频、点赞活跃、喜爱围观好友生活状态的行为特点。

特别需要指出的是微信“小程序”功能，小程序将提供类似应用程序的原生体验，用户无须离开微信界面便可便捷地进行操作，既能释放智能手机内存空间，又能使得社交分享更为方便。现有的小程序，如通过扫一扫界面进入摩拜单车的租车界面，该项操作在微信界面就可完成，不用专门跳转至摩拜单车App界面操作，整个操作过程更加便捷且省时。

3）主要联系人、使用频次、使用时长、使用设备

根据CNNIC《2018年中国社交应用用户行为研究报告》，微信联系人主要是同学、现实生活中的朋友、亲人、同事，占比均高于80%，更能体现其的“熟人社交工具”的特性。从使用频次来看，超过一半的用户每天使用微信无数次，每天使用10次以上的用户累计接近九成。从每天使用时长来看，60分钟以上的用户占比接近六成，半小时以上的用户累计占比超七成。企鹅智酷2016年3月发布的报告数据与CNNIC的结果大致相同，无论是从使用频率还是每天使用时长来看，微信都表现出了强大的用户黏性。微信的使用设备主要为手机，电脑端需要扫码登录，且很多功能在电脑端无法实现。

2. 新浪微博的定义及典型使用行为

1）定义及特性

新浪微博是分享和发布简短、实时信息的开放的社交网络平台。具有以下几个特性：弱关系，形成了一个信息公开、平台开放，但用户更具有隐匿性的陌生人社区；传播内容为更加丰富多样的话题内容，包括新闻、历史、生活知识、娱

乐信息等在内的信息；呈现明显的媒体、兴趣社区属性，垂直化特性增强；媒介偏向、交互性较弱，但好友圈具有一定社交功能。

2）使用功能

根据 CNNIC《2018 年中国社交应用用户行为研究报告》，关注新闻/热点话题、看热门微博、关注感兴趣的人、在线看视频/听音乐、分享/转发信息。充分说明了新浪微博已经成为一个大众舆论平台，成为人们了解当下热点信息的主要渠道之一。

企鹅智酷 2017 年报告中针对忠实用户（其中 90 后是占比最高的年龄群，为 58.8%。女性用户所占比例比男性高近 10 个百分点）的“什么最吸引你使用微博”一题中，超过七成的用户选择看热点事件，近五成的用户选择关注的名人明星在微博上，而社交占比仅为 14.4%，并不是主要诉求。针对新增用户（90 后群体占比也明显高于其他年龄层，为 59.4%）的“你为什么最近开始使用微博”一题中，兴趣话题和关注感兴趣的人吸引新用户的效果显著，是四成多新增用户使用的原因之一。

3）主要关注人、使用频次、使用时长、使用设备

根据 CNNIC《2018 年中国社交应用用户行为研究报告》，用户的主要关注人中，同学、朋友、同事占比最高，超过 60%，其次为亲人和明星，占比超过 55%。与其他的社交媒体平台不同，微博除了与熟人的在线互动外，还有基于陌生人弱关系的社交关系模式。关注明星大 V，使得微博形成了一个庞大的追随网络；关注某一热点话题也会使用户迅速聚集到一起，形成巨大的传播效应，这就充分体现了微博的媒体属性。近五成的用户会每天使用微博，近九成的用户会每周使用。从每天使用时长来看，超过两成的用户每天使用 1 小时以上，可见微博的用户黏性远不及微信。新浪微博的主要使用设备为手机，占比为 88%，但使用电脑和平板的比例也占据一定的比例，分布相对平均。

3. 研究问题

以大学生为样本，研究微信、新浪微博使用行为。根据戈夫曼的自我呈现理论、布迪厄的社会资本理论、萨特的存在投射理论和海德格尔的“此在”理论分析大学生在不同社交媒体平台的使用行为，检验四种理论对不同平台使用强度影响的适用程度。

4. 研究方法

根据四种理论提炼、总结社交媒体使用行为测量变量，并按此形成多个指标，再由这些指标进行测量，构成问卷。问卷问题形式为单选、多选和利克特 7 分式量表相结合。

采用查尔斯·拉金提出的定性比较分析（qualitative comparative analysis，QCA）方法，根据上述四个理论提炼得出使用强度的条件变量，所使用的社交媒体平台为结果变量。利用软件 fm-QCA 分析不同的条件组合路径，由分析结果来将理论与行为进行再匹配。

3.3.2　理论基础

1. 戈夫曼的符号互动理论

“自我呈现”一词最早出现在戈夫曼和所著的《日常生活中的自我呈现》，他将社会互动化比作戏剧表演，社会中的每个人都会有意识或无意识地通过各种方式“表演”，来控制别人对自己的看法，为自己塑造出一个合适的、可被接受的角色形象。每个人都会调整或操纵自我呈现的策略，以达到自己设定好的社会角色。在书中生活即演戏，社会成为其舞台。表演者最关心的是留给观众何种印象，并通过言谈举止、服装穿着、道具等来呈现表演。表演展示的是用面具伪装的自己，而这种面具大多是与社会公认的价值标准一致的行为。戈夫曼还介绍了剧本（表演所依据的社会规范及观众对角色的期待）、前后台（人们在前台呈现能被他人接受的形象及行为，而不能被他人接受的形象及行为发生在后台）、剧班（有时自己需要和别的演员合作表演，相互依赖，保守互相的秘密）等元素。戈夫曼指出成功的社会成员应该在前台和后台展现应有的形象及行为，而他所展现的应该是符合社会大众对角色的期待的形象，如此便是属于工具主义范畴。

虽然随着社会学、心理学、管理学等学科对“自我呈现”这一概念的不断理解，“自我呈现”一词有了一些更宽广的解释，总结可定义为个体在应对不同社交对象和社会情境时，为了使社会结果符合预期而采取的有利于自己的社会行为，是一种通过控制信息呈现内容和方式来影响他人对自己印象的形成和改变的过程。

具体来说，人们在社交媒体表现出来的许多特定的行为可能都是为了塑造一个被大众认可的形象，并想通过这种行为来影响甚至控制他人对自己的印象，以此来维护自己的利益。人们在使用社交媒体时尽可能把积极的情绪表现出来，如现实生活中的新鲜事物、可能会使他人投来艳羡目光的乐事，这就是戈夫曼所说的“前台”的“表演”，通过这些“表演”给他人留下自己想要维持的好的形象。但在“后台”的形象可能与“前台”相差甚远，如某些明星想通过新浪微博这一平台来建立或维持自己良好的公众形象，却在现实生活中表现出一些有损形象的行为。在“后台”本该表现出的放松、随意的状态也很可能会通过社交媒体平台暴露在大众视线中，那么表演者想要极力维持的“前台”形象可能会在一瞬间破灭。

2. 布迪厄的实践理论

“Habitus”一词由罗马文改用而来，严格来说并没有对应中文翻译，可译为“惯习”。虽具有习惯的意思，但却不是单纯反射性的习惯，而是透过长期社会活动累积的、被视为理所当然的一种习性。它是在长期浸染于某种环境，且与该环境不断互动的过程形成的，潜移默化地塑造着我们的个性。并且该词与“场域”关系密切，“场域”是由附带一定权力（或资本）形成的各种位置之间一系列在历史上形成的关系所构成的一个网络。是指一些相对均质、自主、有合适社会功能的小世界，如艺术、科学、宗教、经济、法律、政治等。特定社会情境下成长的个体，自然受到该环境的影响，许多在该环境下平常无奇的事物，在另一个环境可能不同凡响。“策略”这一概念强调了实践这一要素，冲破了结构主义的静态模式，赋予个体更多的能动性。“场域”指的是一个充满争斗的空间，“场域”中不同位置的占据者利用各种策略来保证或改善其在场域中的地位。“资本”是指行动者在各种场域中开展策略性行为所依据的资源，分为经济资本（物质和货币财产）、文化资本（稀缺的符号物品、技能及头衔）、社会资本（由于某种成员身份带来的关系网络资源）三大类。

解释完布迪厄涉及的几个主要概念后，我们将对社会实践理论的主要观点进行说明。强调自我对社会的贡献，自我的行为是在社会这个大群体的约束之下，认为“我试图改善我的社会资本、我的符号资本和我的信息资本，以拥有更多的影响力在权力领域，但我是我自己的历史的产物”。布迪厄认为我们的所有行为都受背景因素的影响，如我们发现艺术是美丽的，不是因为它们本身是美丽的，而是因为我们的社会出身。因此，布迪厄对自我的表述与戈夫曼有很大不同，戈夫曼是二元论。但二者在进行自我的表述时都落入了工具主义范畴。

结合社交媒体的具体使用行为，人们在不同的环境下形成的截然不同的价值观念，使得他们在社交媒体平台表现出不同的行为，如来自农村或是城市。社交媒体平台内部也会存在不同的“场域”，如在新浪微博这样一个具有垂直化兴趣社区特点的平台中，人们通过关注不同领域的大V账号，想要了解该领域的最新资讯和成果来增强自己的文化资本，在这一过程中也能增强自己的社会资本，从而扩大自己在该领域的影响力。

3. 萨特的存在主义

萨特作为存在主义的集大成者，继承并发展了胡塞尔的非理性主义，形成了其自成体系的哲学思想——无神论的存在主义。认为存在先于本质，这里所说的存在指自我感觉到的存在，即人的自我决定自己的本质。强调自由选择，无论面对何种环境，人在选择自己的行动时是绝对自由的。换言之，人在事物面前，如果不能按照个人意志自由选择，就等于丢掉了个性，也就意味着失去自我，不能算是真正的存在。此外，萨特强调构建一个可能的自我，追求被他人认可。认为“我将自己投射到一个可能存在的可能性中，变成存在的可能性”。但自己做出的绝对自由的选择就需要相应程度的负责，这就是道德责任。在萨特看来，人的一生就是一个不停选择的过程，通过不断的自由选择，塑造着自己的本质，不断向着未来造就自我。因此，萨特的存在主义是二元的，但其强调自由选择的观点可体现出自我表述的固有价值，而不是工具价值。

萨特的存在主义强调自由选择，在社交媒体使用中可具体表现为发布或分享的内容不受约束；但他又提出了构建可能的自我这一观点，结合社交媒体可理解为通过这一平台塑造未来可能的自己，如分享自己理想的生活状态。

4. 海德格尔的“此在”理论

海德格尔在《存在与时间》一书中提出的“此在”（dasein）这一哲学概念，来追问存在的本质。他认为，“此在”的基本状态是“在世界中”，即指“此在”与世界是融为一体的。换言之，“此在”虽是指人的，但并非孤立的个体，而是自我与世界的统一体。“此在”在世界里与他人、他物发生关系，从而构成了周围世界。且他人并不是以自我为中心而划分的他人，即不是我之外的别人，而是说每个我同时又都是他人，都是作为他人而共同在世。他也说道，“无他人的、绝缘的自我归根到底也并不首先存在”。因此，人在与周围世界互动的过程中，关心与自己存在有关的问题，通过自己的存在来领悟自己的本质，也通过自己的存在来揭示与自己相关的他人、他物的“在”，并赋予其意义。另外，“此在”在与周围世界互动时如果敢于承担自己的唯一性和个体性，那么他也就进入了“真诚”的生存状态。

将“此在”这一哲学理念运用到实际生活中，我们在与他人相处时，强调的对他人的关心是一种真正的关心，而不是像戈夫曼所说的表演出他人所期待的样子。强调真实性，认为“对他人的关怀是我存在的意义，追求与他人真诚相处”。在处理自我与他人关系的问题上，最重要的是实现本真的自己，在实现本真的自己的道路上，就是要本真地处理自我与他人关系的问题。

海德格尔的理论结合社交媒体的具体使用行为可归纳为两点：一是真实性，即在该平台上是否展现出了和现实生活中一样的自己；二是对他人的关心，即在社交媒体的使用行为是否出于对他人近况的关心。

3.3.3 研究设计

本节的数据是通过对大学生群体发放问卷的形式获得，问卷设置了性别、年龄、海德格尔现象学理论、戈夫曼符号互动理论、萨特存在主义、布迪厄社会实践理论 6 个条件变量，以大学生的不同社交媒体使用行为为结果变量。其中关于 4 个理论的条件变量采用利克特 7 级尺度量表，从“完全不认同”到“完全认同”来加以测量。问卷也设置了微信和新浪微博的使用动机的测量，也采用利克特 7 级尺度量表。问卷回收后检验问卷的信度和效度，随后使用 QCA 方法研究问卷结果，借助 fm-QCA 软件完成 QCA，将条件变量和结果变量根据问卷结果与现有 4 种理论赋值为“1”或“0”，从而得出影响结果变量的条件或条件组合。下面就变量的测度进行说明。

1. 变量的选取

1）海德格尔现象学理论

本节研究根据海德格尔的现象学理论，提炼出在社交媒体展现出的真实性，以社交媒体展现出的自我与现实生活中的自我的差异性、与他人沟通是否出于对其的关心等为考量指标，并据此设置问卷问题。

2）戈夫曼符号互动理论

本节研究根据戈夫曼的理论，借鉴了刘砚议在《微信朋友圈中“印象管理”行为分析》一文中的量表，并做了适当调整，形成问卷问题。

3）萨特存在主义

本节研究根据萨特存在主义，将在社交媒体发布内容是否绝对自由、发布者自己是否能对发布的内容负责任、通过在社交媒体发布的内容是否在构建一个可能的自我等作为考量指标，形成问卷问题。

4）布迪厄社会实践理论

本节研究根据布迪厄的社会实践理论，结合“场域”“惯习”“资本”等相关概念，将是否在社交媒体平台形成一定的“场域”、是否想要在不同的“场域”获取不同的资本来保持或改变自己的权力及影响等指标形成问卷问题。

5）性别

性别这一人口变量是否会影响大学生社交媒体的选择偏好？魏娜在《基于“使用与满足”的新浪微博用户调查与分析》中也指出，女性比男性拥有更强烈的倾诉欲望，喜欢在微信朋友圈上晒心情、发牢骚，说的什么并不重要，重要的是在说。因此性别这一变量是否对大学生群体社交媒体选择偏好有影响？

6）地区

本节研究选取地区这一变量，不仅能直接考量其是否对大学生社交媒体选择偏好有影响，还能证明布迪厄的社会实践理论中不同“场域”下的“惯习”对社交媒体选择偏好的解释程度。

7）社交媒体使用强度

此处社交媒体使用强度的测度方法选择 Ellison 等（2007）设计的指标，结合具体情况对指标稍做删减，为以下几个指标：社交媒体平台总使用时长、每天使用时长、浏览社交媒体频率。根据 Ellison 等（2007）的建议，将所有分数转换为标准分数，并对这三个标准分数进行加和平均，从而得到社交媒体平台的使用强度分数（表 3-7）。标准分数的大小和正负可以反映某一数据在全体数据中的地位。

表 3-7　社交媒体使用强度的测量指标

结果变量	测量指标
社交媒体使用强度	总使用时长
	每天使用时长
	浏览频率

注：根据 Ellison 等（2007）设计的测量指标删减所得

2. 问卷设计及数据来源

问卷整体设计如下。

第一部分为被调研者的基本信息（表 3-8），包括性别、地区、年龄等。

表 3-8　样本的人口统计

变量	指标	样本数	比例
性别	男	20	37.74%
	女	33	62.26%
地区	城市	25	47.17%
	农村	28	52.83%
年龄	18 岁以下	1	1.89%
	18~22 岁	49	92.45%
	22 岁及以上	3	5.66%

第二部分为被调研者微信使用行为测度，以及 4 个理论对微信使用行为的解释程度测量。

第三部分为被调研者新浪微博使用行为测度，以及 4 个理论对新浪微博使用强度的解释程度测量。

问卷的实测对象为大学生群体，回收问卷 53 份。

3.3.4 数据分析

1. 描述性分析

1）样本的人口统计

由表 3-8 可知，本次受访者的男女比例、城市农村比例大致均衡，年龄层也符合大学生群体的年龄范围。

2）社交媒体的使用行为概况

该部分内容主要围绕受访者是否使用微信/新浪微博、使用强度、主要联系人、主要使用设备展开。

（1）是否使用。由表 3-9 可知，在回收的 53 份问卷中，使用微信和新浪微博的受访者人数占比都较高。其中，微信的使用比例明显高于新浪微博。

表 3-9　使用概况

社交媒体	是	否
微信	51 人，96.23%	2 人，3.77%
新浪微博	39 人，73.58%	14 人，26.42%

（2）使用强度。使用强度的测量包括以下指标：总使用时长、每天使用时长、浏览频率和发布频率。由表 3-10 可知，就总使用时长来说，主要集中在一年（包括一年）到两年、两年（包括两年）到三年、⩾三年，说明受访者的两种社交媒体的总使用时间都较长；每天使用时长分布相对平均；就使用频率来看，虽然浏览频率出现差异化情况，但“< 每周 1 次”的发布频率占比极高，说明多数受访者存在通过社交媒体平台观察他人生活状态而并不太愿意分享自己的生活细节特点。

表 3-10　使用强度

类别		微信		新浪微博	
		样本数	比例	样本数	比例
总使用时长	<半年	3	5.88%	5	12.82%
	半年（包括半年）到一年	6	11.76%	4	10.26%
	一年（包括一年）到两年	14	27.45%	10	25.64%

续表

类别		微信		新浪微博	
		样本数	比例	样本数	比例
总使用时长	两年（包括两年）到三年	11	21.57%	8	20.51%
	≥三年	14	27.45%	11	28.21%
	一经发布就使用	3	5.88%	1	2.56%
每天使用时长	<半小时	20	39.22%	14	35.9%
	半小时（包括半小时）到一小时	12	23.53%	13	33.33%
	一小时（包括一小时）到两小时	11	21.57%	7	17.95%
	≥两小时	8	15.69%	5	12.82%
浏览频率	<每周 1 次	6	11.76%	9	23.08%
	每周 1~2 次	8	15.69%	7	17.95%
	每天 1 次	13	25.49%	3	7.69%
	每天数次	11	21.57%	9	23.08%
	有空闲时间就浏览	13	25.49%	11	28.21%
发布频率	<每周 1 次	41	80.39%	29	74.36%
	每周 1~2 次	5	9.8%	6	15.38%
	每天 1 次	0	0	0	0
	每天数次	0	0	1	2.56%
	有空闲时间就发布	5	9.8%	3	7.69%

注：使用强度在作为条件变量测量时仅选取总使用时长、每天使用时长和浏览频率 3 个指标；因四舍五入，表中的数据相加不等于 100%，此类情况余同

（3）主要联系人。受访者微信的主要联系人为同学、现实生活中的朋友和亲人，也能充分体现微信熟人社交的特性。受访者新浪微博关注的主要用户为明星、同学、各领域名人账号和现实生活中的朋友，也体现了微博除了与熟人的互动外，具有庞大的追随网络的特点。

（4）主要使用设备。问卷结果显示手机是微信及新浪微博的主要使用设备。

2. 量表信度及效度检验

1）量表信度检验

本节量表选取了利克特 7 级尺度量表，在进行信度检验时采用克伦巴赫 α 系数进行信度分析。本节选取的 α 系数衡量标准如表 3-11 所示。

表 3-11　克伦巴赫 α 系数选取标准

α 系数	标准
α 系数≤0.3	不可信，删除
0.3< α 系数≤0.4	初步研究，勉强可信
0.4< α 系数≤0.5	稍微可信
0.5< α 系数≤0.7	可信
0.7< α 系数≤0.9	很可信
α 系数>0.9	十分可信

针对微信部分，量表就海德格尔的真实性理论设置了 4 道题目，就戈夫曼的符号互动理论设置了 6 道题目，就萨特的存在主义理论设置了 5 道题目，就布迪厄的社会实践理论设置了 7 道题目。针对新浪微博部分，4 个理论分别设置了 4、7、5、5 道题目。使用 SPSS 19.0 得出结果见表 3-12。

表 3-12　四种理论量表信度检验

变量名称	题目个数/个	Cronbach's α 值
微信—海德格尔真实性理论	4	0.520
微信—戈夫曼符号互动理论	6	0.809
微信—萨特存在主义	5	0.579
微信—布迪厄社会实践理论	7	0.739
新浪微博—海德格尔真实性理论	4	−0.182
新浪微博—戈夫曼符号互动理论	7	0.731
新浪微博—萨特存在主义	5	0.521
新浪微博—布迪厄社会实践理论	5	0.628

检验结果显示量表的内部信度较高，但值得注意的是，微信部分的海德格尔的真实性理论这一变量原本设置的问题为 4 道，由于问题 4 未能通过信度检验，因此剔除该问题项。微信部分的海德格尔真实性理论这一变量未能通过信度检验，主要是由于在设计问卷时该理论涉及两个测度点，因此在之后的分析时该变量一分为二，用来综合考量该理论对使用强度的影响。

2）量表效度检验

依旧使用 SPSS 19.0 分别对微信和新浪微博的四个理论变量涉及的量表进行效度检验，检验结果见表 3-13、表 3-14。

表 3-13　KMO 和 Bartlett 的检验（微信）

取样足够度的 KMO 度量		0.756
Bartlett 的球形度检验	近似卡方	763.534
	Df	231
	Sig.	0.000

表 3-14　KMO 和 Bartlett 的检验（新浪微博）

取样足够度的 KMO 度量		0.724
Bartlett 的球形度检验	近似卡方	655.100
	Df	210
	Sig.	0.000

由表 3-13 和表 3-14 可知，微信和新浪微博的四个理论变量量表的 KMO 值分别为 0.756 和 0.724，均大于 0.7，说明效度较好；且球形度检验显著性可见 p 值也高度显著。因此，量表的结构效度通过。

3. QCA 方法

QCA 是 20 世纪 80 年代在社会科学研究中产生的一种针对中小样本案例研究的分析方法。QCA 最早由美国社会学者查尔斯·拉金提出，其在 1987 年出版的《比较方法：在定性和定量策略之外》介绍了 QCA，QCA 是一种整合了量化和质化双重取向的研究方法，依据的核心逻辑是集合论思想，如果将研究问题或现象看作一个完整集合，那么引发这个问题或现象的诸多原因，就是这个集合的不同子集。QCA 分析的重心不是单个条件变量如何导致了结果的发生，它更关注多个不同的条件变量如何以组合的形式影响最终的结果。尝试采用 QCA 方法来解读大学生的社交媒体使用行为，除了性别、地区两个条件变量外，并借助上述 4 个理论来完善条件变量的确立，以大学生的社交媒体平台的使用行为作为结果变量。尝试研究大学生使用不同社交媒体平台的动机，并检验 4 种理论的适用性，从哲学角度解读其使用行为。

1）变量设定与赋值

结果变量设定为社交媒体使用强度，由问卷中社交媒体平台总使用时长、每天使用时长、浏览社交媒体频率三个指标取标准分数再加和平均形成。条件变量共 8 个，由性别、地区及 4 种理论生成的变量组成。具体赋值如表 3-15 所示。

表 3-15　变量的赋值

变量类型	变量名称	变量赋值	变量解释
结果变量	社交媒体使用强度	标准分数加和平均值大于 0，赋值为 1 小于等于 0，赋值为 0	社交媒体平台总使用时长、每天使用时长、浏览社交媒体频率三个指标取标准分数再加和平均形成
条件变量	gender	女赋值为 0，男赋值为 1	性别
	rural	城市赋值为 0，农村赋值为 1	地区
	H1	量表分数大于 4 赋值为 1，小于等于 4 赋值为 0	海德格尔“真实性”
	H2		海德格尔“对他人的关心”
	G		戈夫曼符号互动理论
	S1		萨特“绝对自由”
	S2		萨特“塑造未来可能的自己”
	B		布迪厄社会实践理论

通过经验性估计，对于不同因素数量相对应的样本数量，QCA 的需求要远远低于回归分析，其对应的关系大概如表 3-16 所示，本节设置的条件变量个数为 8，需要 36~45 及以上份样本。通过回收的样本，微信有效问卷为 51 份，新浪微博为 39 份，满足样本要求。

表 3-16　样本选取要求

4 个因素条件→10~12 及以上份样本数量
5 个因素条件→13~16 及以上份样本数量
6 个因素条件→16~25 及以上份样本数量
7 个因素条件→27~29 及以上份样本数量
8 个因素条件→36~45 及以上份样本数量

2）必要条件分析

模糊集首先对每个条件变量是否是结果变量的必要条件进行检测，如果存在结果变量的必要条件，则该变量不纳入接下来的条件组合分析。在进行必要条件分析时，每个条件变量及其反值都应包括在内。其中，判断某一条件变量形成结果变量的必要条件的标准是吻合度达到 0.9。这一标准依据查尔斯·拉金的解释，必要条件分析可以进行 0.1 校准值的调整，即必要条件的临界值通常设置为 0.9，也就是说如果结果变量 0.9 以上隶属于某个条件变量，那么这个条件变量就是结果变量的必要条件。

表 3-17 列出了通过软件 fm-QCA 给出了必要条件的分析。gender 表示性别；

rural 表示地区；H1 表示海德格尔“真实性”；H2 表示海德格尔“对他人的关心”；G 表示戈夫曼符号互动理论；S1 表示萨特“绝对自由”；S2 表示萨特“塑造未来可能的自己”；B 表示布迪厄社会实践理论；“~”表示该条件变量取自身的相反值，有“~”取值为 0，无“~”取值为 1。

通过表 3-17 我们可以看到没有任何一个条件变量的吻合度达到 0.9，即没有任何一个条件变量能构成结果变量的必要条件，也就是说，没有任意条件变量可以单独构成微信使用强度的必要条件。且多数的条件变量吻合度值都小于 0.5，也能说明微信这一社交媒体的使用强度大小并不单是由哪一因素单独导致的，而是多种因素组合导致的结果。

表 3-17 每个条件变量的必要条件检测结果（微信）

结果变量	吻合度	覆盖度
gender	0.4737	0.4286
~gender	0.3750	0.5714
rural	0.3462	0.4286
~rural	0.4800	0.5714
H1	0.3846	0.2381
~H1	0.4211	0.7619
H2	0.4516	0.6667
~H2	0.3500	0.3333
G	0.4667	0.3333
~G	0.3889	0.6667
S1	0.4412	0.7143
~S1	0.3519	0.2857
S2	0.6000	0.2857
~S2	0.3659	0.7143
B	0.5667	0.8095
~B	0.1905	0.1905

通过表 3-18，我们也能得出没有任一条件变量能构成结果变量的必要条件的结论，即新浪微博的使用强度并不是单独由哪一因素导致，是多种因素组合影响的结果。但新浪微博的条件变量的吻合度值整体高于微信。

表 3-18　每个条件变量的必要条件检测结果（新浪微博）

结果变量	吻合度	覆盖度
gender	0.3333	0.2632
~gender	0.5833	0.7368
rural	0.3684	0.4684
~rural	0.6000	0.6316
H1	0.6667	0.4211
~H1	0.4074	0.5789
H2	0.6000	0.1579
~H2	0.4706	0.8421
G	0.5833	0.3684
~G	0.4444	0.6316
S1	0.5769	0.7895
~S1	0.3077	0.2105
S2	0.5333	0.4211
~S2	0.4583	0.5789
B	0.6957	0.8421
~B	0.1875	0.1579

3）充分条件组合分析

由于没有任何一个条件变量是结果变量的必要条件，因此无须剔除任何条件变量，将所有条件变量纳入充分条件组合分析之中。选取最低标准 0.75 作为吻合度阈值；为保证分析的案例数构成原始案例的绝大部分，将案例阈值设置为 1，即任一条件变量组合拥有 1 个样本就可进行分析。通过软件输出中间解、复杂解和精简解三种形式的结果，3 种解的主要区别是各自包含了多少逻辑余项复杂解排除了所有逻辑余项，中间解次之，精简解包含大量逻辑余项。大多使用 QCA 研究方法的学者都采用中间解来分析，因此本书主要分析中间解，也列出精简解的结果并作概括性分析。中间解如表 3-19 所示。

表 3-19　条件组合分析（微信中间解）

组合	案例	覆盖度	净覆盖度	吻合度
~gender*rural*~H1*H2*~G*S1*~S2*B	3	0.1429	0.1429	0.75
~gender*rural*H1*H2*~S1*~S2*B	2	0.0952	0.0952	1.0

续表

组合	案例	覆盖度	净覆盖度	吻合度
gender*~rural*~H1*G*S1*S2*B	2	0.0952	0.0476	1.0
gender*~rural*H2*G*S1*S2*B	2	0.0952	0.0476	1.0
gender*~H1*H2*G*S1*S2*B	2	0.0952	0	1.0
gender*rural*~H1*H2*G*S1*B	2	0.0952	0.0476	1.0
~gender*~rural*~H1*~H2*~G*~S1*~S2*B	1	0.0476	0.0476	1.0
~gender*~rural*~H1*~H2*~G*S1*S2*~B	1	0.0476	0.0476	1.0
gender*~rural*~H1*H2*~G*S1*~S2*B	1	0.0476	0.0476	1.0
gender*~rural*H1*~H2*~G*~S1*~S2*~B	1	0.0476	0.0476	1.0
gender*~rural*H1*~H2*~G*S1*S2*B	1	0.0476	0.0476	1.0
所有条件组合总的覆盖度与吻合度（11/21）		0.7173	0.7143	0.75

*表示理论上，条件变量的不同取值就会构成 2*k* 不同条件的组合，其中指数 *k* 是条件变量的数量，但在实际中由于案例所限，研究者只会处理一部分条件组合，与案例无关的条件组合则被称为逻辑余项

所得出的中间解包含了 11 种条件组合，它们总的覆盖度为 0.7173，能够解释大部分案例。其中净覆盖度指该组合剔除与其他组合相重合的部分，而得到的该组合的净的覆盖度，用来衡量组合对结果的重要程度和解释能力。第五种解的净覆盖度为 0，即它的单独解释范围不存在，因此不再单独分析该种条件组合。因此中间解输出的 10 种条件组合：①性别为女，来自农村，海德格尔“对他人的关心”，萨特“绝对自由”，布迪厄社会实践理论；②性别为女，来自农村，海德格尔“真实性”“对他人的关心”，布迪厄社会实践理论；③性别为男，来自城市，戈夫曼符号互动理论，萨特存在主义[①]，布迪厄社会实践理论；④性别为男，来自城市，海德格尔“对他人的关心”，戈夫曼符号互动理论，萨特存在主义，布迪厄社会实践理论；⑤性别为男，来自农村，海德格尔“对他人的关心”，戈夫曼符号互动理论，萨特“绝对自由”，布迪厄社会实践理论；⑥性别为女，来自城市，布迪厄社会实践理论；⑦性别为女，来自城市，萨特存在主义；⑧性别为男，来自城市，海德格尔“对他人的关心”，萨特“绝对自由”，布迪厄社会实践理论；⑨性别为男，来自城市，海德格尔“真实性”；⑩性别为男，来自城市，海德格尔“真实性”，萨特存在主义，布迪厄社会实践理论。其中第 1 种组合的净覆盖度最高，为 0.1429，是对微信使用强度影响最大的条件组合。由于存在性别和地区这两个变量，使得四种理论对微信使用强度的解释的适配度降低了很多。因此我们将关注点转至简化解如表 3-20 所示，排除净覆

① 若 S1 萨特“绝对自由”和 S2 萨特“塑造未来可能的自己”都存在则为萨特存在主义。

盖度为 0 的条件组合，共有 4 种组合：①来自农村，违背海德格尔“真实性”，海德格尔“对他人的关心”，违背萨特“塑造未来可能的自己”，布迪厄社会实践理论；②性别为女，违背萨特存在主义，布迪厄社会实践理论；③违背海德格尔“对他人的关心”，萨特“塑造未来可能的自己”；④来自城市，海德格尔“真实性”，违背海德格尔“对他人的关心”，违背戈夫曼符号互动理论。其中第 1 种和第 2 种条件组合的净覆盖度最高，为 0.1429，是对微信使用强度影响最大的组合。

表 3-20　条件组合分析（微信简化解）

组合	案例	覆盖度	净覆盖度	吻合度
rural*~H1*H2*~S2*B	4	0.1905	0.1429	0.75
~rural*S1*S2*B	4	0.1905	0	1.0
gender*~H1*G*B	4	0.1905	0	1.0
gender*~H1*H2*B	4	0.1905	0	1.0
~gender*~S1*~S2*B	3	0.1429	0.1429	1.0
gender*~rural*H2*B	3	0.1429	0	1.0
~H2*S2	3	0.1429	0.0476	1.0
~rural*H1*~H2*~G	2	0.0952	0.0476	1.0
所有条件组合总的覆盖度与吻合度（11/21）			0.7143	0.75

表 3-21 是新浪微博使用强度的条件组合分析，除去净覆盖度为 0 的条件组合，有 10 种条件组合。对于简化解（表 3-22），除去净覆盖度为 0 的条件组合，共有 4 种组合。由于变量设置的原因，使得四种理论对新浪微博使用强度的解释力度未达到理想程度。因此在接下来的分析中，将暂时排除性别和地区这两个条件变量，来检测 4 种理论对社交媒体平台使用强度的解释程度。

表 3-21　条件组合分析（新浪微博中间解）

组合	案例	覆盖度	净覆盖度	吻合度
~rural*~H2*~G*S1*~S2*B	5	0.2632	0.1053	1.0
~gender*~rural*~H1*~H2*S1*~S2*B	3	0.1579	0.1053	1.0
~gender*~rural*H1*~H2*~G*S1*~S2	3	0.1579	0.0526	1.0
~gender*~rural*~H1*~H2*~G*S2*B	2	0.1053	0.0526	1.0
~gender*~rural*~H1*~H2*~G*S1*B	2	0.1053	0	1.0
~gender*rural*~H1*G*S1*S2*B	2	0.1053	0.0526	1.0
~gender*rural*H2*G*S1*S2*B	2	0.1053	0.0526	1.0

续表

组合	案例	覆盖度	净覆盖度	吻合度
~gender*~rural*H1*~H2*~G*~S1*S2*~B	1	0.0526	0.0526	1.0
~gender*rural*~H1*~H2*~G*~S1*~S2*B	1	0.0526	0.0526	1.0
gender*~rural*H1*H2*G*S1*S2*B	1	0.0526	0.0526	1.0
gender*rural*H1*~H2*G*S1*S2*B	1	0.0526	0.0526	1.0
所有条件组合总的覆盖度与吻合度（17/19）			0.8948	1.0

表 3-22　条件组合分析（新浪微博简化解）

组合	案例	覆盖度	净覆盖度	吻合度
~gender*~rural*B	7	0.3684	0.0526	1.0
~rural*~S2*B	7	0.3684	0.0526	1.0
~gender*~rural*S1*~S2	6	0.3158	0	1.0
~gender*~rural*H1	4	0.2105	0	1.0
~rural*H1*B	4	0.2105	0	1.0
H1*~H2*B	4	0.2105	0	1.0
~gender*G*S2*B	3	0.1579	0.1052	1.0
~rural*G*B	3	0.1579	0	1.0
~gender*H1*B	3	0.1579	0	1.0
~gender*~S1*B	2	0.1053	0.0526	1.0
~G*~S1*S2	2	0.1053	0	1.0
~gender*H1*S2	2	0.1053	0	1.0
~rural*H1*S2	2	0.1053	0	1.0
H1*~H2*S2	2	0.1053	0	1.0
所有条件组合总的覆盖度与吻合度（17/19）			0.8948	1.0

4）排除性别与地区变量的 QCA 分析

由于包括性别与地区的条件变量组合对结果变量的解释程度较为分散，因此该小节只选取四种理论的 6 个变量作为条件变量。通过软件 fm-QCA 的计算，不论是微信还是新浪微博的使用强度，没有任一条件变量是其必要条件，因此本节省略必要条件的输出结果，只展示了充分条件组合分析的输出结果。

根据表 3-23 的结果显示，微信使用强度的条件组合共有 5 种：①戈夫曼符号互动理论，萨特存在主义和布迪厄社会实践理论；②布迪厄社会实践理论；③萨特存在主义；④萨特存在主义和布迪厄社会实践理论；⑤海德格尔“真实性”“对他人的关心”，布迪厄社会实践理论。其中第 1 种条件组合的净覆盖度最大，为 0.1429，对微信使用强度的影响最大。这一结果说明微信使用强度较大主要由戈夫曼的“自我呈现”，萨特存在主义和布迪厄社会实践理论交互影响的结果，与海德格尔“真实性”理论呈反向联系。

表 3-23　条件组合分析（微信中间解）

组合	案例	覆盖度	净覆盖度	吻合度
~H1*G*S1*S2*B	3	0.1429	0.1429	1.0
~H1*~H2*~G*~S1*~S2*B	1	0.0476	0.0476	1.0
~H1*~H2*~G*S1*S2*~B	1	0.0476	0.0476	1.0
H1*~H2*~G*S1*S2*B	1	0.0476	0.0476	1.0
H1*H2*~G*~S1*~S2*B	1	0.0476	0.0476	1.0
所有条件组合总的覆盖度与吻合度（7/21）			0.3333	1.0

具体来说，微信使用强度大的受访者并未在微信上呈现与现实生活中一样的自我形象，他们更多倾向于扮演出人们所期待的角色，他们藏起自己消极的一面，仔细考量发布在微信朋友圈的内容，尽可能发布能引起他人兴趣的、能维持自己精心设计的形象的内容。如果发布或分享的内容得到较大地认可（如收到较多的点赞数），便会受到极大鼓舞。此外，他们想通过朋友圈塑造未来可能的自己，这可能通过分享自己理想的生活方式来实现。对微信好友进行分组、发布朋友圈内容时选择部分好友可见这些举动一方面是维持自己在不同类别联系人心目中的形象，另一方面也可以看作是区分不同“场域”。通过关注不同的微信公众号，在一定程度上增强特定领域的知识，进而扩大自己的文化资本，从而来巩固自己的地位及影响力。而这一切举动多数是为了扩大自己在所属的活动圈的社会资本，增强自己的影响力。

此外，我们还可以看到 4 组条件组合都有布迪厄社会实践理论这一变量的存在，说明微信使用强度大的受访者大多想通过微信这一平台努力积累自己的文化资本、社会资本，从而增强在特定“场域”的影响力。

根据表 3-24 的结果显示，新浪微博使用强度的条件组合有 5 种：①萨特“绝对自由”，布迪厄社会实践理论；②布迪厄社会实践理论；③海德格尔“对他人的关心”，戈夫曼符号互动理论，萨特存在主义和布迪厄社会实践理论；④海德格尔“真实性”，萨特“塑造未来可能的自己”；⑤海德格尔“真实性”，戈夫曼符号互动理论，萨特存在主义和布迪厄社会实践理论（该种条件组合存在矛盾点：海德格尔“真实性”与戈夫曼符号互动理论同时存在）。其中第 1 种条件组合的净覆盖度最大，为 0.1579，对新浪微博使用强度的影响最大。第一种组合内容为不符合海德格尔“真实性”、戈夫曼符号互动理论、萨特“塑造未来可能的自己”，符合萨特“绝对自由”和布迪厄社会实践理论。

上述结论说明新浪微博使用强度较大的受访者既没有在新浪微博这一平台上展现真实的自己，也没有呈现出自己设计的形象的是为了迎合他人。在新浪微博上的行为显得更加自由，更加随心所欲。这与新浪微博“部分熟人社交关系模式+部分陌生人弱关系的社交关系模式”的特点有很大的关系，使用者并不会像微信那样为了维持自己在熟人心目中建立起来的形象而不断进行某些角色的扮演，而是更加自由地去关注、分享自己感兴趣的领域的内容，并希望能通过这个平台扩充自己在某些领域的知识储备，进而增强自己的文化资本，在阅读、评论和转发领域大 V 的见解的同时也能无形中增加自己的社会资本，从而满足自己想要扩大在特定领域影响力的意图。可能最后并不能成功得到影响力扩大的结果，但使用者的行为能表现出其意图。

表 3-24　条件组合分析（新浪微博中间解）

组合	案例	覆盖度	净覆盖度	吻合度
~H2*~G*S1*~S2*B	5	0.3158	0.1579	0.75
~H1*~H2*~G*~S2*B	4	0.2105	0	1.0
~H1*~H2*~G*~S1*B	2	0.1052	0.0526	1.0
~H1*H2*G*S1*S2*B	1	0.0526	0.0526	1.0
H1*~H2*~G*~S1*S2*~B	1	0.0526	0.0526	1.0
H1*~H2*G*S1*S2*B	1	0.0526	0.0526	1.0
所有条件组合总的覆盖度与吻合度（11/19）			0.5789	0.75

3.3.5　结论

选取 QCA 方法，用来研究选取的四种理论分别对微信和新浪微博使用强度的影响程度。通过发放问卷的方式获得受访者的数据，首先，对收集到的数据做描述性分析，了解受访者的基本使用情况。其次，对问卷涉及的量表部分进行信度和效度检验，保证问卷结果的一致性、可靠性和有效性。在此之后对得到的原始问卷数据进行基本处理，提炼出后续 QCA 所需的条件变量和结果变量。最后，对转化好的数据进行 QCA 处理，条件变量最开始设定为性别、地区、H1、H2、G、S1、S2、B 共 8 个。由于通过 fm-QCA 输出结果并不能概括性地归纳出能解释微信和新浪微博使用强度的条件组合，因此删掉性别和地区这两个条件变量，仅选取 4 种理论下的 6 个变量作为条件变量，归纳出影响两种平台的使用强度的条件组合，并做相应的分析。

选取海德格尔现象学，戈夫曼符号互动理论，萨特存在主义和布迪厄社会实践理论 4 个理论作为解释微信和新浪微博使用强度的因素，使用 QCA 这一定性与定量研究相结合的方法，试图通过对中小样本的分析得出这两种社交媒体平台使用平台的条件组合路径。本节在进行 QCA 时使用复旦大学决策中心 2014 年发布的 fm-QCA 软件工具。对于微信使用强度的研究结果表明：没有任一条件变量能单独解释微信使用强度，即受访者的微信使用强度要由不同的理论来交互解释。通过软件输出结果，微信使用强度较大的受访者主要由戈夫曼的“自我呈现”，萨特存在主义和布迪厄社会实践理论交互解释，与海德格尔“真实性”理论呈反向联系。微信使用强度大的受访者并未在微信上呈现真实自我的形象，他们都有一定程度的“自我呈现”表现，他们展示自己想让大家看到的，符合社会公众价值标准的形象。此外，他们想通过朋友圈塑造理想的自我形象，这可能通过分享自己理想生活方式来实现。而他们在微信平台的行为倾向扩大自己在某一活动圈的社会资本，增强自己的影响力。对于新浪微博使用强度的研究结果表明：没有任一条件变量能单独解释新浪微博的使用强度，即受访者的新浪微博使用强度也要由不同的理论来交互解释。新浪微博使用强度较大的受访者主要由萨特“绝对自由”和布迪厄社会实践理论来解释，与符合海德格尔“真实性”、戈夫曼符号互动理论、萨特“塑造未来可能的自己”呈反向联系。说明新浪微博使用强度较大的受访者并没有“自我呈现”现象，也并没有展示出完全真实的自己。他们在新浪微博上的行为相较于微信更加自由、随心，关注自己感兴趣的领域，这和新浪微博信息公开、平台开放但用户更具有隐匿性的陌生人社区的特点有关。但在对两个社交媒体平台使用强度解释时有一共同之处：绝大多数条件变量组合都有布迪厄社会实践理论这一变量，说明该理论对于社交属性较强的平台和媒体属性较强的平台都有较强的适用性。

3.4　本 章 小 结

从哲学视角来探究现实社会与虚拟社会的互动机制是一个极其富有挑战性的工作，本章仅选择了戈夫曼的自我呈现理论、布迪厄的社会资本理论、萨特的存在投射理论和海德格尔的“此在”理论四个理论作为分析工具，分别从演绎和归纳两个途径进行了研究。使用理论演绎，海德格尔的“此在”理论更加适合解释对封闭性社交媒体上的现实与虚拟互动关系，但是我们的实证研究结果却表明戈夫曼的自我呈现理论依然是解释封闭性社交媒体（如微信）上个体呈现的主要理论。对于更加开放性的社交媒体，微博而言，理论的推演和实证的结果有一定的吻合性，萨特的存在主义和布迪厄的实践理论更具有说服力。

第4章　自我呈现理论下的互联网金融P2P平台安全预警

网络借贷作为金融资本市场发展迅速的行业，为被传统商业银行拒之门外但又急需资金的中小微企业及个人提供了极大便利和广阔空间。但与此同时，问题企业也在不断地出现。信息工具路径已成为规制网络借贷企业风险及影响投资者决策的重要路径。自披露新闻的信息，作为网络借贷企业官方第一时间发布的文本信息，也可能是企业未来的第一个蓝图。根据戈夫曼的自我呈现理论，自披露信息是企业有意图地向社会呈现的企业"前台"信息，是企业进行印象管理的重要手段，是网络借贷企业主动传递的潜在信号之一，可以通过它了解企业的运行状况并进行企业风险预判分析。

4.1　研究过程设计

本章在戈夫曼自我呈现理论的指导下，基于信号理论、自愿性信息披露理论、议程设置理论和信息操纵理论，以上海市162家自愿披露的网站新闻信息的企业为研究对象，探讨了在信号分析的框架下，自披露新闻信息中能够预测企业风险的信号。本章的主要工作与研究成果如下。

第一，本章在文献研究方法的基础上主要考察了中外互联网金融发展模式、信息披露、风险及监管现状和问题。这一部分通过比较中外差异发现中国网络借贷行业模式的独特性，通过网络借贷企业披露的信息预判企业风险的可行性。

第二，本章将网络借贷企业自披露网站新闻信息视为能够预判企业风险的潜在信号，同时对信号理论及信号分析方法论进行了分析总结，得到在该分析框架下预判网络借贷企业风险的信号提取的具体研究方法为扎根理论和二元逻辑回归。这一部分对研究方法论模型进行了探索，考察了信号分析应用于网络借贷企业风险预判的可行性。

第三，本章在信号分析的框架下首先运用建构扎根理论方法对自披露网站新闻信息进行编码、范畴化等，最终得到新闻信息分类模型。第一层指标为微观企业新闻信息和宏观经济新闻信息；第二层指标微观企业新闻信息分类为产品服务宣传类信息和非产品服务宣传类信息。这一部分去除了新闻信息中的冗余信息，得到网络借贷企业自披露新闻分类模型，分清了信号指标。

第四，本章在得到网络借贷企业分类指标体系后，运用实证分析方法在相关理论的基础上分别检验微观企业新闻信息和宏观经济新闻信息与企业风险之间的因果关系，以及产品服务宣传类信息和非产品服务宣传类信息与企业风险之间的因果关系。这一部分通过判断每一层指标与企业风险的显著性、识别指标体系的信号容量，提取出能够预判网络借贷企业风险的信号。

第五，本章通过信号分析的方法从自披露网站新闻信息中得到能够预测网络借贷企业风险的信号后，从网络借贷企业自律、所涉及部门工作程序、监管部门动态监测、网贷投资者教育这四个方面提出相关政策建议。这一部分从监管实践角度，对网络借贷行业提出具体可实施的监管建议。

本章从理论方面丰富了信号分析领域的方法和技术，在实践方面将信号引入风险预判研究，为投资者预判网络借贷企业风险、监管者规范网络借贷企业网站新闻的自披露提供了理论依据，有助于网络借贷行业更加规范健康地发展。

本章的研究设计过程见图 4-1。

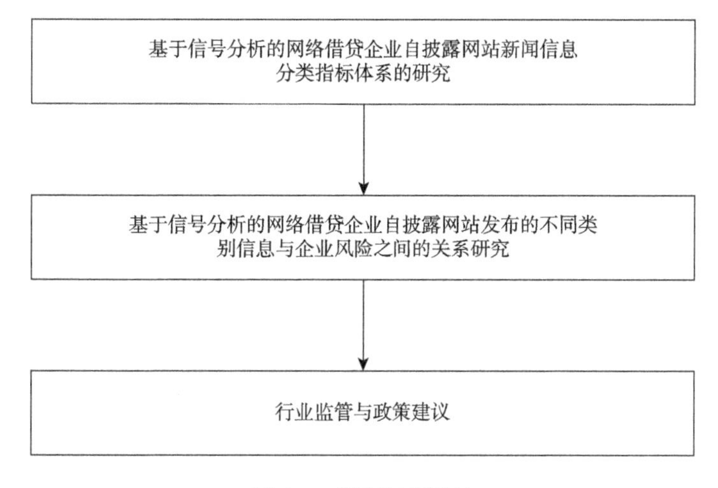

图 4-1　研究过程设计

4.2 问题提出

4.2.1 研究背景

21 世纪，互联网逐渐融入了每个人的日常生活，改变了人们生产、生活方式和社会组织方式，“互联网+”逐渐发展成为一种新的产业模式，在此背景下，互联网金融迅猛发展，已经成为一个充满生机与活力的新兴行业。互联网金融是基于移动互联网、大数据、云计算等技术，实现支付清算、资金融通、风险防范和利用等金融功能，具有快速、便捷、高效和低成本的优势和场外、混同、涉众等特征，并打破金融垄断，保障消费者福利的创新型金融。但是，在互联网金融快速发展的同时，整个互联网金融行业泥沙俱下、鱼龙混杂，出现了一些乱象，客户资金管理混乱、风险提示不充分、信息披露不完整、平台安全性不足等问题时有发生，甚至出现了“e 租宝”等严重损害金融消费者利益、影响社会稳定的恶性平台。要使互联网金融真正实现普惠金融，回归其促进创业和小微企业融资发展的本意，避免成为少数不法分子非法集资、诈骗的工具，离不开科学有效的立法和监管。

网络借贷作为目前体量最大的互联网金融创新形式之一，无论是借贷平台的数量，还是平台促成的借贷规模均迅速扩张。截至 2018 年 2 月末，网络借贷累计平台数量已达 6054 家，网贷行业历史累计成交量达到了 66 111.44 亿元。但与此同时，所蕴藏的风险也逐渐显现。由于我国 P2P 平台大多采用担保模式，借款人违约后都由平台兑付本息，风险将积聚到平台上。从 2011 年出现第一家问题平台开始，一直到 2018 年 2 月，因停业（转型）、歇业、“跑路”、提现困难、经侦介入等退出的问题平台共有 4164 家，占累计平台数量的 68%。如何有效地甄别和预判风险平台，进而促进网贷行业健康持续发展，成为社会亟待解决的问题。

针对这一问题，政府也提出了相应的政策要求。2016 年 2 月国务院发布《关于进一步做好防范和处置非法集资工作的意见》，该意见要求充分利用互联网、大数据等技术手段加强对非法集资的监测预警。地方各级人民政府要有效落实属地管理职责，做好本行政区域内风险排查、监测预警等工作。2016 年 8 月实施的《网络借贷信息中介机构业务活动管理暂行办法》提到国务院银行业监督管理机构及其派出机构负责制定网络借贷信息中介机构业务活动监督管理制度，并实施行为监管。各省级人民政府负责本辖区网络借贷信息中介机构的机构监管。

学术界杨东（2015）教授提及针对网络借贷企业风险治理，信息工具路径是一条可靠的路径。在网络借贷投资者对融资者、平台、社交网络和互惠信任规则的信赖中，产生了信息，该信息即裹挟着信用风险。陌生人投融资主体以互联网平台为媒介的信息供给和传递，还可能裹挟着道德风险。这两类风险的累积，也为系统性风险的产生提供了土壤。而这样的信息披露则可转变为投资者鉴别融资者及网络借贷企业风险的信息工具。已有研究充分证明了运用平台披露的信息可识别预警出网络借贷企业风险或者分析出平台风险的决定因素（张琛和王君彩，2016；范超等，2017）。

上述研究大多利用披露的平台基本信息、交易信息和外部信息等，没有利用平台自披露的网站新闻信息。从企业的角度，自披露新闻信息来源于企业的日常活动且其编制披露都将花费成本，但企业可通过第一时间向投资者传递潜在信号，以期将自己与其他竞争企业区分开。在传递企业信息，把握企业经济发展趋势，推广企业形象等方面，自披露新闻信息具有不可替代的作用。从投资者的角度，参与网络借贷的投资者与参与传统金融的资金提供者存在一个显著的差别，前者会主动收集互联网信息，分析网络借贷企业品牌，验证平台披露信息的真伪，判断管理者的风险取向和平台项目的风险收益（苗文龙和严复雷，2016），自披露新闻信息必定会影响投资者选择网络借贷平台进行投资。

在自披露网站新闻信息的内容方面，就其所涵盖的范围而言，既包括企业的内部新闻又包括企业所处的外部宏观环境新闻。其中企业内部新闻信息一方面是网络借贷企业通过企业网站发布一些具有营销性质的产品服务宣传类信息，如上海瑞台亨金融信息服务有限公司发布的送礼、抽奖等业务促销信息等，上海满元资产管理有限公司发布的业务的收益高风险低等信息。另一方面，企业还会在网站新闻上发布较多的日常活动信息。在自披露网站新闻信息的数量方面，每个企业在一定时间内发布新闻的频率不同，而不同类别下的新闻数量也不相同。通过每个企业发布的新闻类别及数量，可以了解企业的最新运行状况。国外曾有研究在 1929 年、1987 年和 2000 年的股票市场崩溃前，《纽约时报》的新闻中是否有预测崩溃的信号，以及将信号的使用作为一种启发式工具，从新闻角度研究“次级贷款”泡沫的情况。基于以上分析，本章提出以下问题。

如何从网络借贷企业自披露新闻信息中发现可以预判企业风险的信号，网络借贷企业自披露的网站新闻的内容和数量与企业风险之间的关系又是什么？本书将对这些问题进行深入探讨，进一步丰富和发展相关研究。

4.2.2　研究意义

本章探讨了在信号分析的框架下，网络借贷企业自披露网站新闻信息发布与其风险之间的因果关系，从自披露网站新闻信息发布的内容到数量，层层递进，深入分析了二者之间的关系。研究意义主要包括以下几个方面。

（1）在网络借贷企业风险预判方面，引入了信号意识。与传统风险预判相比，基于信号分析的预判最大的优势在于它的前瞻性，其实质在于对未来变化的一种推测，对各种征兆保持敏感可使发出警讯的时间大大提前，有助于进一步拓宽网络借贷企业风险预判的研究领域。

（2）在自披露网站新闻信息的语义分析方面，本章主要集中于文本分析包含的具体内容，这与已有研究主要集中于文本信息包含的情绪、意见分歧等不同，有助于进一步丰富语义分析的维度。

（3）本章通过探讨网络借贷企业自披露新闻信息发布背后的企业风险状况，为探索企业信息披露与风险之间的关系开辟了新的路径，为监管者合理规范网络借贷企业运用网站新闻进行信息发布提供了理论依据，有助于投资者更准确地对网络借贷企业进行投资。

4.2.3 研究方法

本章在信号分析的框架下采取建构扎根理论研究法和二元逻辑回归法这两种方法开展研究工作。

信号分析是一个方法论范畴，需要具体的研究方法进行辅助。网络借贷企业自披露网站新闻信息的信号分析过程，涉及复杂的数据收集和记录、指标发现和信号感知、解释及评价等行动（费伊，2004），本书将按照费伊（2004）的从数据到指标再到信号和推论的信号分析框架来进行这些行动（图 4-2）。

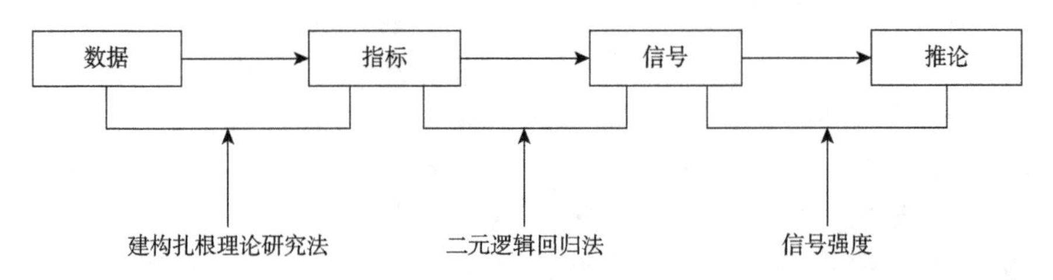

图 4-2 信号分析流程及方法

先使用建构扎根理论研究法澄清指标，因网络借贷企业自披露新闻信息要素分类理论模型研究成果较贫瘠，扎根理论是一种自下而上建立理论的方法，即在系统收集资料的基础上，寻找反映社会现象的核心概念类属，然后通过在这些概念类属之间建立起联系而形成理论（陈向明，2000）。且建构扎根理论研究法与信号分析方法论要求一致，认为研究的过程离不开研究者与数据的互动思维过程。编码家族、分类家族及编码时使用的策略呈现了扎根理论的结果，该结果有“信息过滤器”的功能，有助于揭示深藏于信息中的各种潜在信号之间的联系。

再使用二元逻辑回归法提取信号，指标体系的确定意味着信号分析思考维度、分析框架的确定。识别一项指标是否可能成为信号，要求分析人员对其进行感知。信号分析中最为重要的应该是因果关系的构建（刘千里和童悦，2009），本节将使用统计推论中的二元逻辑回归法构建因果关系进行从指标到信号的提取。二元逻辑回归模型的优点在于对自变量没有要求，且不需要假设它们是正态分布，同时模型的线性模式也保证了概率值在有意义的区间内取值。

4.3 文献综述

本章对国内外相关研究进行了梳理和总结。首先回顾了本书的相关理论基础，包括信号理论、自愿性信息披露理论、议程设置理论和信息操纵理论及这四种理论在企业经营状况中的运用，这能够为后续章节的实证分析夯实理论基础和明晰研究框架。接着梳理了与本书相关的网络借贷平台模式，网络借贷企业自信息披露与企业风险之间的关系及金融领域中的新闻信息研究，通过对相关实证研究的梳理，发现已有研究很少引入信号意识考察网络借贷企业自披露网站新闻信息与企业风险之间的关系，充分表明了本书的创新性。

4.3.1 相关理论基础

1. 戈夫曼的自我呈现理论

《日常生活中的自我呈现》是社会学家欧文·戈夫曼在 1959 年发表的成名之作，该书并不是生僻之作，恰恰相反，这本书因其语言生动、犀利，内容通俗易懂，在国内外都有极高的阅读量和引用率。比如，在国内，据百度提供的数据，2007 年，戈夫曼被时代高等教育指南在人文学科和社会科学中知识引用率最高的榜单上列第 6 位，仅次于安东尼·吉登斯［Anthony Giddens，英国社会学家，以结构理论（theory of structuration）与对当代社会的本体论（holistic view）而闻名］并排在尤尔根·哈贝马斯（Jürgen Habermas，当代德国最重要哲学家之一，提出了著名的交往理性的理论）前一位。由此可见，国内的学者应该对这本书不陌生。

戈夫曼在《日常生活中的自我呈现》一书中，采用了戏剧舞台表演的原理，阐述普通个体在工作情境中向他人呈现自己和他人的活动的方式，引导和控制他人对他自己形成印象的方式，在这种呈现过程中他与其他合演者共同协作的方式，以及如何在表演崩溃之后进行危机处理的方式等。戈夫曼提供了一种分析人们在社会互动中行为的理论框架，这个框架包括了如下重要的概念。

（1）表演。在戈夫曼的书中，表演是指个体持续面对一组特定观察者时所表现出的，并对那些观察者产生了某些影响的全部行为。也就是说在戈夫曼的书中，工作情境中的个体会基于所想要呈现出的“印象效果”，有意图地筹划和有选择地流露自我表达。例如，住在集体宿舍中的女生如果知道，她的室友会通过她接听电话的次数来评判她受欢迎的程度，那么，这位女生完全有可能会安排别人给她打电话，以便让其他女生有充分的机会听到有许多人在打电话找她。写到此处，我就在想，如果个体可以在行为表演中有意识地进行表演，那么我们在进行大数据分析时，就要特别地区分开哪些是来自“表演”的数据，哪些是真实可靠的数据，数据并不代表客观。

（2）前台。前台是指个体表演中以一般的和固定的方式有规律地为观察者定义情境的那一部分，是个体在表演期间有意无意使用的、标准的表达性装备。前台中表达性场景部分是“舞台设置”，包括舞台设施、装饰品、布局，以及其他一些为人们在舞台空间各处进行表演活动提供舞台布景和道具的背景项目。表达性装备中的“个人前台”是指表达性装备中能使表演者与观众产生内在认同的部分，如官职、服饰、仪表、举止、身材、年龄、种族、性别等。社会互动中的个体会通过对前台的精心设定，来引导和控制观众对其的印象。这里，戈夫曼提出了一个非常有趣的观点叫“表达与行动对峙”困境，也就是那些真正把时间都用在做工作并且非常出色的合格专家，往往没有时间和能力将其出色的工作表现出来；那些煞费苦心以书为道具的模特，是不会有什么时间来阅读的；那些扮演专心听课的学生，实际上却什么也没有听见。这也就不难理解那些因为“前台”装饰华丽而在电台媒体不断作客曝光的专家少之又少是真正的专家，也不难理解那些并不合格的人士一定要冠冕堂皇地拥有一个有些吓人的“前台”做门面。但是，也有一些个人或机构出于各种各样的考虑，更愿意选择一个不起眼的“前台”，甚至寒酸的“前台”来完成表演。例如，在男性的交往中，有些优秀女性屈就降低自己的智力、技能、财富和决断能力等，以便能够让男性天生的优越感得到表现、女性与生俱来的软弱角色得以确认。

（3）后台。后台与前台相对应。前台是表演者想呈现给观众的，是有利于印象生成的，后台则是表演者竭力避免呈现给观众的，是有损于他所塑造的那些印象的。后台控制对于整体表演十分重要，要将观众把前台与后台分离，要避免观众闯入后台的尴尬局面。相对于前台的正式、精心设计、谨小慎微，后台会相对随便、亲近和放松。在很多情况下，那些在前台频频登场、将全部精力奉献给正在观看表演的观众的人，回到后台通常都与前台有较大的反差。的确，后台有时起着减压舱的作用，让观众看不到表演者作为一个自然状态的人的情况，这种隔离效果使得观众永远看到的是表演者呈现出来的印象。我想，当前社会中明星的印象管理应该就是充分地凸显明星的前台形象并充分地隔离偶像的后台状态。明星参加真人秀节目一个很大的风险，就是将有可能由于后台形象的暴露而造成形象损失，如 2014 年湖南卫视的真人秀节目《花儿与少年》就相继使一些明星成为公众讨论的话题。

（4）剧班。剧班是一群个体的集合，他们通过相互间密切合作来维持一种特定的情境定义。剧班是这样一个集合体：它与社会结构或社会组织无关，而是与维持相关情境定义的互动或互动系列有关。戈夫曼在书中特别强调了剧班这种群体与其他非正式群体或集团的区别。他说剧班同伴是建立在特定的情境定义中依赖于其戏剧合作的人；非正式的小集团是指那种因非正式的娱乐而结合起来的少数人。剧班的作用是保护个体免受其他阶层人的侵害；而小集团的作用则是保护个人免受与自己同一阶层的人的侵害。小集团的人也许都来自同一群体，但并非所有的同一群体的人都被允许加入这个小集团。剧班的成员就完全有可能来自不同的社会群体，群体表演的目的是维持特定的情境。全体一致、保守秘密和控制舞台设置是剧班表演成功的关键。戈夫曼在书中以丈夫和妻子构成的剧班为例，说明所谓的炫耀性消费就是丈夫负责获取社会经济地位，而妻子负责将丈夫获取的社会经济地位展示出来，两者相互协作配合，完成了这个特定剧班的整体性印象塑造——这是一个有地位的家庭。据此，我也联想到目前在互联网上的诸多诈骗行为，都是由一群组织严密的剧班，在虚假前台的掩饰下，以非法资格扮演了他们无权扮演的角色，这一特定剧班高超的演技削弱了普通公众的评判力，让公众在放松警惕的状态下心甘情愿地将现金交给他们托管。

（5）信息控制。既然剧班通过密切协作要维持某种特定的情境，那么就要求所有剧班成员来保守剧班的秘密。如果这些秘密被泄露，剧班就面临着表演崩溃的结果。为了防止秘密泄露的威胁，对于剧班的表演而言，信息的控制问题就显得十分关键。内部秘密、潜在秘密和不当表现都是信息控制的内容。内部秘密赋予剧班成员对于其在剧班中与权力核心社会距离的感知，其泄露不仅仅造成表演失败，而且将引起剧班成员的分崩离析。将潜在秘密保持在潜在状态，对于那些与潜在秘密显性化之后地位变化显著的剧班成员影响甚大，因此，这些成员会竭力阻止潜在秘密被发现。表现不当是表现者公开宣示的与某种情境定义有所矛盾，因而有可能降低观众对于表演的可信度。告密者、托儿、监督人、探子、中间人、无足轻重的人、专家、同行等都是信息控制中需要特别关注的角色。非常有先见之明的一点，戈夫曼提到了一种边缘类型的“弱关系”观众，这类观众成员彼此在表演期间并不面对面地相互接触，但他们最终会把各自所观看表演的反应汇总起来，从而对剧班的信息控制造成威胁。读到此处，真是汗毛都要竖起来了！这不就是我们正在研究的在线群体的互动行为及互动结果吗？

（6）印象相悖。戈夫曼在《角色外的沟通》第五章谈论的，我在此仅仅抽取本人印象最深的部分加以介绍。戈夫曼谈论到的角色外的沟通，传递的是与剧班在社会互动中公开维持的印象相悖的角色扮演之外的沟通。例如，在缺席对待中，剧班成员在谢幕之后，在后台通常通过贬损观众的方式来补偿他们在表演中讨好观众的自尊受损行为。剧班共谋是指一种密谋的沟通，这种沟通非常谨小慎微，因而不会对在场观众造成夸张的影响过分串通。例如，通过取笑观众和嘲弄剧班伙伴，表演者表明他可以随心所欲地“玩弄”表演。那些在舞台上被迫演奏“靡靡之音”的爵士演奏家会比被要求的状态更加萎靡夸张，借此嘲弄那些不懂行的观众；那些正在后台的剧班成员可能会嘲笑正在前台卖力表现的剧班成员。从公众的互联网行为分析来看，印象相悖或许可以为我们对在线社交群体表演中的真实意图评判提供蛛丝马迹！

（7）印象管理。无意动作、不合时宜地闯入、失礼及闹剧都有可能造成表演崩溃。为了避免表演崩溃，促成剧班的整体表演印象，有必要进行一些防备性的措施。这包括要求所有剧班成员拥有对戏剧表演忠诚的品质、遵守戏剧表演的纪律、对于戏剧表演具有谨慎的态度。印象管理是一个系统性的工作，其中也不乏诀窍、小手段和小花样。但是表演者想留给观众一个设计中的印象，因而他不会关注其中的道德标准，而是关注如何造成一个令人信服的、具有某种标准印象的非道德问题。这就造成一个悖论，如果个人越沉迷于如何“表演”某种印象，我们就距离这种印象的标准越来越远，如果距离这种印象标准的距离越来越远，我们就越来越依赖于“表演”。这真是一个悲剧的结果！

总览戈夫曼的《日常生活中的自我呈现》，总会想起莎翁（威廉·莎士比亚）的名言“世界是个大舞台”，但是此刻再来理解莎翁的话，或许会有不一样的滋味：角色扮演，本我、自我还是超我？角色扮演，相信还是怀疑？角色扮演，需要还是丢掉？

2. Web 2.0 时代的互联网用户的网络自我呈现

Web 2.0 技术下的社交媒体时代已经来临。以社交媒体为代表的自媒体，为社会公众提供了更加自由、更加随心所欲的舞台。

（1）表演。戈夫曼的表演是指个体持续面对一组特定观察者时所表现出的，并对那些观察者产生了某些影响的全部行为。由于戈夫曼在书的序言中明确写道他所探讨的表演是工作情境中的推论。对于社交媒体而言，目前我们大家常用的主要有微博、微信、博客、论坛等形式。微博由于其日益清晰的社会化媒体平台性质，使得商家、明星及行业大 V 更加倾向于选择微博来实现信息发布的功能，因此，微博的环境更加类似于工作情境中的互动，商家、明星及大 V 更加倾向在微博上发布经过精心策划的、有预期目的的印象实现效果。微信继承了腾讯公司的社交基因，更多的是一个社交工具，沟通的对象也多在朋友圈内部，因此工作情境就会更弱一些，但这也不排除微商和一些有目的的个人在微信平台实现工作情境。博客越来越沉淀为一种个人日志，一种非常个人化的专栏分享，可以允许读者在静静的阅读之后留下思考后的互动。因此，如果不是特意而为的商业化博客，草根的博客多为个人化的记录空间，不是工作情景下的有意为之。论坛的情况比较复杂，有的论坛纯粹是兴趣类的网上交流社区，有的论坛带有比较明显的组织痕迹，目前尚不能说所有的论坛都适合用戈夫曼的理论来解读。因此，在这几种不同形态的社交媒体中，微博和有明显组织意图的论坛都是戈夫曼的表演理论适用的情形。

（2）前台。前台是个体表演中以一般的和固定的方式有规律地为观察者定义情景的那一部分。大家应该还不会忘记曾经轰动一时的郭某微博炫富事件。2011 年 6 月，郭某在微博上以虚假身份炫富而备受关注。她在微博上多次发布其豪宅、名车、名包等照片，引发舆论对于红十字会捐款去向问题的讨论与猜测，直接导致了中国红十字会历史上最大的信誉危机。在这个轰动事件中，郭某就（无意识中）使用了“舞台设置”和“个人前台”两个元素进行前台设置。在舞台设置中，她在个人微博不断炫富，提供各种前台道具来表演，达到使受众相信其“富有”的印象。同时，在个人前台中她冒用了中国红十字会的社会名望，目标也是促成受众对其产生“精英”的印象。这个前台所有的努力都是将一个“北漂”底层人假扮成“年轻貌美却多财的上等人”。通过这一年来对互联网欺诈、电信欺诈的调研，我们发现不法分子也是利用其对于前台的装饰，诱惑那些涉世未深或者是放松警惕的人们相信这个前台所操纵的印象是真实可靠的。比如，我们在 P2P 非法集资的金融案例调研中就发现，那些不法的 P2P 企业往往将办公场所设在城市商业中心的豪华写字楼中，以不合行规的高薪招聘市场推广员工，不惜重金在一些高规格平台投放广告，不计成本地赞助一些大型活动等。

（3）后台。后台是为实现前台的效果而服务的，后台可能与前台的预期印象相差甚远，需要遮挡起来。不同于传统现实社会中的后台，互联网这个大舞台的后台其实是非常脆弱的。表演者在后台中本应该有的随意、放松和丢掉戒备的状态，很容易在互联网中传播开来，从而将后台的实情展示给观众，造成前台表演的彻底搞砸。从这方面来讲，现在移动互联网无处不在，信息采集技术高速发展，表演者很难将后台严丝合缝地遮挡起来，让前台成为唯一与观众互动的界面。对于研究者而言，我们恰恰可以通过对于广泛存在于互联网中的前后台信息进行采集，从而对表现者前后台之间的差异进行研判，来推断表演者在前台的表演是否是可信的。

（4）剧班。剧班通过相互间密切合作来维持一种特定的情境定义。还是以微博为例，现在组织微博、明星微博、大 V 微博，都不是一个人的演出，这个微博的整体信息沟通效果都有赖于一个剧班的全面策划。因此，你在微博上看到的明星印象，都是剧班整体协作呈现的情境产物，是表演出来的角色。在这个剧班中，有明星工作室的成员，也有形象策划公司的成员，也许还有各类代言赞助商，有明星正在加入的影视制作团队，也有明星的粉丝，也许还有明星团队雇佣的水军等。明星也是人，身材或面容也会有缺陷，有剧班的成员专门负责遮挡和修饰明星微博图片中的缺陷；也有剧班成员专门代替明星来撰写微博内容，以明星的名义与粉丝互动。所有剧班成员都要保守秘密，以便将明星打造成一个具有特质的"商品"。不同于传统的剧班协作，在互联网环境下，观众不再局限于仅仅接收"表演者"表演出来的印象，在很多情况下，观众也成为剧班的一部分，甚至非常重要的一部分，他们直接参与和直接促成了"表演者"的整体印象。对于一些当红的偶像，粉丝已经将偶像的形象定位到某种型格（而私下里偶像个人并不是这样的），这种定位是偶像和粉丝一起互动的结果，忠实的粉丝尽一切努力来维护和保持偶像的这一形象。

（5）信息控制。对于明星微博而言，其信息控制表现在对于信息发布内容的高度把关，对于粉丝互动内容的密切关注，对于明星前后台不当表现的及时澄清。明星微博内容哪怕是街拍照片都不要相信是真正的街拍，这都是经过精心策划和细致修正后的图片。明星的微博粉丝难免对偶像的一些作品或者代言有不同意见，如果粉丝之间出现有可能影响明星印象的互动，明星微博的团队是不会坐视不管的，一定以明星的身份进行劝和。明星不仅仅是粉丝追捧的焦点，也是记者时刻跟踪的目标。记者的目的就是将明星在前台或者在后台不当的行为发布给公众。一旦发生这种"泄密"事件，明星的微博会第一时间进行公关补救，尽可能将由此造成的损失降到最低。狗仔及互联网的存在也使得"表演者"很难完全实现信息控制，或者说，基本上无法实现信息控制。

（6）印象相悖。戈夫曼所说的"角色外的沟通"中所传递的印象相悖，在互联网时代对于"表演者"来说，变得成本代价极大，大到不可触碰。互联网时代，媒体的权力得到无限的放大，前后台很难完全隔离，因而很难做到观众完全缺席。在这种情况下，任何对观众的不当言辞都将被放大，并有可能最终葬送公众人物的前程。例如，央视前主持人毕福剑因为在私人饭局中的不当言语，被隐藏较深的"观众"发布到微博上，所引起的轩然大波导致毕福剑被央视逐出门外。另外，互联网时代，在表演中取笑观众或者作弄同伴也显得没有太多空间。互联网提供的大舞台，可以将足够多的观众聚集到电子信息评论平台上，足够多数量的观众将使任何小聪明都没有藏匿之处。

（7）印象管理。互联网提供的大舞台，不光使印象树立来得快，也能使印象破坏于顷刻间。如果能够找到公众情感点，精心策划、准确定位、找好题材、包装产品，互联网平台就是造星的绝佳场所。但是由于无意动作、不合时宜地闯入、失礼及闹剧很难在互联网时代被高效阻止，因此，一次意外的危机也足以让塑造出来的印象荡然无存。众多的公众人物、组织机构及大V也是借助微博平台来管理目标印象，希望通过各类信息发布及各种互动让粉丝能够忠于偶像，遵守合作表演的规则。

（8）总体看来，互联网在很大程度上消除了“表演者”和“观众”之间的信息不对称问题；在一定程度上模糊了“前台”与“后台”之间的界线；同时，互联网也使得剧班在一定程度上变得开放，使得观众在某些情况下成为剧班非常重要的一部分；互联网带来的剧班开放性使得剧班对于信息控制变得更加困难，印象相悖的风险大增，印象管理的成效和风险都更加立竿见影。微博作为一种Web 2.0时代代表性的社会化媒体，为明星、大V等的自我呈现提供更加便捷和高效的“舞台”。虽然在这里依然引用了戈夫曼“自我呈现”的表述，但是不同类型的公众如何在不同的类型社交媒体上呈现何种类型的“自我”，这是一个非常值得探究的话题。

3. 信号理论

信号一词最早在电子通信领域广泛运用，它是一种信息传递的载体。该领域假定A点发出的信号与B点接收的信号完全等同，不存在对发出信号的虚假陈述或误解。随着信息经济学的兴起，信号被逐渐应用于社会科学领域。在社会科学领域信号是运载着企业潜在质量或意图的信息的载体，发送方必须选择是否发送及如何发送信号，而接收方必须选择如何解读信号（Connelly et al.，2015）。在应用于社科领域的这一过程中，主要形成了以Spence（1974）为代表的主体间基于数学模型进行解读的预判信号传递者质量的信号；以费伊（2004）为代表的行业竞争者间从数据、指标到信号的分析框架的推论信号；以Ansoff（1975）为代表的依据主体背景构建形成的过滤器对企业外部环境风险进行识别的弱信号。

在主体与主体之间，信号理论的开创者Spence（1974）认为就业市场中潜在雇员将教育水平高低作为生产力水平高低的信号传递给雇佣者。在他的系列文献中创立和总结了信号理论的基本模型，如劳动力市场的信号均衡基本模型、积极反应模型等。同时他认为信息中潜在的信号具有可观察、可转化的特征，当其影响到雇主对于潜在雇员的质量判断和决策时，将会成为真正的信号。

在主体与行业之间，Poter（1980）基于竞争理论将信号定义为竞争者的任何行动，它提供了对竞争者的意图、动机、目标或内部环境的直接或间接指示。接着Heil和Roberston（1991）断言竞争性市场的信号是指对潜在行动的宣告或预演，其意图在于传递信号或从竞争者处获得信息。而费伊（2004）则认为这两个定义没有区分指标和信号，并倾向轻视或忽略推论过程的重要性。他认为信号即推论，并给出了从数据到推论的分析框架，强调了信号分析者在其中的构建过程及重要作用。

在主体与外部总体环境之间，Ansoff（1975）在20世纪70年代填补了前瞻性理论和实践的空白，首次提出了“弱信号”的概念。定义弱信号是“对即将发生的有影响事件的不精确的早期迹象”，同时提出处理动荡问题的概念和工具，即弱信号分析。弱信号与变化的关系是什么？弱信号代表携带什么变化？如何确认弱信号识别的要求？Ulrik（2012）在Ansoff关于弱信号的理论基础上，既肯定了科学学科所代表的制度背景和知识结构构成过滤器，去界定、解读并回应弱信号，又突出行为主体在其中的建构主义特征。

上述信号理论的基本关注点，即降低主体间、主体与行业间的信息不对称问题。信号传递和信号分析是解决市场中信息不对称问题的重要方式。信号传递作为企业披露自身信息的主要方式，用以引导和操控消费者、投资者和竞争对手的行为和反应；信号分析则是企业、投资者、消费者等分析和判断竞争对手真实意图和行为、识别潜在投资或购买对象质量的重要手段。

在信号传递方面，Spence（1974）也提出因资本市场上的信息不对称问题，一些企业为了将自己与其他企业区别开来，通常会采取一系列行动，以向市场传递相关信息，且企业采取的行动通常具有一定的成本，使其他企业难以轻易模仿。这样，投资者和其他利益相关者就可以识别出那些信号不对称的企业。同样，Foster（1986）认为由于存在信息不对称，好的公司为了避免被市场误认为是“柠檬”，会设法将自己与差的公司区别开来，信号传递就是“好公司”常用的一种做法。所以企业是存在一定的动机向外传递信号的。Stephen和Ross（1979）认为激励—信号传递机制提供了一种结构，管理者用它来披露自己的信息，并使市场上的外部人相信这些信息。拥有最好信息的公司将自己区别于下一个最好的公司，依次向下类推。在这个等级的最底层，是那些拥有最坏信息的公司，它们将会压制信息。激励—信号机制也认为，应当披露相关的信息，而不是不相关的信息。在应用方面，王祥兵（2015）引入金融监管理论研究，构建以金融市场有效运行为反馈信号的金融监管当局与金融市场参与者之间的监管信号传递模型，分析了金融市场治理中有效监管信号的传递机制。谭雪（2017）基于信号传递理论实证分析发现企业所处行业竞争程度越高，越可能将披露社会责任信息作为信号传递的一种方式。

在信号分析方面，以Spence（1974）为代表的主体间信号分析主要运用数学模型，以费伊（2004）为代表的主体与行业间的信号分析主要运用从信息到指标再到信号的分析框架，以Ansoff（1975）为代表的信号分析主要是以科学学科所代表的制度背景和知识结构构成过滤器进行分析。相比于国外对信号分析已经有了较成熟的理论和实践研究，国内研究成果却较少。其中南京大学教授沈固朝（2009）带领工作室对信号分析进行了专题研究，他认为在信息搜集和分析中要多一些“信号意识”，他把对事件出现的各种征兆或迹象进行解释、质疑、假设、数据补充、验证和评价的过程称为信号分析。刘千里和童悦（2009）提出信号分析中最为重要的应该是因果关系的构建，分别从显著程度、时间先后、共变程度、相似程度和因果链强弱程度探讨信号分析的因果关系构建。在信号分析与风险识别预警的应用方面，吴海霞等（2004）借鉴国际上影响广泛的KLR[①]信号分析法，结合我国具体数据建立了一套金融风险预警系统，选取一系列系统性及非系统性风险监测指标，确定不同风险状态下的预警界限，通过数据处理，最终进行风险的信号显示。方微和邵波（2009）介绍了基于弱信号分析的企业风险识别的优势，继而详细分析该风险识别过程的实施步骤，主要分为弱信号积累、弱信号整合与风险识别三个环节来完成。白茹（2014）通过搜集与积累信号、整合信号、评估信号价值、信号分析四个步骤做出警情预测，最终利用案例分析展现信号分析在食品安全预警中的应用。

综上所述，信号存在于主体间，主体与行业间及主体与环境间，信号的研究有信号传递意图和信号分析的步骤。本书融合了Spence（1974）主体间预判信号传递者的质量、激励—信号传递的动机研究及Fashy（2004）的从数据到指标再到推论信号的研究，突出分析过程中行为主体的构建过程，旨在解决信息不对称条件下的网络借贷企业风险水平的预判问题。

4. 自愿性信息披露理论

Dye（2001）认为有一种自愿披露的理论，自愿披露理论是博弈论的一个特例，具有以下核心前提：任何考虑进行披露的实体将披露有利于该实体的信息，并且不会披露对该实体不利的信息。虚假信息披露与信息质量的真实性要求相违背，企业为了某种目的有可能发布虚假信息，在没有法律惩罚的情况下，虚假信息披露将更严重。模糊性信息披露与信息质量的可理解性相违背，企业可能利用资本市场上的各种信息披露来宣传企业形象，较高的信息披露频率可能意味着较少的信息含量，信息的过载也会增加投资者的信息甄别成本进而干扰投资者的判断。与上述信息偏差形式相比，自愿性信息披露还有一种更隐蔽、更值得关注的潜在危险，放任自流和利益驱使可能使自愿性信息披露成为一种策略。传统信息披露是政府强制和投资者导向的经营者被动披露，而策略性信息披露是经营者导向的自愿披露，此时其目的是通过信息披露实现经营者的某种利益，而不是单纯为了向投资者传递经营者活动的真实信息以便于投资者对经营者的监督。诸葛栋和封思贤（2005）也在实证分析方面对公司盈余业绩与中国上市公司自愿性信息披露程度的关系进行了研究，发现中国上市公司自愿性披露程度与公司盈余业绩

---

① KLR信号分析法是由Kaminsky、Lizondo和Reinhart创立，被称为“KLR信号分析法”。

呈正相关关系。

综上所述，在本书中，强调的是当自愿性披露成为获利的一种策略行为时，企业经营者可通过控制新闻发布的内容种类及条数以支持信息披露的需要，而且还能不受法律约束。

5. 议程设置理论

李普曼在《公众舆论》一书中提出议程设置理论，即媒介不能影响人们怎么想，却可以影响人们想什么。据议程设置理论，受到某种议程影响的受众成员会按照该媒介对这些问题的重视程度调整自己对问题重要性的看法。新闻报道或者互联网站所做的事情，远远超过了传达重大事件与议题的范围。但是报纸与电视新闻，甚至那些编排紧凑的日间新闻筛选与编排，编辑与新闻主管影响我们对当前什么是最重要的事件的认识。这种影响各种话题在公众议程上的显要性的能力被称为新闻媒介的议题设置作用。吕敏康和冉明东（2012）基于传播学的议程设置理论和审计学相关研究成果，提出了媒体报道影响审计师专业判断的具体路径，即媒体通过“认知模式”和“显著性模式”等议程设置功能影响审计师的信息占有和风险因素权重判断。

综上所述，在本书中，议程设置理论主要指网贷借贷企业可以编排自披露网站新闻的内容与影响投资者数量的内容。

6. 信息操纵理论

1934 年，美国制定的《美国 1934 年证券交易法》将市场操纵分为行为操纵和信息操纵，信息操纵是通过发布虚假信息来误导投资者。McCornack 等（1992）最早提出信息操纵的概念，认为信息操纵理论涉及四个方面，即对信息的操纵具体表现为对四种维度的破坏：数量维度，控制被披露信息的数量；方式维度，把持信息被呈现的方式；质量维度，提供虚假信息；关系维度，操纵信息的相关度。在应用方面，Benabou 和 Laroque（1992）认为存在信息操纵的声誉模型，内部人择机公布真实信息树立信誉或发布虚假信息进行利润操纵。信息内幕交易的掩饰策略，在信息操纵中加入一个噪声成分，使交易由基于信息的交易和随机噪声的交易两部分组成，从而降低了市场从内部人交易活动中推断信息的能力。Siering 等（2016）根据信息操纵理论，以股权众筹为研究对象，发现风险较高的企业通常更倾向呈现特别少或者特别多的信息以隐藏信息或做信息误导，而且呈现的信息可能与主题不是特别相关，以掩盖事实或者误导信息接收者。

综上所述，在本章中，将从数量维度、关系维度及质量维度分析网络借贷企业自披露网站新闻与风险之间的关系并提取可预测网络借贷企业风险的信号。

4.3.2 相关研究评述

1. 网络借贷平台运营模式

P2P 借贷，是指贷款人（lender）通过 P2P 借贷平台（一个在线场所）向与自己无关的人贷款（Ge et al.，2016）。这种贷款的一个独有的特征就是贷款金额通常很小。传统的金融机构对小额借款人（borrower）几乎不做筛查，而是过度依赖抵押品（Stiglitz and Weiss，1981；Ang et al.，1995）。然而，在 P2P 借贷市场中，借款人不提供抵押品作为对贷方违约的保护。这种做法使得 P2P 贷款对小额借款人特别有吸引力，否则他们可能会转向支付日贷款或信用卡债务。

张海洋（2017）将网络借贷定义为是一种直接融资，其运作模式是：借款人向平台提出借款申请，经网络借贷平台审核通过后，在平台的网页上公布。投资者通过浏览网页上的借款信息，并根据自己的投资偏好，决定自己的资金投资到哪个或哪些借款人。平台是信息中介，通过匹配资金的供给和需求获取佣金。但自从 2007 年我国第一家网络借贷平台成立以来，其运营模式产生了一定的分化。

陈宇（2014）认为我国的网络借贷有三大模式：平台模式、销售模式和担保模式。平台模式下，平台不参与担保，纯粹进行信息匹配，帮助借贷双方更好地进行资金匹配。这种模式的本质是直接融资，我国的拍拍贷从诞生起一直坚持做平台模式。销售模式是以陆金所、有利网等为代表的类 P2P 模式。它们其实是将金融机构或者准金融机构的信贷资产，通过互联网的方式以极低的门槛对外销售。担保模式也就是提供本金担保甚至利息担保的网络借贷模式，这是目前中国网络借贷的主流模式。本金担保的网络借贷模式实质已经是间接融资的概念，它的运作模式由平台变成了一个担保机构。投资人的投资决策，由原来基于自身能力和借款人的信息公开，变成了基于对网络借贷机构的信赖。网络借贷机构负责寻找客户、筛选客户、提供担保，然后匹配资金，这一系列行为使得网络借贷机构不但成为交易的信息中介、资金中介，更成为风险中介，是所有风险的聚集点。

本章的研究对象是上海市所有网络借贷平台，故本节涵盖的网络借贷平台包括平台模式、销售模式和担保模式。这使得本书中的网络借贷平台不再是纯粹的信息中介，而是投资者决策时的选择对象。

2. 网络借贷企业自披露信息与企业风险

国外由于行业规范，信息披露研究主要集中在借款人身上。Herzenstein 等

（2011）研究了借款人的身份、声誉、数量及内容是否会影响投资者的决策，发现决策与数量及自我描述内容中的可信程度、经济状况、勤奋程度、成功历史、道德品质和宗教信仰相关。Michels（2012）提到了信用等级低的借款人通过披露更多的无法验证但可提升自身形象的信息可以降低借款利率和提高投标活跃度。Ge 等（2016）研究了借款人在网贷借贷平台上自愿性披露自己的社交账号的行为与借款人违约概率之间的关系，发现借款人社交媒体的信息可以作为借款人的声誉信号。国内李焰等（2014）以拍拍贷借款标的为研究样本，得到相似的结论，低信用等级的借款人倾向提供更多的描述性信息，其中表明自己是稳定的更有助于借款成功。钱炳（2015）研究了借款人的声誉传递对融资成本的影响，发现高声誉显著降低了融资成本。

国内张琛和王君彩（2016）以 300 余家 P2P 网贷平台自愿向社会定期发布公司的运营和财务报告为例，实证检验发现 P2P 平台公司通过主动披露公司业绩报告这种信号显示手段降低了平台整体的融资价格，从而导致 P2P 平台风险水平显著下降。范超等（2017）收集我国 444 家 P2P 平台本身的基本信息、交易信息、外部爬虫获取的网民评论和第三方新闻数据，建立模型甄别 P2P 平台风险。何光辉等（2017）在分析整体特征、检验问题与正常平台风险差异基础上，运用 Logistic 模型分析平台出险的决定因素，并进行包括 Probit 模型在内的稳健性检验。张颖等（2017）将传统的财务评价指标转换成网贷平台交易数据指标，构建基于平台交易真实数据的危机预警评价指标体系和组合预测模型。张海洋（2017）构建了博弈模型，发现监管当局对平台信息披露监管的差异是造成 P2P 平台是否采用担保模式的主要差异，如果平台信息披露行为得到严格监管，那么平台不会为借款人提供担保；如果信息披露缺乏监管，那么平台就需要利用提供担保作为信号，以吸引投资。

其余大多是关于 P2P 平台风险的定性研究，吴晓光和曹一（2011）分析了 P2P 网络借贷业务流程可能引发的风险。冯果和蒋莎莎（2013）对我国 P2P 网络贷款平台的异化进行了论述，并提出了监管建议。杨东和文诚公（2016）将 P2P 网络借贷平台的风险归纳为六类，分别是信用风险、流动性风险、操作风险、道德风险、声誉风险和法律风险。由于国内网贷平台普遍出现异化，出现了诸如担保型和债权转让型等模式，当借款人出现违约情况时，网贷平台将面临信用风险。当平台为维系声誉坚持刚性兑付，而新的资金无法及时、足额补上旧的窟窿时，就会产生流动性风险。操作风险主要源于人为、程序、技术三方面，在平台建设、维护、运营和风险防范的过程中，可能由于平台工作人员的不规范操作引发错误，造成损失。众多 P2P 网贷平台并未严格遵守不得设立资金池的监管要求，存在沉淀资金被挪用的道德风险，这是欺诈性、自融性平台常有的风险表征。声誉风险是由于近年来，众多平台欺诈、“跑路”给整个行业在声誉上造成不良影响。

法律风险集中体现在平台没有资金存管或存管不合规，利率超过法律的最高限等方面。

综上所述，互联网时代的金融业态和交易，都具有行为的数据化或者说隐性化行为的特点。网络借贷在有形的空间里面不可见、不可视也不可描述。数据或者说信息的获取、识别，以及它的固定或者说锁定，是发现行为、评价行为和规制行为的前提。我国对网络企业风险预判的研究主要集中在使用财务数据、平台交易数据、平台股权背景及外部数据等，未涉及自披露新闻信息。而自披露网站新闻是网络借贷企业自披露信息中的一种，是按照新闻规律，结合企业需要，通过新闻媒介树立企业、产品形象，实现企业改变消费习惯、创造消费需求，营造企业良好的外部环境等目标的沟通手段，也是企业官方第一时间向投资者传递的潜在信号，透过自披露新闻信息的内容和数量可以推测企业的经营状况。

3. 金融领域中的新闻信息分析研究

国内外学者的研究大多集中于第三方新闻媒体对股市交易及价格的影响。Niederhoffer（1971）搜集了发表在《纽约时报》上的一系列重大新闻的标题，并通过内容分析法以国家为参照系将新闻分类评级为 7 种好坏类别，研究不同的世界大事与股票市场总体指数的后续变动之间是否存在某种关系，最终得到世界大事对股市平均走势影响明显的结论。Mitchell 和 Mulherin（1994）通过使用道琼斯公司每日报道的新闻公告数量进行研究，发现道琼斯公司发布公告数量与证券市场活动总量包括股市交易量和股票收益有直接相关关系。Klibanoff 等（1998）建立封闭式基金价格模型研究其是否会受到新闻文本的影响，实验结果与假设一致，主要的新闻事件通常会致使落后的投资者更新他们的期望，暂时更快地做出反应。Tetlock 等（2008）主要研究企业新闻报道中的负面词，得到研究结果分别是：财经媒体的负面言论会预测公司的收益低；股票市场价格包含了隐藏在消极词语中的信息，并有一些延迟。

综上所述，有的研究主要是分析第三方新闻的数量、文本内容里情绪的正负与上市公司的股市表现关系，有的研究是针对股市崩溃和次贷危机前第三方新闻里是否有信号。本书将新闻信息与企业风险之间的关系放在一个更加微观的环境里，研究网络借贷企业自披露新闻信息的不同分类内容和数量里是否有能够预测企业风险的信号。

4. 总结

通过对相关研究进行梳理，发现以下结论。

（1）从研究的理论基础来看，信号理论被广泛地运用于对企业质量的判断，自愿性信息披露理论、议程设置理论、信息操纵理论被深刻地从信息的数量、质量等方面去甄别信息传递者的意图及风险状况，为本章的后续分析提供了理论依据。

（2）从研究的对象看，第一，网络借贷企业信息与企业风险之间的关系的研究比较成熟，但是引入信号意识根据网络借贷企业自披露网站新闻信息发布预判企业风险的研究较少，本章将在信号分析的框架下深入探讨网络借贷企业自披露网站新闻信息中能够预判企业风险的信号。第二，针对从新闻的数量、情绪等角度考察与企业股市表现及股市崩溃来临前是否有信号的研究较多，对新闻信息本身包含的内容进行分类的研究较少，本章将从信息本身包含的内容角度进行考察，重点探讨不同类别的信息发布与企业风险之间的因果关系。

4.4　基于扎根理论方法构建信号来源指标体系

本章在对扎根理论研究范式分析的基础上，以上海市 162 家网络借贷企业为例，通过开放性编码、主轴编码和选择性编码，实现了扎根理论在网络借贷企业自披露新闻信号分析过程中的具体运用，构建了网络借贷企业自披露新闻信息分类指标体系。

4.4.1　扎根理论方法

1. 扎根理论方法简述

质性研究被认为是以研究者本人作为研究工具，在自然情境下采用多种资料收集方法，对社会现象进行整体性探究，主要使用归纳法分析资料和形成理论，通过与研究对象互动对其行为和意义建构获得解释性理解的一种活动（陈向明，2000）。它具有探索社会现象、对意义进行阐释，以及发掘总体和深层社会文化结构的作用（卡麦兹，2009）。扎根理论被认为是“今日社会科学中最有影响的研究范式，走在质性研究革命的前沿”的研究方法（牛静，2010），必然能发挥独特而不可替代的作用。

扎根理论是一种自下而上建立理论的方法，即在系统收集资料的基础上，寻找反映社会现象的核心概念类属，然后通过在这些概念类属之间建立起联系而形成理论（陈向明，2000）。该方法最初由社会学家巴尼·格拉泽和安塞尔姆·施特劳斯提出，旨在基于数据的研究中发展理论，而不是从已有的理论中演绎可验证性的假设。随着扎根理论的发展，施特劳斯与柯宾将扎根理论向实证方向发展，卡麦兹、布莱恩特和克拉克则运用新的方法论假设和方法提出了建构扎根理论

（Bryant，2002）。前两种方法与最后一种建构扎根理论之间最大的不同在于前两者都强调研究者在研究过程中应保持适当距离，以免将个人偏见及预先假设渗入其中（连志英，2015），而建构扎根理论认为扎根理论方法能够把其他方法补充到质性数据分析中，研究者是所研究世界及所搜集数据的一部分，通过研究者在过去和现在的参与，以及与人们、视角和研究实践的互动，研究者建构了自己的扎根理论（卡麦兹，2009）。作为一种严谨完整的质性研究方法，建构扎根理论已被学界广泛接受（汤志伟等，2016）。建构扎根理论形成过程如图 4-3 所示。

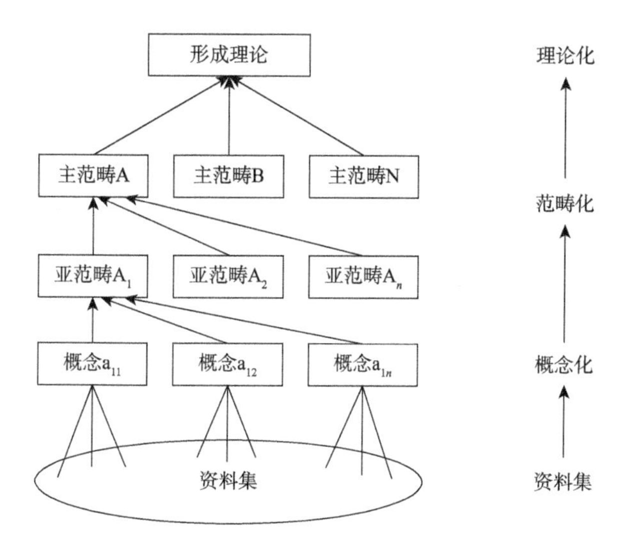

图 4-3　扎根理论形成过程

2. 扎根理论方法的选用

本章运用建构扎根理论方法进行研究主要基于以下两个原因。

第一，网络借贷企业自披露新闻信息分类指标研究成果较贫瘠，缺乏可直接借鉴的理论成果，同时网络借贷企业自披露新闻信号是零散化程度高、覆盖面广的非结构性数据集合，难以用量化方法精确测度与描述，自上而下的传统模式建构理论难以胜任。以经验事实资料为基础，采取扎根理论方法便成为研究 P2P 企业自披露新闻信号的合理选择。

第二，信号分析强调了行为主体主观认知能力对信号的解读，而建构扎根理论方法与信号分析方法论要求一致，认为研究的过程离不开研究者与数据的互动思维过程。编码家族、分类家族及编码时使用的策略都呈现了扎根理论的结果，该结果有“信息过滤器”的功能，有助于揭示深藏于信息中的各种潜在信号之间的联系。如果没有它们，信号分析者则很可能被新闻信息的冗余信息淹没。

4.4.2 网络借贷企业自披露网站新闻分类指标体系构建

1. 数据搜集

数据搜集阶段主要是对数据和信息的采集、处理和存储的完成过程。本章将P2P企业网站的新闻栏视为信号监测区域。根据网贷之家平台上446家上海市P2P平台名称，企业经营状态包括正常、“跑路”、提现困难、停业（转型）、歇业、经侦介入，其中平台发布新闻的有162家，共发布新闻1379条。手动拷贝网络借贷企业网站前三页自披露新闻标题，考虑部分企业新闻栏目不足两页及新闻信息的时效性，故采集第一页新闻标题。因为标题被定义为在新闻报道顶部与故事分开，表达更清晰的文字。传播学专家认为标题非常重要，大部分读者只会看标题而不是内容。同时所研究的文本语言单位，通常从单词到段落，单词单位虽可产生最大数量的观察结果但不能捕捉到思想全部含义，段落单位有相反的优点和缺点，而句子是最常用的语言单位（Niederhoffer，1971）。故本章选取以句子为单位的新闻标题作为数据的来源，数据拷贝截止日期为2017年7月16日，并对初始数据进行整合和存储。

2. 实质性编码

自披露新闻数据的逐级编码过程主要分为初始阶段的开放性编码、聚焦阶段的主轴编码和选择阶段的选择性编码。它们相互联系和影响，需不断调整与重复，直到理论饱和为止。

1）开放性编码

开放性编码通过拆解和理解文本数据来确认和发展概念，用概念来标示资料和现象的资料诠释过程。同时对概念进行比较分析最终提取范畴。概念和范畴的命名可以源自文献、访谈资料或研究者自行提出。

编码过程提炼了中国（上海）自由贸易试验区（以下简称上海自贸区）446家P2P企业中披露日常新闻的162家企业网站，共1379条新闻标题文本数据，形成了P2P企业自披露新闻信号概念，是判别亚范畴和主范畴进而发现理论的基础。开放性编码实现对P2P企业自披露新闻文本数据中的内容进行分析并漏斗式缩编，抽象得到概念化和范畴化的自披露新闻信号资料。

2）贴标签

新闻标题为吸引读者眼球，会使用一些生动形象或者修饰性的语句。具体操作上，首先，将新闻语言转化为简单陈述句，即“贴标签”。贴标签的第一步是将原始资料，按照网络借贷企业名称的顺序，将其排序。其次，每个企业每一条新闻进行语义内容的分解，目的是为下一步的概念赋予奠定基础；通过对每条新闻进行定义，最终得到532个“标签”。

3）提炼概念

概念是总结资料的途径，形成概念的方式就是与经验资料进行持续不断的对话。通过对原始数据集的概念化建立了30个概念，且每个概念中举1~3个从标签中抽取的例子来体现其表达的含义，见表4-1。

表4-1　网络借贷企业自披露新闻信息开放性编码：提炼概念

标签示例	概念
a1-1 宣传业务的收益率很高 a1-2 宣传业务的收益率很稳定 a1-4 宣传业务的收益率高风险低	A1 业务收益率及稳健性
a8-3 聘请高端IT人才 a45-9 获得高新技术企业证书	A2 业务信息技术系统安全性
a70-4 银行存管正式上线 a70-5 签订银行存管协议	A3 业务第三方存托管
a1-2 针对平民投资者进行业务宣传 a2-2 过节送礼业务促销信息	A4 业务推广信息
a4-3 上海互联网协会会员 a21-1 获2016最佳诚信示范金融企业	A5 会员资质及荣誉称号
a28-2 高管创业史 a70-2 国资入股	A6 管理层及股东背景
a114-1 实缴资本增至5000万元 a116-6 成立100亿元基金 a63-7 累计成交额突破2亿元	A7 资金实力与交易规模
a45-6 周年记事	A8 阶段性事件回顾
a4-5 接受网络视频采访 a124-1 互联网高峰论坛发言	A9 媒体采访及会议发言
a14-3 与企业洽谈合作 a26-1 走访企业	A10 合作企业及潜在合作企业交流
a3-1 出席并购高峰论坛 a31-4 出席投资博览会	A11 行业组织交流
a7-1 企业年会 a35-1 企业员工春游	A12 团队建设
a15-8 年中会议 a29-2 战略研讨会	A13 公司会议
a15-10 客服技能训练营 a120-1 风控管理培训营	A14 讲座培训
a23-2 慰问抗洪救灾武警官兵 a50-7 爱心义卖	A15 慈善捐赠及公益活动
a94-4 植树活动	A16 环境问题

续表

标签示例	概念
a44-2 走访街道	A17 社区问题
a23-1 探索企业发展新机遇	A18 业务机会发现
a32-10 全国布局 a59-1 品牌升级	A19 业务规划
a5-1 债券兑付公告 a133-15 提前还款公告	A20 兑付公告
a5-6 暂停业务内部整顿公告 a28-3 平台上线公告 a5-2 并购公告	A21 业务开立、合并、整顿重组
a10-1 电子展期协议签署流程 a17-5 红包功能上线	A22 产品及业务规则说明
a16-7 端午节放假通知	A23 放假公告
a5-7 网站支付系统升级	A24 系统维护升级公告
a2-3 网络借贷行业发展状况 a18-5 万达国美涉足互联网金融	A25 互联网金融行业发展态势
a11-6 互联网金融升级为国家重点战略 a12-3 互联网金融监管落地	A26 互联网金融行业宏观调控
a40-10 温州民间借贷变合法 a112-10 票据行业趋好	A27 其他金融行业发展态势
a136-2 防范房地产金融风险	A28 其他金融行业宏观调控
a158-9 居民储蓄率环比增长 0.7%	A29 经济总体运行状态
a79-6 博鳌开幕式 a131-2 第十四届全国检察长论坛召开	A30 经济活动

4）概括初级范畴

在归纳范畴的过程中，首先通过概念间的语义关系分析，建立各概念间的初级关联。通过对 A 与 B 概念中的语义分析，找出其概念间的相关关系。相关关系是指概念之间具有一定的相关性，这种相关性体现在它们在路径、过程及结果上的相关性，如它们在同一个背景下发生，抑或它们从不同的角度阐述或解释了同一个现象。然后将同一相关关系中的概念归纳为一个初级范畴，经由归纳初级范畴的程序，得以对概念有了较为全面的了解。虽然经过“贴标签”及概念提炼的过程后，已将扎根资料全部打散，但经过了相关关系归纳范畴的过程，我们能够在概念之间建立关联，明确概念之间的关系，从而为之后的编码步骤提供依据与指导方向。

针对上一步骤，我们将网络借贷企业自披露新闻信息中的 30 个概念中的相关关系，归纳为 10 个初级范畴，如表 4-2 中 AA1~AA10 所示。

表 4-2　网络借贷企业自披露新闻信息开放性编码：概念范畴化

初级范畴	概念
AA1 业务宣传	A1 业务收益率及稳健性
	A2 业务信息技术系统安全性
	A3 业务第三方存托管
	A4 业务推广信息
AA2 实力展现	A5 会员资质及荣誉称号
	A6 管理层及股东背景
	A7 资金实力与交易规模
	A8 阶段性事件回顾
AA3 社会交往	A9 媒体采访及会议发言
	A10 合作企业及潜在合作企业交流
	A11 行业组织交流
AA4 企业内部活动	A12 团队建设
	A13 公司会议
	A14 讲座培训
AA5 社会责任	A15 慈善捐赠及公益活动
	A16 环境问题
	A17 社区问题
AA6 前瞻性信息	A18 业务机会发现
	A19 业务规划
AA7 企业公告	A20 兑付公告
	A21 业务开立、合并、整顿重组
	A22 产品及业务规则说明
	A23 放假公告
	A24 系统维护升级公告
AA8 互联网金融行业新闻	A25 互联网金融行业发展态势
	A26 互联网金融行业宏观调控
AA9 其他金融行业新闻	A27 其他金融行业发展态势
	A28 其他金融行业宏观调控
AA10 金融行业外宏观经济新闻	A29 经济总体运行状态
	A30 经济活动

网络借贷企业业务收益率及稳健性、业务第三方存托管、业务信息技术系统安全性和业务推广信息可范畴化业务宣传（AA1）。其他 9 个亚范畴为实力展现（AA2）、社会交往（AA3）、企业内部活动（AA4）、社会责任（AA5）、前瞻性信息（AA6）、企业公告（AA7）、互联网金融行业新闻（AA8）、其他金融行业新闻（AA9）、金融行业外宏观经济新闻（AA10）。

实力展现表现了企业的软实力及资金实力等各方面能力。社会交往是 P2P 企业与所交往的对象之间双向的信息交流活动及合作关系。企业内部活动是关于企业员工队伍凝聚力及素质提升等活动。社会责任指企业在谋求股东利润最大化之外所负有的维护和增进社会公益的义务（卢代富，2001），可分为环境问题类、社区问题类、慈善捐赠及公益活动类（Gray et al.，1995）。前瞻性信息主要是对上述业务数据所做的有关未来发展的信息，如公司的业务规划等（夏宽云，2003）。企业公告所宣布的事项是社会有关方面或人民群众对企业极为关注的重大事项，所宣布的内容是能够向社会公开的重大决定，在社会上可能产生重大影响（李树春，2010），本书中的企业公告都是关于网络借贷企业的产品和服务的公告。互联网金融行业新闻是关于 P2P 企业所在行业的发展态势和相关政府宏观的调控政策。其他金融行业新闻是金融业除互联网金融行业外，如传统金融行业的相关新闻。金融行业外宏观经济新闻是聚焦金融行业以外的经济总体运行状态新闻。

5）归纳与抽象范畴

在进行开放性编码的过程中，需要不断地对原有范畴进行归类和抽象，发掘范畴之间的关系。企业新闻策划是为企业营销服务的，亚范畴“业务宣传”“企业公告”所涉及的概念主要为销售服务、增加销售、提高市场占有率。例如，告知社会新的产品和服务、告知社会促销行为等，这些直接传递了企业产品服务信息，具有直接广告的性质可进一步范畴化为企业产品服务宣传类信息。亚范畴“实力展现”“前瞻性信息”“社会交往”“企业内部活动”“社会责任”，这些通过企业可感、具体的事件宣传提升公众对于企业的感性认识的信息，可进一步范畴化为企业非产品服务宣传类信息。经过多次反复归纳与抽象后，最终从这 8 个初级范畴中形成两大类亚范畴产品服务宣传类信息和非产品服务宣传类信息，如表 4-3 所示。

表 4-3　网络借贷企业自披露新闻信息开放性编码：主轴编码

主范畴	亚范畴	初级范畴
微观企业新闻	AA1 产品服务宣传类信息	A1 业务宣传
		A7 企业公告

续表

主范畴	亚范畴	初级范畴
微观企业新闻	AA2 非产品服务宣传类信息	A3 社会交往
		A4 企业内部活动
		A5 社会责任
		A6 前瞻性信息
		A2 实力展现
宏观经济新闻		A8 互联网金融行业新闻
		A9 其他金融行业新闻
		A10 金融行业外宏观经济新闻

3. 主轴编码

主轴编码的目的是精炼和区分范畴。从已有的范畴中选出最能体现文本主题的范畴，再回到原始资料中将这些主轴范畴与相关文本联系起来，检验其提取的真实性和可靠性。通过这个过程，合并次要范畴，精炼主要范畴。通过主轴编码，对开放性编码所获得的 10 个初级范畴重新归类，最终归纳出微观企业新闻（产品服务宣传类信息、非产品服务宣传类信息）和宏观经济新闻（互联网金融行业新闻、其他金融行业新闻、金融行业外宏观经济新闻）两个主范畴，主范畴与各范畴之间的关联关系如表 4-3 所示。

4. 选择性编码

选择性编码是在主轴编码的基础上进一步梳理范畴之间的关系，挖掘出范畴中的核心范畴，并建立起核心范畴和其他范畴之间的关联关系（史波和吉晓军，2014）。依据研究目的，通过对主范畴和其他范畴与网络借贷企业自披露新闻标题文本内容之间的关系进行分析，其中主范畴微观企业新闻指单个企业的新闻（林玉，2006），宏观经济新闻是关于国家经济总体运行状态和政府宏观调控的新闻（李鼎鑫和黄蕙，2009）。将“网络借贷企业网站自披露新闻信号要素”作为核心范畴，围绕这一核心范畴，将其与其他范畴的关联关系确定为微观企业新闻、宏观经济新闻为网络借贷企业网站自披露新闻栏目要素两大主要要素，见表 4-3。

5. 理论饱和度检验

当搜集新的数据不再能产生新的理论见解，也不能揭示核心理论类属新的属性时，类属就“饱和了”（卡麦兹，2009）。理论饱和度检验用预留的 36 家 P2P 企业网站自披露新闻 827 条进行。检验结果显示模型中的概念范畴已经足够饱满，未发现有新形成的范畴和关系，因此所建立的 P2P 企业自披露新闻信号要素模型是饱和的。

6. 模型构建

人类思想中最明确的要素之一是分类：将对象分组为类别。这种分类简化了我们的思维，使我们能够合理有效地处理大量信息。通过建构扎根理论方法将主范畴和其他范畴与 P2P 企业网站自披露新闻栏目要素之间的联结关系架构定义为 P2P 企业网站自披露新闻信息分类指标模型，如图 4-4 所示。

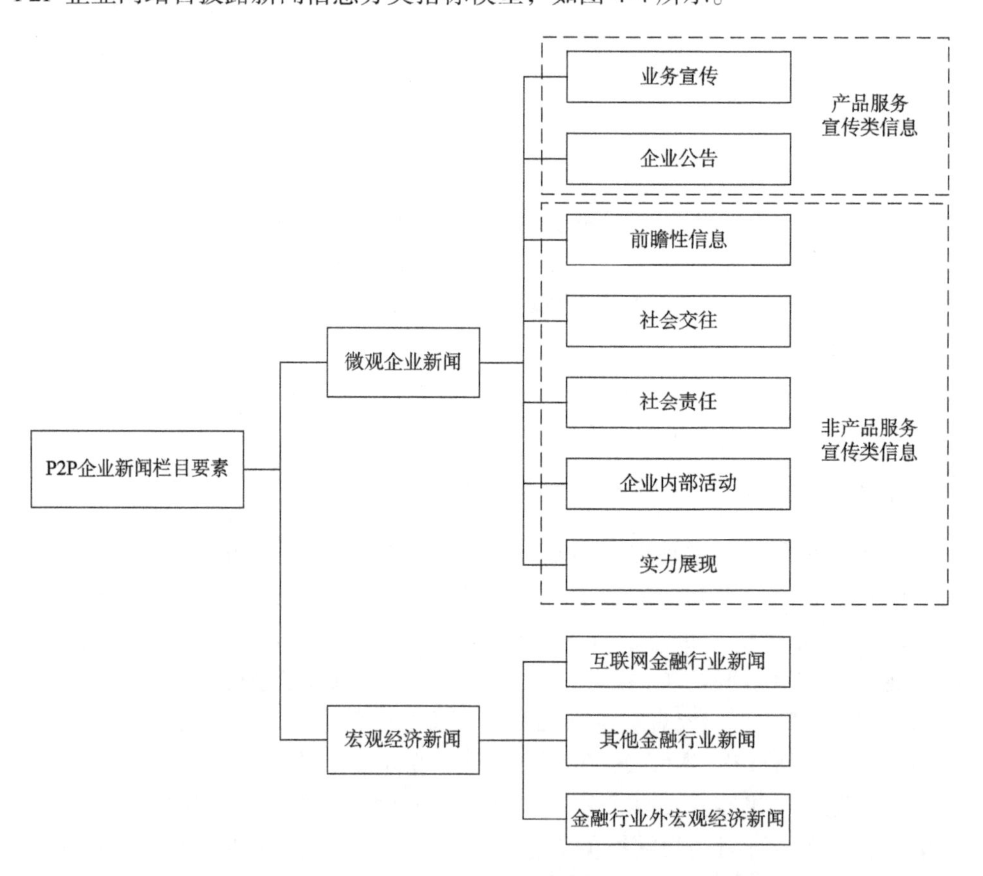

图 4-4　网络借贷企业自披露网站新闻信息分类指标模型

本节先介绍了扎根理论研究方法，然后阐述了本书选取建构扎根理论方法来建立网络借贷企业网站自披露新闻信息分类指标模型的理由。之后通过扎根理论方法的开放性编码、主轴编码和选择性编码等过程研究发现以下内容。

第一，初步从指标内容判断，就其所涵盖的时间而言，既包括各种历史性新闻又包括各种预测性新闻；就所涵盖的空间范围而言，既包括企业的内部新闻又包括企业所处的外部宏观环境新闻；就企业内部新闻而言，既有宣传产品服务的信息又有企业真实发生的相关事件信息。

第二，研究过程中极少或难以捕获网络借贷企业自披露的负面新闻，这与自愿性信息披露的理论前提相一致，企业只会披露对自己有利的信息，不会披露对自己不利的信息，在本书中网络借贷企业发布新闻的目的是树立企业形象，吸引投资者消费，所以发布正面新闻就是发布对企业自己有利的信息。

本节研究完成了信号分析框架中的从信息到指标的过程，去除了新闻标题中的冗余信息，也为后续从指标到信号的提取过程所使用的实证分析方法提供了测量工具。指标体系的确定意味着信号分析思考维度、分析框架的确定（刘千里和童悦，2009）。

4.5　基于信号分析提取风险预判信号

基于第 3 章已识别出的网络借贷企业自披露网站信息分类指标体系，本章运用二元逻辑回归方法判断指标体系中能够预判企业风险的信号容量。本章首先简单介绍了二元逻辑回归模型，然后以上海市 162 家自披露网站新闻的网络借贷企业为研究对象，分别实证分析了第一层指标微观企业新闻信息和宏观经济新闻信息与企业风险之间的关系，并检验了宏观经济新闻类信息对微观企业新闻信息与企业风险之间关系的调节效应。与宏观经济新闻信息相比，微观企业新闻的信息含量更高，并进一步探讨微观企业新闻信息的第二层指标产品服务宣传类信息和非产品服务宣传类信息与企业风险之间的因果关系。

4.5.1　模型设计

1. 研究总体模型

为了研究网络借贷企业不同类别自披露网站新闻信息与企业风险之间的因果关系，基于信号理论、自愿性信息披露理论、议程设置理论、信息操纵理论，提出网络借贷企业自披露网站新闻信息分类指标与企业风险间的关系，见图 4-5。

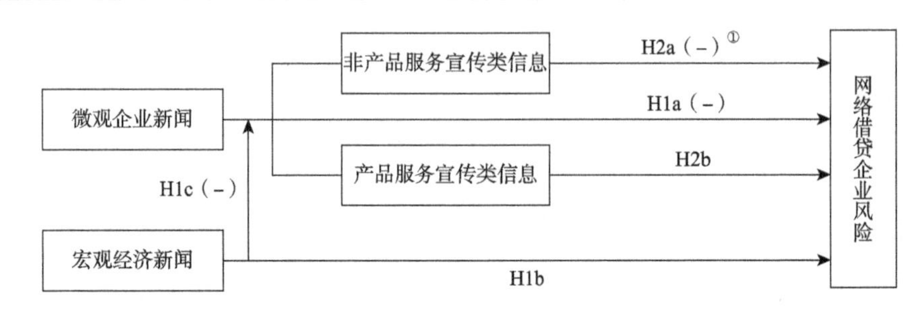

图 4-5　网络借贷企业自披露新闻信息分类指标与企业风险之间关系理论模型

2. 假设提出

1）微观企业新闻信息、宏观经济新闻信息与企业风险

从信息的关系维度分析，自披露网站新闻中的微观企业新闻从各方面透视企业的经营状况；而宏观经济新闻信息，只是对行业结构及宏观经济政策进行分析，并且这类信息通过其他渠道也可获得，与企业自身的经营状况相关程度较低。微观企业新闻的相关性大于宏观经济新闻。由自愿性信息披露的信息偏差及议程设置理论可知，企业可以操纵微观企业新闻及宏观经济新闻的条数，由信息操纵理论可知，高风险的企业可能会发布较少的微观企业新闻信息，试图掩盖某些信息；由激励信号传递理论可知，低风险的企业可能会发布较多的微观企业新闻信息，将自己与其他质量较低的企业区分开。而宏观经济新闻信息企业的经营状况相关性较小，不能准确预判企业的风险。因此，提出 H1a 和 H1b。

H1a：企业发布微观企业新闻数量与企业风险之间有显著负向关系，是能够预判企业风险的信号。

H1b：企业发布宏观经济新闻数量与企业风险之间没有显著的关系，不是能够预判企业风险的信号。

2）宏观经济新闻信息的调节效应

宏观经济新闻信息多是关于企业所处的外部新闻信息，一定数量的宏观经济新闻信息会干扰微观企业新闻信息向投资者传递企业质量的信号，信号不能有效传达给投资者，难以降低信息不对称程度，不利于投资者了解企业的运营状况，合理、正确地选择合适的网络借贷企业进行投资。具体表现如下。

对于微观企业新闻信息而言，由于媒体设置理论的认知模式及信息操纵理论中噪声的存在，投资者很难在大量的新闻信息中便捷、快速地筛选出微观企业新闻信息，投资者对企业的运营状况了解程度会有所下降，这会影响投资者对企业风险的甄别。本书提出如下假设。

① （-）表示显著负相关。

H1c：企业发布宏观经济新闻的数量会削弱微观企业新闻的数量与企业风险之间的负向关系。

3）产品服务宣传类信息和非产品服务宣传类信息

在第二层指标中微观企业新闻信息分类为产品服务宣传类信息和非产品服务宣传类信息。产品服务宣传类信息具有一定的广告性质，以实现企业推销自己的产品或服务需要为目的。从信息质量的维度，若说产品服务宣传类信息具有较大的操纵空间，难免有夸大其词之嫌，包括对未来效果、收益或与其他相关情况做出的保证性承诺、明示或暗示保本、无风险或保收益等。与产品服务宣传类信息相比，非产品服务宣传类信息的操纵空间更小，信息质量更高，以满足人们对企业的多层次、多方面的信息需求为目的，是企业真实发生过的事实，会交代新闻来源等。由自愿性信息披露的信息偏差及议程设置理论可知，企业可以操纵产品服务宣传类信息及非产品服务宣传类信息的条数。由信息操纵理论可知，高风险的企业可能会发布较少的非产品服务宣传类信息，试图掩盖某些信息，由激励信号传递理论可知，低风险的企业可能会发布较多的非产品服务宣传类信息，将自己与其他质量较低的企业区分开。而由于产品服务宣传类信息具有一定的操纵夸张的空间，与预测企业风险的关系不显著。Demers 和 Merskin（2000）也曾经批判有些企业的新闻信息更多的是以营利为目标的信息而不是多样性的信息。因此提出 H2a 和 H2b。

H2a：网络借贷企业发布的非产品服务宣传类信息数量与企业风险之间有负向关系，是可以预判企业风险的信号。

H2b：网络借贷企业发布的产品服务宣传类信息数量与企业风险没有显著因果关系，不是可以预判企业风险的信号。

4.5.2　数据收集与描述

1. 样本选择与数据来源

以网贷之家网站上上海市 446 家网络借贷企业为研究对象，筛选出披露新闻的 162 家企业，由于部分企业发布新闻不足一页，因此选择 162 家企业第一页新闻标题为研究对象，样本的截止时间为 2017 年 7 月。阅读每一条新闻标题，根据扎根理论形成的分类，仔细判断每一条新闻所属的类别，并在相应的类别下标注数字“1”，之后使用 Excel 中的数据透视表分别对各个企业 4 个类别（微观企业新闻信息与宏观经济新闻信息，产品服务宣传类信息与非产品服务宣传类信息）下标注的数字“1”进行数量统计，从而确定每个企业在第一页新闻中发布的微观企业新闻数量和宏观经济新闻数量，产品服务宣传类信息和非产品服务宣传类信息，见表 4-4。根据网贷之家平台上登记的工商信息，搜集这 162 家企业的股东背景、注册资本、股东人数、运营时长数据。

表 4-4 网络借贷企业自披露新闻信息分类指标数据收集

P2P 平台名称	公司新闻第 1 页	经营状态	总条数	条数	条数	条数	条数	业务收益率及稳健性	……
满元金服	满元金服低门槛高收益，将告别传统股市理财 ……	停业	10	10	10	0	10	满元金服低门槛高收益，将告别传统股市理财 ……	……
多贷贷	瑞台亨—多贷贷出席上海市信用服务行业协会十周年大会 ……	停业	5	2	1	1	1	贷投者安全保障再迈一步——贷投者签约曦瀚融资担保有限公司，保障投资者本息收益	……
贷投者	并购大地震撬动互联网金融创新——2016 全球并购管理高峰论坛在京举行，贷投者创始人厉刚担任华夏坚持上市公司联谊会副秘书长 ……	提现困难	5	4	1	3	1	无	……
汇富贷	汇富贷理财师教你黄金期如何理财? ……	经侦介入	5	5	2	3	2	无	……
名车贷	关于名车贷客户债权兑付的公告（第一期） ……	提现困难	10	10	10	0	1	无	……
乐米金服	乐米金服五一劳动节放假的公告 ……	停业	5	5	5	0	1	无	……

2. 数据描述

从样本整体来看，正常企业 121 家，问题企业［如停业（转型）、提现困难、经侦介入、歇业、“跑路”等］41 家，分别占比 75%和 25%。

从新闻条数来看，162 家网络借贷企业在网站新闻栏目第一页共发布 1379 条新闻，其中微观企业新闻 1152 条，宏观经济新闻 227 条。微观企业新闻中产品服务宣传类信息 609 条，非产品服务宣传类信息 543 条。

从股东背景来看，民营系的网络借贷企业居多，共 138 家，约占总样本的 85.2%；国资系、银行系、上市系、风险投资系平台不多，共计 24 家，约占 14.8%，这一特点与网络借贷企业客户群体为小微企业和个人相一致。

股东背景决定了网络借贷企业股东在整体上实力的强弱，且两极分化明显，这主要体现在资本方面。企业注册资本平均规模 9042.52 万元，中位数是 5000 万元，最低只有 500 万元，最高的达到 12 亿元。不高于 5000 万元的企业数量 98 个，占比 60.49%；介于 5000 万元~1 亿元的有 42 个，占比 25.93%；在 1 亿元~5 亿元的有 19 个，占比 11.73%；5 亿元及以上的企业占比约 1.85%。上述数据表明多数企业注册资本规模较小，少数企业规模较大，两极分化较大。由于样本中不同企业的注册资本数量存在较大的差异，因此本章对企业的注册资本取自然对数，由表 4-5 可得，在取了自然对数后，企业的注册资金均值、标准差都较小。

表 4-5　描述性统计

变量	观测值	平均值	标准差	最小值	最大值
微观企业新闻数量	162	7.10	4.642	0	34
宏观经济新闻数量	162	1.40	2.836	0	20
产品服务宣传类信息数量	162	3.759	3.4399	0	15
非产品服务宣传类信息数量	162	3.352	3.8330	0	25
股东背景	162	0.85	0.356	0	1
企业注册资本对数	162	8.47	1.067	6.215	11.695
股东人数	162	2.96	2.700	1	16
运营时长	162	25.03	12.518	1	121

从股东人数来看，最小值为 1，最大值为 16，众数为 2，平均值为 2.96，股东人数 1~3 人的网络借贷企业共有 129 家，占比 79.6%，4~16 人的网络借贷企业共 33 家，占比 20.4%。这意味着股东偏少，股权集中度高。

从运营时长来看，平均运营时长为 25.03 个月，中位数为 24 个月，运营最短时间为 1 个月，最长时间为 121 个月。此外，运营时间没有超过 1 年的平台有 14 家，占比 8.64%；运营时间为 1~3 年的平台有 143 家，占比近 88.27%；运营时间超过 3 年的平台有 18 家，占比 11.11%。上述数据表明，绝大多数平台的上线时间不足 3 年，长期稳健运营的平台较少，行业有待进一步沉淀。

3. 问题企业与正常企业的差异分析

在全部 162 家企业样本中，问题类企业有 41 家，其特征与正常企业相比有何不同？表 4-6 和表 4-7 显示，样本期内，两类企业的微观企业新闻数量、非产品服务宣传类信息数量、股东背景、企业注册资本对数、股东人数、运营时长存在显著差异，宏观经济新闻数量、产品服务宣传类信息数量差异不太显著。

表 4-6 问题平台与正常平台的特征比较

变量	正常平台					问题平台				
	均值	中位数	标准差	最小值	最大值	均值	中位数	标准差	最小值	最大值
微观企业新闻数量	7.60	8.00	4.96	0	34	5.63	5.00	3.176	0	12
宏观经济新闻数量	1.38	0.00	2.92	0	20	1.46	0.00	2.61	0	9
产品服务宣传类信息数量	3.85	3.00	3.61	0	15	3.49	3.00	2.89	0	10
非产品服务宣传类信息数量	3.76	3.00	4.62	0	25	2.15	1.50	2.23	0	7.0
股东背景	0.82	1.00	0.387	0	1	0.95	1.00	0.218	0	1
企业注册资本对数	8.57	8.52	1.08	6.50	11.70	8.17	8.52	0.98	6.21	10.82
股东人数	3.27	2.00	3.003	1	16	2.05	2.00	1.071	1	5
运营时长	27.29	25.00	12.342	6	121	18.37	17.00	10.618	1	44

表 4-7 问题平台与正常平台的差异检验

变量	正常平台		问题平台		均值差异	
	观测数	均值	观测数	均值	F 值	p 值
微观企业新闻数量	121	7.60	41	5.63	3.999	0.004**
宏观经济新闻数量	121	1.38	41	1.46	0.128	0.872
产品服务宣传类信息数量	121	3.851	41	3.49	2.703	0.560
非产品服务宣传类信息数量	121	3.760	41	2.15	12.929	0.002**
股东背景	121	0.82	41	0.95	23.233	0.008**
企业注册资本对数	121	8.57	41	8.17	0.072	0.038**
股东人数	121	3.27	41	2.05	10.876	0.000**
运营时长	121	27.29	41	18.37	0.33	0.000**

**表示存在显著性差异

对于发布的新闻种类和数量来说，正常企业发布的微观企业新闻数量均值是7.60，问题企业的均值是5.63，均值相差1.97，且在1%水平上显著，这说明正常企业发布的微观企业新闻数量明显高于问题企业，这与H1a相一致。正常企业与问题企业发布的宏观经济新闻数量没有显著的差异，这与H1b相一致。正常企业发布的非产品服务宣传类信息均值是3.760，问题企业发布的非产品服务宣传类信息均值是2.15，且在1%的水平上显著，这说明正常企业发布的非产品服务宣传类信息数量明显高于问题企业，这与 H2a 一致。正常企业与问题企业发布的产品服务宣传类信息数量平均值没有显著的差异，这与 H2b 一致。

对于股东背景来说，问题平台均值为 0.95，正常平台的均值为 0.82，且在 1%的水平上显著，也即股东为民营系的企业相对而言更容易出现问题，原因是其在业务开展过程中所受到的约束、风险识别和管理能力相对较弱。网贷问题类企业与正常企业的注册资本的平均值也在 1%的水平上显著，正常企业的注册资本都高于问题类企业，可能由于资本投入越多的股东在平台暴露风险时面临越高的成本，因而更加积极主动地进行规范管理。问题类企业与正常企业的平均股东数目也存在显著的差异，问题类企业的平均股东数目有 2.05 个，而正常类企业平均有 3.27 个。可见，问题类企业由于股东数目少于正常企业而导致股东对企业决策的影响力更强，企业的风险相对更高。从营运时长看，问题类企业平均经营时长为 18.37 个月，而正常企业平均有 27.29 个月，两者存在显著差异，可见运营时间长的企业意味着在更长时期内得到市场认可，不易出现问题。

4.5.3　变量定义

1. 微观企业新闻数量、宏观经济新闻数量信息与企业风险

因变量：网贷之家已经标记过各个平台的经营状态，本节将标记为问题平台的样本称为高风险平台，该平台出现过停业（转型）、歇业、“跑路”、提现困难、经侦介入等问题；将标记为正常运转的平台称为低风险平台。因此本节的被解释变量 y 表示平台的风险情况，它是二分类变量，y=0 表示高风险 P2P 平台；y=1 表示低风险 P2P 平台。在 162 家平台中，高风险平台有 41 家，低风险平台有 121 家。

自变量：微观企业新闻数量、宏观经济新闻数量。

控制变量：由于企业的风险还受到企业注册资本等因素的影响，借鉴范超等（2017）、何光辉等（2017）的研究，并结合实际，分别选取股东背景、股东人数、注册资本作为控制变量。所使用的变量名称、符号、单位等见表 4-8。

表 4-8　模型变量名称及解释（一）

项目	变量符号	变量名称	单位	变量解释	变量类型
被解释变量	Risk	企业风险		1：低风险平台 0：高风险平台	分类变量
解释变量	Micro enterprise	微观企业新闻数量	条		连续变量
	Macro economics	宏观经济新闻数量	条		连续变量

续表

<table>
<tr><th>项目</th><th>变量符号</th><th>变量名称</th><th>单位</th><th>变量解释</th><th>变量类型</th></tr>
<tr><td rowspan="3">控制变量</td><td>Log Registered capital</td><td>注册资本对数</td><td>万元</td><td>企业依法登记的出资额</td><td>连续变量</td></tr>
<tr><td>Shareholder background</td><td>股东背景</td><td></td><td>1：民营系
0：非民营系（上市公司系、国资系、银行系私募背景等）</td><td>分类变量</td></tr>
<tr><td>Number of shareholders</td><td>股东人数</td><td>人</td><td>全国企业工商信息公示系统获取平台</td><td>连续变量</td></tr>
</table>

2. 产品服务宣传类信息数量、非产品服务宣传类信息数量与企业风险

因变量：网贷之家已经标记过各个平台的经营状态，本节将标记为问题平台的样本称为高风险平台，该平台出现过停业（转型）、歇业、“跑路”、提现困难或经侦介入等问题；将标记为正常运转的平台称为低风险平台。因此本节的被解释变量 y 表示平台的风险情况，它是二分类变量，y=0 表示高风险 P2P 平台；y=1 表示低风险 P2P 平台。在 162 家平台中，高风险平台由 41 家，低风险平台有 121 家。

自变量：产品服务宣传类信息数量、非产品服务宣传类信息数量。

控制变量：由于企业的风险还受到企业注册资本等因素的影响，借鉴范超等（2017）、何光辉等（2017）的研究，并结合实际，分别选取股东背景、股东人数、注册资本作为控制变量。本节同时将宏观经济新闻数量纳入控制变量。所使用的变量名称、符号、单位等见表 4-9 所示。

表 4-9　模型变量名称及解释（二）

<table>
<tr><th>项目</th><th>变量符号</th><th>变量名称</th><th>单位</th><th>变量解释</th><th>变量类型</th></tr>
<tr><td>被解释变量</td><td>Risk</td><td>企业风险</td><td></td><td>1：低风险平台
0：高风险平台</td><td>分类变量</td></tr>
<tr><td rowspan="2">解释变量</td><td>Non product service related</td><td>非产品服务宣传类信息数量</td><td>条</td><td></td><td>连续变量</td></tr>
<tr><td>Product service related</td><td>产品服务宣传类信息数量</td><td>条</td><td></td><td>连续变量</td></tr>
<tr><td rowspan="3">控制变量</td><td>Log Registered capital</td><td>注册资本对数</td><td>万元</td><td>企业依法登记的出资额</td><td>连续变量</td></tr>
<tr><td>Shareholder background</td><td>股东背景</td><td></td><td>1：民营系
0：非民营系（上市公司系、国资系、银行系私募背景等）</td><td>分类变量</td></tr>
<tr><td>Number of shareholders</td><td>股东人数</td><td>人</td><td>全国企业工商信息公示系统获取平台</td><td>连续变量</td></tr>
</table>

4.5.4　模型建立

在本书中，识别网络借贷企业自披露新闻信息分类指标体系中的信号，要

求分析人员进行感知。只有分析人员认识到数据或指标的信号容量时，才会出现信号。正如 Spence（1973）提出的劳动力市场基本模型中，只有当求职人员发出的潜在信号或指标影响到雇主对于边际劳动生产力的条件概率估计时才出现信号。本书中只有当 P2P 企业自披露新闻要素指标中能够使投资者识别企业的质量，即预判企业的风险时才能出现信号。由于信号分析最为重要的应该是因果关系的构建，心理学的观点有 6 种情况显著影响主体对于事件 X 和 Y 的因果关系判断，分别是 X 在情境中的显著程度、X 与 Y 的时间先后顺序、X 与 Y 的因果链强度、X 与 Y 的共变程度、X 与 Y 在时空中的接近程度及 X 与 Y 的相似程度（Griliches，1979）。本书将根据网络借贷企业自披露新闻要素指标与企业风险的因果链强弱程度，从指标中提取信号。而因果关系链可以又区分为：演绎推论、统计推论、目的推论、省略推论、部分推论和概率推论者六种类型。因此，本节将使用统计推论中的二元逻辑回归方法构建因果关系进行从指标到信号的提取。

逻辑回归方法是量化度量企业风险的一种主流方法（Laitinen E K and Laitinen T，2000）。这种方法不仅本身灵活简便，而且它的许多前提假设比较符合经济现实和金融数据的分布规律，如它不要求模型变量间具有线性的相关关系，不要求变量服从协方差矩阵相等和残差项服从正态分布等，这使得模型的分析结果比较客观。当因变量是二分类变量时使用二元逻辑回归方法，当因变量有两种以上的取值时，就要用多元逻辑回归方法。二元逻辑回归模型的优点在于对自变量没有要求，既可以是连续变量也可以是离散变量或虚拟变量，且不需要假设它们服从正态分布，同时模型的线性模式也保证了概率值在有意义的区间内取值。

1. 微观企业新闻数量、宏观经济新闻数量与企业风险之间关系模型

第一，验证 H1a 和 H1b，检验微观企业新闻数量和宏观经济新闻数量与企业风险程度之间的关系，构建回归模型（4-1）。

$$\begin{aligned}\text{Risk} = {} & \alpha + \beta_1 \times \text{Micro enterprise} + \beta_2 \times \text{Macro economics} \\ & + \beta_3 \times \text{Log Registered capital} + \beta_4 \times \text{Shareholder background} \\ & + \beta_5 \times \text{Number of shareholders} + \varepsilon\end{aligned} \tag{4-1}$$

第二，验证 H1c，检验宏观经济新闻数量是否会对微观企业新闻数量与企业风险之间的关系产生显著的调节效应。本章引入微观企业新闻数量 Micro enterprise 与宏观经济新闻数量 Macro economics 之间的交互项，构建回归模型（4-2）。

$$\begin{aligned}\text{Risk} = {} & \alpha + \beta_1 \times \text{Micro enterprise} + \beta_2 \times \text{Macro economics} \\ & + \beta_3 \times \text{Micro enterprise} \times \text{Macro economics} \\ & + \beta_4 \times \text{Log Registered capital} + \beta_5 \times \text{Shareholder background} \\ & + \beta_6 \times \text{Numbe of shareholders} + \varepsilon\end{aligned} \tag{4-2}$$

2. 产品服务宣传类信息数量、非产品服务宣传类信息数量与企业风险之关系模型

验证 H2a 和 H2b，检验产品服务宣传类信息和非产品服务宣传类信息与企业风险之间的关系，构建回归模型（4-3）。

$$\begin{aligned}\text{Risk} = {} & \alpha + \beta_1 \times \text{Non product service related} + \beta_2 \times \text{Product service related} \\ & + \beta_3 \times \text{Macro economics} + \beta_4 \times \text{Log Registered capital} \\ & + \beta_5 \times \text{Shareholder background} + \beta_6 \times \text{Number of shareholders} + \varepsilon\end{aligned} \tag{4-3}$$

4.5.5 实证分析结果

1. 微观企业新闻数量、宏观经济新闻数量与企业风险之间关系模型

表 4-10 是最大似然估计的结果。第（1）~（4）列分别是模型（4-1）的四次回归结果。第一次回归（1）单独研究控制变量与网络借贷企业风险之间的关系，发现与已有研究结论相同，民营系网络借贷企业的风险要高于非民营系网络借贷企业，注册资本与企业风险呈负相关关系，股东人数与企业风险呈负相关关系；第二次回归（2）单独研究宏观经济新闻数量与网络借贷企业风险之间的关系；第三次回归（3）单独研究微观企业新闻数量与网络借贷企业风险之间的关系；第四次回归（4）将宏观经济新闻数量与微观企业新闻数量同时纳入研究模型中。在后三次的回归的过程中，宏观经济新闻数量变量与微观企业新闻数量变量的估计系数变动较小，且显著性不变。在拟合优度上，第四次回归（4）最高，因此本章选择第四次回归（4）的实证结果对模型（4-1）进行解释。

表 4-10　模型最大似然估计结果（一）

变量	模型（4-1）				模型（4-2）
	（1）	（2）	（3）	（4）	
Micro enterprise 微观企业新闻数量			0.081^{*} （0.097）	0.114^{**} （0.047）	0.153^{**} （0.018）
Macro economics 宏观经济新闻数量		0.016 （0.799）		0.088 （0.246）	0.167 （0.100）

续表

变量	模型（4-1）				模型（4-2）
	（1）	（2）	（3）	（4）	
Shareholder background 股东背景	−1.355* （0.080）	−1.367* （0.078）	−1.225 （0.117）	−1.230 （0.116）	−1.197 （0.128）
Log Registered capital 注册资本对数	0.373** （0.045）	0.373** （0.045）	0.352* （0.063）	0.344* （0.071）	0.383* （0.50）
Number of shareholders 股东人数	0.334** （0.020）	0.334** （0.020）	0.324** （0.031）	0.326** （0.030）	0.327** （0.031）
常数项	−1.649 （0.350）	−1.664 （0.346）	−2.083 （0.250）	−2.367	−2.915
Micro enterprise × Macro economics 微观企业新闻数量 × 宏观经济新闻数量					−0.035* （0.083）
Nagelkerke R^2	0.156	0.157	0.180	0.192	0.214
Hosmer-Lemeshow	3.973 （0.860）	1.576 （0.991）	4.740 （0.785）	2.257 （0.972）	6.257 （0.619）
观测值	162	162	162	162	162

注：N=162；因变量为企业的风险水平

*表示 p<0.1；**表示 p<0.05

由模型（4-1）的第四次回归（4）的结果可知，微观企业新闻数量变量的估计系数为 0.114，且在 5%的水平上显著相关，这说明网络借贷企业在网站上自披露的微观企业新闻信息越多，网络借贷企业的风险越小，这一结果验证了假设 H1a。并且由模型（4-1）的第四次回归（4）的结果可知宏观经济新闻数量变量的估计系数为 0.088，且与网络借贷企业的风险不相关，这验证了 H1b。

由模型（4-2）的回归结果可得，微观企业新闻数量与宏观经济新闻数量变量之间的交互项的估计系数为−0.035，且在 10% 的水平下显著相关，这说明，宏观经济新闻数量对微观企业新闻数量产生了显著的负向调节效应，这一结果验证了 H1c，即企业发布的宏观经济新闻数量越多，对微观企业新闻数量与网络借贷企业风险之间的负向因果关系的削弱作用越强。

2. 产品服务宣传类信息数量、非产品服务宣传类信息数量与企业风险之间关系模型

表 4-11 是最大似然估计的结果。第（1）~（4）列分别是模型（4-3）的四次回归结果。第一次回归（1）单独研究控制变量与网络借贷企业风险之间的关系，发现与已有研究结论相同，民营系网络借贷企业的风险要高于非民营系网络借贷企业，注册资金与企业风险呈负相关关系，股东人数与企业风险呈负相关关系；第二次回归（2）单独研究产品服务宣传类信息数量与网络借贷企业风险之间的关

系；第三次回归（3）单独研究非产品服务宣传类信息数量与网络借贷企业风险之间的关系；第四次回归（4）将产品服务宣传类信息数量与非产品服务宣传类信息数量同时纳入研究模型中。在拟合优度上，第四次回归（4）最高，因此本章选择第四次回归（4）的实证结果对模型（4-3）进行解释。

表 4-11 模型最大似然估计结果（二）

变量	模型（4-3）			
	（1）	（2）	（3）	（4）
Non product service related 非产品服务宣传类信息数量			0.110 （0.126）	0.147* （0.060）
Product service related 产品服务宣传类信息数量		0.045 （0.457）		0.088 （0.177）
Macro economics 宏观经济新闻数量	0.018 （0.779）	0.031 （0.639）	0.050 （0.460）	0.089 （0.237）
Shareholder background 股东背景	−1.378* （0.076）	−1.393* （0.073）	−1.238 （0.115）	1.184 （0.133）
Log Registered capital 注册资本对数	0.356* （0.057）	0.366* （0.052）	0.319* （0.092）	0.3208* （0.095）
Number of shareholders 股东人数	0.340** （0.019）	0.341** （0.019）	0.323** （0.030）	0.324** （0.031）
常数项	−1.537 （0.386）	−1.794 （0.324）	−1.656 （0.351）	2.206 （0.232）
Nagelkerke R^2	0.157	0.162	0.178	0.193
Hosmer-Lemeshow	1.629 （0.990）	7.432 （0.491）	15.634 （0.48）	3.524 （0.897）
观测值	162	162	162	162

注：N=162；因变量为企业的风险水平

*表示 p<0.1；**表示 p<0.05

由模型（4-3）的第四次回归（4）的结果可知，非产品服务宣传类信息数量变量的估计系数为 0.147，且在 10%的水平上显著相关，这说明网络借贷企业在网站上自披露的非产品服务宣传类信息越多，网络借贷企业的风险越小，这一结果验证了 H2a。并且由模型（4-3）的第四次回归（4）的结果可知产品服务宣传类信息数量变量的估计系数为 0.088，且与网络借贷企业的风险不相关，这验证了 H2b。

4.5.6 稳健性检验

1. 微观企业新闻数量、宏观经济新闻数量与企业风险之间关系模型

在本书中，经营不正常的企业为风险高的企业，用 0 表示；经营正常的企业

为风险低的企业，用 1 表示。测量在“1”这一点上可能是“删失的”，因为那些经营正常的企业有可能濒临倒闭。因此用运营时长替代 logistic 模型中的 y 变量，通过回归模型进行稳健性检验。

如表 4-12 所示，模型（4-1）的实证结果显示，微观企业新闻数量与网络借贷企业运营时长呈显著的正相关关系，即发布的微观企业新闻数量越多，网络借贷企业的运营时长越长，企业的风险越小，是可以预测网络借贷企业风险的信号。而宏观经济新闻数量与网络借贷企业的运营时长之间没有明显的显著关系，不可以将其视为可预判企业风险的信号。模型（4-2）的实证结果显示，宏观经济新闻数量显著地削弱了微观企业新闻数量与企业运营时长之间的正向因果关系。由此可见，稳健性分析的结论与上文基本一致。

表 4-12　模型稳健性分析结果

变量	模型（4-1）				模型（4-2）
	（1）	（2）	（3）	（4）	
Micro enterprise 微观企业新闻数量			0.471** （0.024）	0.453** （0.047）	0.613** （0.009）
Macro economics 宏观经济新闻数量		−0.380 （0.279）		−0.069 （0.850）	0.381 （0.341）
Shareholder background 股东背景	−6.082** （0.024）	−6.899** （0.030）	−5.406** （0.042）	−5.388** （0.044）	−5.459 （0.038）
Log Registered capital 注册资本对数	1.617* （0.07）	1.182* （0.071）	1.478** （0.041）	1.482* （0.094）	1.723* （0.50）
Number of shareholders 股东人数	0.994** （0.005）	0.975** （0.008）	0.838* （0.094）	0.835** （0.019）	0.761** （0.030）
常数项	13.579* （0.098）	14.063* （0.087）	11.297 （0.166）	11.473 （0.164）	−2.915
Micro enterprise × Macro economics 微观企业新闻数量 × 宏观经济新闻数量					−0.242** （0.012）
R^2	0.103	0.113	0.131	0.131	0.214
F 统计值	6.015** （0.001）	5.019** （0.001）	6.559** （0.000）	4.720** （0.000）	6.257 （0.619）
观测值	162	162	162	162	162

注：N=162；因变量为企业的风险水平

*表示 $p<0.1$；**表示 $p<0.05$

2. 产品服务宣传类信息数量、非产品服务宣传类信息数量与企业风险之间的关系模型

在本节中，经营不正常的企业为风险高的企业，用 0 表示；经营正常的企业为风险低的企业，用 1 表示。测量在“1”这一点上可能是“删失的”，因为那些

经营正常的企业有可能濒临倒闭。因此用运营时长替代 Logistic 模型中的 y 变量，通过二元逻辑回归模型进行稳健性检验。

表4-13 显示企业的非产品服务宣传类信息数量与企业的运营时长呈现显著的正向因果关系，即企业发布的非产品服务宣传类信息数量越多，企业的运营时长越长。而产品服务宣传类信息数量与企业的运营时长没有显著的关系。由此可见，稳健性检验的结论与上文基本一致。

表 4-13　模型稳健性检验

变量	模型（4-3）			
	（1）	（2）	（3）	（4）
Non product service related 非产品服务宣传类信息数量			0.597^{**} （0.027）	0.706^{*} （0.060）
Product service related 产品服务宣传类信息数量		0.209 （0.463）		0.414 （0.177）
Macro economics 宏观经济新闻数量	−0.380 （0.279）	−0.321 （0.358）	−0.161 （0.460）	−0.002 （0.237）
Shareholder background 股东背景	-6.899^{**} （0.030）	-6.909^{**} （0.011）	-6.228^{**} （0.022）	−6.125 （0.133）
Log Registered capital 注册资本对数	1.182^{*} （0.071）	1.219 （0.175）	0.904 （0.311）	0.926^{*} （0.095）
Number of shareholders 股东人数	0.975^{**} （0.008）	0.981^{**} （0.006）	0.807^{**} （0.025）	0.789^{**} （0.031）
常数项	14.063^{*} （0.087）	17.537^{**} （0.038）	18.698 （0.351）	16.336 （0.232）
R^2	0.113	0.116	0.141	0.152
F 统计值	5.019^{**} （0.001）	4.112^{**} （0.002）	5.115 （0.048）	4.629^{**} （0.000）
观测值	162	162	162	162

注：N=162；因变量为企业的风险水平

*表示 $p<0.1$；**表示 $p<0.05$

4.5.7　假设检验结果

假设检验的结果见表 4-14。

表 4-14　假设检测结果

假设内容	检验结果
H1a：企业发布微观企业新闻数量与企业风险之间有显著负向关系，是能够预判企业风险的信号	支持

续表

假设内容	检验结果
H1b：企业发布宏观经济新闻数量与企业风险之间没有显著的关系，不是能够预判企业风险的信号	支持
H1c：企业发布宏观经济新闻的数量会削弱微观企业新闻的数量与企业风险之间的负向关系	支持
H2a：网络借贷企业发布的非产品服务宣传类信息数量与企业风险之间有负向关系，是可以预判企业风险的信号	支持
H2b：网络借贷企业发布的产品服务宣传类信息数量与企业风险没有显著因果关系，不是可以预判企业风险的信号	支持

4.5.8　小结

本章以上海市 162 家网络借贷企业自披露的网站新闻信息为研究对象，基于建构扎根理论形成信号指标体系，对每一层指标运用二元逻辑回归方法提取了能够预判企业风险的信号。先从信息的相关性角度，实证分析了第一层指标微观企业新闻数量和宏观经济新闻数量与企业风险之间的相关关系，并检验了宏观经济新闻数量的调节作用。再从信息的质量角度，实证分析了第二层指标产品服务宣传类信息数量和非产品服务宣传类信息数量与企业风险之间的关系。

研究发现：第一，网络借贷企业在网站上自披露的微观企业新闻数量越多，网络借贷企业的风险越小。网络借贷企业发布的微观企业新闻数量可以成为预判企业风险的信号。从信息的相关性和有效性来说，微观企业新闻更多的是关于网络借贷企业自身的运营状况，能够在一定程度上缓解信息不对称问题，让投资者可以更好地了解企业。同时根据"激励—信号"机制，质量越高的企业，即风险越小的企业越愿意传递信号将自己与其他竞争企业区分开。因为网络借贷企业发布微观企业新闻数量的多少可视为能够预判企业风险的信号。

第二，网络借贷企业在网站上自披露的宏观经济新闻数量与网络借贷企业的风险之间的关系并不显著。网络借贷企业发布的宏观经济新闻数量不可以成为预判企业风险的信号。从信息的相关性和有效性来说，宏观经济新闻更多的是网络借贷企业所处的外部大环境，与企业自身的经营状况不太相关，因此不能成为预判企业风险的信号。

第三，网络借贷企业在网站上自披露的宏观经济新闻数量越多，对网络借贷企业微观企业新闻数量与网络借贷企业风险之间的负向因果关系的削弱作用越强。宏观经济新闻信息相当于甄别预判企业风险信号的噪声，它加剧了投资者筛选微观企业新闻信息的难度，降低了投资者对网络借贷企业发生的大小事件的感知。正如西尔弗（2013）所说，信号是真相，噪声却使我们离真相越来越远。

第四，网络借贷企业在网站上自披露的非产品服务宣传类信息数量越多，网络借贷企业的风险越小。网络借贷企业发布的非产品服务宣传类信息数量可以成为预判企业风险的信号。从信息的质量维度和操纵空间来说，非产品服务宣传类信息是以网络借贷企业内外部发生的事件为新闻信息来源，可以更真实、准确地了解企业的运营状况，因此网络借贷企业发布非产品服务宣传类信息数量可视为能够预判企业风险的信号。

第五，网络借贷企业在网站上自披露的产品服务宣传类信息与网络借贷企业的风险之间的关系并不显著。产品服务宣传类信息类似于网络借贷企业产品服务的营销广告，虽然能够增加投资者对产品服务的熟悉度，但是存在虚构、夸大融资项目的真实性、收益前景，隐瞒融资产品的瑕疵及风险，以歧义性语言或其他欺骗性手段等进行虚假片面宣传或促销等，捏造、散布虚假信息，误导投资者的操纵空间。操纵空间的存在，使得信息质量不高，难以真实地了解网络借贷企业的运营状况，因此不能成为预判企业风险的信号。

本章从网络借贷企业自披露新闻指标信息的相关性再到信息的质量研究，层层递进，研究结果充分证实了微观企业新闻的数量和非产品服务宣传类信息数量能够成为预判企业风险的信号，这进一步发展和丰富了预判网络借贷企业风险的相关研究，为投资者识别高质量的企业提供了一种新的选择途径，为监管者规范网络借贷企业在网站上自披露新闻信息的发布提供了理论依据。

4.6 政策建议

本章在信号分析的过程中，对网络借贷企业自披露网站新闻信息通过扎根分析得到 30 个概念，10 个初级范畴，最终得到网络借贷企业自披露网站新闻信息的分类模型。模型的第一层指标为微观企业新闻和宏观经济新闻，微观企业新闻进一步分类为第二层指标产品服务宣传类信息和非产品服务宣传类信息。在对自披露网站新闻信息文本内容的扎根过程中，研究发现，产品服务宣传类信息这类属于广告类性质的营销新闻信息，其内容的真实性、准确性和合规性处于监管的空白区域。在之后对每层指标与企业风险之间的实证分析过程中，得到网络借贷企业发布的微观企业新闻数量与企业风险之间呈负向因果关系。宏观经济新闻数量对微观企业新闻数量与企业风险之间的负向因果关系具有削弱作用。非产品服务宣传类信息数量与企业风险之间也呈负向因果关系。基于此研究结果，本书将从网络借贷企业自披露新闻信息的内容和数量两个出发点从网络借贷企业自律、所涉及部门工作程序、监管部门动态监测、网贷投资者教育这四个方面提出相关政策建议。

4.6.1　加强网贷企业自律管理

从网络借贷企业自身的角度，监管部门应要求企业对自披露网站新闻信息的内容和数量进行严格的自律管理。新闻信息内容规制方面，不得含有对未来效果、收益或者与其他相关的情况做出的保证性承诺；不得以学术机构、行业协会、专业人士、受益者的名义或形象做推荐与证明。尤其对于产品服务宣传这类具有广告性质的信息促使企业如实进行宣传，避免欺诈和夸大误导投资者决策。2017年2月《中国银监会办公厅关于印发网络借贷资金存管业务指引的通知》提到网贷机构作为委托人应指定唯一一家存管人作为资金存管机构，并且不得用“存管人”做营销宣传。本书在扎根分析的过程中发现问题类网络借贷企业自披露网站新闻产品服务宣传类信息中大量使用“第三方存管”进行宣传的新闻信息，并且有大量宣传业务收益率高且风险低的新闻信息等进行宣传以吸引投资者。在新闻信息数量规制方面，应强调与企业经营相关性高的微观企业新闻的信息、来源于网络借贷企业发生过的高质量的非产品服务相关的信息数量在一定数量以上，使投资者能够更全面地通过企业自披露网站新闻了解企业的经营状况。在研究过程中发现有大量问题类网络借贷企业发布较多的与企业经营状况相关度较低的宏观经济新闻，占用投资者的注意力。因此，网络借贷企业应保证自披露网站新闻内容的真实性、合规性，尤其是产品服务宣传这类信息。同时应保证微观企业新闻和非产品服务宣传类信息这两类新闻的数量在一定数目以上，能使投资者更好地了解企业。

4.6.2　规范所涉部门工作程序

网络借贷企业自披露网站新闻要真实、准确，避免欺诈消费者，才能真正实现对金融消费者的有效保护，但是，真实性原则的确立仍有赖于法治原则的保障。网络借贷企业自披露网站新闻信息既涉及具有广告性质的产品服务宣传类信息又涉及企业发生的事件非产品服务宣传类信息。网络借贷企业自披露网站新闻信息的监管需要相关部门之间的通力合作和协调，其中对于工商部门、宣传部门、网信部门、公安部门、通信管理部门、新闻出版广电部门、人民银行营管部、银监部门、证监部门及保监部门在网络借贷企业自披露新闻信息中的监管职责做出明确规定，并要求各部门要充分发挥各自监管的职能和手段，在日常监管工作中注重部门之间的合作与协调。

第一，各部门对于职能范围内所查办的金融投资理财类虚假违法产品服务宣传类信息要与相关部门及时通报信息；第二，在向有关部门移交案件进行处理时，要将相关的证据一并移交，以增强处罚措施的联动效能；第三，各部门综合运用行政指导、行政处罚、责任追究等多种手段和措施来强化综合监管和联合执法，构建快速高效的联动工作机制，以实现对网络借贷企业自披露网站新闻信息的全方位监管。

4.6.3　完善动态监测系统

监管部门注意运用大数据等新技术对网络借贷企业自披露网站新闻信息活动进行动态监控。本书发现网络借贷企业自披露的微观企业新闻数量越少，企业的风险越大，非产品服务宣传类信息数量越少，企业的风险越大，且在产品服务宣传类信息内容质量具有一定的操纵空间，即微观企业新闻数量、非产品服务宣传类信息数量是可以预判企业风险的信号。通过大数据手段对众多自披露网站新闻信息进行甄别、筛选与处理，使得监管主体对于风险管理更为精确与合理，形成针对网络借贷企业自披露新闻信息的全流程联动监控系统，实现治理过程中信息和数据的交流与共享，减少监管成本，提升监管效率，及时对风险企业进行预警。

4.6.4　健全网络借贷投资者教育体系

网络借贷企业自披露网站新闻信息的治理应当以保护金融消费者为落脚点，以人为本，进行金融消费者权益保护。我国网络借贷行业以散户投资者为主，大量网络借贷投资者风险甄别能力和风险承受能力较弱，特别是面对一些承诺保本保收益的宣传，投资者容易受到误导，忽视其背后的风险。对于投资者而言，一方面，要努力掌握快捷、有效的信息筛选方法，避免注意力过多地分散、消耗在无关紧要的信息上，合理辨别其中的微观企业新闻信息信号和宏观经济新闻信息噪声。另一方面，在面对一些产品服务宣传类信息时，对其质量多进行感知。例如，保本保收益的宣传，不要受到其误导，进而忽视背后的欺骗性。对非产品服务宣传类信息数量，即企业的外部交往信息、内部活动信息、社会责任信息、实力展现信息、前瞻性信息的数量多进行关注，从而合理地选择平台进行投资。自披露网站新闻信息的发布者与监管机构应一同承担起投资者教育的义务，在自披露新闻信息中强化投资者风险自担、买者自负的理念。监管机构还应当与社会组织协作建立起投资者教育基地，并以此为契机增强投资者的金融专业知识与法律知识，树立正确的投资理念，知晓维权的途径。

4.7　本 章 小 结

本章主要探讨了两方面的内容：①基于戈夫曼的自我呈现理论，在信号分析的框架下，运用扎根理论方法构建网络借贷企业风险预判信号来源指标体系，即网络借贷企业自披露网站新闻信息分类指标体系。②基于戈夫曼的自我呈现理论，在信号分析的框架下，运用二元逻辑回归方法从指标体系中提取能够显示企业风险的自披露信息信号。

语言在罪恶中构思，科学是它的救赎。本章基于信号理论、自披露信息理论、媒体议程设置理论、信息操纵理论，以上海市在网站上自披露新闻的 162 家网络借贷企业为研究对象，根据费伊（2004）的信号分析框架，先运用建构扎根理论方法，去除新闻信息中的冗余信息，构建网络借贷企业自披露新闻的分类体系即信号来源指标。之后，通过实证分析，提取出与风险水平呈显著相关的信号。通过信号分析，本章得出得到以下结论。

第一，构建了网络借贷企业自披露新闻信息分类指标，研究发现：①网络借贷企业自披露新闻信息第一层指标可分类为微观企业新闻数量和宏观经济新闻数量。②微观企业新闻信息进一步可分类为产品服务宣传类信息和非产品服务宣传类信息。

第二，根据信息的相关性，分别检验了第一层指标微观企业新闻数量和宏观经济新闻数量与网络借贷企业风险之间的因果关系，研究发现：①网络借贷企业在网站上发布的微观企业新闻数量与企业的风险之间呈显著的负向因果关系，是能够预判企业风险的信号。②网络借贷企业在网站上发布的宏观经济新闻数量与企业风险之间没有显著的因果关系，不是能够判断企业风险的信号。③企业在网站上发布的宏观经济新闻信息越多，对微观企业新闻信息与企业风险之间的负向因果关系的削弱作用越强。微观企业新闻信息是信号，宏观经济新闻信息是噪声。

第三，根据信息的质量程度，分别检验了第二层指标产品服务宣传类信息数量和非产品服务宣传类信息数量与网络借贷企业风险之间的因果关系，研究发现：①网络借贷企业在网站上发布的非产品服务宣传类信息数量与企业风险之间呈显著的负向因果关系，是能够预判企业风险的信号。②网络借贷企业在网站上发布的产品服务宣传类信息数量与企业风险之间没有显著的因果关系，不是能够判断企业风险的信号。

第四，从网络借贷企业自披露新闻信息的内容和数量两个出发点基于网络借贷企业自律、所涉部门工作程序、监管部门动态监测、网贷投资者教育这四个方面提出相关政策建议：①网络借贷企业应规范自披露网站新闻信息的内容的真实性和保证数量的一定性，尤其是产品服务宣传这类具有广告性质的新闻信息内容，可以透视企业经营状况的微观企业新闻数量和非产品服务宣传类信息数量。②从法治角度规范网络借贷企业自披露新闻信息治理所涉各部门的工作程序，建立和完善联合执法机制。③根据本书所得能够预判企业风险的微观企业新闻数量和宏观经济新闻数量这两个信号，利用大数据等技术完善网络借贷企业自披露网站新闻信息的动态监测系统。④健全网络借贷投资者教育体系，强化线上自披露网站新闻信息投资者风险自担、买者自负的理念，线下监管机构还应当与社会组织协作建立起投资者教育基地，以期最大限度保护投资者权益。

本章为内容一的第二部分，在内容一的研究基础上，应用理论成果来指导 P2P 平台的风险预警研究。

第5章　面向国家公共安全的互联网信息行为的融合治理模式研究

5.1　研究过程设计

首先，本章分析面向国家公共安全的互联网信息行为的国内和国外治理现状，为后续的研究内容提供实践经验和文献基础。其次，本章分析现行互联网信息行为现行治理模式的创新需求，剖析影响国家公共安全的互联网信息行为演化过程，在此基础上，提出以心理治理为基础，以法律治理为核心，以互联网信息行为背后“人”的心理认知改变为目的的融合治理模式，并对这一治理模式的内涵、特征和构成要素进行系统性论述，形成完整的互联网信息行为融合治理模式理论框架。最后，提出融合治理模式下的四大干预策略。

本章研究思路如图5-1所示。

本章的研究目标分为以下几个方面。

目标1：对面向国家公共安全的互联网信息行为的国内和国外治理现状进行分析，总结国内外治理实践和治理经验。

目标2：剖析影响国家公共安全的互联网信息行为演化过程，界定演化阶段，为互联网信息行为融合治理理论提出做铺垫，为理解谁去治理、治理谁、何时治理、采用什么方式进行治理打下坚实基础。

目标3：构建以心理治理为基础，以法律治理为核心，以偏差互联网信息行为背后“人”的行为、认知和态度改变为目标的互联网信息行为融合治理模式，让偏差互联网信息行为背后的“人”在心理上遵守相关法律，抵制偏差网络信息。

目标4：构建基于多主体协作的协同治理、基于心理疏导的深度治理、基于社会张力测量的精准治理、基于社会诱发因素识别和预警的前置治理四大策略体系，为互联网信息行为融合治理工程实施提供实践指导。

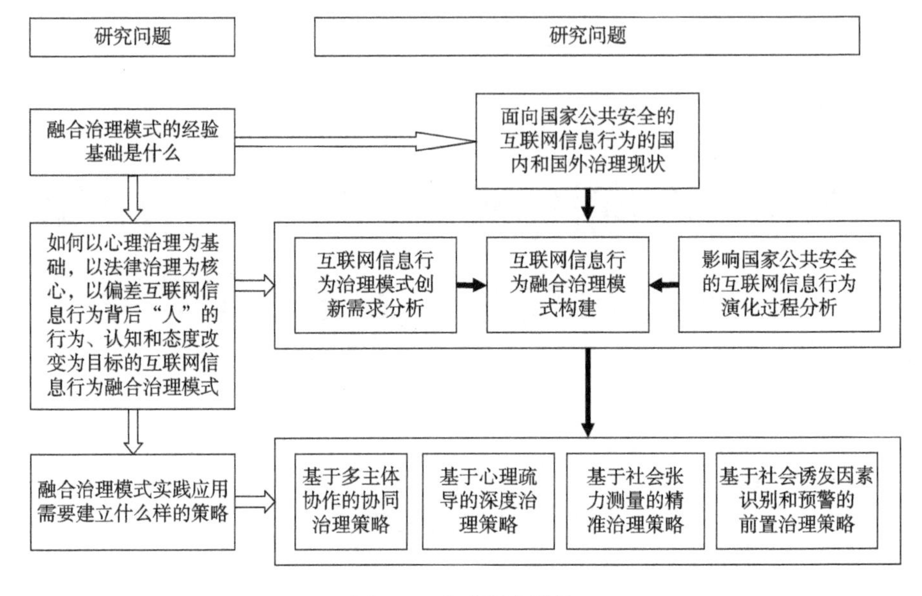

图 5-1 本章研究思路

5.2 面向国家公共安全的互联网信息行为的国内和国外治理现状研究

5.2.1 问题提出

近年来，我国网络安全相关法律法规不断完善，网络安全立法工作取得了重大进步，但相对一些发达国家来说，我国的网络安全立法仍存在着很大的进步空间。从 20 世纪末开始，美国、欧盟和日本等发达国家和地区开始系统地开展网络治理技术和制度的相关研究。除大力研发预警技术外，各国也建立了相对完善的互联网治理体系和治理机制，治理技术和治理现状领先的国家和地区主要有美国、欧盟、德国、法国、英国、韩国、日本等。其中美国的相关治理机构涉及的部门比较多，主要有国土安全部、美国国防部、联邦计算机事件反应中心、信息分析与基础设施保护办公室、国家数字安全和通讯整合中心、国家网络空间安全中心、计算机应急事件响应组、信息共享与分析中心等。欧盟自成立以来，始终重视保障信息安全，通过颁布决议、指令、建议、条例等构建了内容丰富、体系完整的法律框架（李少鹏，2013；李小林，2016）。“9 · 11”事件之后，欧盟在防范恐怖袭击和网络犯罪、保护信息基础设施安全等方面也采取了进一步的措施，有效地保证了整个欧盟的信息安全。其主要成员国的治理现状如下：英国（英国于 2020 年 1 月 31 日正式脱欧）于 1999 年 12 月成立了国家基础设施安全协调中心，以防止国家关键基础设施遭到网络攻击。2001 年德国联邦信息安全局组建了 CERT-Bund，负责联邦公共部门数据处理设备和网络的安全。其主要任务包括预警和信息共享、数据收集、信息分析和处理、整理和发布相关文件、实现互联网技术（Internet technology，IT）决策标准化和与其他现有计算机安全应急响应组（computer emergency response team，CERT）合作。法国于 2000 年信息系统安全局组建了 CERTA 计算机应急响应小组。其服务对象是法国政府行政部门，负责评估关键信息基础设施保护（critical information infrastructure protection，CIIP）威胁、提出建议、发布预警及提供有关如何预防、应对和处理信息系统所受攻击的信息。国外在面向国家公共安全的互联网信息行为上的治理比较复杂，因此，本章将有针对性地对国外相关权威治理机构进行梳理，以便对当前国外互联网信息行为的治理现状进行客观评价。

而在我国，为促进信息化建设，1996 年 4 月，国务院办公厅决定在原国家经济信息化联席会议基础上，成立国务院信息化工作领导小组，统领全国信息化工作。1997 年 6 月，受国务院原信息化工作领导小组办公室的委托，中国科学院组建了 CNNIC，行使国家互联网络信息中心的职责，负责国家网络基础资源的运行管理和服务。1998 年 3 月，国务院新组建了信息产业部，负责推进国民经济和社会服务信息化的工作。1999 年 12 月，成立了国家信息化工作领导小组，进一步加强对推进我国信息化建设和维护国家信息安全工作的领导。2014 年 2 月成立了中央网络安全和信息化领导小组，旨在发挥集中统一领导作用，统筹协调各个领域的网络安全和信息化重大问题，实施国家网络安全和信息化发展战略、宏观规划和重大政策（汪玉凯，2014）。在当前的“互联网+”时代，互联网几乎涉及所有的政府管理部门。2017 年 6 月，新版《中华人民共和国网络安全法》（以下简称《网络安全法》）开始实施，明确规定国家网信部门负责统筹协调网络安全工作和相关监督管理工作，国务院电信主管部门、公安部门和其他有关机关依照本法和有关法律、行政法规的规定，在各自职责范围内负责网络安全保护和监督管理工作。2018 年 3 月，中共中央印发了《深化党和国家机构改革方案》，将中央网络安全和信息化领导小组改为中央网络安全和信息化委员会，负责国家网络安全和信息化建设领域重大工作的顶层设计、总体布局、统筹协调、整体推进、督促落实。本章将系统整理面向国家公共安全的互联网信息行为在国内的治理现状，对相关部门，如中共中央网络安全和信息化委员会办公室、中共中央宣传部、国务院新闻办公室、工业和信息化部、文化和旅游部、卫生部、教育部、公安部、国家安全部、交通运输部、国家保密局、国家工商总局、国家新闻出版总署、国家广播电影电视总局、重点地市公安局、重点地市应急办公室、重点地市运营商、相关协会、相关研究机构进行系统调研，整理形成当前我国国内互联网信息行为的治理现状的客观评价。

本章研究将采用比较分析法和历史研究法，系统对比分析国外和国内的互联网信息行为治理实践经验，在此基础上，结合我国的国家公共安全状况和互联网环境，构建我国面向国家公共安全的互联网信息行为的融合治理模式基本思路和框架。

5.2.2　国外互联网信息行为治理研究综述

1. 美国网络信息行为治理实践

美国是互联网技术的发源地，拥有发达的网络基础设施和完善的网络信息行为治理机制（杜友文和王建冬，2008）。美国政府对网络信息行为的治理隶属于国家信息安全战略。同时，基于网络信息安全问题的重要性等级和特殊性，美国单独设立了相应的战略政策和法律制度，形成了诸多对应的专业组织体系和审查原则。概括来说，美国网互联网信息行为治理经验可归纳为四个方面：战略政策、法律制度、组织体系和审查原则（尹建国，2013；刘助仁，2003）。

1）美国互联网信息行为治理的宏观战略

美国网络信息安全主要包括两个方面的内容：一是网络空间安全，指对美国境内网络基础设施等的安全保护，重点是防范基础设施破坏、网络加密与破解、防范病毒攻击等；二是网络信息内容安全，主要指对网络恐怖主义、网络煽动、网络泄密、网络欺诈、网络色情、网络诽谤等信息的管控，指互联网传播信息本身的安全问题（向宏和傅鹂，2012）。

（1）网络空间安全战略。网络空间安全既是美国网络信息安全的重要组成部分，也是美国网络信息内容安全的基础和前提。美国是互联网的发源地，是互联网应用最为发达的国家之一，同时是世界最早制定网络安全战略并将其纳入国家安全战略组成部分的国家。

美国的网络空间安全战略的产生经历了三个阶段。产生期：从计算机诞生到20世纪90年代初。在初期的50年内，美国政府相继颁布了一系列法令，美国国家信息安全战略得到稳步推进。发展期：从20世纪90年代初到“9・11”事件发生前。这10年是世界互联网发展期，美国政府实施“信息高速公路”国家工程，同时发布了《关键基础设施保护》总统令，明确将国家信息安全作为美国国家安全战略整体框架的重要组成部分。但是，由于世界互联网处于发展初期，互联网未来方向存在一定的不确定性，美国政府内部也存在理念分歧，对如何管理和应用网络并未取得完全一致的共识。转型期：“9・11”事件后至今。自2001年美国发生“9 · 11”事件以来，美国政府立即启动了严格的网络管制政策，美国网络空间安全战略急剧转型（李青，2017）。美国加强了国家网络基础设施建设的力度，强化了国家网络基础设施安全的国家战略思维，确定实施网络信息对抗主义思想。例如，美国政府于 2003 年 2 月颁布《保障信息空间安全的国家战略》，该战略是美国历史上第一份针对网络空间安全发布的国家级安全战略文件（倪斌，2015）。

（2）网络信息内容安全战略。美国崇尚网络自由，政府对网络信息内容的管控从形式看相对宽松，但实质不乏谨慎和管制的考量。就整体而言，美国互联网信息内容安全战略可总结为对内倡导“网络中立”，对外倡导“互联网自由”两大方面，体现出“诡异”的两面性（胡晓荷，2009；黄旗绅和李留英，2017；刘恩东，2019）。

美国对内推行网络中立战略。网络中立的基本思想认为提供互联网接入服务的机构无权控制消费者合法使用网络的行为，互联网接入服务机构确保相应区域的网络基础设施；建设相应的网络信息内容，确保网络信息内容安全、合法，也无权干涉其他网络内容服务机构。美国的网络中立战略产生于 2000 年左右，后经小布什政府和奥巴马两任政府的多次发展，于 2010 年最终被美国联邦通信委员会通过，即“开放网络六原则”。

美国对外推行互联网自由战略。互联网自由是奥巴马政府系列价值观的体现，主旨是向全世界宣扬，强化互联网世界的公开、透明，通过互联网实现人权普适的价值观的推广，试图通过互联网塑造网络世界的全新秩序（刘玉琢，2018；刘云，2017）。该战略的重要价值表现为外交战略作用，体现美国互联网自由战略的核心和本质。2010 年 1 月 21 日，时任美国国务卿的希拉里 · 克林顿曾第一次发表互联网自由论的演讲，其中涉及互联网自由的内涵，也包括可能产生的各类威胁，突显美国的网络自由战略立场，突显美国对外推行的网络信息内容安全治理思想。在希拉里 · 克林顿的演讲中，网络信息内容言论自由、宗教自由、人权等核心思想被多次提及，充分体现着美国政府无时无刻不通过宣扬互联网信息内容自由笼络民心，并通过网络空间安全战略掌控外交、军事、经济、文化等方面主动权的战略思维。虽然美国政府表面推行互联网信息内容自由的思想，但实际上却根据国家利益需要对互联网信息内容自由奉行双重标准，从中也可以看出美国对互联网信息内容治理的理论和态度。

2）美国互联网信息行为治理的组织机构

目前，世界绝大部分国家都已经建立了互联网信息行为治理的监管机构，并处于不断完善和发展过程中。美国是全世界网络信息行为治理的先驱，具有一套完整行政监管体制。特别是“9 · 11”事件之后，从国家层面的联邦政府到各级州政府高度重视对危害国家安全、公共安全的网络信息的监管。美国互联网信息行为监管机构可分为两层：直属机构和各级行政机构。直属机构由政府设立，美国网络战联合功能构成司令部和总统关键基础设施保护委员会是典型代表；行政主管机构则主要包括行政管理和预算局、国防部、商务部、国土安全部及其下属的各级网络监管行政机构等（张国良和王振波，2014；尹建国，2013）。

（1）网络战联合功能构成司令部。美国网络战联合功能构成司令部是世界首支网络部队，建于 2002 年，拥有多支网络战大队，负责有关国家安全、恐怖主义、网络舆论等网络信息行为的全天候监管。

（2）总统关键基础设施保护委员会。总统关键基础设施保护委员会是美国网络信息安全治理早期成立的机构，由政府各主要部门的内阁成员构成，其主要职能是为总统了解网络信息安全状况、制定相应政策、提供咨询意见，并负责组织、协调各项信息安全计划的执行实施。

（3）社交网络监控中心。美国社交网络监控中心创立于 2009 年，隶属于美国国土安全部，专门负责 Facebook、聚友、Twitter 等社交网络、政治博客，以及其他网站中关于国家安全、总统安全、公共安全的相关信息监管。

（4）行政管理和预算局。美国行政管理和预算局主要是总统实施政府财政计划控制的机构，但也肩负着重要的信息安全管理职责。《联邦政府信息资源的管理通告》第 9 条第 8 项具体规定了行政管理和预算局应承担的 12 项信息安全管理职责。

（5）美国国家标准与技术研究院。美国网络信息行为安全工作主要由商务部下属的国家标准与技术研究院和国防部下属的国家安全局具体负责。国家标准与技术研究院成立于 1901 年，原名国家标准局，1988 年 8 月经总统批准改为国家标准与技术研究院，受商务部部长主管，主要负责非保密信息的安全管理。美国国家标准与技术研究院下设计算机科学技术研究所，负责制定和开发联邦信息处理标准，协助政府和产业界进行安全设计、风险防范、应急规划、信息加密、身份认证、安全教育等工作。

（6）信息分析与基础设施保护分部。为更有效地打击恐怖主义，美国建立国土安全办公室，2002 年 7 月升格为国土安全部，美国信息分析与基础设施保护分部隶属于国土安全部，是国土安全部网络安全的具体执行部门。国土安全部成为美国政府维护包括网络安全在内安全事务的中枢部门，主要完成支持其他政府部门应对网络攻击的应急反应。

（7）美国互联网色情治理机构。美国政府的互联网色情治理机构负责互联网色情治理工伤，重点打击涉及未成年人色情网络信息的行为。例如，司法部出资成立的打击儿童网络犯罪特种部队，联邦调查局成立的专门监管组织，他们负责美国网络色情图像识别、鉴定和打击工作。

3）美国互联网信息行为治理的法律制度

美国涉及网络信息行为治理的法律法规数量较多，尤其是“9·11”事件发生之后，相关立法呈迅速增长态势。除宪法修正案中的表达自由条款外，美国涉及网络信息行为治理的政府法文主要包括两大类：防止侵入计算机系统、打击生产和传播计算机病毒及恶意软件、保护网络基础设施的法律法规；规范网络信息发布、传播和利用等行为的法律法规。虽然美国相关法律法规的内容有部分交叉，但完全覆盖了网络基础设施保护、网络数据保密、网络恐怖主义、网络诈骗、网络色情、网络知识产权保护等网络信息及行为的规制问题。例如，美国于 1996 年颁布的《经济间谍法》、2001 年颁布的《爱国者法》、2002 年颁布的《国土安全法》、2009 年颁布的《联邦地方执行仇恨犯罪防治法》等（中国网络空间研究院，2017；尹建国，2013）。

（1）网络基础设施保护。1987 年美国颁布《计算机安全法》，该法规定政府在计算机系统安全、隐私保护方面可采取的措施和行为，同时要求美国国家标准局为联邦政府计算机系统制定标准、原则、方法和技术。1996 年美国颁布《国家信息基础设施保护法》，该法对计算机犯罪、破坏网络基础设施等问题做出明确规定。2000 年美国颁布《信息系统保护国家计划》，该法规定的内容较为综合，特别指出网络信息安全存在的潜在风险，比较系统地规定了网络数据保护的技术手段、需要维护的关键基础设施。美国颁布《2001 年关键基础设施信息安全法案》，对国家网络关键基础设施进行界定，提出网络关键基础设施保护计划，对网络信息共享和分析组织做出了规定，并指出网络关键基础设施保护计划交由总统或国家安全部部长通过，同时对自愿共享关键基础设施信息保护的规则、私人诉讼权利的创设等问题做了规定（嵇灵，2018；陈文理，2011）。

（2）网络泄密与数据保密。1974 年美国早期颁布的《隐私法案》就曾明文规定了处理公开信息与个人隐私保护信息之间矛盾的原则。1986 年美国颁布的《电子通信隐私法》对访问政府电子通信记录、政府拦截通信信号的范围与标准作进行规范。1998 年美国颁布的《儿童在线隐私保护法》规定禁止任何机构非法收集和使用儿童信息。1999 年美国颁布的《网络电子安全法案》，对访问和使用网络存储和恢复信息、获取国家机密信息、联邦调查局的技术支持等问题做了详细的规定。2007 年美国修订《信息自由法》，该法规定公民具有获取政府信息的自由与权利，该法还对政府公开信息的申请程序、申请方式、法律救济等问题做了具体规定，同时要求政府公开的信息内容不得侵犯他人隐私权，也不得公开涉及特殊的保密信息。2012 年美国颁布《消费者隐私权保护法案》，明确规定应对个人消费信息的收集、使用行为，要在第三方分享信息的基础上保证更大透明度，并规定用户拥有拒绝分享个人信息的权力，对不遵守规定的网络服务提供者可处以罚金（马海群和王茜茹，2016）。

（3）打击网络恐怖主义。打击网络恐怖主义是美国网络空间安全治理的重中之重。“9·11”事件发生后不到一个半月，美国以非常快的速度通过《爱国者法案》。《爱国者法案》明确指出利用网络技术手段加强拦截和阻止恐怖主义行为。《爱国者法案》首先对建立国家反恐基金，增加联邦调查局技术支持中心财政预算做出规定；其次，在“加强监察程序”篇章中对打击网络恐怖主义内容，联邦政府采取各种行为的权限、条件和程序做出了明确规定；再次，美国政府对情报人员监听和披露恐怖主义的有线、口头及电子通信的行为进行免责，对受保护计算机的系统范围、网络攻击所造成损失的计算规则和范围等问题做了明确规定。2002 年美国国会通过了《国土安全法》，规定了新成立的国土安全部的机构设置、组织体系、管理职责和行动权限等问题，国土安全部承担打击网络恐怖主义职责（朱永彪和任彦，2008；龚洪烈，2006）。

（4）网络色情治理。美国成人色情信息一般被视为成年人之间彼此同意的无直接损害行为，属于宪法保护的表达自由范畴，但如果网络色情信息涉及儿童则将受到严格打击与限制。对此，1996 年美国颁布的《通信净化法案》规定，通过网络交互服务和电子装置对未满 18 岁的未成年人存在制作、教唆、传播任何具有低俗内容的行为，构成犯罪。但 1997 年美国联邦最高法院在“里诺诉美国民权同盟案”中裁定：由于条款的模糊性和其对宪法第一修正案所保护的言论自由权、宪法第五修正案的正当程序条款的侵犯，《通信净化法案》违宪。在《通信净化法案》被否决之后不久，美国国会于 1998 年又通过了《儿童在线隐私保护法》，2000 年通过《儿童互联网保护法》，2008 年通过《梅根 · 梅尔网络欺凌预防法》等法案，对儿童网络色情问题进行全面规制（龚文庠和张向英，2008）。

（5）惩治网络信息滥用、网络欺诈和隐私侵犯。美国 1986 年颁布了《计算机欺诈与滥用法》，该法案成为惩治网络信息滥用与欺诈的主要法律条文。该法将非法或超出合法权限进入国家或他人计算机系统，借此窃取美国政府禁止公开的信息、金融机构保密档案信息和信用卡金融档案信息，以及故意进入美国政府特定部门或机构的专用计算机等行为界定为犯罪。同年美国还颁布了《电子通信隐私法》，该法案禁止任何人为了商业利益猎取与商业有关的机密信息。美国 1991 年还颁布了《大众传播法》，该法案在打击网络诽谤、网络欺诈、网络谣言等方面营造了法律氛围，保护了美国公民在互联网上的合法权益不被侵犯。

（6）网络知识产权保护。美国关于知识产权保护的法律主要包括《版权法》《版权保护期限延长法》《电子政务法》《千禧年数字版权法》《防止数字化侵权及强化版权补偿法》等。其中，最为著名和系统的法文是《千禧年数字版权法》，该法的主要内容是因应数字技术和网络环境，对网络作品的复制、下载、出版发行、非法使用等问题的界定和规范。“网上著作权侵权责任限制”是该法的核心章节，明确规定了网络服务提供商的免责制度，确立了过错责任归责原则，该法案对美国网络知识产权保护起到了重要作用（张有立，2015）。

2. 欧盟互联网信息行为治理实践

在互联网信息行为治理领域，欧盟与美国具有相似的治理理念，双方保持着密切合作，共同维护欧美理念下的国际网络空间秩序。欧盟网络信息行为治理经过二十余年的发展，制定了相应的法律，组建了相关的组织，在网络安全防御、打击网络犯罪和网络恐怖主义等方面取得了显著成效。

1）欧盟互联网信息行为治理战略目标

互联网与欧盟的政治、经济、社会同样紧密融为一体，同样面临诸如网络攻击、网络侵权、网络数据泄露等大量偏差网络信息行为问题，欧盟独特的体制和环境也产生了大量网络安全问题（林丽枚，2015）。为着手应对这些多样和复杂的问题，欧盟确定网络安全治理的战略目标可概括为"防御"、"打击"和"宣传"三方面。"防御"，即制定相关政策，发展相关技术，增强网络安全防御能力；"打击"，即出台相关法律法规，发展欧盟对网络隐私保护、网络色情和暴力控制、网络欺诈和网络谣言的打击能力，通过加强组织机构建设增强部门间的分工协调，完善网络犯罪的法律框架；"宣传"，即通过普及网络安全法律法规、网络安全基本知识，营造健康的网络文化，培养专业网络技术人才，为网络信息行为治理储备人才，宣传欧盟的网络信息行为治理价值观，使之成为欧盟各国和地区共同认同和遵守的治理理念（宋文龙，2017；马民虎和赵婵，2008）。

2）欧盟互联网信息行为治理的组织机构

欧盟层面网络信息行为治理机构可分为宏观、中观和微观三个层次。

宏观层面包括欧盟委员会（European Commission，EC）、欧盟理事会、欧洲议会和欧盟对外行动署，主要负责网络信息行为治理的宏观政策制定，其中，三大机构中还有专门负责网络安全治理的部门，欧盟委员会中的通信网络、内容和技术总司，部长理事会中的交通、电信和能源理事会，欧洲议会中的工业、研究和能源委员会等，它们专门负责网络领域态势研判和政策制定。对内事务总司也享受欧盟互联网数据安全管辖权限，信息情报总司负责互联网间谍的监控，它们虽然不是主管网络安全的部门，但涉及网络空间的事务也要与其他部门进行协调合作。欧盟对外行动署作为欧盟共同外交部门，负责欧盟网络外交（杨乐和曹建峰，2016）。

中观层面主要由多个职能不同的网络安全管理局组成。例如，欧洲网络与信息安全局负责欧盟互联网的调研和知识普及；欧洲刑警组织负责监控和打击网络犯罪，欧洲网络犯罪中心偏向政策调研和应对黑客攻击；欧盟计算机应急响应小组负责实时监控网络动态并做出应急对策；欧洲数据保护专员公署负责网络数据完整性和可用性的维护；欧洲防务局和欧盟军事参谋部专门对网络攻击和网络情报负责，并管辖"欧盟网络部队"。这些部门具有相对独立的决策权和行动权，它们分工明确，负责具体的政策协调和治理合作。

微观层面主要是欧盟各个成员国的电信部门、司法部门、情报部门相互分工协调，执行欧盟和本国的网络安全治理政策，与本国其他网络安全部门进行协调合作。同时，各国均设立了网络安全专门机构，如国家网络应急响应小组、数据局和网络安全机构负责监控网络安全动态以便调整策略。

3）欧盟互联网信息行为治理的法律制度

自互联网在欧洲普及应用以来，欧盟制定了一系列的法律法规从技术和管理上对互联网发展进行规范和引导。欧盟的互联网法律法规体系分为网络安全法、互联网管理制度及技术规范和标准三种类型（马民虎等，2011；郭春涛，2009；国家信息技术安全研究中心，2009）。欧盟历年颁布的法律法规体系内容主要包括：1992 年颁布的《信息安全框架决议》；1994 年颁布的《欧盟信息高速公路计划》；1995 年颁布的《关于合法拦截电子通讯的决议》《数据保护指令》；1998 年颁布的《关于制定技术标准和规章领域内信息供应程序的第 98/34/EC 号指令》；1999 年颁布的《关于打击计算机犯罪协议的共同宣言》《关于采取通过打击全球网络非法内容和有害内容以推广更安全地使用互联网的多年度共同体行动计划的第 276/1999/EC 号决定》《欧洲电子签名指令》；2000 年颁布的《关于共同体内部市场的信息社会服务，尤其是电子商务的若干法律方面的第 2000/31/EC 号指令》（以下简称《电子商务指令》）；2001 年颁布的《网络犯罪公约》《关于向在第三国的处理者传输个人数据的标准合同条款的委员会决定》；2002 年颁布的《关于网络和信息安全领域通用方法和特别行动的决议》《关于电子通信网络及其相关设施接入和互联的指令》《关于电子通信网络和服务授权的指令》《关于电子通信网络和服务的公共监管框架指令》《关于电子通信网络和服务的普遍服务和用户权利指令》《关于电子通信行业个人数据处理与个人隐私保护的指令》《远程金融服务指令》《关于对信息系统攻击的委员会框架协议》；2003 年颁布的《修订关于采纳通过打击全球网络非法内容和有害内容以推广更安全地使用互联网的多年度共同体行动计划的决定》《关于建立欧洲网络信息安全文化的决议》《关于执行电子欧洲 2005 行动计划的理事会决议》《关于为监管电子欧洲 2005 行动计划传播实践范例和改善网络和信息安全而采纳多年度计划的决定》；2004 年颁布的《关于建立欧洲网络信息安全局的第 460/2004 号条例》《关于协调公共建设工程合同、公共供应合同和公共服务合同授予程序的第 2004/18/EC 号指令（政府采购指令）》《关于知识产权执法的［2004/48/EC］指令》；2005 年颁布的《关于打击信息系统犯罪的欧盟委员会框架决议》《关于制定促进更安全使用互联网和新型在线技术的共同体多年度计划的第 854/2005/EC 号决定》；2006 年颁布的《关于存留因提供公用电子通信服务或者公共通信网络而产生或处理的数据的指令（数据存留指令）》《关于欧盟理事会确认、标明欧洲关键基础设施，并评估改善保护的必要性的指令的建议》《信息数据监管指引规则》；2007 年颁布的《关于建立作为安全和自由防卫总战略一部分的“对恐怖主义和其他相关安全风险的防范，预备和后果管理”的特殊计划的决定》《关于同意在共同体内通过协调方式对使用超宽带技术的设备使用射频频谱的决定》《关于建立欧洲信息社会安全战略的决议》；2009 年颁布的《关键信息基础设施保护指令》《欧洲用户本地终端存储数据的指令》；2010 年颁布的《数字欧洲计划》；2011 年颁布的《保护 RFID 个人信息安全协议》《欧洲理事会保护儿童免受性剥削和性虐待公约》；2012 年颁布的《欧盟数据保护框架条例》；2013 年颁布的《欧盟网络安全战略》《确保欧盟高水平的网络与信息安全相关措施的指令》《欧盟关于针对信息系统攻击的指令》；2015 年颁布的《数字单一市场战略》《一般数据保护条例》《欧盟网络中立法令》；2016 年颁布的《欧盟网络与信息系统安全指令》；2018 年颁布的《通用数据保护条例》（宋文龙，2017）。

4）欧盟通用数据保护条例

欧盟历来十分重视个人隐私和数据保护，1981 年颁布《关于自动化处理的个人信息保护公约》，1995 年颁布《关于个人信息处理保护及个人信息自由传输的指令》（以下简称《个人信息保护指令》），2018 年 5 月 25 日正式实施的《通用数据保护条例》，此三法典是欧盟在不同阶段的标志性法律文件。总体来看，相关法规约束力不断增强，隐私保护标准显著提高，操作条款也越来越具体。

2018 年新执行的《通用数据保护条例》对 1995 年《个人信息保护指令》来说算是一场大刀阔斧的改革。2010 年欧盟委员会发布《个人数据保护指令》，阐述对未来欧盟个人数据保护的法律框架构想，2012 年欧盟委员会正式提出了关于改革个人数据保护指令以加强在线个人隐私保护促进形成欧洲单一数字市场的建议，公布了数据保护改革的草案，并希望该草案在欧盟内部尽快通过。但是在欧盟立法机关内部，各方存在一定的分歧。2013 年斯诺登披露美国“棱镜”计划，极大地推动了欧盟数据保护改革进程。2014 年欧洲议会对其起草的《通用数据保护条例》草案版本进行了表决通过。2015 年欧盟委员会通过数字单一市场战略，意图借此消除市场壁垒，振兴欧洲的互联网经济，统一的数据保护立法是其中的重要组成部分。2016 年欧洲议会非正式地批准了《通用数据保护条例》。2016 年欧盟理事会会议正式通过《通用数据保护条例》案文。2018 年 5 月 25 日，在生效两年后，《通用数据保护条例》正式实施，直接对所有成员国适用（金晶，2018）。

《通用数据保护条例》的主要内容相比 1995 年《个人信息保护指令》，《通用数据保护条例》内容更加丰富，文本条款数量从三十五条增加到九十九条，包括一般条款、原则、数据主体的权利、控制者和处理者、个人数据向第三国或国际组织的传输、独立监管机构、合作与一致性、救济责任与惩罚、有关具体处理情形的规定、授权法案与实施性细则及最终条款等。《通用数据保护条例》具体内容详见其他文献。

5.2.3 国内互联网信息行为治理研究综述

互联网的强大功能和独特性质为我国经济社会发展创造了众多发展机遇，但也产生了大量危害国家公共安全的互联网信息行为，对国家当前的政治、经济、社会和文化秩序产生了一定冲击，互联网信息行为治理面临巨大挑战。截至2018年12月31日，我国关于互联网信息行为的立法和治理实践梳理如下（徐澜波，2006；张琼和孙论强，2007）。

1. 国内互联网信息行为治理法律法规

国内互联网信息行为治理相关的法律法规包括国家法律、行政法规、部门规章、司法解释、规范性文件和政策文件六大类。

1）法律

（1）《中华人民共和国电子商务法》，2018年8月31日第十三届全国人民代表大会常务委员会第五次会议通过，2019年1月1日起施行。

（2）《网络安全法》，2016年11月7日第十二届全国人民代表大会常务委员会第二十四次会议通过，2017年6月1日起施行。

（3）《中华人民共和国电子签名法》，2004年8月28日第十届全国人民代表大会常务委员会第十一次会议通过，2005年4月1日起施行。

（4）《全国人民代表大会常务委员会关于加强网络信息保护的决定》，2012年12月28日第十一届全国人民代表大会常务委员会第三十次会议通过，自公布之日起施行。

（5）《全国人民代表大会常务委员会关于维护互联网安全的决定》，2000年12月28日第九届全国人民代表大会常务委员会第十九次会议通过。

2）行政法规

（1）《国务院关于授权国家互联网信息办公室负责互联网信息内容管理工作的通知》，国发〔2014〕33号。

（2）《信息网络传播权保护条例》，2006年5月10日国务院第135次常务会议通过，2006年5月18日中华人民共和国国务院令第468号公布，根据2013年1月30日《国务院关于修改〈信息网络传播权保护条例〉的决定》修订，2006年7月1日起施行。

（3）《互联网上网服务营业场所管理条例》，2002年9月29日中华人民共和国国务院令第363号公布，根据2011年1月8日《国务院关于废止和修改部分行政法规的决定》（国务院令第 588 号）第一次修订，根据 2016 年 2 月 6 日《国务院关于修改部分行政法规的决定》（国务院令第 666 号）第二次修订，根据 2019 年 3 月 24 日《国务院关于修改部分行政法规的决定》（国务院令第 710 号）第三次修订 2002 年 11 月 15 日起施行。

（4）《计算机软件保护条例》，2001 年 12 月 20 日中华人民共和国国务院令第 339 号公布，根据 2011 年 1 月 8 日《国务院关于废止和修改部分行政法规的决定》第一次修订，根据 2013 年 1 月 30 日《国务院关于修改〈计算机软件保护条例〉的决定》（国务院令第 632 号）第二次修订，自 2002 年 3 月 1 日起施行。

（5）《外商投资电信企业管理规定》，2001 年 12 月 11 日中华人民共和国国务院令第 333 号公布，根据 2008 年 9 月 10 日《国务院关于修改〈外商投资电信企业管理规定〉的决定》（国务院令第 534 号）修订，2002 年 1 月 1 日起施行。

（6）《互联网信息服务管理办法》，2000 年 9 月 25 日中华人民共和国国务院令第 292 号公布，根据 2011 年 1 月 8 日《国务院关于废止和修改部分行政法规的规定》（国务院令第 588 号）修订，自公布之日起施行。

（7）《中华人民共和国电信条例》，2000 年 9 月 25 日国务院第 31 次常务会议通过，2000 年 9 月 25 日中华人民共和国国务院令第 291 号公布，根据 2014 年 7 月 29 日《国务院关于修改部分行政法规的决定》（国务院令第 653 号）第一次修订，根据 2016 年 2 月 6 日《国务院关于修改部分行政法规的决定》（国务院令第 666 号）第二次修订。

（8）《计算机信息网络国际联网安全保护管理办法》，1997 年 12 月 11 日由国务院批准，1997 年 12 月 16 日公安部令第 33 号发布，根据 2011 年 1 月 8 日《国务院关于废止和修改部分行政法规的决定》（国务院令第 588 号）修订。

3）部门规章

（1）《互联网域名管理办法》，2017 年 8 月 16 日工业和信息化部第 32 次部务会议审议通过，自 2017 年 11 月 1 日起施行。

（2）《互联网新闻信息服务管理规定》，自 2017 年 6 月 1 日起施行。

（3）《互联网信息内容管理行政执法程序规定》，自 2017 年 6 月 1 日起施行。

（4）《外国机构在中国境内提供金融信息服务管理规定》，自 2009 年 6 月 1 日起施行。

（5）《电信和互联网用户个人信息保护规定》，2013 年 6 月 28 日中华人民共和国工业和信息化部第 2 次部务会议审议通过，2013 年 7 月 16 日中华人民共和国工业和信息化部第 24 号令公布，自 2013 年 9 月 1 日起施行。

（6）《规范互联网信息服务市场秩序若干规定》，2011 年 12 月 7 日中华人民共和国工业和信息化部第 22 次部务会议审议通过，2011 年 12 月 29 日中华人民共和国工业和信息化部令第 20 号公布，自 2012 年 3 月 15 日起施行。

（7）《互联网文化管理暂行规定》，2011 年 2 月 11 日中华人民共和国文化部（现已更名为文化和旅游部）部务会议审议通过，2011 年 3 月 18 日中华人民共和国文化部令第 51 号发布，自 2011 年 4 月 1 日起施行。

（8）《互联网视听节目服务管理规定》，2007 年 12 月 20 日国家广播电影电视总局、中华人民共和国信息产业部令第 56 号发布，自 2008 年 1 月 31 日起施行。

4）司法解释

（1）《最高人民法院关于审理利用信息网络侵害人身权益民事纠纷案件适用法律若干问题的规定》，自 2014 年 10 月 10 日起施行。

（2）《最高人民法院、最高人民检察院关于办理利用信息网络实施诽谤等刑事案件适用法律若干问题的解释》，2013 年 9 月 10 日起施行。

（3）《最高人民法院关于审理侵害信息网络传播权民事纠纷案件适用法律若干问题的规定》，2012 年 11 月 26 日最高人民法院审判委员会第 1561 次会议通过，2012 年 12 月 17 日公布，自 2013 年 1 月 1 日起施行。

（4）《最高人民法院、最高人民检察院关于办理利用互联网、移动通讯终端、声讯台制作、复制、出版、贩卖、传播淫秽电子信息刑事案件具体应用法律若干问题的解释》，2004 年 9 月 1 日最高人民法院审判委员会第 1323 次会议、2004 年 9 月 2 日最高人民检察院第十届检察委员会第 26 次会议通过，2004 年 9 月 2 日公布，自 2004 年 9 月 6 日起施行。

（5）《最高人民法院、最高人民检察院关于办理利用互联网、移动通讯终端、声讯台制作、复制、出版、贩卖、传播淫秽电子信息刑事案件具体应用法律若干问题的解释（二）》，2010 年 1 月 18 日最高人民法院审判委员会第 1483 次会议、2010 年 1 月 14 日最高人民检察院第十一届检察委员会第 28 次会议通过，2010 年 2 月 2 日公布，自 2010 年 2 月 4 日起施行。

5）规范性文件

（1）《微博客信息服务管理规定》，2018 年 3 月 20 日起施行。

（2）《互联网新闻信息服务单位内容管理从业人员管理办法》，2017 年 12 月 1 日起施行。

（3）《互联网新闻信息服务新技术新应用安全评估管理规定》，2017 年 12 月 1 日起施行。

（4）《互联网用户公众账号信息服务管理规定》，2017 年 10 月 8 日起施行。

（5）《互联网群组信息服务管理规定》，2017 年 10 月 8 日起施行。

（6）《互联网跟帖评论服务管理规定》，2017 年 10 月 1 日起施行。

（7）《互联网论坛社区服务管理规定》，2017 年 10 月 1 日起施行。

（8）《互联网新闻信息服务许可管理实施细则》，2017 年 6 月 1 日起施行。

（9）《互联网直播服务管理规定》，2016 年 12 月 1 日起施行。

6）政策文件

（1）《关于推动资本市场服务网络强国建设的指导意见》，2018 年 3 月 30 日印发。

（2）《关于加强国家网络安全标准化工作的若干意见》，2016 年 8 月 12 日印发。

（3）《关于变更互联网新闻信息服务单位审批备案和外国机构在中国境内提供金融信息服务业务审批实施机关的通知》，国家互联网信息办公室，2015 年 4 月 29 日发布。

（4）《关于加强党政机关网站安全管理工作的通知》，中央网络安全和信息化领导小组办公室，2014 年 5 月 9 日印发。

（5）《全国等级保护测评机构推荐目录》，公安部网络安全保卫局，2019 年 7 月 16 日发布。

2. 国内互联网信息行为治理专项行动

1）开展打击网络侵权盗版的“剑网”专项治理行动

2018 年 7 月 16 日，国家版权局、国家互联网信息办公室、工业和信息化部、公安部在北京联合启动打击网络侵权盗版“剑网 2018”专项行动，针对网络转载、短视频、动漫等重点领域开展版权专项整治，规范网络直播、知识分享、有声读物等平台版权传播秩序。据介绍，专项行动在 4 个多月内开展三项重点整治：一是开展网络转载版权专项整治，重点打击微博账号、微信公众号、头条号等“自媒体”未经许可转载新闻作品和摘编整合、歪曲篡改、抄袭剽窃等侵权现象，着力规范网络转载行为；二是开展短视频版权专项整治，将抖音、快手、西瓜视频、火山小视频、快视频、美拍、秒拍、微视、梨视频、小影、56 视频、火萤、哔哩哔哩等热点应用程序纳入重点监管，打击未经授权复制、表演、网络传播他人作品等各类侵权行为，引导企业规范版权授权和传播规则，构建良性发展的商业模式；三是开展重点领域版权专项整治，包括动漫领域、网络直播、知识分享、有声读物平台版权集中治理，同时进一步加强对网络影视、网络音乐、电子商务平台、应用商店、网络云存储空间等领域的版权监管，突出打击通过网络销售教材教辅、少儿出版物、音乐和影视移动存储介质及使用聚合链接、设置境外服务器等手段的侵权行为。

2）开展打击制造、销售、传播淫秽色情出版物及非法网络信息的“净网”“护苗”“秋风”等专项治理行动

净网行动指的是净化网络环境专项行动。净网行动是全国“扫黄打非”工作小组办公室、国家互联网信息办公室、工业和信息化部、公安部为依法严厉打击利用互联网制作传播淫秽色情信息、其他非法网络信息的一次特别行动。

净网行动始于 2011 年，每年均有明确主题，主题内容略有差异。净网行动发展至今已经取得了较好的效果，对净化网络空间内容、维护网络空间安全起到了重要作用。

护苗行动，即保护未成年人的专项网络行动。护苗行动始于 2009 年，主要针对网络淫秽色情、暴力、恐怖、迷信等有害少年儿童身心健康的信息进行全面清理，包括中小学校园周边文化市场及涉未成年人网络环境，经过多年的护苗行动实施，我国中小学校园文化市场、青少年出版物和网络环境得到较大改善。

秋风行动是专门针对网络新闻采编、制作和传播的治理行动。重点打击新闻敲诈、假新闻、假记者等，严厉惩治网站非法采编、网络非法转载新闻作品及电商平台销售非法出版物等行为，切实维护新闻出版传播秩序。主要包括三方面：一是坚决打击新闻敲诈和假新闻。严查媒体机构及其从业人员为新闻敲诈活动提供便利，以及真假媒体、真假记者相互勾结利用、团伙作案等非法活动。二是坚决打击假媒体、假记者站、假记者。依法取缔、关闭一批非法网络期刊、非法新闻网站和网站频道；持续打击假冒学术期刊网站；从严查处冒充新闻从业人员身份从事诈骗、敲诈勒索活动及制作、倒卖假记者证行为；依法打击利用境外记者身份从事非法采编活动人员。三是坚决打击商业网站非法采编活动。严肃查处商业网站在其设置的栏目、频道内登载自行采编的新闻信息，转载来源不合法的新闻信息、歪曲原新闻信息内容等行为。四是坚决打击电商平台销售非法出版物的行为。对销售非法出版物的网店，坚持线上线下打击相结合，依法严惩。

3）开展打击电信网络新型违法犯罪专项治理行动

近几年来，电信网络诈骗犯罪高发频发，严重侵害人民群众财产安全和合法权益，已经成为社会的一大公害，引发了国家和社会的高度关注。公安机关开始实施打击电信网络新型违法犯罪的专项治理行动，采取综合治理、源头治理的策略，切实维护人民群众的财产安全和合法权益。仅 2016 年，全国公安机关破获电信网络诈骗案件达 11.9 万余起，抓获犯罪嫌疑人 8.8 万余名。2017 年 1 月到 6 月，全国电信网络诈骗案件发案数、人民群众财产损失数，同比分别下降 12.3 个百分点和 30.8 个百分点。中国人民银行建成了电信诈骗交易风险事件管理平台，并与公安部电信诈骗案件侦办平台对接，实现了在线紧急止付。工信部出台 30 项硬措施，严格实行实名制，建成使用全国诈骗电话防范拦截系统，共处置涉嫌诈骗电话号码上千万个。最高人民法院、最高人民检察院和公安部制定并颁布了《关于办理电信网络诈骗等刑事案件适用法律若干问题的意见》，为源头治理、严厉打击电信网络诈骗提供了法律保障。

5.3　互联网信息行为融合治理模式

5.3.1　问题提出

互联网领域存在大量危害人民财产安全、文化安全和社会安全的信息行为，对国家公共安全带来巨大挑战。互联网信息行为治理的基本目标是实现网络信息行为有序化和合秩序（何明升，2016）。为实现这一目标，需探究信息行为的网络表征和演化过程，理解互联网用户的网络信息行为样态和网络心理，创新互联网信息行为治理模式，实现网络自由与网络秩序的均衡。

互联网信息行为包括信息的创作和发布行为、信息的转发和评价行为、信息的浏览和应用行为等。上述行为如果背离了既定的社会道德和法律规范，对不特定的、多数人的生命、健康、财产、生产、生活等造成不良影响，对社会秩序、经济发展和公众利益造成负面影响，即为危害国家公共安全的互联网信息行为，也称偏差网络信息行为，也有学者称其为网上偏差行为、网络失范行为。危害国家公共安全的互联网信息行为表现形式多样，根据互联网信息对国家公共安全构成危害的可识别度，可分为显性危害国家公共安全的黄、赌、毒、邪教、恐怖暴力等信息的发布和转发行为，以及隐性危害国家公共安全的伪科学、虚假、消沉厌世等信息的发布和转发行为；根据互联网信息行为产生的主观性，可分为主观危害国家公共安全的诈骗、反社会、造谣、诽谤、谩骂、教唆、诱惑、侮辱、恶意“灌水”等信息的发布和转发行为，以及非主观危害国家公共安全的社会观点、社会态度、社会情绪等信息的发布和转发行为。在显性危害国家公共安全的互联网信息行为治理领域，国家已经取得了卓有成效的治理成果，但在隐性、非主观和部分主观危害国家公共安全的互联网信息行为治理领域，急需改革创新现有治理模式。

现行的互联网信息行为治理主要是针对互联网信息本身，较少考虑互联网信息背后的“人”。然而，互联网信息的传播和扩散本质上是网络信息背后的“人”的行为所致。因此，要实现对危害国家公共安全的互联网信息行为标本兼治的目标，应从浩瀚的互联网信息本身跳脱出来，围绕互联网信息行为背后的“人”来寻找方案。基于上述思想，本书提出以网络信息行为背后“人”的心理认知改变为目标的互联网信息行为融合治理模式。

5.3.2　互联网信息行为融合治理模式创新需求分析

互联网的强大功能和独特性质为我国经济社会发展创造了众多发展机遇，但也产生了大量危害国家公共安全的互联网信息行为，对国家当前政治、经济、社会和文化秩序产生了一定冲击，互联网信息行为治理面临巨大挑战。

1）互联网信息传播特性颠覆了传统社会治理范式

互联网的开放性、交互性、全球性、匿名性和快捷性使互联网成为强大的信息传播渠道，相对报纸、广播、电视等传统媒体，互联网信息传播主体大众化、传播途径多样化、传播内容多元化、传播范围全球化、传播方式便捷化等特性使互联网网民对社会事件的参与具有更强的传播效能，互联网已经成为信息传播格局中的关键力量。互联网中“草根”的“微力量”和“微资源”快速凝聚，众多网民通过互联网参与社会事件，并突破时间、空间、成本和信息量的限制，形成了网络社会特有的“流动空间”和“缺场空间”。“流动空间”实质性地改变了人类进行生产、生活、交往、沟通的实现方式，改变了传统社会对空间的定义和理解，原本社会空间的时间、地点、人物、事件等要素在网络空间变得具有流动性（王冠，2013；吉登斯，2003）；“缺场空间”是以符号表达、图像展现、语音交互等信息流动为内涵的数字化空间，是形式虚拟但内容非常真实的社会空间（刘少杰，2015；朱逸，2015）。“流动空间”和“缺场空间”具有信息扩展迅速、跨越时空限制、关注群体庞大的特性（何哲，2014），与传统社会空间存在巨大差异，互联网信息行为治理颠覆了建立在地域格局基础上的传统的社会治理范式。

2）新技术新应用层出不穷导致互联网信息行为治理力不从心

我国互联网信息服务的管理以业务许可为基础，以此规范互联网信息行为。但信息技术发展迅速，导致互联网信息服务内容和方式变化莫测，除网络新闻、网络视频、网络论坛等基本的网络应用之外，近年来新技术产生的博客、微博、微信、问答、直播，以及各类 App 应用层出不穷。众多新应用与色情、赌博、诈骗、非法广告、垃圾邮件、垃圾短信、谣言等不良信息相互叠加，产生大量危害国家公共安全的互联网信息行为。偏差网络信息行为名目众多、数量庞大、技术复杂，对治理主体、治理成本、治理技术、治理能力提出很高要求，新技术、新应用导致互联网信息行为治理力不从心。

3）体制机制不健全导致互联网信息行为治理成效不明显

为应对不断涌现的危害国家公共安全的互联网信息行为，国家监管部门采取了大量专项行动式治理手段。例如，国家近年来开展的打击网络侵权盗版、打击网络淫秽色情传播、打击电信网络新型违法犯罪、打击网络金融诈骗等专项治理活动，这些专项治理行动取得了一定成效，但大量危害国家公共安全的互联网信息行为并没有从互联网中消失，它们部分迫于高压态势短暂躲藏，部分在风头过后又改头换面、卷土重来，部分将服务器转移到境外继续从事非法网络服务。在互联网信息行为监管领域，总体表现较为被动，其根源是政府有限的资源难以应对互联网无穷无尽的新变化，互联网信息行为治理急需健全治理体制机制。伴随国家网络安全法的实施，国家成立中共中央网络安全和信息化委员会办公室，有条件的省份相继成立省互联网信息办公室，网络信息行为治理体制不断完善，但市县以下各级政府的人力、物力、财力、技术和能力受限，网络治理体制机制建设不健全，网络信息行为治理属地管理原则的执行存在巨大困难。另外，虽然网络信息部门明确负责统筹协调网络安全工作，但网络信息行为治理涉及公安、司法、环保、教育、文化、卫生、社会保障、交通、新闻等众多政府部门，涉及网络媒体、网络平台等众多网络运营组织，还涉及各类网络社会组织、公益社会组织和网民个体，急需建立部门协同监管等系列长效运行机制。

5.3.3　影响国家公共安全的互联网信息行为演化过程分析

危害国家公共安全的网络事件由众多互联网行为构成，而互联网信息又是互联网信息行为的载体。因此，分析互联网信息演化过程、掌握其演化的基本规律是构建互联网信息行为治理模式的逻辑起点。课题组在对纵向政府机构（国家部委、省、市、区、街道、社区各级政府部门）和横向相关治理主体（互联网服务平台、传统媒体、网络媒体、社会组织、网民个体）充分调研的基础上，借鉴谢科范、李阳等学者的部分观点（谢科范等，2010；李阳，2015），归纳出如图 5-2 所示的危害国家公共安全的互联网信息演化过程模型图。

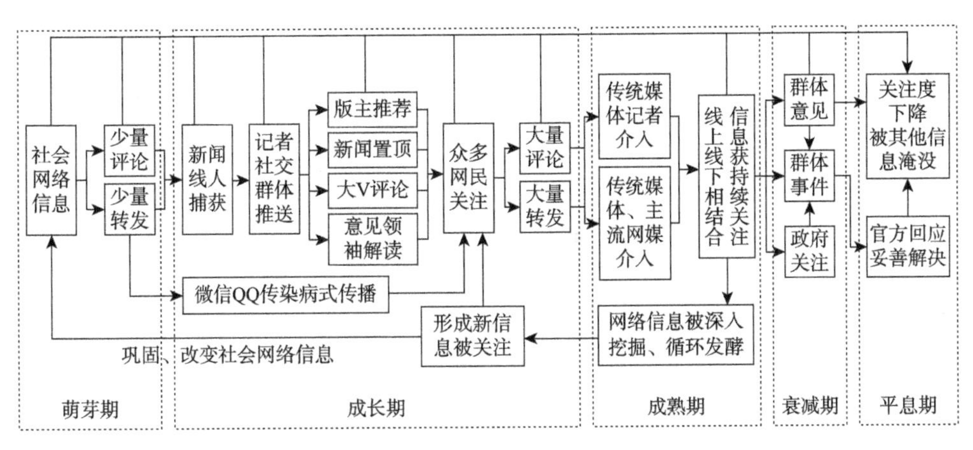

图 5-2　危害国家公共安全的互联网信息演化过程模型图

危害国家公共安全的互联网信息演化基本过程划分为萌芽期、成长期、成熟期、衰减期和平息期五个阶段。

1）萌芽期

萌芽期是互联网信息内容的创造期，是个人或组织将其所见所闻所思、发生在身边的事件、现实社会中的现象在微博、论坛、社区、即时通信、社交应用等网络平台进行展现的时期。萌芽期具有影响范围相对有限、传播者大众化和突破“把关人”的特征。

（1）萌芽期是危害国家公共安全互联网信息产生的初期，界定在未被众多网民关注之前，因当事人社会关系范围或信息发布网络平台受众群体有限，其传播范围和影响相对有限。

（2）萌芽期大众网民自由选择信息发布时间和发布平台，突破传统媒体话语权的壁垒，自由创造信息内容，与传统媒体少数社会精英担当信息创造者和发布者的规则存在巨大差异。

（3）萌芽期网民创造的互联网信息突破了“把关人”限制。“把关人”理论由美国传播学先驱卢因创建，他认为信息在传统媒体平台的传播过程中受到了内部或外部各种权力机构和人员的“过滤”、“干预”和“控制”。但在网络环境下，萌芽期网民匿名、自由地创造互联网信息，自由选择互联网信息发布平台，完全突破传统“把关人”的控制，宣泄、吐槽、谩骂、诋毁、欺骗、反动言论、淫秽色情、恐怖暴力等互联网信息较为容易地在互联网环境传播开来。

2）成长期

成长期是危害国家公共安全的互联网信息快速扩散期，是在传统媒体未正式介入之前，危害国家公共安全的互联网信息在网络平台快速传播并吸引众多网民关注的阶段。危害国家公共安全的互联网信息在萌芽期产生后，如果该事件具有很好的新闻性，一般通过两条途径扩散：一是被新闻“线人”或媒体记者捕获，民间的新闻“线人”再向他们服务的记者 QQ 群、微信群等即时通信平台推送，然后经过网络编辑的版主推荐、新闻置顶，以及大 V 评论和意见领袖解读，一条普通的互联网信息迅速就被大量网民关注、转发和评论。例如，许多关系民生的网络热点事件均是通过这一途径发展形成。二是在由当事人级联延展的无数微信群、QQ 群等即时通信平台“传染病”式裂变传播。例如，“蓝鲸”游戏和“e 租宝”事件通过网络群体恣意扩散和传播，具有相当的隐蔽性和危害性。危害国家公共安全的互联网信息在成长期具有扩散速度快、互动性强、平台交叉立体传播、“幕后”推送和人际传播的特征。

（1）互联网信息扩散速度快的社会意义重大，迅速扩散特性一方面驱动新闻媒体改革创新、社会服务改革创新，另一方面对网络社会治理带来巨大挑战。

（2）成长期网民呈现高度的互动性，完全突破传播主体与客体的身份限制，从根本上改变了信息传播受众的角色和地位，受众不仅是信息的接收者，还是信息的再加工者、评论者、转发者；互动性赋予公民更多的表达机会，使网民能够对社会问题随时表达自己的观点和态度；互动性赋予网民前所未有的信息权利，强大的信息权利使互联网信息传播可能发展成为一种社会运动，如果不予以正确引导，必将对国家公共安全产生负面影响。

（3）互联网信息传播是一种平台立体交叉传播方式，技术进步使互联网信息在论坛、社区、博客、微博、即时通信等平台任意交叉立体式传播，便捷性和任意性使发生在任何平台的热点信息快速在网络中传播和扩散，为互联网信息追踪、溯源、监测、治理带来新的挑战。

（4）成长期新闻“线人”和网络编辑是网络热点事件的“幕后”推手。新闻“线人”和网络编辑是散布在民间的自由职业者，因不在传统媒体担任采编工作而难以申领记者证，但他们不受过多体制限制反而更能充分发挥网络新媒体的优势，充当互联网信息的“搬运工”，如果一条信息被新闻“线人”捕获，并被网络编辑推荐到主流论坛的重要位置或新闻头条，其受关注度将呈几何级数的增长，正如陈阳波记者所言“没有‘新闻线人’和网络编辑的努力，网络热点事件可能要减少90%以上”（陈阳波，2010；乐国安，2010）。

（5）成长期具有人际传播特性。微信、QQ、陌陌等社交网络平台群成员之间存在特殊的信任关系，借助群成员之间的特殊信任关系，互联网信息迅速、精准地传播；和大V评价相似，特殊信任关系的人际传播易受意见领袖的影响，也可能受特别群体的暗示和影响，推动互联网信息传播演化升级。

3）成熟期

成熟期是危害国家公共安全的互联网信息演化顶峰期，其标志是新闻记者介入、主流传统媒体和主流网络媒体充分报道。成熟期的特征之一是媒体记者的线下挖掘和互联网线上信息相结合，互联网信息从最初的社会现象讨论升级为社会观点、态度、价值的反映，具有泛政治化倾向；随着媒体记者的深入调查，事件可能更明朗，可能交叉迭代、循环发酵，甚至可能产生新的信息并演化成为另一新闻事件被众多网民关注。成熟期的特征之二是“结盟”趋势明显。成长期新闻“线人”捕获是热点事件产生的基础，网络编辑助推是热点事件产生的加速器，成熟期传统媒体记者的深度挖掘使热点事件“火上浇油”并达到顶峰状态；一条普通的互联网新闻可能成为网络热点的现实刺激了新闻“线人”、网络编辑、媒体记者“结盟”的欲望，“结盟”同时又促进了网络热点事件的形成。成熟期的特征之三是混合式传播。传统新闻媒体记者的介入，互联网信息已经不再是网络单一平台中心发散式传播，也不是传统媒体串联式传播，而是新媒体与新媒体、新媒体与传统媒体、传统媒体与传统媒体之间平台轮换、相互刺激、完全交织在一起的混合式传播，混合式传播促使互联网信息最大范围扩散。

4）衰减期和平息期

在网络事件被深入挖掘和愈加明朗之后，互联网信息演化逐步进入衰减期和平息期，未来可能向多方向发展。一是事件在事实更加明朗、正向引导下，受关注度下降，或被其他信息淹没，慢慢淡出网民视野；二是网民在感染和暗示机制的作用下，失去独立思考能力，形成群体意见，线上线下交叉互动，发展成为影响国家公共安全的群体事件；三是群体事件如果威胁到国家公共安全，政府主动关注并负责平息，最终妥善解决。

当然，未必任何网络信息都会经历上述五阶段演化轨迹，部分反映社会热点、关注民生利益的互联网信息在各方条件满足的情况下会从萌芽期经成长期达到成熟期，最终成为影响国家公共安全的网络事件，但它们也有可能在演化过程的任何时期被其他信息淹没，或者受网民关注度下降，直接进入平息期。

5.3.4 互联网信息行为融合治理模式构建

科层治理、市场治理和劝导治理等模式在世界各国的互联网治理中都有着广泛运用。美国、欧盟、俄罗斯、澳大利亚、日本、韩国等国家和地区都出台了相关网络安全法律，对互联网进行了大量治理。但是，危害国家公共安全的网络事件演化过程复杂，目前的互联网信息行为治理普遍是在互联网信息演化的成熟期才开始介入，介入的方式也多是针对信息本身进行技术性干预，普遍存在着介入晚、成本高、反弹大等问题。根据前面对于互联网信息演化过程的分析，对互联网信息行为应加强在其萌芽期和成长期的治理，在萌芽期应着重深入研究偏差互联网信息背后“人”的心理认知机理，在成长期应着重分析由新闻线人所带动的一系列内容推手的产业链上的利益群。只有当互联网信息行为背后“人”的信念系统和国家法律、法规、道德准则保持一致，才能使得萌芽期的治理彻底、自然和持久；只有斩断了以新闻线人为代表的蓄意谋取“新闻利益”的内容推手产业链，才能实现成长期偏差网络信息的良性治理。显然，要实现对影响国家公共安全的互联网信息行为的有效治理，其根本目标是最大限度减少偏差网络信息行为，其手段是要在开放的环境下让其背后“人”的心理认知发生转变，从而达到减少偏差网络信息产生与传播的目标；让信息产业链上的“新闻利益”内容推手产业链得到有效管控，才能斩断因利益驱动带来的冒险行为。

1. 互联网信息行为融合治理模式内涵

互联网信息行为融合治理模式是以心理治理为基础，以法律治理为核心，以大数据技术为手段，以多主体联合行动为保障，以多种治理工具综合使用为特征，以偏差网络信息行为心理认识改变为目标的治理模式。它是一种“治本为宗、标本兼治”的全新互联网信息行为治理模式，其原理是通过多种策略，转变偏差互联网信息背后的“人”的心理认知，清理滋生信息推手的利益链，使得互联网信息背后的“人”在心理上遵守相关法律，在行为上主动抵制偏差信息，从而使偏差网络信息行为得到有效、根源和持久的治理。

从治理的操作层面上看，融合治理模式的具体思路如图 5-3 所示。

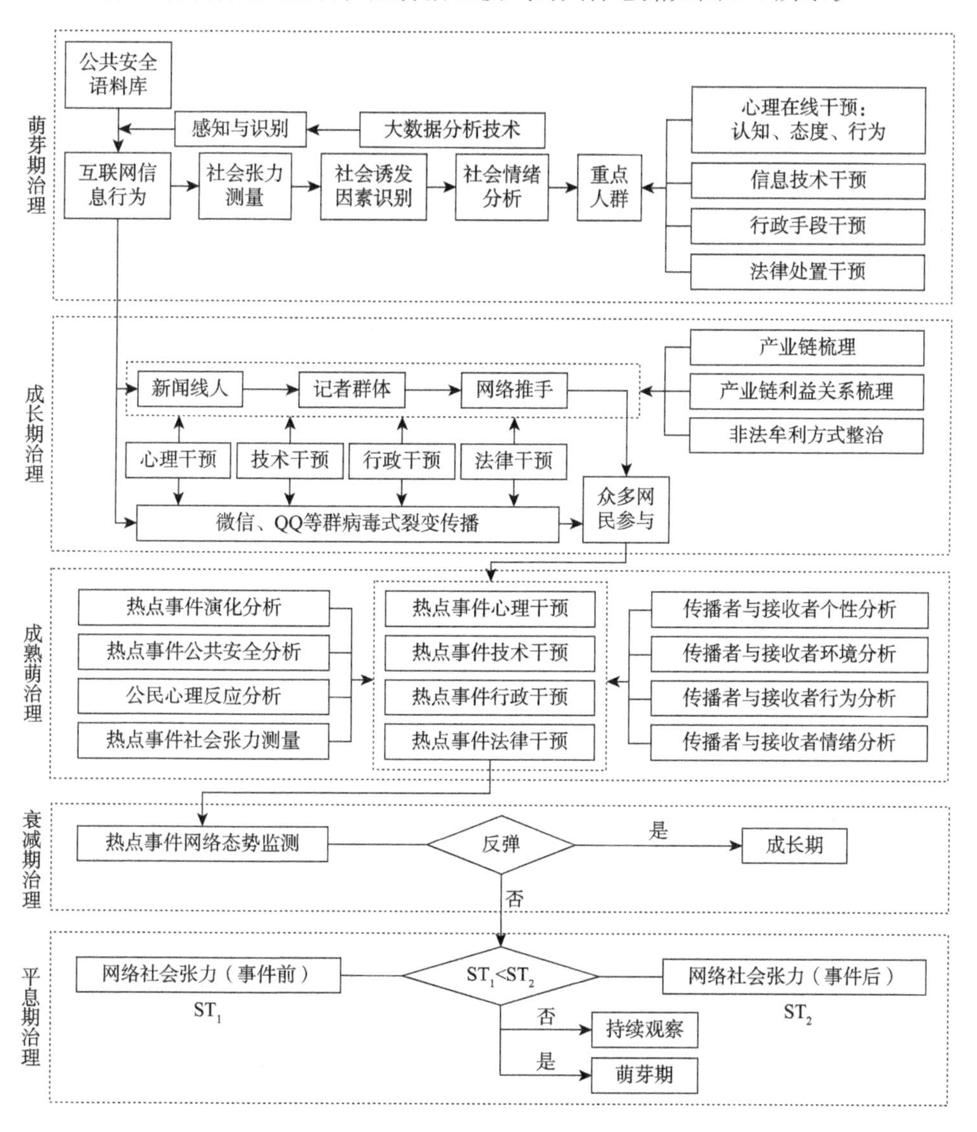

图 5-3　互联网信息行为融合治理思路

互联网信息演化生命周期过程剖析和治理思路梳理，互联网信息行为融合治理模式的关键在于以下几点。

（1）治理工作尽量提前到萌芽期，借助大数据分析技术感知互联网态势，识别危害国家公共安全的互联网信息行为，研究其社会诱发因素，测量反映社会矛盾激烈程度的网络社会张力，据此选择采用心理、信息技术、行政、法律等干预技术对特殊人群进行疏解引导，如能在萌芽期做到精准感知和合理干预，则可以以最低的成本获得最好的治理效果。

（2）成长期的治理最为关键的是做好对新闻线人、记者群体、网络推手的重点管理，通过互联网信息产业链及其利益关系的梳理，整治非法牟利方式，规范互联网信息采编、审核、推送机制，辅以心理、技术、行政、法律等干预工具对互联网信息传播主体进行引导和规范，如能在成长期做好这三类人的规范管理，则可以以最为有效的方式避免大规模偏差互联网信息蔓延。

（3）一旦在偏差网络信息越过了萌芽期和成长期到达成熟期，则错过偏差信息行为的最佳治理阶段。成熟期的舆论浪潮此起彼伏，成熟期传播者与接收者的个性、环境、行为、情绪、心理分析同样是该阶段的重要工作，但成熟期偏差信息行为治理的关键在于治理主体能否迅速提供具有公信力的处置方案打消公众疑虑。

（4）衰减期偏差信息行为治理的关键在于减少节外生枝、防止事件诱发其他热点事件，从而再点燃舆情。

（5）平息期的偏差网络信息行为治理的关键是做好事件涉及的当事人的安置工作，并从此次事件中总结和反思。然而，从目前的互联网信息行为治理实践来看，多数治理均是在偏差互联网信息行为的成熟期才开始，治理成本大，效果差。互联网信息行为融合治理模式是前置治理、全程治理、准确治理和闭环治理，是国家网络空间安全治理的创新。

2. 互联网信息行为融合治理模式特征

互联网信息行为融合治理模式继承了合作治理模式、协同治理模式强调的多元主体融合思想，突出体现事前预警—事中干预—事后跟踪的过程融合、法律法规和行业公约的规则融合、自然科学和社会科学的治理知识融合和政府—网络运营者—社会组织—网民等多主体的治理资源融合。

1）治理主体的融合

信息行为融合治理是政府各机构的融合，政府和网络运营者的融合，政府和社会组织、网民的融合，是多元主体的协同合作（图 5-4）。传统互联网信息行为治理中政府充当单一主体角色，网民、网络运营者、社会组织和众多企业均是治理的客体，其积极性、主动性未能被充分调动，未能遵循互联网信息行为治理多主体合作的基本规律，治理效果受到影响。在互联网信息行为融合治理模式中，政府不再是单一主体角色，政府、网络运营者、社会组织、网民等多主体之间通过契约、信用等市场化机制建立立体化合作关系，在法治保障下于互联网信息演化的不同阶段协同参与互联网信息行为治理，且任何一方都是不可或缺的重要主体。首先，政府是互联网信息行为治理法律法规制定的组织者、互联网信息行为治理工作机制的制定者、互联网信息行为治理行动的统筹协调者，因此政府是互联网信息行为融合治理的第一重要主体。其次，政府和其他多元主体在互联网信息演化过程的每一阶段均发挥着重要治理主体作用。萌芽期网民是淫秽色情、恐怖暴力、网络欺诈等互联网信息的重要发现者，是互联网信息源头治理的重要主体；成长期网络运营者是偏差网络信息精准识别、偏差网络信息演化趋势研判、互联网信息行为发展方向引导、网络服务平台信息审核的重要实施主体；成熟期传统新闻媒体机构、网络媒体机构是网络热点事件发展的重要推动者；衰减期政府机构、新闻媒体单位、网络运营者是群体意见引导、互联网信息行为背后网民及网民群体与社会矛盾量化测量的重要实施主体；平息期政府机构、社会组织、企事业单位、网民群体是偏差网络信息行为调查取证、联合行动、在线心理疏导的重要实施主体。

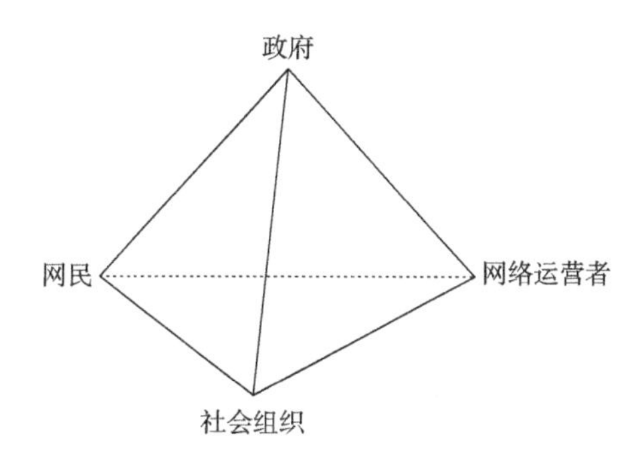

图 5-4　互联网信息行为治理多元主体融合示意图

2）治理过程的融合

传统互联网信息行为治理模式多是在偏差网络信息经过萌芽期、成长期，到达成熟期之后才开始的治理方式，是典型的“事后救火”的被动治理模式，是没办法、不得不的政府“兜底”治理模式。偏差网络信息基本沿着萌芽期、发展期、成熟期、衰减期、平息期串行轨迹演化。但是，科学的偏差网络信息行为治理应该是事前预警—事中干预—事后跟踪相结合的模式。因此，互联网信息行为融合治理理论突出萌芽期的准确预警和及时化解、成长期的合理引导和实时预判、成熟期的准确风险评判和科学决策，以及衰减期和平息期的动态跟踪和反馈预防，即偏差网络信息行为不再是串行的演化轨迹（图 5-5），萌芽期因为准确预警和及时化解可以直接进入衰减期和平息期；成长期因合理引导和实时预判可以直接进入衰减期和平息期；成熟期的准确风险评判和科学决策可以最大限度降低社会风险和治理难度。互联网信息行为融合治理模式是跳跃式的、各治理环节无缝对接的过程，是典型的治理思维前置模式。

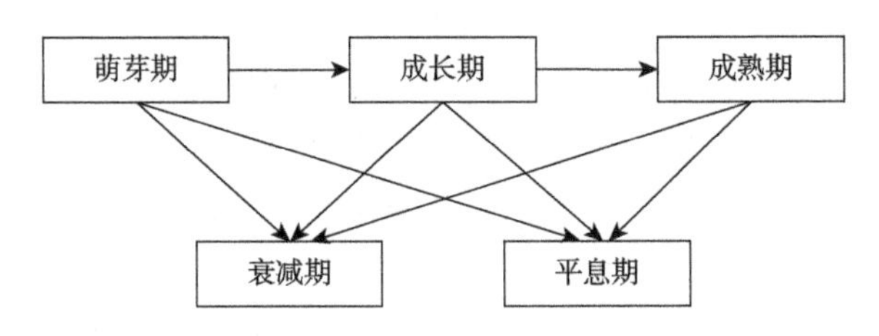

图 5-5　互联网信息行为治理过程融合示意图

3）治理规则的融合

传统互联网信息行为治理法律法规滞后于网络社会发展现实需求，治理规则系统性不强。当前虽然我国《网络安全法》已经颁布并开始实施，但仍急需完善《网络安全法》相配套的行政法规、执行细则和行业标准，特别是当治理法规滞后于互联网服务方式变革时。融合治理模式突出市场机制的建设性作用，大力发展互联网服务行业公约建设，彰显互联网信息行为治理规则的与时俱进特性，甚至将互联网信息行为规范和网络素养纳入公民基础教育体系，即互联网信息行为治理规则应达到不同治理主体参与治理有法可依、不同治理客体享受互联网服务有法必依、不同治理阶段互联网信息行为治理规则符合现实需要的目标。法律法规、行政规制、行业公约、道德准则、公民网络素养教育和公民网络行为规范等共同构成互联网信息行为融合治理的系统性规约机制（图 5-6）。

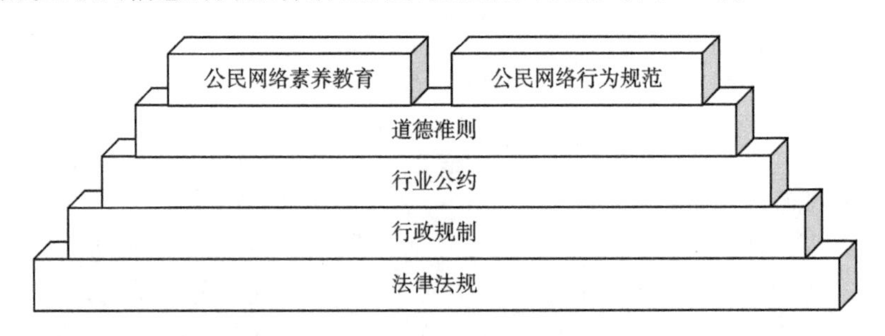

图 5-6　互联网信息行为融合治理的系统性规约机制示意图

4）治理知识的融合

网络空间的互联网信息行为治理看似属于技术性问题，但其不仅需要以计算机科学为代表的自然科学知识，更需要以心理学、社会学、管理学等为代表的众多社会科学知识，是典型的学科知识融合应用领域（图 5-7）。互联网信息行为的心理演化分析、治理机制的社会学分析、信息扩散的传播学分析与量化建模是治理的基础知识，是治理信息化、自动化、精准化的基础；基于复杂网络的互联网信息扩散的拓扑结构分析、基于统计学的互联网信息行为规律挖掘，以及基于计算机科学的偏差网络信息的源头自动发现、信息演化过程可视化、干预系统构建等是重要的现代化治理技术；互联网信息行为治理方案的经济性分析、管理决策方案评估等构成治理决策的重要知识支撑。互联网信息行为治理工程涵盖众多自然科学和社会科学知识，众多学科知识相辅相成，互联网信息行为治理方能满足国家和社会的发展需求。

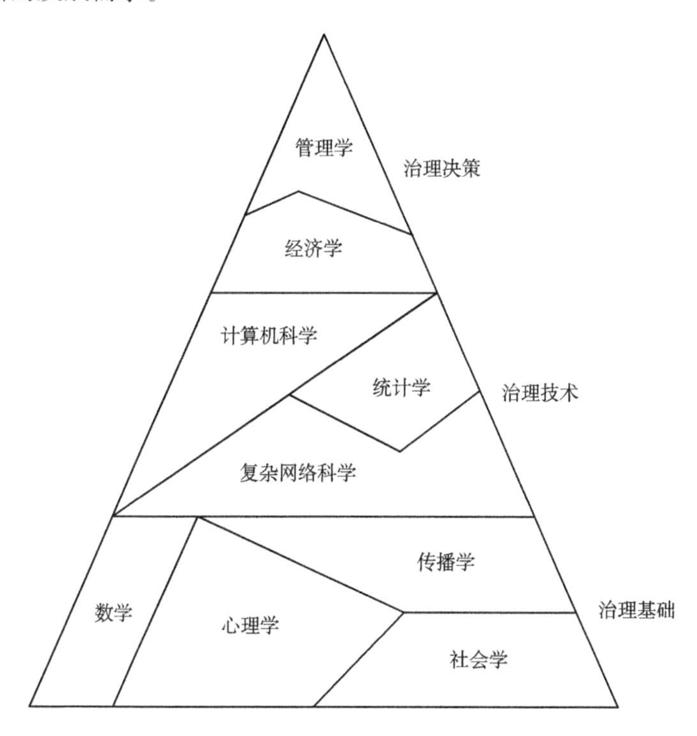

图 5-7　互联网信息行为治理学科知识融合示意图

5）数据资源的融合

互联网信息行为治理突出萌芽期、成长期的前置治理理念，突出治理过程的自动化、精准化，突出在开放环境下通过在线心理疏导改变偏差网络信息背后“人”的心理认识和互联网信息新闻产业链利益的规范管理，最终达到减少偏差网络信息的目标。要达到融合治理的效果，必然要集成各类数据资源（图 5-8）。互联网信息行为数据主要存在于网络运营者，信息行为治理相关的信用、金融、人口、法律、组织等基础数据存在于政府相关机构，互联网信息行为心理演绎知识和在线心理疏导知识存在于心理学家、社会学家和各类社会组织中。因此，互联网信息行为治理需适度打破行业、机构之间的利益藩篱，建立基础数据共享机制，集成政府机构、网络运营者、社会组织及网民等各主体的数据资源，实现互联网信息行为的科学治理。

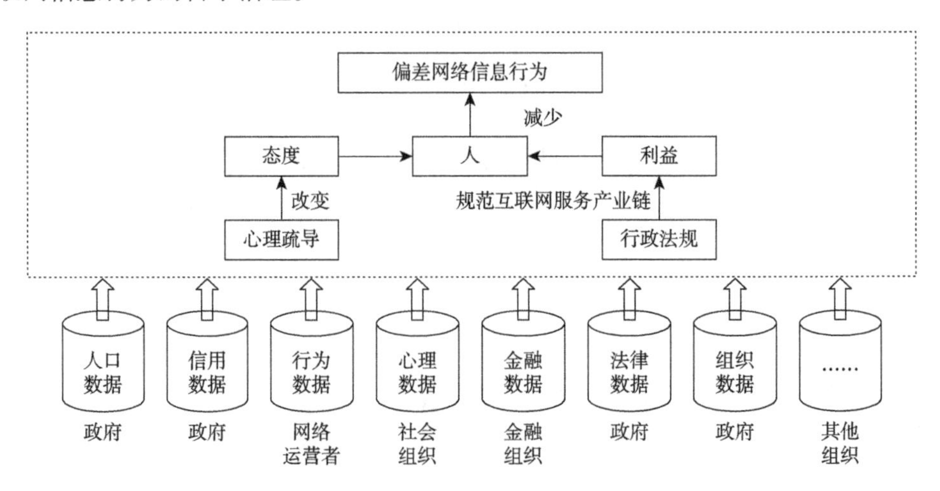

图 5-8　互联网信息行为治理数据资源融合示意图

6）治理模式的融合

融合治理模式作为一种新的互联网信息行为治理模式，它不是当前治理模式的简单混合，而是一种系统性的融合治理模式（图 5-9）。von Bertalanffy（1951）强调“整体大于部分之和”，任何系统不是各个部分的机械组合或简单相加，系统的整体功能是各要素在孤立状态下所没有的性质。要达到偏差网络信息背后“人”的心理认知改变的目的，当前的科层治理、市场治理、劝导治理等模式的思想和手段必不可少，在线心理疏导是必要补充。互联网信息行为在线心理疏导是在互联网信息演化过程中根据偏差网络信息行为现状和大数据分析技术，实时监测网民、网络群体和网络事件与社会之间矛盾的激烈程度（Williams et al., 2013），在恰当的时间、用合适的方式、用最小的代价去改变互联网信息背后“人”的心理认识，让网民能够真正懂法、信法、守法，从根源上化解网民的心理矛盾并减少偏差网络信息行为。在面向国家公共安全的互联网信息行为融合治理理论体系中，传统的科层治理、市场治理、劝导治理等是“看得见的手”，现代的在线心理疏导治理则是“看不见的手”，融合治理模式就是要整合这些治理模式，让“看得见的手”和“看不见的手”穿越屏障，紧紧地握在一起，构成完整的、系统的治理体系。

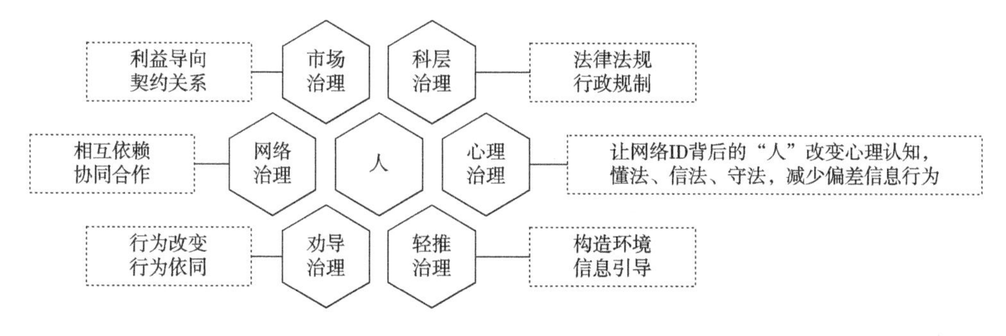

图 5-9 互联网信息行为治理多模式融合示意图

3. 互联网信息行为融合治理模式构成要素

1）政府主导的多元治理主体

融合治理模式突出合作、协商与参与，治理主体多元化是其显著特征，构建政府主导、网络运营者主动负责、各类社会组织和公民主动参与，优势互补，协同合作的互联网信息行为多元主体协同治理格局是必然的发展趋势。

党政主导是互联网信息行为治理的逻辑前提。中国共产党是中国唯一的执政党，党的各级组织在互联网信息行为治理中的角色和地位是任何组织无法替代的，党领导政府、政府主导互联网信息行为治理的体制机制坚定不移（龚维斌和龚春明，2016）。互联网信息行为治理需要调动各级组织、协调各类资源、发动全社会力量，需突出党政主导的核心作用，各级政府在互联网信息行为治理领域担当第一责任主体（王侃，2015）。

网络运营者和各类社会组织是互联网信息行为治理的重要主体（胡庆亮，2015；赵玉林，2015）。网络运营者包括网络的所有者和管理者及网络服务提供者。网络所有者和管理者主要指网络通信运营商，其具有技术上的优势，危害国家公共安全的互联网信息行为发现、取证、分析、通报和应急处置等是法律赋予网络所有者和管理者的职责和义务；网络服务提供者主要包括网络新闻、网络论坛、网络博客、网络微博、网络即时通信等服务商，其互联网产品和服务强制执行国家标准，审核用户真实身份、保护用户隐私、审核互联网信息服务内容、保护关键信息资源、制定网络安全应急预案、为国家机关调查危害国家公共安全的互联网信息行为提供技术支持、提供举报平台等同样是法律赋予网络服务提供者的责任和义务。网络行业社会组织具有专业优势，采用与政府签订行政契约的形式获授一定公权，参与网络安全法律法规制定的调查、听证和认证，参与国家互联网服务行业公约的制定和互联网行业产品和服务的国家标准制定，协助国家监督网络运营者提供的网络服务，开展网络信息行为素养教育，网络行业社会组织对互联网信息行为治理具有重要的协同作用。另外，识别危害国家公共安全的互联网信息行为之后，对行为主体的在线心理疏导、社会帮扶等众多治理环节需要心理、法律、教育、文化等各类社会组织的协同参与。因此，把不需要政府强制力实施的互联网公共服务转移给网络运营者和各类社会组织，以政府购买服务等形式吸纳各类组织参与互联网信息行为治理，建立政府、社会、市场良性互动的互联网信息行为治理格局（杨丽等，2015）。

吸纳公民主动参与互联网信息行为治理是国家权力向公民的回归，也是网络社会发展的必然要求。公民第一时间举报互联网中的不良信息是互联网信息行为源头治理的重要途径；公民在互联网环境平台发表言论、表达观点、传播正能量是互联网信息行为治理的隐形方式，尤其是具有一定社会威望的意见领袖是引导偏差网络信息行为方向和对互联网信息行为背后的“人”进行心理疏导的重要力量，意见领袖的社会威望产生高可信度和强亲和力，意见领袖的正向言论属于“软”服务，往往较行政法规“硬”手段具有更好的影响力，因此，具有意见领袖功能的公民是互联网信息行为治理不可或缺的重要力量，也是发展互联网信息行为公民自治的重要形式；另外，公民通过互联网进行利益诉求，其本质是公民主动参与社会治理的表现，是社会压力的释放和社会进步的表现，唯有社会民意表达出来才能更好地了解公民需求，才能贴近公民并精准服务社会。中国特色互联网信息行为治理的主要目的不是谋求对网络社会的统治，而是在于谋求维护最广大人民的根本利益（朱江丽，2017）。

2）复杂多变的治理客体

互联网信息行为治理客体包括危害国家公共安全的违法犯罪互联网信息行为、违反社会道德规范的互联网信息行为，以及大量间接影响国家公共安全的互联网信息行为。上述行为以显性与隐性、主观与非主观等形式存在，在显性危害国家公共安全的互联网信息治理领域，国家已经取得了卓有成效的治理效果，但对于间接的、隐性的、非主观的和部分主观的危害国家公共安全的互联网信息行为，其概念界定模糊、法律法规建设相对滞后、表现方式隐蔽、技术手段变幻莫测，急需提升治理能力和改革创新现有治理模式。复杂多变的治理客体主要表现在如下几个方面：①互联网信息行为在网络空间的表现形式是各种符号。海量的视频、动画、图片、语音、文字、特殊符号、表情、他国语言、拼音、谐音替换网络用词等形式是互联网信息行为的直接展现，互联网信息行为是形式虚拟但内容非常真实的现实行为，而对众多符号背后表达含义的准确理解和对危害性快速研判是互联网信息行为治理的基础。②互联网信息行为在网络空间的另一表现形式是各种动作。微博、微信、论坛等网络平台信息与App平台轮换，甚至将网络平台信息转移到小型封闭式App平台，再从小型封闭式App平台转移到线下互动，以及众多恶意App索权越界等，网络空间动作是互联网信息行为治理的另一主要客体。③人工智能将增加互联网信息行为治理复杂度。技术进步导致特殊领域智能机器人代替人的部分工作，网络上的言论未必全是公众发出而是由智能机器人产生，智能机器人情感逻辑、表达方式将打破常规心理逻辑，从而导致治理客体异化。④“深网”将成为互联网信息行为治理的高难度客体。“深网”是应特殊领域需求创建的搜索引擎不去搜索或无法搜索的网络和数据库，也是互联网信息行为治理监测工具无法触及的对象，但如果其越过法律和道德底线并为别有用心的群体所用，“深网”将是网络世界的罪恶天堂和人性最深处的黑暗之地。

3）融合集成的治理工具

网络社会的存在范式和治理模式总是与工具密切相关，这种关联现象表象是人类借助网络工具形成特定历史时期的生存方式，但本质是社会以网络工具的内在规律为基础引发社会治理模式的创新（何明升，2014）。互联网是一个巨型的社会工具，它奠定了网络社会的技术基础（施灿业，2017）。互联网技术日新月异导致网络社会存在形式不断创新和互联网信息行为变幻莫测，保持网络社会有序，迫切需要现代化的治理工具库。现代化的治理工具库包括法治型工具、行政型工具、技术型工具和心理型工具等。

法治型工具是在《网络安全法》的框架下，完善互联网信息行为治理行政法规，为网络安全治理提供准则和依据。国家《网络安全法》从宏观上笼统要求网络运营者合法开展网络运营和服务、配合国家机关开展网络安全调查，但这仅是为国家机关事后追责和查处提供法律依据，并未对网络运营者如何合法运营和提供服务、如何协同参与网络社会治理提出指导。如今，网络运营和服务形式种类繁多，包括企业网站、应用程序、即时通信、搜索引擎、网络新闻、网络视频、网络游戏、网络文学、电子邮件、论坛/BBS、微博、网络直播等层出不穷互联网服务形式，需要针对各类互联网运营者、互联网服务商、互联网服务平台、互联网服务内容，以及享受互联网服务的网民、网络群体、企业、社会组织制定各类行政法规，确保健康的互联网生态环境（张新宝，2013）。

行政型工具是通过程序和制度上的优化与设计，理顺互联网信息行为治理各项工作与相应制度的关系，化解制度背后各种权利的冲突并实现互联网信息行为治理主体的协同合作（李红星等，2017）。行政型工具主要包括网络举报制度、政府购买服务制度、基础数据共享制度等，部分学者对其进行了多角度的论述。印波副教授认为建立统一的网络暴恐有害信息、失范网络服务筛查标准和完善网民举报制度是互联网信息行为源头治理的重要制度（印波，2017）。管后和夏瑛两位学者认为社会治理研究的核心要确定不同治理模式及其相应的制度特征，针对特大城市中的政府购买社区公共服务领域，提出项目制、单位制和混合制三种政府购买服务模式（邓明和刁克，2017）。邓明和刁克进一步指出，在社会治理领域，政府购买社会公共服务转变了政府职能，使治理主体多元化得以实现，政府和市场的关系得到理顺，推动了政府社会治理能力的现代化。政府购买社会服务制度是互联网信息行为治理的重要保障。互联网信息行为治理有别于社会治安特殊人群管理，在偏差网络信息行为实施主体未知情况下，必然要求网络行为数据管理方、通信数据管理方、信用数据管理方、公安基础数据管理方等机构在法治保障基础下建立数据共享制度，为实时化、自动化网络信息行为治理的联机在线分析处理系统运行创造基本条件（王芳和陈锋，2015；张康之，2013）。

技术型工具是通过引进信息技术，延展法治型工具和行政型工具的弹性空间，实现治理的自动化、精准化、人性化。最为典型的是建立不同组织、不同用户的互联网信息行为治理信息系统，在演化生命周期的每个阶段实时发现危害国家公共安全的互联网信息，识别发布和传播危害国家公共安全的互联网信息行为主体，监测危害国家公共安全的网络事件产生和发展过程，测量偏差网络信息行为个体、网络群体和网络事件的网络社会张力，辨别其对国家公共安全的影响程度，基于大数据技术实现源头治理、在线监测、在线预警、在线干预、在线治理的目标，实现在线心理疏导干预主体、干预对象、干预时间、干预方式的智能决策（吴湛微和禹卫华，2016；鲍宗豪和宋贵伦，2014）。另外，基于即时通信平台，建立人性化的公民利益诉求平台、偏差网络信息举报平台、网络信息行为治理参与平台、网络信息行为治理监测平台等，打通公民、社会组织、网络运营机构和各级政府的沟通渠道和合作治理渠道（阳翼和宋鹤，2015）。技术型工具是创新互联网信息行为治理能力的重要途径，也是未来我国互联网信息行为治理重点发展方向，对提高互联网信息行为治理的精准性、实时性具有重要作用。

心理型工具是利用传统心理学研究方法与现代信息技术，从生理到网络行为多层面研究偏差网络信息行为的心理成因、心理特征、分类和测评，探究互联网信息行为产生和演化的心理机理，结合传统心理干预技术和网络环境特征，构建在线心理疏导形式和内容。在线心理疏导工具可分为自愿性心理干预工具、疏解性心理干预工具、调节性心理干预工具、规制性心理干预工具等多种形式。针对不同类型现实社会问题，研究个体和群体可能产生的心理反应及其在网络空间中的表现形式和演化规律，借鉴技术型工具，确定在线心理干预的恰当时间，实现危害国家公共安全的互联网信息行为的情绪干预、动机干预和认知干预，以期改变偏差网络信息行为背后“人”心理认知，从而减少影响国家公共安全的互联网信息行为。

4）高效动态的治理组织

在互联网信息行为治理过程中，网信部门负责统筹协调政府各类机关单位、网络运营组织、社会组织（含技术群体）、公民等多元主体，围绕社会热点问题或公共事务，通过协商和契约，建立相互合作、互利互惠、彼此依赖、资源共享的虚拟治理组织（蓝志勇，2016；蓝志勇和魏明，2014）。该组织机构可以根据需要创建动态，任务完成后可以恢复其原有形态，有新的需求时又可以重新组建。社会各领域热点问题在网络中产生的偏差网络信息行为表现方式、形成机理、扩散途径不一样，导致互联网信息行为治理结构的组织规模、组织形态、组织边界、互动频率、持久性和合作类型等方面存在较大差异，所以不同的社会问题所需的互联网信息行为治理虚拟组织呈现不同的具体形式（吴松江等，2017）。以问题解决为中心的、高度动态化的虚拟合作组织结构完全不同于长期设立的固定式科层治理组织结构，也不同于纯粹的市场治理组织结构，它借鉴科层式治理体制和市场化契约机制，是二者的中间体或糅合体（胡昭阳，2015）。偏差网络信息行为治理虚拟组织结构不是上下级的权威关系而是平等的合作关系；不是等级明显的科层链条关系而是相互依赖关系；不是纯粹的市场合同关系而是建立在法定社会责任和义务基础上的社会资本交换关系；治理的目的是维护公民财产安全和社会秩序稳定而非纯粹的商业目的。互联网信息行为治理虚拟合作组织在法治保障下，建立分工协作、资源共享、信息互通、优势互补和协调有序的联动工作机制，务实高效地行使各自权利，履行各自的义务（于秀琴等，2014）。

5）灵活调适的治理机制

互联网信息行为融合治理有效运转的基础是形成一套灵活调适的治理机制，使多主体相互信任、协商合作。首先是信任机制。信任是多主体合作治理的关键因素，信任必须在法律和契约的保障下进行。技术群体、网络运营者、行业协会、公益机构等社会组织参与互联网信息行为治理过程的基本权益应当通过契约关系得到保障，进而建立长期信任关系（张勤，2014）；政府在信任机制的保障下，与其他多元治理主体建立平等的合作关系，通过扫清彼此之间的不信任障碍来减少多主体行动之间的分歧，为实现偏差网络信息行为治理的共同目标通力合作（彭小兵和谭志恒，2017）。其次是协商机制。党的十八届三中全会报告指出，协商民主是我国社会主义民主政治的特有形式和独特优势，是党的群众路线在政治领域的重要体现，要推进协调民主广泛多层制度化发展，构建程序合理、环节完整的协调民主体系。协商治理机制包括有效的信息沟通、充分的公民参与、资源的多方整合、机构的平等合作等要素。改变以往政府在互联网信息行为监测过程中单向回应网民诉求的度网络行为，变堵塞为疏导、变排斥为正视。建立充分的利益表达机制和平等的协商互动机制，形成真正意义上的开放式、多元化、去中心化，可以就某一公共话题开展网民与政府协商讨论的网络公共论坛空间，在网络媒体等协商介质的影响下，政府、直接利益相关者、间接利益相关者、意见领袖等协商主体在网络公共领域某一议题沟通协商、相互博弈进而形成“公意”。当直接利益相关者反映的问题涉及较多政府部门时，政府机构形成联动合作机制引导复杂利益诉求的线下解决渠道，防止在网络公共空间形成共鸣性诉求和群体性宣泄。偏差网络信息行为治理无论是在治理政策制定、治理程序优化、治理技术改进，还是偏差网络信息行为背后“人”的心理、态度和认知改变，远超多元治理主体任何一方的能力，必须因治理问题不同而建立灵活、适用的协商机制和协商沟通渠道，打破信息不对称障碍和信息壁垒，实现偏差网络信息行为治理的共同目标（亓光和李广文，2014；王岩和魏崇辉，2016）。最后是考核与激励机制。维护网络空间安全和网络社会秩序稳定是当前国家层面的重要政治任务，政府科层式条块化组织在各自职权范围之内负责本领域的网络安全保护、监管和治理工作，接受上级主管部门和公民的监督和考核，确保各领域偏差网络信息行为治理工作及时、高效开展；另外，迫切需要理顺和调整政府同其他多元主体的权利义务关系，建立网络运营者管理激励制度、政府购买社会组织服务激励制度和公民参与社会治理激励制度，充分发挥网络运营者、技术群体、社会组织和公民个人的积极性，互联网信息行为治理虚拟组织才能长期、稳定、高效运行（任剑涛，2012）。

5.4 融合治理模式下的互联网信息行为干预策略

互联网信息行为融合治理最终落脚点在以党政为核心，团结网络运营者、社会组织和广大社会力量，在法律法规保障的基础上实施基于多主体协作的协同治理、基于心理疏导的深度治理、基于社会张力测量的精准治理、基于社会诱发因素识别和预警的前置治理策略，创建有序的网络社会生态环境。

5.4.1 基于多主体协作的协同治理策略

互联网信息行为治理涉及众多行业的不同社会问题，需要集聚分布于不同领域的学科知识和数据资源，更需要多元主体的协同合作。然而，互联网信息行为治理主体协同、高效运行是最重要但最艰难的环节。首先，建立联动工作机制实现政府各机构的协同治理。政府是互联网信息行为的第一治理主体，但现行的互联网信息行为治理政府组织结构条块分割、职能交叉、多头管理，一项危害国家公共安全的互联网信息行为被分置于政府的不同机构中，治理过程表现出沟通困难、反应迟钝、各自为政、相互推诿、缺乏协调，其与互联网信息快速传播和网络热点事件迅速演化的治理需求无法匹配的问题。因此，应从国家顶层设计着手，通过互联网信息行为治理联动工作机制建设，规范治理工作模式、明确机构工作职责、创新治理工作机制。其次，建立合理的利益分配机制，调动网络运营者、社会组织的积极性，实现网络运营者、社会组织和政府的协同治理。通过不同领域互联网信息行为治理内容、治理程序和治理条件的系统分析，逐步完善政府向网络运营者和社会组织购买治理服务的工作机制，采用市场化契约机制充分调动其协同治理的主动性和责任性。最后，完善互联网信息行为治理公民参与机制，开发便捷的"参与—互动—反馈"网络平台，实现公民、政府、网络运营者、社会组织的协同治理。一个社会的开放包容与否、文明进步与否在于普通民众有无在遵守法律道德规范的框架内合理吐槽、抱怨、表达、质疑的权利。正如习近平总书记在 2016 年 4 月 19 日国家网络安全和信息化工作座谈会上指出"网民大多数是普通群众，来自四面八方，各自经历不同，观点和想法肯定是五花八门的，不能要求他们对所有问题都看得那么准、说得那么对。要多一些包容和耐心，对建设性意见要及时吸纳，对困难要及时帮助，对不了解情况的要及时宣介，对模糊认识要及时廓清，对怨气怨言要及时化解，对错误看法要及时引导和纠正，让互联网成为我们同群众交流沟通的新平台，成为了解群众、贴近群众、为群众排忧解难的新途径，成为发扬人民民主、接受人民监督的新渠道"。[①]因此，突出"参与—互动—反馈"的互联网信息行为治理理念，通过搭建如同微信和 QQ 一样便捷的网络对话平台拓宽民意互动渠道的同时，通过构建互动对话模式建立常态化的网络民意汇集机制和网络发言人机制，从而及时有效地汇集民意、疏导民怨、消解民愤，满足公众对信息和事实真相的渴求，防止网络泄愤性事件向现实群体性事件演化。网络发言人要尽可能去除"官僚化"色彩，将信息和政策解读以平易化、情感化、通俗化、幽默化、温和化的方式表达，以诚恳的态度、巧妙的言语、睿智的技巧解答公众的质疑、回应负面的情绪、激发网民的协商沟通意愿进而防止网络民意表达失控。

5.4.2　基于心理疏导的深度治理策略

虽然网络空间是一个虚拟社会，但网络空间的每一条互联网信息背后都有一个客观存在的"人"，互联网信息传播本质上是人对某一事件、现象、问题的观点、态度、意见和信念的传播，是人心理层面的情感状态反应（郑春勇和张苏敏，2013）。因此，透过现象看本质，研究不同社会热点问题当事人或社会人在网络空间产生的心理反应、网络表征和演化规律（周感华，2011），据此建立在线心理疏导策略体系是未来互联网信息行为治理的重要发展方向。互联网信息行为在线心理疏导策略是在互联网信息演化过程中根据偏差网络信息行为现状和大数据分析技术，实时监测网民、网络群体和网络事件与社会之间矛盾的激烈程度，在恰当的时间、用合适的方式、以最小的代价去改变互联网信息背后"人"的心理认识，让公民真正能够懂法、信法、守法，从根源上化解公民心理矛盾并减少偏差网络信

① 习近平. 2016-04-15. 在首个全民国家安全日之际作出重要指示. 人民日报，01 版.

息行为。当下，针对网络群体性事件参与者的心理特点建立一批专业的心理咨询团队，构建的网民心理疏导机制将成为网络监管、舆论引导之外的又一重要举措。通过网上咨询，在虚拟社区、网络论坛开设专门的问题讨论区开展对网民的心理教育与情绪疏导，使网民的不良、不满、敌对甚至怨恨情绪和心理状态得到调适与缓解，帮助网民以理性、冷静、客观、公正的角度来看待现实问题和矛盾，培育网民理性分析互联网信息的意识和能力，进而避免因个体的极端行为和群体的躁动行为淹没理性的声音而引发网络群体性事件。正如江苏常州新北区徐卫星警务工作室徐卫星警官所言："飞龙社区通过吸纳具有一定威望的公民建立一支来源于民间的心理志愿者，在社区微信平台获悉居民存在心理矛盾时，通过网格化社会治理平台第一时间向相关心理志愿者传达，心理志愿者的实时介入、促膝长谈对消除隔阂和化解冲突起到了至关重要的作用"。因此，互联网信息行为治理不仅是网络空间危害国家公共安全的互联网信息减少这一表象，本质是通过国家网络安全系列法律法规的实施，通过在线心理疏导策略体系的实施，对不同社会领域可能产生的危害国家公共安全的互联网信息背后的"人"进行正向引导和心理疏导，让公民在心理认知上发生改变，从本源上减少偏差网络信息行为的产生。

5.4.3 基于社会张力测量的精准治理策略

社会张力是指社会系统运行和变迁过程中由于结构失调或人们的无序互动导致的紧张状态及由此产生的社会冲动力量（向德平和陈琦，2003）。经济社会转型过程中社会分配不均产生的贫富差距加大、社会监管不力产生的贪污腐败、经济发展带来的环境污染和住房保障等社会性问题是社会紧张状态和社会冲动力量的表现方式。上述问题伴随网络社会的发展出现社会问题网络化、局部问题扩大化等现象，当社会张力表面化并累积到一定程度，一条普通的互联网信息可能点燃公民危机情绪，引发大量危害国家公共安全的互联网信息行为，最终可能导致网络空间的公众危机。网络社会张力大小反映了社会问题当事人、网民个体、网络群体与社会的矛盾激烈程度，是互联网信息行为治理的重要依据（冯鹏志，2000）。网络空间每天新增互联网信息数亿条，何种互联网信息行为会对国家公共安全会构成影响、互联网信息行为演化到何种程度需要采取相应治理手段，这是现代互联网信息行为治理必须解决的难题。显然，传统的人工方式在浩瀚的网络空间里辨别何时何处存在危害国家公共安全的互联网信息行为难以实施。但是，网民对社会现象、社会问题、社会事件的观点、态度、意见和信念通过符号的方式得到真实记录，网民之间复杂的社会关系通过网络平台中的同事群、同学群、朋友群、兴趣爱好群、亲戚群等各种“群”关系得到量化表达；网民对互联网信息的关注热度通过网络平台中的转发、评论等形式得到真实展现；这为危害国家公共安全的互联网信息及其背后“人”的精准识别和互联网信息行为演化可视化分析提供了前所未有的机会。因此，借鉴张力这一物理学概念，在各类社会热点问题相关的偏差网络信息行为心理演绎规律研究的基础上，建立其网络社会张力测量指标体系和测量方法，综合人口、信用、治安等多源基础数据，动态测量社会问题的网络社会张力，精准发现危害国家公共安全的互联网信息行为、精准识别需要帮扶的互联网信息行为主体、精准研判社会风险大小并制定相应治理方案，从而实时把握互联网信息行为态势并尽早预防和排除国家公共安全事件。

5.4.4　基于社会诱发因素识别和预警的前置治理策略

面向国家公共安全的互联网信息行为诱发因素多，除了政治、法制、网络等硬环境因素之外，信息行为背后还包括经济和社会等软环境因素。任何危害国家公共安全的网络热点事件发生，其原因虽然复杂，但经济原因是最基本的因素，经济体制改革带来劳资关系、医疗保障、征地补偿、拆迁安置、环境污染、电信网络诈骗等问题；转型时期社会制度和社会结构变迁使社会矛盾和社会冲突更加复杂，带来弱势群体受到不公平待遇、贫富差距越来越大、社会群体日益分化、社会制度建设滞后、社会腐败现象严重等问题。诸多问题致使人们心理失衡，加之民主意识不断增强、利益诉求渠道不够畅通、反馈机制不够健全，互联网自然成为表达不满情绪、维护受损利益的天然场所，影响公共安全的网络危机事件必然频发。但如前所述，网络是以形式虚拟但内容非常真实的社会空间，互联网信息行为符号化记载为网络危机事件社会诱发因素识别和预警创造无限可能。显然，科学的互联网信息行为治理应该是事前发现、事中疏导、事后治理相结合的模式。因此，急需建立全天候、全方位、自动化的互联网信息行为预警系统，从产生危害国家公共安全的互联网信息相关社会问题的根源入手，理解虚拟符号的含义及其与社会情感、社会态度、社会行为的关系，研究特殊社会问题互联网信息行为的网络表征形式及背后“人”的心理演化规律，基于大数据分析法探究偏差网络信息行为的社会诱发因素，以可视化的形式实施互联网信息行为监测与预警，实现治理过程前移。特别是萌芽期、成长期实时发现可能危害国家公共安全的互联网信息行为，科学分析网络热点事件的前兆信息并预测可能产生的社会风险，在最恰当的时间、采取最合适的方式、用最小的代价改变网民心理认知，化解网民心理矛盾并减少偏差网络信息行为。

5.5 本章小结

在对国内外互联网信息行为治理文献综述和治理实践分析的基础上，通过对国内各级政府和非政府治理主体的大量调查，本章构建了影响国家公共安全的互联网信息五阶段演化理论。同时，在对现行互联网信息行为治理理论比较分析的基础上，创新性地提出互联网信息行为治理的第六种治理模式——融合治理模式。

第6章 面向国家公共安全的互联网信息的感知与理解研究

6.1 研究过程设计

随着网络社会的崛起和发展，互联网信息已经全面覆盖了全球的各个角落，我国也已经正式进入了“互联网+”时代。任何信息，小到人们日常生活的衣食住行，大到国家政府的政策法令，都有可能在这个新媒体平台上得到广泛关注和裂变式传播，甚至引发影响巨大的事件。正是在这种背景下，国家公共安全已经成为一个高危的应用领域，各种因素，如自然灾害、突发事故、金融诈骗、公共卫生、食品安全等随时都有可能引发严重的危机。而这些因素与多种多样的网络应用（网站、博客、微博、论坛、即时通信、新闻互动、问答社区、搜索引擎等）混合在一起，在互联网信息上的表现则极其复杂多变，可谓是“百花齐放”“百家争鸣”，表现出强烈的模糊性和不确定性，为信息的感知和理解带来了巨大的困难和挑战。

在当前时代，金融是众多领域中发展最为迅猛的领域之一，许多金融相关的国家公共安全问题也不断在互联网平台上暴露出来，故本章将针对金融领域相关的互联网信息进行感知与理解。P2P 借贷是指个人与个人或者个人与企业之间直接通过网络借贷，网络借贷 P2P 是近年来在世界范围内快速发展的一种新型金融商业模式。国内 P2P 网络借贷机构凭借其便利性、高利率等优势迅速发展，然而也存在诸多问题，如公司“跑路”、提现困难等。目前针对 P2P 网贷机构的信息感知与理解仍然十分稀缺。特别地，P2P 网络借贷产生了很多数据，尤其是非结构化自然语言文本数据不断涌现，其中蕴含了比结构化数据更为丰富的信息。如何利用这些数据对金融领域的互联网信息进行有效的感知与理解，对于加强市场监管、辅助制定政策和决策、营造良好的金融投资环境等都具有重要意义。

本章以国家公共安全相关的金融领域 P2P 网络借贷为例，进行信息的感知与理解，具体包括线索发现研究、主题分类研究、公众情感分析研究。首先，从多种数据的线索发现入手，结合网络爬虫、数据清洗、信息检索等信息采集与获取技术的改进，分析研究金融领域的互联网信息特性。其次，在找到国家公共安全相关的互联网信息线索后，接着对这些信息进行更为详细的主题类别研究。再次，在主题分类的基础上，后续着重分析互联网信息平台上关于国家公共安全主题的公众情感倾向，主要包括情感词典构建、单文本情感分析和主题公众情感分析。最后，在主题公众情感分析的基础上，主要对国家公共安全领域的网络社会张力的整体态势进行研判，以便未来能够为面向国家公共安全的网络治理提供有效的数据支撑。本章的研究过程如图 6-1 所示。

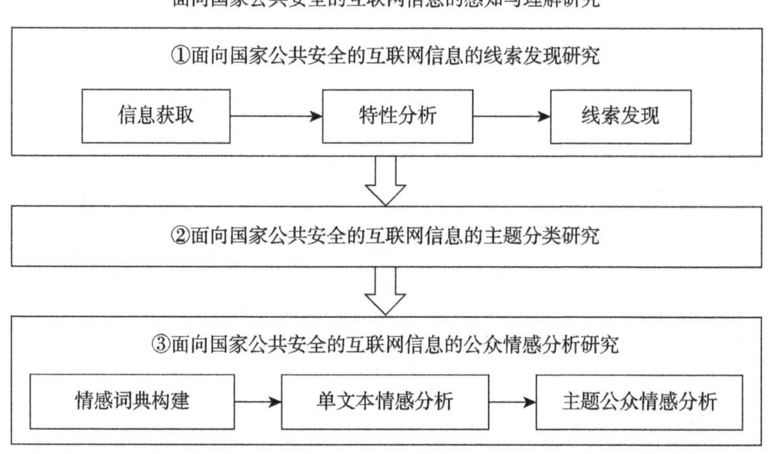

图 6-1　本章研究过程设计

6.2　面向国家公共安全的互联网信息的线索发现研究

本章的内容是面向金融风险企业相关的国家公共安全的互联网信息的线索发现研究。信息获取与知识发现是一切信息处理的重要基础和源泉，为此，该部分主要研究信息获取、特性分析、线索发现这三方面内容。

信息获取：该部分依据国家公共安全相关的金融互联网信息范畴，使用网络爬虫、页面解析、数据清洗等技术对互联网信息（如网上发表的新闻或文章及评论、社交网站内容及行为等）进行广泛采集，对于所涉及的特定人、事物或机构信息，则可以考虑采用定向获取的方式，通过内容关联技术将网络空间关系与相应的真实社会的关系进行匹配；采用信息检索、信息抽取及其优化技术等对获取到的信息进行过滤，筛选出其中真正与国家公共安全相关的互联网信息。本章主要从网贷之家平台和新浪微博平台获取信息，从而为后续的研究内容提供支撑。

特性分析：将国家公共安全相关的互联网信息与互联网普通信息进行对比分析，使用中文分词、词性标注、去停用词等技术进行处理，采用词项频率/文档频率统计、信息增益、卡方统计、LDA 主题模型、词向量模型、段向量模型及它们的改进技术进行对比特性分析，明确国家公共安全相关的互联网信息的独特属性及其表示方法。

线索发现：本章将线索发现看作是二分类问题（区分正常企业及不正常企业）和四分类问题［将二分类中不正常企业具体分为歇业或停业（转型）、提现困难、“跑路”或经侦介入共三个类别］。基于国家公共安全相关的互联网信息的独特属性构造特征集、训练集及测试集，采用机器学习技术中的 SVM（高斯核和线性核）、朴素贝叶斯、决策树、逻辑回归、K 近邻（K-nearest neighbor，KNN）、随机森林、Adaboost、BP 神经网络等技术训练多种基分类器，以及深度学习技术中的卷积神经网络和循环神经网络，分别进行分类性能评估和比较。构建元学习框架，尝试将上述基分类器以层级归纳的方式融合形成元学习分类器，给出敏感线索发现的最终输出结果。为解决数据不平衡问题，本章还研究了强化学习技术中的 Max-min ACLA（actor-critic learning automaton）算法。以上各个技术将给出线索发现具体的风险类别，然后继续对该结果进行评估反馈，指导前述模块的优化提高。为提高计算效率，本章同时在实验室搭建的分布式平台进行了实验。

在发现敏感线索后，必将有助于通过某些人物信息，找出核心人物及团伙，锁定嫌疑人；或者预先发现互联网中的不安全因素，及时采取有效措施，预防事故的发生。由于互联网信息具有数据量大、信息结构复杂、动态性强及获取到的有效信息比例小等特点，在实现线索发现系统时具有一定的难度。其中，线索发现是该部分的重点，国家公共安全信息特性分析及元学习框架也是难点所在。

6.2.1　信息获取

本章主要从网贷之家平台和新浪微博平台获取信息，从而为后续的研究内容提供支撑。

1. 网贷之家平台

研究采用从网贷之家等互联网渠道获取的 4554 家公司信息，每家公司包含文本型数据（高管简介、公司简介、经营范围等）、数值型数据（预期投资期限、平均预期收益率等共 22 个特征）、内嵌数值的文本型数据（公司股权结构共 36 维特征）。针对网贷之家平台，利用网络爬虫技术对其数据进行采集，爬取的平台数据主要包括平台介绍主页面、平台概览模块（高管简介和公司简介）、数据模块、评级模块及点评模块。

网贷之家原始数据共有 6 个类别，不同的类别代表着不同的公司经营状态。各类公司的数量如表 6-1 所示。

表 6-1　网贷之家原始数据数量

公司经营状态	公司数量
正常	1849
提现困难	595
经侦介入	21
“跑路”	826
歇业	1223
停业（转型）	40
总计	4554

下面以“你我贷”平台为例，具体爬取步骤如下所示。

（1）登录网贷之家（https://www.wdzj.com/）平台。

（2）爬取平台主页面信息。

（3）采用 beautifulSoup 框架对网页内容进行解析。

（4）对平台概览模块、数据模块、评级模块、点评模块分别进行爬取。

（5）分别对平台主页面及所有平台的相应模块进行爬取。

（6）在获取以上信息的同时，在服务器上部署服务，每天以微信可视化的方式定时告知及预警平台消息。

信息获取部分获取的各个公司原始数据描述如下。

（1）文本型数据（高管简介、公司简介、经营范围）。①高管简介数据描述：由于不同类别公司高管简介的内容差异较大，本章总结了正常企业和不正常企业高管简介的差别，同时也为后续的线索发现部分提供了理论依据。对于正常企业，高管人员通常毕业于国内外知名大学，学历大多为硕士及以上，学历完整；职业经历完整，各阶段工作内容有相对具体的描述，都曾在知名公司担任重要职位；在某些方面具备丰富的经验等。对于不正常企业，高管简介通常篇幅短，学历较低；曾任职于小公司、不知名公司，按时间顺序罗列履历；较少篇幅介绍所在公司和职位，较少介绍具备什么经验；部分介绍有自吹自擂现象。②公司简介数据描述：由于不同类别公司简介的内容差异较大，本章总结了正常企业和不正常企业的公司简介的差别，同时也为后续的线索发现部分提供了理论依据。对于正常企业，公司简介主要包含经营内容、经营范围、经营理念、社会责任、成立背景、公司股东和管理层的背景，同时也包括法律信息、荣誉称号、合作对象、注册资金、融资数量和优秀产品的详细信息。这些信息能够充分描述一家公司。不同类别公司的描述信息差异很大，这对后续的风险类别评估起到了重要作用。对于不正常企业，公司简介通常首先是“平台曝光”“联系不上”等关键词；其次是原有的公司简介。这部分简介通常是公司口号宣传或是自吹自擂的内容，而并非真实的经营内容和服务范围等。③经营范围数据描述：由于不同类别公司经营范围的内容差异较大，本章总结了正常企业和不正常企业经营范围的差别，同时也为后续的线索发现部分提供了理论依据。对于正常企业，经营范围通常十分详细具体，包含公司能做什么业务及不能做什么业务。对于不正常企业，网站上经营范围的信息大多数为空，可能是有意不写这方面的内容，而经营范围的内容也大多较为泛泛。

（2）数值型数据（预期投资期限、平均预期收益率等共 22 个特征）如下。

上线时间，如“2012-2-21”等具体日期。

平均预期收益率，如“9.72%，12.1%”等具体利率。

预期投资期限，如“12.88 个月”等具体期限。

成交量/万元，如“16 419.7/万元”等具体数字。

成交量变化，如“−9.49，1.74”等具体数字。

投资人数，如“277 164”等具体人数。

投资人数变化，如“−4.28%，3.78%”等具体变化率。

借款人数，如“1085”等具体人数。

借款人数变化，如“−0.18%，0.29%”等具体变化率。

日资金净流入/万元，如“−1696.32/万元，11 384.58/万元”等具体数字。

日资金净流入变化，如“−96.97，171.67”等具体数字。

日待还余额/万元，如“86 090.42/万元”等具体数字。

日待还余额变化，如“−1.93，0.61”等具体数字。

评分，从 0 分到 5 分的具体数字，如“3.4”。

关注人数，如“954”等具体人数。

发展指数，从 0 到 100 的具体数字，如“71.2”。

排名，从第一名顺序往后排。

开业日期，如“2013 年 10 月 14 日”等具体日期。

核准日期，如“2017 年 4 月 20 日”等具体日期。

域名备案时间，如“2016 年 5 月 5 日”等具体日期。

点评分数，从 0 分到 5 分的具体数字，如“4.2”。

注册资金，如“5000 万元（实缴资金：5000 万元）”等具体数字。

（3）内嵌数值的文本型数据（公司股权结构等）。通过自然语言文本结合数值表达的形式介绍了公司的股权构成，有直接采用钱数描述的，如“×××公司认缴 1690.24 万元”；也有采用百分比描述的，如“×××公司（占股 11.04%）”。股东可能是公司，也可能是个人。

2. 新浪微博平台

网络爬虫技术的主要流程包括网页采集、网页解析、数据存储、数据分析，其具体流程如下。①给出关键词，得到爬取种子（URL[①]）；②根据爬取种子得到下载页面；③解析页面，得到微博的主要信息和每篇微博博主的主页 URL；④模拟点击评论，如果评论全显示出来了，则抓取所有评论并转到第七步，否则得到评论的 URL 转到第五步；⑤根据评论的 URL 到评论页面；⑥如果评论比较多模拟下拉，抓取所有评论信息；⑦根据微博的 URL 到微博用户主页面；⑧解析页面，抓取微博用户的所有信息；⑨得到下一页的 URL，转到第二步。

6.2.2　特性分析

该部分使用中文分词、词性标注、去停用词等技术进行处理，采用词项频率/文档频率统计、信息增益、卡方统计、LDA 主题模型、词向量模型、段向量模型及它们的改进技术进行对比特性分析，明确国家公共安全相关的互联网信息的独特属性及其表示方法。

1. 对平台数据模块和评级模块结构化数据分析

针对结构化数据进行数据清洗，通过对数据的分析，发现“跑路”等危害国家公共安全的公司有很多指标数据为空，如图 6-2 所示。

横坐标标签 0、1、2 分别代表平台的运营状态的运营中、停业或转型、问题平台，纵坐标代表相应指标的数值。

通过图 6-3 可以发现很多有问题的公司平台数据都是空的，不为空的数据指标包含综合评分、注册地、平台背景、参考利率等，以下是针对这几个指标的具体分析，如图 6-4~图 6-7 所示。

---

① URL：统一资源定位器，英文全称 uniform resource locator。

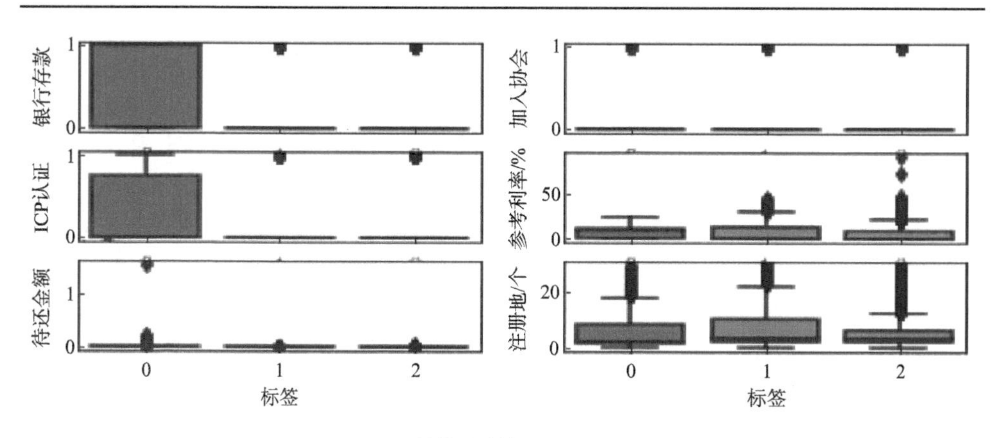

图 6-2　结构化数据的分析（一）

1 表示“有”；0 表示“无”，下同

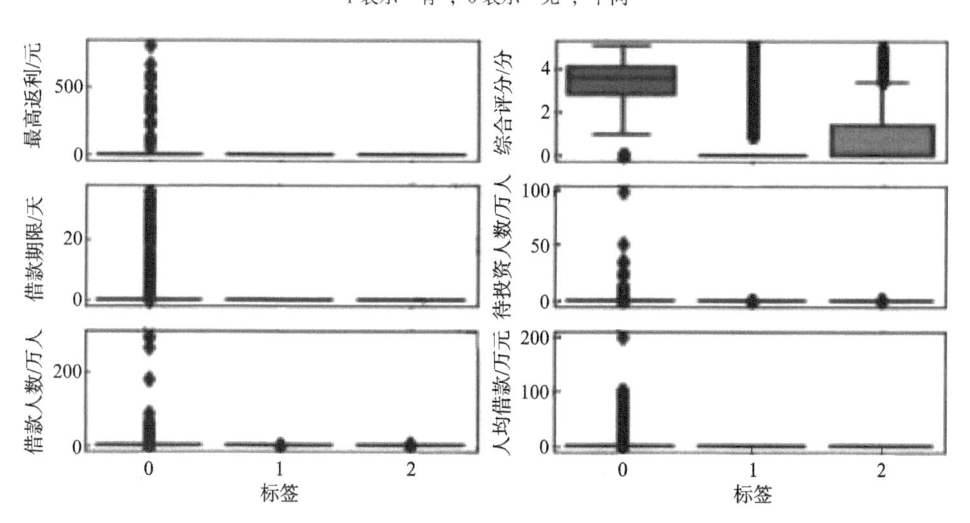

图 6-3　结构化数据的分析（二）

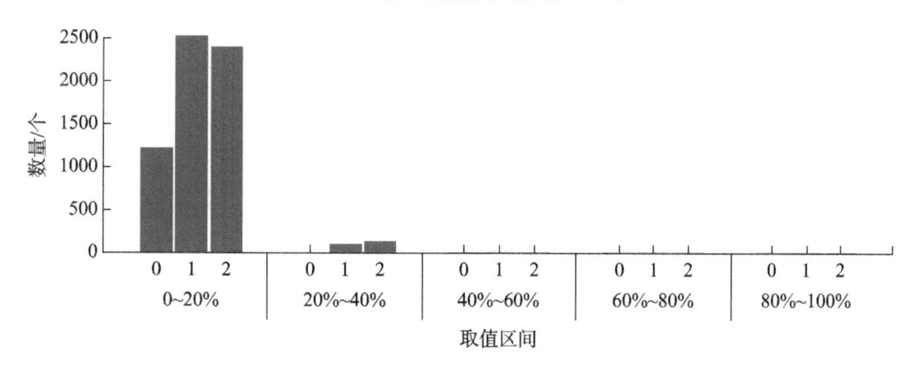

图 6-4　参考利率

参考利率：从图 6-4 可以看出，正常平台参考利率都在 0~20%内。在 20%~40%区间内，存在停业转型或者“跑路”的平台。

平台背景：从图 6-5 可以看出，大部分网贷平台的背景取值位于 6~7，表示很多平台背景为空。

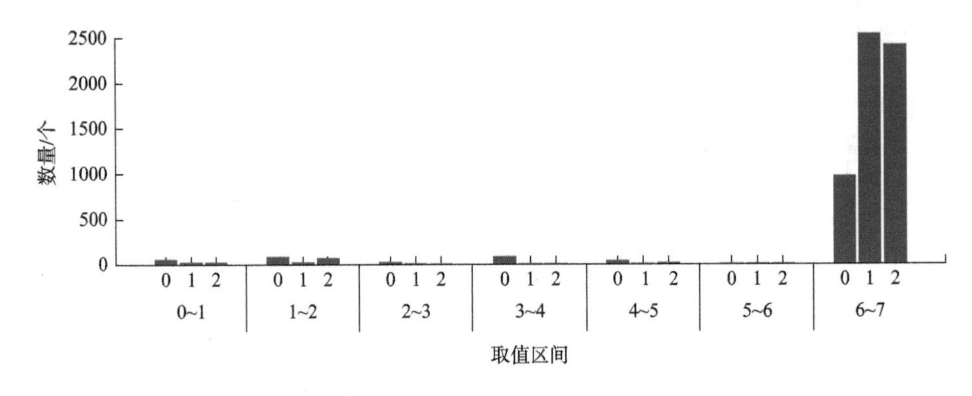

图 6-5　平台背景

注册地：从图 6-6 可以看出，大部分平台的注册地取值在 0~5，说明大部分注册平台都在北京、上海、广东、浙江等省市。

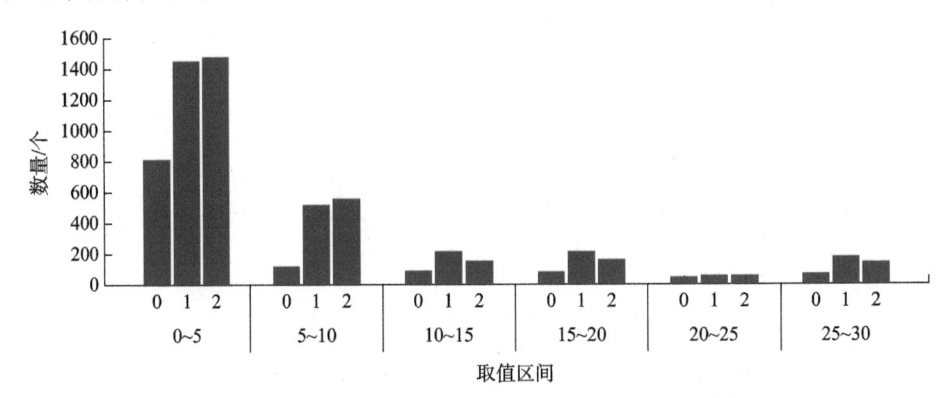

图 6-6　注册地

综合评分：从图 6-7 中可以看出，停业或“跑路”大部分平台位于 0~1，说明了平台正常与综合评分比较高的关系。其中横坐标代表标签及数值区间，纵坐标代表个数，以综合评分为例，取值 0~1 表示值在 0~1 的三个标签分别有多少个平台。

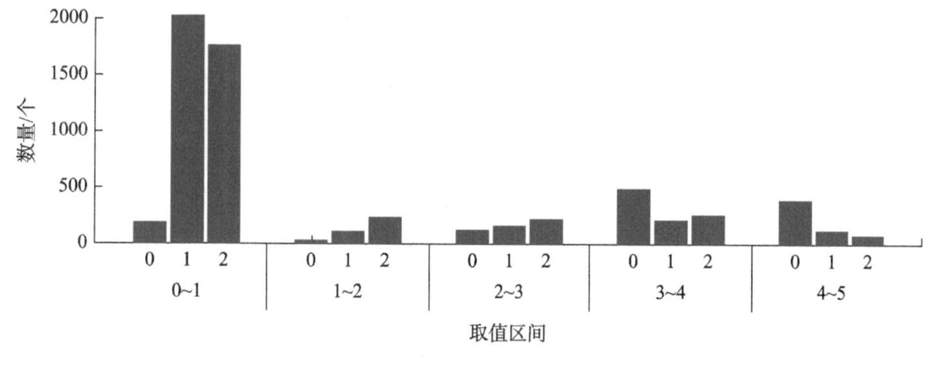

图 6-7　综合评分

通过以上数值型数据图示可以发现：①参考利率在 20%以上的大多标签为 1 或 2；②综合评分标签为 0 在取值区间 0~2 相对比较少，3~5 相对比较多。

2. 针对平台概览非结构化数据进行分析

针对非结构化数据，进行去停用词和中文分词等技术处理。

（1）随着数据集的增加，后续还可增加和完善停用词词典的内容。

（2）采取 Python 的 jieba 分词包，对非结构化数据进行分词。

（3）采用 TF-IDF 进行分析。

TF-IDF=TF×IDF，是一种用于信息检索与挖掘的常用加权技术。TF-IDF 是一种统计方法，用以评估一个词对于一个文件集或一个语料库中的其中一份文件的重要程度。字词的重要性随着它在文件中出现的次数成正比增加，但同时会随着它在语料库中出现的文档频率成反比下降。上述引用总结为，一个词语在一篇文章中出现次数越多，同时在所有文档中出现次数越少，越能够代表该文章。实验结果如图 6-8 所示。

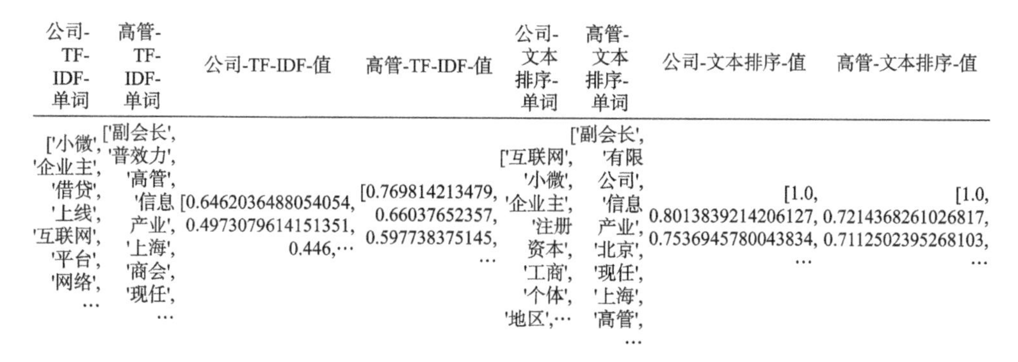

公司-TF-IDF-单词	高管-TF-IDF-单词	公司-TF-IDF-值	高管-TF-IDF-值	公司-文本排序-单词	高管-文本排序-单词	公司-文本排序-值	高管-文本排序-值
['小微', '企业主', '借贷', '上线', '互联网', '平台', '网络', …	['副会长', '普效力', '高管', '信息产业', '上海', '商会', '现任', …	[0.6462036488054054, 0.4973079614151351, 0.446,…	[0.769814213479, 0.66037652357, 0.597738375145, …	['互联网', '小微', '企业主', '注册资本', '工商', '个体', '地区',…	['副会长', '有限公司', '信息产业', '北京', '现任', '上海', '高管', …	[1.0, 0.8013839214206127, 0.7536945780043834, …	[1.0, 0.7214368261026817, 0.7112502395268103, …

图 6-8　TF-IDF 实验结果

3. P2P 企业有效文本信息的提取及特征表示

P2P 网络借贷作为一种新型金融商业模式在近年来发展迅速，其主要依托互联网平台经营，因此会产生并发布大量的网络信息，其中非结构化自然语言文本信息占据了主要部分。通常，P2P 网贷机构相关的网络信息主要包括公司简介、高管简介、经营范围等文本信息及预期收益率等数值信息，如何从众多信息中提取有效信息是完成本章任务的第一步。通过实验室此前的研究发现，使用文本型数据的实验效果要比直接使用数值型数据的实验效果好。因此，本章将着重使用文本信息进行实验研究；公司简介和高管简介这两类文本信息是最能代表该企业的文本信息，并且可通过以下多种方式将这些文本信息转化为数值特征。

（1）关键词模型。关键词是文本内容最常用的特征之一，在自动文摘、信息检索、文本分类、文本聚类等方面具有十分重要的作用。本章中，由于同一类型的机构在对其描述上可能具有相似之处，因此，本节对公司简介、高管简介等文本信息构建关键词模型，作为最终风险评估的特征之一。具体方法是针对不同的数据信息，计算每个词的信息增益值，并选出信息增益值较高的一些词，使用 one-hot 编码生成特征向量。

公司简介部分关键词的信息增益值如表 6-2 所示。

表 6-2　公司简介部分关键词的信息增益值

词语	信息增益值
曝光	0.213 195 086 680 555 98
互联网	0.199 937 274 682 446 99
金融	0.192 081 895 976 389 58
网友	0.164 361 357 385 975 57
服务	0.132 864 889 002 380 3
网站	0.127 070 934 041 499 16
打不开	0.126 800 396 063 014 74
提供	0.125 150 977 373 597 82
安全	0.108 549 597 886 174 96
企业	0.095 540 728 271 173 38
于	0.091 872 985 506 147 25
原址	0.089 194 567 028 915 93
贴	0.089 128 538 059 520 26
专业	0.085 603 479 954 742 49

（2）LDA 文档主题生成模型。LDA 文档主题生成模型是一个典型的词袋模型，可以用来识别大规模文档集或语料库中潜藏的主题信息，并认为在文档中存在隐含语义的主题。每一篇文档代表了一些主题所构成的一个概率分布，而每一个主题又代表了很多单词所构成的一个概率分布。LDA 将每一篇文档视为一个词频向量，从而将文本信息转化为了易于建模的数字信息。在指定主题数后，可以为每条数据生成 LDA 特征向量。LDA 生成过程如下：对每一篇文档，从主题分布中抽取一个主题；从上述被抽到的主题所对应的单词分布中抽取一个单词；重复上述过程直至遍历文档中的每一个单词。

（3）词向量模型。word2vec 模型是一种词向量模型。词向量是一种词的分布式表示。每个词都被映射到一个连续的空间中，并由一个稠密的低维向量表示。因为词的语义被分散地存储在了向量的各个维度中，每个维度都包含部分语义信息。词向量最大的优势在于使得相关或者相似的词，在空间中的距离更接近了。向量的距离可以用最传统的欧氏距离来衡量，也可以用 cos 夹角来衡量。本章使用词向量模型进行词向量的训练与生成，并将词向量作为后续提到的深度学习网络的输入。

（4）段向量模型。doc2vec 模型是一种段向量模型。段向量起源于神经网络语言模型，它可以将一个句子、一个段落乃至一篇语料表示为一个向量的形式，是一个分布式记忆模型。相较于词向量模型，段向量模型可以将整个上下文的语义、语法及情感信息与单词很好地结合起来。本章为每一条高管简介或公司简介生成一个段向量特征，并将段向量作为后续提到的深度学习网络的输入。公司简介段向量取 200 维的特征向量。

6.2.3　线索发现

互联网信息的线索发现是一项非常综合而富有挑战性的研究，涉及多种研究领域的多种算法和技术，包括网络爬虫、信息检索、分类与聚类、数据挖掘、情报分析、机器学习、深度学习、元学习、强化学习、自然语言处理等。如何从互联网信息中及时准确地发现重要线索，是本章的研究重点。针对这一问题，本节做了如下工作。

1. P2P 背景

P2P 借贷是指个人与个人或者个人与企业之间直接通过网络借贷的借贷模式。网络借贷 P2P 是近年来在世界范围内快速发展的一种新型金融商业模式。国内 P2P 网络借贷机构凭借其便利性、高利率等优势迅速发展，然而也存在诸多问题，如公司“跑路”、提现困难等。目前针对 P2P 网贷机构的风险评估仍十分稀缺。特别地，P2P 网络借贷产生了很多数据，尤其是非结构化自然语言文本数据不断涌现，其中蕴含了比结构化数据更为丰富的信息。利用这些数据对借贷风险进行有效的评估，对于加强市场监管、辅助制定政策和决策、降低网贷风险、营造良好的金融投资环境等都具有重要意义。

在当前信息化时代，数据的处理和分析至关重要。如果没有机器学习对于大量杂乱无章的数据进行科学的处理，许多信息将无法显示其有用的价值。深度学习是机器学习研究中的一个新领域，能够从大量数据中自动学习特征，从中归纳出较难识别的规律，并把学习到的规律应用在类似数据上，从而推断出预期的结果。元学习能够集中各种模型的优势，通常可进一步地提升实验结果的准确性。强化学习对环境先验知识要求低、自学习能力强等特点，使其成为近几年十分热门的一个分支。可见，上述方法的特点能够很好地进行线索发现方面的研究，同时也满足了 P2P 网络借贷风险评估的应用需求。

在面向实际数据的应用方面，以全国范围内从事网络借贷 P2P 的企业为研究对象，研究采用从网贷之家等互联网渠道获取的 4554 家公司信息，每家公司包含文本型数据（高管简介、公司简介、经营范围）、数值型数据（预期投资期限、平均预期收益率等共 22 个特征）、内嵌数值的文本型数据（公司股权结构共 36 维特征）。从文本分析的角度对企业信息进行挖掘，发现其中的有效线索，然后对企业的结构化和非结构化文本信息进行基于机器学习、深度学习、元学习和强化学习的文本分析技术研究。

综上，本章综合利用机器学习、深度学习、元学习、强化学习和自然语言处理技术，以 P2P 语料中能够反映公司经营状态的结构化和非结构化数据为研究对象，着重探索了面向自然语言文本数据的线索发现和风险评估问题，并且搭建了分布式集群平台。

2. 研究内容

本节尝试了多种不同的文本信息特征提取方法，将 P2P 企业的相关文本信息表示成数值形式的特征向量；然后，通过对机器学习、深度学习、元学习和强化学习的研究，对比分析不同算法的优缺点，研究实现一种适合解决 P2P 风险评估问题的实验系统，并通过相应实验，验证该系统的有效性。主要研究内容包括以下几个方面。

1）机器学习模型

（1）SVM。SVM 是机器学习算法中一种基于核函数的方法。它的主要思想是将低维输入空间线性不可分的样本空间转化为高维特征空间使其线性可分，然后在特征空间中构建最优超平面，使得分类器得到全局最优化。本节中分别使用具有高斯核和线性核的 SVM 分类器。

（2）逻辑回归。逻辑回归其实是一个分类算法而不是回归算法，通常利用已知的自变量来预测一个离散型因变量的值。

（3）朴素贝叶斯。朴素贝叶斯分类器的主要思想是通过联合概率建模，运用贝叶斯定理求解后验概率，将后验概率最大者对应的类别作为预测类别。

（4）KNN。KNN 算法的主要思想是在训练集中选取离输入的数据点最近的 K 个邻居，根据这 K 个邻居中出现次数最多的类别（最大表决规则），作为该数据点的类别。

（5）决策树。决策树的主要思想是以信息熵为度量标准构造一棵熵值下降最快的树，到叶子节点处的熵值为零，此时每个叶子节点中的实例都属于同一类。

（6）随机森林。随机森林算法是基于 bagging 思想的集成学习算法，主要通过对训练数据集进行随机采样，以重新组合成不同的数据集，利用弱学习算法对不同的新数据集进行学习，对这些预测结果做平均或者投票并做出最终的预测。

（7）Adaboost。Adaboost 是基于 boosting 思想的集成学习算法。Adaboost 能够自适应地调整样本的权值分布，将分错的样本的权重设高、分对的样本的权重设低，所以被称为"Adaptive boosting"。

（8）BP 神经网络。BP 神经网络具有任意复杂的模式分类能力和优良的多维函数映射能力。从结构上讲，BP 网络具有输入层、隐藏层和输出层；从本质上讲，BP 算法就是以网络误差平方为目标函数，采用梯度下降法来计算目标函数的最小值。

2）深度学习模型

针对 P2P 网贷机构风险的评估问题，本节已经使用传统机器学习方法做了大量研究。但是，由于 P2P 网络借贷是一种新兴的商业模型，正处于新发展阶段，能够捕捉的数据量较小，并且每种风险类型企业数据分布十分不平衡，而传统的机器学习方法对数据量及数据平衡性的要求都较高，因此在此前的工作中，只能把多种不同的风险类型的企业看作一类，把无风险的企业看作另一类来进行建模。为解决这一问题，在接下来的研究中，本节使用深度学习技术进行改进，增强模型的自学习能力，使模型在较少的数据训练的情况下也能达到较好的效果，进而实现对企业风险更加细致的划分并期望得到较好的结果。根据网贷之家的数据将企业风险分为四类：经营正常；"跑路"、提现困难；歇业、停业；经侦介入。本节使用深度学习技术对文本型数据的公司简介、高管简介、经营范围进行分析，从而判断 P2P 网贷机构的具体风险类型。

本章主要使用深度学习中的卷积神经网络及其变体和循环神经网络及其变体来进行研究。卷积神经网络及其变体包括以下内容。

深度学习技术的重要模型之一是卷积神经网络。CNN（convolutional natural

network，卷积神经网络）是一种人工神经网络模型，最早起源于计算机视觉领域，随后在 NLP（natural language processing，自然语言处理）领域同样取得了不错的进展。CNN 网络结构中主要包括卷积和池化两种操作。卷积的主要目的是抽取局部特征，利用大小固定的多个卷积核在输入神经元上滑动卷积，得到特征图。池化是对特征图进行降维，这样可以防止过拟合及进一步减少参数。CNN 的最大优势在于能够自动学习并抽取特征，同时捕捉其中的语义与语法信息。相较于图像识别，NLP 任务的输入不再是图片上像素点，而是自然语言中的词语、句子等文本信息。因此将 CNN 应用到 NLP 领域中的首要任务就是将文本信息表示成类似像素点一样的矩阵形式。这里通常将词向量作为 CNN 模型的输入。一般地，在词向量矩阵中，每一行对应一个词语的词向量，列数代表词向量的维度。由于文本的长短不一，可以通过截断或者补零的方法来控制一段文本包含固定数目的词语。

本章研究使用了 textCNN、DCNN（dynamic convolutional neural network，动态卷积神经网络）与 C-LSTM 三种现有的 CNN 模型，并在 textCNN 基础之上提出了两种改进的模型 CNN+BP 和 CNN+EWE（expanded word embedding，扩展单词嵌入），实验表明 CNN+BP 的改进模型能进一步提升 P2P 网贷机构风险类别评估的准确率。下面对上述几种模型分别进行介绍。

（1）textCNN。Kim 等（2014）提出了一个简单的 CNN 模型并将其应用于文本分类。该模型的输入为单通道或多通道的词向量，之后是一个一维卷积层和一个最大池化层，池化结果拼接之后和 softmax 层进行全连接。该模型根据是否对词向量的权重进行调整，又分为随机（rand）、静态（static）和非静态（non-static）三种，也可以多通道（multi-channel）输入。rand 模型的词向量初始是随机生成的，在模型训练过程中会自动调整；staic 模型使用预先训练好的词向量，训练过程中不做调整；non-static 模型使用预先训练好的词向量，但是训练过程中会对词向量进行调整；multi-channel 模型使用 rand 和 non-static 双通道。

（2）DCNN。Kalchbrenner 等（2014）提出了 DCNN。该模型提出了动态 k 最大池化方法，改进了池化层，使池化层提取的特征数量和输入文本的长度有关。该模型的卷积层采用宽卷积，并且该模型的卷积方法不同于一般的一维卷积或二维卷积方法，而是对词向量的每一个维度进行独立的卷积操作，因此能够保留原始词向量维度，并在此基础上进行多次卷积。

（3）C-LSTM。Zhou 等（2015）提出了一种将 CNN 和 LSTM 相结合的模型 C-LSTM。该模型将 CNN 自动抽取特征的能力与 LSTM 对上下文的记忆特性相结合。首先，利用 CNN 对词向量矩阵进行卷积；其次，将得到的多个特征图的相同位置的神经元拼接。将拼接结果看作是时间序列，按顺序进入 LSTM，并将 LSTM 最后一个隐藏单元作的输出和 softmax 层全连接。

（4）CNN+BP。鉴于关键词特征在传统机器学习分类模型中具有良好的表现，而词向量模型在卷积神经网络中作为主流输入特征有不错的表现，但词向量主要表征的是词的语义信息，并不能很好地表达出关键词区别于其他词的作用，为此，本章着重研究了如何将关键词特征与词向量特征融合起来，优势互补，以期提高 P2P 网络借贷机构风险评估算法的性能。

本章提出的第一种改进模型为 CNN+BP，其思想是将 CNN 抽取到的特征与关键词特征进行拼接，然后将其作为一个三层 BP 神经网络的输入或直接与 softmax 层进行全连接，希望通过引入额外的关键词特征以提高分类效果。

假设样文本长度为 m，$x_i \in R^d$ 代表文本中第 i 个词所对应的 d 维词向量，则该文本 s 可以表示为

$$s = x_{1:m} = x_1 \oplus x_2 \oplus \cdots \oplus x_m \tag{6-1}$$

其中，$\oplus$ 代表连接运算符。可以通过截断或补零的方法来控制文本长度固定为 n。截断是指文本长度超过 n 时（$m \geqslant n$），则 $s = x_{1:n}$，即只保留前 n 个词。补零是指文本长度小于 n 时（$m<n$），则 $s = x_{1:m} \oplus x_{m+1} \oplus x_{m+2} \oplus \cdots \oplus x_n$，即在末尾补上 $n-m+1$ 个全零向量。

通过截断与补零将文本长度控制为 n，其中 $x_i \in R^d$，则文本 s 可表示为

$$s = x_{1:n} = x_1 \oplus x_2 \oplus \cdots \oplus x_n \tag{6-2}$$

推广到一般情况如式（6-3）所示：

$$x_{i:j} = x_i \oplus x_{i+1} \oplus \cdots \oplus x_j \tag{6-3}$$

假设卷积核 $w \in R^{hd}$，其中，h 代表卷积核的窗口大小，d 代表 d 维向量。每个单词窗口 $x_{i:i+h-1}$ 通过式（6-4）产生一个特征 c_i

$$c_i = f\left(w \cdot x_{i:i+h-1} + b\right) \tag{6-4}$$

其中，b 代表偏置；f 代表非线性函数，如 ReLU 或 tanh。卷积核 w 与每一个单词窗口 $\{x_{1:h}, x_{2:h+1}, \cdots, x_{n-h+1:n}\}$ 卷积得到特征图 c，且 $c \in R^{n-h+1}$。计算公式如式（6-5）所示：

$$c = \left[c_1, c_2, \cdots, c_{n-h+1}\right] \tag{6-5}$$

对特征图 c 使用最大池化，如式（6-6）所示，且 $\hat{c} \in R$

$$\hat{c} = \max\{c\} \tag{6-6}$$

为了抽取不同的特征，需要设置不同窗口大小的卷积核，并且每种窗口大小有多个卷积核。假设有 M 种不同窗口大小的卷积核，每种卷积核个数分别为 $m_1, m_2, \cdots, m_M$，则最后池化结果的拼接结果如式（6-7）所示，且 $c_{\text{CNN}} \in R^{\sum_{i=1}^{M} m_i}$：

$$c_{\text{CNN}} = \left[\hat{c}_1, \hat{c}_2, \cdots, \hat{c}_{\sum_{i=1}^{M} m_i}\right] \tag{6-7}$$

对每一个样本，其关键词特征由式（6-8）表示，其中，k 代表关键词的个数

$$c_{\text{keyword}}=\left[k_1,k_2,\cdots,k_K\right] \tag{6-8}$$

将 c_{CNN} 和 c_{keyword} 拼接得到拼接层，如式（6-9）所示，这样 z 包含了 CNN 抽取的特征与关键词特征两种特征。拼接层和输出层之间的隐含层是可选的，若无隐含层则拼接层和 softmax 层全连接。若有隐含层，则可将拼接层视为一个三层 BP 神经网络的输入层。模型结构如图 6-9 所示。

$$z=\left[c_{\text{CNN}},c_{\text{keyword}}\right] \tag{6-9}$$

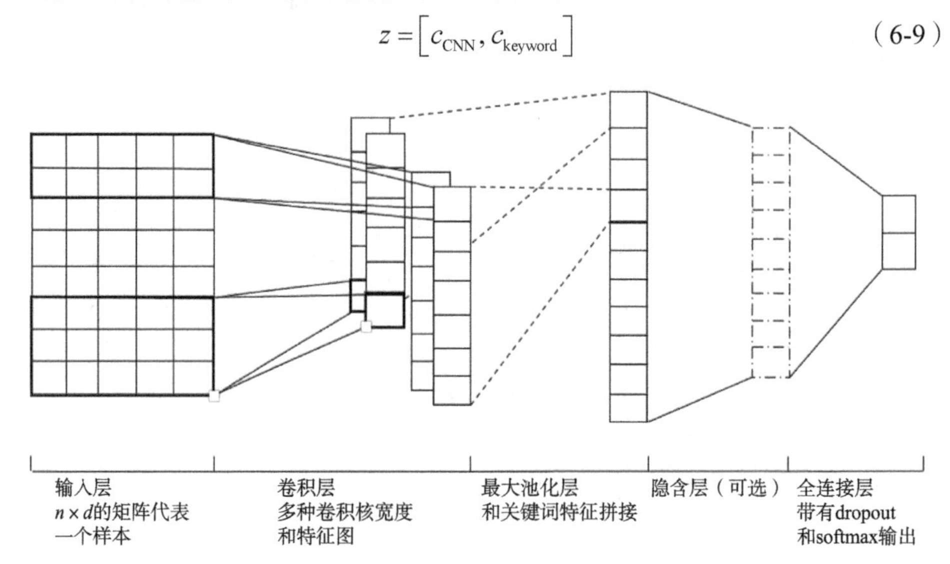

图 6-9　CNN+BP 模型结构

（5）CNN+EWE。本章提出的第二种改进模型为 CNN+EWE（图 6-10）。利用关键词信息为词向量提供额外的信息，即在原始词向量的基础之上，对词向量的维度进行扩展，扩展的维度是对该词的标记，如果该词属于关键词，则标记为 1，否则标记为 0。

首先利用信息增益选出 K' 个关键词，然后将文本的词向量矩阵的维度拓展 k' 维。假设 x_i 原始词向量由 $\left[a_1^i,a_2^i,\cdots,a_d^i\right]$ 表示，则扩展后的词向量为 $\left[a_1^i,a_2^i,\cdots,a_d^i,b_1^i,b_2^i,\cdots,b_{k'}^i\right]$。若 x_i 代表关键词，则 $b_1^i=b_2^i=\cdots=b_{k'}^i=1$，否则 $b_1^i=b_2^i=\cdots=b_{k'}^i=0$。拓展的维度可以是一维或者多维。这样做的目的是将关键词进行标记，希望达到增加词向量的语义表达效果。

深度学习技术的另一种重要模型是循环神经网络。从 20 世纪 80 年代末被提出到现在，循环神经网络也在不断发展，并且产生了多种不同的变体，如门控循环单元（gated recurrent unit，GRU）、双向循环神经网络（bidirectional recurrent neural networks，Bi-RNN）等，其中应用最为广泛的便是长短期记忆循环神经网

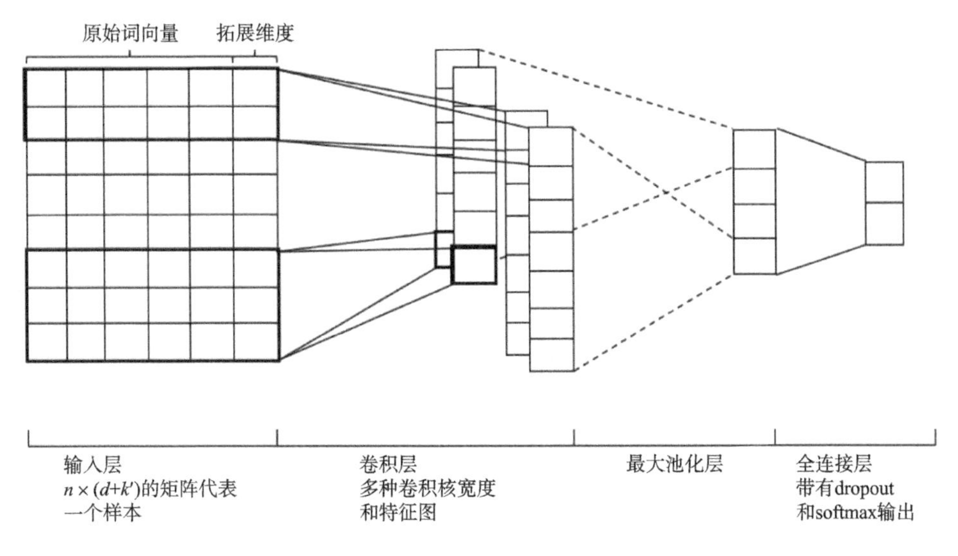

图 6-10 CNN+EWE 模型结构

络。循环神经网络对于分析序列型数据有着独特的优势，因此十分适合应用于自然语言处理领域。目前，循环神经网络及其变体已经被广泛应用到各种科技领域。例如，基于 LSTM 的系统有文本分类、机器翻译、对话系统、文本摘要、股价预测等。

本章使用了 RNN、LSTM、GRU、双向 RNN/双向 LSTM/双向 GRU、ConvLSTM、Attention-LSTM、Maxpooling-LSTM 等模型，实验表明循环神经网络及其变体能进一步提升 P2P 网贷机构风险类别评估的准确率。下面对上述几种模型分别进行介绍。

（1）RNN。使用 RNN 的目的在于处理序列型数据。在传统的神经网络模型中，从输入层到隐含层再到输出层，层与层之间是全连接的，而每层之间的节点是无连接的，这种普通的神经网络对于很多问题都无能为力。例如，需要预测句子的下一个单词是什么时，一般需要用到前面的单词，因为一个句子中前后单词并不是独立的。RNN 之所以被称为递归神经网络，就是因为一个序列当前的输出与前面的输出具有关系。具体的表现形式为网络会对前面的信息进行记忆并应用于当前输出的计算中，即隐含层之间的节点从无连接变为有连接，并且隐含层的输入不仅包括输入层的输出还包括上一时刻隐含层的输出。理论上，RNN 能够对任何长度的序列数据进行处理。但是在实践中，为了降低复杂性往往假设当前的状态只与前面的几个状态相关。RNN 的基本结构如图 6-11 所示。

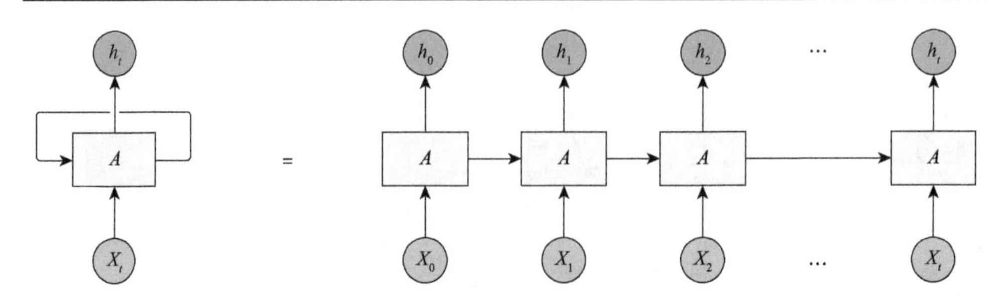

图 6-11　RNN 的基本结构

（2）LSTM。LSTM 在 1997 年被提出，为了解决传统 RNN 在长时间间隔上的反向传播（back propagation through time，BPTT）存在的一些问题，如梯度爆炸或者梯度消失。前者会导致网络权值的震荡，无法达到收敛，后者会导致网络的训练非常缓慢，甚至无法继续训练下去。LSTM（图 6-12）的新颖之处在于其在传统 RNN 的基础上，增加了 CEC（constant error carrousels，常量　误差　传送带）和三个由 sigmoid 函数（ σ ）控制的门结构，它们从左至右依次是遗忘门、输入门及输出门。其中 CEC 用来存储每一时刻的状态并传入下一时刻，而遗忘门可以选择将状态中存储的一部分信息丢弃，输入门可以决定将何值存入状态中，并与 tanh 门形成一个新的值存入状态中，而最后的输出门则决定了在该时刻的输出值。在理论上，因为其内部独特的结构，LSTM 拥有存储和检索长时间信息的能力。由于 LSTM 仍然是 RNN，具有循环神经网络的性质，所以它在某一时刻的输出只受上一层同一时刻的输出或者同一层上一时刻的输出影响。虽然 LSTM 结构更为复杂，但它在每个权重和时间步的更新复杂度方面，基本等于 BPTT。

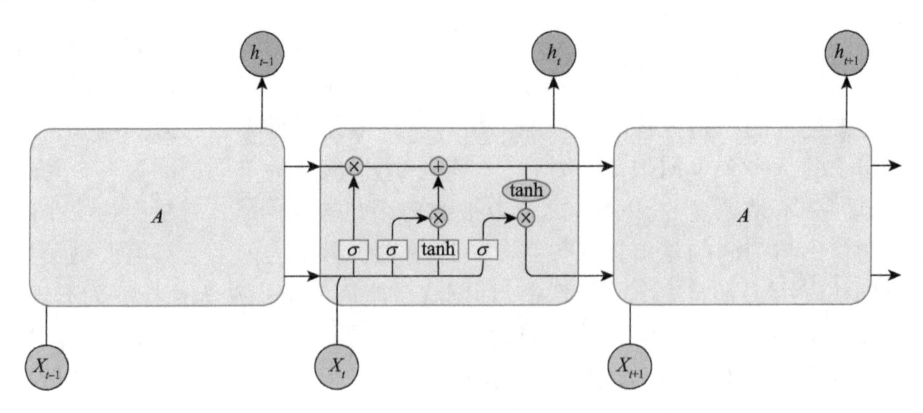

图 6-12　LSTM 单元结构图

各部分计算公式如下：

$$f_t = \sigma\left(W_f \cdot \left[h_{t-1}, x_t\right] + b_f\right) \tag{6-10}$$

$$i_t = \sigma\left(W_i \cdot \left[h_{t-1}, x_t\right] + b_i\right) \tag{6-11}$$

$$\tilde{c}_t = \tanh\left(W_c \cdot \left[h_{t-1}, x_t\right] + b_c\right) \tag{6-12}$$

$$c_t = f_t \times c_{t-1} + i_t \times \tilde{c}_t \tag{6-13}$$

$$o_t = \sigma\left(W_o \cdot \left[h_{t-1}, x_t\right] + b_o\right) \tag{6-14}$$

$$h_t = o_t \times \tanh\left(c_t\right) \tag{6-15}$$

其中，t 代表当前时刻；$t-1$ 代表上一时刻；f、i、o 分别代表遗忘门、输入门、输出门的输出；c 代表状态更新；h 代表输出；W 和 b 分别代表权值与偏置。

（3）GRU。GRU 在 2014 年被提出，其在序列型数据和时间数据上已经得到了成功的应用，最适合语音识别、自然语言处理和机器翻译。与 LSTM 相似的是，GRU 在长序列问题领域表现优良。它主要将遗忘门和输入门合成了一个单一的门，即“更新门”，同时也将 cell 状态与隐藏输出合并，形成重置门（图 6-13）。GRU 与 LSTM 相比其结构更简单，使得矩阵乘法的次数减少，所以训练过程中收敛速度较快，但是每个参数更新都将涉及与整体网络的状态相关的信息，这可能会有不利影响。窥视孔连接（peephole connection）被提出，即将 cell 的状态通过 peephole 连接输入各个门，使得每个门能受到状态信息影响。图 6-13 中的 z_t 和 r_t 分别代表更新门和重置门。更新门用于控制前一时刻的状态信息被带入到当前状态中的程度；重置门用于控制前一状态有多少信息被写入到当前的候选集 $\tilde{h}_t$ 上。

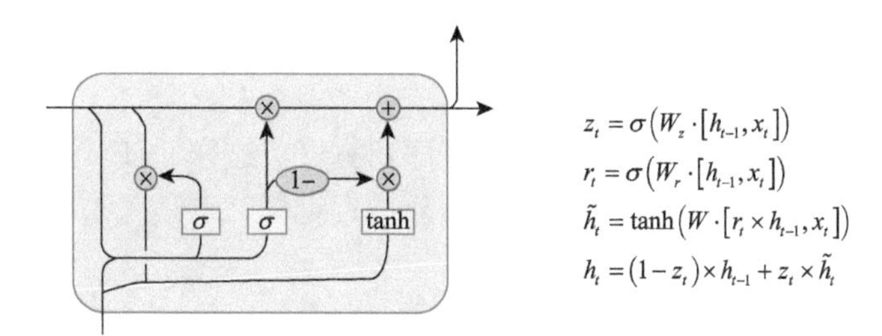

图 6-13　GRU 单元结构图

（4）双向 RNN/双向 LSTM/双向 GRU。如果能像访问过去的上下文信息一样，访问未来的上下文，这样对许多序列标注任务是非常有益的。它的主要目的是增加 RNN 可利用的信息，即可以同时使用时序输入中的历史及未来数据。Bi-RNN（图 6-14）的基本思想是每一个训练序列的前向和后向分别是 RNN，而且这两个 RNN 都连接着同一个输出层。这个结构提供给输出层输入序列中每一个点的完整的过去和未来的上下文信息。图 6-14 展示的是一个沿着时间展开的双向循环神经网络。图 6-14 中的“w”代表权值，六个独特的权值在每一个时步被重复的利用，六个权值分别对应：输入到向前和向后隐含层（$w1$，$w3$），隐含层到隐含层自己（$w2$，$w5$），向前和向后隐含层到输出层（$w4$，$w6$）。值得注意的是，向前和向后隐含层之间没有信息流，这保证了展开图是非循环的。

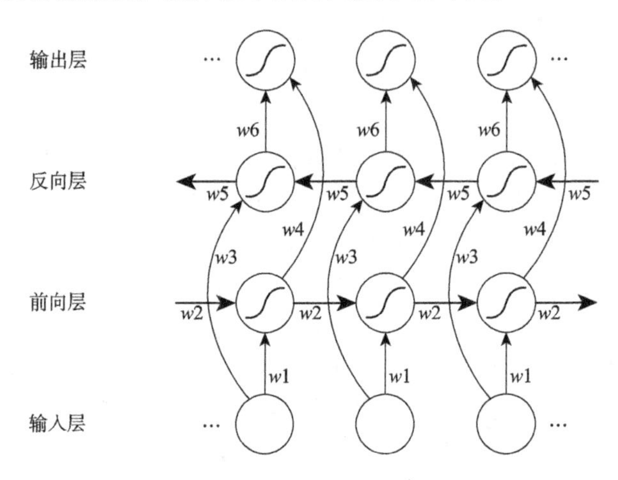

图 6-14　Bi-RNN 单元结构图

（5）ConvLSTM。CNN-LSTM 虽然能带来很好的效果，但其优秀的功劳很可能只属于 CNN 本身，而不是 LSTM，或者说 LSTM 所做出的贡献非常小。因此可以直接将卷积运算移入 LSTM 内部，对 LSTM 的运算稍加改动，使其真正意义上具备 CNN 和 LSTM 的优点。ConvLSTM（图 6-15）将原本上一时刻的输出与权值、该时刻的输入与权值的点乘运算替换为卷积运算，即 LSTM 的计算公式中的点乘运算全部换成卷积核的卷积运算。由于是卷积运算，于是将原本输入的二维数据变成了三维：时序、序列长度、序列宽度。这样 LSTM 不仅具有提取相邻时序局部特征的能力，对文本的结构信息进行记忆，也具有原本 LSTM 的长期记忆能力。

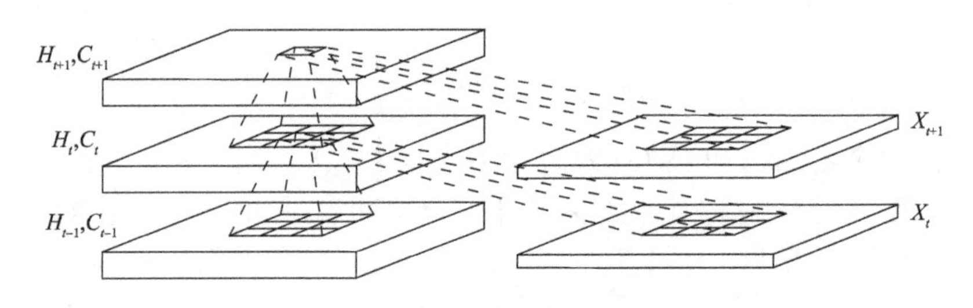

图 6-15　ConvLSTM 结构图

（6）Attention-LSTM。另一种具有记录局部特征能力的模型是 Attention-based

模型。注意力机制通俗来说就是人在观察一幅画或一个句子时，并不是全篇都注意到，对每个部分有着不同的关注度，对于一些重要的部分可能更加关注，以获得更多的信息。在一个普通的 LSTM 中，无论文本有多长，最终都会被编码成一个固定长度的向量来表示，即 LSTM 的最后时刻的输出。而 LSTM 的每次计算是按照马尔可夫方式计算的，即计算 t 时刻的状态用到了 t–1 时刻的状态，这样很多时候会限制模型的性能，尤其是输入序列较长或者记忆的单元数较小时，会造成信息丢失，模型效果会比较差。Attention-LSTM 利用 LSTM 每一时刻的输出，训练一个新的模型，选择性地专注考虑输入之间的对应相关信息，并将其输出与最后 LSTM 的输出进行关联。它既可用于机器翻译，也可用于文本分类问题。Attention-LSTM 为句子增加一个 Attention，让网络能区分句子中细微的差异，获得重点关注的部分。

（7）Maxpooling-LSTM。CNN 与 LSTM 都是将一个高维的文本向量映射成一个固定长度的向量，然后再进行分类。两者的区别在于 CNN 用于自然语言处理时是类似于一种采样的方法，通过池化层对每个特征图进行抽取，然后拼接成最后的向量。而 LSTM 是对每个词向量在时序上进行处理，每输入一个词都会更新一次记忆内容，在所有词输入过后得到最后时刻的输出向量，实际是一个不断覆盖更新的过程。由于本章 CNN 的良好性能，说明本次任务中的文本中还有很多信息是可以用上的，故想将此 CNN 的特性用于 LSTM 中，再结合 LSTM 本身的特性，以获得更好的分类器性能。本次实验将 LSTM 当成一种特殊的 CNN，所以 LSTM 每个时刻的输出可以看作一个特征图（feature map），再对这些 feature map 进行最大值池化，获得拼接向量，再将这些向量与 LSTM 最后时刻的输出进行拼接，增加最后分类可用的信息。

3）强化学习模型

目前 P2P 网贷存在的问题在于对平台风险的关注不够，并且自动评估的方法较少，而使用机器学习的方法可以实现对 P2P 企业的自动评估，但由于 P2P 网络借贷是一种新兴的商业模型，正处于新发阶段，能够捕捉的数据量较小，而传统的机器学习方法要想达到较好的效果，通常都需要大量的数据来进行训练，因此使用传统的机器学习方法可能无法达到预期的效果，需要探索新的机器学习方法。在机器学习、深度学习领域，与其他技术相比，强化学习具有对环境先验知识要求低、自学习能力强等特点，使其成为近五年十分热门的一个分支。强化学习已经被应用到多个领域的研究实践中，其在多种任务自学习方面的优势也已经得到了较为充分的验证；在算法研究方面，Mnih 等（2016）提出了一种异步的强化学习方法，即并行地使用多个实例来更新值函数，并将这种思想用于多种强化学习算法，如 Sarsa、Q-learning、actor-critic，均证明了其有效性；刘智斌等（2015）提出了一种基于 BP 神经网络的双层启发式强化学习方法，利用神经网络的泛化性能，改变了传统强化学习过程的盲目性；Hasselt 等（2015）阐述了 Q 学习算法在大规模数据问题上可能存在的过度优化问题，说明 Double-Q 学习算法可以减轻过度优化问题，并提出了基于 Double-Q 学习算法的 Double DQN 模型；Lee 和 Chung（2015）将 TD 误差应用于 Ant-Q 学习算法中，生成了一种混合模型，并通过实验证明了这种方法比传统的 Ant-Q 学习算法更快地收敛于最优策略；在数据挖掘领域，Harandi 等（2004）将强化学习用于人脸识别，利用强化学习技术找到训练数据集中每个图像的主要特征；在自动化控制领域，Kang 等（2017）应用强化学习中的 Q 学习算法，建立了一种基于车辆动力学的自主车辆行为友好策略；在机器人领域，Cui 等（2017）提出了一种新的值函数方法，用于涉及高维状态的无模型强化学习，解决了难以处理的计算复杂性问题，从而使基于值函数方法的强化学习算法适用于高维系统；在游戏比赛领域，Andrade 等（2005）提出了一种强化学习的新颖用法，来建立适应其行为的智能 agent，以提供动态的游戏平衡；而在金融领域，对强化学习的研究主要集中在股票市场，Deng 等（2017）提出了一种深度强化学习框架来进行金融信号处理和在线交易。尽管强化学习在很多领域应用中已经取得了突破性的进展，但在金融领域方面的研究较少，且主要关注股票市场的预测，几乎没有将强化学习应用于企业风险评估方向的研究，因此，本章将尝试使用强化学习的方法解决 P2P 网络借贷企业风险评估问题，探索强化学习在这方面应用的可行性，期望在解决传统的企业风险评估方法存在的问题的同时，能够得到较好的评估效果。

强化学习作为一个涉及心理学、神经科学、计算机科学等方面的交叉学科，是人工智能领域十分活跃的分支。强化学习是不同于有监督学习和无监督学习的另一种学习方式，其基本原理如图 6-16 所示。

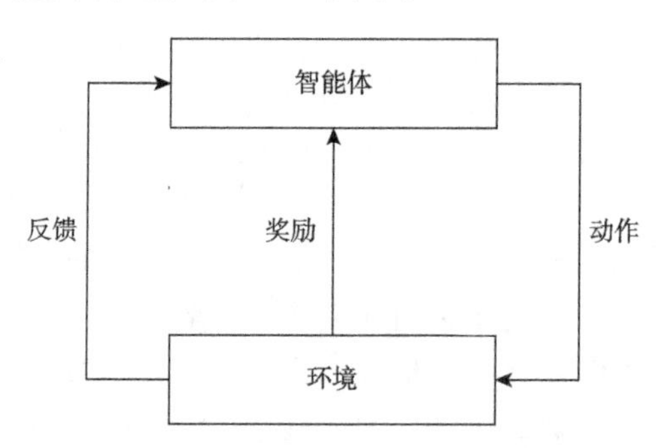

图 6-16　强化学习基本原理图

强化学习的基本原理可以描述如下：如果智能体的某个行为策略导致环境对智能体正向的奖励，那么智能体以后采取这个行为策略的趋势会加强。强化学习强调的是智能体与环境的交互，智能体选择一个动作作用于环境，环境接受该动作后发生状态的变化，同时产生一个强化信号反馈给智能体，智能体再根据强化信号和环境的状态选择下一个动作。

可见，强化学习与其他机器学习的不同之处主要在于：①强化学习没有像有监督学习中的监督者，只有奖励信号，两者的区别在于奖励信号并不是学习的标准，而只是对奖励的动作做出的评价，强化学习的目的就是最大化累积奖励；②强化学习的反馈存在延时，并不是立即生成的；③智能体执行的动作会影响之后的数据。强化学习是一种通过试错来对环境进行学习的方法。目前，强化学习在数据挖掘、机器人学习、自动控制系统、游戏比赛、调度管理、人机对话、自然语言处理等方面都得到了广泛的应用。常用的强化学习算法包括以下几种。

（1）Monte Carlo 方法。Monte Carlo（简称 MC）方法是一种无模型的学习方法，不需要环境的完整知识，MC 方法仅需要经验就可以求解最优策略，而这些经验可以在线获得或者根据某种模拟机制获得。MC 方法定义在 episode task 上，即不管采取哪种策略，都会在有限时间内到达终止状态并获得回报，该方法是依靠样本的平均回报来解决增强学习问题的，MC 方法在计算一个状态的值函数时不依赖于其他状态的值函数。该方法通常用来解决游戏类问题。

（2）瞬时差分算法。瞬时差分（temporal-difference，TD）算法是 MC 方法与动态规划算法的融合，与 MC 方法类似，它也可以直接从原始经验学起，不需要外部环境的动力学信息。与 MC 方法不同的是，TD 算法不需要等到一幕结束后才能对值函数进行更新，而是在下一时刻就可以利用下一个状态的值函数与即时回报对目标值进行更新。由于没有状态转移概率，所以要利用多次实验来得到期望状态值函数估值，在足够多的实验后，状态值函数的估计是能够收敛于真实值的。

（3）Q 学习算法。Q 学习算法是强化学习中的一个重要里程碑，是 TD 算法中的一种，被称为离策瞬时差分（off-policy TD）算法，最优行动值估计的更新依赖于假设的动作，而不是学习策略所选择的实际动作。对 Q 学习算法是对状态动作的值函数进行估计来求得最优策略，而不像 TD 算法只对状态进行值估计，并且动作值函数更新不同于选取动作时遵循的策略。在一定条件下，Q 学习算法只需采用贪心策略即可保证收敛，因此，Q 学习算法是最有效的模型无关的强化学习算法之一。

（4）Sarsa 算法。Sarsa 算法是一种基于策略（on-policy）的 Q 学习算法，两者的区别在于 Q 学习算法采用的是值函数最大值进行迭代，Q 值的更新依赖于各种假设动作，是一种离线算法；而 Sarsa 算法是使用实际的 Q 值进行迭代更新，它严格基于某个策略所获得的经验来更新值函数。在 Q 学习算法中，学习系统的行为选择策略和值函数的迭代是相互独立的；而 Sarsa 算法的行为决策与值函数的迭代是一致的，Sarsa 算法在研究一些学习控制问题时的性能要优于 Q 学习算法。

（5）actor-critic 算法。actor-critic 算法可以处理连续的状态及连续的行为的问题。actor 根据当前的状态选择动作，critic 对当前的状态及行为的表现进行估计，得到值函数，评价方法可以采用目前比较常用的方法，如 TD（λ）、LSTM、residual gradient。actor-critic 算法是目前一个非常流行且常用的强化学习算法，广泛应用于机器人、能源、经济等领域。

本章的目标是研究一种适合解决 P2P 企业风险评估问题的强化学习模型。以上提到的几种强化学习算法都是比较基本的算法，各有利弊，适用范围也略有不同，而如何选择适当的算法应用于 P2P 企业风险评估问题是研究的重点及难点。由于 P2P 企业风险评估问题难以显式地定义动作集，而 Q 学习等算法需要挑选动作，因此不适用于该问题。而一种改进的 Max-min ACLA 算法则可以解决这个问题，该算法是基于 actor-critic 算法实现的，它结合了传统的神经网络，使强化学习可以解决分类问题，而本章的 P2P 企业风险评估问题可以看作是一种基于文本特征的分类问题。虽然常见的有监督机器学习算法在分类任务上已经能够达到较好的效果，但大多数算法都需要大量的训练数据来进行充分的训练，并且都对训练数据的不平衡性较为敏感，然而本章中的实验数据规模较小，且各类数据较不平衡，因此本章将使用强化学习的方法进行评估分类建模，解决 P2P 网贷企业数据量小及数据不平衡的问题。但由于多层感知机的引入，Max-min ACLA 算法的训练过程比其他算法慢了很多，为了加速模型的训练，本章基于经验回放和优先采样的思想，提出了一种动态更改样本权重的方法，使得在之前的学习中被错误分类的样本的权重更大，进而增加这些样本在后续训练中被选中的概率，以此来加速模型的训练，增加模型的实用性。关键技术如下。Max-min ACLA 算法。首先，本节使用 Max-min ACLA 算法构建强化学习基线模型。其次，提出一种动态更改样本权重的方法对模型进行改进，加快模型的收敛速度，并得到最终的系统模型。

Max-min ACLA 算法：Max-min ACLA 算法是 ACLA 算法的一个延展，它结合了多层感知机（multi-layer perceptron，MLP）并且能够解决分类问题。

假设数据集 $D=\{(x^1, y^1), (x^2, y^2), \cdots, (x^n, y^n)\}$包含 n 个样本，其中，x^i代表第 i 个样本的特征向量；y^i代表它的目标类别，$y^i \in \{0, 1, \cdots, N-1\}$；$N$ 代表类别总数，本章中，N 是 4。Max-min ACLA 算法为每个目标类别构建一个 agent，对于每个训练样本，与该训练样本类别相同的 agent 会选择动作来使它获得的奖励最大化，而具有其他类别的 agent 会选择动作来使它获得的奖励最小化。每个 agent 接收三个桶作为状态向量，每个桶的大小与输入向量 x^i 相同。第一个桶是 x^i 的副本，这样 agent 就可以知道原始输入；第二个桶初始化为零向量，这些零可以被 agent 设置成输入向量的副本；第三个桶初始化为输入向量并且可以被 agent 设置成 0。该算法的马尔可夫决策过程（Markov decision process，MDP）定义如下。

状态集 S：通常是连续的，对于长度为 m 的输入向量 x^i，状态 $s^i \in S$ 包含 $3m$ 个元素。这些元素被分成三个桶，S_t 代表单次迭代中 t 时刻的状态向量，对于输入向量 x^i，初始状态 $s_0 = (x^i, \vec{0}, x^i)$，其中三个桶的大小均为 m。

动作集 A：共有 $2m$ 个动作，每个动作可设置其对应的桶元素的值，a_t 代表 t 时刻选择的动作。

包含多个操作 $O(s, a)$ 的转移函数集合 T：下一时刻状态 $s_{t+1} = O(s_t, a_t)$，其中操作 O 按如下规则执行动作：如果动作满足 $0 \leqslant a_t < m$，那么将第（$m + a_t$）个桶元素设置成输入向量的第 a_t 个元素的值；如果动作满足 $m \leqslant a_t < 2m$，那么将第（$m + a_t$）个桶元素设置成 0。

即时奖励 R：它与状态向量中 0 的个数有关，$r_t = 1 - \frac{z}{m}$，其中，z 代表状态向量中 0 的个数。

折扣因子 γ。

单次迭代中，执行动作的次数 h。

用来说明 agent 的代表类别与训练样本的类别是否相同的标记。它决定了 agent 应该最大化还是最小化它的即时奖励。

在训练过程中，agent 与训练样本进行交互，每个 agent 执行 h 个动作，并且从观察到的状态转移和获得的即时奖励中学习。状态值函数（critic）和挑选动作的功能函数（actor）分别使用两个不同的 MLP 来表示。为了减少参数的数量，将两个 MLP 的隐含层节点个数和学习速率设成相同的。假设 $V_i(\cdot)$ 代表类别 i 的 agent AC_i 的值函数，AC_i 在状态 s_t 执行完动作后，将收到 (s_t, a_t, r_t, s_{t+1})，并使用 TD error δ_t 来更新值函数

$$\delta_t = r_t + \gamma V_i(s_{t+1}) - V_i(s_t) \tag{6-16}$$

$$V_i(s_t) = V_i(s_t) + \alpha\delta_t \tag{6-17}$$

其中，α 代表 critic 的学习速率，若样本类别 $y = i$，则 AC_i 选择动作的 MLP 的目标值为

$$\begin{cases} G = 1, & \delta_t \geqslant 0 \\ G = 0, & \delta_t < 0 \end{cases} \tag{6-18}$$

这样，AC_i 可以最大化即时奖励来学习更高的状态值函数。若样本类别 $y \neq i$，则 AC_i 选择动作的 MLP 的目标值为

$$\begin{cases} G=0, & \delta_t \geqslant 0 \\ G=1, & \delta_t < 0 \end{cases} \tag{6-19}$$

这样，对于类别不相同的样本，AC_i 将会得到负的即时奖励，并且这些奖励将会通过 TD 学习传递给初始状态的值函数。

在测试阶段，agent 不需要选择动作。首先对所有类别 i 的 AC_i 计算值函数 $V_i(s_0)$，输入样本将会被预测为具有最大值函数的 agent 代表的类别 y_p。

$$y_p = \arg\max_i V_i(s_0) \tag{6-20}$$

基于经验回放和优先采样的动态更新样本权重方法。在深度强化学习的研究发展中，提出 DQN 算法的同时，还提出了一种称为经验回放（experience replay）的方法，即将所有的历史经验 (s_t, a_t, r_t, s_{t+1}) 存储在一个称为经验池（experience pool）的模块中，在网络训练过程中，当参数需要更新的时候，从经验池进行随机采样数据。这种方法解决了在参数更新的过程中，样本的时间相关性的问题，同时提高了样本的利用率。

优先采样技术使用了 rank-based 优先（排序优先）采样技术替代了传统经验回放中均匀采样的方法，优先采样技术认为样本的重要性不完全一样，一部分有用经验比其他普通的经验要对参数的训练产生更大的作用。排序优先方法在选择训练样本时，优先采样选择模型计算误差更大的样本。

由于结合了多层感知机，Max-min ACLA 算法的训练过程比其他算法慢了很多，为了加速模型的训练，本节基于经验回放和优先采样的思想，先提出了一种更改样本权重的方法，使得在之前的学习中被错误分类的样本的权重更大，进而增加这些样本在后续训练中被选中的概率。具体过程为：所有样本权重初始化为相同的数值，然后每迭代 k 次，更新一次样本权重，其中，k 是需要人为设定的变量，样本权重更新公式借鉴 Adaboost 算法中的公式。实验结果显示该方法可以加速模型的训练过程，但模型的正确率在达到峰值后会开始下降。因此，本节进一步改进了该方法，提出了一种动态改变权重的方法，即在更新权重之前，计算当前模型的正确率 acc_t 和上次更新权重之前模型的正确率 acc_{t^-}，若 $\mathrm{acc}_{t^-} - \mathrm{acc}_t > \varepsilon$，则样本权重重新被设置成相同的，否则，样本权重继续按照之前的策略更新，ε 同样为需要提前设置好的变量。动态更新样本权重的算法伪代码如图 6-17 所示。

3. 模型框架

1）机器学习+深度学习

（1）语料采集。本节收集了与金融 P2P 相关的网贷之家（https://www.wdzj.com）4554 家公司信息。每家公司的数据包含文本型数据（高管简介、公司简介等）、数值型数据（预期投资期限、平均预期收益率等）、内嵌数值的文本型

```
输入：数据集 D={(x^1, y^1), (x^2, y^2), …, (x^n, y^n)}，每次训练的样本个数 batchsize
输出：训练好的模型
1.  初始化样本权重 W = {w_1, w_2, …, w_n}，其中，w_i= 1 / n，i 代表第 i 个样本
2.  初始化记录迭代次数 count = 0，上次更新权重之前模型的正确率 acc_{t-} =0
3.  repeat
4.    根据 W 选择 batchsize 个样本进行训练
5.    count = count + 1
6.    if count % k == 0:
7.      计算当前模型正确率 acc_t
8.      if acc_{t-} - acc_t > ε
9.        for i = 1…n:
10.         w_i=1 / n
11.       end
12.     else:
13.      error_rate = ∑_{i=0}^{n} w_i I(y^i ≠ y(x^i))，y(x^i) 表示模型对 x^i 的预测结果
14.      β = ln((1-error_rate) / error_rate)
15.       for i = 1…n:
16.         w_i = w_i exp(-α y^i y(x^i)) / ∑_{i=1}^{n} w_i exp(-α y^i y(x^i))   w_i = w_i exp(-β y^i y(x^i)) / ∑_{i=0}^{n} w_i exp(-β y^i y(x^i))
17.       end
18.     acc_{t-} = acc_t
19. until convergence
```

图 6-17　动态更新样本权重的算法伪代码

数据（公司股权结构等）。原始数据共有 6 个类别，不同的类别代表着不同的公司经营状态，见图 6-18。

（2）数据预处理。对每家公司的文本型数据、数值型数据、内嵌数值的文本型数据分别进行相应的预处理。文本型数据：原始语料的数据中包含一些无效、重复的信息。首先，对数据进行清洗，关联每篇文章的主题和公司，保留所需字段信息。其次，进行了去标点、去停用词、分词、去除空数据、训练段向量等多种自然语言基础处理步骤，从而为后续研究奠定基础。

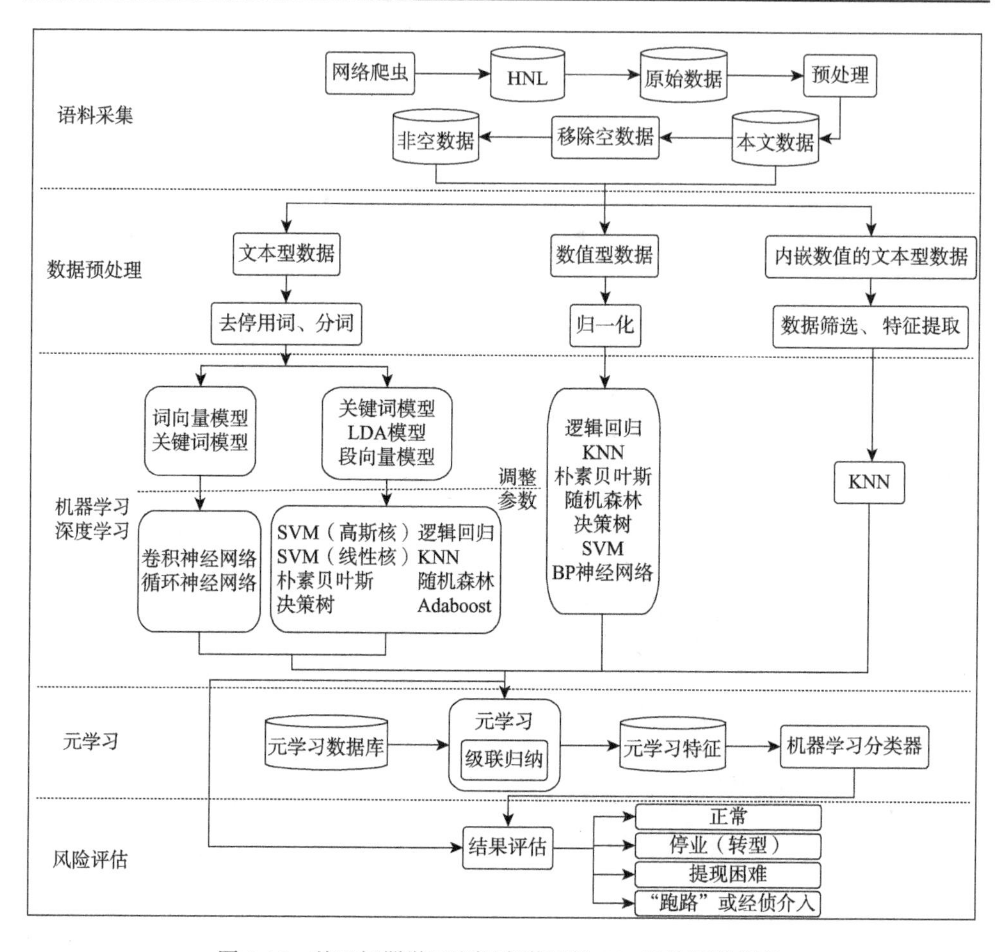

图 6-18 基于机器学习和深度学习的 P2P 风险评估框架

（3）机器学习和深度学习。①文本型数据首先使用关键词、LDA、词向量、段向量四种方法对高管简介、公司简介、经营范围三种文本型数据进行特征提取。在实验中首先计算每一个词的信息增益并根据他们的值从大到小排序。抽取 n 个关键词后，为每一个公司建立了一个 n 维的特征向量。在本节的实验中，根据经验在 5~200 的范围内以步长为 5 尝试 n 的值。同时也尝试为每一个公司的文本建立不同的 LDA 主题数量，根据经验从 10~100 步长为 5。词向量：每个样本对应一个词向量矩阵，其中行数为样本中的词数，可以通过截断和补零的方法将所有样本的词数控制在相同长度。矩阵的列数代表词向量的维度。段向量：根据经验将每个样本表示为 200 维的段向量。然后将特征向量作为深度学习模型（卷积神经网络、循环神经网络）和机器学习模型（SVM、朴素贝叶斯、决策树、逻辑回归、KNN、随机森林、adaboost）的输入，并根据实验结果调整参数，尝试得到最好的实验结果。②数值型数据。针对预期投资期限、平均预期收益率等共 22 个特征使用 SVM、朴素贝叶斯、决策树、逻辑回归、KNN、随机森林、Adaboost 等机器学习算法。③内嵌数值的文本型数据。在数值型数据的实验中 KNN 算法的实验效果最好，因此内嵌数值的文本型数据（公司股权结构共 36 维特征）也使用 KNN 算法。

（4）元学习。本节使用的元学习基于 D-S 证据理论和投票机制。通过元学习级联归纳的方法将上面得到的各种最佳模型融合起来，对深度学习和机器学习分类器较好的结果进行特征学习，然后使用机器学习分类器在已有的语料上进行性能测试。

（5）风险评估。先将线索发现中的风险评估当作二分类问题，试图区分经营正常和不正常企业。为了进一步确认经营不正常企业的具体潜在风险，因此将此时的线索发现中的风险评估当作四分类问题。

2）强化学习

本章将改进的强化学习方法应用于 P2P 网贷机构风险评估，提出了一种风险评估模型，其框架如图 6-19 所示。

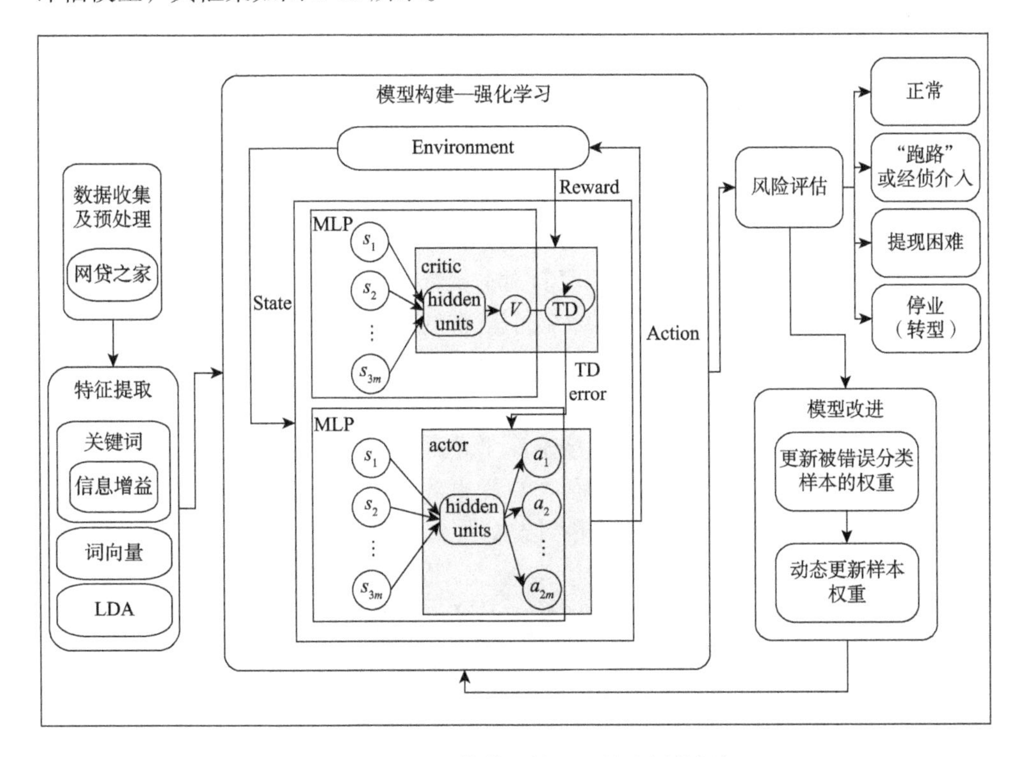

图 6-19　基于强化学习的 P2P 风险评估框架

（1）数据收集及预处理。原始数据是通过爬虫从网贷之家上爬取的，包含

P2P 网贷企业的众多文本及数值信息，本节最初使用公司简介这一文本信息。首先，对公司简介使用 jieba 分词工具包（https://pypi.python.org/pypi/jieba/）进行分词处理，然后，进行去停用词、词频统计等预处理。

（2）特征提取。①关键词特征：先计算每个词的信息增益值，并根据信息增益值排序，选出值较高的一些关键词。在选定 p 个关键词后，为每篇文档构造一个 p 维的特征向量，其中 p 是需要提前设置的变量，本节将通过实验，从 10 取到 60 来确定最优的 p。对于一篇文档的 p 维特征向量，每一维代表了这一维对应的关键词在这篇文档中是否出现，若出现，则这一维值为 1，否则值为 0。②词向量特征：对于一篇文档，最终的词向量特征为文档中所有词的词向量相加取平均。在训练词向量时，词向量的维度需要事先指定，本节将分别尝试训练 50 维、100 维词向量来进行实验。③LDA 特征：首先，选定 k 个主题数，并将整个实验数据进行 LDA 主题模型的建模，将每篇文档在这 k 个主题上的概率分布作为最终特征。其次，将 k 从 10 取到 100 来选取其中效果最好的主题数。

（3）模型构建及风险评估。使用 Max-min ACLA 算法来构建强化学习基础模型，并分别将关键词特征、词向量特征及 LDA 特征作为模型输入进行风险评估，比较实验结果，得到最优特征及最优模型。

（4）模型改进。使用提出的两种更新样本权重的方法，改进模型，重新实验，比较改进前与改进后的实验结果，验证改进方法的有效性。

4. 实验结果和分析

首先依据金融企业风险的线索特征将企业分为正常企业与非正常企业，并对文本型数据、数值型数据、内嵌数值的文本型数据，共三种不同类型的信息进行相应的分析和处理。其次又将经营状态不正常的公司归纳为三个类别进行后续的实验和分析。本章主要使用机器学习、深度学习、强化学习三种技术对 P2P 企业进行风险评估。

评价分类器性能的指标一般是精确率（accuracy），其定义是：对于给定的测试数据集，分类器正确分类的样本数与总样本数之比。但是在分类问题中，准确率常常不能客观地评价一个分类器的性能。比如，在一个样本中，有 95%的 0 类，只有 5%的 1 类，如果该分类器根本无法分类，而只是将所有类别分为第一类，这时的准确率仍有 95%，这显然是不正确的。所以，为了能更加客观地反映分类器对于某一特定类别的分类性能，常使用的评价指标是准确率（precision）与召回率（recall）和 F_1 值。通常将关注的分类为正类，其他类为负类，分类器在测试数据集上的预测正确或不正确，4 种情况出现的总样本数分别记为：TP—将正类预测为正类数；FN—将正类预测为负类数；FP—将负类预测为正类数；TN—将负类预测为负类数。

准确率 P 定义为

$$P = \frac{\mathrm{TP}}{\mathrm{TP} + \mathrm{FP}} \tag{6-21}$$

召回率 R 定义为

$$R = \frac{\mathrm{TP}}{\mathrm{TP} + \mathrm{FN}} \tag{6-22}$$

F_1 值是准确率和召回率的调和均值

$$F_1 = \frac{2\mathrm{TP}}{2\mathrm{TP} + \mathrm{FP} + \mathrm{FN}} \tag{6-23}$$

总体 P、R、F_1 值为所有类别的加权平均值。

1）机器学习技术

（1）文本型数据。将经营状态为提现困难、经侦介入、“跑路”、歇业、停业（转型）的公司归为不正常类别，二分类情况中的正常和不正常的公司数量如表 6-3 所示。

表 6-3　二分类数据数量

经营状态	数量
正常	1849
不正常	2705
总计	4554

对线索发现中得到的关键词特征、LDA 特征、段向量特征，进行十折交叉验证，使用 SVM（高斯核和线性核）、朴素贝叶斯、决策树、KNN（K=5）得到准确率，再调整相应参数，重复上述过程，找到使准确率最高的对应参数，确定最终模型。实验结果如下。①关键词。以公司简介、高管简介、经营范围各自的关键词作为五种机器学习模型的输入，根据经验取关键词个数从 4 到 60 间隔为 2 进行实验，机器学习模型分别是 SVM（高斯核）、SVM（线性核）、朴素贝叶斯、KNN、决策树。横坐标为关键词个数，纵坐标为二分类的整体准确率，实验结果如图 6-20 所示。对于公司简介，当关键词个数为 58 时使用 SVM（高斯核）准确率最高可达到 90.19%；对于高管简介，当关键词个数为 34 时使用朴素贝叶斯准确率最高可达到 71.93%；对于经营范围，当关键词个数为 60 时使用 SVM（线性核）准确率最高可达到 66.99%。总体来看，公司简介整体最高准确率在 85%~90%，而高管简介和经营范围整体最高准确率只有 60%~70%。由此可见，针对二分类公司经营状态的评估使用公司简介的文本信息能达到较为理想的结果。②LDA。以公司简介、高管简介、经营范围各自的 LDA 向量作为五种机器学习模型的输入，

根据经验取 LDA 向量维数从 10 到 100 间隔为 5 进行实验，机器学习模型分别是 SVM（高斯核）、SVM（线性核）、朴素贝叶斯、KNN、决策树。图中的横坐标为 LDA 向量维数，纵坐标为二分类的整体准确率，实验结果如图 6-21 所示。对于公司简介，当 LDA 向量维数为 70 时使用 SVM（线性核）准确率最高可达到 79.68%；对于高管简介，当 LDA 向量维数为 100 时使用 SVM（线性核）准确率最高可达到 72.07%；对于经营范围，当 LDA 向量维数为 50 时使用 SVM（线性核）准确率最高可达到 64.42%。总体来看，公司简介、高管简介、经营范围整体较高准确率在 60%~80%，而且三种文本信息使用 SVM（线性核）都能达到最高准确率。

③段向量。以公司简介、高管简介、经营范围基于各自的段向量作为五种机器学习模型的输入，根据经验取段向量维数为 200 进行实验，机器学习模型分别是 SVM（高斯核）、SVM（线性核）、朴素贝叶斯、KNN、决策树，实验结果如表 6-4~表 6-6 所示。

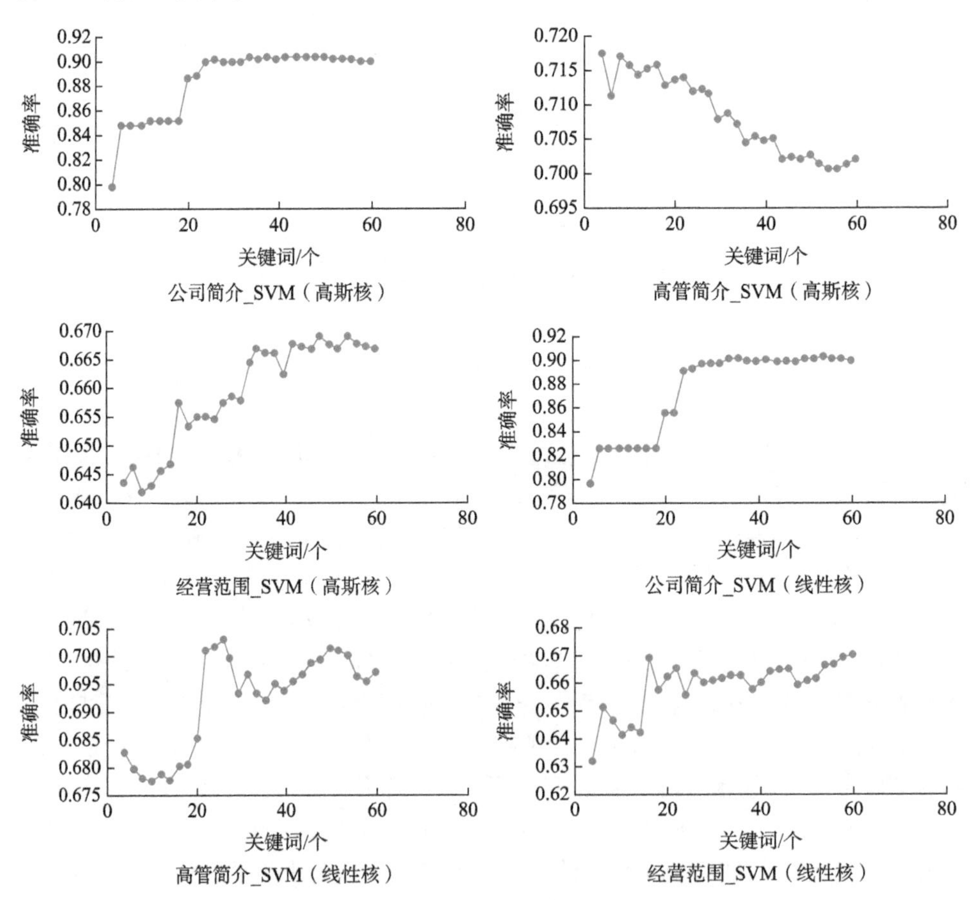

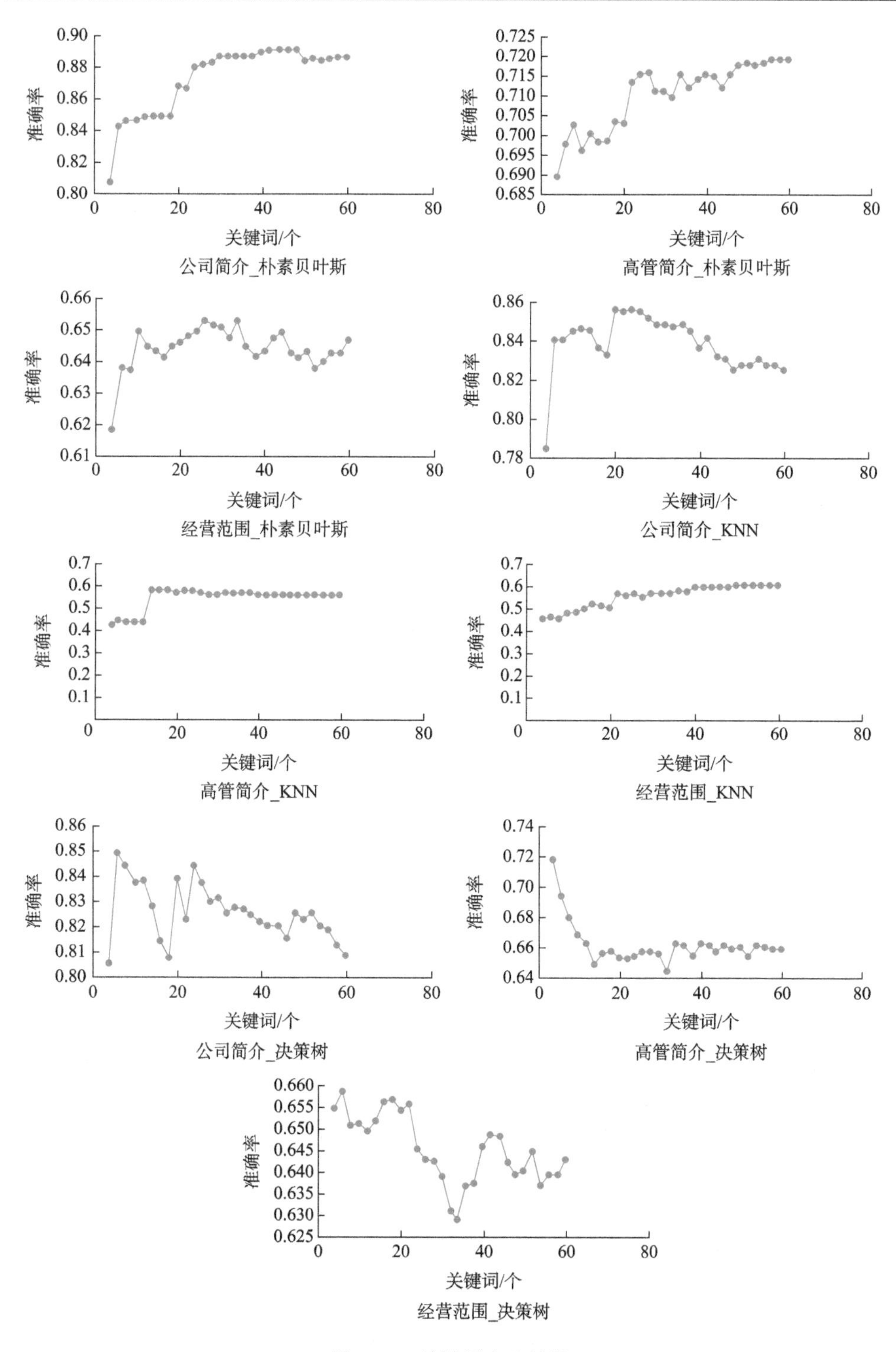

图 6-20　关键词实验结果

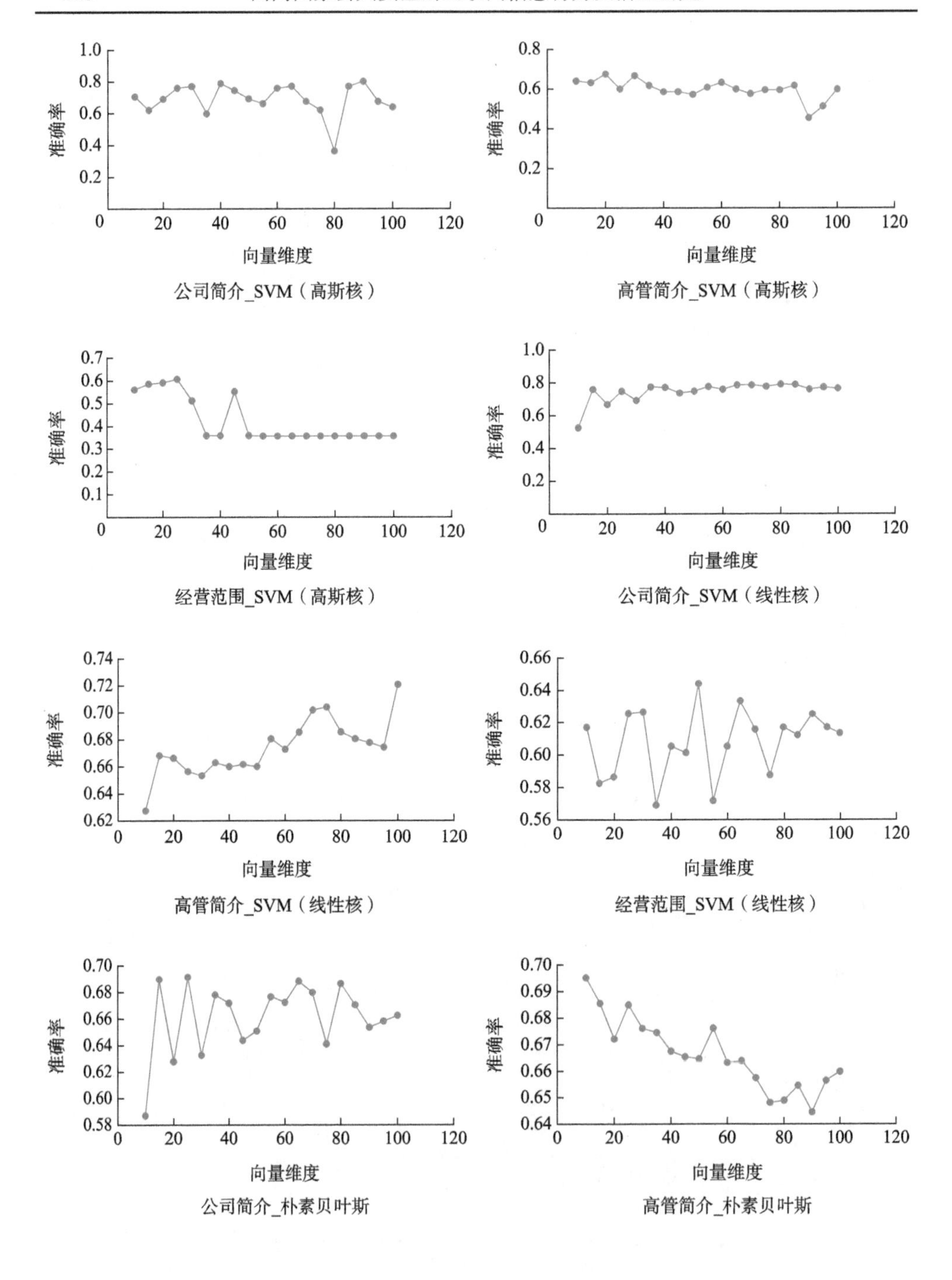

准确率
向量维度
公司简介_SVM（高斯核）
高管简介_SVM（高斯核）
经营范围_SVM（高斯核）
公司简介_SVM（线性核）
高管简介_SVM（线性核）
经营范围_SVM（线性核）
公司简介_朴素贝叶斯
高管简介_朴素贝叶斯

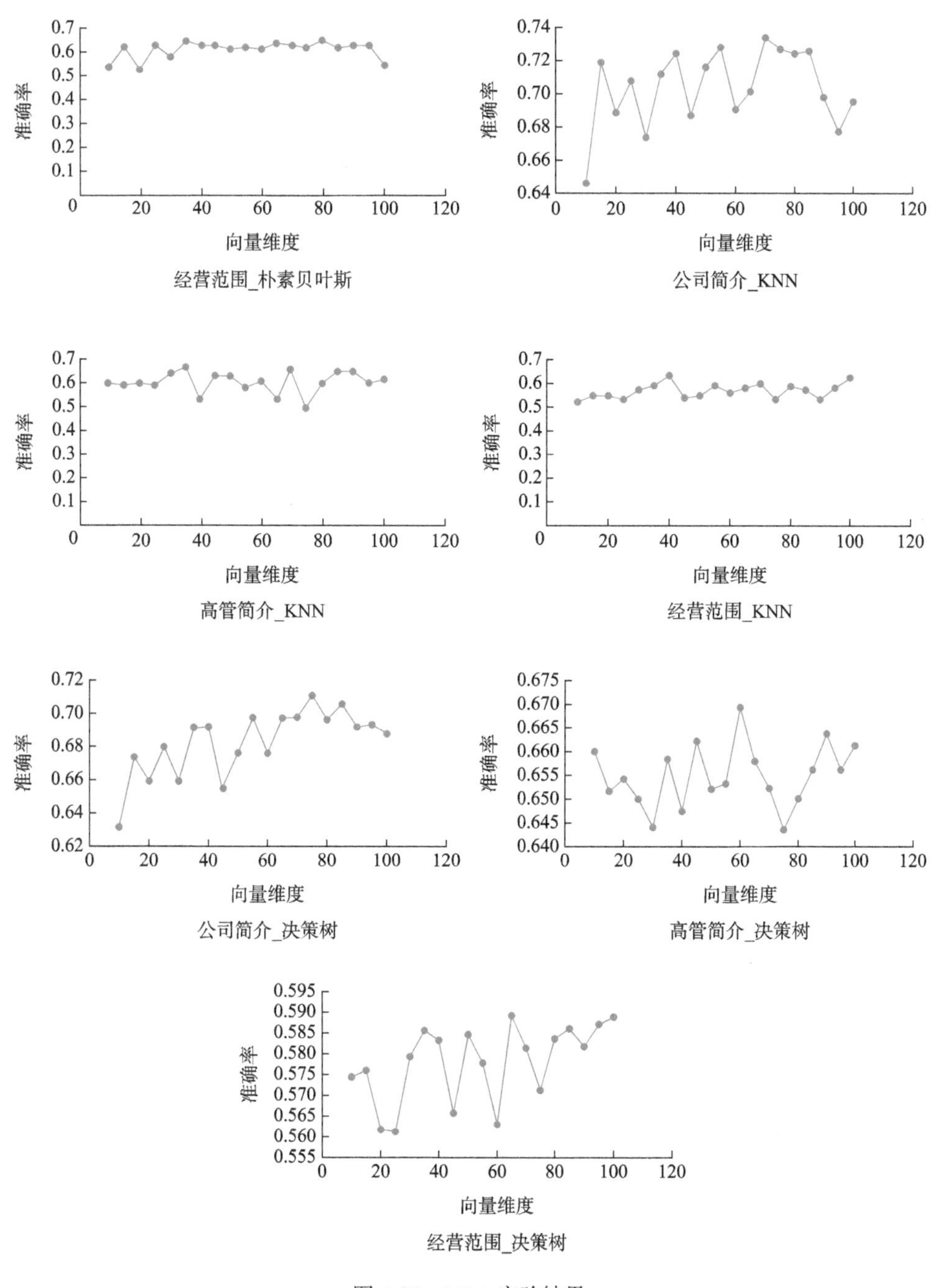

图 6-21　LDA 实验结果

表 6-4　公司简介二分类机器学习实验结果

算法	类别	准确率	召回率	F_1值	数量
SVM（高斯核）	0.0	0.6526	0.5262	0.5826	1849
	1.0	0.7140	0.8085	0.7583	2705
	整体	0.6891	0.6939	0.6870	4554
SVM（线性核）	0.0	0.6767	0.6679	0.6723	1849
	1.0	0.7750	0.7819	0.7784	2705
	整体	0.7351	0.7356	0.7353	4554
朴素贝叶斯	0.0	0.6246	0.5695	0.5958	1849
	1.0	0.7225	0.7660	0.7436	2705
	整体	0.6827	0.6862	0.6836	4554
KNN	0.0	0.6620	0.7150	0.6875	1849
	1.0	0.7939	0.7505	0.7716	2705
	整体	0.7403	0.7361	0.7374	4554
决策树	0.0	0.6223	0.6176	0.6200	1849
	1.0	0.7400	0.7438	0.7419	2705
	整体	0.6922	0.6926	0.6924	4554

表 6-5　高管简介二分类机器学习实验结果

算法	类别	准确率	召回率	F_1值	数量
SVM（高斯核）	0.0	0.2952	0.0265	0.0486	1849
	1.0	0.5898	0.9567	0.7297	2705
	整体	0.4702	0.5791	0.4532	4554
SVM（线性核）	0.0	0.5820	0.3991	0.4735	1849
	1.0	0.6619	0.8041	0.7261	2705
	整体	0.6295	0.6397	0.6235	4554
朴素贝叶斯	0.0	0.6116	0.5008	0.5507	1849
	1.0	0.6964	0.7826	0.7370	2705
	整体	0.6620	0.6682	0.6614	4554
KNN	0.0	0.5657	0.5544	0.5600	1849
	1.0	0.6995	0.7091	0.7042	2705
	整体	0.6452	0.6462	0.6457	4554

续表

算法	类别	准确率	召回率	F_1 值	数量
决策树	0.0	0.5064	0.5370	0.5213	1849
	1.0	0.6699	0.6421	0.6557	2705
	整体	0.6035	0.5995	0.6011	4554

表 6-6　经营范围二分类机器学习实验结果

算法	类别	准确率	召回率	F_1 值	数量
SVM（高斯核）	0.0	0.0000	0.0000	0.0000	1849
	1.0	0.5940	1.0000	0.7453	2705
	整体	0.3528	0.5940	0.4427	4554
SVM（线性核）	0.0	0.5616	0.0443	0.0822	1849
	1.0	0.5991	0.9763	0.7426	2705
	整体	0.5839	0.5979	0.4745	4554
朴素贝叶斯	0.0	0.4989	0.2363	0.3207	1849
	1.0	0.6161	0.8377	0.7100	2705
	整体	0.5685	0.5935	0.5520	4554
KNN	0.0	0.4526	0.3748	0.4101	1849
	1.0	0.6176	0.6902	0.6519	2705
	整体	0.5506	0.5621	0.5537	4554
决策树	0.0	0.4460	0.4646	0.4551	1849
	1.0	0.6233	0.6055	0.6143	2705
	整体	0.5513	0.5483	0.5497	4554

对于公司简介，使用 KNN 准确率最高可达到 74.03%；对于高管简介，使用朴素贝叶斯准确率最高可达到 66.20%；对于经营范围，使用 SVM（线性核）准确率最高可达到 58.39%。总体来看，公司简介、高管简介、经营范围整体较高准确率在 60%~74%，效果不是很理想。

不同特征在不同分类器下的最优结果如表 6-7 所示。

表 6-7 文本型数据二分类实验结果汇总

算法	公司简介			高管简介			经营范围		
	关键词	LDA	段向量	关键词	LDA	段向量	关键词	LDA	段向量
SVM（高斯核）	0.9019(34)	0.7883(90)	0.6891	0.7171(4)	0.6725(20)	0.4702	0.6685(48)	0.6014(25)	0.3528
SVM（线性核）	0.9009(54)	0.7968(70)	0.7351	0.7029(26)	0.7207(100)	0.6295	0.6699(60)	0.6442(50)	0.5839
朴素贝叶斯	0.8913(48)	0.6905(25)	0.6827	0.7193(58)	0.6946(10)	0.662	0.6529(34)	0.6384(80)	0.5685
KNN	0.8556(24)	0.7328(70)	0.7403	0.5743(16)	0.6598(35)	0.6452	0.6040(54)	0.6304(40)	0.5506
决策树	0.8486(6)	0.7110(75)	0.6922	0.7171(4)	0.6691(60)	0.6035	0.6584(6)	0.5887(65)	0.5513

实验结果显示，在公司简介、高管简介、经营范围三种文本型数据中使用关键词模型的效果要好于 LDA 模型和段向量模型，SVM（高斯核）在线索发现的二分类问题中准确率最高，达到了 90.19%，而 SVM（线性核）在单一特征中总体表现最好。

（2）数值型数据。实验所用数据为数值型的数据，包括上线时间、平均预期收益率、预期投资期限、成交量、成交量变化、投资人数、投资人数变化、借款人数、借款人数变化、日资金净流入、日资金净流入变化、日待还余额、日待还余额变化、评分、关注人数、发展指数、排名、开业日期、核准日期、域名备案时间、点评分数、注册资金共 22 个特征。对平均预期收益率、预期投资期限等数值信息进行归一化处理后，采用 SVM、逻辑回归、朴素贝叶斯、随机森林、决策树、KNN、BP 神经网络七种算法进行实验。数据预处理如下所示。

提取数值：删除特征中的文字得到纯数值型数据，为之后的归一化处理做好准备工作。

上线时间：统计上线时间的日期到当前日期的间隔天数。

平均预期收益率：去掉“%”符号。

预期投资期限：删除“个月”汉字。

成交量：删除“万元”汉字，将其中无数据的记为 0，其他不变。

成交量变化：将其中无数据的记为 0，其他不变。

投资人数：将其中无数据的记为 0，其他不变。

投资人数变化：去掉“%”符号，将其中无数据的记为 0。

借款人数：将其中无数据的记为 0，其他不变。

借款人数变化：去掉“%”符号，将其中无数据的记为 0。

日资金净流入：删除“万元”汉字，将其中无数据的记为 0，其他不变。

日资金净流入变化：将其中无数据的记为 0，其他不变。

日待还余额：删除“万元”汉字，将其中无数据的记为 0，其他不变。

日待还余额变化：将其中无数据的记为 0，其他不变。

评分：将其中无数据的记为 0，其他不变。

关注人数：将其中无数据的记为 0，其他不变。

发展指数：将其中无数据的记为 0，其他不变。

排名：将其中无数据的记为 0，其他不变。

开业日期：统计开业日期到当前日期的间隔天数。

核准日期：统计核准日期到当前日期的间隔天数。

域名备案时间：统计域名备案日期到当前日期的间隔天数。

点评分数：将其中无数据的记为 0，其他不变。

注册资金：删除“万元”汉字，将其中无数据的记为 0。

归一化处理。统计每个特征的最大数据和最小数据，对上述 22 个特征的所有数据进行归一化处理，使其结果映射到（0，1）之间。转换函数如下：

$$x^* = \frac{x - \min}{\max - \min} \tag{6-24}$$

其中，x 代表某公司在某特征的数值；max 代表该特征样本数据的最大值；min 代表该特征样本数据的最小值，x^* 为归一化的结果。归一化结果如表 6-8 所示。

表 6-8　部分数值型数据归一化结果

上线时间	平均预期收益率	预期投资期限	成交量	成交量变化
0.400 294 179	0.055 405 405	0.208 729 715	0.014 159 488	0.384 781 903
0.231 140 996	0.069 594 595	0.845 831 002	0.382 665 737	0.494 317 567
0.258 457 659	0.099 887 387	0.442 361 500	0.003 445 774	0.498 863 513
0.504 517 756	0.060 698 198	0.980 973 699	0.107 385 029	0.507 197 749
0.369 825 594	0.049 549 550	0.093 452 714	0.428 367 655	0.483 818 595
0.289 766 758	0.062 274 775	0.078 063 794	0.025 621 577	0.471 804 308
0.338 306 367	0.053 378 378	0.189 423 615	0.231 590 750	0.468 124 256

实验一：将 22 个特征的数据都融合到一起，以公司经营状态正常和不正常作为两个类别，采用十折交叉验证的方法，研究逻辑回归、KNN、朴素贝叶斯、随机森林、决策树、SVM（高斯核）、BP 神经网络 7 种机器学习算法的效果。各个分类器的整体的准确率、召回率、F_1 值如表 6-9 所示。

表 6-9　数值型数据 22 个特征的机器学习实验结果

分类器	准确率	召回率	F_1 值
逻辑回归	0.707 328 382	0.602 327 624	0.463 947 374
KNN	0.684 203 979	0.684 453 228	0.664 623 163
朴素贝叶斯	0.675 299 260	0.670 180 062	0.671 958 741
随机森林	0.668 787 607	0.674 352 218	0.660 604 726
决策树	0.607 243 988	0.607 378 129	0.607 310 596
SVM（高斯核）	0.352 816 174	0.593 983 311	0.442 684 904
BP 神经网络	0.350 000 000	0.590 000 000	0.440 000 000

表 6-9 为 7 种算法整体的准确率、召回率和 F_1 值，单看准确率可知逻辑回归最高，但与 KNN、朴素贝叶斯、随机森林相差不大。单看召回率可知 KNN 最高，但与朴素贝叶斯、随机森林相差不大。单看 F_1 值可知朴素贝叶斯最高，但与 KNN、随机森林相差不大。就整体而言，虽然逻辑回归的准确率最高但是其召回率要明显低于其他算法，而 KNN 的准确率（0.684 203 979）、召回率（0.684 453 228）和 F_1 值（0.664 623 163）都较高，故在本实验中使用 KNN 的效果最好。各个分类器两个类别的准确率分别如表 6-10 所示。

表 6-10　数值型数据 22 个特征两个类别的准确率

分类器	准确率		
	不正常	正常	整体
逻辑回归	0.599 289 205	0.865 384 615	0.707 328 382
KNN	0.684 839 650	0.683 274 021	0.684 203 979
朴素贝叶斯	0.735 974 892	0.586 533 666	0.675 299 260
随机森林	0.687 193 628	0.641 860 465	0.668 787 607
决策树	0.669 250 646	0.516 531 165	0.607 243 988
SVM（高斯核）	0.593 983 311	0	0.352 816 174
BP 神经网络	0.590 000 000	0	0.350 000 000

表 6-10 为 7 种算法各类别的准确率，单看不正常类准确率可知朴素贝叶斯（0.735 974 892）最高，说明朴素贝叶斯对预测经营状态不正常的公司有较好的效果。单看正常类准确率可知逻辑回归（0.865 384 615）最高，说明逻辑回归对预测经营状态正常的公司有较好的效果。

实验二：采用 KNN 算法，对实验一中的 22 个特征分别进行测试，探究哪些特征对分类的影响较大。整体的准确率、召回率、F_1 值如表 6-11 所示。

表 6-11　数值型数据 22 个单特征的实验结果

特征	准确率	召回率	F_1 值
预期投资期限	0.543 327 225	0.577 733 860	0.528 917 057
平均预期收益率	0.541 670 806	0.575 977 163	0.528 939 194
投资人数变化	0.526 913 615	0.569 169 961	0.513 634 152
日待还余额	0.524 440 314	0.563 899 868	0.516 438 455
上线时间	0.522 930 607	0.563 021 520	0.515 131 929
评分	0.522 022 219	0.561 703 997	0.515 159 578
成交量	0.521 716 175	0.556 873 079	0.518 972 247
开业日期	0.521 713 473	0.562 582 345	0.513 805 844
注册资金	0.520 172 477	0.565 876 153	0.507 772 412
发展指数	0.517 892 348	0.559 508 125	0.511 401 308
借款人数变化	0.517 646 818	0.555 335 968	0.514 552 681
核准日期	0.517 586 002	0.560 166 886	0.510 353 946
日资金净流入	0.517 541 454	0.554 018 445	0.515 360 297
日资金净流入变化	0.517 287 464	0.553 579 271	0.515 323 588
投资人数	0.516 930 660	0.559 727 712	0.509 865 034
借款人数	0.516 678 458	0.554 457 620	0.513 897 358
点评分数	0.516 314 453	0.555 994 730	0.512 249 641
成交量变化	0.513 259 303	0.561 264 822	0.503 398 009
关注人数	0.511 297 508	0.559 288 538	0.502 758 759
日待还余额变化	0.508 628 382	0.556 214 317	0.502 057 173
域名备案时间	0.507 129 951	0.548 967 940	0.505 330 597
排名	0.505 816 705	0.546 552 481	0.505 118 259

表 6-11 为使用 KNN 算法得到的整体准确率、召回率和 F_1 值。整体来看，准确率都在 0.50~0.55，其中预期投资期限和平均预期收益率这两个特征在准确率和召回率方面都要高于其他特征，说明这两个特征对预测公司经营状态有较好的效果；而投资人数变化、日待还余额、上线时间、评分、成交量、开业日期、注册资金这些特征虽然不如前两个特征效果好，但是用来预测要稍好于剩下的特征。表 6-12 为使用 KNN 算法得到的经营不正常和正常两类的准确率。从准确率来看，

其中预期投资期限和平均预期收益率要略高一点，但 22 个单独的特征对预测经营状态不正常或正常的整体区分度不是很好。

表 6-12　数值型数据 22 个单特征两个类别的实验结果

特征	准确率		
	不正常	正常	整体
预期投资期限	0.604 322 305	0.454 094 293	0.543 327 225
平均预期收益率	0.603 920 516	0.450 602 410	0.541 670 806
投资人数变化	0.597 429 845	0.423 751 687	0.526 913 615
日待还余额	0.596 821 977	0.418 549 346	0.524 440 314
上线时间	0.596 179 715	0.415 770 609	0.522 930 607
评分	0.595 836 713	0.414 035 088	0.522 022 219
成交量	0.595 922 927	0.413 155 190	0.521 716 175
开业日期	0.595 653 341	0.413 542 926	0.521 713 473
注册资金	0.594 890 511	0.410 863 510	0.520 172 477
发展指数	0.594 078 062	0.406 436 234	0.517 892 348
借款人数变化	0.593 974 572	0.405 982 906	0.517 646 818
核准日期	0.593 950 750	0.405 867 971	0.517 586 002
日资金净流入	0.593 924 192	0.405 797 101	0.517 541 454
日资金净流入变化	0.593 802 345	0.405 349 794	0.517 287 464
投资人数	0.593 683 084	0.404 645 477	0.516 930 66
借款人数	0.593 525 180	0.404 255 319	0.516 678 458
点评分数	0.593 382 554	0.403 567 447	0.516 314 453
成交量变化	0.592 370 003	0.397 524 072	0.513 259 303
关注人数	0.591 601 050	0.393 817 204	0.511 297 508
日待还余额变化	0.590 476 191	0.388 888 889	0.508 628 382
域名备案时间	0.589 251 440	0.386 990 077	0.507 129 951
排名	0.588 495 575	0.384 861 407	0.505 816 705

（3）内嵌数值的文本型数据。原始数据中包含公司股权结构这一内容，本节认为股权结构能够在一定程度上反映公司的信誉与经营状况，因此对于该部分的数据进行处理与分析是十分必要的。

传统机器学习算法的输入为纯数字格式，而原始数据为文字和数字混合方式，因此本节需要对原始数据进行处理并进行必要的特征筛选和提取，将其转化为机器学习算法能够识别的数字化的特征向量形式。

其中原始数据的格式如图 6-22 所示。

```
中新控股（上海）有限公司认缴2550.0万元；张扬认缴2200.0万元；中核汇能（天津）有限公司认缴250.0万元；，
孙猛认缴626.56万元；深圳达人资本控股有限公司认缴237.59万元；何旭认缴232.53万元；吴新苗认缴160.48万元；仇连勇认缴132.87万元；高健琴认缴109.17万元；，
北京光影侠数码科技股份有限公司认缴10000.0万元；东莞市宏商光影股权投资合伙企业（有限合伙）认缴266.67万元；杜俊鹏认缴26.67万元；，
```

图 6-22　内嵌数值的文本型数据原始格式

对其进行数据筛选、特征提取后变为如图 6-23 所示格式，每个公司为一行，“:”之前为该公司的名称，“:”之后为其股权结构。其中不同股东以“,”分隔，每一个股东包含三类信息，分别为股东名称、持股金额及股东类型（公司持股或个人持股）。如果原始数据中该公司的股份结构信息缺失，则缺失内容以“None”字符代替（图 6-23）。

```
新新贷（上海）金融信息服务有限公司:中新控股（上海）有限公司 2550.0万元 公司,张扬 2200.0万元 个人,中核汇能（天津）有限公司 250.0万元 公司,
爱钱进（北京）信息科技有限公司:凡普金科企业发展（上海）有限公司 None 公司,
深圳达人贷互联网金融服务企业(有限合伙):孙猛 626.56万元 个人,深圳达人资本控股有限公司 237.59万元 公司,何旭 232.53万元 个人,吴新苗 160.48万元 个人,仇连勇 132.87万元 个人,高健琴 109.17万元 个人,
```

图 6-23　内嵌数值的文本型数据特征

对数据进行筛选和特征提取后，本节将数据转化为了如图 6-24 所示的特征向量形式。其中一行数据代表一个公司。每个股东以 2 维数据表示，第一维为持股金额，第二维为股东类型，其中 1 代表股东类型为个人持股，2 代表股东类型为公司持股，如原始数据中信息缺失，则缺失部分以数字 0 代替。除此之外，机器学习算法需要输入数据格式一致，因此特征向量的维度需要保持一致，经过人工统计，公司最多存在 18 个股东，每个股东以 2 维表示，因此将特征向量的维度固定为 36 维，不足 36 维的特征向量在其末尾以 0 填充（图 6-24）。

```
10000 2 266 2 26 1 0 0 0 0 0 0 0 0 0 0 0 0 0 0 0 0 0 0 0 0 0 0 0 0 0 0 0 0 0 0
3570 2 3430 2 0 0 0 0 0 0 0 0 0 0 0 0 0 0 0 0 0 0 0 0 0 0 0 0 0 0 0 0 0 0 0 0
15000 2 0 0 0 0 0 0 0 0 0 0 0 0 0 0 0 0 0 0 0 0 0 0 0 0 0 0 0 0 0 0 0 0 0 0
1000 2 0 0 0 0 0 0 0 0 0 0 0 0 0 0 0 0 0 0 0 0 0 0 0 0 0 0 0 0 0 0 0 0 0 0
100 2 0 0 0 0 0 0 0 0 0 0 0 0 0 0 0 0 0 0 0 0 0 0 0 0 0 0 0 0 0 0 0 0 0 0
```

图 6-24　内嵌数值的文本型数据特征向量

实验一：对 P2P 企业的股权结构信息进行数据筛选和特征提取后，采用 KNN 算法进行实验，得到准确率、召回率、F_1 值如表 6-13 所示。

表 6-13 内嵌数值的文本型数据 36 维特征的实验结果

KNN	准确率	召回率	F_1 值
不正常	0.6183	0.8444	0.71
正常	0.5105	0.2374	0.32
总体	0.5745	0.5979	0.56

实验二：将数值型数据的 22 个特征和公司股权特征的 36 个特征融合到一起，形成每个公司共 58 个特征的数据，以公司经营状态正常和不正常作为两个类别，采用十折交叉验证的方法，研究逻辑回归、KNN、朴素贝叶斯、随机森林、决策树、SVM（高斯核）、BP 神经网络 7 种机器学习算法的效果。整体的准确率、召回率、F_1 值如表 6-14 所示。

表 6-14 数值型数据和内嵌数值的文本型数据整体的实验结果

分类器	准确率	召回率	F_1 值
随机森林	0.630 749 974	0.640 755 380	0.625 144 883
KNN	0.630 298 730	0.638 559 508	0.607 289 082
逻辑回归	0.624 005 605	0.595 081 247	0.447 137 998
朴素贝叶斯	0.610 406 343	0.609 354 414	0.609 852 500
决策树	0.567 120 813	0.568 730 786	0.567 873 827
SVM（高斯核）	0.352 816 174	0.593 983 311	0.442 684 904
BP 神经网络	0.350 000 000	0.590 000 000	0.440 000 000

表 6-14 为 7 种算法整体的准确率、召回率和 F_1 值。其中随机森林的准确率、召回率和 F_1 值均为最高，因此可知，对于每个公司共 58 个特征组成的数据，采用随机森林最为合适。

表 6-15 为 7 种算法各类别的准确率。单看不正常类准确率可知朴素贝叶斯（0.673 148 841）最高，说明朴素贝叶斯对预测经营状态不正常的公司有较好的效果。单看正常类准确率可知逻辑回归（0.666 666 667）最高，说明逻辑回归对预测经营状态正常的公司有较好的效果。

表 6-15 数值型数据和内嵌数值的文本型数据两个类别的实验结果

分类器	准确率		
	不正常	正常	整体
随机森林	0.663 206 107	0.583 268 178	0.630 749 974
KNN	0.647 616 393	0.604 963 806	0.630 298 730

续表

分类器	准确率		
	不正常	正常	整体
逻辑回归	0.594 844 679	0.666 666 667	0.624 005 605
朴素贝叶斯	0.673 148 841	0.518 617 021	0.610 406 343
决策树	0.634 776 282	0.468 144 044	0.567 120 813
SVM（高斯核）	0.593 983 311	0	0.352 816 174
BP 神经网络	0.590 000 000	0	0.350 000 000

机器学习实验结果总体分析：研究结果显示，应用自然语言处理技术分析P2P企业风险中的公司简介、高管简介、经营范围的文字内容效果更优，使用SVM分类器在二分类线索发现的实验中总体表现最好，最高准确率可达0.9019，表明基于机器学习的文本分析技术在网络借贷机构风险评估中具有重要的使用价值；仅仅使用数值、文字内嵌数值的数据研究效果并不理想。

（4）基于公司简介的四分类线索发现实验。上述实验是将线索发现当作二分类问题，识别经营状态正常和不正常的企业，然而本节希望进一步确认经营不正常企业的具体潜在风险，因此将此时的线索发现当作四分类问题。公司经营状态从0到3共有4个类别，不同的类别代表着不同的公司现状，各类数据的意义如表6-16所示，其中第0类为正常的公司，第1类为歇业、停业（转型）的公司，第2类为提现困难的公司，第3类为“跑路”或经侦介入的公司。

表6-16　公司简介四分类数据

类别	经营状态	数量
0	正常	1849
1	歇业、停业（转型）	1263
2	提现困难	595
3	“跑路”或经侦介入	847
总计	—	4554

在前边的实验中已经得到了使用自然语言处理技术分析P2P企业风险中的文字内容效果更优的结果，而公司简介在三种文本型数据中的实验表现最好，因此后续实验将使用各种机器学习技术对公司简介做具体实验和分析。

公司简介主要包含经营内容、经营范围、经营理念、社会责任、成立背景、公司股东和管理层的背景，同时也包括法律信息、荣誉称号、合作对象、注册资金、融资数量和优秀产品的详细信息。这些信息能够充分描述一家公司，不同类别公司的描述信息差异很大，这对后续的风险类别评估起到了重要作用。

本节中计算每一个词的信息增益并根据它们的值从大到小排序。抽取 n 个关键词后，为每一个公司建立了一个 n 维的特征向量。在本节实验中，根据经验在 5 到 200 的范围内以步长为 5 尝试 n 的值。同时也尝试为每一个公司的文本建立不同的 LDA 主题数量，根据经验从 10 到 100 步长为 5。doc2vec：根据经验将每个样本表示为 200 维的段向量。

机器学习的实验结果如表 6-17 所示，其中准确率是在对应参数范围内的最大值。表 6-17 中的数值均为 4 个类别的平均结果。实验结果表明使用关键词模型作为输入特征的准确率要明显好于 LDA 和段向量，其中使用逻辑回归作为机器学习分类器的准确率能达到 0.7681。

表 6-17　公司简介四分类的机器学习实验结果

分类器	整体准确率		
	关键词	LDA	段向量
SVM（高斯核）	0.7558	0.3258	0.1650
SVM（线性核）	0.7663	0.3292	0.2008
朴素贝叶斯	0.6654	0.3795	0.2007
决策树	0.6712	0.3676	0.3308
逻辑回归	0.7681	0.3391	0.2118
KNN	0.6838	0.3710	0.2576
随机森林	0.7397	0.3860	0.3857
Adaboost	0.7325	0.4002	0.3607

2）深度学习技术

（1）卷积神经网络。以 BP 神经网络作为深度学习的基线，本节使用了 6 种模型，其中包括 2 种新提出的 CNN+keyword 改进模型。表 6-18 给出了所有模型的参数设置。

表 6-18　卷积神经网络参数设置

模型	序列长度	向量维度	卷积核尺寸	卷积核数量	其他
BP	600	150	—	—	隐含单元数量：300
CNN	600	150	（3，4，5）	150	—
DCNN	600	150	（7，5）	（6，14）	—

续表

模型	序列长度	向量维度	卷积核尺寸	卷积核数量	其他
C-LSTM	600	150	3	150	—
CNN+BP	600	150	（3，4，5）	150	关键词维度：50
CNN+EWE	600	150	（3，4，5）	150	关键词维度：50

卷积神经网络实验结果如表 6-19 所示：BP、CNN、DCNN、C-LSTM 的实验结果如表 6-19 所示。相较于机器学习的实验结果，CNN 的各项数值要普遍高于机器学习模型，但是 DCNN 和 C-LSTM 的结果要低于使用关键词的机器学习模型，高于 LDA 和段向量。对于 CNN，虽然 rand 模型效果较好，但是实验过程中发现该模型非常容易过拟合，在到达较高准确率之后，在测试集上的准确率迅速下降，而 static 模型效果虽然较 rand 模型偏低，但是模型比较稳定，不容易过拟合。对于 DCNN，两层的深度网络需要更多的数据来训练，对于深度学习来说 P2P 公司简介的数据量仍然较少，导致 DCNN 准确率要普遍低于 CNN。C-LSTM 和 DCNN 模型训练过程比较慢，但是深度学习模型的效果要优于 BP 神经网络，说明深度学习模型在特征抽取方面还是具有优势的。

表 6-19　卷积神经网络实验结果

模型	准确率	召回率	F_1 值
BP 神经网络	0.6852	0.6979	0.6837
卷积神经网络-随机 CNN-rand	0.7911	0.7962	0.7914
卷积神经网络-静态 CNN-static	0.7759	0.7815	0.7761
卷积神经网络-非静态 CNN-non-static	0.7732	0.7771	0.7704
卷积神经网络-多通道 CNN-multichannel	0.7756	0.7801	0.7707
动态卷积神经网络 DCNN	0.7002	0.7023	0.6898
C-LSTM	0.7472	0.7507	0.7480

CNN+BP 的部分实验结果如表 6-20 所示。隐藏单元数量（Hidden_units）的范围为 100~150，步长为 10。从实验结果可以看出，加入关键词的 CNN 模型效果比 CNN-static 模型要好，实验结果中有的 F_1 值提升至 0.78 以上。

表 6-20　Hidden_units 的实验结果

隐藏单元数量（Hidden_units）	准确率	召回率	F_1 值
100	0.7751	0.7757	0.7719
110	0.7848	0.7889	0.7843
120	0.7702	0.7757	0.7699
130	0.7773	0.7837	0.7782
140	0.7756	0.7793	0.7716
150	0.7779	0.7801	0.7721

CNN+EWE 的部分实验结果如表 6-21 所示。扩展唯独（Expand_dim）的范围为 1~5，步长为 1。从实验结果可以发现，相较于 CNN-static 模型，大部分模型的效果变差了。原因可能是拓展的词向量影响了原词向量在空间中的分布，导致语义信息丢失。

表 6-21　Expand_dim 的实验结果

扩展维度（Expand_dim）	准确率	召回率	F_1 值
1	0.7644	0.7705	0.7648
2	0.7603	0.7669	0.7608
3	0.7829	0.7874	0.7794
4	0.7719	0.7749	0.7663
5	0.7694	0.7705	0.7660

两种加入关键词的最佳实验结果如表 6-22 所示。实验结果说明，将 CNN 提取的特征与关键词拼接的改进模型能够在原有模型基础上提升分类的效果，而拓展词向量的改进方法大多数情况下会使模型效果变差。

表 6-22　CNN 改进模型的实验结果

模型	准确率	召回率	F_1 值
CNN-static	0.7759	0.7815	0.7761
CNN+BP	0.7848	0.7889	0.7843
CNN+EWE	0.7829	0.7874	0.7794

（2）循环神经网络。实验结果：在神经网络与机器学习中，常用的损失函数为均方误差，但是其在梯度下降过程中会导致损失函数学习速率降低，以至于训练缓慢。交叉熵则可以避免这个问题，它主要用于度量两个概率分布间的差异性

信息，其作为损失函数时的计算公式如下：

$$C = -\frac{1}{n}\sum_{x}\left[y\log a + (1-y)\log a\right] \tag{6-25}$$

其中，y 代表标签期望输出；a 代表神经网络实际输出。

优化算法通常采用 SGD（mini-batch gradient descent）算法和 ADAM（adaptive moment estimation）算法。SGD 是经典的算法，最初是指 stochastic gradient descent，即随机梯度下降。与普通梯度下降相比，它优化一次参数不需要用到所有训练数据而只需要一个数据，并且可以节省内存。但是 SGD 计算效率比较低，所以采用一个折中的办法 mini-batch，用一批次数据进行一次优化。其缺点在于很难选择合适的学习率，并且容易收敛到局部最优。ADAM 是一种更加优化的算法，能自适应学习率，每次迭代学习率都会调整并有确定的范围，使得参数比较平稳，并且它对内存需求较小，能为不同的参数计算不同的自适应学习率，适用于大数据集和高维空间。在本节实验中发现 SGD 算法效果并不理想，不仅学习速率过慢，而且收敛时损失比采用ADAM算法要高很多。故最终所有实验都采用ADAM算法。基本参数如表 6-23 所示。

表 6-23　循环神经网络的参数设置

参数设置	数量/个
序列长度	500
词向量维度	128
隐单元个数	128
dropout 保留比例	0.8
每批次数量	256

本节先采用 LSTM 对文本进行分类，并采用十折交叉验证方法对文本分类效果进行验证，计算上文所说各类准确率、召回率、F_1 值并将结果保存。结果如下所示。

（1）公司简介。公司简介 LSTM 的二分类和四分类实验结果如表 6-24 和表 6-25 所示。

表 6-24　公司简介 LSTM 的二分类实验结果

项目	准确率	召回率	F_1 值
0	0.73	0.82	0.77
1	0.87	0.80	0.83
总体	0.81	0.81	0.81

表 6-25　公司简介 LSTM 的二分类实验结果

项目	准确率	召回率	F_1值
0	0.72	0.86	0.78
1	0.71	0.72	0.72
2	0.60	0.43	0.50
3	0.00	0.00	0.00
总体	0.68	0.69	0.68

（2）高管简介（以下结果中只展示总体平均值，各类别准确率、召回率、F_1值省略，表 6-26）。

表 6-26　高管简介 LSTM 的实验结果

类别数	准确率	召回率	F_1值
二分类	0.68	0.69	0.68
四分类	0.50	0.54	0.48

（3）经营范围 LSTM 的实验结果如表 6-27 所示。

表 6-27　经营范围 LSTM 的实验结果

类别数	准确率	召回率	F_1值
二分类	0.67	0.64	0.57
四分类	0.44	0.43	0.41

（4）RNN、LSTM、GRU 二分类和四分类结果对比如表 6-28 和表 6-29 所示。

表 6-28　公司简介 RNN、LSTM、GRU 二分类的结果对比

网络类型	准确率	召回率	F_1值
RNN	0.73	0.74	0.73
LSTM	0.81	0.81	0.81
GRU	0.90	0.90	0.90

表 6-29　公司简介 RNN、LSTM、GRU 四分类的结果对比

网络类型	准确率	召回率	F_1值
RNN	0.57	0.58	0.57
LSTM	0.68	0.69	0.68
GRU	0.65	0.66	0.64

如上述实验所示，采用公司简介数据分类效果最好，且公司简介数据条数最多，内容最完整，所以以下各网络对比实验将采用公司简介进行。

（5）结果分析。在四分类问题中，第三类由于数据量太小，导致每次都无法预测出结果，在训练过程中它对网络的影响也是很小的，可以忽略不计，这也是本次实验的一个缺陷。

公司简介数据条数为 4554，其中无空白数据，而高管简介和经营范围数据中有大量空白数据，虽然空白数据也有一定意义，也能从某一方面反映出公司的异常状态。但并不是所有异常的公司都是空白数据，有些正常的公司也存在空白数据。因此实际上这些空白数据会互相干扰，导致最终预测结果效果较差。

观察数据发现，公司简介数据中有大量对分类有帮助的词汇，如大部分异常的公司简介中都存在“曝光”“网站打不开”“联系不上”等负面字眼。所以与其他数据相比，网络在训练过程中如果能抓住这些信息，并做出正确的分类，就能大大提高准确率。

RNN 网络结构最为简单，所以在训练过程中收敛最快，其次是 GRU，LSTM 收敛速度最慢。但效果的差异也很明显，在二分类中，GRU 表现最好，可能原因在于其结构较为简单，所以与 LSTM 相比，它能更少地记忆对分类无用的信息。而 RNN 虽然与之相比结构更为简单，但其在长期依赖上的记忆能力显然不足，有效信息记忆不足，所以分类效果并不理想。在四分类中，结果则相反，因为类别增多，网络需要记忆更多信息才能正确做出分类。所以结构较为复杂的 LSTM 表现更好，而 RNN 的表现依然最差。

改进方法：重新实验。上述实验中尽管二分类准确率已经达到了 0.9 以上，但这并不是本节所需要的，该系统不仅仅要能区分正常和异常的公司，还应该可以将异常中的不同情况区分出来，使得该系统能在实际中应用。所以接下来主要针对四分类问题进行优化，尝试与之前不同的模型及参数，以获得最好性能的系统。首先，在之前实验中已经发现，第三类数据量太小，基本可以忽略不计，所以导致每次分类都无法区分出来，因此这实际上是三分类问题，之前的分类方式并不科学，所以需要重新划分类别。经过慎重考虑，各类比例为 1849∶1263∶595∶847。由于本次实验将在各模型间进行对比，为了更加准确，需要将所用的训练数据及测试数据固定，所以将数据集按照 7∶3 的比例划分为训练集和测试集，其中训练数据为 3190 条，测试数据为 1364 条，并且测试数据比例为 554∶378∶178∶254。在上节实验结果中发现大部分结果的 P、R、F 是相等的，会给人一种错觉这三个指标是一样的，经过分析发现是因为它们在数值上差别非常小，直到小数点后两位之前都是相等的，所以之后的实验为了精确，将保留四位小数。

LSTM：普通 LSTM 对于新的四分类并不理想（表 6-30），并且在实验过程中发现单单从参数上对网络进行优化并不能大幅提高分类准确率，将性能提升一个档次，甚至会降低分类准确率，并且在增加 LSTM 层数后效果也没有明显的提升，所以将采用其他 LSTM 模型进行优化。

表 6-30　公司简介 LSTM 四分类实验结果

类别	准确率	召回率	F_1 值
0	0.6891	0.7401	0.7137
1	0.4788	0.5370	0.5062
2	0.8267	0.3483	0.4901
3	0.6444	0.6850	0.6641
总体	0.6404	0.6224	0.6178

实验发现CNN部分的实验无论是训练速度还是分类准确率要明显优于LSTM，可能是因为 LSTM 在将一个较长序列映射为一个固定长度的序列输出的时候损失了过多的信息，并且保留了一些对分类帮助不大的信息。而 CNN 是一次性将所有数据输入，并且对数据进行有效的特征提取，从中可以发现对分类有用的信息并记忆。CNN 由于权值共享机制大大降低了模型的复杂度，所以在训练中速度非常快。

（1）ConvLSTM。对 ConvLSTM 不同卷积核数量、不同卷积核大小进行实验。总体结果如表 6-31 所示。

表 6-31　ConvLSTM 不同参数的实验结果

大小	数量		
	2	3	4
5	0.7311	0.7322	0.7202
6	0.7141	0.7404	0.7328
7	0.7174	0.7340	0.7248

当卷积核的数量为 3，同时卷积核大小为 6 时，总体的最高准确率为 0.7404，此时对应的四分类实验结果如表 6-32 所示。

表 6-32　公司简介 ConvLSTM 四分类实验结果

类别	准确率	召回率	F_1 值
0	0.8495	0.8357	0.8426
1	0.6596	0.7381	0.6966

续表

类别	准确率	召回率	F_1值
2	0.6273	0.5674	0.5959
3	0.7021	0.6469	0.6748
总体	0.7404	0.7390	0.7387

（2）Attention-LSTM。在 LSTM 上加上 Attention，固定滑动窗口大小，并采用不同的滑动窗口进行实验。总体结果如表 6-33 所示。

表 6-33　公司简介 Attention-LSTM 四分类实验结果

窗口长度	准确率	召回率	F_1值
4	0.5745	0.5894	0.5427
5	0.5891	0.5777	0.5373
6	0.5481	0.5616	0.5519

前向 LSTM 分类效果不理想，说明其记录了过多对分类无帮助的信息。加上 Attention 后，可能导致 LSTM 更加关注这些无用的信息，因此分类准确率进一步下降。

（3）BiLSTM。文本分类时不仅历史信息对提升分类系统性能有极大帮助，而且利用当前信息和未来信息之间的依赖还可以进一步提升分类系统的性能，因此 BiLSTM 能使得整个文本分类系统的错误率大大降低。将普通 LSTM 网络改为双向 LSTM，即在输入序列分别输入两个 LSTM 网络：一个为正向输入；另一个为反向输入。将两个网络的最终输出结果进行拼接，再将输出结果进行分类，实验结果如表 6-34 所示。

表 6-34　公司简介 BiLSTM 四分类实验结果

类别	准确率	召回率	F_1值
0	0.8434	0.8845	0.8634
1	0.6278	0.6693	0.6479
2	0.6614	0.4719	0.5508
3	0.6680	0.6654	0.6667
总体	0.7272	0.7302	0.7263

由结果发现，双向 LSTM 的分类准确率与普通正向 LSTM 相比大幅提高，为了探究其性能优秀的原因，将单独采用反向 LSTM 来对文本进行分类，并对正向、

反向、双向的结果进行比较。

由实验结果可见（表 6-35），LSTM 在文本反向输入时的准确率更高，甚至高于双向的结果。文献中指出，BiLSTM 的计算过于复杂，导致训练十分缓慢，并且其中反向网络的重要性要弱于正向网络。因此可以利用节点数更少的 LSTM 或者更加简单的 RNN 替代原本与正向网络匹配的反向网络。但在本节中发现正向网络的效果是较差的，所以还是应该将分类的重点放在反向网络上，或许在这项任务中，正向网络的重要性更低，甚至对结果产生了负面影响，简化反向网络可能会导致准确率下降。为了验证该猜想，将分别对正向和反向网络进行简化，并对比结果。

表 6-35　公司简介反向 LSTM 四分类实验结果

类别	准确率	召回率	F_1值
0	0.8434	0.8556	0.8495
1	0.6793	0.6614	0.6702
2	0.6429	0.5562	0.5964
3	0.6464	0.7126	0.6679
总体	0.7351	0.7361	0.7348

首先将正向网络的节点数减少，并且将正向 dropout 删除，反向网络不变，得到结果如表 6-36 所示。

表 6-36　公司简介正向 LSTM 网络简化的实验结果

类别	准确率	召回率	F_1值
0	0.8507	0.8845	0.8673
1	0.6595	0.6508	0.6551
2	0.6289	0.5618	0.5935
3	0.6914	0.6969	0.6941
总体	0.7391	0.7427	0.7405

然后将反向网络的节点数减少，并且将反向 dropout 删除，正向网络不变，得到结果如表 6-37 所示。

表 6-37　公司简介反向 LSTM 网络简化的实验结果

类别	准确率	召回率	F_1值
0	0.8486	0.8195	0.8338
1	0.5882	0.6878	0.6341

续表

类别	准确率	召回率	F_1 值
2	0.6392	0.5674	0.6012
3	0.6681	0.6024	0.6335
总体	0.7155	0.7097	0.7108

结果与之前的分析结果是一致的，反向网络更加重要，所以应该减小正向网络的影响，使得准确率获得提升。实验发现在这项任务中反向 LSTM 表现更好，这非常不符合人的直觉。因为正常来说，阅读文本应该是从前往后，这样才能得到正确的逻辑信息，其中原因引人深思。经过阅读原始数据发现，前文所说的大部分异常的公司简介中 "曝光" "网站打不开" "联系不上" 等负面字眼一般都存在于公司简介的文末，而之前的内容一般都是对公司的基本信息进行描述，并不涉及有关借贷的情况和具体的业务。所以经过推断，反向的 LSTM 正是抓住了文末这些关键信息，并且一直保留在记忆中，然后对前文的信息做了选择性的忽视，而正向 LSTM 正好相反，因此才会造成正向和反向分类准确率的差异。

（4）Attention-BiLSTM。前文实验已经表明，双向 LSTM 在分类中表现很好，并且已经得知反向 LSTM 在分类中的重要性更大。因此为了得到更好性能的分类器，决定将之前表现不佳的 Attention 加入双向 LSTM 中。该方法也在文献中提到，最初是用于自然语言处理任务中的关系分类方法。采用该方法的原因是，在一个句子中重要的信息可以在句子的任何位置出现，为了抓住这些重要信息，引入 Attention 机制，并且取得了不错的效果。针对前文所说双向 LSTM 在正反向表现上的差异，本次实验也将 Attention 分别加入正向 LSTM 和反向 LSTM，并比较分类器性能。

Attention 加入前向 LSTM 结果见表 6-38。

表 6-38　公司简介 Attention 加入正向 LSTM 的实验结果

类别	准确率	召回率	F_1 值
0	0.8566	0.8087	0.8319
1	0.6138	0.7063	0.6568
2	0.5833	0.6292	0.6054
3	0.7430	0.6260	0.6795
总体	0.7325	0.7229	0.7255

Attention 加入反向 LSTM 结果见表 6-39。

表 6-39　公司简介 Attention 加入反向 LSTM 的实验结果

类别	准确率	召回率	F_1值
0	0.8299	0.9513	0.8865
1	0.7328	0.6746	0.7025
2	0.6552	0.5337	0.5882
3	0.7076	0.6575	0.6816
总体	0.7574	0.7654	0.7584

结果显示，无论 Attention 加在哪个方向的 LSTM 上，其结果准确率都比普通的双向 LSTM 要好。说明其帮助 LSTM 抓住了句子中对分类有帮助的重要信息，并且将 Attention 加在反向的结果更优，也是因为在 Attention 的帮助下反向记忆对分类有帮助的信息更多。

（5）Bi-ConvLSTM。双向 LSTM 已经取得不错的效果，所以可以把之前已经表现较好的 ConvLSTM 与之结合，采用双向 ConvLSTM 网络。

如表 6-40 所示，双向 ConvLSTM 准确率比单向 ConvLSTM 略高，为了更好地分析该实验结果，如前述实验一样，单独对其反向 ConvLSTM 进行实验，实验结果如表 6-41 所示。

表 6-40　公司简介 Bi-ConvLSTM 的实验结果

类别	准确率	召回率	F_1值
0	0.8312	0.9422	0.8832
1	0.6787	0.6481	0.6631
2	0.6970	0.5169	0.5935
3	0.6955	0.6654	0.5935
总体	0.7461	0.7537	0.7466

表 6-41　公司简介反向 ConvLSTM 的实验结果

类别	准确率	召回率	F_1值
0	0.8366	0.9152	0.8741
1	0.6880	0.7116	0.6996
2	0.6984	0.4944	0.5789
3	0.7220	0.6850	0.7030
总体	0.7561	0.7610	0.7554

之前所做实验中，反向 LSTM 效果优于正向 LSTM，在该实验中也是如此，反向 ConvLSTM 优于正向 ConvLSTM。但不同点在于普通 ConvLSTM 效果就比较好，所以总体上无论是正向、反向还是双向 ConvLSTM 的准确率都要高于普通 LSTM。

（6）Max-pooling LSTM。对 LSTM 的每个时刻的输出进行最大值池化操作，并将得到的向量与 LSTM 最后时刻的输出进行拼接，得到的实验结果如表 6-42 所示。

表 6-42　公司简介 Max-pooling LSTM 的实验结果

类别	准确率	召回率	F_1 值
0	0.8331	0.9729	0.8976
1	0.7424	0.7090	0.7253
2	0.7391	0.3820	0.5037
3	0.6970	0.7244	0.7104
总体	0.7703	0.7764	0.7636

Max-pooling LSTM 灵感来源于 CNN 与 Attention 机制，Attention 通过利用每个时序输入的上下文，再结合该时刻的输出，形成一个新的输出，能记录更多信息，增强了记忆能力。虽然能注意到文本的相邻几个词的结构信息，但每次只能关注一个局部的信息。但在 CNN 的池化操作中，是对整个向量进行采样，即关注了多个局部信息，所以对 LSTM 的池化操作实际上是为了记忆尽可能多的内容。另外，人们在阅读的过程中，有一种情况是需要按顺序一个词一个词阅读，最后读完整个句子才能推导出这段话的核心内容，而另一种情况是在阅读文章时，只需要跳跃着看，从每个部分获取一些信息，即可得知这段话的核心内容，按第一种阅读方式反而会因为过多的信息影响自己的判断，这样既费时又费力。LSTM 类似于第一种阅读方式，而 CNN 类似于第二种阅读方式。所以本节所用的文本数据集应该是属于第二种情况，因此在采用这种多部分信息结合的方式时，分类效果会非常好。

实验总结：总体来说，加入反向网络后，分类效果会明显提升，说明文本的未来信息对分类是有帮助的，在本节的任务中，未来信息甚至更重要。并且实验发现单独的反向网络分类准确率很高，加入正向网络可能会降低准确率，但并不意味正向网络不重要，通过简化正向网络，让它只记忆一些关键信息，再与之前性能优秀的反向网络结合时，分类准确率也进一步提高了。但在 ConvLSTM 中却不是如此，虽然加入反向网络后准确率提高，但是不会高于单独的反向网络。虽然也尝试过和前文一样通过降低正向网络复杂度的方法，但是发现这会导致准确率下降，其原因也将在未来的实验中继续研究。本次实验未进行在双向 LSTM 中两个方向同时加入 Attention 的实验，因为在普通双向 LSTM 实验中表明双向非对称的网络结构分类效果会比较好，但在 Attention 机制中这个特点可能不适用，所以将在未来的工作中继续验证。结合之前实验与附加实验，实际所做的工作都是为了增加 LSTM 对信息的记忆能力，这也说明了由于记忆和遗忘机制的存在，LSTM 在处理长序列时如果只选用最后的输出可能会造成很多信息损失，这也为以后使用 LSTM 提供了一个新的思路：中间信息对分类也是很有帮助的。

元学习（Meta-learning）。本节将深度学习中表现最好的 CNN + BP 和机器学习中表现最好的逻辑回归分类器在测试器上的预测结果进行特征提取后，再次进入元学习分类器。实验结果表明相较于 CNN 和逻辑回归分类器，元学习在准确率、召回率、F_1 值方面都有小幅度的提高（表 6-43）。由此可见，融合机器学习和深度学习的元学习方法是适用的。

表 6-43　元学习实验结果

模型	准确率	召回率	F_1 值
逻辑回归	0.7681	0.7727	0.7650
CNN+BP	0.7743	0.7793	0.7737
Meta-learning	0.7809	0.7845	0.7791

综上所述，所有实验结果表明机器学习和深度学习在线索发现的 P2P 公司风险评估中都起到了一定的作用。同时，元学习的方法也能够对机器学习和深度学习模型进行有效的融合。由此可见，基于级联归纳的元学习实现架构经实验验证是可行的。在可用数据量较少的情况下，元学习有助于优化整体性能。

强化学习技术。本节使用的实验数据是从网贷之家网站上获取的，包括正常、停业（转型）、提现困难及“跑路”或经侦介入四种类型。首先将数据按照 7∶3 的比例分为训练集和测试集，每类数据大体上保持了在总体数据中所占的比例。在分类中，0 代表正常；1 代表停业（转型）；2 代表提现困难；3 代表“跑路”或经侦介入。本节使用公司简介这一文本信息进行实验，得到的结果如表 6-44 所示。

表 6-44　实验数据规模

类别	数量	每篇文本平均词数
正常（0）	1849	202
停业（转型）（1）	1263	131

续表

类别	数量	每篇文本平均词数
提现困难（2）	595	136
“跑路”或经侦介入（3）	847	95
总体	4554	141

A. 关键词特征

（1）强化学习基线模型：不同关键词个数实验的训练集正确率结果如图 6-25 所示，其中，横轴代表迭代次数，纵轴代表正确率，不同颜色的曲线表示不同的关键词个数。模型收敛后测试集的最优结果（关键词个数为 40 时取得最优解）。

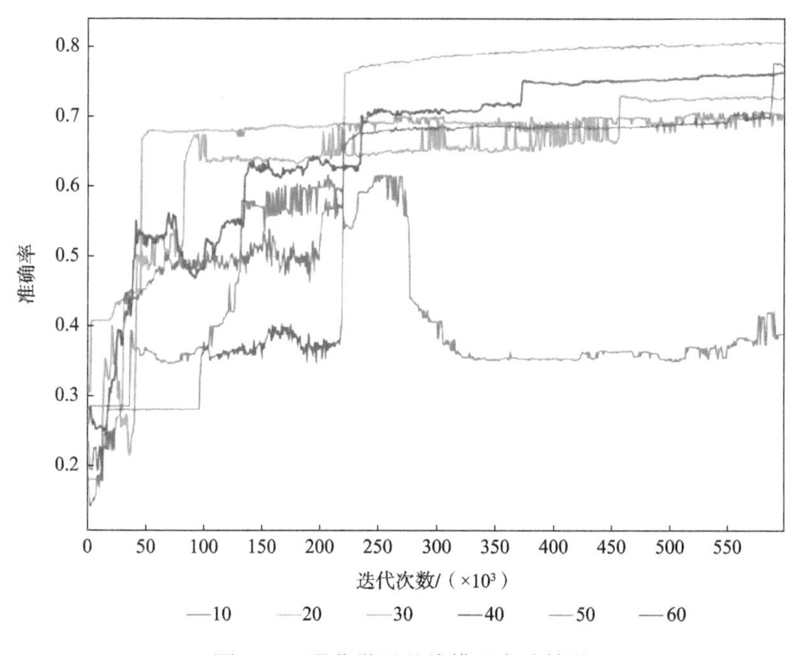

图 6-25　强化学习基线模型实验结果

从表 6-45 可以看出，提现困难（2）一类的准确率比停业（转型）（1）和“跑路”或经侦介入（3）的准确率高，这说明本章提出的强化学习基线模型较少受到数据不平衡的影响并且能够正确识别出数量较少一类的样本。这一点是极其重要并且宝贵的，因为已有的大多数有监督机器学习算法，如决策树、逻辑回归等，通常都对训练数据的不平衡性较为敏感，处理小类样本的能力较差。然而，强化学习基线模型需要训练几十万次才会收敛，模型的效率不高，缺乏实用性。为了解决这个问题，本节提出了更改样本权重的方法，并用改进的强化学习模型重新实验。

表 6-45 测试集最优结果

类别	准确率	召回率	F_1值	数量
0	0.8313	0.9319	0.8787	513
1	0.6640	0.6693	0.6667	400
2	0.7447	0.4046	0.5243	198
3	0.6582	0.6724	0.6652	256
总体	0.7451	0.7491	0.7395	1367

（2）更新样本权重的改进强化学习模型：先尝试每 20 000 次迭代更新一次样本权重，即增加被错误分类样本的权重，使其在下次迭代中被选中的概率增大。训练集的正确率如图 6-26 所示。

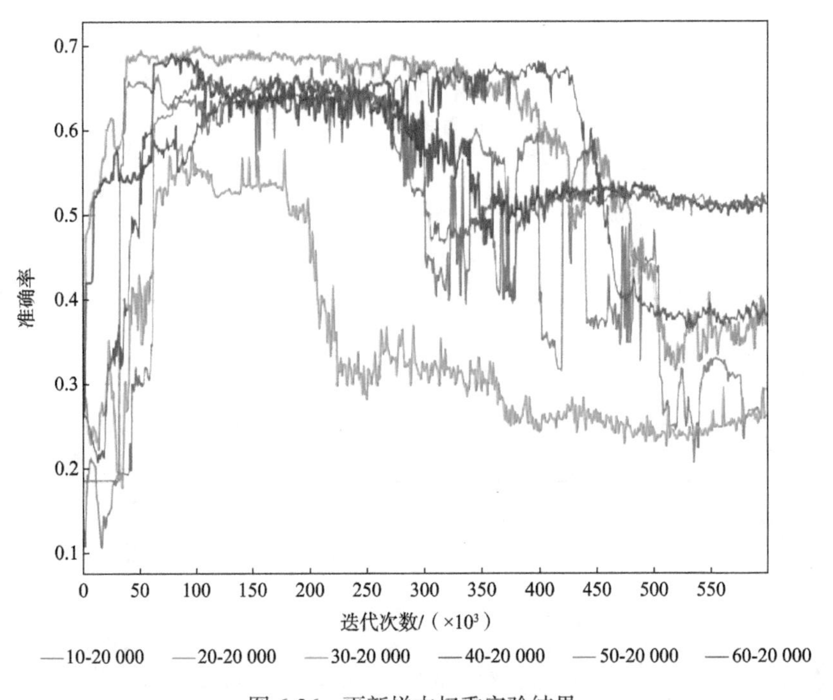

图 6-26 更新样本权重实验结果

可以看出，在更新样本权重之后，改进模型收敛的速度比之前快了很多。但是最高正确率比之前稍低了一些，并且随着迭代次数的不断增加正确率开始下降。出现这一现象的原因可能是在更新样本权重的过程中，某些样本的权重不断地增加，导致模型大多数情况下只训练这部分样本，而忽略了其他样本的作用。为了避免这一问题，本节尝试继续调整策略，动态地更新样本权重并且重新进行实验。

（3）动态更新样本权重的改进强化学习模型：不同于上个实验，本节计算当前模型的正确率 acc_t 并在更新样本权重之前将其记录下来，如果上次更新前的正确率 $acc_{t^-} - acc_t > \varepsilon$，那么样本权重重新被设置成相等的；否则，样本权重按照之前的策略更新。这里 ε 设为 5%，即认为当两轮正确率之差大于 5%时，模型超出了正常的波动范围，正确率开始下降。训练集正确率如图 6-27 所示。

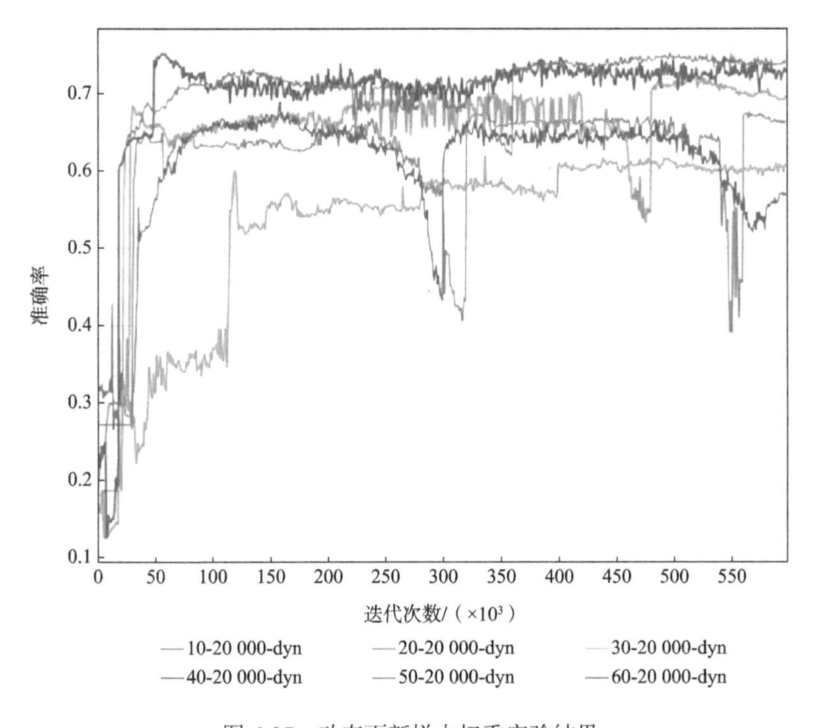

图 6-27　动态更新样本权重实验结果

实验结果显示，正确率下降的现象得到了明显的缓解，并且正确率也比按照同一策略更新样本权重的实验提高了一些。同时，改进模型的收敛速度比强化学习基线模型平均提高了 40 万轮次，同时也比按照同一策略更新样本权重的模型快了 5 万轮次。

（4）使用传统有监督机器学习方法的对比实验：除了上述本章研究的三种强化学习模型，本节还使用五种传统的机器学习算法做了相同的实验。结果如表 6-46 所示，RL 代表强化学习模型。本节选择准确率作为主要的衡量标准以更加有把握地找出有风险的机构并降低误判的风险。同时，表 6-47 给出了各个算法效果最优时每类的详细准确率。

从表 6-46 可以看出在特征方面，大多数模型在关键词取 40 个时，模型性能达到最优，统计可知，每条样本的平均词数为 141 个，若关键词个数较少，则无法将样本的语义信息很好地表示出来，而关键词个数较多，则得到的特征向量会比较稀疏，进而影响分类器的性能。而在模型方面，就总体准确率而言，强化学习模型优于大多数传统机器学习模型。同时，从表 6-47 可以看出，强化学习模型较少受到数据不平衡的影响，而大多数传统机器学习模型都会较多地受到数据不平衡的影响，使得数据较少一类的准确率较低。另外，虽然动态更新样本权重的强化学习模型的准确率稍低于强化学习基线模型，但它节省了大量的时间，更加具有实用性。

表 6-46　不同算法的关键词特征准确率

模型名称	关键词个数					
	10	20	30	40	50	60
RL 基线模型	0.6260	0.6541	0.6745	0.7451	0.7407	0.7372
更新样本权重的 RL 模型	0.6261	0.6648	0.6147	0.6929	0.6726	0.6610
动态更新样本权重的 RL 模型	0.6640	0.6643	0.5744	0.7093	0.7089	0.6745
MLP	0.1650	0.6822	0.5842	0.7432	0.7378	0.5999
SVM	0.6492	0.6977	0.7402	0.7425	0.7494	0.7401
LR	0.6340	0.6982	0.7218	0.7435	0.7416	0.7410
朴素贝叶斯	0.6473	0.6654	0.6518	0.6221	0.6252	0.6148
决策树	0.6320	0.6574	0.6496	0.6395	0.6390	0.6362

表 6-47　各模型最优时每类的准确率

模型名称	类别			
	0	1	2	3
RL 基线模型	0.8313	0.6640	0.7447	0.6582
更新样本权重的 RL 模型	0.8107	0.6675	0.6667	0.5502
动态更新样本权重的 RL 模型	0.7915	0.6308	0.6940	0.6791
MLP	0.8195	0.6667	0.6441	0.7311
SVM	0.7595	0.7448	0.7059	0.7234
LR	0.7852	0.7190	0.6828	0.7185
朴素贝叶斯	0.7327	0.5764	0.6857	0.6370
决策树	0.7543	0.5781	0.5278	0.6550

B. 词向量特征

首先，对于已获得的 P2P 相关语料训练词向量，维度为 50 维和 100 维；其次，分别使用三种强化学习模型进行实验，训练集正确率如图 6-28 所示，模型收敛后测试集结果如表 6-48 所示。

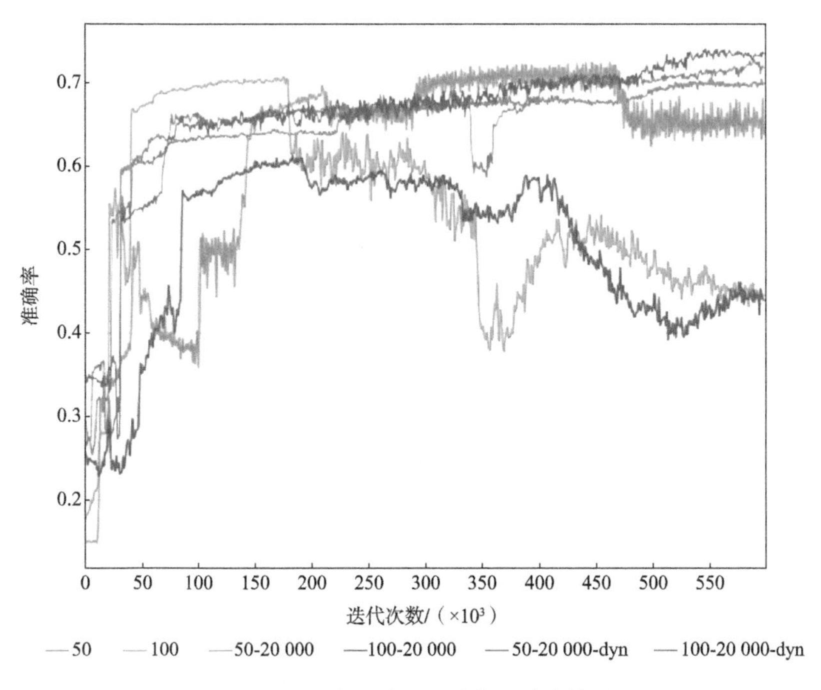

图 6-28　词向量特征训练集正确率结果

表 6-48　词向量特征结果

模型名称	词向量维度	收敛时迭代次数/万次	准确率	召回率	F_1 值
RL 基线模型	50	33	0.6669	0.6408	0.6141
	100	32	0.6851	0.6745	0.6728
更新样本权重的 RL 模型	50	13	0.6589	0.6613	0.6416
	100	15	0.6675	0.5486	0.4899
动态更新样本权重的 RL 模型	50	10	0.6558	0.6181	0.5572
	100	17	0.6881	0.6240	0.6043

从实验结果可以看出，100 维的词向量特征要优于 50 维的词向量特征，并且动态更新权重的模型的结果与强化学习基线模型相似，但其收敛速度远大于强化学习基线模型，同时它并没有像更新样本权重的强化学习模型一样出现正确率下降的现象，这也再次验证了动态更新权重的模型的效果。从表 6-48 中还可以看出，使用词向量特征时，模型的准确率最高为 0.6881，而使用关键词特

征模型的准确率最高为 0.7451。词向量特征的效果低于关键词特征的效果，原因可能在于，在得到词向量特征时，本节将一条样本中的所有词的词向量进行相加取平均值，这使得所有词的权重是相同的，但实际上，每个词对分类的作用是不相等的，关键词特征则是取出了对分类作用较大的词，因此，关键词特征的结果要优于词向量特征的结果。

由于100维的词向量特征优于50维词向量特征，为了验证词向量维度的影响，本节使用 150 维词向量再次实验，实验结果如表 6-49 所示。

表 6-49　150 维词向量特征实验结果

模型名称	收敛时迭代次数/万次	准确率	召回率	F_1 值
RL 基线模型	48	0.6842	0.5940	0.5880
更新样本权重的 RL 模型	18	0.6650	0.5391	0.4766
动态更新样本权重的 RL 模型	22	0.6892	0.6203	0.5822

从表 6-49 可以看出，150 维词向量特征的准确率与 100 维词向量准确率比较接近，但收敛速度整体下降，因此，从实用性角度而言，100 维的词向量特征要优于 150 维词向量特征。

C. 词向量特征与关键词特征结合

通过上述实验可以看出，使用词向量特征的模型准确率比较低，为了提高模型的效果，尝试将词向量特征与关键词特征进行结合，结合方式分为两种：根据信息增益得到 top100 的关键词，构成关键词表，第一种方式为只将每个样本中在关键词表中出现的词的词向量进行相加，而其他的词直接忽略，进而得到最终的词向量特征，本节将此方法记为 C1；第二种方式为在进行词向量叠加时，将出现在关键词表中的词向量权重乘以 2，本节将此方法记为 C2。词向量特征与关键词特征结合的实验结果如表 6-50 所示。

表 6-50　词向量特征与关键词特征结合的结果

模型名称	词向量维度	特征组合方式	收敛时迭代次数/万次	准确率	召回率	F_1 值
RL 基线模型	50	C1	32	0.7001	0.6847	0.6583
	50	C2	47	0.6982	0.6825	0.6584
	100	C1	45	0.6943	0.5947	0.5368
	100	C2	41	0.6741	0.6723	0.6485
更新样本权重的 RL 模型	50	C1	18	0.7000	0.7022	0.6852
	50	C2	15	0.6603	0.5230	0.4588

续表

模型名称	词向量维度	特征组合方式	收敛时迭代次数/万次	准确率	召回率	F_1值
更新样本权重的RL模型	100	C1	21	0.6680	0.6620	0.6376
	100	C2	25	0.6985	0.6474	0.5980
动态更新样本权重的RL模型	50	C1	14	0.6608	0.6320	0.5988
	50	C2	15	0.6967	0.5808	0.5545
	100	C1	26	0.7041	0.6394	0.5834
	100	C2	23	0.6545	0.6138	0.5833

从表 6-50 可以看出，总体而言，仅叠加关键词的词向量的结果要优于将关键词词向量权重加倍的结果，同时与关键词特征结合的词向量特征的结果相比于单独使用词向量特征结果有所提升，最高准确率为 0.7041。这也验证了每个词向量对分类的重要性不同，当增大较重要词向量的权重时，模型的效果就会提升。但与关键词特征结合的词向量特征的结果低于关键词特征的结果，说明将词向量进行叠加，模糊了单个词的语义信息，使得叠加后的词向量无法将其每个词所包含的信息完整地表达出来，进而影响了模型的效果。

D. LDA 特征

分别针对不同的主题数，使用三种强化学习模型进行实验，模型收敛后测试集最优结果如表 6-51 所示。

表 6-51　LDA 特征测试集最优结果

模型名称	主题数	收敛时迭代次数/万次	准确率	召回率	F_1值
RL 基线模型	50	40	0.5294	0.5230	0.3968
更新样本权重的 RL 模型	25	14	0.4338	0.4609	0.3470
动态更新样本权重的 RL 模型	25	20	0.6039	0.4565	0.3287

从表 6-51 中可以看出，对于三种模型，LDA 特征的结果波动较大，且整体效果相较于关键词特征和词向量特征而言比较差，分析原因，可能是由于公司简介这一信息所包含的主题不明显，在对其进行 LDA 建模时，得到的主题分布不准确，进而影响最终的分类效果。

E. 分布式集群搭建及应用

分布式集群搭建示意图如图 6-29 所示。

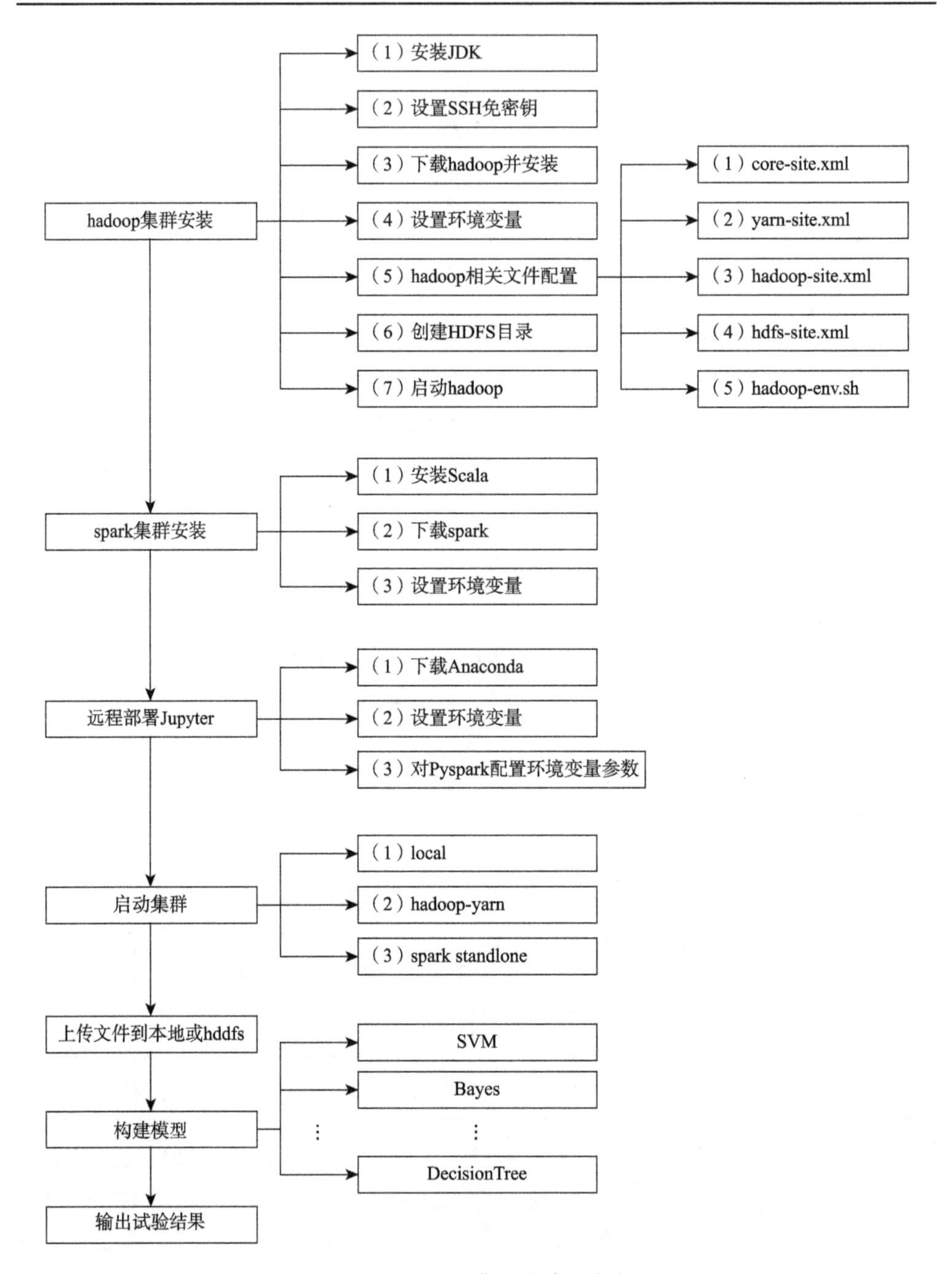

图 6-29　分布式集群搭建示意图

6.3 面向国家公共安全的互联网信息的主题分类研究

在找到国家公共安全相关的互联网信息线索后，该部分对这些信息进行更为详细的主题类别研究。由于国家公共安全还是一个较为宽泛的概念，其中涵盖了自然灾害、环境变化、事故灾难、公共卫生等多个更加专业的主题，而且，这些主题中还有必要进一步区分更加详细的子主题，如自然灾害可能有多种：干旱、洪涝、台风、冰雹、暴雪、沙尘暴、火山、地震、泥石流、海啸等，每种信息又都具有自己独特的属性，需要专业的知识才能更好地予以理解。本章主要针对金融领域面向国家公共安全的互联网信息的主题进行研究。由于数据量较大，且缺乏已有的主题分类体系，本章主要采用了聚类方法进行类别梳理。

在主题聚类以后，对国家公共安全相关的互联网信息而言，本节可以形成对于初始分类体系之外的信息的较好的主题类别描述，并将其补充到初始分类体系之中，得到更新的分类体系，继而据此重新准备训练集更新前述多个分类器和元分类器，以便使得分类器的能力范围得到扩展。这样的过程可以循环往复地进行，从而支撑整个系统的能力随着互联网信息的变化而得到不断的生长和延伸。虽然目前没有公认成熟的分类体系，但是本节通过聚类技术自动构建的类别体系，可以为今后制定新的分类体系提供参考和支撑。

针对上述内容本节做了以下研究。

6.3.1 聚类简介

主题分类与自然语言处理领域的文本分类研究关系极为密切，也是数据分析、数据挖掘、模式识别、机器学习等领域研究的核心问题之一。如果对信息的主题类别分辨得非常清楚，就可以采用分类技术区分不同的主题，然而互联网信息的主题类别往往分辨得并不清楚，因此，本节首先采用聚类技术寻找隐含的不同主题。

聚类分析，也称为群集分析，是对于统计数据分析的一门技术，在许多领域受到广泛应用，包括机器学习，数据挖掘，模式识别，图像分析及生物信息。聚类是把相似的数据对象通过静态分类的方法分成不同的簇或组别，这些对象与同一个簇中的对象彼此相似，与其他簇中的对象相异。聚类与分类不同，分类是在已有分类标准下，对新数据进行划分，分类，在机器学习领域中属于有监督学习；聚类事先并不知道任何数据的类别标号，而希望通过某种算法来把一组未知类别的数据划分成若干类别，聚类的目标只是把相似的东西聚到一起，这在机器学习中被称作无监督学习。

在数据挖掘中最常见的聚类算法是 K-means 算法，该算法实现简单且应用广泛。在自然语言处理领域，LDA 主题模型常用来推测文档的主题分布，以进行主题聚类或文本分类。因此本章主要使用 K-means 算法和 LDA 进行主题分类研究。同时为了更为直观地比较聚类结果中不同主题的差异，本章在聚类的基础上继续抽取了关键词，以更为显性的方式体现了每个主题的特征。

6.3.2 K-means 算法

K-means 算法目标是将数据聚类成 k 个簇。假设有一数据集 $\{x_1, x_2, \cdots, x_n\}$，其中每个数据都是一个 d-维实向量，也可以看作是 d-维空间中的一个点。K-means 算法要把这 n 个数据划分到 k 个集合中，其中 $k \leqslant n$。每个集合有一个质心，最终希望每个集合内的数据点到质心的距离的和最小。其算法流程如下。

随机取 k 个数据点作为 k 个初始质心 μ_j，$1 \leqslant j \leqslant k$。

计算其他数据点到这 k 个质心的距离，如果某个数据点 x_i 离第 j 个质心的距离更近，则该点属于簇 j，并对其打标签 $c_i = j$

$$c_i \leftarrow \operatorname{argmin}_j \left\| \mu_j - x_i \right\|^2, 1 \leqslant i \leqslant n \tag{6-26}$$

计算同一簇中数据点的平均值，作为新的质心

$$\mu_j \leftarrow \frac{\sum_{i:c_i = j} x_i}{\operatorname{count}(c_i = j)} \tag{6-27}$$

迭代至所有质心都不变化为止，即算法结束。

可以看出 K-means 算法具有原理比较简单，实现容易，收敛速度快，聚类效果较优。算法的可解释度比较强，超参较少等特点。但是 k 值的选择依赖于数据的先验经验，并且采用迭代方法，得到的结果只是局部最优。

6.3.3 LDA 算法

LDA 是一种主题模型，它可以将文档集中每篇文档的主题按照概率分布的形式给出。同时它是一种无监督学习算法，在训练时不需要手工标注的训练集，需要的仅仅是文档集及指定主题的数量 k 即可。此外 LDA 的另一个优点则是对于每一个主题均可找出一些词语来描述它。

LDA 是一种典型的词袋模型，即它认为一篇文档是由一组词构成的一个集合，词与词之间没有顺序及先后的关系。一篇文档可以包含多个主题，文档中每一个词都由其中的一个主题生成。另外，正如 Beta 分布是二项式分布的共轭先验

概率分布，狄利克雷分布是多项式分布的共轭先验概率分布。因此正如 LDA 贝叶斯网络结构中所描述的，在 LDA 模型（图 6-30）中一篇文档生成的方式如下。

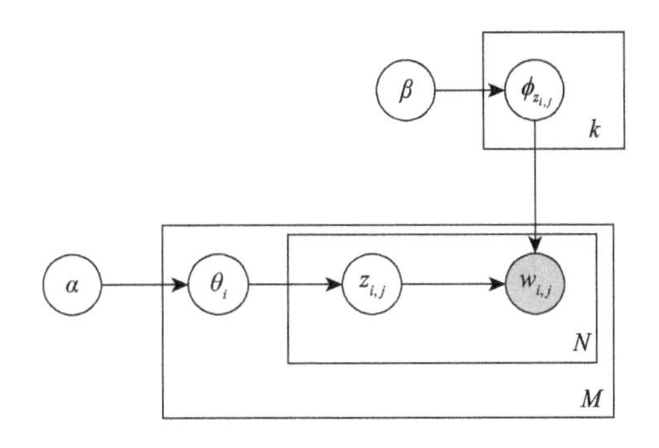

图 6-30　LDA 模型结构

从狄利克雷分布 α 中取样生成文档 i 的主题分布 θ_i。

从主题的多项式分布 θ_i 中取样生成文档 i 的第 j 个词的主题 $z_{i,j}$。

从狄利克雷分布 β 中取样生成主题 $z_{i,j}$ 的词语分布 $\phi_{z_{i,j}}$。

从词语的多项式分布 $\phi_{z_{i,j}}$ 中采样最终生成词语 $w_{i,j}$。

因此整个模型中所有可见变量及隐藏变量的联合分布是

$$p\left(w_i, z_i, \theta_i, \phi \middle| \alpha, \beta\right) = \prod_{j=1}^{N} p(\theta_i \mid \alpha) p(z_{i,j} \mid \theta_i) p(\phi \mid \beta) p(w_{i,j} \mid \phi_{z_{i,j}}) \quad (6\text{-}28)$$

最终一篇文档的单词分布的最大似然估计可以通过将上式的 θ_i 及 ϕ 进行积分和对 z_i 进行求和得到

$$p\left(w_i \middle| \alpha, \beta\right) = \int_{\theta_i} \int_{\phi} \sum_{z_i} p\left(w_i, z_i, \theta_i, \phi \middle| \alpha, \beta\right) \quad (6\text{-}29)$$

根据 $p\left(w_i \middle| \alpha, \beta\right)$ 的最大似然估计，最终可以通过吉布斯采样等方法估计出模型中的参数。

6.3.4　聚类算法的评价指标

聚类算法属于无监督学习算法，因此也就无法像分类算法那样获得比较直接的评估标准，但是可以通过计算类内的稠密程度和类间的离散程度来评估聚类的效果。本节采用 Calinski-Harabasz 指标作为聚类结果的评价指标。Calinski-Harabasz 指标是一种基于数据集样本几何结构的指标，根据数据集本身和聚类结果的统计特征对聚类结果进行评估，并根据聚类结果的优劣选取最佳聚类数。得到的 Calinski-Harabasz 分数值越大则聚类效果越好。Calinski-Harabasz 分数值的数学计算公式如式（6-30）所示：

$$s(k)=\frac{\operatorname{tr}(B_k)}{\operatorname{tr}(W_k)}\frac{m-k}{k-1} \qquad (6\text{-}30)$$

其中，m 代表训练集样本数；k 代表聚类类别数；B_k 代表类别之间的协方差矩阵；W_k 代表类别内部数据的协方差矩阵；tr 代表矩阵的迹。也就是说，类别内部数据的协方差越小越好，类别之间的协方差越大越好，这样的 Calinski-Harabasz 分数值会高。

6.3.5　关键词抽取方法

虽然现有的关键词抽取技术已经很成熟，但在中文关键词抽取中，未登录词识别一直是一个问题。未登录词（out of vocabulary，OOV）是指在分词时发现词表或字典中不存在的词。常见的未登录词包括人名、地名、机构名等。在科技、新闻相关的文本中，存在大量的专有词、新词等未登录词，分词过程中会出现各种错误，直接影响着后期抽取的性能。因此本章使用了一种多特征、多步骤抽取关键词的方法以提高对未登录词抽取的效果（图 6-31）。首先以一种综合统计评价的方法作为抽取候选关键词的基本方法，通过考察词语的词频、词性、位置特征信息，进行综合评分，抽取候选关键词；之后对候选关键词之间的关联进行考察，利用最大匹配的串频统计方法，从原文中挑出未登录词，得到最终结果。

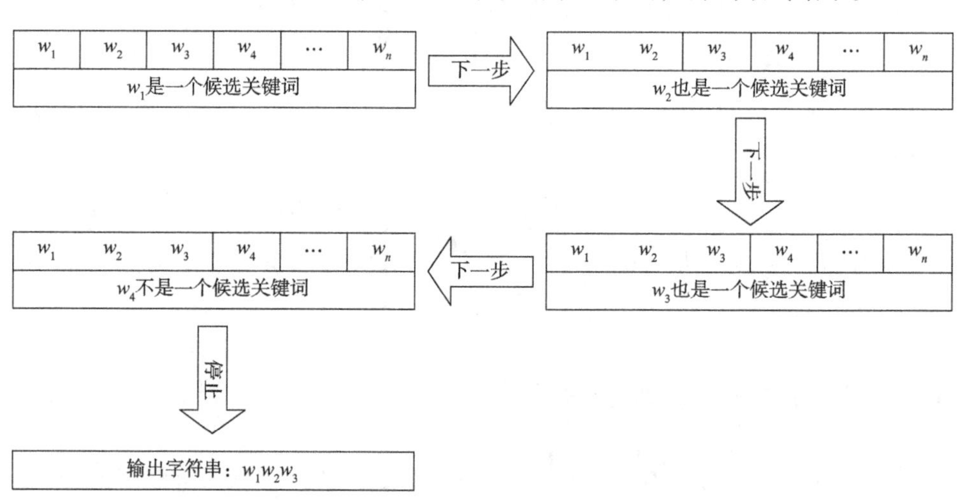

图 6-31　关键词抽取方法

首先，在预处理部分对文本进行了分词和词性标注，特征统计部分考虑了词语的词频、词性和位置。对于动词和名词，每出现一次，赋给权值 10；若在标题中出现一次，赋给权值 40；段落的第一句话中出现一次，赋给权值 20。全文处理完毕后，按照权值大小对词语进行排序，取权值最高的前 70%的词作为候选关键

词。权值计算公式如式（6-31）所示

$$f_w = w_t \times 40 + w_f \times 20 + w_s \times 10 \left(w \in \{v, n\} \right) \tag{6-31}$$

其中，f_w 代表词语的权值；w_t 代表词语在标题中出现次数；w_f 代表词语在段落第一句话中出现的次数；w_s 代表词语在文本其他位置出现的次数；v 代表动词类；n 代表名词类。

接着本节使用了最大匹配的串频统计方法，对于构词方式独特的新词和较长的复合具有较好的识别效果，很多复合词，尤其是词+词模式的复合词，仅从其本身很难判断到底是一个短语还是一个新词。通过统计串频，考察其在文本中的出现方式、次数，如果该词串频繁以一个整体形式出现，就可将其判断其为新词。最大匹配的串频统计方法具体如下：从文本开头开始查找，如发现了候选关键词，则以该词为起点，搜索其后第一个词语；如果其后续词语也是候选关键词，则再往后搜索一个词，直到后续词语不是候选关键词为止，找到的词串即为潜在的关键词。文本搜索完毕后，统计找到的所有词串频率，从中选取频率高的词串作为新关键词。该方法只需要对文本进行一次扫描即可得到结果，时间复杂度为 $o(n)$。

6.3.6　实验过程和结果

1. 数据预处理

首先，获取了快鹿系、钰诚系和中晋系相关的微博及新闻，共 119 15 条，作为研究语料。其次，对数据进行预处理：去标点、去停用词、分词、去除空数据、训练句向量。其中分词部分使用 jieba 分词工具包，训练句向量部分采用 gensim 工具包。最后，将预处理后的数据保存在 txt 文件中。如图 6-32 所示。

分享 并 读金鹿 财行 兑付 危机 波及 快鹿系 神开 股份 急补 公告 投资 风险 互联网 金融 平台 金鹿 财行 月 日 晚 被 曝 陷入 兑付 危机 其 战略 合作伙伴 快鹿 投资 集团 涉及 股 港股 多家 上市公司 日 股价 急跌 其 中 神开 股份
郎咸平 拒绝 回应 快鹿 事件 儿子 公司 仍售 快 鹿系 产品
融 金融 搜索 平台 郎咸平 拒绝 回应 快鹿 事件 儿子 公司 仍售 快 鹿系 产品
郎咸平 拒绝 回应 快鹿 事件 儿子 公司 仍售 快 鹿系 产品 财经网
郎咸平 拒绝 回应 快鹿 事件 儿子 公司 仍售 快 鹿系 产品
金融 不是 可以 乱 玩 金鹿 财行 遭遇 投资者 挤兑 快鹿系 还 能 坚持 多久
金鹿 财行 曝 兑付 危机 名 投资者 围堵 总部 大楼 这下 连能 打个 叶问 没辙 据 爆料 近日 约名 投资者 围堵 金鹿 财行 总部 大楼 要求 实现 资金 兑付 金鹿 财行 董事长 特别 助理 徐琪 今日 承认 资金 链 出现 问题 其 母公司 快鹿 集团 还 投资 拍摄 叶问 被 曝出 票房 造假 丑闻 金鹿 财行 陷入 兑付 危机 快鹿系 资本 迷局 即 将 揭
郎咸平 拒绝 回应 快鹿 事件 儿子 公司 仍售 快 鹿系 产品 财经网
金鹿 财行 遭遇 投资者 挤兑 快鹿系 还 能 坚持 多久 搜狐 理财
金鹿 财行 现场 真实 录音 曝光 快鹿系 还 能 坚挺 多久 网贷 杂谈 理财 之 家
金鹿 财行陷 兑付 危机 波及 快鹿系 股价 一位 年轻 投资者 告诉 记者 他 投 万元 这个 月 号 到期 周一 号 兑付 结果 拖 现在 没能 兑付 不少 未 到期 投资者 由于 担心 平台 跑 路 要求 提前 兑付 一位 老大妈 她 投 万元 月份 到期 还 等 这笔 钱用

图 6-32　分词结果

数据规模如表 6-52 所示。

表 6-52　新浪微博三系数据的规模

类别	原始规模	去除空数据后规模
中晋系	8 254	8 252
快鹿系	2 416	2 416
钰诚系	1 245	1 245
总体	11 915	11 913

然后使用 K-means 和 LDA 两种方法进行聚类分析。

2. K-means 聚类实验

本节将句向量作为 K-means 聚类算法的输入（图 6-33）。如果句向量效果不好，无法准确表示原始文本，就会对最终的聚类结果产生很大的影响，因此本节进行了多次句向量实验，最终采用了 500 维句向量作为 K-means 算法的输入。本次实验分别对 2~500 类分别进行了聚类实验。

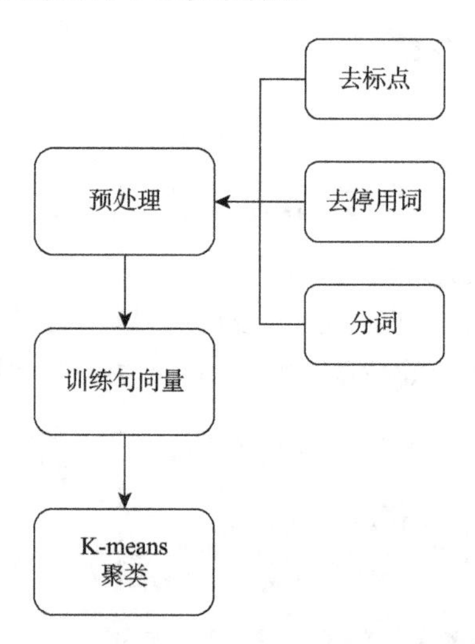

图 6-33　K-means 实验流程

中晋系、快鹿系和钰诚系的聚类结果的评价指标如下所示。

图 6-34 显示了利用 K-means 聚类方法对中晋系数据聚类得到的结果的评价指标散点图，可以发现随着类数的增加，指标值越高，聚类效果越好。

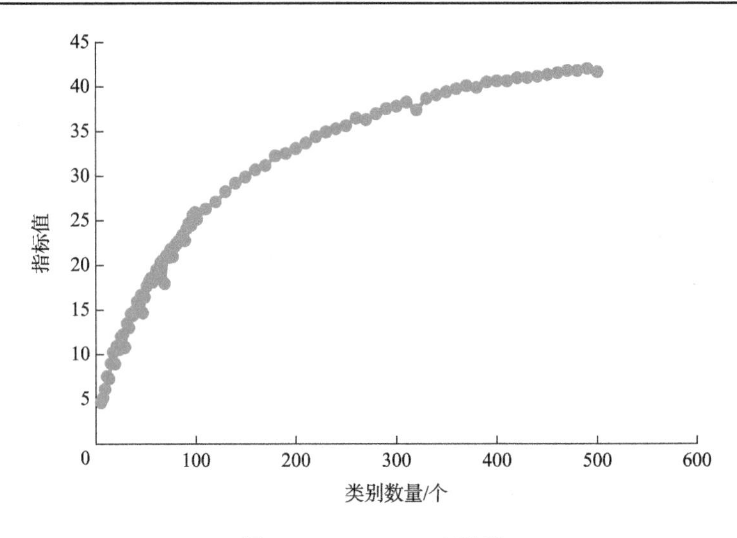

图 6-34　K-means_中晋系

图 6-35 显示了利用 K-means 聚类方法对快鹿系数据聚类得到的结果的评价指标散点图，可以发现随着类数的增加，指标值先是升高，随后平缓，最后下降，聚成 300 类的聚类效果最好。

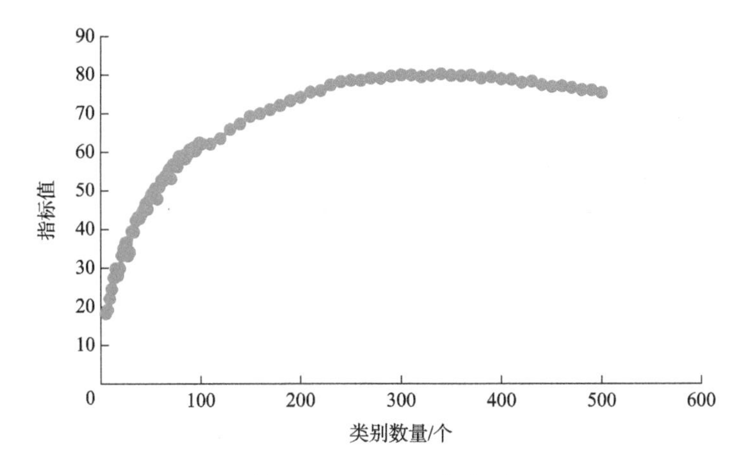

图 6-35　K-means_快鹿系

图 6-36 显示了利用 K-means 聚类方法对钰诚系数据聚类得到的结果的评价指标散点图，可以发现随着类数的增加，指标值先是升高，随后平缓，最后下降，聚成 300 类的聚类效果最好。

实验结果显示出快鹿系数据和钰诚系数据在聚类数达到 300 左右时开始逐渐趋于平缓，但是中晋系数据仍然显示出聚类数目越多聚类效果越好的趋势，经过分析本节认为原因可能是相比于快鹿系和钰诚系数据，中晋系数据量更加庞大。

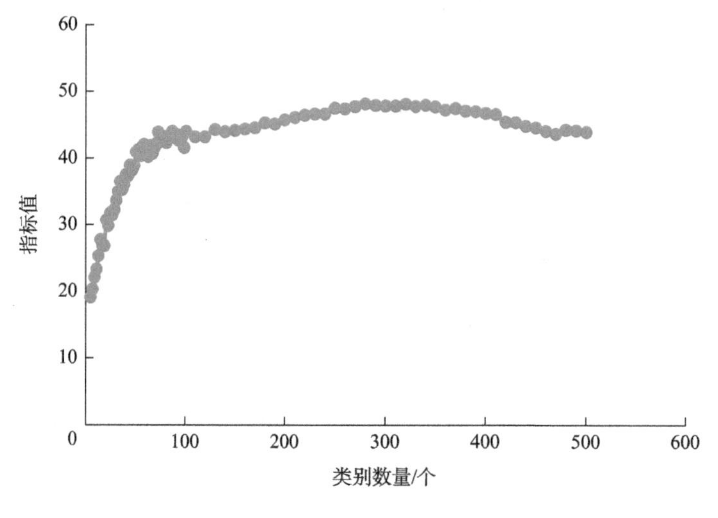

图 6-36　K-means_钰诚系

其中，快鹿系数据共 2416 条，钰诚系数据共 1245 条，中晋系数据共 8252 条。

3. LDA 聚类实验

LDA 主题模型进行聚类分析（图 6-37）的关键在于主题数 n 的选取，本节将主题数 n 从 2 增长到 500，分别进行聚类，并根据 TF-IDF 余弦相似度算出簇内相似度和簇间相似度，再根据簇内相似度与簇间相似度的比值来评估聚类结果的好坏，比值越大，聚类效果越好。

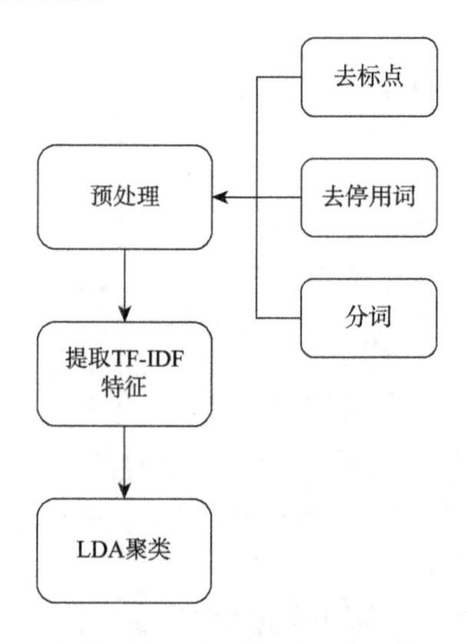

图 6-37　LDA 聚类实验流程

中晋系、快鹿系、钰诚系及总体的聚类结果的评价指标如下所示。

图 6-38 显示了利用 LDA 主题聚类方法对中晋系数据聚类得到的结果的评价指标折线图，可以发现随着类数的增加，指标值升高，聚类效果越来越好。

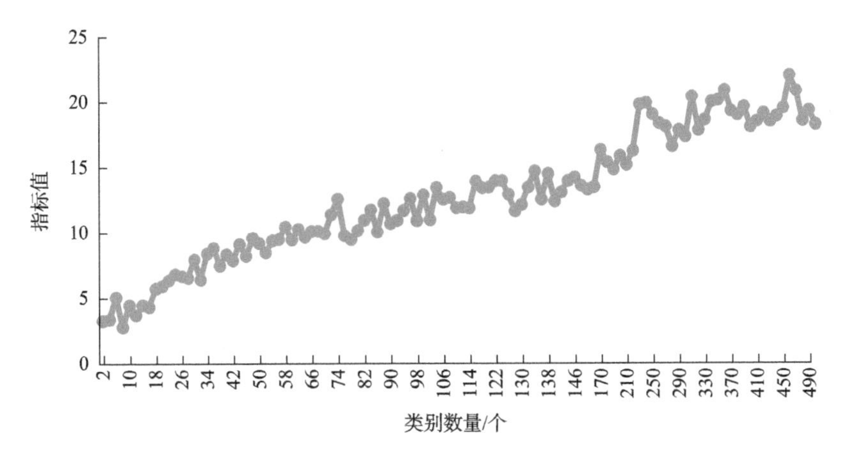

图 6-38　LDA_中晋系

图 6-39 显示了利用 LDA 主题聚类方法对快鹿系数据聚类得到的结果的评价指标折线图，可以发现随着类数的增加，指标值升高，聚类效果越来越好。

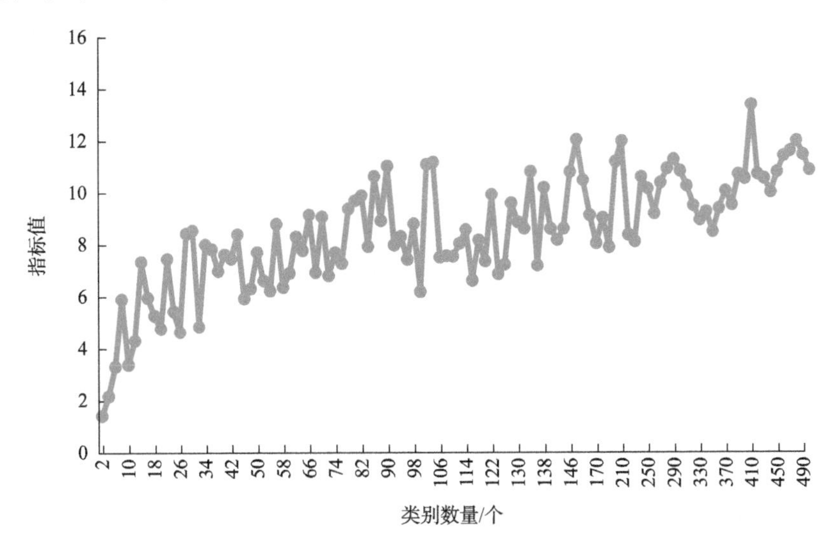

图 6-39　LDA_快鹿系

图 6-40 显示了利用 LDA 主题聚类方法对钰诚系数据聚类得到的结果的评价指标折线图，可以发现随着类数的增加，指标值升高，聚类效果越来越好。

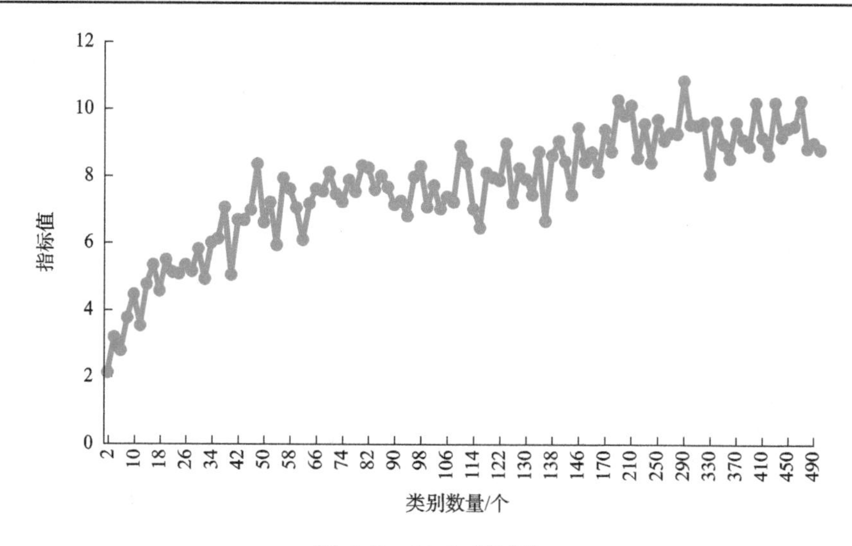

图 6-40　LDA_钰诚系

从图 6-41 可以看出，由于与 K-means 的评估方法不同，LDA 的聚类结果与 K-means 相比，浮动较大，但总体都是呈上涨趋势，与 K-means 的实验结果比较一致。

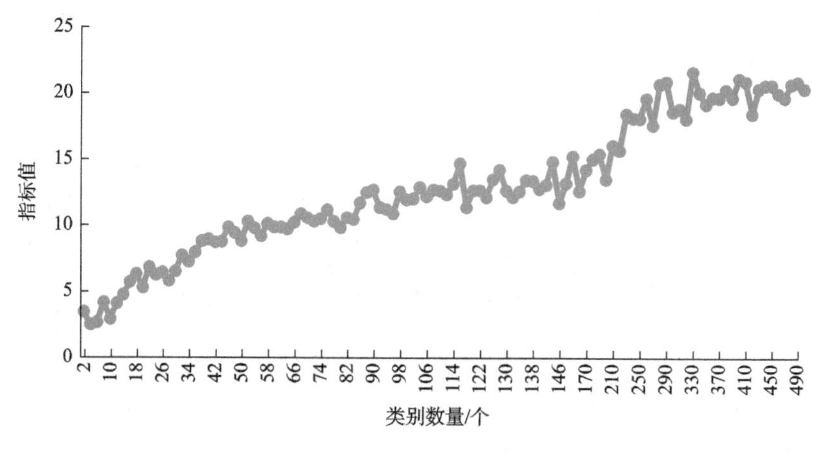

图 6-41　LDA_整体

4. 关键词抽取实验

同时本节对 LDA 主题聚类方法的 50 个主题聚类情况中的每个主题抽取了关键词，以便更加直观地研究不同主题的关联与区别。抽取关键词使用了之前提到的多特征、多步骤抽取关键词的方法。该方法对未登录词的识别效果有较大提升。例如，下边分别展示了“快鹿系”聚类结果中类别 1、类别 3、类别 16 和类别 24 的部分未登录词和候选词抽取结果。

1）类别1

未登录词：幽灵票房引发；鹿系风波发酵著名经济学家郎咸平父子；骗人休想；鹿系相关公司融资担保牌照续期小额贷款公司牌照取消；集团旗下理财平台金鹿财行要求兑付叶问；鹿系深陷；上海金融；金融互助平台；表示重启；接连出事之际；

关键词：["鹿系", 5020]["集团", 4300]["兑付", 4280]["公司", 3250]["上海", 2530]["金鹿", 2130]["投资", 2060]["财行", 2010]["平台", 1960]["金融", 1760]["票房", 1690]["财富", 1580]["投资者", 1540]["叶问", 1480]["风波", 1480]["郎咸平", 1460]["牌照", 1450]["危机", 1440]["资金", 1410]["重启", 1400]["投资人", 1370]["当天", 1360]["资产", 1290]["相关", 1280]["公众", 1240]["非法", 1220]["股份", 1220]["理财", 1180]["表示", 1090]["父子", 1070]["事件", 1030] ["担保", 910]["旗下", 860]["融资", 850]["立案", 830]["发酵", 820]["涉嫌", 790] ["目前", 770]["近日", 760]["控股", 750]["亿元", 750]["引发", 730]["徐琪", 710] ["财经", 710]["发布", 690]["电影", 610]["著名", 610]["经济学家", 610]["幽灵", 610]["问题", 580]["子公司", 580]["上市公司", 580]["质疑", 570]["取消", 560] ["十方", 550]["线下", 540]["进行", 540]["记者", 540]["吸收", 540]["受到", 540] ["集资", 530]["卷入", 530]["发生", 520]["造假", 520]["扮演", 510]["角色", 510] ["可能", 500]["小额贷款", 500]。

2）类别3

未登录词：中科招商；进行两次；港币兑换人民币；股东持有；亿元增长；兑付危机；50.4亿元；蚂蚁金服；证券投资集合资金信托计划；鹿系联合上海；

关键词：["中科", 2440]["招商", 2200]["亿元", 1810]["投资", 1780]["公司", 1720]["股份", 1560]["集团", 1180]["市场", 1070]["上市公司", 920]["金融", 900]["平台", 830]["目前", 820]["进行", 820]["三板", 780]["价格", 760]["股东", 700]["票房", 640]["万股", 630]["投资者", 600]["股价", 590]["资产", 570]["控股", 560]["融资", 560]["叶问", 520]["挂牌", 520]["上市", 510]["公告", 510]。

3）类别16

未登录词：中介机构业务合作；风波上海链家经纪有限公司；全国地方金融政府层面大量金融风险监控政策接续出台意在金融创新刹车；调整当前监管框架提高政策监管效率近日国务院联合各部委；地方政府归口推出一系列监管政策互联网金融相关行业整治；互联网金融专项整治启动以来国家层面；年初链家理财链家节点疯狂推广首付；金融创新活跃行业造成大面积金融海啸融合金融互联网两种业态新型金融风险爆发负面影响；国务院联合；金融业态过去两年高速成长程度。

关键词：["金融", 9490]["互联网", 4220]["创新", 3200]["监管", 2970]["资

金", 2730] ["业务", 2730]["整治", 2120]["首付", 1900]["产品", 1890]["行业", 1690]["理财", 1510]["专项", 1480]["领域", 1470]["风险", 1470]["政策", 1420] ["公司", 1260] ["地方", 1240]["金融风险", 1230]["联合", 1230]["股权", 1060] ["众筹", 1060] ["发展", 1050]["链家", 1050]["支付", 1050]["从事", 1050]["机构", 1050]["业态", 1050]["出台", 1030]["保险", 850]["方案", 850]["配资", 840] ["实施方案", 840]["场外", 840]["集中", 840]["一个", 840]["客户", 840]["市场", 840]["上海", 840]["工作", 840]["政府", 820]["大量", 810]["国务院", 810]["全国", 810]["效率", 810]["失控", 700]["刹车", 680]["线下", 640]["平台", 630] ["提供", 630] ["中介机构", 630]["问题", 630]["跨界", 630]["漏洞", 630]["范围", 630]["协会", 630]["健康", 630]["备付", 630]["广州", 630]["商业银行", 630] ["监管部门", 630] ["涉及", 630]["层面", 610]["当前", 600]。

4）类别 24

未登录词：明星投资人；明嘉资本；目前明嘉资本；投资项目；折抵股份；长江商学院；私募从业资格考试；互联网大会；成为国内规模最大人民币基金；投资部分。

关键词：["投资", 3150]["明星", 1530]["项目", 1160]["投资人", 1150]["公司", 980] ["基金", 860] ["明嘉", 670]["资本", 620]["企业", 560]。

从关键词抽取结果来看，类别 1 中出现了大量“鹿系”相关的关键词，类别 3 中则主要与“中科招商”相关，类别 16 中提到了“政府风险监控”，而类别 24 中出现了“明星投资人”。这些关键词的抽取帮助本节直观了解了每个类别的关键内容，说明聚类算法确实能挖掘数据潜在的主题，并将其进行区分与聚合。

该聚类结果接下来将经过进一步的人工分析与评估，力图确定较为合适的主题类别，从而为后续更加精细的主题分析做好准备。

6.4 面向国家公共安全的互联网信息的公众情感分析研究

在研究内容 6.3 节主题分类的基础上，该部分将着重分析互联网信息平台上关于国家公共安全主题的公众情感倾向，因为情感是关系到网络社会张力的最为重要的因素，当公众情感呈现激烈化趋势的时候，往往很容易引起危机的爆发。具体研究包括情感词典构建、单文本情感分析、主题公众情感三个方面。

近年来，我国的 IT 行业飞速发展，尤其移动互联网的普及，使得网民数量爆发式增长。2017 年 8 月 4 日，CNNIC 在京发布第 40 次《中国互联网络发展状况统计报告》(以下简称为《报告》)。《报告》显示，截至 2017 年 6 月，中国网民规模达到 7.51 亿人，占全球网民总数的五分之一。互联网普及率为 54.3%，超过全球平均水平 4.6 个百分点。随着网络平台的普及，在当前的传媒发展形势中，从新闻客户端、微博、微信到视频网站的发展，以网络平台为基础的新媒体逐渐成为媒体形态的主流（夏若云，2017）。特别是近几年微博得到了快速发展与普及，微博凭借其平台的开放性、终端扩展性、内容简洁性和低门槛等特点，在网民中快速渗透，发展成为了一个重要的社会化媒体（丁兆云等，2014）。互联网信息已经覆盖了全球的各个角落，我国也已经正式开启了“互联网+”时代。任何信息，小到人们日常生活的衣食住行，大到国家政府的政策法令，都有可能在这个新媒体平台上得到广泛应用和裂变式传播，甚至形成影响巨大的事件。

同时，随着互联网的蓬勃发展，金融行业在运用互联网思维下也出现了大量的新业态金融模式，其中 P2P 网贷平台就是一种典型的代表，已经形成了一种门槛较低、成本较低、覆盖面广的融资借贷平台，成为我国金融改革的一种重要形式。与此同时，P2P 企业自身的问题也日益暴露，甚至出现了不少性质恶劣的事件，如“e 租宝被查事件”，给我国的社会经济和群众生活都带来了严重危害。因此，对 P2P 企业的有效监管也成为一个极为迫切的任务。

综上可见，媒体和公众越来越多地在微博等网络媒体上发布新闻或意见，使得其成为网络社会张力发展的重要平台。对其中所关注的事件、新闻等网络社会张力传播规律进行分析、预测，能够更为准确地把握网络社会张力态势的发展，可以给用户和利益相关部门提供更好的决策帮助和科学监管辅助。现阶段我国的 P2P 网贷平台发展较快，但也滋生出较多的问题，严重影响行业的健康发展和人民的财产安全。通常这些公司的网络社会张力相关信息总是最先爆发于各种网络社交平台上，因此，对微博等网络社交平台上所发布的有关 P2P 网贷平台相关信息进行网络社会张力态势研判也成为一个重要的研究方向。

本章通过对新浪微博的文本进行情感分析，判断其情感倾向，并据此构建时间序列。情感分析又被称作观点挖掘或观点分析，其目标是通过数据挖掘得出文本的情感极性，以及分析判断文本的情感走向（卢桃坚，2015）。而时间序列是指一个系统的某个指标在各个时间点上的观测数据按照时间的先后顺序所排列而成的序列数据，这种广泛存在的时间序列数据往往蕴含着潜在的变化规律。时间序列分析就是探索蕴藏在时间序列数据中的所有信息，观察、估算和研究这样一组真实数据在长期变动过程中所存在的统计规律性（张树京和齐立心，2003）。

对于文本情感分析和时间序列分析，前人已经做了不少研究，如（李婷婷和姬东鸿，2015）：对微博进行情感分析，使用多种文本特征，包括词、词性、情感词、否定词、程度副词和特殊符号等，并选用不同的特征组合，考察不同的机器模型和不同的特征组合之间的关系。通过实验发现选用词性为情感词和否定词的特征组合时，SVM 模型的正确率可以达到 88.72%，选用情感词、否定词程度副词和特殊符号的特征组合时，CRF 模型的正确率达到 90.44%。Santos 和 Gattit（2014）针对短文本上下文信息较少的特点，采用深度卷积神经网络对短文本进行情感分析，充分利用从字符到句子级的文本信息，在不同的数据集上的分析都取得了不错的效果。

基于上述分析，在本章的研究中主要针对 P2P 网贷平台的社交文本进行了分析，包括一些官方媒体的新闻、通告及个人用户的评论或发布的社交文本。以情感分析为切入，采用当前比较成熟的情感分析技术对文本进行情感极性判断，并据此提取特征，构建时间序列。前人少有使用情感特征时间序列来进行研究的，大部分只是原始数据构建时间序列，而本节使用了情感特征时间序列，并对其表征方式进行更深入的研究。例如，对多维情感特征进行处理，尝试加权、平滑、滑动窗口等多种方法，期望找到一种有效的方法来构建情感特征时间序列。

6.4.1 情感词典的构建

在已有情感词典资源的基础上，着重依托国家公共安全相关的互联网信息语料及其主题分类结果，构建能够反映其特性的情感词典，以便为后续的情感分析提供特征支撑。其中，除了通用词条以外，将考虑针对不同主题挖掘关键词，同时注重网络用语和新词的发现和使用。在情感信息表达上，除了最基本的正向积极情感、负向消极情感和中性无情感三个基本类别以外，尝试增加关于情感程度的分级信息，从而有助于后续网络社会张力态势的研判。

当前网络上公开的情感词典主要有：知网 hownet 情感分析用词语集、台湾大学的 NTUSD、清华大学李军的褒贬义词典等。其中包括了正向情感词表，负向情感词表，以及否定词表和程度副词表。

正向情感词表，如“辉煌”“炫目”“标致”“冰清玉洁”等。

负向情感词表，如“压坏”“被控犯罪”“劣势”“可疑的”等。

否定词表中，如“不”“不是”“没有”“不可”等。

而程度副词表中不同的程度分别具有不同的权重，如在 extreme 等级中，有“百分之百”“极度”“绝对”等；在 very 等级中，有“不少”“不胜”“格外”等；在 more 等级中，有“比较”“较为”“愈发”等，在 ish 等级中，有“多多少少”“略微”“稍稍”等。

特别的，本节加入了一些任务相关词，如针对新浪微博的互联网贷款公司的新闻评论经常出现的一些“跑路”“庞氏骗局”等，作为情感词典的补充。从而根据基于任务相关构建的情感词典，构造了文本特征以进行后续的任务。

6.4.2　单文本情感分析

将每一个信息单元看作是一个文本单元，通过分类打标的方法来实现单文本的情感分析。先提取文本的情感特征，综合经典词项特征、情感词典信息、句法树、依存树等，以及新兴的大众标注、主题模型、词向量、段向量等特征，采用经典的文本情感分析方法，如机器学习算法中的 SVM 及深度学习中的循环神经网络，给出单文本情感分析的结果，同样包括正负向和程度级别。研究设计如下。

1. 数据获取

首先，本节分别获取了新浪微博上的中晋系、钰诚系、快鹿系的新闻评论数据，并人工标记了文本数据的正向、负向和中性的情感极性。

其次，本节还在网贷之家网站上获取了六家网贷平台的公司主页，并获取了主页上用户针对该网贷产品的评价，同时带有推荐、一般和不推荐的标签。本节使用爬虫的方法，通过 URL 链接获取相应的 json 文件，将 json 文件转换成格式为 Excel 的文件。

由此，本节得到了用户对各个网络贷款产品的每条评论文本信息，以及用户自己打出的推荐（正向）、不推荐（负向）和一般（中性）的评价作为标签。

2. 任务实现

在本节的任务中，单文本情感的分析是针对比如网站上用户所发布的一条文本信息，从中找出他所针对某个产品或事件的评论的情感极性。本节将分别采用人工特征抽取的方法，以及词向量预训练的方法，进行情感极性的分类任务。

本节先进行了分词处理和词性标注，正向情感词、负向情感词的标注，以及分别根据各个正向情感词和负向情感词之前的程度副词和否定词做一个加权处理，从中抽取到一定的文本情感特征，以此为基础做后续处理，具体实现流程如下。

本节使用的分词工具是 jieba 分词。将一条评论进行分词后，本节会统计每条评论的名词、动词、形容词、副词、介词、叹词的个数，以及正向情感词和负向情感词的个数，同时会根据情感词之前的程度副词和否定词来计算情感得分，以及标记情感词之前是否出现了否定词，程度副词，并且统计句子中的特殊符号，如问号和感叹号等的个数。最终本节会根据统计出的特征个数或者数值拼接成一个一维向量，作为单个文本的特征。接下来，再根据传统机器学习的方法或者深度学习的方法，进一步进行情感分类任务。

针对传统的机器学习方法，本节尝试了 SVM。而针对深度学习方法，本节主要采用的是 LSTM。

另外，本节也使用了直接采用词向量的方式作为文本特征，进行情感极性分析。本节同样先使用 jieba 分词工具进行文本的分词工作。完成分词后，可以选择预训练好的词向量作为文本特征的输入，同样也可以在训练任务进行中进一步调整词向量的值，从而获得更加针对任务的词向量表。本节还采用了注意力机制的方法，对不同的词做了不同的加权处理。

3. 实验结果

首先，本节对比了不同的抽取特征在相同文本数据集上的影响。本节分别选取了如下特征中的一部分作为文本特征，进行了对比实验。其中包括：名词、动词、形容词、副词、介词、叹词的个数，正向情感词个数，负向情感词个数，情感得分，是否有否定词，是否有强度副词，特殊符号个数。

本节使用的是三系的微博文本：由实验结果（表 6-53）可以看到情感词相关的否定词、强度副词和特殊符号都不同程度地增强了文本特征对情感分类的影响。

表 6-53 微博文本特征实验结果

文本特征	准确率	召回率	F_1 值
词性+情感词	0.71	0.78	0.73
词性+情感词+否定词	0.77	0.79	0.76
词性+情感词+否定词+强度副词	0.77	0.80	0.77
词性+情感词+否定词+特殊符号	0.78	0.80	0.77
词性+情感词+否定词+强度副词+特殊符号	0.79	0.80	0.78

其次，本节使用网贷之家上六家网贷产品的评论作为数据集，分别使用了 SVM 的方法和词向量加 LSTM 的方法做了对比。本节做的三分类预测结果中，词向量在多维特征上的处理，相比 SVM 效果要更好一些。研究结果显示它可能更多地考虑了一个句子在不同程度和不同方面的信息。如表（6-54）所示是六家平台各自的分类结果。

表 6-54 六家平台实验结果

平台	分类器	准确率	召回率	F_1 值
1	SVM	0.52	0.58	0.54
	LSTM	0.60	0.68	0.62

续表

平台	分类器	准确率	召回率	F_1值
2	SVM	0.64	0.70	0.65
	LSTM	0.74	0.72	0.72
3	SVM	0.64	0.73	0.66
	LSTM	0.75	0.77	0.76
4	SVM	0.80	0.80	0.74
	LSTM	0.74	0.76	0.74
5	SVM	0.74	0.82	0.76
	LSTM	0.81	0.87	0.83
6	SVM	0.53	0.57	0.54
	LSTM	0.67	0.69	0.68

同时本节还观察到在不同的注意力机制下，一条句子在使用词向量处理时，可以学习到句子中不同词语的权重，从而影响了它最终的情感结果。其中颜色越浅表示当前词在句子中的重要性更高。

图 6-42 中的句子是一个负向评价的句子，而其中“投资”“追回来”“呢”“？”占了相当的比重。

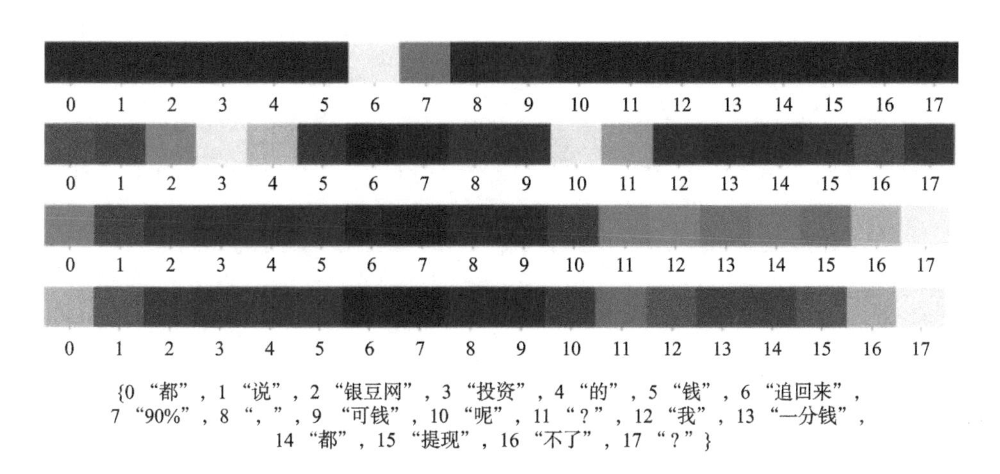

图 6-42　句子中不同词语权重的可视化结果（一）

图 6-43 中的句子是一个负向评价，而其中“真的”“到”“逼死”“吗”“？”占了一定的比重。

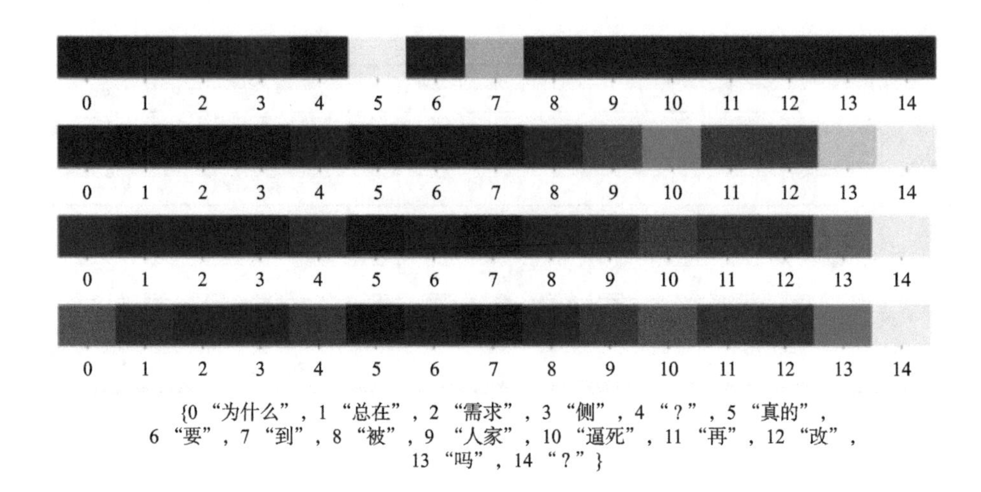

图 6-43　句子中不同词语权重的可视化结果（二）

图 6-44 中的句子是一个负向评价，而其中“天真”“啊”“还”“还”“本”“？”占了一定的比重。

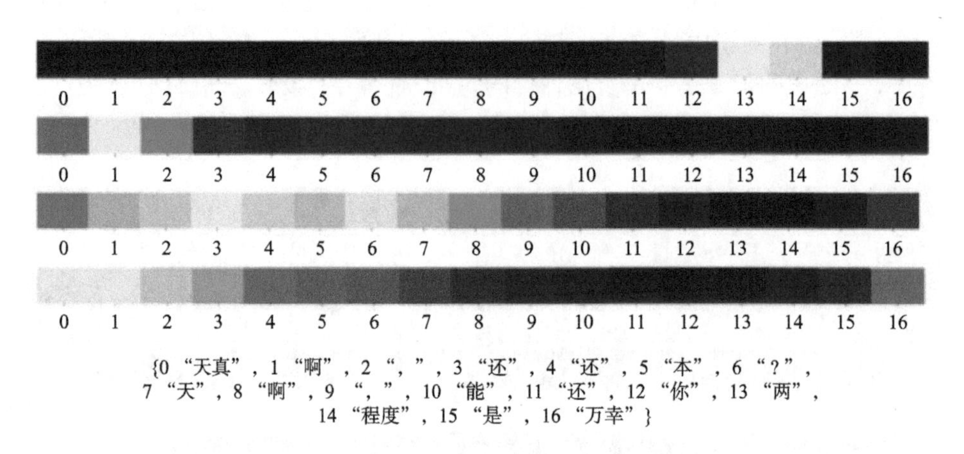

图 6-44　句子中不同词语权重的可视化结果（三）

图 6-45 中的句子是一个正面的评价，而其中“平台”“关注”“体现”“越做越”等占了一定的比重。

6.4.3　主题公众情感

在单文本情感分析的基础上，针对不同的主题类别所形成的文本集合进行公

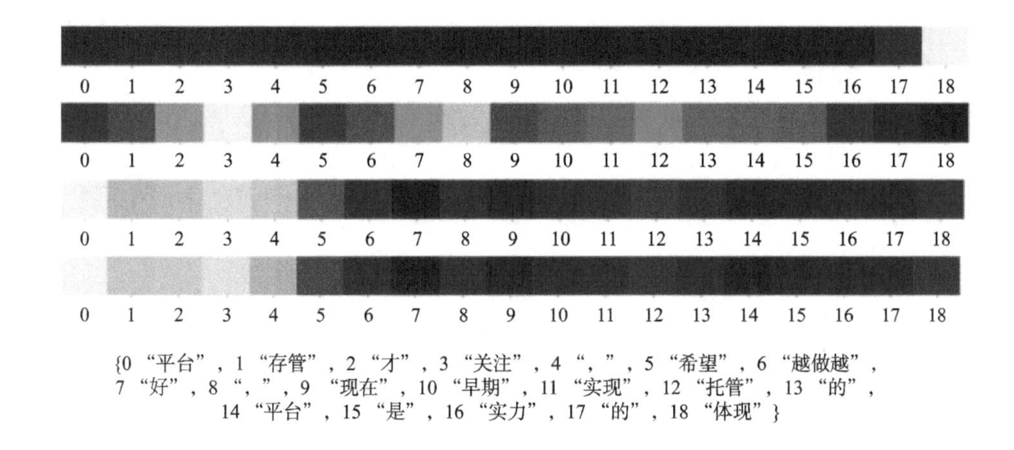

图 6-45　句子中不同词语权重的可视化结果（四）

众情感分析。其中重点考虑不同文本单元在整个文本集合中的作用，以便整合分析出更加准确的公众情感分析结果，同样包括正负向和程度级别。在评价不同文本单元在主题文本集合中的作用时，将考虑多种因素，如词性、情感得分特征、文本作者影响力等。在多因素整合过程中，可以采用基于经验的加权打分方法，也可以采用基于有标语料的有监督机器学习方法和深度学习方法，希望能立足于我国互联网环境的现状，准确分析、把握国家公共安全相关的主题事件中网络民众的整体情感态度，为保障国家公共安全做出贡献。

对于文本的情感特征抽取，已经有很多成熟的方法。本章基于词性、情感得分等特征的方法，共选取了五类微博文本特征，分别为词性、情感词、否定词、程度副词及特殊符号，共同构成一个 12 维的特征向量表示。其中，第 1~12 维分别代表：形容词、动词、名词、副词、介词、叹词的个数，正向情感词的个数，负向情感词的个数，情感得分，情感词之前是否出现否定词，情感词之前是否出现程度副词，问号和感叹号的个数。本节将正向情感词的基本情感分值设置为 1，负向情感词的基本情感分值设置为−1，将不同程度副词分别设置于 0.5、1.0、1.5、2.0 四种不同的权重，否定词权重设置为−1，再将不同情感词之前出现的否定词和强度副词的权重与情感词的基本分值相乘再做加和，获得微博数据的总体情感得分。

基于上述已抽取的情感特征表示，本章实现了基于 P2P 主题的公众情感分析。在单位时间内，多个用户的情感特征融合可以作为某段时间的公众情感，所以，本节尝试使用直接相加、神经网络抽取等多种方式对多个用户的情感特征向量进行融合，通过实验验证不同融合方法的有效性。该部分实验使用的是新浪微博中钰诚系的数据，其中情感特征直接相加具体方法是在本节划分的一个单位时间内，若所有用户只发布了一篇微博文本数据，则将其 12 维情感特征直接作为此单位时间的公众情感特征；若有多个用户发布了多篇微博文本数据，则将这些多篇文本的特征向量直接相加作为该单位时间的公众情感特征；而如果该单位时间内没有任何微博文本信息发布，则将其公众情感特征全部设置 0。词向量相加具体方法为将上述情感特征直接相加替换为各舆情文本所生成的词向量进行相加。卷积神经网络方法则是在词向量基础之上，使用 CNN 对其进行高维特征提取。

针对单位时间内多用户多文档的情感特征融合，使用机器学习技术中的 SVM 及深度学习中的循环神经网络和卷积神经网络进行实验和分析。具体实验如下。

1）实验一：基于卷积神经网络分析公众情感

针对钰诚系微博数据，使用之前所有语料库所产生的 150 维词向量，加入原始情感特征进行实验。其中 Sequence_length 为 54（包含 90%的句子长度），短于 54 则补充零向量，多于 54 则进行截断处理。使用的卷积神经网络为 CNN-static，对词向量预处理后在构建模型的过程中不进行微调。其中 batch size 为 32，迭代 500 次后损失基本在 0.08。

直接使用 CNN 的准确率较低，具体结果如表 6-55 所示。

表 6-55　CNN 公众情感实验结果

类别	准确率	召回率	F_1 值
−1.0	0.76	0.77	0.76
0.0	0.23	0.22	0.23
1.0	0.00	0.00	0.00
整体	0.63	0.64	0.63

2）实验二：基于词向量的叠加

以人工标记过的钰诚系数据进行实验，将词与词叠加 50 维，单位时间内的特征向量也叠加，采取 5 分钟为单位时间，实验窗口（window）为 3，迭代次数为 500，使用的模型为 SVM 和 LSTM。

（1）SVM 的实验结果如表 6-56 所示。

表 6-56　词向量叠加 SVM 的实验结果

类别	准确率	召回率	F_1 值
−1.0	0.00	0.00	0.00
0.0	0.92	0.97	0.95
整体	0.85	0.90	0.87

（2）LSTM 的实验结果如表 6-57 所示。

表 6-57　词向量叠加 LSTM 的实验结果

类别	准确率	召回率	F_1 值
−1.0	0.00	0.00	0.00
0.0	0.92	1.00	0.96
整体	0.85	0.92	0.89

3）实验三：基于文本情感特征的直接相加

同样使用钰诚系的微博数据，采用 12 维的情感特征直接相加方式作为公众情感特征，使用 SVM 和 LSTM 进行实验。

（1）SVM 的实验结果如表 6-58 所示。

表 6-58　文本情感特征 SVM 的实验结果

类别	准确率	召回率	F_1 值
−1.0	0.92	0.97	0.94
0.0	0.82	0.67	0.73
整体	0.89	0.90	0.90

（2）LSTM 的实验结果如表 6-59 所示。

表 6-59　文本情感特征 LSTM 的实验结果

类别	准确率	召回率	F_1 值
−1.0	0.90	0.98	094
0.0	0.82	0.52	0.64
整体	0.88	0.89	0.87

由实验结果可知，使用 CNN 高维抽取的叠加或是词向量叠加得到的实验结果，对−1 类别无法进行有效预测，整体分类效果要比实验三直接使用 12 维情感特征进行叠加的效果差。所以，本节选择以情感特征直接相加的方法对公众情感进行表达。

6.5　本 章 小 结

本章研究的内容是面向国家公共安全的互联网信息的感知与理解，金融领域是众多领域中发展最为迅猛的领域之一，目前金融领域的公共安全问题不断在互联网平台上暴露出来，故本章针对金融领域相关的互联网信息（P2P 网络借贷信息）进行了感知与理解，对于加强市场监管、辅助制定政策和决策、建立良好的金融投资环境等都具有重要意义。

具体研究内容包括线索发现研究、主题分类研究、公众情感分析研究、网络社会张力研判。线索发现研究主要基于网贷之家和新浪微博平台的结构化和非结构化自然语言文本数据，从信息获取、特性分析、线索发现三个方面进行研究，使用机器学习、深度学习、强化学习、元学习技术着重分析了 P2P 网络借贷的风险评估。在提出 P2P 风险评估框架的基础上，针对性地改进了深度学习和强化学习算法并且搭建了分布式平台。主题分类研究主要使用 LDA 和 K-means 关键词抽取技术针对公共安全的互联网信息进行主题聚类，自动构建了类别体系，在主题聚类的基础上对各个类别抽取了相应的关键词，为今后制定新的分类体系提供了参考和支撑。公众情感分析研究着重分析了互联网信息平台上关于国家公共安全主题的公众情感倾向，主要包括情感词典构建、单文本情感分析和主题公众情感。网络社会张力态势研判主要对国家公共安全领域的网络社会张力态势进行研判，包括时间序列分析、指标体系构建、网络社会张力态势研判，以便未来能够为面向国家公共安全的网络治理提供有效的手段支撑。

在目前研究的基础上，将在未来进一步研究面向国家公共安全的互联网信息的感知与理解，研究内容将拓展到国家公共安全相关的更多领域的互联网信息，并且进一步完善已经使用的技术方法，同时持续引入最先进的技术方法，以便未来能够为面向国家公共安全的网络治理提供持续有效的技术支撑。

第7章　面向国家公共安全的互联网信息的传播与演化研究

互联网中存在的与国家公共安全有关的信息，或为权威披露的信息，或为造谣传谣的信息，或为网络用户参与讨论的信息。这些信息广泛地分散在网络各处，如何对互联网信息进行有效的收集、处理和挖掘，并对互联网公共安全信息的传播和演化过程进行建模是政府部门在互联网时代进行公共安全保障面临的重要挑战。

7.1　研究过程设计

第7章研究过程如图7-1所示。

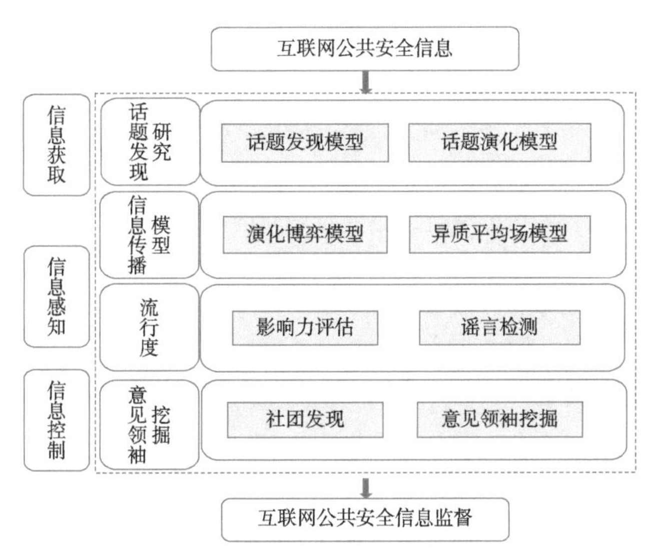

图7-1　第7章研究过程设计

首先，对分散的新闻信息进行话题发现和演化分析，将纷繁复杂的互联网信息进行有效的聚合，抓住事件核心，把握事件发展的趋势，实现对国家公共安全信息的高效发现。其次，对国家公共安全信息的传播路径和影响力流行度进行建模，实现对国家公共安全信息传播情况的充分感知。最后，通过对意见领袖的挖掘，识别互联网上的重要节点，从而实现对舆论的良性引导。对互联网上国家公共安全信息进行有效的发现、感知和引导，保证了政府职能部门对国家公共安全领域网络信息的有效监管。

7.2　话题演化分析

新闻作为一种流数据具有显著的动态变化性，而新闻事件的演化过程正体现了这一动态变化。关注新闻话题的动态演化对于维护国家公共安全具有重要意义。首先，掌握新闻话题的动态演化有助于政府预警社会重大事故灾难。例如，从 2002 年末到 2003 年初，随着时间的推移，疫情越发严重，关于 SARS 疫情新闻报道中的就医人数从 “两名”到“多例”，病情状况从“肺炎”到“重症”，而涉及的地区也更加广泛，从“佛山、河源”遍及“广东省”，再从“广东省”侵入“广西壮族自治区、香港特别行政区”。这些话题特征随时间的变化充分体现了疫情的蔓延过程，准确地反映了事态的发展，因此，如果国家相关部门能够通过挖掘话题演化过程中新闻事件在内容和强度上的差异，重视这种变化对社会和人类带来的影响，就完全有可能在事件全面爆发之前的更早阶段采取应急措施，从而避免产生更大的破坏和恶劣影响。

同时，新闻话题的发展顺应了人类认知事物的一般逻辑顺序。从了解新闻话题的起因开始，逐步深入到事件的发展、曲折、高潮，直至话题事件的结束。如果能够准确、完整地获取新闻话题在各个阶段的特征信息，并以话题事件时间为序，将各阶段话题内容全面整合，完成对新闻话题的动态演化挖掘，可以去繁就简，减少人们大量阅读冗余的噪声新闻的时间，更好地了解新闻话题的来龙去脉，这对于政府新闻的发布和传播具有指导意义。

7.2.1　话题发现

1. 问题与挑战

热点话题发现问题指的是自动发现社会影响力大的事件主题，并将关于该主题的新闻文章报告聚合在一起，生成紧密聚焦，以话题为中心的新闻集的问题。

随着互联网信息时代的来临，如何从浩瀚的信息中自动发现具有较大社会影响力的事件、维护社会的稳定和公共的安全是政府部门面临的挑战。每个检测到的事件都有典型的新闻主题驱动，具有明确的结构特征。4W + H 包括：是什么（What）、主人公（Who）、地点（Where）、时间（When）、如何发生（How），这也是新闻学中的经典模式。例如，汶川地震就是一个新闻主题，其中应该包括所有报道该主题的文章，该事件的新闻元素有地震的发生（What），震级（How），发生地点（Where），何时（When），涉及的人员（Who）。

随着科技的发展，关于大型新闻语料库中的热点话题发现的研究已经取得了一定的进展，但这项任务仍然具有一定的开放性，并且面临着很大的挑战。首先，基于词袋模型的工作受到维度爆炸和语义稀疏性的影响，维度的指数增长使得模型计算成本高昂。其次，新闻中蕴含的时间信息和语义文章总是分开处理，并没有融合成为一个统一的整体来分析。时间切片（time slicing）方法和时间衰减因子（time decaying factor）方程都没有将时间信息组合成新闻表示。再次，随着神经网络的繁荣和表示学习的发展，虽然将表示模型与传统的词袋模型相结合的做法大大减轻了维度爆炸的影响，但这些工作的效果仍有改进的空间，因为它们普遍忽略了基础新闻结构 4W + H。最后，尽管有些模型强调了命名实体的作用，但并没有将实体信息与典型新闻文章中的其他元素混合，因此提取的信息太过简单，无法完成令人满意的事件检测结果任务。

总的来说，新闻文章的结构化信息在事件检测任务中尚未得到很好的利用。热点话题发现问题的挑战在于如何混合五个元素并捕获尽可能多的信息生成新闻向量，为政府部门有效提取国家公共安全事件信息奠定基础。

2. 研究对象

本节使用网易专题新闻中的新闻数据，其中共包含 10 000 条中文新闻报道（带有基本事实标记），它们属于 200 个不同的事件主题，新闻报道时间从 2008.1.1~2015.12.30。

3. 话题发现模型

针对事件发现问题，本章提出了基于结构化信息新闻表示学习的双层聚类事件发现模型。旨在从文本中捕获 4W + H 结构背后的信息，并以精细的方式集成信息，从而提升事件发现效果。该模型由两个主要部分组成：①新闻的结构化表示学习；②基于关键实体的双层聚类模型。

第一部分，新闻的结构化表示学习，简要来说，就是给定一个新闻文章 D，其中包括（新闻标题，报道时间，新闻报道的内容），将变长的新闻报道内容映射到固定长度的文本向量。与此同时，提出了新颖的 Time2vec 模型，用来学习新闻的时间特许，将离散时间戳转换为密集的定长向量。最终的新闻文本表示是时间向量和新闻内容向量的结合。

第二部分，基于关键实体的双层聚类模型可以生成不定数量的热点事件簇。我们知道关键人物和地点都为事件发现任务提供了重要信息。基于此，我们提出了一个基于关键实体双层聚类模型，以进一步强调关键实体的影响。在第一层聚类中，由细粒度的 K-means 聚类模型生成紧密集中的新闻集。在第二层聚类中，我们从上一步生成的新闻集中提取关键人物和地点信息。接下来，提出了新的实体相关度计算公式以确定两个新闻集之间是否存在相关性，以及这两个新闻集是否应该合并。第二层聚类的结果就是我们最终事件发现模型生成的结果。

1）Time2vec 模型

传统的时间处理方法可以分为两个方面：时间排序/切片方法和时间衰减因子。前者通过预定时间窗切片新闻语料库，然后在一个时间片内分析新闻文章。这使得模型对时间切片单元非常敏感，并且它遭受数据不平衡问题，因为在同一天可能发生数百或数千篇新闻文章，而在其他一些日期，可能只有一两篇新闻文章。如果我们基于固定时间窗切片新闻语料库，并分别处理不同切片中的新闻文章，则数据不平衡问题过于严重，严重影响模型表现。而后者则定义方程来计算新闻文章的时间之间的距离。一方面，衰减因子集中在两篇新闻文章的时间之间的距离上，它没有以统一的方式呈现时间信息，因此没有很好地捕获全球时间信息；另一方面，时间衰减方程需要根据特定的新闻数据集来定义，不够便捷，迁移能力差。

我们提出了 Time2vec 模型来解决上述问题，如图 7-2 所示。将离散的时间戳映射到连续向量空间中，使得相近的时间戳有相近的时间向量表示（如与 2008.8.10 相关的 5 个相似日期是 2008.8.8，2008.8.9，2008.8.11，2008.8.12。这几个时间戳在向量空间里于 2008.8.10 相近）。

Time2vec 模型由两部分组成。

（1）时间戳生成器：为了以统一的方式表达时间信息，应设计适当的分辨率以区分日期。在这里，我们将基本单位设置为天。在训练之前，我们会按照升序自动生成以[年，月，日]为结构的时间戳。同一年同一月份的日期放在同一行，用空格分隔。样本生成器一次生成一小批语料库。生成器确保我们的模型可移植，因为它不限于特定的新闻语料库。

（2）学习新闻表示：到目前为止，我们可以通过样本生成器获得任意大小的统一时间数据。我们将向量学习任务转换为零分类的分类问题。我们选取一个固定大小的滑动窗口，时间戳在同一个滑动窗口内的为正样本，不在一个滑动窗口内的为负样本。训练的目标是最大化模型 0/1 分类精度。0 表示随机生成的负样本；1 表示目标时间指示器的滑动窗口内的时间戳。每个日期都映射到一个唯一的向量，由矩阵 W 中的列表示，该列由词汇表中日期的位置索引。

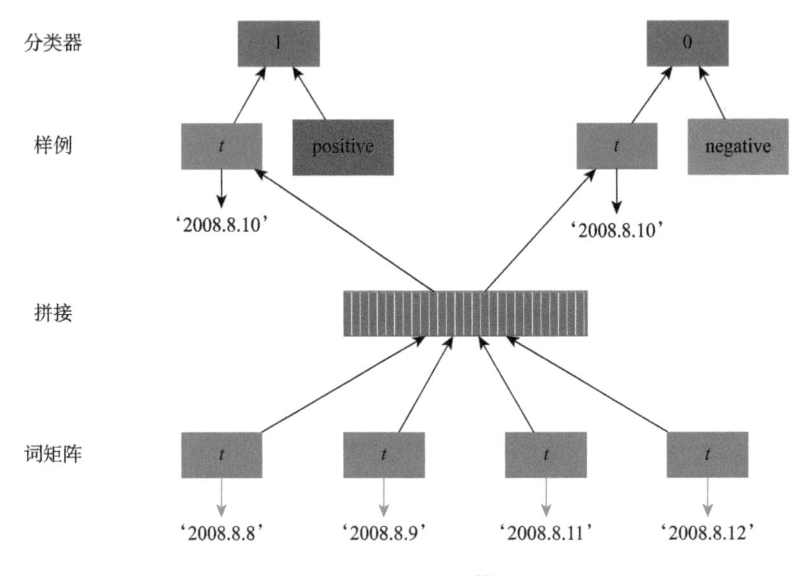

图 7-2　Time2vec 模型

正式地，给定生成时间语料库 $\text{Time}=\{t_1,t_2,\cdots,t_n\}$，预测是否随机采样日期接近某一日期 t_i，模型的目标函数是最小化交叉熵损失，如式（7-1）所示：

$$L=-\sum_{i=1}^{n}\sum_{j=1}^{c}(y_{i,j}\neq\log(\hat{y}_{i,j}))\tag{7-1}$$

预测任务是由 Softmax 分类器完成，如式（7-2）所示：

$$p(t_t\mid t_{t-k},\cdots,t_{t+k})=\frac{\mathrm{e}^{y^t}}{\sum_i \mathrm{e}^{y^i}}\,p(t_t\mid t_{t-k},\cdots,t_{t+k})=\frac{\mathrm{e}^{y^t}}{\sum_i \mathrm{e}^{y^i}}\,p(t_t\mid t_{t-k},\cdots,t_{t+k})=\frac{\mathrm{e}^{y^t}}{\sum_i \mathrm{e}^{y^i}}\tag{7-2}$$

基于神经网络的时间表示学习算法基于随机梯度下降进行训练，通过反向传播获得梯度。在训练收敛之后，具有更近距离的时间戳被映射到向量空间中的类似位置。例如，2008.8.8 和 2018.8.9 彼此接近；而 2008.8.8 则远离 2009.2.1。该模型的亮点在于：①它提出了一种新的思想，通过将目标函数转换为简单的 0/1 分类问题来学习向量表示。②这是第一个模型提出对时间的表示学习。③由于模型非常简洁轻便，因此可以提高计算效率，并且可作为其他对时间敏感的任务的基本辅助工具。④Time2vec 的结果已应用于新闻向量的构建。实验证明，时间向量对事件发现任务有了显著的改进。

2）新闻文本表示

采用先进的段向量模型学习新闻文本表示，如图 7-3 所示。至此，得到每篇新闻文章的时间向量和内容向量，用权重因子 α 连接，如图 7-3 所示，为每篇新闻文章生成新闻向量。

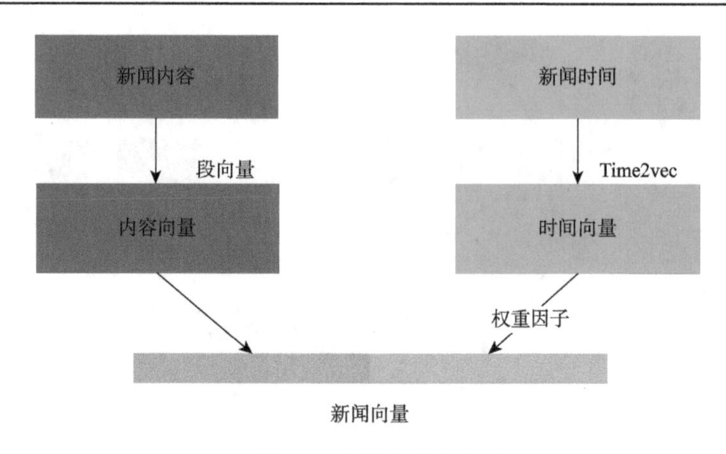

图 7-3　新闻向量生成

3）基于关键实体的双层聚类模型

在第一层聚类中，将语料库中所有的新闻向量通过 K-means 聚集来生成细粒度的新闻集，以获得紧密集中的初始新闻集。然后，鉴于事件总是以固定的关键实体为中心的思想，在第二阶段的聚类过程中将事件合并并强调命名实体的效果。本节设计了一个新公式来计算新闻集之间关键实体的相关程度，在数据集中已被证明是有效的。

第一层聚类是基于 K-means 聚类模型并生成初始新闻集。传统的 K-means 算法为许多任务提供了令人满意的结果。并且它是无监督机器算法的主流方法。但是，该算法最大的服务器缺点之一是它需要设置 K（簇号）。因此，K-means 无法自适应不同的数据集。本章提出的方法通过将双层聚类架构应用于事件检测任务来克服这一障碍。

第二层聚类基于关键实体相关度合并初始新闻集。第二层聚类过程可分为三个部分（图 7-4）。

（1）关键实体提取：由于在线新闻文章中包含的信息变化很大，不需要强调关键实体在单个新闻报道中的影响。一些新闻文章可能因为太短而不能拥有完整的关键实体，有些新闻文章可能太长而涉及过多命名关键实体。为了处理这种数据不平衡和数据稀疏性问题，基于从上一阶段得到的初始新闻集来设计关键实体提取算法。对于每一个初始新闻集，使用 TF-IDF 算法提取每个新闻文章的关键词，并使用开源自然语言处理工具包（openNLP），提取命名实体。然后，比较这两个提取的内容，并为每个新闻集找到关键词袋和命名实体袋的交集。

（2）事件相关度计算：实体相关因子用于计算两个新闻集的关键实体袋之间的相似度，如式（7-3）所示。

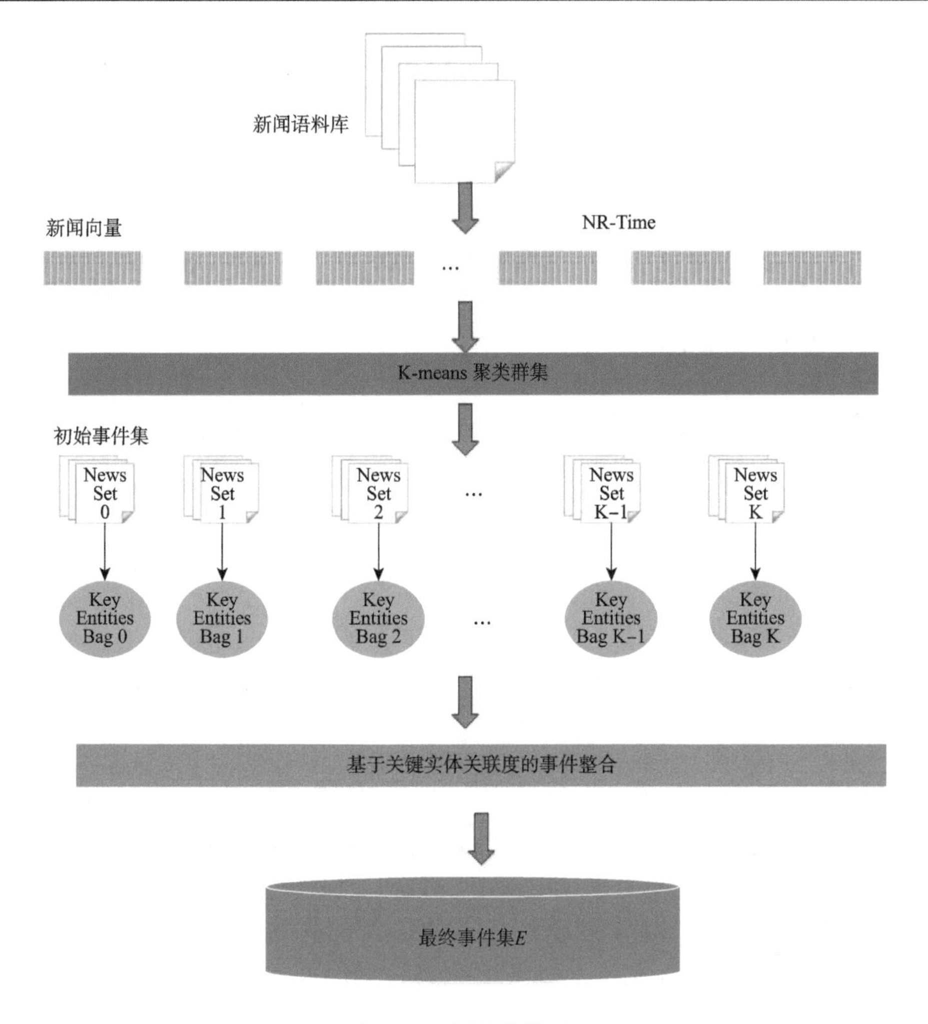

图 7-4　双层聚类模型

$$\mathrm{ECD}_{i,j}=\frac{1}{1+\mathrm{e}^{-(\mathrm{set}_i\cap\mathrm{set}_j)/10}} \tag{7-3}$$

（3）事件合并：设置阈值γ以确定是否应将两个事件集合并为一个集合。如果$\mathrm{ECD}_{i,j}$高于此阈值，则将它们合并为一组。否则，将它们视为单独的新闻集。在事件合并过程之后，获得最终的事件集E。

4. 模型验证

在真实的专题新闻数据集上验证事件发现的实验效果，证明了基于结构化信息的双层聚类事件发现模型不仅可以充分利用关于结构化新闻信息的背景知识，而且还可以减轻传统聚类算法预先设置固定数量的聚类算法的局限性。本节选取了 4 个先进的模型（1~4）和我们的模型进行对比，从而展示模型的优越性。同时，设计了 3 个变种模型（5~7）与模型相对比，来展示不同模块对热点话题发现问题效果的影响。

（1）TF-IDF：传统的 TF-IDF 模式基于词的 one-hot 表示。该方法使用关键词表示文档，并使用词汇中关键词的索引对文档进行向量化。

（2）TF-IDF_E：结合词向量表示的 TF-IDF 关键词提取算法。此方法使用训练好的词向量，并使用 TF-IDF 算法提取前 10 个关键词及其权重。然后，用加权词向量构造文档向量。

（3）Text Rank_E：结合词向量表示的 Text Rank 关键词提取算法。Text Rank 是提取关键词的经典算法，使用 Text Rank 算法提取前 10 个关键词及其权重。然后，用加权词向量构造文档向量。

（4）段向量：段向量由 Mikolovs 等提出，使用连续词袋模型（continuous bag of words，CBOW）和数据挖掘（data mining，DM）模型各训练 50 维的文档向量。将它们连接起来以获得 100 维文档向量。

（5）TF-IDF_E&T：融合词向量和时间向量的 TF-IDF 算法。

（6）Text Rank_E&T：融合词向量和时间向量的 Text Rank 算法。

（7）doc2vec_T：融合时间向量的 doc2vec 算法。

选取了 *F*1 值和 NMI 评测指标。如图 7-5 所示，模型在 *F*1 测量和 NMI 值方面都优于现有的“最先进”的方法。比较 TFIDF_E，Text Rank_E 和段向量模型及融合时间向量到三个模型的三个变种模型，可以看到 Time2vec 模型对两个评估指标都有着显著的改进。对于 TFIDF_E，融合时间向量分别使 *F*1 和 NMI 值增加 21.1%和 28%。在 Text Rank_E 模型中，添加时间向量会将两个值从 0.389 增加到 0.599 和 0.372 到 0.648。此外，通过将 Time2vec 模型应用于段向量模型，模型效果具有显著进步，*F*1 测量值从 0.385 上升到 0.679，而 NMI 值从 0.242 上升到 0.744，是前一个值的三倍。此外，在融合时间向量之后，可以看到段向量模型比传统的词袋模式表现更好，证明了段落向量不仅可以通过单词向量捕获新闻内容的语义，而且还可以考虑单词顺序。

为了解释基于关键实体的双层聚类框架的影响，选取了融合词向量和时间向量的 TF-IDF 算法，融合词向量和时间向量的 Text Rank 算法及带有 Time2vec 模型的段向量，通过传统的 K-means 算法对事件集进行聚类，和通过双层聚类的算法进行比较。对于融合词向量和时间向量的 TF-IDF 算法，双层聚类架构分别将 *F*1 测量值和 NMI 值分别提高了 10.4%和 3.8%。在融合词向量和时间向量的 Text Rank 算法上，双层聚类将 *F*1-Measure 从 0.599 增加到 0.691，而 NMI 值从 0.648 略微下降到 0.628。最后，采用 *F*1 测量和 NMI 测量的 DC NR-T 方法获得的最佳性能分别是 0.756 和 0.842。

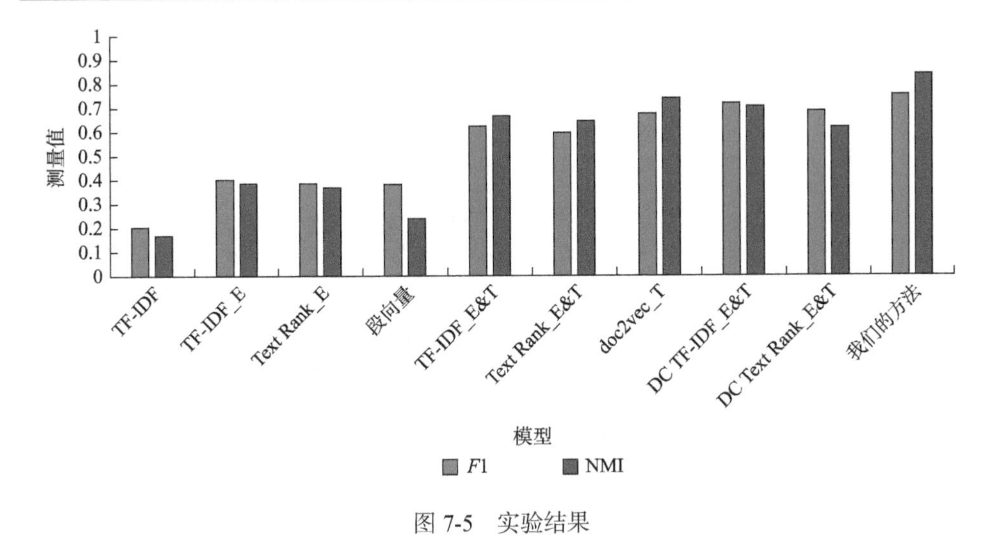

图 7-5　实验结果

5. 研究意义

随着互联网的高速发展，网络新闻数量激增，互联网新闻在信息传播中发挥着越来越重要的作用。然而，海量的新闻文章分散了用户的注意力，用户很难浏览基于特定主题的相关新闻，由此也产生了信息冗余的问题。如何帮助人们更快、更好地浏览关于某一主题的新闻报道是新闻门户的迫切需要。

热点话题发现以自动发现社会影响力较大的事件为话题，并将关于该话题下的新闻文档聚合在一起，生成紧密簇，形成以话题为中心的新闻事件集。模型结果可以辅助政府机关、新闻机构把控国家公共安全敏感事件的发生。

7.2.2　话题演化

1. 问题与挑战

近 10 年来，关于主题的发现和演化的研究很多，但对话题演化的研究并不多。新闻事件的演化就是对应新闻话题的演化。在对主题检测和跟踪的研究中，已经提出了不同的方法来识别新闻故事，新闻事件和跟踪事件的发展。TDT 研究结构如图 7-6 所示。尽管用户能够捕获主题中的主要事件，但很难捕捉到该主题下的事件发展。TDT 技术一直试图将新闻故事检测或聚类成事件，没有定义或解释这些事件之间的关系。为了展示事件的发展过程，必须模拟事件之间的这种关系，将其定义为事件演变。为了构建事件之间的关系，几乎所有现有的工作都考虑使用术语频率 × 逆文档频率（Wei and Chang，2007；Wei et al.，2014）来测量事件内容的相似性，但它不适用于事件演化关系，因为事件总是由许多新闻报道文档组成，所以应该考虑一组事件文档，而不是一个文档。

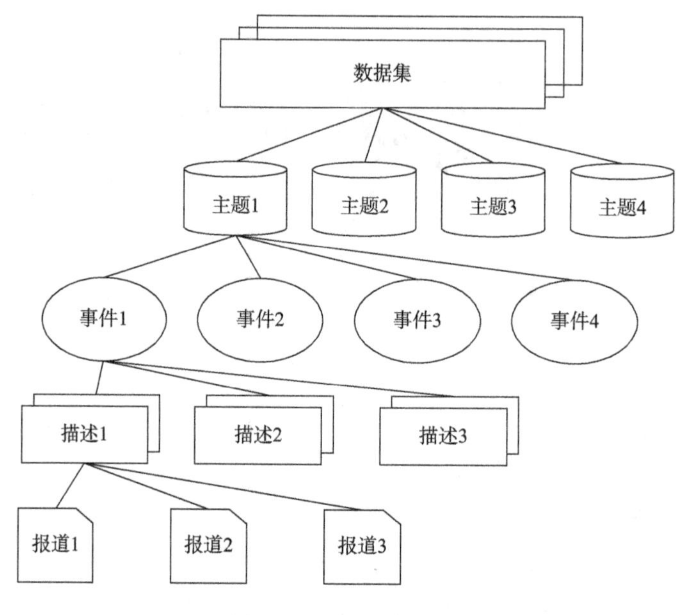

图 7-6　TDT 研究结构

此外，大多数研究利用时间顺序（Nallapati et al.，2004；Cai et al.，2013；Shahaf et al.，2015），但事件时间通常都是一段时间，所以只是时间顺序不能描述事件之间的进化关系。本节提出一个新的模型来处理新闻报道并构建一个基于术语频率×反向事件频率（TF×IEF）的事件演化图和时间距离成本（time distance cost，TDC）因子。在事件进化跟踪中存在两个重大挑战。在很多场景中，大规模的新闻流迅速发展，第一个挑战是新闻流的收集和主题内新闻事件的发现。此外，构建事件演化关系是另一个挑战，在这项工作之后，它可以生成事件演化图。为了应对上述挑战，利用主题中的单通道和人工监视器发现事件，并提出具有 TF×IEF 和 TDC（EEMBTT）的事件演化模型来构建均匀卷积关系。我们选择一组两个月内的新闻报道流，即"柱下朱上"的台湾新闻报道。

2. 研究对象

本节的数据集选择"柱下朱上"主题下 2015 年 9 月 1 日到 2015 年 10 月 17 日的台湾新闻报道，共有 3210 个新闻报道，通过 single-pass 聚类与人工过滤相结合，筛选出共有 142 条新闻报道与"柱下朱上"主题关系密切，共找出 14 个该主题下的新闻事件，平均每个事件大约有 10 个报道，每个事件下新闻报道数最多是 33 条，最少是 1 条。具体事件内容如表 7-1 所示。

表 7-1　“柱下朱上”主题涉及事件

序号	事件名	报道数	发生的时间点 st	终结的时间点 et
E1	洪秀柱暂停行程三天，退选谣言四起	11	2015/9/2 22：38：29	2015/9/4 11：35：31
E2	连战看阅兵，国民党不满	13	2015/9/2 4：10：14	2015/9/5 4：10：21
E3	洪秀柱出关，称绝不退选	10	2015/9/6　4：10：04	2015/9/8 4：10：07
E4	洪秀柱两岸定位：分治不分裂	4	2015/9/7　4：10：18	2015/9/8 4：10：07
E5	王金平全力支持洪秀柱，主持立院	16	2015/9/7 10：47：40	2015/9/1 4 9：19：30
E6	国亲合拼大选 宋楚瑜：关键在国民党	1	2015/9/20 19：58：38	2015/9/20 19：58：38
E7	“台商挺柱后援会”成立，马吴朱同台出席挺柱大会	7	2015/9/25 10：51：36	2015/10/14 4：10：01
E8	传党主席朱立伦十月将请辞新北市长投入总统大选，洪秀柱欲邀其参副手。朱立伦表示洪的副手会来自中南部，还未确定	9	2015/9/27 10：29：17	2015/10/8 4：09：51
E9	朱立伦不选 2016 党主席朱立伦的岳父、前台湾省议会议长高育仁驳换柱说	4	2015/9/30 12：53：36	2015/10/6 4：09：34
E10	中常会正式提案开临时全代会 讨论是否“换柱”	33	2015/10/3 21：46：05	2015/10/8 4：09：42
E11	由蒲公英阵线、白色正义社会联盟、小辣椒后援会、中华复兴会等团体在 Facebook 发起的“挺柱！不要换行动”	4	2015/10/6 4：09：55	2015/10/7 4：09：30
E12	台商喊“朱洪配”有赢面	4	2015/10/6 4：09：34	2015/10/7 4：09：50
E13	国民党连署大会师 全面挺朱参选	7	2015/10/8 4：09：50	2015/10/16 4：10：03
E14	国民党今（2015 年 10 月 17）日下午召开临时党代表大会，先废止国民党总统参选人洪秀柱的提名，改征召党主席朱立伦参选总统，确定柱下朱上	20	2015/10/17 12：44：49	2015/10/17 4：10：23

根据表 7-1 及事件时间关系，邀请两位注解员分别对新闻报道进行阅读，并人工找出新闻事件，画出事件演化图。将两位注解员所画图的演化图进行审查，建立真实的事件演化图，作为本论文模型的标准答案。由图 7-7 可以看出，共有 24 条演化关系。

3. 话题演化模型

1）事件时间戳

由 TDT 中事件的定义知，每个事件都含有它的时间，本节使用 st（start time）表示事件发生的时间点，即有关该事件的第一个报道的时间；et（end time）表示事件终结的事件点，即有关该事件的最后一个报道的时间。

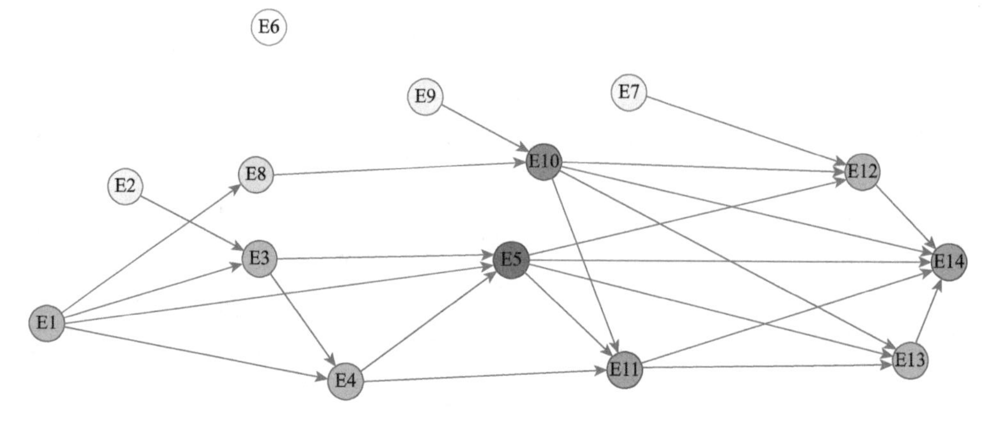

图 7-7 "柱下朱上"的事件演化图（一）

2）事件演化关系

事件演化关系描述的是事件间的相互作用关系，或者说是事件的引导关系。在一个主题下的事件间的演化关系，展现了这一主题下事件的发展过程，使用户能更好地把握信息的核心所在。在 TDT 研究中，已经明确指出，故事是新闻报道所承载的故事信息，若干个故事集构成了一个新闻事件，若干个新闻事件构成了一个新闻话题或主题。

本节为事件演化关系定义了 4 个规则，如果事件 A 演化到事件 B 则需满足以下规则。①事件 i 的开始事件必须早于事件 j，即 $\mathrm{st}_i > \mathrm{st}_j$；②事件 i 和事件 j 之间必须有某些相似特征或相关特征；③事件 i 是事件 j 发生的充分条件或必要条件；④事件 i 与事件 j 的时间戳相距越远，相关性越小。

考虑时间时序关系、内容相似性和时间距离衰减因子来度量事件关系，事件间的关系由打分函数 evoscore 来度量。事件演化图由有向无环图表示，表示为 M={T, L}，其中，$T=\{E_1,E_2,\cdots,E_n\}$ 表示图中的节点集合，每个节点代表一个事件；$L=\{(E_i,E_j)\mid i,j\in N^*,i\neq j\}$ 表示演化图中有向边的集合，(E_i,E_j) 表示事件 E_i 到事件 E_j 存在演化关系，且 $i,j=\{1,2,\cdots,n\}$，$i\neq j$。在事件演化图 M 中，如果事件 E_i 到事件 E_j 的演化分大于给定阈值时，有 $a_{ij}=1$，否则 $a_{ij}=0$。

3）事件内容相似性

使用 TF-IEF 模型创建事件的内容向量。$T=\left\{E_1^{t_1},E_2^{t_2},\cdots,E_n^{t_n}\right\}$ 表示一个主题下事件的集合；$\omega\left(f_j,E_i\right)$ 表示第 i 个事件中第 j 个特征词的权重值；$\left\{\left(f_j,\omega\left(f_j,E_i\right)\right)\mid i,j=1,2,\cdots,k\right\}$ 表示事件 E_i 的 k 个特征词及其权重值。模型形式化表示如式（7-4）和式（7-5）所示，其中，$\mathrm{TF}\left(f_j,E_i\right)$ 表示特征词 f_j 在事件 E_i 中出现的频次；$\left|\mathrm{EF}\left(f_j\right)\right|$

表示该主题下出现特征词 f_j 的事件数；$|T|$ 表示该主题下事件的总数。

$$\omega\left(f_j,E_i\right)=\frac{\left[1+\log_2\mathrm{TF}\left(f_j,E_i\right)\right]\mathrm{IEF}\left(f_j\right)}{\sqrt{\sum_{j=1}^{n}\left[1+\log_2\mathrm{TF}\left(f_j,E_i\right)\mathrm{IEF}\left(f_j\right)\right]^2}} \tag{7-4}$$

$$\mathrm{IEF}\left(f_j\right)=\log_2\frac{|T|}{\left|\mathrm{EF}\left(f_j\right)\right|+0.5} \tag{7-5}$$

事件间内容向量的相似性利用余弦距离来度量，形式化表示如式（7-6）所示，其中，$E_i\cap E_j$ 表示事件 E_i 与事件 E_j 的公共特征词的集合。

$$\mathrm{sim}\left(E_i,E_j\right)=\sum_{f\in E_i\cap E_j}\omega\left(f,E_i\right)\omega\left(f,E_j\right) \tag{7-6}$$

4）事件时间衰减函数

大多数事件的发生不是一个事件点，而是一个事件段，某些事件的发生有可能包含在一个事件发生的事件段内，为了更好地演化事件，本节加入事件时间衰减函数因子。形式化表示如式（7-7）所示：

$$\mathrm{tdc}\left(E_i,E_j\right)\mathrm{e}^{-\frac{\left|\mathrm{et}_i-\mathrm{st}_j\right|}{\left|\max\{\mathrm{et}_i,\mathrm{et}_j\}-\min\{\mathrm{st}_i,\mathrm{st}_j\}\right|}} \tag{7-7}$$

5）事件演化关系建模

结合事件时序关系、事件内容相似性和事件时间衰减函数构建事件演化分函数如式（7-8）所示：

$$\mathrm{evoscore}\left(E_i,E_j\right)=\begin{cases}0, & \mathrm{et}_i<\mathrm{st}_j\\ \mathrm{sim}\left(E_i,E_j\right)\times\mathrm{tdc}\left(E_i,E_j\right), & \mathrm{et}_i\geqslant\mathrm{st}_j\end{cases} \tag{7-8}$$

定义阈值 λ（$0<\lambda<1$）来确定事件演化分定义事件演化关系的临界值，即若 $\mathrm{evoscore}\left(E_i,E_j\right)\geqslant\lambda$，则事件 E_i 和事件 E_j 之间存在演化关系，此时邻接矩阵中的元素 $a_{ij}=1$，否则 $a_{ij}=0$。

4. 模型验证

本节提出的基于 TF×IEF 和 TDC 的事件演化模型（event evolution model based on TF×IEF and TDC，EMMBTT）主要考虑，事件时序、事件内容相似性和事件时间衰减（IF×TEF×Time），来度量事件的演化关系。将其与 TF×IEF 模型在不同阈值下的准确率和召回率进行对比。其中，阈值变化范围为 0.01~0.12。在阈值小于 0.02 时，本节提出的 IF×TEF×Time 模型明显优于 IF×TEF 模型。这说明事件时间衰减对事件演化关系建立有重要的作用。

利用本节提出的模型，在不同阈值取值下，准确率和召回率的走向趋势曲线如图 7-8 所示。当阈值取为 0.02 时，效果最好，对应的演化关系如图 7-9 所示，准确率、召回率均为 0.83。此时，检测到 24 条关系中有 20 条是正确的演化关系，两条虚假的演化关系（图 7-10 中带叉的连边），和两条丢失的演化关系（由图 7-10 中细箭头表示）。

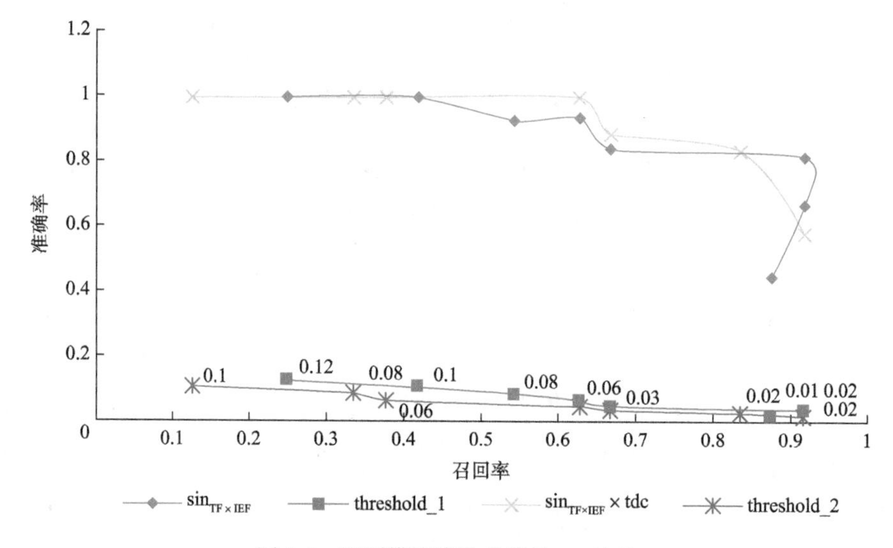

图 7-8　不同模型演化关系的 PR 比较

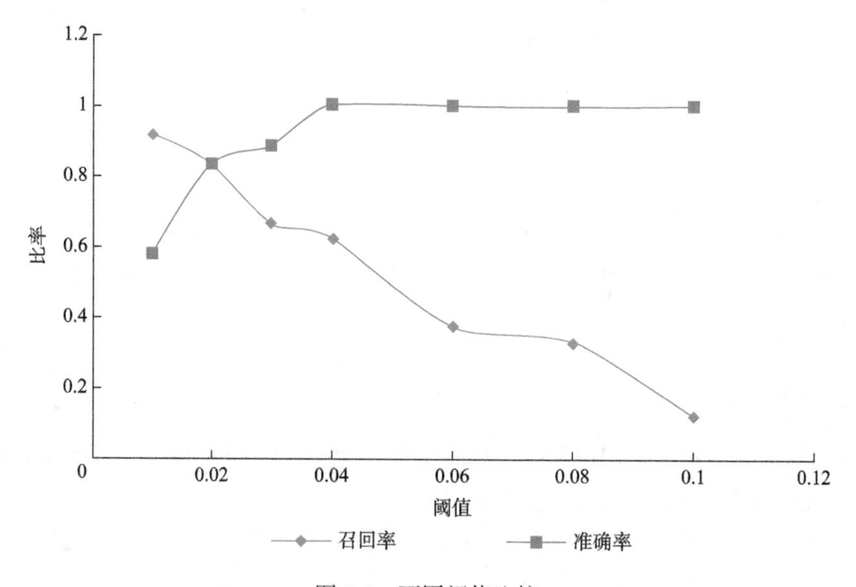

图 7-9　不同阈值比较

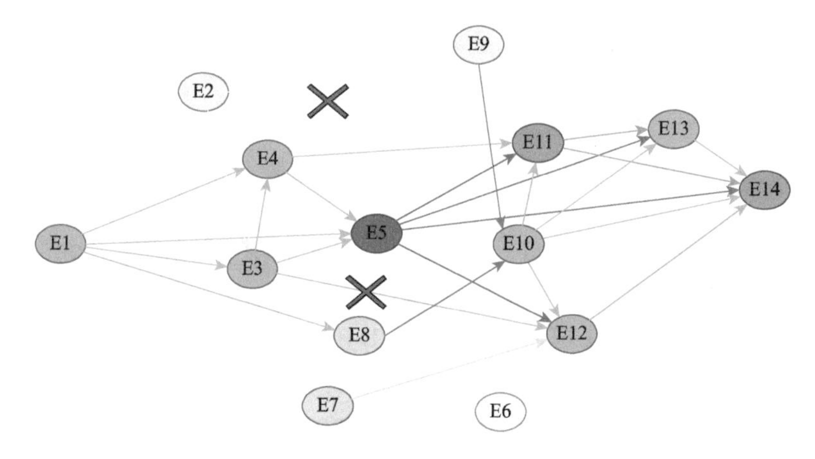

图 7-10　“柱下朱上”的事件演化图（二）

5. 研究意义

随着互联网的快速发展，人们不仅仅可以从新闻联播，新闻频道节目等电视广播上获取新闻，也可以通过中华新闻网、人民日报网、央视新闻网等官方新闻网站，新浪网、凤凰网、博客、百度新闻、腾讯新闻、今日头条等资讯媒介中获得。然而，在线新闻的便捷性、时效性，使每天成百上千条新闻如流水般倾倒在互联网上，以供阅读。过载的新闻信息，令人眼花缭乱，无法抓住新闻的主要内容，无法理解当下的热度新闻事件的发展过程。从大量的新闻中获取所需要的信息，挖掘出当下热度新闻事件及其演化过程，具有极大的挑战。因此，对于同一话题下的新闻事件之间的演化关系，构建事件演化关系图，展现事件发展脉络，具有非常大的意义。在大量真实的话题演化事件中，建立面向话题演化的话题模型，利用聚类方法，对话题演化的模式进行聚类挖掘，得到常见的面向国家公共安全的话题演化模式，可以为面向国家公共安全的互联网信息行为的治理提供建议。

7.3　热点话题传播动力学模型

7.3.1　问题与挑战

近年来，在线社交网络迅猛发展，社交网络成为重要的信息源。如何对网络信息传播进行建模，政府机构如何根据信息传播特点和规律来做好信息的发布、提高管理效率和透明度，如何进行信息筛选和过滤，合理引导社会舆论，成为亟待解决的问题。复杂网络传播动力学为网络的信息传播提供了方法。同时对社交网络信息传播动力学的研究，其成果可以进一步推广到非社交网络的广泛复杂网络。

由于信息在社交网络中传播过程与传染病的传播非常相似，传染病模型及其改进模型广泛应用于社交网络信息传播的仿真和建模。Abdullah 和 Wu（2011）采用 SIR（susceptible infected recovered）模型对 Twitter 三类热点话题进行仿真，表明 SIR 模型能够较好地模拟 Twitter 中事件的传播趋势。Cheng 等（2013）研究考虑节点信任机制的谣言传播，证明了节点间关系的强度在谣言扩散过程中的关键作用。Fibich（2016）在 SIR 模型的基础上提出 Bass-SIR 模型，证明了小世界网络结构对新产品扩散的影响可以忽略。Zhao 等（2012）提出一种考虑记忆机制和遗忘机制的 SHIR（susceptible hesitated infected recovered）模型，证明了冬眠者的遗忘和记忆机制推迟了谣言结束时间并降低了谣言的影响。

以上基于传染病模型的信息传播动力学研究，适用于节点混合均匀网络中的传播动力学问题，并且从易感染个体到感染个体的变化率采用的大多是固定概率。但是，现实世界的社交网络并非混合均匀的网络，而是呈现一定程度的异质性。复杂网络的异质性是对网络中节点连接情况和分布均匀程度的一种度量，网络中节点连接情况越复杂，节点分布越不均匀，其网络的异质性程度越高。在现实世界的社交网络中，少数的节点往往拥有大量的连接，而大部分节点拥有的连接却很少，这种节点度分布符合幂律分布的复杂网络被称为无标度网络。在无标度网络中，Pastor-Satorras 等通过对传染病模型的研究颠覆了传统的均匀混合传染病模型的阈值理论，并提出了异质平均场理论。但是，异质平均场理论计算复杂，仅适用于理论仿真，无法应用于大规模真实数据的研究。针对此问题，本节引入图演化博弈论对异质平均场理论加以改进，构建新的 SIR 模型。

7.3.2　研究对象

在线社交媒体每天都会产生大量的话题信息，本章从腾讯微博获得话题信息。腾讯微博是中国主流的大型社交平台之一，其数据具有较高的说服力。热点话题数据共包含 886 802 个用户，1 075 051 条边，时间跨度为 2014.5.14~2014.9.4。各个网络的信息如表 7-2、图 7-11、图 7-12 所示。

表 7-2　合成网络信息

网络模型	节点数	边数	平均度	最大度数	平均路径	聚类系数	同配系数
规则网络	2 000	4 000	2	4	6.262 7	0.000 75	nan
ER 网络	5 000	124 797	25.05	81	2.591	0.010 1	−0.006

续表

网络模型	节点数	边数	平均度	最大度数	平均路径	聚类系数	同配系数
小世界网络	5 000	10 000	2	10	7.29	0.117 1	−0.085
BA 网络	5 000	24 975	4.99	282	3.463	0.012 1	−0.035 2

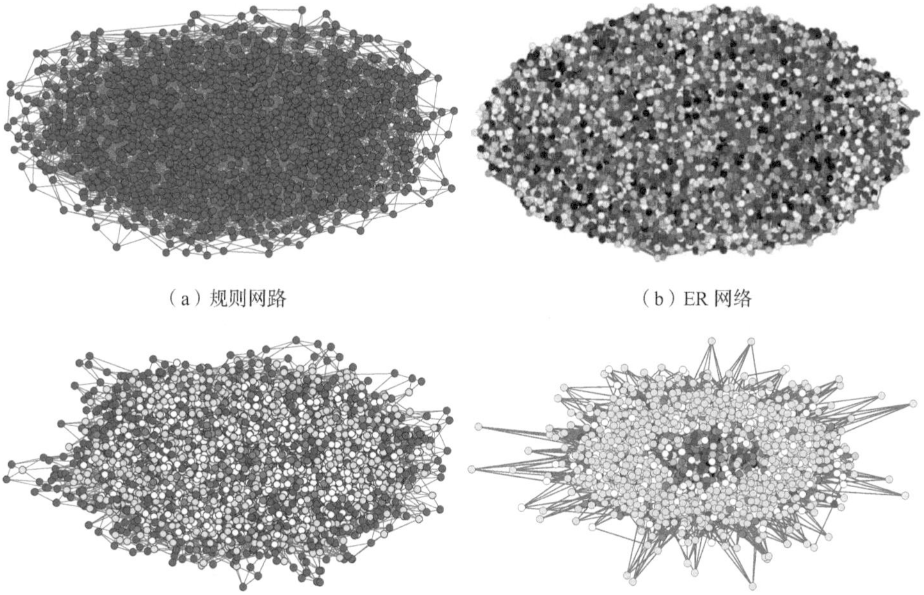

（a）规则网络

（b）ER 网络

（c）小世界网络

（d）BA 网络

图 7-11　四类合成网络图示

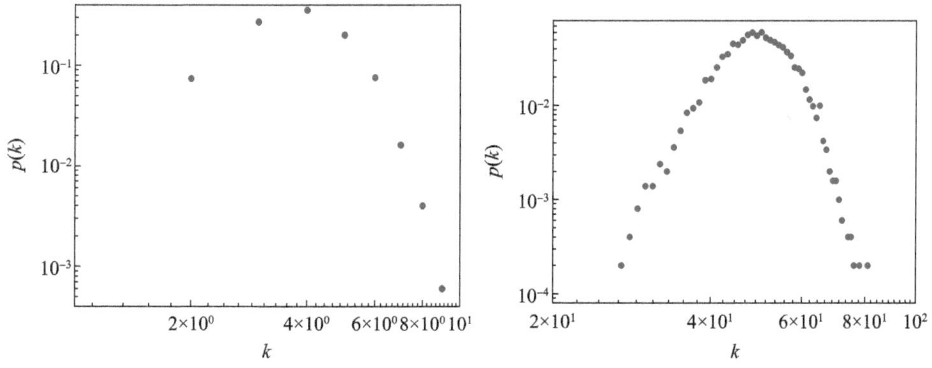

（a）小世界网络

（b）ER 随机网络

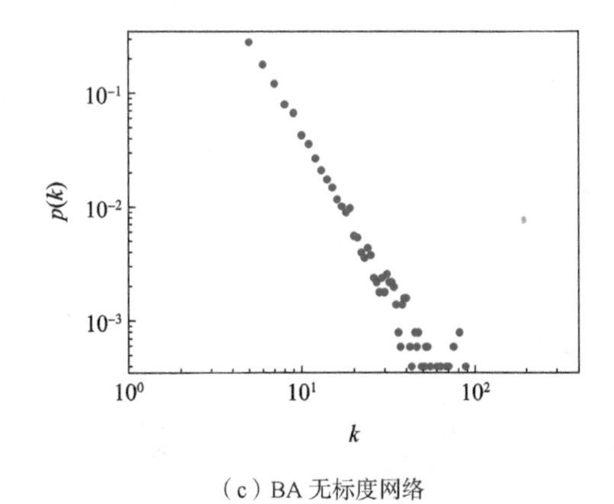

（c）BA 无标度网络

图 7-12　合成网络度分布图

7.3.3　传播动力学模型

1. 问题定义与描述

构建的模型旨在分析影响用户参与信息传播的动力学因素，研究流行度变化和网络结构的异质性对信息传播的影响。令 $G=\{V,E\}$ 表示整个网络，其中，$V=(v_1,v_2,v_3,\cdots)$ 表示某热点话题下的用户集合；$E\subseteq V\times V$ 表示用户间边的集合；用户节点数目为 $|V|=N$ 。如图 7-13 所示，给定某热点话题下，某时间段内的用户群体关系网络 $G=\{V,E\}$ ，解决如下问题。

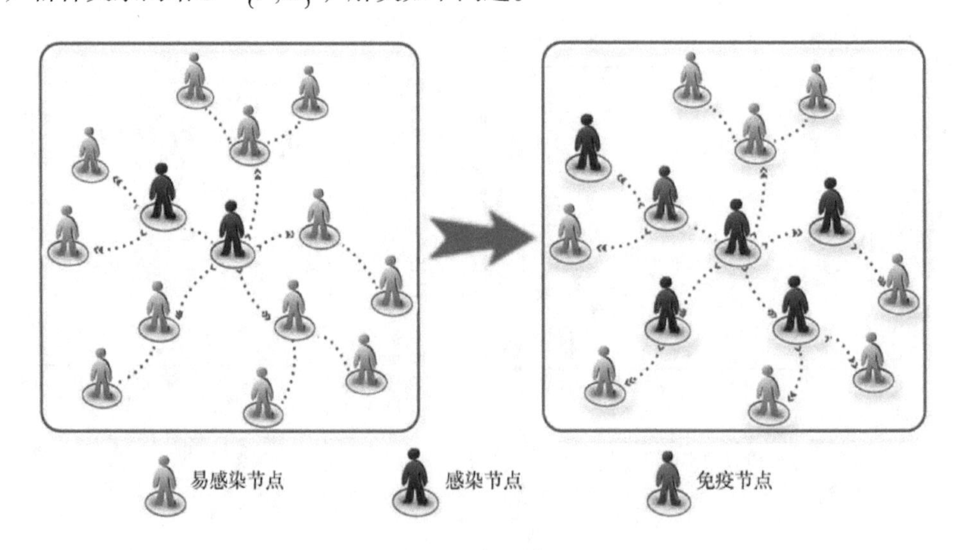

图 7-13　问题定义

（1）如何度量网络结构异质性对信息传播的影响？本节以异质平均场理论和图演化博弈为理论基础，采用图演化博弈构建节点间边关系动态 $x_{\mathrm{ff\_fn}}$，以此为基础动态调整群体状态。

（2）如何量化信息流行度的变化对用户参与意愿的影响？将信息流行度 $M(t)$ 与演化博弈相结合，构建用户参与意愿的动态演化机制，将 $p_n x + p_a(1-x)$ 作为参数动态调整平均场模型中的感染率。

2. 相关概念

（1）关系动态。为了便于详解介绍关系动态，本节将关系动态中的一些基本定义介绍如下。

定义 1：用户边关系。用户节点定义为两类：x_f 和 x_n，x_f 表示当前参与话题节点的比例；x_n 表示当前未参与话题节点及对话题失去兴趣节点的比例。$x=\left[x_f,1-x_f\right]$，其中，$x_n=1-x_f$。此外，x_{ff} 和 x_{nn} 分别表示相邻两个用户都参与话题和都不参与话题的比例；x_{fn} 表示相邻两个用户为参与话题和不参与话题的比例。$\mathrm{x}_{f|f}$ 和 $x_{f|n}$ 分别表示两种不同状态下的节点的邻居节点处于参与话题状态的比例。依据概率论的知识，可以总结出如式（7-9）所示关系

$$\begin{cases}x_f+x_n=1, x_{\mathrm{ff}}+x_{\mathrm{fn}}+x_{\mathrm{nn}}=1, x_{f|f}+x_{n|f}=1\\ x_{\mathrm{ff}}=x_f x_{f|f}, x_{\mathrm{fn}}=x_f x_{n|f}+x_n x_{f|n}, x_{\mathrm{nn}}=x_n x_{n|n}\end{cases} \tag{7-9}$$

定义 2：关系动态策略集和收益矩阵。依据博弈论，社交网络节点可以选择两种策略：参与热点话题的策略 S_y 和不参与热点话题的策略 S_n。定义 ff 类别的边的收益 u_{ff}；fn 和 nf 类别边的收益是 u_{fn}；nn 类别边的收益是 u_{nn}。与传统演化博弈的有所不同，图演化博弈定义节点收益如式（7-10）所示形式

$$w=(1-\alpha)B+\alpha\overline{U} \tag{7-10}$$

其中，B 表示节点自身属性的基准收益；U 表示节点收益矩阵所带来的收益。$\alpha\to 0$ 表示弱选择限制情形，相对于用户属性的收益，收益矩阵带来的收益是有限的。此外，w_f 和 w_n 分别表示节点选择不同的策略时的收益；$\overline{w}$ 表示整个网络的平均收益。根据以上关系，可以将 $\overline{w}$ 定义如式（7-11）所示：

$$\overline{w}=(1-\alpha)+\alpha\overline{U} \tag{7-11}$$

定义 3：生灭策略（Birth-Death Strategy）。如图 7-14 所示。首先，选择一个节点以某一概率更新策略，更新的概率与收益成正比，这被称为生过程。其次，被选中的节点以一定概率替换一个邻居节点策略，这被称为灭过程。

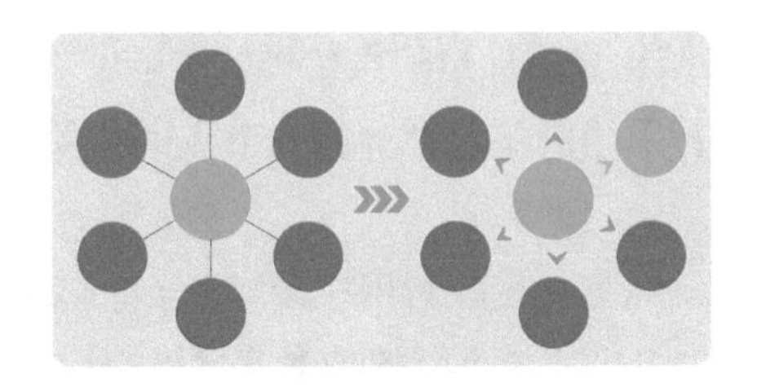

图 7-14　生灭策略

（2）演化动态。现实社交网络中，话题热度的变化会导致用户参与话题的意愿发生动态变化，从而导致传染病模型感染率的动态变化。考虑热度变化对用户参与意愿的影响，给出演化动态中的一些基本定义。

定义 4：演化动态策略集和收益矩阵。依据演化博弈论，定义两种博弈策略，“不主动关注话题”策略（passive）和“主动关注话题”策略（positive），个体接受主动关注的策略可以理解为个体主动关注热点话题，反之亦然。用 p_n 和 p_a 分别表示用户选择策略 passive 和 positive 时参与话题的概率，其中 $p_a > p_n$，两种策略的收益函数为

$$P_n(t) = m_n M(t) \tag{7-12}$$

$$P_a(t) = -k + m_a M(t) \tag{7-13}$$

选择策略 active 的个体要付出一个额外的固定支付 k。m_a 和 m_n 表示调节参数，其中，$m_a > m_n$。

定义 5：话题流行度（Topic Popularity）。以 SIR 模型中感染率 $I(t)$ 为基础，定义话题流行度的概念，表示过去一段时间热点话题的流行度。

$$\frac{\mathrm{d}M}{\mathrm{d}t}(t) = \lambda[p_n x + p_a(1-x)]I(t)S(t) - \gamma I(t) \tag{7-14}$$

其中，x 表示未参与话题用户中选择“不主动关注话题”的策略的比例，反之亦然。

（3）异质平均场。传统的 SIR 模型适用于研究节点混合均匀网络，显然无法满足具有异质性特征的真实复杂社会网络。异质平均场将节点按度数分为不同的类别，$S_k(t)$、$I_k(t)$、$R_k(t)$分别表示 t 时刻 k 的易感染节点、感染节点、免疫节点的数量。异质平均场模型

$$\begin{cases} \dfrac{\mathrm{d}S_k(t)}{\mathrm{d}t} = -k\beta S_k(t)\theta_k(t) \\ \dfrac{\mathrm{d}R_k(t)}{\mathrm{d}t} = k\beta S_k(t)\theta_k(t) - \gamma I_k(t) \\ \dfrac{\mathrm{d}R_k(t)}{\mathrm{d}t} = RI_k(t) \end{cases} \tag{7-15}$$

其中，$\theta_k(t)$表示任何一条边与一个感染节点相连接的概率。

3. 基于异质平均场和演化博弈的热点话题传播动力学模型

在社交网络分析领域，信息传播的研究是当前研究的热点领域之一。本节研究了影响用户参与热点话题的动力学因素，以异质平均场和演化博弈理论为基础，提出一种基于社交网络的热点话题传播动力学模型。首先，在现实社交网络中，热点话题热度的变化会导致个体参与话题意愿的动态变化，这种影响体现为用户节点间的动力学行为。针对此问题，本节以演化博弈理论为基础提出一种用户参与话题意愿的演化机制，动态调整信息传播感染率的模型。其次，针对网络结构的异质性和异质平均场的复杂性，本节引入图演化博弈对异质平均场加以改进，以此为基础构建新的信息传播动力学模型。最后，本节综合考虑节点间的动力学行为和社交网络的异质性特征，得到一种基于动态演化机制和改进异质平均场理论的热点话题传播动力学模型。

本节所构建模型的整体结构如图 7-15 所示。首先，根据图演化博弈理论构建社交节点关系动态$\dot{x}_{\text{fn_ff}}$，量化复杂社交网络的异质性对群体状态转变的影响。其次，根据话题流行度和演化模型构建用户动态策略演化机制，量化话题热度$M(t)$变化对用户参与话题意愿的影响$\left[p_n x + p_a(1-x)\right]$。最后，把$\dot{x}_{\text{fn_ff}}$和$\left[p_n x + p_a(1-x)\right]$结合作为信息传播动力学模型的感染率，动态调整信息传播过程中的不同用户群体间的状态转变。

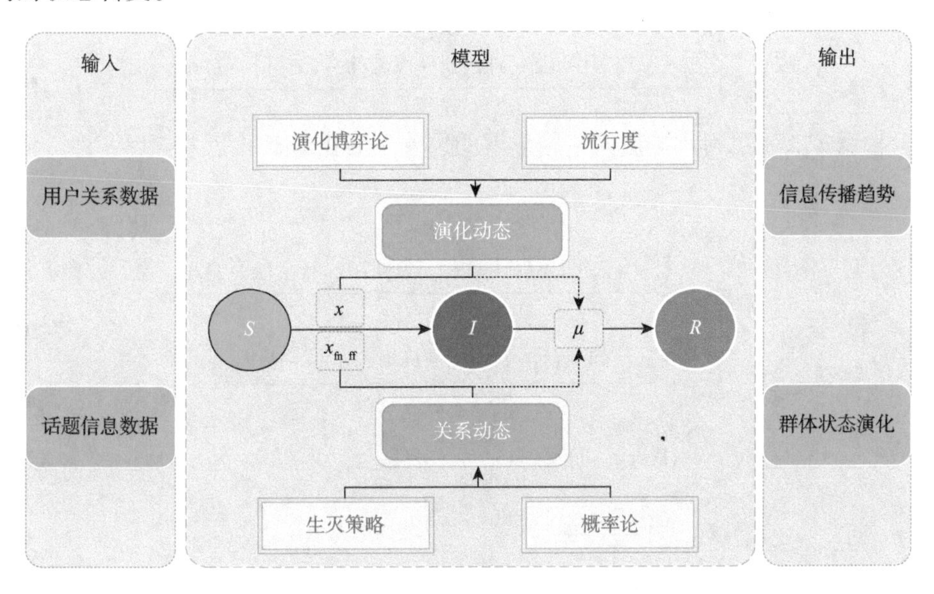

图 7-15 模型架构图

1）关系动态

假定存在这样一个均匀度社交网络，具有 N 个度数为 k 的用户节点。当社交网络产生一个热点话题，其中，A 表示社交网络中未参与话题的某用户节点；B 表示 A 节点的邻居节点且已参与到话题中。根据生灭策略，受 B 节点影响，A 节点的偏离原来状态转变为参与话题状态。此时，AB 节点之间边的类型从 fn 类别边转变为 ff 类别边。除此之外，A 节点同时又产生了另外 $\left(k-1\right)x_{f|n}$ 个 ff 类别边。所以，ff 类别边共增加了 $1+\left(k-1\right)x_{f|n}$ 个，这种情形发生的概率为 $x_f\left(1-x_{f|f}\right)$。可以得到如式（7-16）所示的关系

$$P_{\text{in}}=x_f(1-x_{f|f})[1+(k-1)x_{f|n}] \tag{7-16}$$

社交网络也存在另外一种情况，其中，A 表示社交网络中已参与话题的某用户节点；B 节点表示 A 节点的邻居节点且当前未参与到话题中。根据生灭策略，受 B 影响，A 节点的偏离原来状态转变为不参与话题状态。此时，AB 节点之间边的类型从 fn 类别边转变为 nn 类别边。此时，ff 类别边共减少了 $\left(k-1\right)x_{f|f}$ 个。这种情形发生的概率为 $x_{f|n}\left(1-x_f\right)$。因此，可以有如式（7-17）所示的关系

$$P_{\text{de}}=x_{f|n}(1-x_f)(k-1)x_{f|f} \tag{7-17}$$

因此，可以得到均匀度网络情形下的 ff 类别边的演化关系。与 ff 类别边相类似，也可以得到均匀度网络情形下 nn 类别边的演化关系。如式（7-18）所示：

$$\dot{x}_{\text{ff}}=\frac{Nx_f(1-x_{f|f})[1+(k-1)x_{f|n}]-N(1-x_f)x_{f|n}(k-1)x_{f|f}}{Nk/2} \tag{7-18}$$

$$\dot{x}_{\text{nn}}=\frac{N(1-x_f)[1+(k-1)x_{n|f}]-Nx_f(1-x_{f|f})(k-1)x_{n|n}}{Nk/2} \tag{7-19}$$

根据定义一可得均匀度网络情形下的边关系演化动态

$$\begin{aligned}\dot{x}_{f|f}&=\frac{\dot{x}_{\text{ff}}}{x_{\text{ff}}}\\&=\frac{x_f(1-x_{f|f})[1+(k-1)x_{f|n}]-(1-x_f)x_{f|n}(k-1)x_{f|f}}{kx_f/2}\\&=\frac{(1-x_{f|f})[1+(k-1)x_{f|n}]-(1-x_{f|f})(k-1)x_{f|f}}{k/2}\\&=\frac{2}{k}\{1+(k-1)[x_{f|f}x_{f|f}+x_{f|n}(1-x_{f|f})]-kx_{f|f}\}\end{aligned} \tag{7-20}$$

$$\begin{aligned}\dot{x}_{f|n}&=1-\frac{\dot{x}_{nn}}{1-x_f}\\&=\frac{2}{k}\{(k-1)[x_{f|f}x_{f|n}+x_{f|n}(1-x_{f|n})]-kx_{f|n}\}\end{aligned} \tag{7-21}$$

其中，当 $\dot{x}_{f|f}=0$ 及 $\dot{x}_{f|n}=0$ 时，可以得到关系动态在均匀度网络下的均衡点为

$$x_{f|n}^{*}=\frac{(k-2)x_{f}}{k-1} \tag{7-22}$$

$$x_{f|n}^{*}=\frac{(k-2)x_{f}+1}{k-1} \tag{7-23}$$

与均匀度网络不同，非均匀度网络的度服从某些分布，而不是常量 k。近年来的实证研究表明，真实网络的度分布都近似地遵从某种分布 $\lambda(k)$。如果随机选取社交网络中一对节点，节点的度分布应为 $\dfrac{k\lambda(k)}{\sum_{k=0}^{+\infty}k\lambda(k)}$。此时，偏离状态节点的平均度为 $\sum_{k=0}^{+\infty}k\dfrac{k\lambda(k)}{\sum_{k=0}^{+\infty}k\lambda(k)}=\dfrac{\overline{k^{2}}}{\overline{k}}$，其中 $\overline{k^{2}}=\sum_{k=0}^{+\infty}k^{2}\lambda(k)$。所以，由此可得非均匀度网络情形下的用户边关系动态为

$$\dot{x}_{f|n}=\frac{2}{k}\left\{\left(\frac{\overline{k^{2}}}{\overline{k}}-1\right)\left[x_{f|f}x_{f|n}+x_{f|n}\left(1-x_{f|n}\right)\right]-\frac{\overline{k^{2}}}{\overline{k}}x_{f|n}\right\} \tag{7-24}$$

$$\dot{x}_{f|f}=\frac{2}{k}\left\{1+\left(\frac{\overline{k^{2}}}{\overline{k}}-1\right)\left[x_{f|f}x_{f|f}+x_{f|n}\left(1-x_{f|f}\right)\right]-\frac{\overline{k^{2}}}{\overline{k}}x_{f|f}\right\} \tag{7-25}$$

其中，当 $\dot{x}_{f|f}=0$ 及 $\dot{x}_{f|n}=0$ 时，可以得到关系动态在非均匀度网络下的均衡点如下：

$$x_{f|n}^{*}=\frac{\left(\overline{k^{2}}-2\overline{k}\right)x_{f}}{\overline{k^{2}}-\overline{k}} \tag{7-26}$$

$$x_{f|f}^{*}=\frac{\left(\overline{k^{2}}-2\overline{k}\right)x_{f}+\overline{k}}{\overline{k^{2}}-\overline{k}} \tag{7-27}$$

社交网络中存在两种情形，将导致全局关系动态的改变。假设一个节点拥有 k_{y} 个邻居接受 s_{y}，$k-k_{y}$ 个邻居接受策略 s_{n}。如图 7-16（a）所示，如果一个节点的策略从 s_{n} 转变为 s_{y}，与参与话题节点相连接的边将增加 $\left(k-k_{y}\right)$ 个。根据生灭策略更新规则，s_{y} 节点被选择的概率为 $x_{y}w_{y}/\overline{w}_{y}$，该 s_{n} 节点被替换的概率为 $\left(k-k_{f}\right)/k$。第一种情形期望发生的概率为

图中蓝色节点表示 s_{n}，绿色节点表示 s_{y}

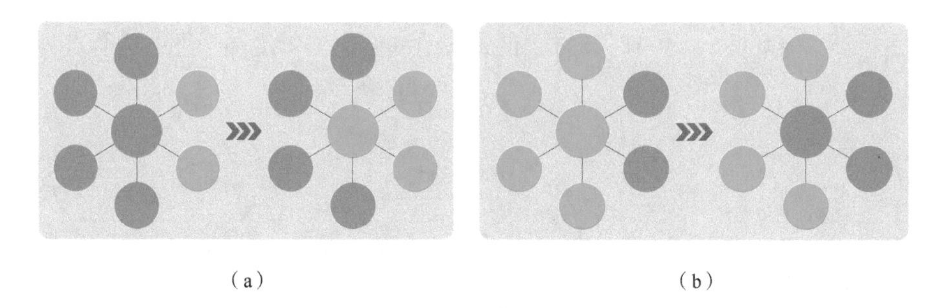

（a）　（b）

图 7-16　全局关系动态演化示意图

$$p_1=\sum_{k_f=0}^{k}\binom{k}{k_f}x_{f|f}^{k_f}\left(1-x_{f|f}\right)^{k-k_f}\frac{x_f w_f}{\bar{w}}\frac{k-k_f}{k} \tag{7-28}$$

与第一种情形相反，如图 7-16（b）所示，如果一个节点从 s_y 转变为 s_n，与参与话题节点相连接的边将减少 $\left(k-k_y\right)$ 个。第二种情形期望发生的概率为

$$p_2=\sum_{k_f=0}^{k}\binom{k}{k_f}x_{f|n}^{k_f}\left(1-x_{f|n}\right)^{k-k_f}\frac{\left(1-x_f\right)w_n}{\bar{w}}\frac{k_f}{k} \tag{7-29}$$

将两者结合可以得到整个网络与参与话题节点相连接的关系动态为

$$\dot{x}_{\text{fn\_ff}}=\sum_{k_f=0}^{k}\binom{k}{k_f}\left[x_{f|f}^{k_f}\left(1-x_{f|f}\right)^{k-k_f}\frac{x_f w_f}{\bar{w}}\frac{k-k_f}{k}-x_{f|\text{n}}^{k_f}\left(1-x_{f|n}\right)^{k-k_f}\frac{\left(1-x_f\right)w_n}{\bar{w}}\frac{k_f}{k}\right] \tag{7-30}$$

其中，$w_f=1-\alpha+\alpha\left[k_f u_{\text{ff}}+\left(k-k_f\right)u_{\text{fn}}\right]$；$w_n=1-\alpha+\alpha\left[k_f u_{\text{fn}}+\left(k-k_f\right)u_{\text{nn}}\right]$。

将 w_f，w_n 代入式（7-30）可得

$$\dot{x}_{\text{fn\_ff}}=\frac{\alpha x_f\left(1-x_{f|f}\right)\left(k-1\right)}{\bar{w}}\left[\left(u_{\text{ff}}-u_{\text{fn}}\right)x_{f|f}-\left(u_{\text{nn}}-u_{\text{fn}}\right)\left(1-x_{f|n}\right)\right] \tag{7-31}$$

由于在弱选择限制情形下，$\alpha\to 0$，$\bar{w}$ 可以近似为 1，将式（7-14）和式（7-15）代入式（7-23）可得

$$\dot{x}_{\text{fn\_ff}}=\frac{\alpha\left(k-2\right)}{\left(k-1\right)}x_f\left(1-x_f\right)\left[\left(k-2\right)\left(u_{\text{ff}}-2u_{\text{fn}}+u_{\text{nn}}\right)x_f+u_{\text{ff}}+\left(k-2\right)u_{\text{fn}}-\left(k-1\right)u_{\text{nn}}\right] \tag{7-32}$$

将 $u_{\text{ff}}+\left(k-2\right)u_{\text{fn}}-\left(k-1\right)u_{\text{nn}}$ 看作一个整体提取，可以进一步简化全局关系动态为

$$\dot{x}_{\text{fn\_ff}}=\frac{\varphi\times\left(k-2\right)}{\left(k-1\right)}x_f\left(1-x_f\right)\left(1+u\times x_f\right) \tag{7-33}$$

根据均匀度网络情形下的全局关系动态，可以得到非均匀度网络下的关系动

态为

$$\dot{x}_{\mathrm{fn\_ff}}=\frac{\alpha x_f\left(1-x_{f|f}\right)\left(\bar{k}-1\right)}{\bar{w}}\left[\left(u_{\mathrm{ff}}-u_{\mathrm{fn}}\right)x_{f|f}-\left(u_{\mathrm{nn}}-u_{\mathrm{fn}}\right)\left(1-x_{f|n}\right)\right] \quad (7\text{-}34)$$

将式（7-26）和式（7-27）代入式（7-33）可得

$$\dot{x}_{\mathrm{fn\_ff}}=\frac{\alpha\left(\bar{k}-1\right)\left(\overline{k^2}-2k\right)}{\left(\overline{k^2}-\bar{k}\right)^2}x_f\left(1-x_f\right)\left[\left(\overline{k^2}-2k\right)\left(u_{\mathrm{ff}}-2u_{\mathrm{fn}}+u_{\mathrm{nn}}\right)x_f+\bar{k}u_{\mathrm{ff}}\right.$$
$$\left.+\left(\overline{k^2}-2\bar{k}\right)u_{\mathrm{fn}}-\left(\overline{k^2}-\bar{k}\right)u_{\mathrm{nn}}\right] \quad (7\text{-}35)$$

类似地，将 $\bar{k}u_{\mathrm{ff}}+\left(\overline{k^2}-2k\right)u_{\mathrm{fn}}-\left(\overline{k^2}-\bar{k}\right)u_{\mathrm{nn}}$ 看作一个整体提取，可以进一步简化为

$$\dot{x}_{\mathrm{fn\_ff}}=\frac{\varphi\times\left(\bar{k}-1\right)\left(\overline{k^2}-2\bar{k}\right)}{\left(\overline{k^2}-\bar{k}\right)^2}x_f\left(1-x_f\right)\left(1+u\times x_f\right) \quad (7\text{-}36)$$

2）演化动态

本部分将详细介绍演化动态。依据演化博弈论（evolutionary game theory，EGT）中复制动态的思想，参与人能够通过与遇到的个体的收益进行比较从而动态地改变自己的策略。选择不同策略群体的变化与相应的收益成正比（$\Delta P=P_n-P_a$）。由于策略集中只包含两种策略，在这里定义动态演化策略为

$$\dot{x}=\omega x(1-x)\Delta P+\tilde{\varepsilon}(1-x)-\tilde{\varepsilon}x \quad (7\text{-}37)$$

其中，x 和 $(1-x)$ 分别表示群体中选择策略 x_n 和 x_a 的比例；ω 表示选择不同策略个体遇到概率；$\tilde{\varepsilon}x$ 表示忽视收益的均衡，采取非理性的策略的部分个体。

3）信息传播模型

依据流行病模型的思想，将社交网络用户分为三类：未参与话题人群 S、已参与话题人群 I、对话题失去兴趣的人群 R，以传统 SIR 模型为基础构建热点话题传播动力学模型。通过引入生灭策略和概率论，对异质平均场理论加以改进，降低其复杂性。通过引入演化博弈理论，构建演化动态，研究话题热度变化对信息传播过程中不同群体状态的转变的影响。最后，考虑网络结构要素 $\dot{x}_{\mathrm{fn\_ff}}$ 和用户意愿演化动态 x_n、x_a 等参数输入到 SIR 模型中，得到热点话题传播动力学模型的平均场方程

$$\dot{S}(t)=\left[x_{\mathrm{ff\_fn}}+p_n x+p_a(1-x)\right]I(t)S(t) \quad (7\text{-}38)$$

$$\dot{I}(t)=\left[x_{\mathrm{ff\_fn}}+p_n x+p_a(1-x)\right]I(t)S(t)-\mu I(t) \quad (7\text{-}39)$$

$$\dot{R}(t)=\mu I(t) \tag{7-40}$$

$$\dot{M}(t)=\left[x_{\text{ff\_fn}}+p_n x+p_a(1-x)\right]I(t)S(t)-\mu I(t) \tag{7-41}$$

$$\dot{x}=\rho\left\{x(1-x)\left[1-mM(t)+\varepsilon(1-2x)\right]\right\} \tag{7-42}$$

$$\dot{x}_{\text{fn\_ff}}=\left[\varphi\times\left(\bar{k}-1\right)\left(\overline{k^2}-2\bar{k}\right)/\left(\overline{k^2}-\bar{k}\right)^2\right]\times x_f\left(1-x_f\right)\left(1+u\times x_f\right) \tag{7-43}$$

其中，$\lambda=\overline{\text{Dri}(v_i)}$，$m=(m_a-m_n)/k$，$\rho=k\omega$，$\varepsilon=\tilde{\varepsilon}/\omega k$。当$\lambda=\lambda_m$且$\gamma=\mu$时感知流行度等于一段时间内实际参与话题的人数。$\rho\left\{x(1-x)\left[1-mM(t)+\varepsilon(1-2x)\right]\right\}$表示社交网络用户基于演化动态发生动态策略转变的过程；ρ表示网络群体改变策略的速度。例如，在一个活跃度较高的网络社区，用户群体行为改变速度相对就较高。$1-mM(t)$表示收益与两种策略之间的平衡；$1/m$表示用户选择不同收益策略的阈值；$\varepsilon(1-2x)$表示部分社交网络用户忽视收益的均衡做出不改变策略的非理性行为；ρ表示动态演化过程中整个网络群体转变策略的速度。

7.3.4　模型验证

仿真实验主要分为以下四个部分：第一部分，在四个具有代表性的合成网络上进行仿真实验，验证模型的有效性；第二部分，分析用户关注度的变化与参与话题人群的演化关系；第三部分，研究节点边关系动态对信息扩散的影响；第四部分，采用真实数据对模型做进一步验证。

1. 合成网络实验

选取仿真网络中节点度数最大的节点作为初始感染节点，其余节点均为易感染节点。设定选择不同策略用户参与话题的概率分别为$p_n=0$和$p_a=1$。初始选择不关注话题策略用户节点的比例与易感染个体数量相同，初始$\dot{x}_{\text{fn_ff}}$为选定初节点度数占总边数的比例。设定模型参数分别为$\rho=1$，$m=2$，$\varepsilon=0.3$，$\mu=0.05$，$\varphi=0.5$，$u=1$。四个网络的S、I、R三类群体演化趋势如图 7-17 所示。

在信息传播过程中，易感染节点（S）逐渐转变为感染节点（I），易感染节点的比例不断衰减，最后趋于稳定；感染个体和免疫个体（R）的比例不断增加，由于用户数量和感染率的影响，在信息传播前期感染节点的增长速度要快于免疫个体的增长速度；当感染个体达到峰值之后，感染节点的比例逐渐减少，同时免疫个体的比例迅速增加，最终趋于稳定。根据图 7-17 中四类代表性合成网络仿真结果可知，提出模型能够较好地描绘社交网络中信息传播的趋势。

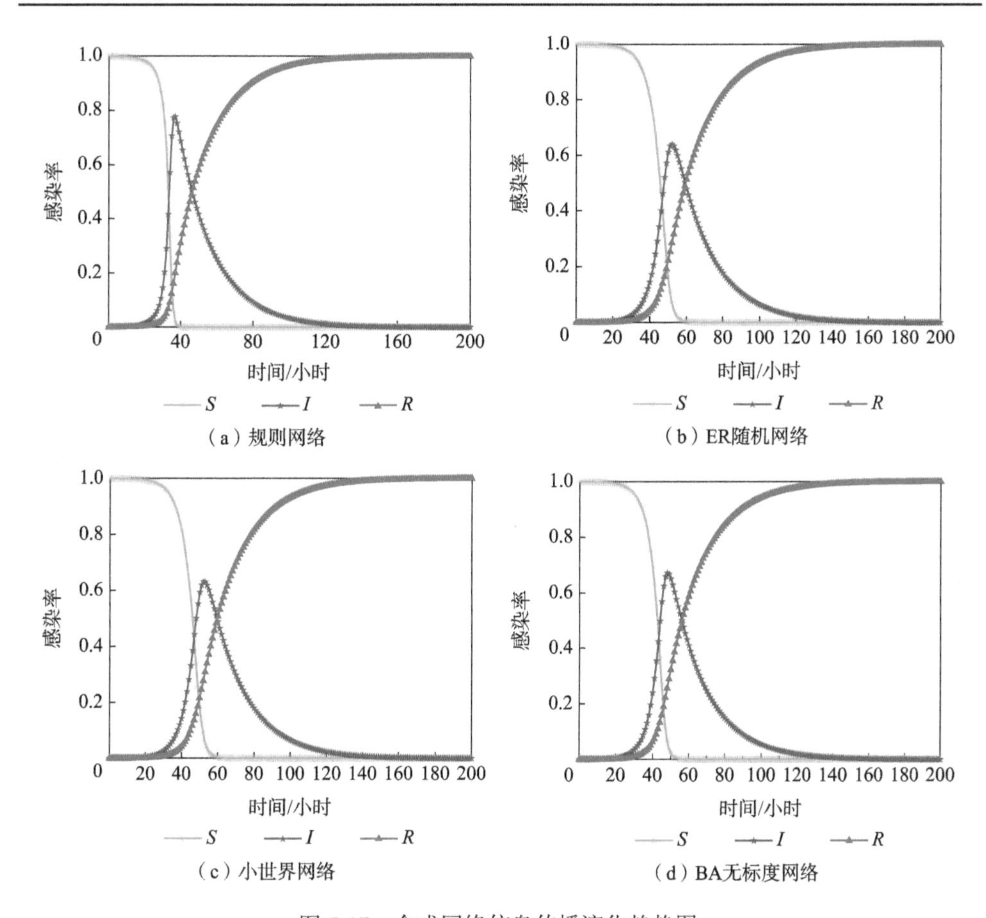

(a) 规则网络　(b) ER随机网络　(c) 小世界网络　(d) BA无标度网络

图 7-17　合成网络信息传播演化趋势图

在基于 SIR 模型的信息传播研究中大多采用固定感染率，这并不符合现实情形。针对此问题，可通过演化动态调整信息传播动力学模型的感染率。三个话题的感染率动态变化趋势详见图 7-18。由于无法准确地获知选择“不主动关注策略”用户 x 的比例，设定易感染个体（S）的比例作为 x 的初始值。在信息传播的前期，动态感染率会有一个迅速地调节过程，以消减初始值设定对信息传播的影响。动态感染率的演化趋势与易感染个体的趋势非常相似，为了发现两者之间是否存在某种关系，采用统计学的方法对其进行验证。

皮尔逊积矩相关系数（Pearson product-moment correlation coefficient，PPMCC）源于统计学，广泛应用于自然科学领域，用于衡量两个变量间线性关系的密切程度，以下简称相关系数。采用相关系数来验证参与话题人群的变化与动态感染率间的关系，四个网络的相关系数矩阵详见表 7-3。

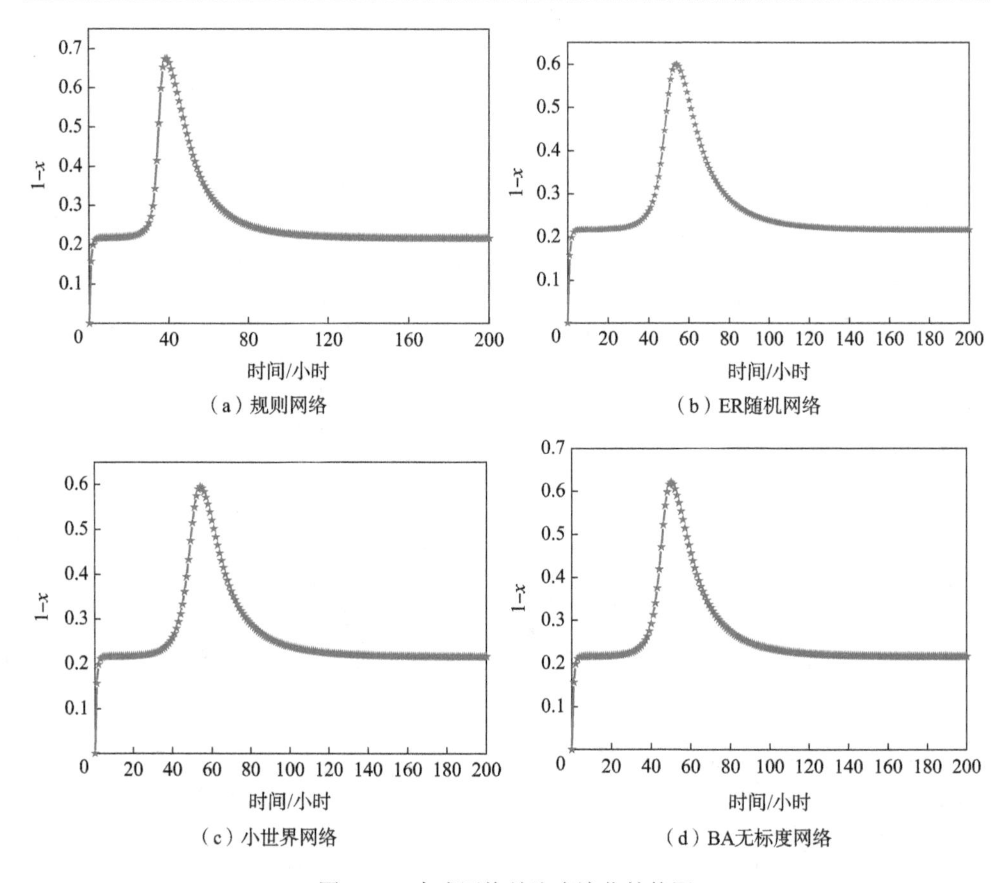

图 7-18　合成网络关注度演化趋势图

表 7-3　合成网络相关系数矩阵

项目	规则网络	ER 随机网络	小世界网络	BA 无标度网络
相关系数	0.968	0.969	0.979	0.967

由表 7-3 可知，四个合成网络的关注度变化趋势与参与话题人群的比例的相关系数存在于 ± 0.80 ~ ± 1.00，这说明了信息传播过程中节点关注度的变化与感染群体的变化情况很有很强的相关性，同时也说明了用户参与意愿的变化对信息传播的影响伴随信息扩散的整个生命周期。

如图 7-19 所示，在整个信息传播过程中，与感染节点相连接的边的比例持续增加，最终趋于稳定。从流行病模型的角度，这样似乎是错误的。从社交网络现实情形的角度来看，某个节点转发一个热点话题，一段时间后该节点对话题失去兴趣，但该节点的邻居节点仍有可能从该节点获得话题相关信息。该节点与其邻接的节点仍可以被认为是 fn 或 ff 类别边。此外，在弱选择限制情形下，社交网络节点的收益不依赖于特定博弈形式，而是取决于很多不同的因素，如节点的兴趣、节点的记忆机制等。随着信息的传播，虽然网络中任意一条边指向易感染个体的概率在增加，但话题的热度仍然在慢慢下降，最终趋于消亡。这也正说明了任意一条边指向易感染个体的概率并不能决定信息传播的规模。试想，社交网络中某 HUB 节点转发一个话题，但是该话题不为大多数节点所关注。尽管该 HUB 节点拥有较多的边，仍无法吸引很多人参与此话题。

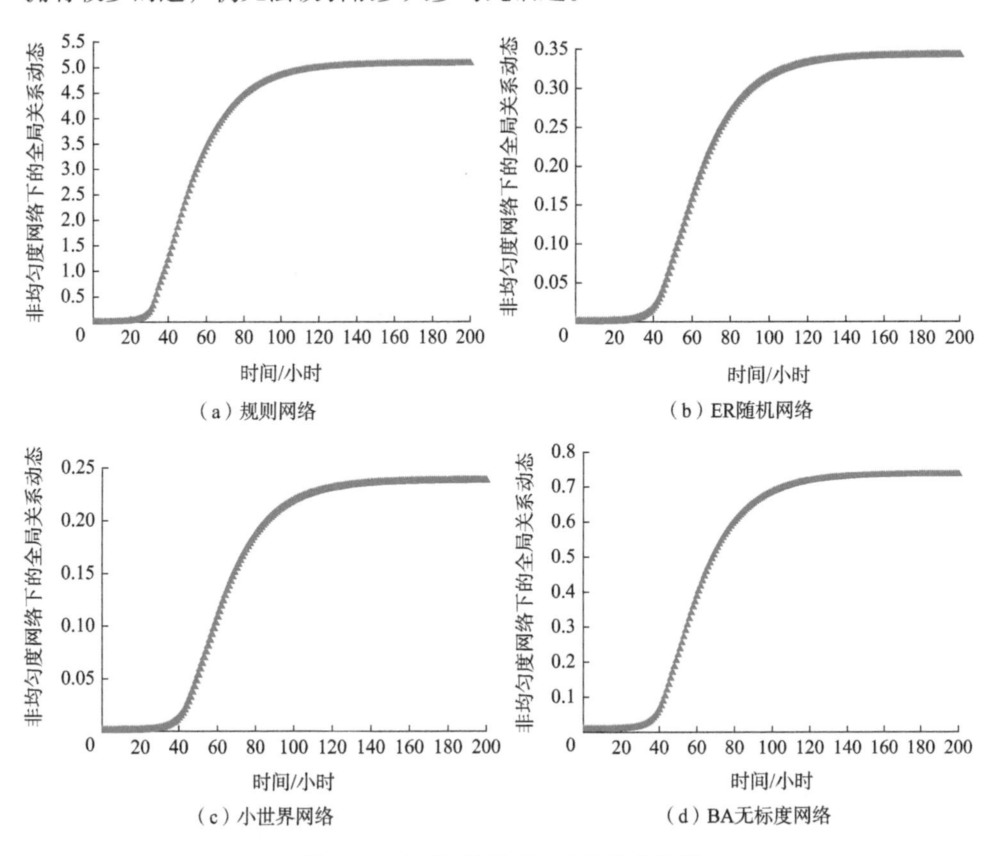

图 7-19　合成网络关系动态演化趋势图

如图 7-20 所示，通过调节关系动态初值，研究了其对最大感染率、最大感染峰值及峰值时间的影响。由于篇幅限制，本节仅绘制了 BA 无标度网络的图示，另外三个网络与 BA 网络的情形相似。随着关系动态初值的增加，最大感染率和最大感染峰值都呈现不断增加的趋势，峰值时间提前。节点的连接数的提高，信息传播的范围也会增加。这正说明节点的影响力对社交网络中信息扩散的重要影响。

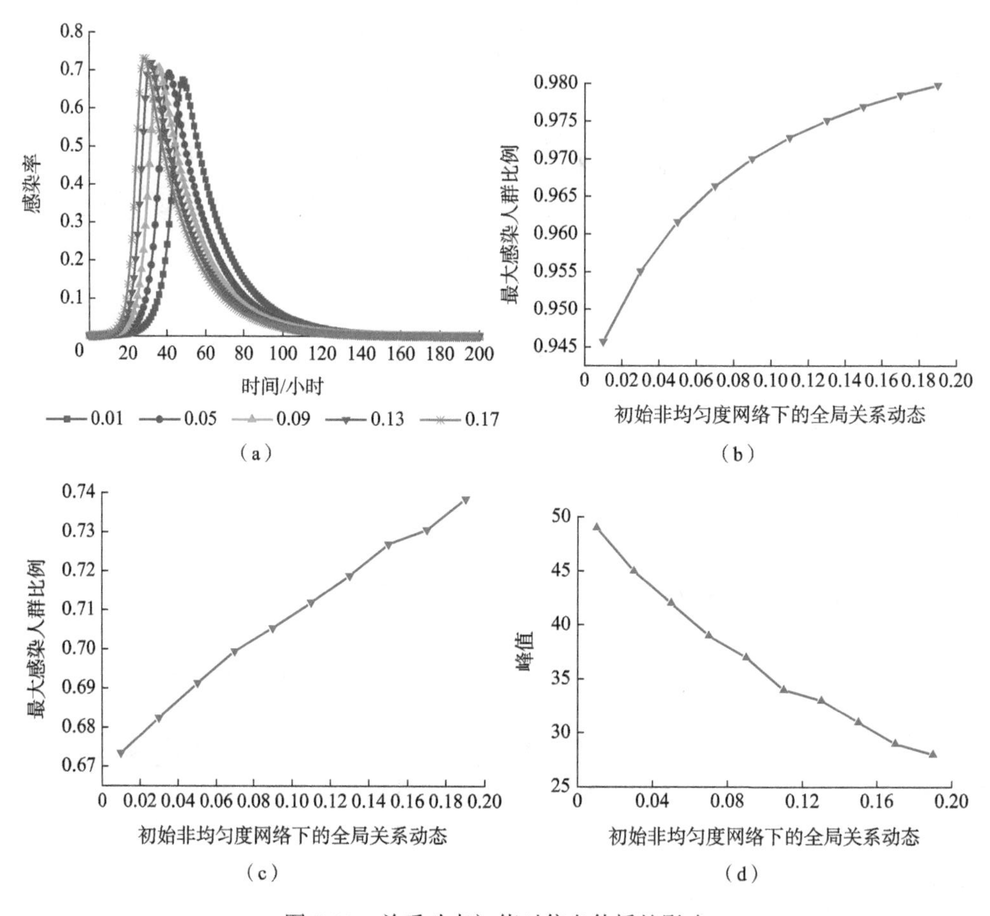

图 7-20 关系动态初值对信息传播的影响

2. 真实网络实验

为了对本节提出的模型做进一步的验证，采用真实数据拟合参数，验证了提出的假设。实验采用腾讯微博数据拟合模型参数，绘制信息传播的趋势图。如图 7-21 所示，根据模型估计情况和真实情况的对比可知，该模型能够较好地描绘真实社交网络中信息传播的趋势。此外，如图 7-22 所示观察热点话题关注度演化趋势图，可以发现其与信息传播态势呈正相关。与仿真网络相同，采用皮尔逊积矩相关系数来验证真实话题传播趋势与关注度演化趋势之间的关系。表 7-4 给出了真实话题传播趋势与关注度演化趋势的相关系数矩阵。真实话题的相关系数存在于 ± 0.80 ~ ± 1.00，这进一步验证了用户参与意愿的变化对信息传播的影响伴随信息扩散的整个生命周期。如图 7-23 所示，用户边关系动态演化趋势与持续增加最后趋于稳定，这与仿真网络中得到的结果相同。这也进一步说明了指向易感染个体的边的概率的增加并不能决定信息传播的规模。同时也说明弱选择限制情形适用于研究社交网络中热点话题的传播，用户自身所固有的某些属性给予了用户最大的收益，而特定博弈情形带来的收益是有限的。

表 7-4　话题 B 相关系数矩阵

相关系数	动态感染率	参与话题人群比例
动态感染率	1	0.802 641 631 429 907
参与话题人群比例	0.802 641 631 429 907	1

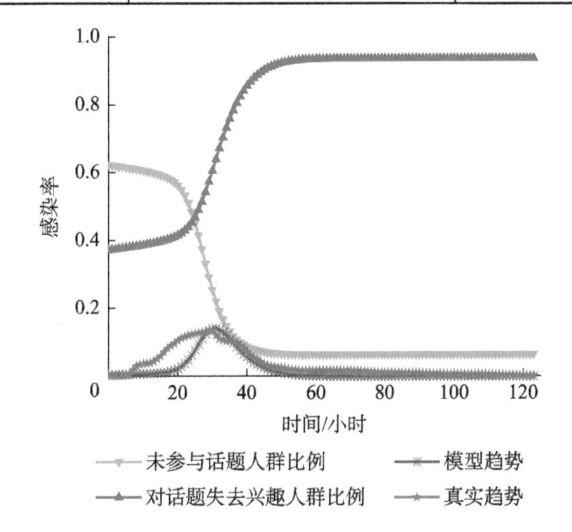

图 7-21　真实信息传播趋势与模型趋势的对比

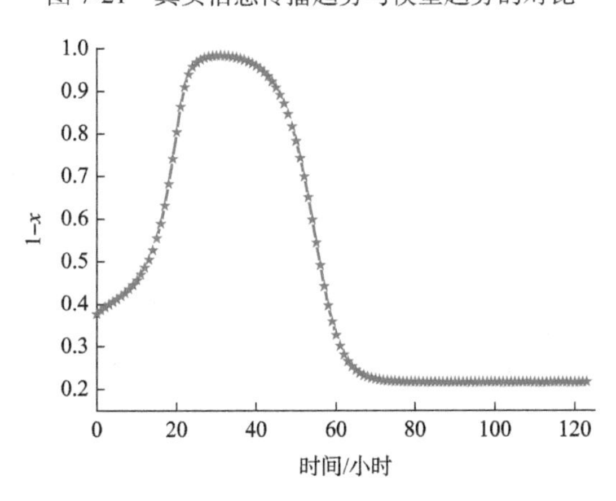

图 7-22　话题 B 关注度演化趋势图

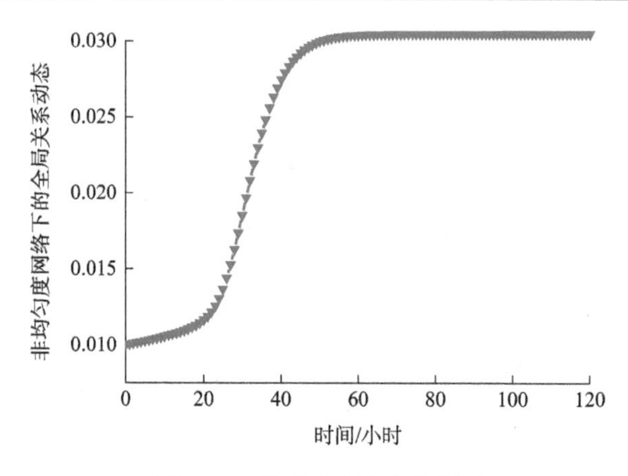

图 7-23 关系动态演化趋势图

7.3.5 研究意义

本节研究了影响社交网络用户参与热点话题信息传播的动力学成因。提出了一种基于异质平均场和演化博弈理论的热点话题信息传播动力学模型，结合传统传染病模型建立微分动力学方程组。分别从关系动态和演化动态两个角度出发研究影响用户参与热点话题的动力学因素，力求使建立的模型更加符合真实信息传播情形。用户关注度的变化对信息传播态势的影响伴随信息扩散的整个生命周期，并与参与话题人群的变化呈现高度的相关性。在弱选择限制情形下，与感染节点相连接的边的数量并不能决定信息传播的规模，用户的自身属性发挥着重要作用。初始种子节点的连接数对信息扩散态势有重要影响。本节的工作有助于认识社交网络中的信息传播规律、研究影响社交网络用户参与热点话题传播的潜在机制和动力学因素。

模型为政府机构根据信息传播特点和规律来做好信息的发布、提高管理效率和透明度、同时进行信息筛选和过滤、合理引导社会舆论提供了理论依据。复杂网络传播动力学为网络的信息传播提供了模拟方法。同时，对社交网络信息传播动力学的研究，其成果可以进一步推广到非社交网络的广泛复杂网络当中。

7.4 微博流行度和影响力评估

7.4.1 问题与挑战

微博平台作为社交平台，允许用户在线发布和传播信息，具有广泛的用户参与性，是互联网信息的重要发布平台。对微博平台信息的流行度和影响力进行评估，是微博信息监控的基础。同时，微博平台的社交属性使得一旦有谣言在微博平台传播，其影响范围会非常大。

为有效识别谣言，新浪微博建立了官方辟谣系统——微博辟谣。该系统鼓励用户报告可疑的微博，然后由信誉良好的用户组成委员会进行谣言识别。即使如此，微博平台的谣言监测仍然面临巨大的挑战：首先，比之浩如烟海的微博信息，经过用户报告并验证的微博数量少之又少，人工验证的方式不能适应当前信息爆炸的现状；其次，官方的验证结果总是极大地滞后于谣言传播过程，不利于后续的谣言控制。根据刘知远等（2015）的研究，如图 7-24 所示，在被官方验证的谣言中，只有 67%的谣言是在发布的 24 小时之内报告给微博平台的，而被报告以后，微博平台平均需要 17.6 个小时才能给出回复，这充分说明了官方验证时效性的不足。同时，若考虑到大量未被报告的谣言，谣言的平均验证时间将会更长。

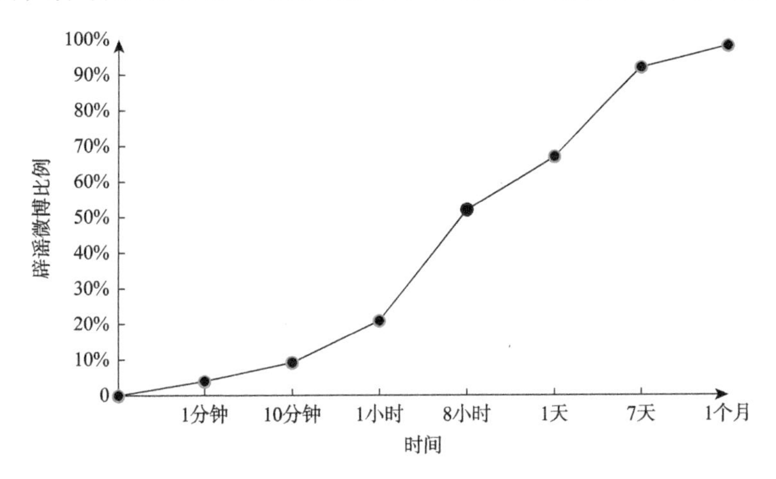

图 7-24　辟谣微博比例与发布时间的关系

为了应对信息爆炸和官方验证时效性较差的问题，不少学者提出了自动谣言检测模型。传统的谣言检测方法通过构建特征集进行有监督的学习。Sejeong Kwon 是较早使用有监督的机器学习方法进行谣言检测的学者之一，他提出了通过时间特征、结构特征和语义特征三种特征构建特征集。但事实上，Kwon 等（2013）构建的谣言检测模型中的特征集只包含文本特征和传播特征两种，语义特征即文本特征，而结构特征和时间特征均属于传播特征。后来的研究人员，如 Ma 等（2015）又在此基础上增加了用户特征，形成了以文本特征、用户特征和传播特征为框架的特征集。以文本特征、用户特征和传播特征为框架的模型只关注文本本身的语法特征，忽略了语义特征，没有充分利用文本背后的立场信息。而实际上，用户的立场信息是识别谣言非常有价值的特征信息。如何度量微博话题用户影响力特征、话题流行度特征和立场特征，合理构建特征集，进而实现微博谣言的监测是亟待解决的问题。

7.4.2 研究对象

以国内最大的微博平台——新浪微博作为研究对象，新浪微博是国内最大的微博社交平台，针对新浪微博的研究具有重要意义。通过从新浪微博辟谣平台获取 2313 个谣言事件，同时从未被辟谣的微博中获取 2351 个事件构建微博数据集，构建了包含 275 万个微博账号、380 万条微博消息，4664 个微博事件的数据集。数据集基本信息如表 7-5 所示。

表 7-5　微博谣言数据集基本信息

数据特征	统计信息
用户数/个	2 746 818
微博数/条	3 805 656
事件数/个	4 664
谣言数/个	2 313
非谣言数/个	2 351
平均时长/小时	2 460.7
平均微博数/条	816
最大微博数/条	59 318
最小微博数/条	10

7.4.3 微博流行度评估

（1）微博话题传播广度：微博话题传播广度（$Diff_{width}$）是指微博话题在传播过程中所有转发用户的数量，转发用户越多，则微博越流行。

（2）微博话题传播深度：微博话题传播深度（$Diff_{depth}$）是指微博话题在传播过程中转发网的深度，转发网越深，话题流行度越大。

如图 7-25 所示，微博的转发关系可构建为转发网的形式，但微博平台应用程序编程接口（application programming interface，API）提供的数据将根微博作为所有转发微博的父节点，失去了真实的转发关系。微博文本中的//@符号表征了实际的转发路径，可以根据//@符号进行转发网的重建并计算转发网深度。

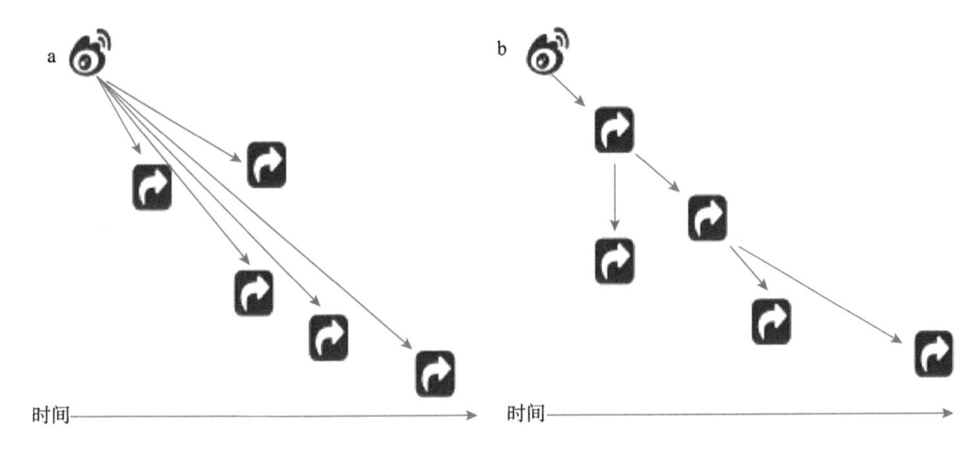

图 7-25 转发网重建

考虑到部分用户在转发时可能删除之前的转发路径，采用关注关系转发网构建模型辅助进行转发网构建。转发网络构建方法伪代码如下。

算法 关注关系转发网构建模型.

输入：微博事件 $E=\{I, R_1, R_2, R_3, \cdots, R_j, \cdots, R_n\}$，其中，$I$、$R_j=\{u_j, t_j, \text{text}_j\}$。转发微博的用户数据集 $U=\{u_1, u_2, u_3, \cdots, u_i, \cdots, u_n\}$ 其中，u_i 表示用户 i 的个人数据，包括微博名称、注册时间、粉丝数目、关注列表等。本模型仅使用其中的粉丝数目 $u_{\text{inum-follower}}$ 和关注列表 $u_{i\text{-followee}}=\{u_{\text{if1}}, u_{\text{if2}}, \cdots, u_{\text{ifs}}, \cdots, u_{\text{ifn}}\}$ 数据，其中 u_{ifs} 为用户 u_i 关注的第 s 个用户。

输出：以 HashMap 形式存储的转发树

① TextUser-InferredDiffusionModel（E）:

② 新建变量 diffusionTree 储存转发树

③ 新建变量 earlyUsers 存储先于当前用户的转发用户

④ for each $R_j=\{u_j, t_j, \text{text}_j\}$ in E:

a）if（earlyUsers is empty）

i. diffusionTree ←（u_j, null）/* 将根节点放入 diffusionTree 中存储，其父节点为 null */

ii. continue

b）if（text_j contains father node）

i. diffusionTree ←（u_j, father node）/* 若文本中包含转发路径，则将当前节点放入 diffusionTree 中存储，其父节点为文本中包含的父节点*/

ii. continue

```
    c) if (u_{i-followee} contains root node)
       i. diffusionTree ← (u, father node) /* 若节点关注列
          表中包含根节点，则其父节点为根节点*/
       ii. continue
    d) for each u_{ifs} in u_{i-followee}:
       i. if (u_{ifs} in earlyUsers)
          1. fatherCandidates ←u_{ifs}
       ii. search for (fatherCandidates)
          1. father node = u_{ifs} with maximal u_{inum-follower}
       iii. diffusionTree ← (u, father node) /* 在所有先
          于当前用户发布微博的用户中，被当前用户关注且拥有最多粉
          丝数量的用户被认定为当前用户父节点*/
⑤ end for
```

（3）微博话题感染力：微博话题感染力（$\mathrm{Diff}_{\mathrm{infect}}$）是指微博话题传播过程中激发用户传播欲望的能力。微博话题感染力计算公式如下：

$$\mathrm{Diff}_{\mathrm{infect}}=\frac{\sum_{j=1}^{n}m_j}{\sum_{j=1}^{n}n_{\mathrm{atj}}}+\frac{\sum_{j=1}^{n}m_j}{n-1} \tag{7-44}$$

其中，n_{atj} 表示微博 R_j @其他用户的数量，转发概率计算公式第一项表征了被@用户转发其微博的概率，第二项表征了所有转发用户中，通过@方式被提及进而转发的用户比例。二者共同表征了话题传播过程中激发用户传播欲望的能力。

（4）微博流行度：微博流行度（$\mathrm{Diff}_{\mathrm{pop}}$）定义为

$$\mathrm{Diff}_{\mathrm{pop}}=\mathrm{Diff}_{\mathrm{depth}}+\mathrm{Diff}_{\mathrm{width}}+\mathrm{Diff}_{\mathrm{infect}} \tag{7-45}$$

7.4.4 微博影响力评估

（1）用户影响力：用户影响力定义为

$$\mathrm{Influ}_{\mathrm{user}}=\frac{1}{n}\sum_{j=1}^{n}\mathrm{follower}_j+\frac{1}{n}\sum_{j=1}^{n}\mathrm{comment}_j+\mathrm{num}_{\mathrm{verified}} \tag{7-46}$$

其中，n 表示微博事件中所有微博的数量；$\mathrm{follower}_j$ 表示微博 R_j 发布用户的粉丝数量，话题平均粉丝越多，则该话题受到越多核心用户的传播；$\mathrm{comment}_j$ 表示微博 R_j 的评论数，评论数越多，则该话题越受关注，具有越大的影响力；$\mathrm{num}_{\mathrm{verified}}$ 表示认证用户数量，认证用户具有更大的影响力。

微博平台对用户身份进行了区分，认证类型如表 7-6 所示。

表 7-6　微博用户身份认证类型

认证编号	认证类型
0	名人
1	政府
2	企业
3	媒体
4	校园
5	网站
6	应用
7	机构

（2）文本影响力：文本影响力（$\mathrm{Influ}_{\mathrm{text}}$）定义为

$$\mathrm{Influ}_{\mathrm{text}}=\begin{cases}\sum_{i=1}^{n}-\log D_i\\0\end{cases}\tag{7-47}$$

其中，n 表示第 j 个转发微博文本中包含的高权威度词汇的个数；D_i 表示第 i 个高权威度词汇的词频。微博文本中的高权威度的词汇越多、词频越低时，微博文本的信息量越大，权威度越高，当微博文本中不包括高权威度的词汇时，其贡献的信息量少，权威度为 0。

微博高权威度词汇分为 7 类，如表 7-7 所示。

表 7-7　微博高权威词汇列表

标签	条件	示例	类别描述
nh	无	婷婷	人名
ni	无	保险公司	机构名
nl	无	城郊	地点
ns	无	上海	地理位置
nt	无	4 月	时间
nz	无	百度	其他专有名词
ws	以 http 开头	httptcnzQovOe8	外国词汇

微博文本按照信息量可划分为高影响力文本和低影响力文本。信息量越高的文本对话题的传播甚至走向越有意义，越能对用户产生较大的影响力，影响用户

的态度和行为。如表 7-8 所示，文本 1 和文本 2 是单纯的形式化口语表达，是低影响力文本；而文本 3 列举更多的信息作为证据，更容易对其他用户产生较大的影响力，从而扩大话题的影响力。

表 7-8　微博文本影响力分类示例

项目	文本 1	文本 2	文本 3
微博文本	不会吧，真的假的？	谣言吧这是	拿 2008 年的事来炒作？ 自己看看当事人的博客，早就解决了好吗
文本影响力	低影响力	低影响力	高影响力

（3）微博影响力：微博影响力定义为

$$\text{Influ}_{\text{topic}} = \sum_{i=j}^{n} \text{Influ}_{\text{user}} + \text{Influ}_{\text{text}} \tag{7-48}$$

其中，n 表示微博事件中所有微博的数量；$\text{Influ}_{\text{user}}$ 表示微博 R_j 的用户影响力；$\text{Influ}_{\text{text}}$ 表示微博 R_j 的文本影响力。

7.4.5　微博谣言检测模型

1. 微博相关概念

1）微博谣言

发布于微博平台可经证实的虚假内容。

2）根微博

根微博（Initial tweet，I），用户的原创微博，用 $I=\{u,\text{text},t\}$表示。其中，u 表示用户信息；text 表示微博文本信息；t 表示发布时间。

3）转发微博

转发微博（Retweet，R），转发根微博而产生的微博，用 $R=\{u,\text{text},t\}$表示。

4）微博事件

微博事件（Event，E），根微博和所有在此根微博下的转发微博共同构成一个事件。微博事件 $E=\{I, R_1,R_2,R_3,\cdots,R_j,\cdots,R_n\}$，其中，$I$ 表示根微博；R_j 表示第 j 个转发微博。

如图 7-26 所示的微博转发关系中，用户 A 发布的微博 I 为根微博；用户 B、C、D 的微博 R_1,R_2,R_3 均为转发微博，而四位用户的所有微博构成了一个微博事件 $E=\{I, R_1,R_2,R_3\}$。

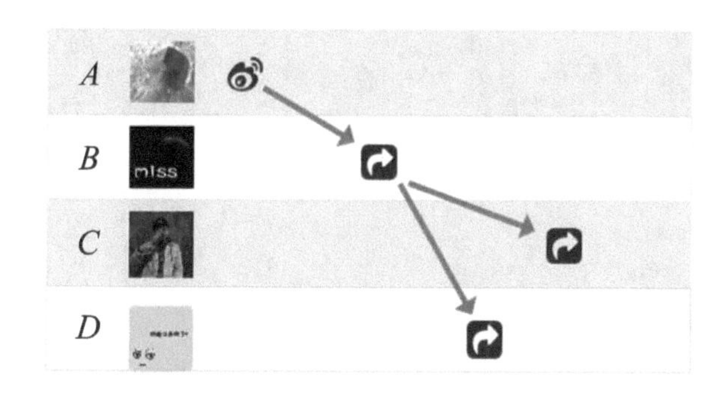

图 7-26　微博转发关系图

2. 立场相关概念

1）立场

转发微博对根微博真实性所持的态度。在本节中，转发微博的立场分为支持立场、反对立场和质疑立场三种。

2）反对立场

转发微博中对根微博的真实性、科学性、合理性进行反驳的用户立场为反对立场。对根微博内容是否道德等不涉及真假的反对意见则不划分为反对立场。

3）质疑立场

转发微博中对根微博的真实性、科学性、合理性表示出怀疑态度的用户立场为质疑立场。

4）支持立场

对根微博真实性不存在怀疑和反对态度的立场即为支持立场。通常，立场分类任务会将立场分为支持、评论、质疑和反对四种立场，其中评论为中性立场，不带有偏向性。但是因为微博平台的特异性，支持和评论立场非常接近，很难进行明确的划分，故将较为中性的评论立场看作一种对根微博真实性进行了默认的支持立场。

如图 7-27 所示。根微博 I 得到了广泛的转发。根微博不具有立场。转发微博 R_1 未表现出明显的质疑和反对，故将其视为默认的支持立场。转发微博 R_2 虽然对根微博的言论进行了反对，但并非反对其真实性，故仍将其划分为支持微博。转发微博 R_3 为质疑立场。转发微博 R_4 和 R_5 为反对立场。

3. 转发微博立场挖掘模型

根微博和转发微博之间密切相关，语义上互为上下文。通过加入根微博信息，可以有效地增加信息量，解决口语化、宽领域和无主题目标先验信息带来的语义

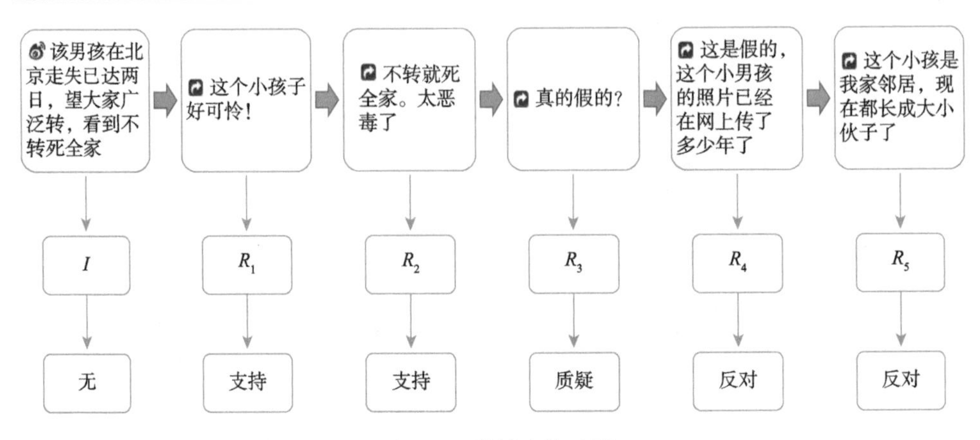

图 7-27　微博事件示例

不清的问题。本节提出了一种转发微博的分层立场挖掘模型（hierarchical stance mining model，HSMM），有效地应用到了根微博和转发微博的信息，提高了转发微博 HSMM 的性能。

如图 7-28 所示，转发微博 HSMM 第一层为根微博编码层，第二层为转发微博编码层，第三层为输出层。转发微博编码层和根微博编码层输入均为词级别的词向量，微博文本最后一个词的输出作为微博的向量表示。首先，通过 GRU 神经网络进行根微博文本的编码；其次，将根微博的编码输出作为转发微博层的初始状态输入转发微博编码层，实现根微博和转发微博的信息交互，训练获得转发微博 RI-vector 向量表示；最后，将 RI-vector 输入 softmax 层输出分类结果。

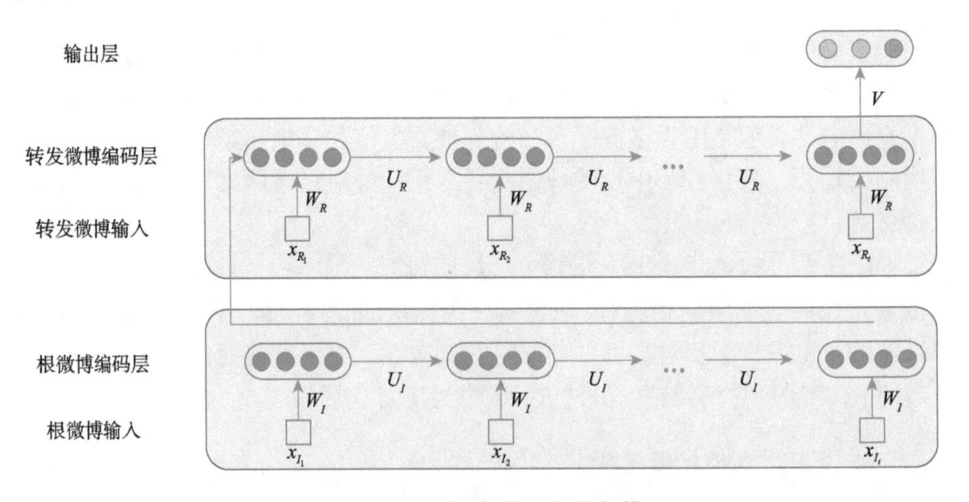

图 7-28　分层转发微博立场挖掘模型

式（7-49）为根微博层 GRU 网络计算公式，式（7-50）为转发微博层 GRU 网络计算公式。其中，z_t^1 和 z_t^2 分别表示根微博编码层和转发微博编码层的更新门；r_t^1 和 r_t^2 表示重置门，决定如何将新的输入与之前的记忆相结合；$\tilde{h}_t^1$ 和 $\tilde{h}_t^2$ 表示候选激活状态；h_t^1 和 h_t^2 表示激活状态；W_*^1、W_*^2、U_*^1 和 U_*^2 表示同层 GRU 结构共享的参数。

$$
\begin{aligned}
z_t^1 &= \sigma\left(W_z^1 x_t^1 + U_z^2 h_{t-1}^1\right) \\
r_t^1 &= \sigma\left(W_t^1 x_t^1 + U_t^1 h_{t-1}^1\right) \\
\tilde{h}_t^1 &= \tanh\left(W_h^1 x_t^1 + U_h^1\left(r_t^1 h_{t-1}^1\right)\right)
\end{aligned}
\tag{7-49}
$$

$$
\begin{aligned}
z_t^2 &= \sigma\left(W_z^2 x_t^2 + U_z^2 h_{t-1}^2\right) \\
r_t^2 &= \sigma\left(W_t^2 x_t^2 + U_t^2 h_{t-1}^2\right) \\
\tilde{h}_t^2 &= \tanh\left(W_h^2 x_t^2 + U_h^2\left(r_t^2 h_{t-1}^2\right)\right) \\
h_t^1 &= \left(1 - z_t^2\right) h_{t-1}^2 + z_t^2 \tilde{h}_t^2
\end{aligned}
\tag{7-50}
$$

输出层根据式（7-51）进行预测，其中，y 表示输出的预测向量；V_T^2 表示输出层权重；b^2 表示偏置项。

$$
y = \text{softmax}\left(V_T^2 + b^2\right) \tag{7-51}
$$

4. 谣言检测模型

如表 7-9 所示，谣言监测特征集包含文本特征、用户特征、传播特征和立场特征四类特征。其中微博影响力和微博流行度度量分散在文本特征、用户特征和传播特征之中。

表 7-9　谣言监测特征集

项目	特征类别			
	文本特征	传播特征	立场特征	用户特征
特征名称	平均文本长度	平均微博评论数	反对微博百分比	用户平均粉丝数
	微博事件平均情感值	传播力	质疑微博百分比	用户平均朋友数
	带有 URL 链接微博百分比	感染力	反对微博权威度	用户平均历史微博数
	—	微博转发网深度	微博平均质疑度	认证用户百分比
	—	—	—	女用户百分比

1）文本特征

（1）平均文本长度平均文本。长度为处理掉多余的字符和表情符号后，微博的平均汉字量。如图 7-29（a）所示，大部分微博文本都相对较短，谣言具有较强的争议性和煽动性，促使用户倾向发布更长的微博表达观点。

（2）带有 URL 链接微博百分比。带有 URL 链接微博百分比为带有 URL 链接的微博占全部微博的比例。如图 7-29（c）所示，谣言微博具有更多的 URL 链接。

（3）微博事件平均情感值。如图 7-29（b）所示，微博谣言具有一定的情感特征，大部分谣言都是针对公众猎奇、焦虑、恐惧、担忧等心理进行炮制，文本中包含较多量的夸张叙述和煽动性语言，绝大部分为负面新闻。由此产生的转发微博行为也倾向表达负面的情感。

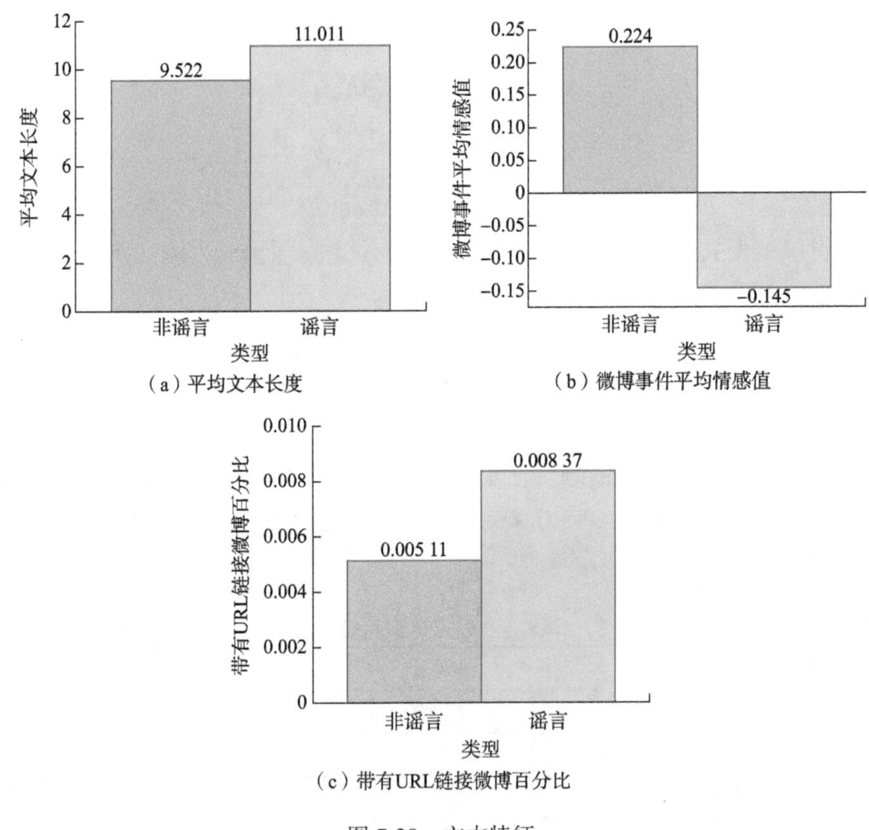

（a）平均文本长度

（b）微博事件平均情感值

（c）带有URL链接微博百分比

图 7-29　文本特征

为实现微博文本情感挖掘，首先对 HowNet 中文情感词库进行了情感正负值标注，构建情感词库。针对微博文本词汇存在口语化、短时效的问题，同时对常用的 846 个微博表情进行了情感正负值标注，构建了情感表情库。标注方法参考心理学统计中的利克特量表，五等分得分标注是具有较高准确度的量表形式。情感正负得分标注方法为[−2，−1，0，1，2]五等分标注，分别代表[负、较负、中性、较正、正]。根据情感词库和情感表情库，微博事件 $E=\{I,R_1,R_2,R_3,\cdots,R_j,\cdots,R_n\}$ 的情感值定义为

$$\text{Score}_{\text{sent}}=\frac{1}{n}\sum\nolimits_{j=1}^{n}\sum\nolimits_{p,q=0}^{P,Q}\text{SW}_{jp}+\text{SE}_{jq} \tag{7-52}$$

其中，n 表示微博事件中所有微博的数量；SW_{jp} 表示 R_j 中的第 p 个情感词情感值；SE_{jq} 表示 R_j 中的第 q 个表情情感值。

2）用户特征

（1）用户平均粉丝数。用户平均粉丝数定义为

$$\text{num}_{\text{follower-ave}}=\frac{1}{n}\sum\nolimits_{j=1}^{n}\text{follower}_j \tag{7-53}$$

其中，n 表示微博事件中所有微博的数量；follower_j 表示微博 R_j 发布用户的粉丝数量。具有大量粉丝的核心用户更少参与谣言传播的过程，导致谣言传播用户的平均粉丝数量较低。同时微博网络符合幂律分布，部分微博用户具有极多的粉丝数目，从而在用户平均粉丝数目上极大地拉高了平均值。

（2）用户平均朋友数用户。用户平均朋友数用户定义为

$$\text{num}_{\text{friend-ave}}=\frac{1}{n}\sum\nolimits_{j=1}^{n}\text{friend}_j \tag{7-54}$$

其中，n 表示微博事件中所有微博的数量；friend_j 表示微博 R_j 发布用户的朋友数量。当前用户与其他用户互相关注时，则定义二人为朋友关系。谣言传播过程中，谣言传播者表现出较高的平均朋友数目和较低的粉丝数目，表示谣言传播者更倾向是在社交平台上导入较多现实社交关系，同时拥有较少粉丝的普通用户。

（3）女性用户百分比。性别特征是重要的谣言监测特征，谣言传播过程中女性的比例会相对较低。

（4）用户平均历史微博数。用户平均历史微博数定义为

$$\text{num}_{\text{post-ave}}=\frac{1}{n}\sum\nolimits_{j=1}^{n}\text{post}_j \tag{7-55}$$

其中，n 表示微博事件中所有微博的数量；post_j 表示微博 R_j 发布用户的历史微博数。谣言传播用户通常更加活跃，拥有更大的历史微博数目。

（5）认证用户百分比。如表 7-10 所示，微博平台对用户身份进行了区分认证，具有身份认证的微博通常为名人微博或组织官方微博。名人和各类组织官方微博较少会参与到谣言的传播过程中去，这是谣言判别的重要特征，如图 7-30 所示。

表 7-10　微博认证用户

数据类别	用户类型							
	名人	政府	企业	媒体	校园	网站	应用	机构
谣言	5.42	1.87	0.821	0.662	0.457	0.138	0.005 65	0.043 2
非谣言	3.88	0.067 2	0.365	0.072 5	0.016 6	0.076 8	0.000 731	0.017 2

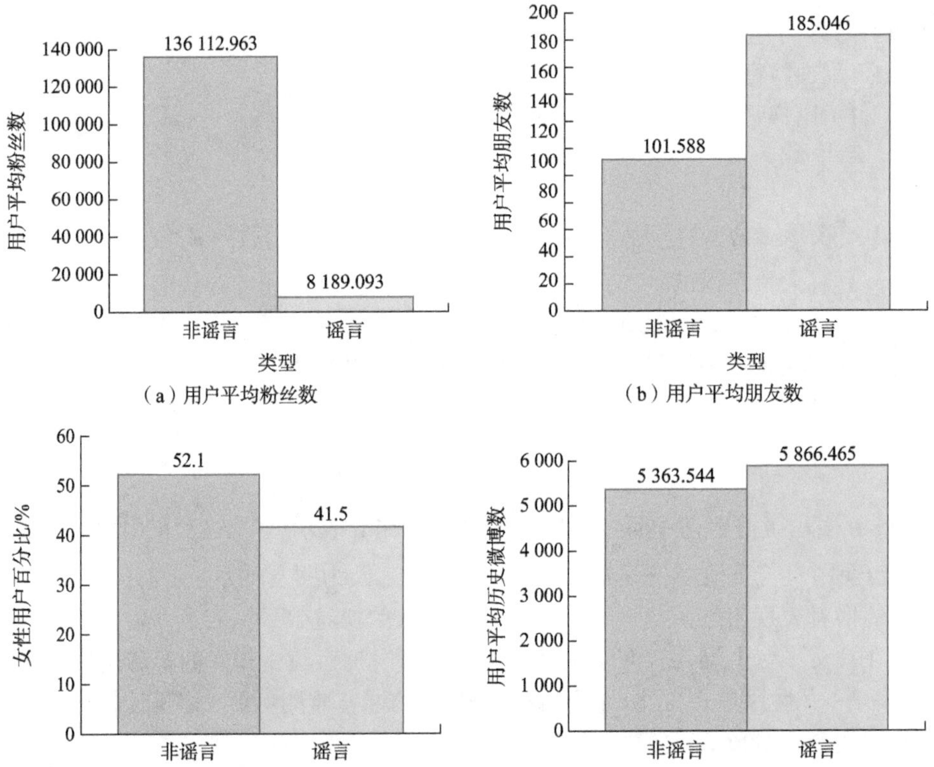

140 000
120 000
100 000
80 000
60 000
40 000
20 000
0
用户平均粉丝数
136 112.963
8 189.093
非谣言
谣言
类型

（a）用户平均粉丝数

200
180
160
140
120
100
80
60
40
20
0
用户平均朋友数
101.588
185.046
非谣言
谣言
类型

（b）用户平均朋友数

60
50
40
30
20
10
0
女性用户百分比/%
52.1
41.5
非谣言
谣言
类型

（c）女性用户百分比

6 000
5 000
4 000
3 000
2 000
1 000
0
用户平均历史微博数
5 363.544
5 866.465
非谣言
谣言
类型

（d）用户平均历史微博数

图 7-30　用户特征

3）传播特征

（1）平均微博评论数。平均微博评论数定义为

$$\mathrm{num}_{\text{com-ave}} = \frac{1}{n}\sum_{j=1}^{n}\mathrm{comment}_{j} \tag{7-56}$$

其中，n 表示微博事件中所有微博的数量；$\mathrm{comment}_j$ 表示微博 R_j 的评论数。谣言具有较强的争议性和煽动性，促使用户更多地留言抒发质疑、反对、恐惧等情绪，使谣言传播过程中具有较高的平均微博评论数。

（2）传播力。不同微博能够激发用户不同强度的传播意愿，用户传播意愿越强，该微博具有越强的传播能力。传播力定义如下：

$$D=\frac{1}{n}\sum\nolimits_{j=1}^{n}\text{exist}_{\text{atj}}+\frac{1}{n}\sum\nolimits_{j=1}^{n}n_{\text{atj}} \tag{7-57}$$

其中，n 表示微博事件中所有微博的数量，若微博 R_j 主动@其他用户，则 $\text{exist}_{\text{atj}}$ 为 1，否则为 0；n_{atj} 表示微博 R_j @其他用户的数量。式（7-57）第一项用来表征所有用户中具有传播意愿的用户比例，第二项用来表征用户传播意愿的强弱程度。二者共同表征了微博的传播能力。

（3）话题感染力。微博话题感染力（$\text{Diff}_{\text{infect}}$）是指微博话题传播过程中激发用户传播欲望的能力。微博话题感染力计算公式如下：

$$\text{Diff}_{\text{infect}}=\frac{\sum\nolimits_{j=1}^{n}m_j}{\sum\nolimits_{j=1}^{n}n_{\text{atj}}}+\frac{\sum\nolimits_{j=1}^{n}m_j}{n-1} \tag{7-58}$$

其中，n_{atj} 表示微博 R_j @其他用户的数量。转发概率计算公式第一项表征了被@用户转发其微博的概率，第二项表征了所有转发用户中通过@方式被提及进而转发的用户比例，二者共同表征了话题传播过程中激发用户传播欲望的能力。

微博中存在部分用户恶意炮制谣言，博取关注度的现象。为了达到广泛传播的目的，此类用户会在微博发布之初@大量用户作为其传播的种子节点，同时也会使用多种策略鼓励用户大量@自己的朋友，从而依靠用户关系网达到进一步传播裂变的目的。所以感染力具有有效的谣言监测特征。微博事件的感染力越强，证明微博越依赖转发用户关系网，同时微博越具有话题性和煽动性。

（4）微博转发网深度。如图 7-31 所示，微博转发网是根据微博实际转发关系构建的网络，是识别谣言的重要特征。真实微博常具有“广播”的特点，故其转发网常以星形网为模板形变产生，具有较小的深度，而谣言通常更加依赖人际关系网，所以更倾向于树形网，具有较大的深度。

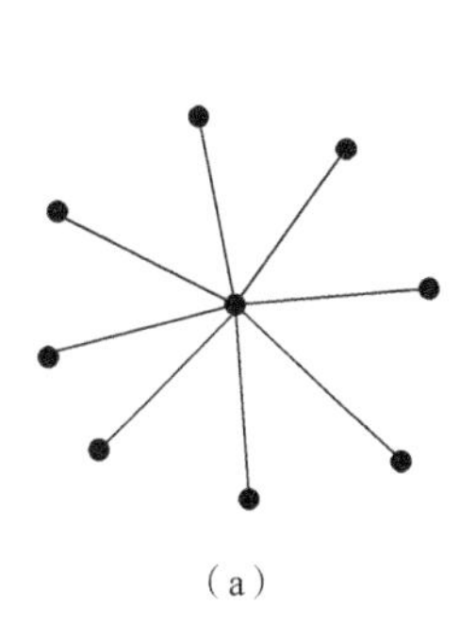
（a）

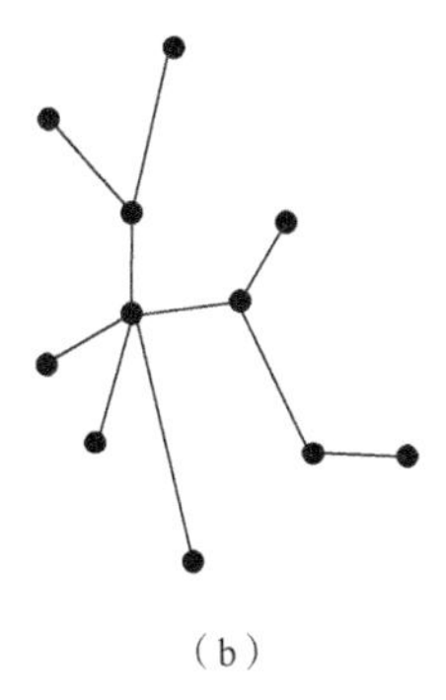
（b）

图 7-31　微博转发网

本章所使用数据的平均微博评论数、传播力、感染力和转发树深度如图 7-32 所示。

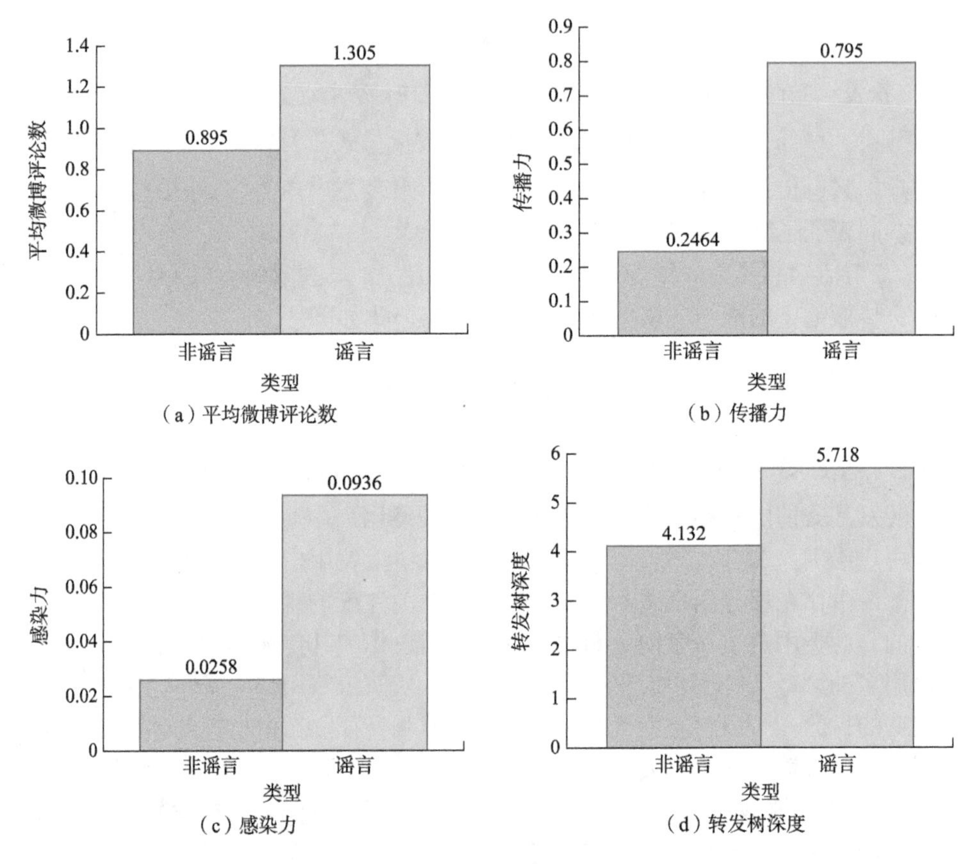

（a）平均微博评论数　（b）传播力

（c）感染力　（d）转发树深度

图 7-32　传播特征

4）立场特征

（1）反对微博百分比。反对微博百分比定义为

$$\mathrm{per}_{\mathrm{deny}}=\frac{1}{n}\sum\nolimits_{j=1}^{n}\mathrm{deny}_j \tag{7-59}$$

其中，n 表示微博事件中所有微博的数量；若微博 R_j 表示反对立场微博，则 deny_j 为 1，否则为 0。如图 7-33（a）所示，谣言事件中包含更多的反对用户立场。

（2）质疑微博百分比。质疑微博百分比定义为

$$\mathrm{per}_{\mathrm{query}}=\frac{1}{n}\sum\nolimits_{j=1}^{n}\mathrm{query}_j \tag{7-60}$$

其中，n 表示微博事件中所有微博的数量；若微博 R_j 表示质疑立场微博，则 query_j 为 1，否则为 0。如图 7-33（b）所示，谣言事件中包含更多的质疑用户立场。

（3）反对微博权威度。本书定义微博权威度，用来衡量微博的可信程度。微博权威度定义为

$$\mathrm{Ascore}_j = \mathrm{Ascore}_{\mathrm{text}j} + \mathrm{Ascore}_{uj} \tag{7-61}$$

其中，$\mathrm{Ascore}_{\mathrm{text}j}$ 表示第 j 条微博的文本权威度；Ascore_{uj} 表示该条微博发布用户的用户权威度。反对微博权威度越高，则该条微博越可信，则反对微博所在事件越可能为谣言。

（4）微博平均质疑值。微博平均质疑值定义为

$$\mathrm{Score}_{\mathrm{con}} = \frac{1}{n}\sum\nolimits_{j=1}^{n}\sum\nolimits_{q=0}^{Q}\mathrm{SE}_{jq} \tag{7-62}$$

其中，n 表示微博事件中所有微博的数量；SE_{jq} 表示 R_j 中第 k 个质疑表情的质疑值。微博谣言更容易激发用户的质疑立场，从而使谣言事件中的微博具有更高的质疑值。

如图 7-33（c）所示，本章对 846 个微博表情进行了质疑值标注，构建了质疑表情库。质疑表情库的生成方法同情感表情库的生成方法相似，三等分打分[0，1，2]分别代表[不质疑，比较质疑，非常质疑]。

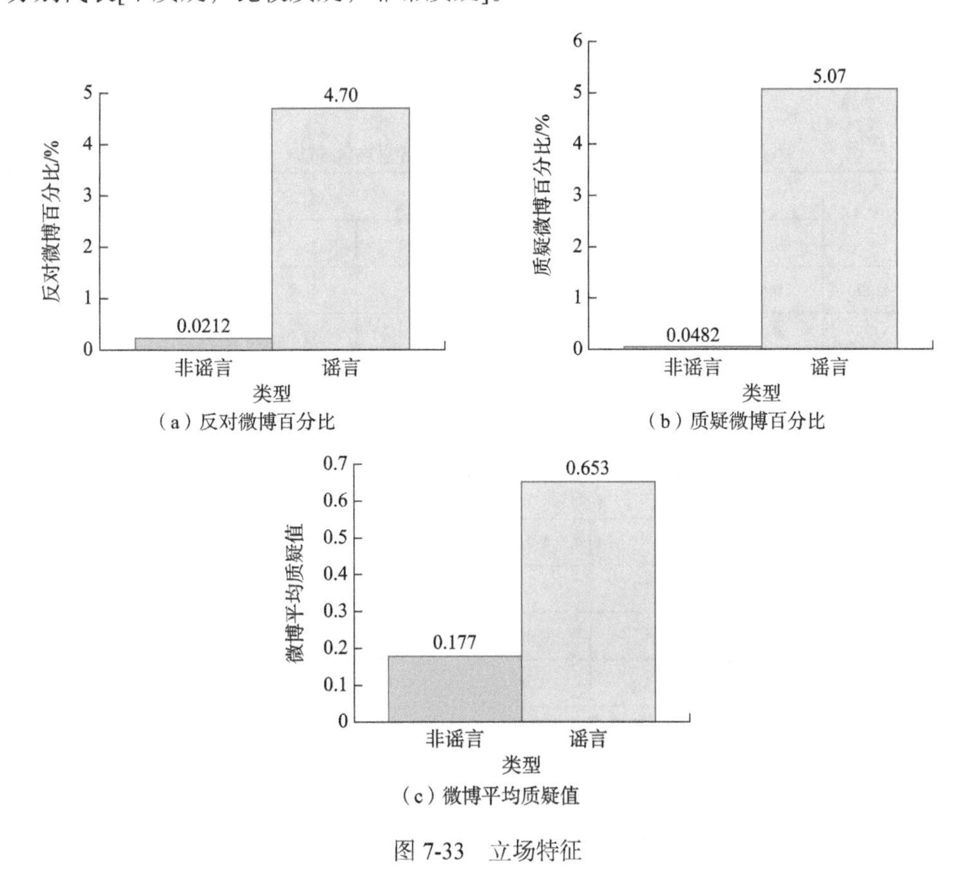

（a）反对微博百分比

（b）质疑微博百分比

（c）微博平均质疑值

图 7-33　立场特征

7.4.6　模型验证

1. 微博立场挖掘实验

HSMM 在异事件反对立场挖掘中具有更优良的性能。真实事件中的三种立场微博数量是极不平衡的，支持立场微博的数量常是反对和质疑立场微博数量的几十倍，所以支持立场微博极小概率的错分就会极大地降低反对立场的准确率和召回率，不利于后续的谣言监测。HSMM 模型通过引入根微博信息，为转发微博增加上文信息，较好地解决了训练集和测试集话题不同的问题，提高了反对立场的准确率和召回率。但是，HSMM 模型在质疑立场的挖掘上略为逊色，原因是用户在微博平台表达质疑立场时具有较为统一和固定的语法形式，“真的假的”“不会吧”等短语为大多数质疑微博所共有，与话题关系不强。所以基于 CNN 的方法相比，RNN 在质疑立场挖掘方面具有更优的性能。相比质疑立场微博，反对立场微博具有更强的指示性，所以在保证质疑立场挖掘效果的前提下，HSMM 模型有效地提高了反对立场挖掘性能，为后续谣言监测提供了便利，如表 7-11 和表 7-12 所示。

表 7-11　同事件立场挖掘模型性能对比

模型	准确率			召回率			*F*1 值
	支持	反对	质疑	支持	反对	质疑	
CNN-static	0.88	0.88	0.95	0.89	0.87	0.95	0.90
IKM	0.90	0.88	0.96	0.90	0.89	0.96	0.91
HSMM	0.85	0.88	0.93	0.90	0.83	0.93	0.89

表 7-12　异事件立场挖掘模型性能对比

模型	准确率			召回率			*F*1 值
	支持	反对	质疑	支持	反对	质疑	
CNN-static	0.99	0.12	0.64	0.84	0.67	0.96	0.88
IKM	0.99	0.13	0.60	0.84	0.69	0.98	0.88
HSMM	0.99	0.19	0.56	0.89	0.77	0.94	0.88

2. 微博谣言监测实验

如表 7-13 所示，在谣言监测任务中，和其他模型相比，本书提出的基于立场挖掘模型谣言检测方法在精确度和 *F*1 值上都具有明显优势，与不含立场信息的

SVM-CSD 模型相比，拥有立场信息的 SVM-CSD 模型具有更好的谣言监测性能。

表 7-13　微博谣言检测模型性能

模型	类别	准确率	精确率	召回率	$F1$ 值
SVM-TS	R	0.849	0.839	0.885	0.861
	N		0.878	0.830	0.857
DT-Rank	R	0.731	0.738	0.712	0.726
	N		0.726	0.747	0.737
GRU-2	R	0.910	0.876	0.956	0.913
	N		0.952	0.864	0.903
RFC	R	0.849	0.786	0.959	0.864
	N		0.947	0.739	0.830
SVM-CSD	R	0.875	0.849	0.909	0.878
	N		0.904	0.841	0.872
SMBM	R	0.923	0.914	0.933	0.923
	N		0.932	0.913	0.923

为了更好地控制谣言带来的危害，谣言的早期监测具有重要价值。给定一个时间节点，只有先于该时间节点的微博才是已发布的可获取数据。谣言早期检测实验结果如图 7-34 所示。

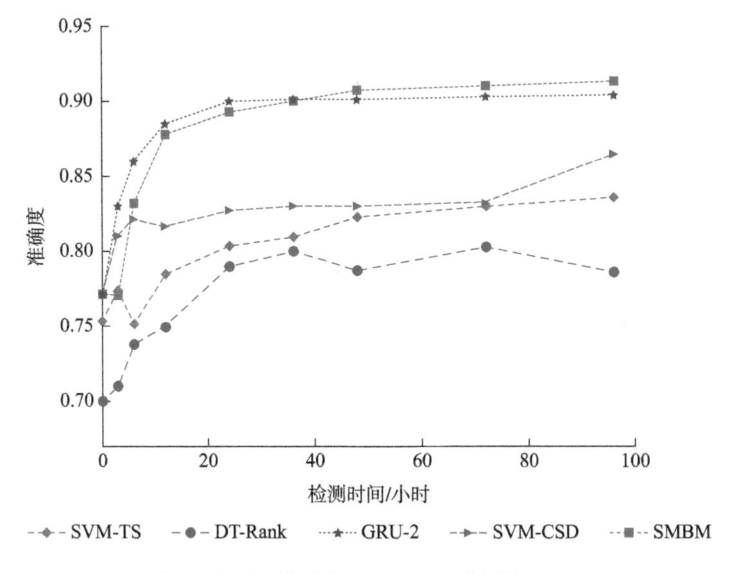

图 7-34　微博谣言检测模型早期检测性能

随着时间节点的增长，可获取信息的增多，各个模型的准确度总体都在上升，大部分在 48 小时以后达到平稳。SVM-TS 模型重点关注特征的时序变化，所以在时间节点较晚的 80 小时以后显示出了较高的准确度性能。同时关注立场信息的 SMBM 也在 36 小时以后逐渐显示出了性能的优势。SMBM 在微博平均辟谣时间以前即达到了将近 90%的精确率，拥有良好的谣言早期监测性能。

7.4.7 研究意义

微博平台作为社交平台，允许用户在线发布和传播信息，具有广泛的用户参与性。随着互联网的快速发展，微博平台成为社会生活中重要的信息源。截至 2018 年 3 月，新浪微博月活跃用户数量已突破 4 亿人，一旦有谣言在微博平台传播，其影响范围巨大。本节通过识别微博传播过程中不同微博的立场信息进行了微博谣言检测模型的构建，同时研究了针对微博流行度和影响力的度量。微博流行度和影响力既是微博谣言的重要监测特征，同时也是后期谣言控制的重要依据。识别谣言进而进行谣言流行度和影响力的度量，为政府进行微博平台的谣言控制奠定了基础。

7.5 意见领袖发现

意见领袖主要是指在特定领域内具有较大影响力的用户。在识别时，首先要进行领域的区分，按照国家公共安全的多个领域，如食品安全、公共卫生、自然灾害等，意见领袖的识别应限定在特定的一个或多个领域内。同时，用户在互联网上的影响力具有一定的影响范围，尤其是社交网络呈现出一定的社区化特点，网络的部分用户连接紧密构成一个个社团。除了部分传播能力极强的信息可以穿过社团间的壁垒覆盖全网，大部分弱传播力的信息只会在社团内部传播。例如，相比于年轻人，老年人社团更乐于传播与养生相关的信息，这显示了信息在社团内部传播的特点，老年人社团中的“养生达人”并不一定是在全网中影响力最大的意见领袖。因此在识别意见领袖之前，对规模巨大的网络进行社团的划分是有效的意见领袖发现策略，即在社团传播网络上使用网络分析法，得到用户在社团内的影响力，进行意见领袖用户的识别。所以建立社群网络并进行社团发现是重要的前期工作。

本节内容从社团发现、社团发现并行处理算法和影响力评估三个方面对意见领袖发现问题进行了建模。社团发现用于界定意见领袖的发现范围和影响范围，社团发现并行处理算法用于提高社团发现算法的性能，影响力评估则用于意见领袖的发现方面。

7.5.1　复杂网络的社团发现

1. 问题与挑战

网络是可以对多个领域的复杂系统进行建模的基本工具。此外，社区检测是一项重要任务，旨在仅从给定的网络中识别密集连接节点的集群（Fortunato, 2010）。绝大多数算法优化了测量社区连边密度的目标函数，如电导率或模块性。社区检测的大多数方法都是全局的，并且设法将网络的所有节点分配给社区。局部社区检测也称为目标或种子社区检测，是该问题的特殊情况，需要以节点种子集的形式进行社区检测的附加输入。局部社团检测的主要思想是在没有探索整个网络的情况下识别种子集附近的单个社区，这使得局部社区检测方法比传统的全局社区检测方法快得多。

使用导电率作为社区质量度量的局部方法的理论和算法已经得到了很好的研究。但是，导电率仅针对简单的无向网络定义。当前的社区质量度量只是考虑了连边，而没有考虑这些连边的连接形成的网络子结构，这些网络子结构被称为网络 motif（高阶链接模式）。这种网络 motif 对于揭示控制和影响许多复杂系统行为的基本结构至关重要，如生物网络（Milo et al.，2002）、转录调控网络、社交网络（Holland and Leinhardt，1970）、大脑连通网络（Honey et al.，2007）和交通网络（Rosvall et al.，2014）。网络 motif 在网络中比在随机网络中出现得更频繁。高阶组织形式是能够揭示控制或影响复杂系统行为的基础结构。网络的 motif 是网络中广泛存在的高阶连接模式，也被认为是复杂系统的基础元素。图 7-35 列出了有向图中三个节点的所有 motif，其中已经证实 M_5 在转录调控网络（transcriptional regulation networks，TRN）中是一种能够很好理解网络运行机制的 motif；社交网络中包含了很多三角形 motif，如图 7-35 中的 M_1~M_7。开放双向楔在大脑网络中是描述结构上的 HUB 节点的关键 motif。而两跳路径的 motif（M_8~ M_{13}）对于理解航运网络中的拥堵模式也是非常关键的。

已有研究成果表明涉及多个节点的高阶链路模式可以提高对底层网络结构的理解。然而，大多数现有的局部社区检测方法只在节点和连边的个体层面上检测局部社区，而没有考虑这些连边如何在网络中连接。Benson 等（2016）提出一个使用高阶网络结构的社团检测框架，以获得对复杂系统组织的新见解，但目前局部社区检测方法考虑了基于高阶网络结构较少。

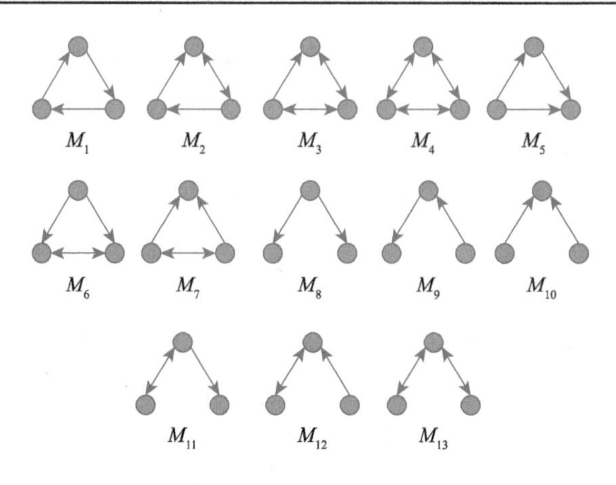

图 7-35　网络 motifs

在许多网络中，研究者通常希望从样例种子中识别出用户感兴趣的社区成员，而且，社区成员之间的特定交互模式可以通过网络 motif 建模。例如，在新浪微博好友网络中发现社区，而且社区中的成员是彼此的好友。

本节中提出了一种基于网络 motif 的新型局部社区检测方法，称为 LCD-motif。首先，该方法从原始网络生成 motif 邻接矩阵。其次，考虑在 motif 邻接矩阵上利用短随机游走生成低维向量空间，并将其用作近似不变子空间，称之为局部 motif 谱。与传统的谱聚类方法相比，局部 motif 谱方法不需要烦琐的大量奇异向量的计算。具体地说，通过在局部 motif 谱的范围内寻找稀疏的近似指示矢量来挖掘社区，使得种子在其支持向量中可以通过解决惩罚的线性规划问题实现。

2. 研究对象

1）人工网络

LFR（lancichinetti fortunato radichi）基准网络已被广泛用于检查社区检测算法的性能。LFR 生成的网络带有社团标签。LFR 可以通过调整不同的参数来生成具有不同拓扑特征的网络，包括网络大小 n，平均度 k，最大度 $k_{\max}$，最小和最大社区大小$|C|_{\min}$ 和$|C|_{\max}$，混合参数 μ 。在这些参数中，混合参数 μ 是最重要的参数，它是控制每个节点与其他社团相连比例的参数。通常，μ 变大会导致性能降低。为了评估方法的有效性，生成 8 个网络，其 μ 值分别为 0.1~0.8。具体参数如表 7-14 所示。

表 7-14　LFR 数据集参数

参数	描述	值
n	网络规模	2000
μ	混合参数	0.1~0.8
k	平均度	10
k_{max}	最大度	50
$\|C\|_{min}$	最小社团规模	20
$\|C\|_{max}$	最大社团规模	50

2）真实网络

收集包括来自 SNAP（Stanford network analysis project，斯坦福网络分析项目）和 Uri AlonLab 的五个数据集。表 7-15 总结了数据集的统计信息。这些数据集涵盖了网络应用的各个领域，包括食物链网络（Florida Bay）、生物网络（E.Coli）、引文网络（HepPh）、社交网络（Slashdot）和万维网网络（WebStanford）。在 Florida Bay 食物链网络中，每个节点代表一个物种，每条边代表从一个物种到另一个物种的定向碳交换（在许多情况下，这意味着物种 j 吃物种 i），根据其生态分类标记每个节点。在 E.Coli 转录网络中，每个节点代表操纵子，并且每条边从编码转录因子的操纵子指向其直接调节的操纵子。每个节点都根据其特定功能进行标记。HepPh 引文网络源自 arXiv，每个节点代表一篇学术论文，每条边代表从后一篇论文引用早期论文。在 Slashdot 社交网络中，每个节点代表用户，每条边代表两个用户之间的友情。在 WebStanford WWW 网络中，每个节点表示万维网络中的页面，并且有向边表示从源页面到目标页面的超链接。

表 7-15　数据集

领域	数据集	节点数	边数	聚集系数	是否带有社团真实值
食物链网络	Florida Bay	128	2 106	0.334 6	是
生物网络	E.Coli	418	519	0.086 5	是
引文网络	HepPh	34 546	421 578	0.284 8	否
社交网络	Slashdot	77 360	905 468	0.055 5	否
万维网网络	WebStanford	281 903	2 312 497	0.597 6	否

3. 社团发现模型

给定有向网络 $G=(V, E)$，目标社区 C 中的 motif M 和种子集 S，其中$|C|$远小于$|V|$和$|S|$，任务是从 G 中发现包含种子集合 S 的社团 C，而社团 C 包含尽可能

地 motif M 并避免分割 M 的实例。例如，检测包含种子节点 1 的局部社区，使其具有更多的 motif M_6 实例和更少的被分割的 motif M_6 实例。节点 1 参与两个社区，社区{0，1，2，3，4}和社区{1，5，6，7，8，9}。前社区包含 3 个 M_6 实例，{0，1，2}，{0，1，4}和{0，1，3}，并导致 1 个实例被分割，{1，5，6}。后者包含 3 个实例，{1，5，6}，{5，7，8}和{7，8，9}，并导致 3 个实例被分割，{0，1，2}，{0，14}和{0，1，3}。将节点{0，1，2，3，4}作为一个社区较好，因为切割的实例较少。一般来说，专注于解决如何准确找到包含给定种子节点集和给定 motif 的小社区的问题，如图 7-36 所示。

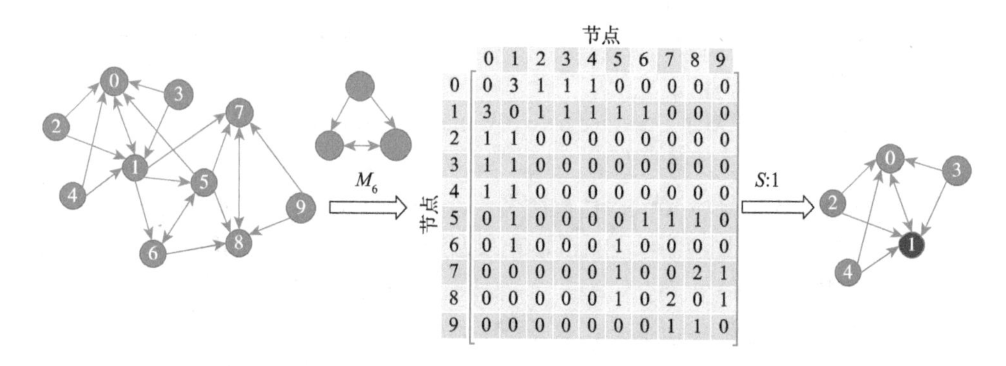

图 7-36　基于 motif 的局部社团发现示意图

1）算法概述

基于网络 motif 的谱聚类利用了与网络中的社区数量成比例的少量奇异向量来发现社团。如果一个网络有很多小社区，那么计算一个大于社区数量的奇异向量是不切实际的。本节提出了一种新的方法，可以避免大量烦琐的奇异向量计算的问题。

在 motif 谱聚类方法中，该作者发现了具有 n 个节点的网络 G 的 motif 拉普拉斯矩阵的前几个奇异向量。假设获得第一个 d 维奇异向量，可以形成 $n\times d$ 矩阵作为潜在空间。首先，每个节点与该潜在空间中的点相关联，其坐标由矩阵的相应行的条目确定。其次，使用一些聚类方法（如 K-means）对节点进行聚类。如果社区很小，这种方法可能不会很好。

本节对 motif 谱聚类方法做了两个根本性的改变。第一个改进是克服计算奇异向量的缺点。直观地看，种子成员周围的节点更可能在目标社区中，因此短随机游走是揭示这些潜在成员的直观方法。从目标社区的一个或几个已知成员开始随机游走几步。随机游走步数应足够长，以便能达到目标社区中节点，但不能太长，不能覆盖整个网络。不考虑单个概率向量，而是考虑短随机游走后几个向量维度的跨度，并将其用作近似不变子空间（局部 motif 谱）。第二个改进是更改聚类方法，不是使用 K-means 将潜在空间中的点划分为不相交的聚类，而是在上面获得的不变子空间的范围内寻找最小的 0 范数向量，并使得种子成员在其支持向量中。希望找到与种子成员指向相同方向的不变子空间的节点，因为找到 0 范数向量是 NP 难问题，所以使用 1 范数向量作为最小 0 范数向量的替代。

给定种子集合 S 和 motif M 作为输入，算法输出包含种子集合 S 的局部社区 C，并且 C 中成员具有 motif M 刻画的特定连接模式。方法的整个过程在算法 1 中描述。

算法 1 LCD-motif 算法

输入：网络 $G=(V, E)$， motif 类型 M，种子节点集合 S，子空间维度 l，随机游走步数 k

输出：目标社团 C

while 没有找到具有局部最小 motif 导电率的社团 do

使用短随机游走生成包含种子集合 S 的子图 G_S

使用子图 G_S 和 motif 类型 M 生成 motif 邻接矩阵 W_M

根据式（7-65）计算局部 motif 谱

根据式（7-66）计算稀疏向量 $\hat{y}$

按非升序将稀疏向量 $\hat{y}$ 排序

While min<=i<=max do

在位置 i 截断排好序的向量 $\hat{y}$ 使得被截断元素对应的节点被包含在社团 C 中

计算社团 C 的 motif 导电率

选择第一个具有局部最小 motif 导电率的社团

end while

通过添加稀疏向量 $\hat{y}$ 前 t 个元素对应的节点来增强种子集，记为 S_0，t 按照步数 s 递增

将 S_0 赋值给 S 作为新的种子集合生成新的子图

end while

return C

步骤 1：生成 motif 邻接矩阵

给定网络 G 和 motif 类型 M，生成邻接矩阵 WM，其中元素（i，j）表示节点 i 和 j 共同出现在 motif M 实例的次数。

在生成 motif 邻接矩阵的过程中，应该考虑两类 motif：①三角形，如图 7-35 中的 M_1~M_7；②楔形，如图 7-35 中的 M_8~M_{13}。对于有向网络 G，可以使用以下算法生成三角形 motif 邻接矩阵：①通过去除 G 中所有边的方向形成新的网络

Gundir；②找到 Gundir 中的所有三角形；③对于 Gundir 中的每个三角形，检查它在 G 中的哪个有向三角形 motif。对于楔形 motif，可以查看每个节点的每对邻居以形成楔形 motif 邻接矩阵。

步骤 2：生成局部谱空间

设 $\bar{W}_M$ 表示网络的标准化 motif 邻接矩阵。定义为

$$\bar{W}_M = D^{-\frac{1}{2}}\left(W_M + I\right)D^{-\frac{1}{2}} \tag{7-63}$$

其中，D 表示对角矩阵。从种子集合 S 开始随机游走，设 p_0 表示初始概率向量，其中转移概率均匀地分布到种子成员上。l 维概率向量的跨度包含了连续 l 步随机游走的概率向量

$$P_{0,l} = \left[p_0, \bar{W}_M^1 p_0, \cdots, \bar{W}_M^l p_0\right] \tag{7-64}$$

通过计算跨度 $P_{0,l}$ 的正交基获得初始的不变子空间，记为 $U_{0,l}$。然后使用 k 步随机游走迭代地计算 l 维正交基 $U_{k,l}$

$$U_{k,l}R_{k,l} = U_{k-1,l}\bar{W}_M \tag{7-65}$$

其中 $R_{k,l} \in \mathbf{R}^{n\times l}$ 是为了保证 $U_{k,l}$ 是正交的。正交基 $U_{k,l}$ 被用作局部 motif 谱。具体的生成局部 motif 谱的算法见算法 2。

算法 2 局部 motif 谱

输入：子图 G_S，种子节点集合 S，子空间维度 l，随机游走步数 k

输出：局部 motif 谱 $U_{k,l}$

使用公式(1)计算标准化 motif 邻接矩阵 $\bar{W}_M$。

初始化 p_0 与 $U_{0,l} = \left[p_0, \bar{W}_M^1 p_0, \cdots, \bar{W}_M^l p_0\right]$

For i=1,2,…,k do

  $U_{i,l}R_{i,l} = U_{i-1,l}\bar{W}_M$ （通过 QR 分解获得 $R_{i,l} \in R^{n\times l}$ 以保证 $U_{i,l}$ 正交）

end for

return $U_{k,l}$

步骤 3：搜索稀疏向量

获得局部 motif 谱 $U_{k,l}$ 后，通过解决以下线性规划问题来发现包含种子节点 S 的社团 C。

$$\begin{aligned} &\min e^{\mathrm{T}} y = \|y\|_1 \\ &\text{s.t. } y = U_{k,l}x \\ &y \geqslant 0 \end{aligned} \tag{7-66}$$

$$y(S) \geqslant 1$$

其中，e 表示元素为 1 的向量；x 和 y 表示未知的向量。第一个限制条件表示 y 在子空间 $U_{k,l}$ 中，y 中的元素表示对应节点归属到社团的概率；第二个限制条件表示 y 值是非负的；第三个限制条件保证种子节点在稀疏向量 y 中，也就是种子节点属于目标社团。在获得向量 y 之后，y 中的元素以非升序排序得到向量 $\hat{y}$，对应于 $\hat{y}$ 中的前$|C|$个元素的节点作为包含种子集 S 的检测到的社区。

步骤 4：扩张种子集合

在扩展阶段，使用对应于向量 $\hat{y}$ 的元素的前 t 个节点作为扩充种子集，表示为 S_0。然后使用增强的种子集 S_0 重复步骤 2 和步骤 3。通过每次对种子节点集合增加 s 个节点，迭代地提升检测到的社区质量。定义 s 表示种子扩展的步长，可以用作调整收敛速度的可调参数。通常，较大的扩展步长会导致性能降低，但运行速度更快，迭代次数更少。在实验中，将种子扩展步长固定为 6。种子扩展的迭代次数由停止标准确定。

2）停止标准

如果数据的 ground truth 可用，则能保证上述算法在几次迭代内停止，因为一旦种子集的大小超过 ground truth 社区的大小，种子集将不再扩张。该算法将在迭代期间找到具有最高 $F1$ 分数的社区作为结果。然而，在实际情况中，社区 ground truth 不可用，很难停止扩张而检测“好”社区。解决如下问题可解决何时停止扩张问题：①如何在给定种子集 S 的情况下自动确定社区的大小；②何时在扩展阶段停止扩充种子集。

（1）确定社区大小。相关学者已经证明随机游走会产生具有导电率保证的社区。事实上，将无关节点包括在目标社区中将不可避免地增加导电率，找到低导电率社区可以确保找到的成员与已知种子集之间的接近程度。在过去的研究中，研究人员采用导电率作为种子扩展发现“好”社区的度量。小社区的局部导电率包含有价值的信息，可以用作局部社区检测方法的停止标准，这些方法处于个体节点和连边的层次。使用 motif 导电率作为停止标准。

假设已经粗略估计网络中社区大小的下限和上限，分别用 min 和 max 表示。在步骤 3 中，在获得排序后的向量 $\hat{y}$ 之后，在 y_g 处截断经排序的向量，使得对应于不小于 y_g 的元素的所有节点都包括在检测到的社区中。为了找到 y_g 的最佳位置，将 A_i 表示为对应于 $\hat{y}$ 中的前 i 个元素的节点集。然后将这些组从最小值扫描到最大值，并计算每组的相应 motif 导电率。在实践中，关于不同大小的 motif 导电率的值通常会以非单调模式改变，该模式先降低然后增加。采用在该曲线上找到的第一相对最小 motif 导电率作为关于种子集 S 的社区的估计大小，用 $\phi_S^{\min}$ 表示。

（2）停止扩张过程。当通过在步骤 4 中扩展来增加种子集时，不同的种子集将导致不同的稀疏向量，从而可能导致不同的社区。实际上，在扩展过程中，其中一个种子集将找到最好的社区，所以何时停止扩展过程是确定的。可以用与确定社区规模类似的方式解决。实际上，在扩张期间跟踪不同种子集的 $\phi_S^{\min}$ 值，并在 $\phi_S^{\min}$ 值达到局部最小并且第一次开始增加时停止扩展种子集。

3）通过采样降低时间复杂度

当从大规模网络中找到小社区时，考虑所有节点是非常耗时的。要准确地发现目标社区，同时保持较小的节点规模。采样是解决内存消耗问题的有效解决方案，因为不必将整个网络加载到内存中。

在实践中，目标社区中的其余成员更有可能围绕种子成员。它们通过仅考虑网络中的一部分来降低复杂性。此部分网络应在目标社区中包含尽可能多的节点，并保持与目标社区大小相当的规模。

为了对网络进行采样，使用随机游走来扩展种子集。在几步随机游走之后，具有大概率的节点更可能在目标社区中，而具有小概率的节点将被视为冗余节点。如果目标社区存在种子成员，这个目标社区将成为随机游走扩散的瓶颈。值得注意的是，其他扩展方法，如广度优先搜索（breadth first search，BFS）将忽略定义社区瓶颈，并在社区中的节点部分完成之前快速采样整个网络。通过 BFS 与随机游走采样同样大小的子图，那么 BFS 采样子图中包含目标社区中的节点少于随机游走采样子图中的目标社区中包含的节点数目。在真实世界数据集的实验中，对于种子集 S 中的节点，进行 3 步随机游走。然后根据它们的概率以非升序对顶点进行排序。最后，获取前 3000 个节点作为采样结果。

4）计算复杂度分析

现在分析 LCD-motif 的计算复杂性。总的来说，算法的复杂性由 motif 邻接矩阵 WM 的生成、局部 motif 谱计算、稀疏向量的计算和种子集的扩展来控制。为简单起见，假设可以在 O（1）时间内访问和修改矩阵元素。设 m 和 n 分别表示网络中的边和节点的数量。在步骤 1 中，生成 WM 的计算时间受到查找网络中所有 motif 实例时间的限制。从理论上讲，motif 计数是高效的，考虑两类 motif：三角形和楔形。对于三角形 motif，具有 $O\left(m^{1.5}\right)$ 计算复杂度的算法可以有效地枚举三角形。由于将有向网络变为无向网络是线性的，并且可以在 O（1）时间内执行检查哪些有向三角形 motif 三角形，所以生成 motif 邻接矩阵的时间复杂度为 $O\left(m^{1.5}\right)$。对于楔形 motif，可以在 $O\left(\mathrm{nd}_{\max}^2\right)$ 时间内列出所有楔形 motif 实例，通过查看每个节点的每对邻居来列出所有楔形 motif，其中 $d_{\max}$ 是网络中的最大度数。在步骤 2 中，产生局部 motif 谱 $U_{k,l}$ 的计算时间受到正交矩阵 $U_{k,l}$ 的时间的限制，其时间复杂度为 $O\left(m'n'^2\right)$，其中，m' 和 n' 表示子图 G_S 中的边和节点的数量。在步骤 3 中，可以在 $O\left(n'\right)$ 计算复杂度内找到稀疏向量。在步骤 4 中，向量排序的时间复杂度为 $O\left(n'\log n'\right)$。三角形 motif 和楔形 motif 的总体计算复杂度分别为 $O\left(m^{1.5}+m'n'^2+n'\log n'\right)$ 和 $O\left(nd_{\max}^2+m'n'^2+n'\log n'\right)$。注意，在大规模网络中，$n'$ 远小于 n。

4. 模型验证

1）人工网络上的结果

为了评估 LCD-motif 的性能，在八个合成网络上进行了实验。图 7-37 展示了本节方法和最先进方法在 LFR 基准网络上的平均 $F1$ 得分的对比。图 7-37 表明了 LCD-motif 在大多数 LFR 基准网络上的表现优于其他对比方法。特别是当混合参数在 0.2 和 0.7 之间时，如图 7-37 所示，与基线中的最佳结果相比，LCD-motif 的效果提升比较明显。在七个基线方法中，SSE（seed set expansion）和 Heat Kernel 在大多数合成网络上的表现都很差。进一步分别研究了 SSE 和 Heat Kernel 发现的社区，发现它们都倾向找到比真实社区大得多的网络社区。这意味着两种算法都从网络中提取社区结构，这些结构与真实社区几乎没有相似之处。

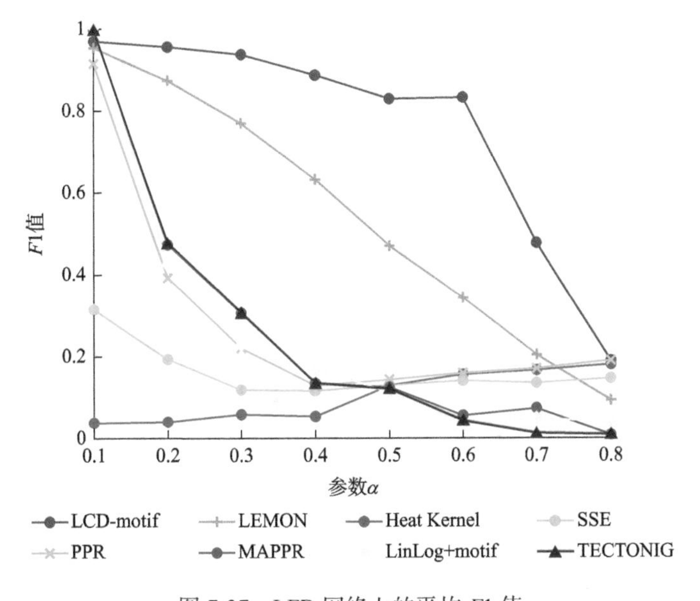

图 7-37　LFR 网络上的平均 $F1$ 值

2）在带有真实社区的真实网络上的结果

为了评估 LCD-motif 的性能，在两个具有真实社区的网络，Florida Bay 食物链网络和 E.Coli 转录网络的真实世界网络上进行实验。分别基于 M_6 和 M_5 检测 Florida Bay 食物链网络和大肠杆菌转录网络中的局部 motif 社区。实际上，在 Florida Bay 食物链网络中，M_6 模拟了两种互相捕食的物种，然后以共同的第三物种为食的情形。Florida Bay 食物链网络包含四层生态系统，可以通过 M_6 建模，而 M_6 则揭示了 Florida Bay 食物链网络中的高阶交互模式。在大肠杆菌转录网络中，对应社区的功能模型由许多具有特定链接模式的小图组成，而作为前馈环的基序 M_5 是大肠杆菌转录网络的基本元素。由于这两个网络包含丰富的网络 motif，LCD-motif 从 motif 邻接矩阵生成子空间，将 motif 信息考虑到社区中，LCD-motif 可以从包含 motif 结构的网络中揭示真实世界网络 motif 社区。LCD-motif 在对比方法中获得最高的 $F1$ 分数。

3）在没有真实社区网络上的结果

在没有真实社区的三个真实世界网络中进行实验，分别基于 M_5，M_7 和 M_7 检测 HepPh，WebStanford 与 Slashdot 网络中的局部社区。在 HepPh 引文网络中，motif M_5 建模论文 B 引用另一篇论文 C，论文 A 同时引用论文 B 和 C 的情况。在实际情况中，论文 B 扩展了论文 C 的工作，而论文 A 扩展了论文 B 和 C 的工作。在 WebStanford WWW 网络中，motif M_7 建模了链接到相同的中心页面的页面之间相互链接的情况。在 Slashdot 社交网络中，motif M_7 建模了拥有相同朋友的用户彼此是朋友的情况。这些网络包含较多网络 motif 实例。LCD-motif 发现局部社区具有最小的 motif 导电率值，说明发现社区的效果最好。由于基线方法在单个节点和连边级别发现社区，因此无法正确找到富含 motif 的社区。显然，基于三个节点的 motif 来扩展种子节点集合会形成更紧密的社区。例如，通过基于 motif 的方法会忽略由一个边连接到社区的悬挂节点，而这样的节点将增加基于连边的方法检测到的社区的 motif 导电率，因此 LCD-motif 可以发现具有更小 motif 导电率的社区。

4）参数选择影响

随机游走步长 k 和子空间维数 l 是局部 motif 谱聚类算法中的关键参数。

子空间维度：为了研究参数子空间维度 l，将随机游走步长固定为 3，并改变子空间维度 l 的取值，范围是从 1 到 15（包含 1 和 15）。图 7-38（a）显示改变维度 l 会导致一些性能波动。选择较大的维度是不适用的，因为高维度空间会增加生成局部 motif 谱的计算代价。在本节中，确定 l=2，因为实验表明设置 l=2 可以在统计上实现较低 motif 导电率。

随机游走步长：为了研究随机游走步长如何影响算法性能，将子空间维度 l 固定为 2，并将随机游走步长 k 从 1 到 15（包含 1 和 15）依次取值。图 7-38（b）显示改变随机游走步长 k 会导致一些性能波动，3 步随机游走基本可以发现具有较小 motif 导电率的社区。本节中，在所有数据集上采用随机游走步长 k=3。

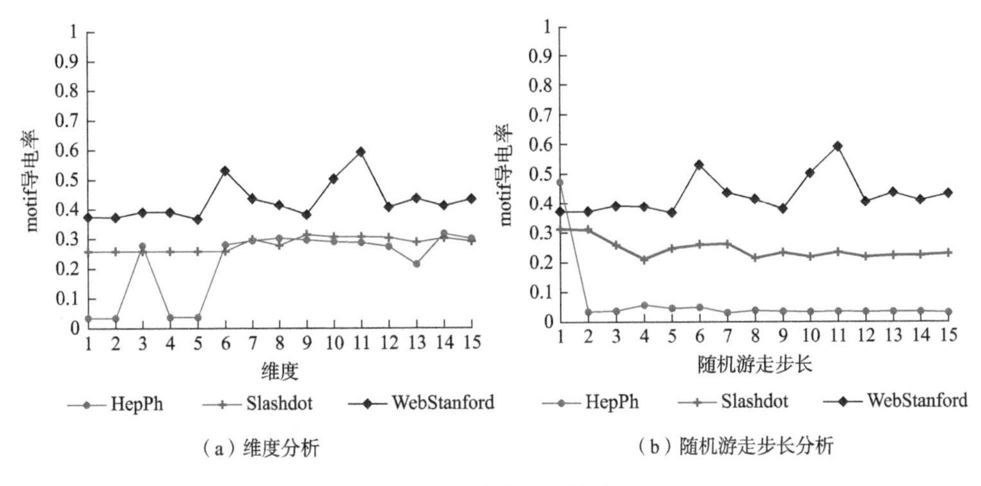

（a）维度分析　　（b）随机游走步长分析

图 7-38　参数分析结果

5）motif 选择影响

在本节中，将介绍选择哪个 motif 来揭示网络的高阶组织最合适。由于事先不知道网络是否富含给定 motif 类型，使用图 7-35 中的每个 motif 来检测网络中的社区，进而发现最有用的 motif 类型。在 HepPh 引文网络中，只分析没有双向和环状交互模式的 motif M_5，motif M_8，motif M_9 和 motif M_{10}（其他 motif 具有双向或环状交互模式），因为两篇论文不可能呈相互引用或三篇论文呈环状引用的情况。在引文网络中，motif M_5 表示论文 B 引用另一篇论文 C，论文 C 被论文 A 引用，而论文 A 也引用论文 B。motif M_8 表示论文通常同时引用许多其他论文，这与真实情况一致。motif M_9 意味着引用了许多其他论文的论文也被很多论文引用。motif M_{10} 表示许多论文同时引用了一篇论文，这在实际情况中代表被高度引用的论文形成的社区。图 7-39 显示了 HepPh 引文网络中不同 motif 的 motif 导电率的图谱。所有四个 motif 都揭示了高阶结构的某些信息，但 motif M_5 显示出比其他 motif 少得多的高阶结构，即基于 motif M_5 的社区具有更高的 motif 导电率。换句话说，在检测到的社区中，motif M_5 的实例少于其他三个 motif 的实例。红色、绿色、黑色曲线的向下尖峰显示，motif M_8，motif M_9 和 motif M_{10} 在 HepPh 引文网络中显示出更丰富的高阶模块结构。

5. 研究意义

提出一种通过在局部 motif 谱中寻找稀疏向量来发现小社区的方法，为了克服 motif 谱聚类方法的缺点，本节提出了一种基于短随机游走的奇异向量近似构造局部 motif 谱的新方法。

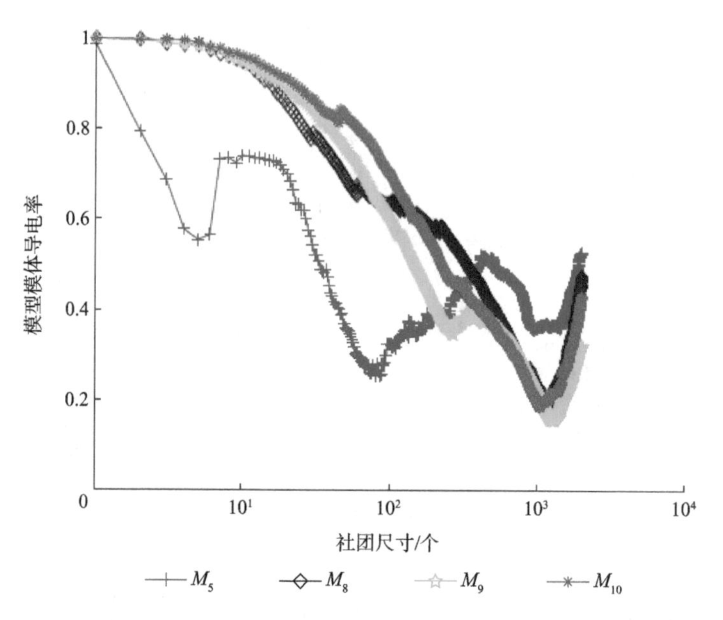

图 7-39　引文网络 HepPh 中的不同模体类型发现社团的大小与其模体导电率的关系

在大型网络中识别小社区的是很重要的，意见领袖的影响范围通常局限于所处的社团之中。除了部分传播能力极强的信息可以穿过社团间的壁垒覆盖全网，大部分传播力弱的信息仅会在社团内部传播。因此在识别意见领袖之前，对规模巨大的网络进行社团的划分是有效的意见领袖发现策略。为进行大型网络中的意见领袖发现奠定了基础。

7.5.2　意见领袖挖掘模型

1. 问题与挑战

掌握用户角色对于用户分类、组织网络分析、舆情跟踪、网络营销等有着十分重要的作用。不同的用户群体有着不同的行为特征和角色划分。随着社会网络的兴起，更多更丰富的用户行为信息被记录下来。确定节点的角色在很多实际的应用中有着重大的意义。例如，科研合作网络中各个作者的角色识别和作用分析、反恐中的恐怖分子在组织中的角色分析、在电信通话网络中，将用户划分为不同的角色，有利于运营商根据不同角色用户的行为特征制定营销策略等。在公共安全领域，通过识别意见领袖可以帮助政府机构有效地进行信息发布和谣言信息的控制。

不同于社团发现，角色分析更侧重于从更加细微的粒度对节点进行分析，即相同的社团内可能有不同的角色分布，而相同的角色也可能分布于不同的社团。

复杂网络具有小世界、无标度、社区结构等特点，要有效地评估网络节点的重要性，进行意见领袖挖掘是网络化数据挖掘中的一个基本问题，这也是复杂网络、系统科学、社会网络分析等领域中一个值得研究的方向，现今已有很多度量用以对网络中个体节点的重要性进行排序，包括度、中心性、中介度等。这些单一的重要性度量很有意义，因为对于大型网络他们只需给出一个具体的排名，易于使用，尤其适用于类似搜索引擎搜索结果排序的应用。拓扑势考虑了节点的局部影响力在节点重要性排序、网络特征描述、社会发现和社团成员关系描述等方面有所应用。基于拓扑势的无向网络节点重要性排序算法是依据“与重要节点相邻的节点可能也重要”这一思想所提出的一种度量无向网络中节点的重要程度的方法。该算法比较精细地反映了无向网络拓扑结构中，节点之间相互影响而产生重要性的差异。然而，在许多情况下，顶点之间的关系或者相互作用往往存在着方向性和权重差异。例如，在通话网络中，一段时间内，通话记录具有呼叫方与被呼叫方，且具有一定的累计次数，这种关系是有向加权的。如果只考虑网络中节点是否存在影响而忽略了影响的方向性和程度权重，往往会使复杂系统中很多信息无法被发现。

2. 研究对象

本节选取了卡内基·梅隆大学 CASOS 实验室两个社会网络的公开数据集，分别是 Company 数据集和 Strike 数据集、新浪微博数据集，以及 VAST 2008 数据集进行实验分析，上述数据集都是真实世界的数据集。

1）Company 数据集

Company 数据集描述了一家包含 16 名员工的软件开发公司内部人员间的沟通交流情况，如图 7-40 所示。其中，LDR 为项目经理，Mgr 和 Spvr 的身份为主管或负责人，EE 的身份为普通的工程师。

2）Strike 数据集

Strike 数据集描述了一家木材加工厂的工人因不满工资待遇而进行的一场罢工运动，如图 7-41 所示，每个节点为一个工人，该图为该罢工运动中工人之间的沟通网络。数据背景中介绍，由于语言的不同，说西班牙语的工人与说英语的工人之间的沟通较少，其中 Bob 说一些西班牙语但是和 Norm 关系密切。

3）VAST 2008 数据集

VAST 2008 数据集是 VAST 2008 可视化分析竞赛中使用的电话网络数据。VAST 2008 可视化分析竞赛中 Caralano 社会网络包含了 2006 年 6 月 10 天内 400 个独立电话号码之间的通话数据。其中，在第 8 天发生了一个事件，使得通信网络发生了变化。

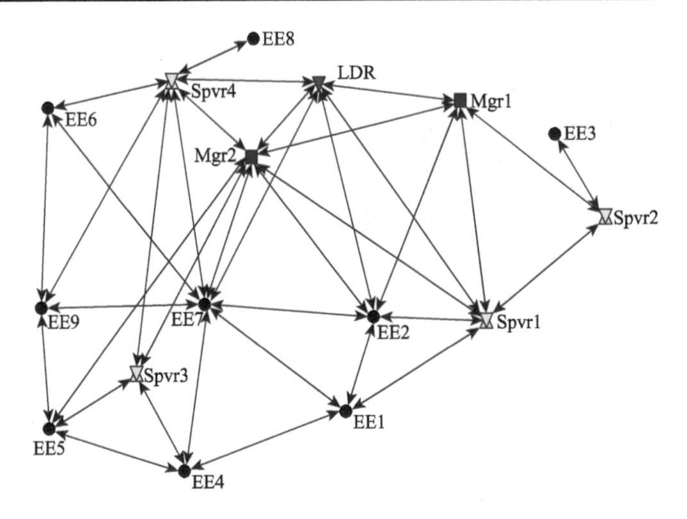

图 7-40 Company 数据集人员沟通网络

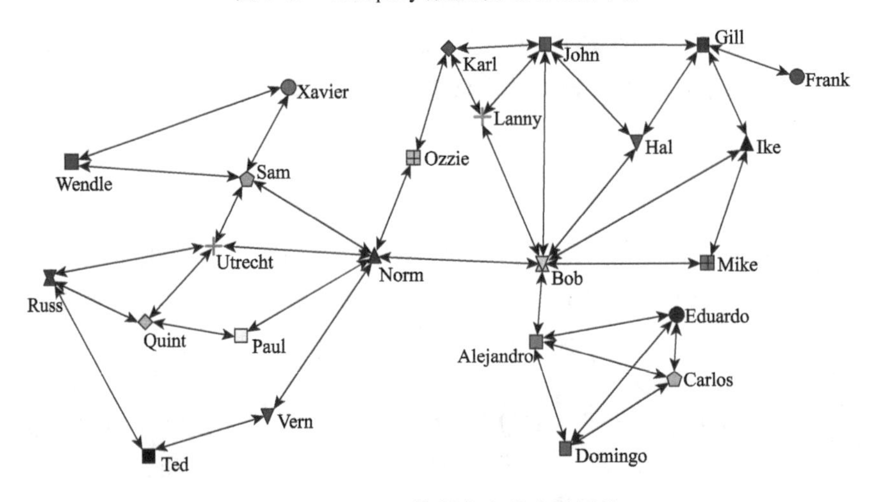

图 7-41 Strike 数据集人员沟通网络

4）新浪微博数据集

实验数据采集于新浪微博，总共有 49 556 个用户，时间跨度为 2011 年 8 月 21 日到 2012 年 2 月 22 日，这些用户总共发送了 3 057 635 条微博，共有 185 079 821 次的评论数据，506 765 237 次的转发。数据集的逻辑结构图如图 7-42 所示。

3. 意见领袖挖掘模型研究

1）基于有向拓扑势的节点重要性评价

（1）拓扑势及影响因子优选。节点的拓扑势是基于认知物理学的数据场思想提出来的，根据有源场的思想，每一个节点都会以其为中心产生一个影响的场，

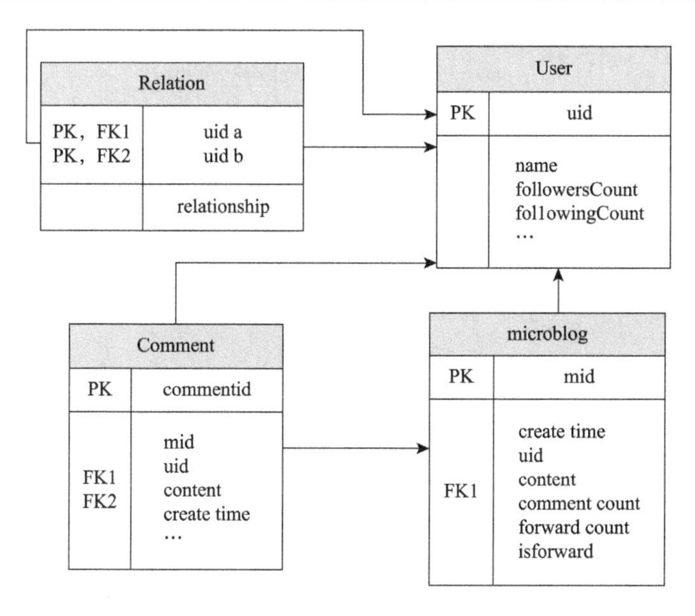

图 7-42　微博数据集逻辑结构图①

定义其为拓扑场，场中的每一点的势值为拓扑势。拓扑势的大小描述了网络拓扑中的某个节点受自身和近邻节点共同影响所具有的势值。在网络拓扑中，采用拓扑距离计算节点通过网络拓扑传递所产生的势。设网络拓扑为 $G(V, E)$，节点 i 处的拓扑势 $\varphi(v_i)$ 为

$$\varphi\left(v_i\right)=\sum_{j=1}^{N}\left(m_j \times \mathrm{e}^{-\left(\frac{d_{ji}}{\sigma}\right)^2}\right) \tag{7-67}$$

其中，m_j 表示节点 j 的质量，具体可以映射为实际网络中的某些属性，如组织成员的社会地位等；d_{ji} 表示节点 j 到节点 i 的最短路径长度；σ 表示影响因子，即节点影响的范围，通常可根据网络节点的势熵对其进行优选。根据信息熵的概念，如果所有节点的拓扑势相同，则节点位置差异性的不确定性最大，具有最大的熵；反之，如果每个节点的拓扑势都不相同，则不确定性最小，具有最小的熵。对于给定的网络 $G(V, E)$ 及其拓扑势场，令节点 $v_1, v_2, \cdots, v_n$ 的势值为 $\varphi\left(v_1\right), \varphi\left(v_2\right), \cdots, \varphi\left(v_n\right)$，则拓扑势场的势熵可表示为

① Relation：FK 表示外键；PK 表示主键；uid 表示用户 ID；relationship 表示用户 a 和用户 b 之间的关系。User：name 表示用户 user 的昵称；followersCount 表示粉丝数；followingCount 表示关注数。Comment：mid 表示微博 ID；content 表示微博评论的内容；create time 表示微博评论的发布时间。microblog：mid 表示微博 ID；create time 表示微博的发布时间；uid 表示发布微博的用户 ID；content 表示该微博的内容；comment count 表示该微博的评论数；forward count 表示转发数；isforward 表示是否被转发。

$$H=-\sum_{i=1}^{N}\frac{\varphi(v_i)}{Z}\log\left(\frac{\varphi(v_i)}{Z}\right) \tag{7-68}$$

其中，$Z=\sum_{i=1}^{N}\varphi(v_i)$ 表示标准化因子。图 7-43 是影响因子 σ 和势熵的关系曲线图，从图中可以看出，最优 σ 为势熵极小值所对应的横坐标 σ 值。

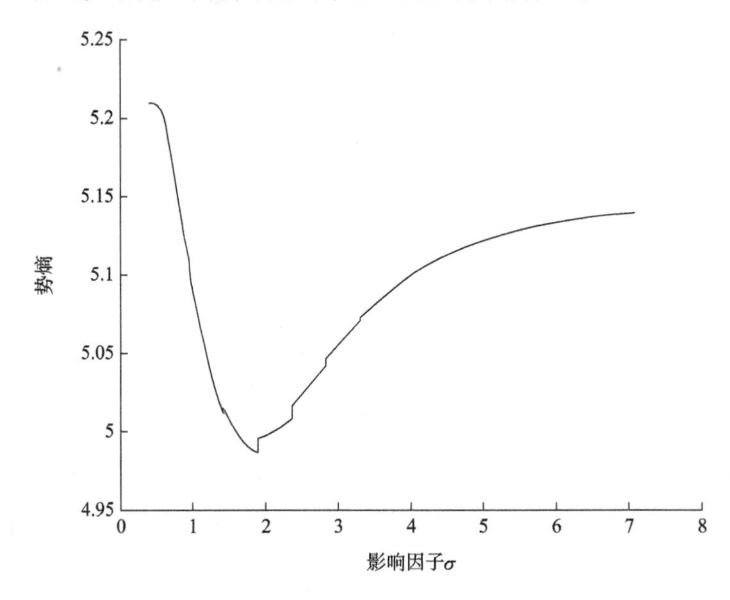

图 7-43　影响因子 σ 和势熵的关系曲线

（2）有向拓扑势。设有向加权网络 $G=(V, E, M, W)$，V 表示节点的集合；E 表示有向边的集合；M 表示节点的属性集合；W 表示有向边的权重集合。网络中节点数 $N=|V|$。有向网络中节点 $v_i\in V$ 的入度拓扑势值 $\varphi_{\text{in}}(v_i)$ 可以表示为

$$\varphi_{\text{in}}(v_i)=\sum_{j=1}^{N}\left(m_j\times \mathrm{e}^{-\left(\frac{dw_{j\to i}}{\sigma}\right)^2}\right) \tag{7-69}$$

有向网络中节点 $v_i\in V$ 的出度拓扑势值 $\varphi_{\text{out}}(v_i)$ 可以表示为

$$\varphi_{\text{out}}(v_i)=\sum_{j=1}^{N}\left(m_j\times \mathrm{e}^{-\left(\frac{dw_{i\to j}}{\sigma}\right)^2}\right) \tag{7-70}$$

其中，m_i、$m_j(\geqslant 0)$ 分别表示节点 v_i、v_j 的质量。$dw_{j\to i}$ 定义为在边权值影响下节点间距离。在实际网络中，如通话网络，边权一般表示两个节点之间的通话次数，边权重越大表明节点间的联系越密切，影响的距离就会相对变小。设节点 j 到节点 i 的最短路径依次通过节点 $k_1,k_2,\cdots,k_t$，则

$$dw_{j\to i}=\sum_{r=1}^{t+1}\left(\frac{d_r}{w_r}\right) \tag{7-71}$$

其中，d_r 表示途经第 r 段距离长度；w_r 表示对应的边的权重。忽略节点本身的质量和每段距离的长度影响，假设节点质量均为 1，每段距离长度为 1，则入度拓扑势值 $\varphi_{\text{in}}(v_i)$ 可以表示为

$$\varphi_{\text{in}}(v_i)=\sum_{j=1}^{N}\mathrm{e}^{-\left(\frac{dw_{j\to i}}{\sigma}\right)^2} \tag{7-72}$$

出度拓扑势值 $\varphi_{\text{out}}(v_i)$ 可以表示为

$$\varphi_{\text{out}}(v_i)=\sum_{j=1}^{N}\mathrm{e}^{-\left(\frac{dw_{j\to i}}{\sigma}\right)^2} \tag{7-73}$$

其中，$dw_{j\to i}=\sum_{r=1}^{t+1}\left(\frac{1}{w_r}\right)$。

根据高斯函数“3σ”规则，每个对象的作用范围是以该对象为中心、半径为 $\frac{3\sigma}{\sqrt{2}}$ 的邻域空间，即对象的影响范围是 $\frac{3\sigma}{\sqrt{2}}$。则当 $0<\sigma<\frac{\sqrt{2}}{3}$ 时，节点间没有相互作用，每个节点的势值等于 1；当 $\frac{\sqrt{2}}{3}<\sigma<\frac{2\sqrt{2}}{3}$ 时，每个节点只影响一跳邻居节点，任一节点 $v\in V$ 的入度、出度拓扑势与其入度值 $\text{indeg}(v)$ 和出度值 $\text{outdeg}(v)$ 近似相差一个比例常数，此时的拓扑势影响力等价于按照节点度排序的影响力算法；当 $\frac{2\sqrt{2}}{3}<\sigma<\sqrt{2}$ 时，每个节点影响两跳以内可达节点，意味着每个节点的重要性不仅受一跳邻居的影响，还受到两跳邻居的影响。根据以上讨论，当 $\frac{\sqrt{2}}{3}l<\sigma<\frac{\sqrt{2}}{3}(l+1)$ 时，每个节点的影响范围为一跳邻居节点。

图 7-44 是一个简单的有向加权网络，该网络节点有向拓扑势的计算结果如表 7-16 和表 7-17 所示。从表中可以看出，当影响因子从 0.47 增大到 1.41 时，由节点在网络中位置的不同而产生的节点拓扑势值差异就越来越明显。

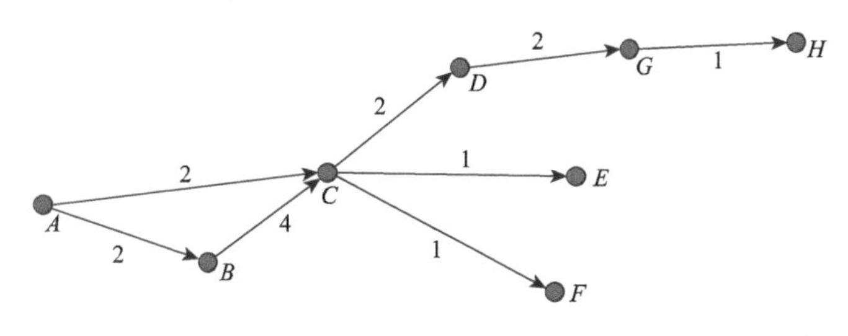

图 7-44　一个有向加权网络

表 7-16　不同的影响因子计算出的入度拓扑势

节点	$\sigma=0.47$	$\sigma=0.94$	$\sigma=1.41$
A	1.0	1.0	1.0
B	1.011	1.325	1.607
C	2.079	2.687	2.852
D	1.325	2.611	3.244
E	1.011	1.577	2.389
F	1.011	1.577	2.389
G	1.325	2.079	3.272
H	1.011	1.404	2.067

表 7-17　不同的影响因子计算出的出度拓扑势

节点	$\sigma=0.47$	$\sigma=0.94$	$\sigma=1.41$
A	1.336	2.563	4.0
B	1.755	2.808	4.098
C	1.347	2.729	3.837
D	1.325	1.834	2.207
E	1.0	1.0	1.0
F	1.0	1.0	1.0
G	1.011	1.325	1.607
H	1.0	1.0	1.0

（3）有向拓扑势计算复杂度优化。基于拓扑势的有向加权网络节点影响力计算主要分为三步。首先，获取该网络的最优影响因子σ；其次，使用最优的影响因子σ来计算每个节点的出度、入度拓扑势值；最后，依据节点出度、入度拓扑势值的大小分别给出节点重要性的排序结果。在获取最优影响因子的过程中，复杂度主要取决于迭代计算的次数，在迭代过程中需要计算每个节点的势函数值和势熵，该步骤的时间复杂度为$O(N\times s)$，s表示迭代的次数；N表示节点数。

采用最短距离作为节点间影响范围，获取每对节点间最短路径通常使用Dijkstra算法或Floyd算法，每次都从不同的顶点出发计算最短路径。算法的复杂度均为$O(N^3)$，复杂度对于大型网络计算量较大，实际运算中不可取。经过多次试验分析，最优影响范围通常在较小的跳左右，基于此，选用一种时间复杂度较低的基于广度优先策略的N跳相关邻域算法。

为此引入节点 i 的入度邻域概念：有向图加权图 $G=(V, E, M, W)$ 中，节点 i 的入度邻域定义为与 v 有一条有向指向关系的所有节点构成的集合，如一跳入度领域记为 $\mathrm{InAdj}_i^{(l)}=\{v_j \mid \forall v_j \in V, e_{j\to i} \in E\}$。类似可以给出节点 i 的一跳入度领域 $\mathrm{InAdj}_i^{(1)}=\mathrm{InAdj}_i^{(\lceil l\rceil-1)} \cup \{v_j \mid \forall v_k \in \mathrm{InAdj}_i^{(\lceil l\rceil-1)}, e_{j\to k} \in E\}$，类似可以给出节点 i 的一跳出度领域：$\mathrm{OutAdj}_i^{(l)}=\{v_j \mid \forall v_j \in V, e_{i\to j} \in E\}$，$l$ 的一跳出度领域为 $\mathrm{OutAdj}_i^{(l)}=\mathrm{OutAdj}_i^{(\lceil l\rceil-1)} \cup \{v_j \mid \forall v_k \in \mathrm{InAdj}_i^{(\lceil l\rceil-1)}, e_{k\to j} \in E\}$。

节点入度拓扑势算法过程如节点入度拓扑势算法所示，类似地，可以得到出度拓扑势的优化计算方法。它们的算法时间复杂度均为$O(N\times k)$，其中 k 为平均 m 跳领域的临界节点，要远远小于$O(N^3)$。需要计算多个节点入度、出度拓扑势时，前 11 步只需运算一次，然后逐一计算每个节点的结果。

节点入度拓扑势计算方法

节点入度拓扑势计算方法

输入：$v_i \in V$，$G=(V, E, W)$

输出：v_i 的入度拓扑势 $\varphi_{\mathrm{in}}(v_i)$

步骤：

1. $l=0$;
2. $H=\min H=\log(N)$;
3. 初始化每个节点的 l 跳邻居集合 $\mathrm{hop\_neighbors}(v_i,l)$，$i=1,2,\cdots,N$;
4. while $H\leqslant \min H$ do
5. $\min H=H$
6. $l=l+1$;
7. $\sigma=\sqrt{2}l/3$;
8. 根据 l 和 σ 计算 H，并保存三者;
9. end while
10. 在$(l-1,l)$之间用黄金分割法多次选择 l，求对应的 σ 计算 H，并保存三者;
11. 选择所有记录中 H 最小时，对应的 σ 和 l，令 $\sigma_{\mathrm{opt}}=\sigma$，$l_{\mathrm{opt}}=l$;
12. $\varphi_{\mathrm{in}}(v_i)=0$
13. For l=1: l_{opt} do
14. for v_j in $\mathrm{InAdj}_i^{(l)}$ do
15. $\varphi_{\mathrm{in}}(v_i)+=\varphi(v_j\to v_i)$

```
16.        end for
17.     end for
18.     return φ_in(v_i)
```

2）基于二维拓扑势的节点角色发现算法

（1）角色定性描述。表 7-18 为最优化 σ=1.89 时图 7-45 中各个节点的入度和出度拓扑势，图 7-45 展示了这 8 个节点二维拓扑势的分布情况。

表 7-18　最优化 σ=1.89 时出度和入度拓扑势

节点	入度拓扑势	出度拓扑势
A	1.000	5.207
B	1.755	5.010
C	2.915	4.521
D	3.541	2.463
E	2.930	1.000
F	2.930	1.000
G	3.962	1.755
H	3.024	1.000

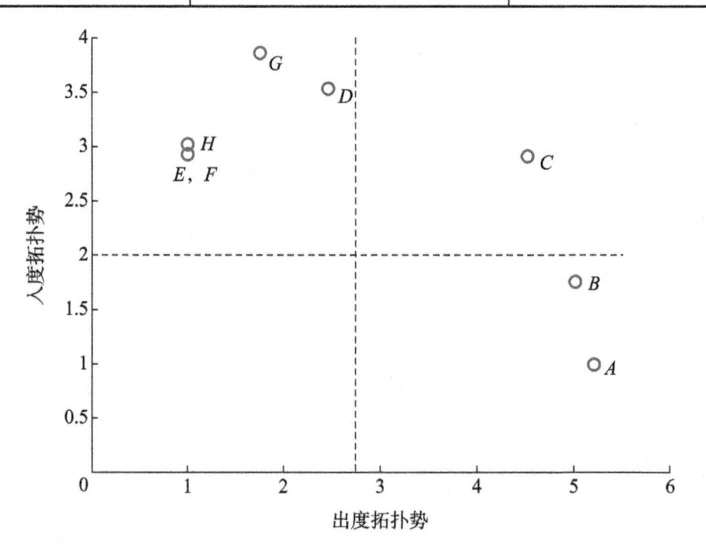

图 7-45　二维拓扑势分布图

本节提出的角色发现算法的基本思想是，假设满足拥有相似的拓扑势的节点占据网络中的相同角色。入度拓扑势度量了节点受其他节点影响的程度，出度拓扑势度量了节点对其他近邻节点的影响能力。因此，采用入度拓扑势和出度拓扑势度量，通过分析节点在二维拓扑势图中的分布定性定义节点在网络中的角色。

在有向网络结构已知的情况下，入度拓扑势及出度拓扑势度量能够很容易地计算出来。通过计算这两个度量，将节点的角色定义为四类，包括以下内容。

重要接收节点：一般具有相对较大的入度拓扑势，分布在图 7-45 的左上部分，如 G 节点。

桥接节点：节点的入度拓扑势和出度拓扑势均相对较大，在网络中起到承上启下的左右，分布在图 7-45 的右上部分，如 C 节点。

重要贡献节点：节点具有相对较大的出度拓扑势，出度路径可以对较多的节点产生影响，分布在图 7-45 的右下部，如 A、B 节点。

普通节点：出度和入度拓扑势均不显著，分布在图 7-45 的左下部，在大规模网络中此类节点较多。

（2）角色的定量描述。在角色定性描述过程中，根据节点在四个区域的分布情况，给出了节点角色的定性描述。本节将给出节点角色分布的概率定量描述。给出以下几个定义。

定义 1 角色锚定点。假设具有相同的二维拓扑势分布的节点在网络中具有相同的角色地位分布，如在图 7-45 中，每个区域代表了一种角色，而每个节点从属与该区域的程度是不同的，如同属于右下区域的节点 A 和节点 B，节点 A 比节点 B 属于该区域的程度更大。将二维图区域的四个顶点定义为各个区域的锚定点，用它们来表示该区域的特征属性。例如，原点代表了该区域中节点的出入度拓扑势均较小的基准。假设，对于某个网络，节点二维拓扑势的出度拓扑势最大值为 Max_out_Topo，入度拓扑势的最大值为 Max_in_Topo，则四个角色锚定点为{1，1}、{1 Max_in_Topo}、{Max_out_Topo，1}、{Max_out_Topo，Max_in_Topo}。

这些角色锚定点最能代表该区域的角色特性，如第三区域的锚定点为{Max_out_Topo，Max_in_Topo}，表明节点具有相对较大的出入度拓扑势。根据以上定义，对于任意一个网络，都可以计算找出四个角色锚定点。

定义 2 节点角色分布向量。为了对节点的角色分布进行定量分析，提出了一种节点角色分布向量的表示方法。从定义 1 可以知道，节点离某锚定点的距离越近，则从属于该类角色的概率的值越大，因此，给出一种节点角色分布向量的计算方法。设节点 v 距离四个锚定点的距离为 d_1，d_2，d_3，d_4。则从属于角色 1 的概率为（为了使 p 进行归一化，计算公式定义如下）

$$p_1 = \frac{d_2 + d_3 + d_4}{3 \times \sum_{i=1}^{4} d_i} \tag{7-74}$$

这样就可以给出任意一个节点从属与某种角色的概率数值。用一个向量表示

$\langle p_1, p_2, p_3, p_4 \rangle$。

基于上述的定性和定量描述，本章提出的角色发现算法流程如下所示。

基于有向拓扑势的节点角色发现算法

基于有向拓扑势的节点角色发现算法

输入：有向加权边集合，EgdeSet

输出：所有节点的角色分布向量 P，4 类角色所对应的节点及程度

步骤：

1．使用原始的边数据集合 EgdeSet，构建有向加权网络 $G=(V,E,W)$；

2．计算最优的影响因子 σ_{opt} 及对应的跳数 l_{opt}；

3．计算每个节点 $v\in V$ 的入度和出度拓扑势，$\varphi_{\text{in}}(v)$，$\varphi_{\text{out}}(v)$；

4．根据最大入度、出度拓扑势构建 4 类角色锚定点；

5．计算所有节点到 4 类锚定点的距离；

6．计算所有节点的角色分布向量 P；

7．获得 4 类角色所属节点及程度。

（3）时序图演化检测。定义 3　标准化出入度拓扑势熵。熵作为描述复杂系统结构的物理量，在复杂系统理论中受到越来越多的关注，成为研究复杂系统的一个重要工具。在信息科学中，熵可以用来表示事物的不确定性。熵作为系统状态的一种定量描述，能够用来表征系统的复杂性、有序程度和系统变化的方向或趋势。一般而言，熵值越小，对应的宏观态越有序。系统拓扑结构的综合性质决定了整体的组织效率和行为特征。拓扑势熵综合考虑了网络节点的不确定性因素，可以比较准确地显示网络拓扑中节点间的位置差异和节点本身的连接特性，刻画网络中心节点的特征。为此，本节定义了标准化出/入度拓扑势熵的概念。标准化入度拓扑势熵的定义如下：

$$H'_{\text{in}} = \frac{H_{\text{in}} - H_{\text{in}_{\min}}}{H_{\text{in}_{\max}} - H_{\text{in}_{\min}}} = \frac{-2\sum_{i=1}^{n} I_{\text{in}}, \ln I_{\text{in}_i}, -\ln 4(n-1)}{\ln n^2 - \ln 4(n-1)} \tag{7-75}$$

定义 4　角色距离。在 t 时刻，节点 i 的角色分布可以用向量 p_{it} 表示，将所有节点的角色分布向量进行加和，可以得到网络 G 的角色分布向量 P_t。而角色距离 $D(P_t, P_{t-1})$ 表示了相邻时间段的网络中的节点行为角色分布变化，$D(P_t, P_{t-1})$ 取 P_t 和 P_{t-1} 的差值。另外，$d\left(P_{it}, P_{i(t-1)}\right)$ 则可以描述单个节点的行为角色的演化。从行为角色分布的角度定义图中行为模式变化，关注网络的整体结构功能变化，每一张快照中节点角色的分布可以用一个四维的向量表示，$\langle p_1, p_2, p_3, p_4 \rangle$ 用相邻时间段分布向量的绝对值来表示。

定义 5　Top N 变化量。不同于定义 1，Top N 变化量从网络全局角色分布来刻画网络的演化。从一般观察中可以知道，当网络中发生较大的事件时，出入度拓扑势的 top N（N 取排名靠前的少部分节点）会发生较大的改变，说明网络中发生了较大的事件。为了刻画相邻时间段 Top N 的变化量，使用出入度拓扑势的 Top N 排名距离描述网络的变化。该种度量更加关注于网络中关键节点的变化情况，这些节点的变化，更能突出地表现出网络的变化情况。举一个基本的计算实例，如 $t-1$ 时刻，网络中总共三个节点的入度拓扑势排名为 1，2，3。在 t 时刻，入度拓扑势的排名为 3，2，1 则 Top 2 变化量为 4，如果排名为 2，1，3 则 Top2 的变化量为 2，认为第一种排名引起的网络变化量要大于第二种排名的情况。通过计算相邻时间段的 Top N 变化量，可以度量出网络中重要节点的演化情况。本节中 N 取总节点数的 1%~10%的节点。

4. 模型验证

选取了卡内基·梅隆大学 CASOS 实验室两个社会网络的公开数据集，分别是 Company 数据集和 Strike 数据集，及 VAST 2008 数据集进行实验分析。

（1）Company 数据描述了一家包括 16 名员工的软件开发公司内部人员间的沟通交流情况，如图 7-46 所示，各个节点的实际角色如表 7-19 所示。

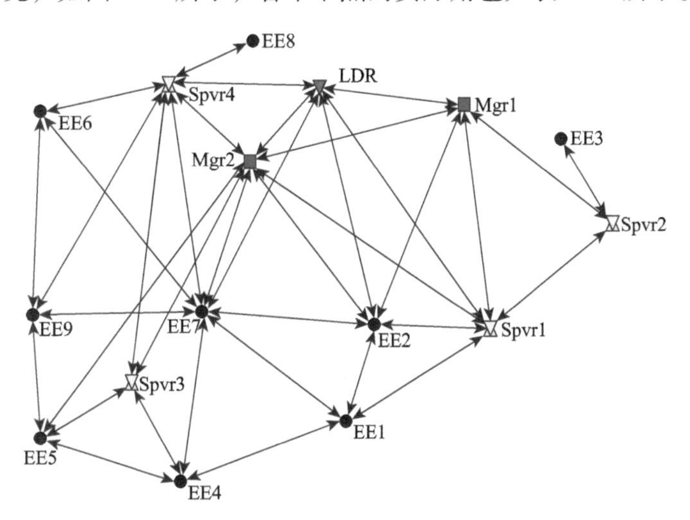

图 7-46　Company 数据集人员沟通网络

表 7-19　Company 数据集角色表

节点 ID	角色
LDR	项目经理
Mgr1	艺术总监

续表

节点 ID	角色
Mgr2	技术主管
Spvr1	设计负责人
Spvr2	交互主管
Spvr3	数据架构师
Spvr4	应用架构师
EE1	设计师
EE2	Web 开发人员
EE3	可用性工程师
EE4	商业分析师 1
EE5	商业分析师 2
EE6	软件工程师 1
EE7	软件工程师 2
EE8	软件工程师 3
EE9	软件工程师 4

表 7-20 列出了对 16 个节点根据入度拓扑势、出度拓扑势、出入度、中介度、网页排名（PageRank）、亲近度、聚集系数度量进行影响力分析后的节点排序结果。以度量中心性、中介度进行排序的结果与入度拓扑势的排序结果比较相似，出度拓扑势度量的结果则显示出了与其他度量较为不同的结果，如 EE7 和 Spvr4 与其他度量差别较大。

表 7-20　入/出度拓扑势排名

入度势排名	节点 ID	出度势排名	出/入度排名	介数排名	PageRank	亲近度排名	聚集系数排名
1	Mgr2	1	1	1	3	1	9
2	EE7	10	2	3	2	3	10
3	Spvr4	11	3	2	1	5	8
4	LDR	2	5	7	7	2	7
5	EE2	4	4	9	6	4	13
6	Spvr1	3	6	4	4	6	5
7	Mgr1	5	7	6	8	8	2
8	Spvr3	6	10	12	12	9	6

续表

入度势排名	节点 ID	出度势排名	出/入度排名	介数排名	PageRank	亲近度排名	聚集系数排名
9	EE1	7	9	8	14	7	7
10	EE5	14	11	11	10	10	13
11	EE4	8	12	10	11	11	12
12	EE9	16	8	13	9	12	8
13	EE6	15	13	16	15	13	1
14	Spvr2	9	14	5	5	14	14
15	EE8	12	15	14	16	15	16
16	EE3	13	16	15	13	16	15

各个节点的二维拓扑势分布如图 7-47 所示（其中 EE1 和 Spvr3 节点重合）：可以看出，在图的右上部分布的节点大多为该软件公司的管理者，其中 Mgr2 的身份为技术主管，具有最大的出度拓扑势和入度拓扑势，也说明技术主管人员在软件公司中的重要性；LDR 表示项目经理，Spvr1 表示设计主管，均具有较大的出度拓扑势和入度拓扑势。值得注意的是 EE2 和 EE7 节点，其中，EE2 的身份表示 Web 开发工程师；EE7 的身份为普通的软件工程师，和 EE6、EE8、EE9 身份相同，可以推断 EE2 和 EE7 在项目组均起到相对重要的作用，不同的是 EE2 更倾向向外输出信息而 EE7 受到项目组其他成员信息的影响较大。EE9、EE5 和 EE6 偏重接收别人的信息和指挥；EE3 和 EE8 角色的表现较为普通。

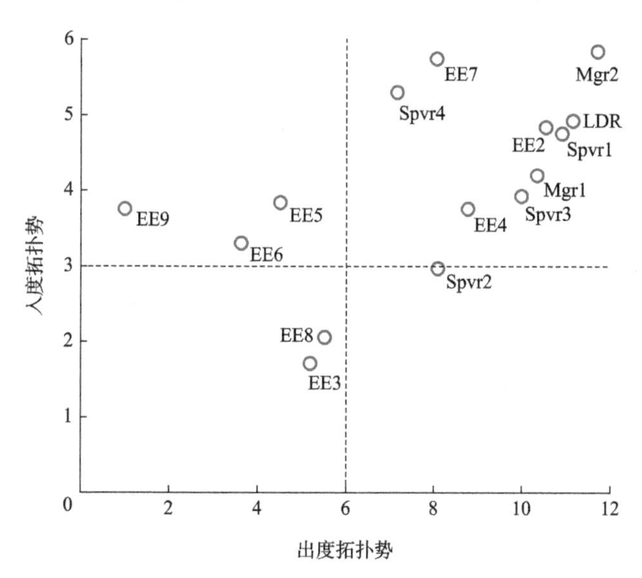

图 7-47　Company 数据集二维拓扑势分布

（2）Strike 数据集描述了一家木材加工厂的工人因不满工资待遇而进行的一场罢工运动，如图 7-48 所示，为该罢工运动中工人之间的沟通网络。数据背景中介绍，由于语言的不同，说西班牙语的工人与说英语的工人之间的沟通较少，其中 Bob 说一些西班牙语并且和 Norm 关系密切。

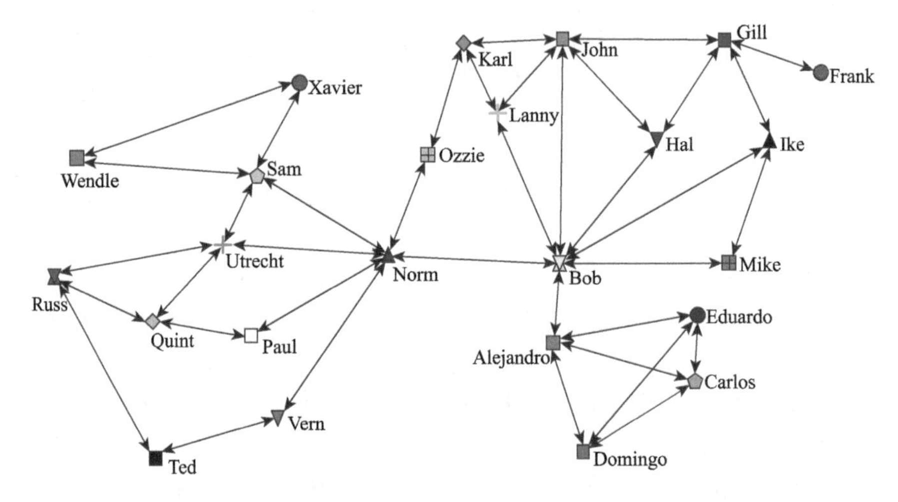

图 7-48　Strike 数据集人员沟通网络

（3）从表 7-21 可以看出出、入度拓扑势的前三名相同，而且和出入度、介数、PageRank、亲近度度量的排名保持了较高的一致性。各个节点的二维拓扑势分布如图 7-49 所示，可以分析出，分布在图 7-49 右上部分的节点在网络中起到了重要的桥接作用，尤其是 Bob 和 Norm 这两个节点，它们具有最大的出度和入度拓扑势，说明它们在这次罢工运动中起到了核心的联系和领导作用。而分布在图 7-49 左下部的节点，如 Wendle 和 Xavier 等节点，出度拓扑势和入度拓扑势均较小，即说明它们在这次罢工运动起的作用相对较小。

表 7-21　Strike 数据集入度拓扑势排名

入度势排名	节点 ID	出度势排名	出/入度排名	介数排名	PageRank	亲近度排名	聚集系数排名
1	Bob	1	1	1	1	1	18
2	Norm	2	2	2	2	2	19
3	John	3	3	7	4	3	10
4	Utrecht	14	7	5	6	4	11
5	Sam	22	6	4	5	8	12
6	Alejandro	4	4	3	7	5	9
7	Hal	5	13	11	20	7	7

续表

入度势排名	节点 ID	出度势排名	出/入度排名	介数排名	PageRank	亲近度排名	聚集系数排名
8	Lanny	6	10	15	19	6	8
9	Ike	7	8	9	11	9	16

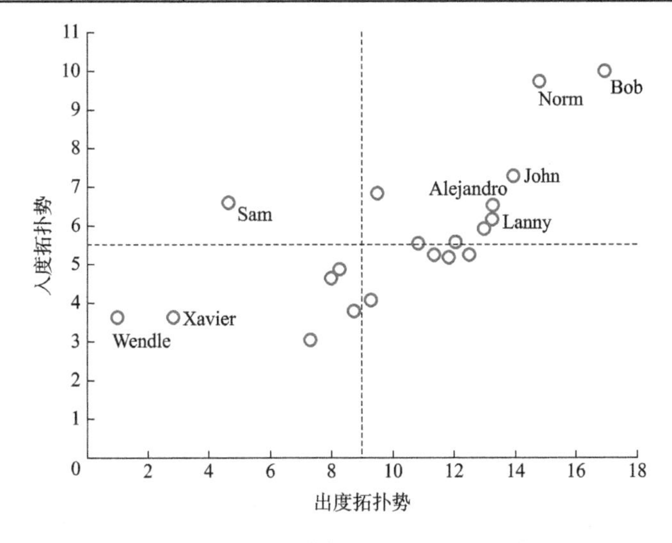

图 7-49　Strike 数据集二维拓扑势分布

（4）VAST 2008 数据集：是 VAST 2008 可视化分析竞赛 1 中使用的电话网络数据。IEEE VAST 2008 可视化分析竞赛中 Caralano 社会网络包含了 2006 年 6 月 10 天内的 400 个独立的电话号码之间的通话数据。其中，在第 8 天发生了一个事件，使得通信网络发生了变化。

首先，在构建完成有向通信网络之后，可以计算得出每天的出入度拓扑势分布（如图 7-50 所示）及规范化的出入度拓扑势熵如图 7-51（a）所示。从图 7-51（a）中可以看到，规范化的出度拓扑势熵均值在 0.8 左右，而规范化的入度拓扑势熵在 0.55 左右，意味着入度拓扑势相比于出度拓扑势更加有序，更能表示通话网络的特征。其次，分析角色距离，如图 7-51（b）所示，通话网络在第 4 天、第 8 天和第 9 天的行为角色分布发生了较大的变化，实际上，第 4 天，角色（role）1 和 role4 的比重增大，role2 和 role3 相对减小。在第 8 天和第 9 天，role2 和 role3 所占的比重持续增加。再次，分析 Top-*N* 排序距离，*N* 取值 5，10，15，20，25。如图 7-51（c）所示，入度拓扑势的 Top-*N* 排序距离发生了较大的变化，可以看到在第 7 天，Top-*N* 排序距离发生了较大的变化，意味着网络中发生了相对较大的事件。相对而言，如图 7-51（d）所示，出度拓扑势的曲线要平滑很多，并不能反映出网络中发生的变化，规范化的出度拓扑势熵也验证了这一点。最后，针对关键性的节点进行了演化分析，根据每天的拓扑势排序变化情况，从前 6 天的，得到节点 1，2，3，5 和 200 节点表现出排名较高，而且保持了平稳，且 200 号节点具有最大的邻居重要性度量，我们推断节点 200 为关键节点，并且这五个节点在网络中均起到重要的作用。然而在第 7 天，节点 306，309，300，61 和 397 的排序发生了较大的变化，取代了节点 1，2，3，5 和 200 的位置。综上所述，通过一系列的分析，得到入度拓扑势可以较好地代表该通话网络的特征，组织网络在第 7 天发生了较大的事件，并且推断出了网络中的关键角色的变化的结果。

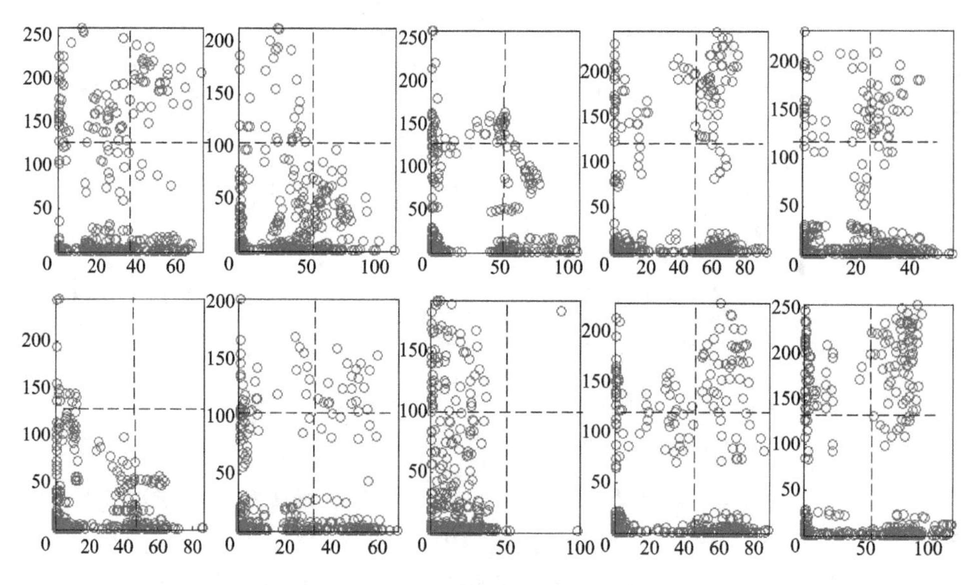

图 7-50　VAST 2008 数据集二维拓扑势分布变化

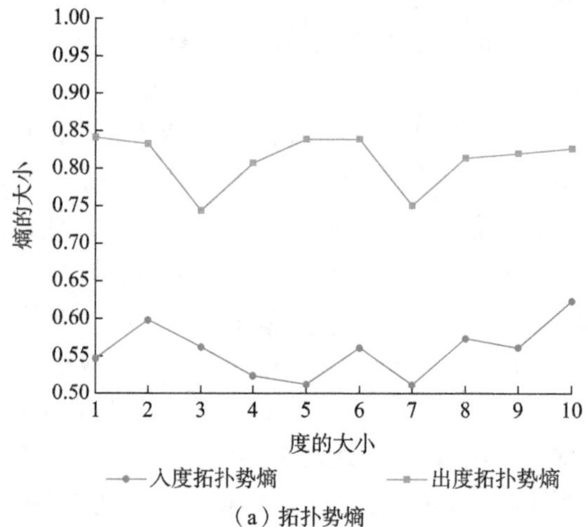

（a）拓扑势熵

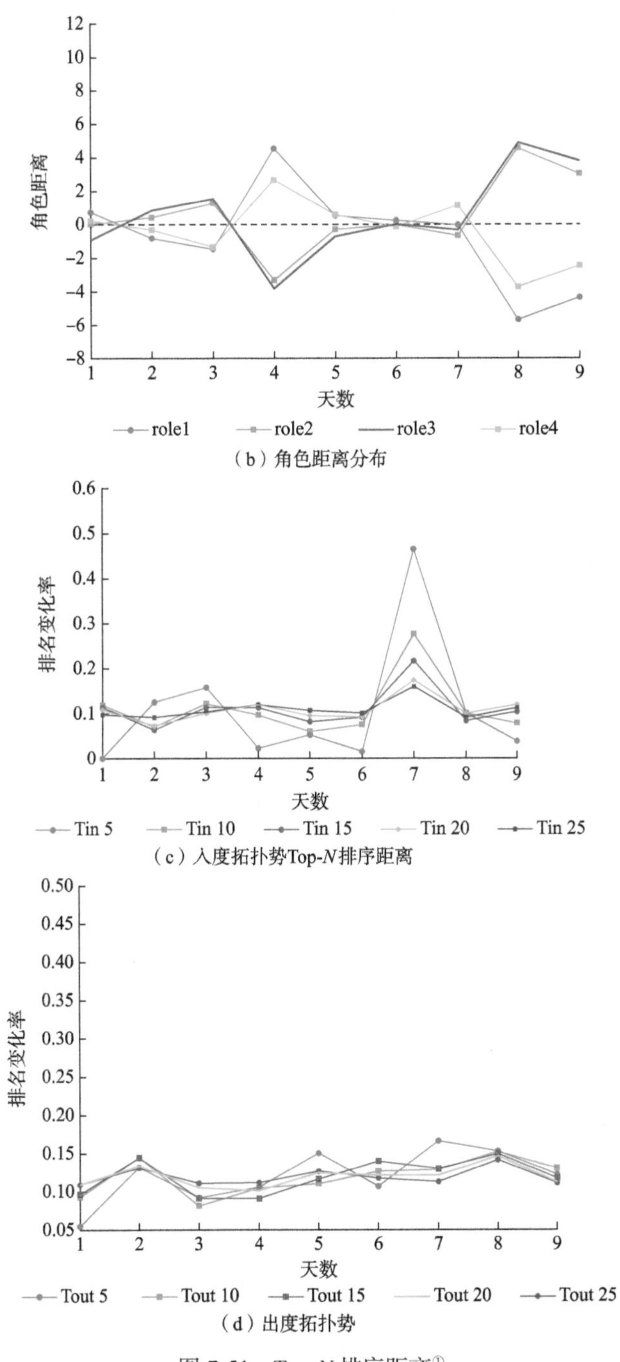

（b）角色距离分布

（c）入度拓扑势Top-*N*排序距离

（d）出度拓扑势

图 7-51　Top-*N* 排序距离[①]

① Tin 表示入度拓扑势；Tout 表示出度拓扑势。

在上述实验中，选取的都是典型的组织社会网络，其中 Company 数据集和 Strike 数据集为静态网络场景，VAST 2008 数据集为动态网络场景。针对前两个数据集的实验，可以看出，提出的方法可以适用于组织网络中用户重要性评价和角色分析，不同于其他的评价度量，提出的基于二维拓扑势的角色发现算法能够对用户的角色进行更细致的描述，分析用户在组织网络中角色和作用，具有一定的创新性。针对 VAST 2008 数据集，从出/入度拓扑势熵、角色距离、Top-N 变化量这 4 个度量角度对网络的演化进行了检测，实验结果符合数据集的真实描述。

5. 研究意义

对节点角色进行分析在社会网络研究中同样意义重大。在对节点的有向拓扑势进行定义的基础上，对角色发现问题进行了拓展研究，提出了一种基于二维拓扑势的节点角色发现算法，进而对有向加权网络中节点的重要性和角色给出了有效的评价。

7.6 本章小结

本章进行了互联网信息传播与演化的研究，话题发现方面首先提出了基于结构化信息新闻表示学习的双层聚类事件发现模型，从文本中捕获 4W + H 结构背后的信息，并以精细的方式集成它们，从而提升事件发现效果。同时，提出了利用主题中的单通道和人工监视器发现事件，并提出具有 TF × IEF 和 TDC（EEMBTT）的事件演化模型来构建事件演化关系。通过构建对分散的新闻信息进行话题发现和演化分析的模型，抓住事件核心，把握事件发展的趋势，实现对国家公共安全信息的高效发现。信息传播挖掘方面通过引入图演化博弈论对异质平均场理论加以改进，构建新的 SIR 模型，对互联网信息的传播动力过程进行了建模，实现对公共安全信息传播过程的充分感知。影响力和流行度评估方面对互联网上重要的社交平台微博平台中微博的流行度和影响力评估方法进行了设计，基于微博流行度和影响力可以进一步支持谣言信息检测模型的构建。意见领袖挖掘方面，通过建立基于有向拓扑势的节点重要性评价，可以识别互联网上的重要节点，实现对意见领袖的挖掘，进而实现对舆论的良性引导。

随着对互联网信息传播和演化规律研究的深入，对话题发现和演化模型的优化改进将为从海量信息中获取重要的国家公共安全信息提供方法；为传播动力学的深入研究为构建信息在复杂网络中的传播模型提供了方法。为信息流行度和影响力的评估和预测为定量衡量信息传播现状提供了支持；最终的意见领袖挖掘为舆论的控制引导奠定了基础。在上述互联网信息获取、感知的基础上，对互联网信息传播规律进行进一步的研究，着重挖掘互联网信息控制的相关规律，有助于最终实现对全网的舆论监督和信息控制。

第 8 章　面向国家公共安全的互联网信息行为的心理治理研究

8.1　研究过程设计

本章首先分析面向国家公共安全的互联网信息行为产生的宏观和微观要素，为后续的干预研究提供更全面的理论基础和分析框架。其次，本章提出在互联网信息行为现行治理模式的创新中，除了传统上普遍认为的社会结构、利益冲突、合法性等宏观因素是面向国家公共安全信息行为产生的机制外，基于社会心理视角的认知偏差和群体极化情绪等微观层次因素同样也是引发该信息行为产生的重要机制。再次，在剖析公共安全信息行为产生的框架内，我们建构网络社会张力概念、内涵及相关测量指标。最后，针对网络社会张力背后的活动主体——“人”，我们的研究将互联网偏差信息中的“人”分为倡导者、支持者和传播者三种类型。借用心理学干预技术，对偏差信息中三类人的心理治理策略进行了研究，以期为推动国家网络空间安全的有效治理提供可操作的“软性”治理方法。

本章研究过程如图 8-1 所示。

本章研究目标有以下几个方面。

目标 1：梳理和总结面向国家公共安全的互联网信息行为产生的宏观要素，为后续剖析其产生的微观心理学基础提供更全面的分析框架。

目标 2：基于社会认知的“有限理性”和“非理性”视角，探讨当代社会群体间认知偏差与群体极化情绪产生大量互联网偏差信息所形成的网络社会张力。

目标 3：在分析网络社会张力的起源、演化的基础后，提出网络社会张力是互联网中面向国家公共安全信息行为产生的核心逻辑。给出网络社会张力概念的建构维度与测量指标，该部分内容有助于指导大数据科学构建社会心理危机预警机制。

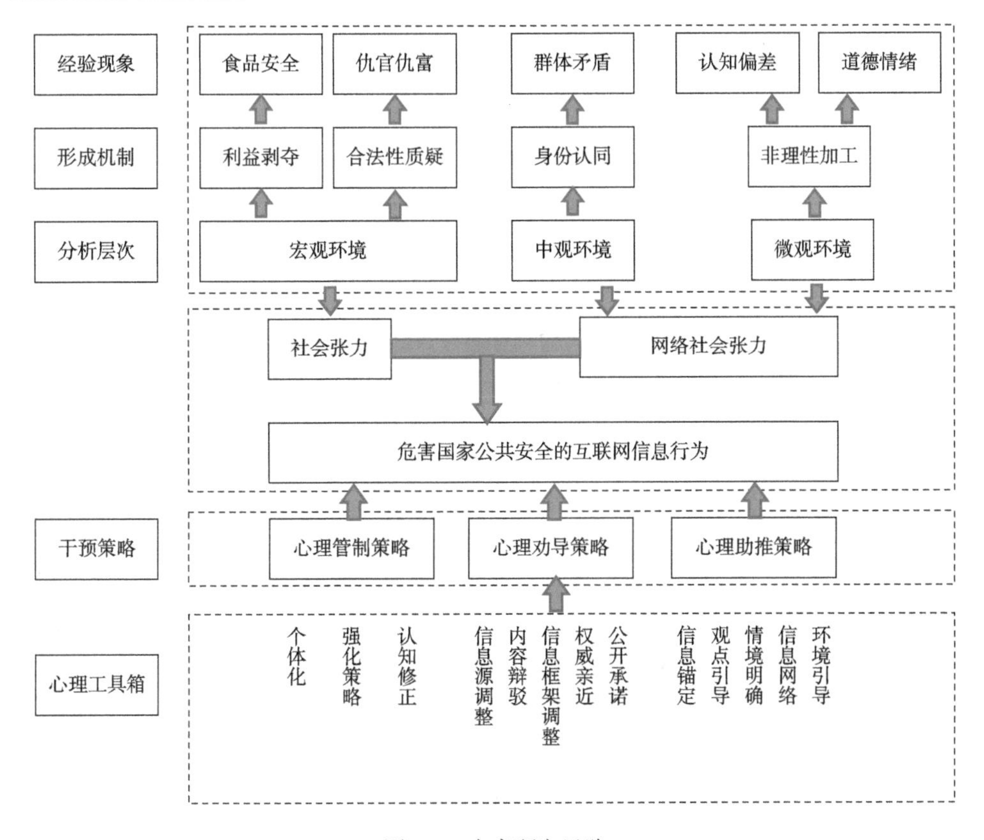

图 8-1　本章研究思路

目标 4：我们还将互联网偏差信息中的“人”分为倡导者、支持者和传播者三类。本书借用心理干预技术和方法对偏差信息中三类人的心理治理策略进行了归纳整理。

8.2　面向国家公共安全的互联网信息行为产生的社会背景

8.2.1　问题提出

改革开放四十多年来，随着社会结构变迁和社会群体流动，人们的价值观念、生活态度和社会行为，即所谓的社会心态也在发生着深刻变化。比如，社会转型必然带来社会不同群体利益格局的重新调整，导致群体间经济地位的差距加大，从而使得群际相对剥夺感增强，可能产生普遍的不满情绪，以致引发社会心态失衡，进一步导致群际威胁和群际侵犯。与此同时，随着信息社会的发展，中国已成为全球第二大"网络大国"。根据CNNIC第40次《中国互联网络发展状况统计报告》，截至2017年6月，中国网民规模达到7.51亿人，占全球网民总数的1/5。互联网普及率为54.3%，超过全球平均水平4.6个百分点。伴随着"网络公民"数量极速增加，网民借用互联网媒介表达对社会热点事件的认知、态度和价值诉求的网络行为也呈现出强大的震撼力。网络空间对国家公共安全已逐渐呈现嵌入态势。虽然包括中国在内的世界各国都对网络空间中的偏差信息进行了大量治理，但传统的互联网信息治理普遍存在着成本高、介入晚、反弹大等问题。其根本原因在于"人"是网络空间中所有活动的主体，互联网上的任何信息，都是个体信息行为的结果。因此，要达到对不良互联网信息"标本兼治"的目的，其关键是要从浩瀚的互联网信息中跳脱出来，紧紧围绕着网络空间背后的"人"来展开。本节提出以面向国家公共安全的互联网信息行为治理的心理学为基础，基于社会认知的"有限理性"和"非理性"视角，阐述当代中国社会群体间认知偏差与群体极化情绪导致大量互联网偏差信息产生的心理机制，群体评价中的认知偏差和群体极化情绪产生的后果形成网络社会张力，给出网络社会张力概念的建构维度与测量指标，有助于指导大数据科学即时而高效地预测网民个体在网络空间中面向国家公共安全的信息偏差行为，为构建社会心理危机预警机制、推动国家网络空间安全的有效治理提供可操作性的治理意见。

8.2.2 网络空间的性质与个人身份

1. 网络空间引发互动环境的改变

随着媒体技术发展，尤其是伴随着计算机和移动媒体的普及，社会个体不仅生活在一个现实社会中，同时也深处于虚拟的网络空间。那么网络空间究竟是什么，它有何种特征？这个问题并不容易回答。在网络的社会性研究中，学界用"网络社会""互联网社会""网络空间"等概念刻画由于网络技术介入形成的虚拟交流空间。但时常出现同一概念在不同学者的表述中其内涵和外延含糊不清的状况，随着对社会生活网络化研究的深入，对网络化社会特征的界定和把握成为理解诸多网络信息偏差行为与国家公共安全问题间关系的逻辑起点，因此清晰界定有关网络社会的相关概念，厘清相似概念间的区别是十分必要的。

"网络社会"（network society）是作为一种独特的社会形态被首次提出的。曼纽尔·卡斯特在《网络社会的崛起》论述，新诞生的网络社会是由信息的支配功能及在信息交互的网络化中组织形成的，建构了有别于工业化社会特征的全新社会形态。他指出网络社会是以"信息技术范式"为基础的社会，网络化的逻辑改变了原有社会形态的生产力、生产关系，进而改变了权力、文化和组织过程中的运作和结果（钟雅琴，2010）。从历史的发展来看，根据其具有的适应性、开放性、全面性等特征可以将其划分为有别于工业社会的一种新的社会形态。伴随网络社会兴起的后现代主义认为，网络社会是一个消除了一切中心、结构、边界和监控并以集体行动逻辑建构起来的公共空间。

“网络社会”作为以互联网技术为基础形成的交互空间，是嵌入到现实社会中的整体性存在。该含义下的网络社会实际上是指由互联网技术和媒介高度介入的现实社会，即互联网社会（cyber society）。首先，这一概念试图说明互联网空间不是一个由机器、数据组成的虚拟空间或单纯由网络技术组成的非人空间，互联网不仅是计算机间的互联，更是人际具有感情色彩的互联，其性质与以人的社会性为基础的现实社会无本质差别（Tapscott，1998）。其次，互联网社会是一切技术关系、社会关系及这两者关系的总和（郭良，1998）。这些关系包括以下几种类型：一是物与物之间的关系，如不同空间中的电子流的关系；二是人与物之间的关系，如涌现到网民眼前的各种信息；三是个人与个人之间的关系，如朋友从远方发来的电子邮件等；四是国家与国家之间的关系，如不同国家之间的“黑客大战”等。最后，互联网社会已然以信息社会为主要特征。电脑具有独立处理信息的能力，而互联网在电脑互联的基础上具有搜索信息、传递信息和处理信息的功能，这一功能是传统社会无法完成的（郑中玉和何明升，2004）。

同时，“网络社会”的概念也具有指代“网络社群”（cyber-community）的内涵。从微观视角来看，“网络社会”具体指主要借助互联网技术彼此沟通的虚拟群体及虚拟社区，如微信群、QQ 群等。网络社会是由成百上千个网络社群组成的，每个社群都有相应的边界和相近的价值取向，社群中的成员彼此分享某些共识、特定的适宜信息，甚至进行情感交流（Ludlow，1996）。在社群的意义上讨论网络社会对人的影响主要表现为以下三个方面。首先，网络社群的出现形成了长久稳定的个体间关系和群体间关系。虚拟社区的建立有助于身处现实社会不同空间中的个体针对特定话题展开信息交流，如新浪社区和微信群。其次，分享经验和教训。最后，它有利于网络中个体资源的彼此交换。

2. 网络空间引发人际关系的转变

网络空间是科技革命推动下后工业时代的产物，在 20 世纪 60 年代后期，以美国第三产业在产业结构中的比重首次超过第一和第二产业为标志，预示着后工业社会的来临。这一变化预示着人与自然之间的生产关系地位的下沉，以服务业为主的社会性生产关系地位的上升。以往传统工业时代的理性化和技术化塑造了基于工业文明的原子式、离散性的社会形态，进而培育出日趋冷漠的人际关系，人们在社会交往中很难体会到个人情感、归属感。然而随着网络社会越来越深地嵌入人们的生活，它不仅创造了人际交往的新的“空间”，也同时创造了全新的人际交往形式。这种交往是建立在人的需求和情感的基础上的。人际交往成本低、交往效率高等特征使得人们可以从熟悉的强联系人群拓展到相对陌生的弱联系人群。因此这种变化必然反映出从个体论视角转向社会关系视角来看待社会空间本身。在此，我们有必要进一步分析发生在网络空间中的人际交往形式如何影响互联网中“人”呈现自己（张莹瑞和佐斌，2006）。

首先，网络空间中的人际交往与现实社会中的人际交往最本质的区别在于“身体缺场”，这种不在场促进了个体自我认同结构的形成，并向社会认同转变。“在场”是指身体本身在事情发生或进行时的现场，其在社会关系层面上是一种主体间交往互动的实在关系。传统社会是身体“在场”的空间，身体总是真实地嵌入现实生活的互动中，个体以身体感觉的直观性来维持自我概念或自我认同感（刘少杰，2014）。但由于网络中的交往形式以互联网媒介为基础，其中展开的人际互动不像现实生活那样依赖身体感受，人们在互联网中摆脱身体进行互动时，同时也可以从现实中的身份中解脱出来，换句话说，网民个体可以在身体不在场的空间中，更加真实地脱离现实中特有的“角色”身份制约，从而凭借自身的兴趣、需要或动机，期望在网络空间中重新展示自己新的“角色”身份，实现全新的自我认同和自我塑造。

其次，互联网的匿名性和开放性特征也使人们在网络空间的自我认同空间超越了真实世界的边界。依据法国后结构主义哲学家福柯（Foucault）的观点，人的自我是被发明出来的，而不是被发现的。因此，人本身不存在任何不可改变的规则或规范，也不存在任何隐藏在表象背后不变的本质。网络空间的人际交往，在某种意义上正是福柯所说的“发明”是一个发明新的自我的过程。人们恰是充分依赖网络的匿名和连接属性，无限地扩展自己的人际交往，充分地在陌生人面前展示自己的认知、态度和价值取向。因此，以网络空间的“身体缺场”为外部条件，以自我呈现和自我塑造的需要和动机为内部动机的社会认同机制几乎不受任何网络社交形式的限制，由此个体的社会认同具有了不确定性和随机性。在网络空间，每个人实际上有更多自主权，去选择以什么样的“角色”参与到网络的互动中，网民个体既可以是参与者，也可以是组织者；既可以是观众，也可以是演员。这使网络空间成了一个真正自由的场所，一个完全开放的空间，其中存在着无数的不确定因素与无限的可能性，任何人都可以在其中按照自己的意愿和喜好与别人交流与沟通。同时，网络空间也提供了比以往任何交往方式都要广阔得多的对话界面。人们不仅可以利用网络延伸人际交往的物理空间范围，也利用网络认识各种各样的人，接触更多的陌生人，并与之进行交流和互动（James，2002）。互联网的这种沟通、联系功能作为个人社会认同过程中的重要外部环境，让许多原本没有机会相识，或者没有条件保持联系的人们，得以沟通和交谈，进而互相了解，甚至能够维系感情。这样的匿名和开放性空间，为人们提供了交往的自由，也提供了个人在网络空间重新塑造自我的自由。在网络空间中，心灵摆脱了物质和现实规范的束缚，找到了建立在想象的交互感应基础之上的新交往空间。因此，个人可以在网络空间这一“虚拟”空间里，根据自己的兴趣和喜好，在自己的知识结构和想象力所及的范围内，自由地选择和塑造身份，进行自我表演和呈现，这恰好从另一个角度说明了人们在网络空间中的存在所具有的不确定性和多样性特质。

最后，网络的虚拟性削弱了自我呈现的社会约束（姚琦等，2014）。“身体的不在场”致使虚拟的网络空间并不像现实社会那样具有明确的物理空间感。现实中个体的互动交往总是受到具体空间的制约，互动的规模和频率限制了交往范围的延展性。而在网络空间，个体超越了物理空间进入了一个共享的、心灵可通达的无限空间。网民个体在现实中的自我身份原本是基于个体在现实社会中的位置、资源和关系中形成的稳定的“角色”，受真实情境中社会利益和社会规范的制约。一旦进入虚拟的网络空间，个体可以暂时回避那个“稳定的自我身份”，不必适应现实中社会期望对自己的要求，相反，可以依据自己对社会期望的判断重新确定新的身份。个体可以在网络中重新定义自己的性别、年龄、职业、身份和人格等，在网络交往过程中依据外界提供的无限情境和需要调整自我呈现的样态。从个体层面，按照网民个体在互动中与现实社会中角色的一致性程度为标准，可以划分为互补性角色、吻合性角色、混乱性角色、冲突性角色四种类型；从网民群体层面，按照网民群体在网上的行为标准，可以划分为卫士族、暴民族、愤青族、偶像族、娱乐族、漂族、闪族等。

综上可知，网络空间特有的“身体不在场”、“匿名性”和“虚拟性”重新塑造了现实中个体间人际互动的内容和形式。网络上的交往实践扩展了传统社会中交往的规模，脱离现实情境中对个体的社会期望，其本质是在更为广泛的社会信息中，通过交流信息的方式解构与重构原有自我身份的微观互动过程。网络交往中“自我角色”的生成既是网络互动的结果，同时也是进入之后网络互动扮演新的“身份”的开始。

3. *网络空间促发身份认同的改变*

由信息技术革命推动形成的网络社会，其基本内容是人们的信息交往实践，它是人类有史以来最活跃、最复杂、最广阔的实践场域和社会空间。科斯特论述了理解网络社会中的社会矛盾及展开形式的关键是网络社会中的认同问题。网络社会作为有别于传统社会互动情境的存在基础，促进了个体从自我认同和群体认同向真正意义上的社会认同进行的深刻转变。因此，认清网络社会中社会认同的过程，有助于理解网络语境下社会矛盾的实质。

互联网技术在某种程度上为个体身份的建构提供了外部现实条件，互联网信息行为发生在对某种网络群体或网络信息的认同的基础上。吉登斯认为，认同是个体在自我反思的基础上所形成的自我知觉，它要求个体将“自我”作为客体置于社会关系中进行反思，与社会他人的行为进行参照，完成主体自身思维提示的觉醒与转置。从认同与他人的关系上看，认同的过程就是作为参考坐标的社会他人可以以任何形式影响个体对于“自我”的感知。卡斯特在其《认同的力量》中进一步阐述，作为虚拟的场域，网络社会形成了一个新的交往空间，人们的言行从现实的语境中抽离出来放置在更为广阔的整体中，它被进一步放大并跟随网络情境的改变而改变，我们的世界及我们的生活正在被全球化与认同的冲突性趋势塑造着。

8.2.3 网络信息中的认知偏差

随着社会生活的网络化，互联网媒介的结构和性质在宏观上对现代社会个体社会认同中的影响深远。同时，网络传媒对微观个体的互联网信息行为影响的演变过程的研究虽然推动了新闻传播学、统计管理学、社会学和社会心理学等领域对相关议题的理论重视，但在网络信息的发展过程中，由于监管不到位，出现了舆论引导方面的负面问题。因此，应积极探索有效避免网络信息舆论引导产生消极影响的措施，突出网络新闻的信息传播效果和舆论引导效果。因此探求互联网信息行为背后的“人”的心理认知过程，对于理解网络信息偏差行为形成和传播的规律具有重要意义。

1. 互联网信息行为的研究

社会中的每一个成员无不身处于相互联系、不可避免的网络世界中。可以说现代社会活动与交往的物理载体就是由交通网络、人际网络、移动互联网等相互作用和重叠所组成的有机复杂网络。然而网络系统运行的机制如何？我们如何认识网络上个体的信息行为从无序到有序、从混沌到结构、从随机到同步等一系列的形成和演化规律呢？为了回答以上问题，我们有必要从不同学科的视角来理解网络系统是如何运作的。

从社会物理学原理的互联网治理观出发，事实上，真实社会中的个体被化约为系统中的微观粒子。群体由这些粒子组成，并受时间和空间范畴的约束表现出一定的运动规律。同时社会物理学假定人的行为并非出于理性，但群体中的个体行为能表现出某种规律性。近年来，具有代表性的伊辛模型（Ising model）在研究网络相变和临界方面已经被广泛地应用于解释某些社会现象的舆情演化过程中，如信仰扩散和公民选举行为等。伊辛模型中假设，物质的网络结构中每一个节点会受到其他比邻节点 K_i 及外部场力 I 共同形成的局部场 h_i 的影响，每个节点被赋予 + 1 或−1 两种性状，因此便具有了变相的可能，即存在于任何物质的分子结构中的粒子的随机翻转引发了能量整体的变化。物理特性和分子结构均发生显著改变，最终导致系统中粒子的物理、化学性质完全相同，却形成了具有明显分界面的相（Suzuki and Kubo，1968）。因此该模型认为在任何舆情演化伊始，局部场和群体中的个体的活跃度呈正相关，活跃度越强的个体由于拥有更大的与其他节点交互的概率，能够产生局部较强的场，随着个体间交互频率的增加，个体将会受到更强的局部场作用（Brush，1967）。换句话说，社会中的个体在下一时间点改变自身状态的概率由局部场 hi 和温度 T 两个变量共同决定。在舆情演化过程中，当社会舆论朝向某一方向时，网络中的个体态度随着与局部场相反的态度的概率增加而改变，随着量级的积累最终引发了某一舆情事件的演化。这些模型大多建立在网络是一个独立系统的基础上，即节点观点的改变仅受邻居节点的影响，而不受任何其他因素的影响，这并不符合现实中网络舆情发展的特征。我们的社会是一个开放的复杂系统，人们的各种观点不仅受到周围彼此熟悉人的影响，也会受到外界环境，如政治广告、国家政策等的影响，这些外界的影响被称为外场。

社会物理学或物理统计学则是在物理学的基本假定基础上，对舆情演化进行逻辑推演的。其假设①时空范畴中的任何物质具有“差异”的普遍性和绝对性。②“差异”在量级上积累必然产生“梯度”。③广义上的“梯度”产生特定朝向的“力”，进而产生“流”。社会物理学借用以上物理学思维的概念研究了群体行为的存在形式、相互关系、响应强度、变现强度、敏感性和稳定性等社会性议题。尽管在遵从物理社会学的基本逻辑框架下获得了大量的研究成果，但仍然有其不足。例如，在以上模型中通常假设网络中的节点会与所有相邻节点发生相互作用关系，这一假设与事实并不完全一致。再如，节点间的连接仅仅表征了个体间的人际关系、信息沟通的双向流动关系，然而这一假定本身并不必然导致信息流的产生。换句话说，一个个体可能会和很多人建立朋友关系，但这并不表示在局部舆论引导下，该个体会向所有建立朋友关系的人表达和传播对所有事件的态度。

从经济学角度看，网络中的个体同样服从理性人假设，互联网信息行为的产生都基于成本与收益博弈的思维过程。互联网信息行为可以被看作电子商务情境下的产品消费决策的消费问题（Antonides，1989）。Peter 和 Tarpey（1975）提出的消费决策理论假设消费者对产品效用的感知结果按属性可以划分为正效价或负效价。消费者选择消费的过程就是对产品带来的效用大小进行评估的基础上的决策过程。同样，个体在接收和传播互联网信息时也会受到成本、风险及自身认知的多方面影响，并且依据边际效用递减理论，互联网信息行为的量级会随着新闻舆论产生效用的增大而逐渐减少。

事实上，以伊辛模型为代表的物理学范式是个体在特定情景下产生的信息传播的行为，虽然该模型能将复杂的外部影响进行简化，把复杂的社会舆论演化机制转化为物质结构相变的过程，启发并获得了大量的研究成果。但简单的统计模型是对传播行为演变的描述而不是对传播机制的揭示。因此要想探究互联网信息行为背后的本质规律，必须通过揭示信息传播者背后的人的心理过程机制来挖掘更深层次的人的网络信息行为。在经济学研究的范式中，互联网的信息传播行为的分析被隐喻为消费者对产品的消费决策的分析，在理性人假设和边际递减效应的约束下，揭示了网络信息在扩散进程中刺激累加与衰减机制。纪诗奇（2014）在其研究中对消费决策模型进行了改进，通过建立结构方程模型来研究影响信息传播的心理认知因素。结果表明传播行为显著与态度、传播效益、风险认知及相关变量之间呈正相关。这些研究都在提示我们，对互联网中信息偏差行为机制的揭示，离不开对互联网中的人的大脑内部的各种心理过程加以把握和理解。

2. 互联网信息行为的认知偏差

一直以来，针对互联网信息行为的研究都是计算机科学（Bagnoli et al., 2007; Sznajd-Weron，2004）、管理学领域的理论焦点，但并没有因此形成统一的分析框架。物理学、统计学及经济学的分析逻辑和研究范式有意无意地指导着网络信息行为在治理逻辑方面的研究。因互联网治理研究又受到交叉学科性质的影响，更多不同学科的研究思路都为互联网行为治理议题提供了丰富的理论资源。例如，经济学从“完全理性人”的假设出发将互联网信息传播行为概念化为商品消费的决策行为。理性人假设意味着人类普遍具有按照经典命题逻辑、概率理论等形式化的数理规则进行推理和行为的能力，当人们的推理、判断、决策能基于以上抽象的数理规则预期个体行为反应时，人被视为是理性的。然而，该假设本身就受到其他学科，甚至包括经济学体系内部的质疑。在经济学体系内，经济学家西蒙在企业经济学和组织行为学领域的研究中发现，在当今复杂的社会信息中，一个人不可能获得所有必要的信息来做出完全基于理性考量的判断，也不可能总是在理性推理的基础上追求自我利益的最大化。实际上，人们在遇到困境时往往依靠以往的经验，即凭借启发式（heuristics）也能很好地解决问题（周国梅和荆其诚，2003）。自此，西蒙围绕启发式的研究突破了古典经济学中对人无限理性的强约束假设，在充分考虑到人的心理因素对经济行为的作用下提出了“有限理性”（bounded rationality）假设。

卡尼曼和特沃斯基在西蒙“有限理性”假设的基础上，将认知心理学中，如大脑信息加工过程、知觉判断、框架效应等概念引入经济决策领域并提出了“非理性人”假设（李纾等，2012）。其著作《在不确定基础上的判断：直观推断和偏见》中阐述道，人们经常是依据朴素经验做出决策判断的，因为人们的日常思维和经验是以具体内容为表征的，脱离内容或事件的内容而仅仅依据抽象的推理规范来解决问题不符合实际的生活习惯。认知心理学的研究同时也表明，人的信息加工能力是有限的，如在精细化加工外部信息时所需的注意力资源、工作记忆的加工能力和输出结果的执行控制能力有限。个体在具体的情景中，依据某种逻辑规则进行完全和理性的推理判断的假设，并不能与人们在真实世界中问题解决的过程相匹配。因此，心理科学领域的实证结论不断地修正“经济人”假设，揭示了人类在做出复杂决策时个体“非理性”的内部认知过程，为更深刻地改善人类的决策行为做出独特贡献（李纾等，2012）。这同时也暗示我们，对互联网信息行为的研究其实质是对背后“人”的研究，对互联网信息行为的理论分析和治理，更离不开“人”对网络信息加工过程的研究。个体的生活经验对当前的信息加工有何作用？网民个体是如何加工网络信息的？互联网信息的表征形式如何影响网民个体的信息加工过程，进而产生了面向国家公共安全的互联网行为？以下结合心理学的相关理论、概念和实验证据试图从信息认知加工的角度分析网民的互联网信息行为。

在过去的40年中，大量认知心理学研究证据表明：人并不是在“大脑白板”上接受刺激，一个人的认知图式会对他的注意力偏好、记忆、信念等产生影响。工作记忆的大量研究表明，个体存储在记忆中的知识和经验会对当前的信息加工处理产生影响。个体在接收到外界信息的同时也会与以往的认知结构联系起来。在社会心理学领域，社会态度、刻板印象、偏见等概念表征了在针对社会群体或事件时由一种被包含无意识的、自动化激活的认知图式参与加工的社会认知现象，一方面这些认知图式极大地提高了行为人的知觉、推理、判断与决策的速率和效用；另一方面，网络新闻信息或评论信息作为网络事件的创作者和传播者也有意无意地将自己对事件或信息的刻板印象或消极的态度和偏见带入到信息的编辑和传播中，导致了网络信息在产生或传播之始便存在大量偏离客观事实的评价。然而在互联网治理的文献中，发现很少有从个体的信息加工过程角度分析互联网的信息行为。因此，以下部分希望通过人对社会知觉中的“刻板印象”文献的梳理，表明个体在“非理性”的认知过程中产生了对社会个人或群体的偏差，互联网中面向国家公共安全的互联网行为本质上是个体在认知偏差的基础上形成的，因此为网络偏差信息行为治理思路提供了心理认知的分析框架。

印象评价（impression evaluation）是产生网络信息偏差行为来源的认知偏差之一。印象评价对人们来说似乎再熟悉不过，日常生活中不乏这样的表达，如“北方人豪爽，南方人精明”，“90后”是“垮掉的一代”，“农民工能吃苦”，等等。但是，从学术研究的角度来定义“群体印象评价”（group impression evaluation）却并非易事。以“群体印象评价”或“印象评价”为题或关键词检索国内外主要文献数据库，几乎未检索到相关文献，更不用说对其的科学界定。概念反映了现象的本质，引导着人们的认识，尽管印象评价在概念界定方面还存在某些争议，但人们一般承认，群体印象是基于内在需要或外部要求，按照一定的标准，在对与群体有关的信息进行归类、判断、推理等基础上，对群体的优势、价值和意义等进行衡量的心理活动。

印象形成不是一个准确无误的过程，而是一种充满了偏差、误读和矛盾的过程，其主要表现就是刻板印象（stereotype）、偏见（prejudice）和歧视（discrimination）（王沛和贺雯，2015）。其中，刻板印象属于一种社会认知偏差，偏见是以刻板印象为基础对外在对象的情感反应偏向，而歧视则是基于刻板印象和偏见的行为偏向（佐斌等，2006）。Aronson 等（2012）认为，偏见的认知成分是刻板印象，同时能够以歧视的形式影响行为。由于印象评价主要指涉及认知和情感的内容，本节主要关注刻板印象和偏见这两种印象评价偏差。

1）刻板印象

1922 年 Lippman 在《公众舆论》（*Public Opinion*）一书中首次提出刻板印象的概念，作为解释社会知觉与印象形成过程的重要概念，刻板印象一直是社会认知领域研究的热点。作为一种认知偏差，刻板印象有积极和消极之分，但一般把刻板印象视为消极的（Nelson，2009）。

关于刻板印象的概念定义很多，如刻板印象是包含感知者对社会群体及其成员的知识和信念的认知结构（Hamilton et al.，1990）；刻板印象是特定文化中的一群人对某个社会化群体形成的一种共有的、概括的和固定的观念和看法（Fiske et al.，2010）；刻板印象是对特定群体及其成员的特征、品性和行为固定化的看法和信念（Hilton and von Hippel，1996）；刻板印象是对群体概括化的认识，群体的特征被分配给该群体的几乎所有成员，而不管成员之间的实际差异如何（Aronson et al.，2012）；刻板印象是一种涉及知觉者的关于某个人类群体的知识、观念与预期的认知结构（王沛，1999）。综合以上定义，我们将刻板印象概括为对群体的概括化和固定的认知。

由于刻板印象本身的复杂性，对其理论解释也很多，如表征刻板印象的原型模型（prototype model）、样例模型（exemplar model）、联想网络模型（associative network model）、图式模型（schema model），解释印象形成过程的图式过滤器模型（schema filter model）等（连淑芳，2003；王沛和贺雯，2015）。进入 21 世纪以来，刻板印象内容模型（stereotype content model，SCM）的提出（Fiske et al.，2002）在刻板印象研究的领域产生了巨大影响，促使人们又重新开始关注刻板印象的内容。本节重点介绍刻板印象内容模型。

Fiske 等（2002）认为，对刻板印象形成过程的研究应该建立在刻板印象内容研究的结果上，对关于刻板印象形成过程理论有效性的检验也应以弄清不同群体的刻板印象内容为前提。为此，他提出了刻板印象内容模型，将群体置于社会结构中予以预测并解读刻板印象特征，这成为近年来刻板印象研究领域备受关注的模型之一（Eckes，2002；Roussos and Dunham，2016；Walzer and Czopp，2011）。该理论以特质关联为理论基础，认为个体虽然对不同社会群体成员有着不同的刻板印象，但这些内容可以用热情（warmth）和能力（competence）两个维度来概括，并将社会群体按照这两个维度的高低之别划分为四类群体丛，分别是：高热情–高能力群体（high warmth-high competence，HW-HC）、低热情–高能力群体（low warmth-high competence，LW-HC）、高热情–低能力群体（high warmth-low competence，HW-LC）及低热情–低能力群体（low warmth-low competence，LW-LC），并认为相应地存在爱慕、嫉妒、怜悯及轻视 4 种不同的群际情绪，提出混合刻板印象、内群体偏好、外群体贬义及社会结构因素预测刻板印象的理论假设，以比较群体间异同（Cuddy et al.，2009）。

国外许多研究者对该模型进行了检验，得出了肯定的结论（Collange et al.，2009；Fiske et al.，2002；Fiske et al.，1999）。后续的基于跨文化的研究也支持了该模型，如在 7 个欧洲国家（地区）和 3 个亚洲国家（地区）进行的研究表明，SCM 可以作为一种跨文化的工具，用于预测群体刻板印象与社会中其他群体的结构关系，并在不同社会之间进行比较（Cuddy et al.，2009）。国内也有研究者对该模型进行了验证，认为该模型具有良好的信度和效度，有很好的预测作用（管健和程婕婷，2011）。

但也有不同的观点。郑健和刘力（2012）通过考察大学生对农民工的刻板印象内容，发现“热情”与“能力”维度并不在其中，他们认为刻板印象内容模型在我国不具有普适性。石长慧和王卓妮（2017）的研究发现，虽然 SCM 模型关于混合刻板印象评价和社会地位可以显著预测群体能力的假设得到验证，但是关于群体偏好的假设没有得到数据支持。高明华（2010）的研究表明，人们对社会群体的感知和评价是围绕“才能—道德”两个维度展开的，而且相对于才能，道德居于更主导的地位。新近的研究也发现了道德在中国人刻板印象评价中的作用，认为中国人的刻板印象内容模型由道德、社交性和能力三个维度构成（程婕婷等，2015）。另外，Guan 等（2010）采用该理论模型考察了中国内地对香港地区居民的刻板印象，结果表明，除了 SCM 所提出的能力和热情特质外，价值观和信念也成为对香港地区居民刻板印象的重要组成部分。以上研究表明，由于中国社会和文化的独特性，尤其是中国人对于道德、价值观等的重视，该理论在解释中国人刻板印象的内容时出现了“水土不服”的现象。恰如国内有学者指出的，该理论诞生于西方的社会事实与文化背景，即便已得到十余个不同国家和地区的跨文化验证，仍难掩刻板印象内容模型同本土化学术传统和现实情境方面的摩擦（汪新建和程婕婷，2015）。可见，对这一理论未来在中国文化和社会情境下适用与修正的探究仍将继续。

2）偏见

从 20 世纪 20 年代起，对美国社会种族歧视现象的关注使偏见（prejudice）开始进入心理学家的视野。1954 年，美国社会心理学家 Allport 的《偏见的本质》一书的出版拉开了关于偏见科学研究的序幕。关于偏见的定义有很多，Allport 认为，偏见是人们在不充分了解的基础上产生的难以改变的厌恶之情，这种厌恶感可以直接针对整个群体，也可以针对属于该群体的某个个体（张婍等，2009）；偏见是对团体或团体成员的消极态度（Stangor，2009）；偏见是对特定外群体的消极态度（Brewer，1999）；等等。国内有学者认为，偏见是人们在社会认知过程中形成的、偏向于某一方面的、妨碍人们对社会心理信息进行正确表征和加工的一种负性态度（贾林祥，2010）；偏见是仅仅依据其成员身份，对某一群体及其成员在认知和情感上所表现出的负性认识与评价，负面评价是其标志（贾凤芹，2013）。

总结以上关于偏见的定义，可以发现偏见具有以下特点：①以有限的或者不正确的信息为评价基础；②有先入为主的判断；③负性评价。据此，我们将社会偏见界定为：基于非客观或非真实的信息而对他人或其他群体产生的负性评价。

同刻板印象的研究类似，偏见的研究也呈现了诸多理论解释，如成分说、分离模型、现实冲突论、“替罪羊”理论、再分类模型等（王沛和贺雯，2015）。本节将主要阐释比较有影响力的社会认同理论（social identity theory）。

社会认同理论由 Tajfel 等在 20 世纪 70 年代提出，Turner 对 Tajfel 的社会认同理论进行了补充。该理论认为，社会偏见的形成基于三个过程：分类（categorization）、认同（identity）和比较（comparison）。首先是分类，就是将不同特征的个体归为不同的团体而构成各群体，分类是偏见形成的基础。其次是认同，即个体与自己所属群体的成员间互相认同和接纳。认同的结果是个体将与自己特征相似的成员组成的群体视作“内群体”（in-group），而将其他与其特征不同的群体称为“外群体”（out-group），这种区分促使个体总是将有利的资源分配给内群体成员，这样偏见和歧视就发生了。最后是比较，人人都有满足自尊的基本需要，获得社会认同是满足自尊需要的重要途径，通过比较，人们会极力地发现内群体成员身上的优点，并对外群体成员做出消极评价以提升自我的自尊水平（Brown，2000；张莹瑞和佐斌，2006）。

该理论一经提出便引起了广泛关注，一系列的研究对该理论进行验证并从其最初的研究领域影响到态度和行为、去个性化、群体凝聚力、表现和决策、领导力、社会影响和刻板印象等其他诸多的领域，并且在内群体偏见、对地位不平等的反应、群内同质性和刻板化观念及通过接触改变群体间态度这四个领域取得了重大成就（Brown，2000）。该理论也引起了国内学者的关注，但目前大多还停留在理论介评方面（陈浩和薛婷，2010；陈世平和崔鑫，2015；闫丁，2016）。也有学者对该理论进行了实证检验，结果验证了该理论（邓欣媚等，2008）。

3）社会群体印象评价的研究对象

国外刻板印象和偏见的研究对象都是根据性别（Rudman et al.，2012）、年龄（Kite et al.，1991）、民族（Lin et al.，2005；Nesdale，2004）、地域（Kervyn et al.，2013）、职业（Hewstone et al.，1992）及一些比较特殊的少数群体（Meyer，2003）等类别特征来选定具有典型特征的一类群体进行研究并取得了丰硕的成果。国内在研究对象的选择上与此相似，但又往往结合了中国文化及社会发展和变革的特点，一定程度上体现了刻板印象研究的中国特色，主要研究的群体类别和内容列举如下。

（1）性别。性别刻板印象与偏见方面的研究，兼顾男性和女性群体，如有研究发现如果把专业技术职业与男性联系起来，把服务业与女性联系起来的现象（于泳红，2003）；男性适合从事何种职业的刻板印象强于对女性适合从事何种职业的刻板印象，且男大学生对男女两性适合从事何种职业的刻板印象强于女大学生（姜晓琳等，2010）；男性比女性更擅长数学（马芳和梁宁建，2008）；等等。

（2）年龄。随着中国步入老龄化社会，对老年人群体的刻板印象和偏见问题得到越来越多的关注，如认为老年人和善、从容、小心谨慎、懂得知足但保守、健忘、显得孤零零（林巧明和石向实，2010）；大众对农村留守老人持有刻板印象，将农村留守老人消极化、极端化和污名化（张衍，2017）。

（3）民族。例如，维吾尔族对汉族的刻板印象（苏昊，2014），以及汉族对少数民族的刻板印象（党宝宝等，2016；党宝宝和万明钢，2017；高承海和万明钢，2013）。例如，比较汉族大学生和少数民族大学生彼此持有刻板印象的内容，双方认为对方有热情、善良等特征，同时汉族还对少数民族持有团结、豪爽、能歌善舞等印象，少数民族对汉族持有聪明、勤劳、有创造力等印象（党宝宝等，2016）。

（4）地域。如香港人和内地人相互之间的刻板印象，发现香港被试对内地人刻板印象既包括 SCM 的“热情”和“能力”也有“道德”方面的内容；内地被试对香港地区居民有“价值观”“热情”和“能力”等刻板印象（赵卫星和郑希付，2016）。

（5）职业。例如，图书管理员群体（刘静羽等，2010；徐建华和王翩然，2015）、科学家群体（伍新春等，2010）、医护人员群体（瞿晓萍和叶旭春，2012）、公务员群体（刘学斌，2013）等。

（6）少数群体。例如，对同性恋群体的刻板印象和偏见（张陆等，2015），对乙肝患者的偏见（任宏等，2016）等。

另外，中国社会的发展产生了新的群体，对这些群体的刻板印象和偏见也得到了研究者的关注，主要集中在农民工及其子女群体（高明华，2013；李永健和谭恩花，2006；莫琼琼和贺雯，2014；郑健和刘力，2012）、独生子女群体（法波，2011；

包蕾萍，2008；风笑天，2010）、新市民群体（徐朝娜等，2017）等。

综观国内刻板印象和偏见所选取的研究对象，主要呈现以下特点：①全面性，几乎涵盖了社会群体的方方面面；②时代性，关注社会发展所产生的新群体、新变化；③人本化，表现在对社会弱势群体的关注上。

8.2.4 社会群体印象评价的影响因素

社会群体印象评价受多种因素的影响。Bar-Tal（1997）提出了影响刻板印象形成和改变的整合模型，把前因变量分为三种：社会背景变量、中介变量和个体调节性变量。社会背景变量是指群际关系历史、社会—政治因素、经济状况、群际关系的性质；中介变量是指政治—社会—文化—教育渠道、直接接触及家庭氛围和主张；个体调节性变量是指信念、态度、价值观、动机、人格、语言载体、认知技能的发展。综合其他相关文献，将影响社会群体印象评价的因素择要概述如下。

1. 认知因素

人们在认知的过程中，往往会把信息进行归类、整合并形成新的知识框架和图式，再利用这些知识框架和图式去解释新的信息。通过分类和简化信息，人们往往形成一些刻板印象和偏见，进而影响到人们的行为。

（1）社会分类的认知简化。社会分类的研究可以追溯到 Allport 和 Lippman 的研究，他们都认为分类和刻板印象是伴随着社会知觉的一种自然自发的过程（Fiske et al.，2010）。Allport 曾指出，虽然刻板印象并不可取，但是仍可以部分被视为无处不在的、普遍有用的分类和歧视认知过程的自然结果。对人进行分类似乎是人不学而能的一项认知技能，在社会认知过程中，人们往往根据明显的线索，如性别、国籍、种族、宗教、身体特征等将人归入不同群体。社会分类是必需的，社会分类不仅节省了认知资源、减轻了记忆负担，还能够提高认知效率，但是这种简单的认知过程往往会产生以偏概全的副作用（Todorov and Engell，2008）。

（2）内群体偏好与外群体贬损。对人群分类的结果，会产生在某些方面与我们相似的所谓内群体，以及与我们不同的外群体。人们往往以积极正面的情绪和特殊待遇去对待内群体成员，这种现象叫内群体偏好；而以消极负面情绪和不公正待遇去对待外群体成员，这叫作外群体贬损（Aronson et al.，2012）。产生内群体偏好的主要原因是人们需要借助所认同的群体以提高个体的自尊，即由于我所在的群体是优秀的，因此我也是优秀的。而优劣的判断要经过社会比较的过程，即内群体要优于外群体，这就产生了对外群体贬损的后果。

（3）外群体同质性效应。认为外群体成员是相似的，不同于“我们”，并且“他们”的同质性要比内群体成员间的同质性高。产生这一效应的主要原因是，人们在认知的过程中过分夸大了外群体间的相似性和内群体间的差异性。一般来讲，面对越是熟悉的群体人们越能看到其多样性，而越是不熟悉的群体人们的刻板印象越严重（Linville et al.，1989）。另外，一个群体的规模越小，力量越弱，人们对其关注也就越少，也就越容易对其产生比较严重的刻板印象。

（4）归因偏差。人们在解释别人的行为时，总是将人们的行为归结为其内部倾向，而忽视了外部情境因素的影响。过分依赖内部倾向会导致判断失误，如把男女两性的行为简单归因为他们的天生倾向，认为是其生来就有的特质。越是认为人的特质是一成不变的，就越容易产生归因偏差。这种过度概括化的倾向极易导致负面态度与歧视性行为。另外，在对个体行为进行归因时，人们往往对内群体成员给予积极归因，而对外群体成员则给予消极归因。例如，将内群体成员的成功归因于其内部稳定的倾向性，将失败归因于外部不稳定因素，如情境压力大或环境不利、运气不佳；将外群体成员的成功归因于外部不稳定因素，如运气好，将其失败归因于内部稳定因素。

（5）群体实体性的影响。他们探讨了群体实体性与不同知觉表征策略可能存在的关系。结果发现具有高实体性的群体可能具有较高的原型表征，并使得被试更有可能形成对群体的刻板印象；而低实体性的群体则具有更好的样例表征，较之于高实体性的群体，他们不容易使被试产生刻板印象。相对于低实体性的群体或者无实体性的松散集合，人们对于高实体性群体的印象表征需要更长的加工时间，并且会在群体成员的再认辨别中出现更为显著的刻板化判断。进一步的实验发现，之所以出现以上现象，是因为高实体性的群体的印象表征加工出现了更多群体成员特征的相互迁移及对成员信息的整合性加工的现象。因此，群体实体性是影响和导致群体刻板印象产生的重要因素，它通过影响人们对群体成员信息的整合性加工，进而使得群体印象表征出现刻板化（贾磊等，2010）。

2. 动机因素

（1）寻找“替罪羊”。“替罪羊”理论从动机角度来阐述偏见的来源。该理论指出，当个体面临诸如无力抗争或来源不明的挫折情境时，容易将愤怒和攻击转移到比自己弱小的外群体成员身上，这些无辜的外群体成员就成为“替罪羊”（Nelson，2009）。

（2）争夺资源。现实的群体冲突理论（realistic group conflict theory，RCT）认为，当群体争夺稀缺资源时，会产生敌对和偏见的感觉。人们会贬低那些被认为侵占工作、教育和财产等有价值商品的人。有证据表明，向下流动、工作稀缺和一般经济受挫的时期与偏见和刻板印象呈正相关（Nelson，2009）。

（3）维护自尊。社会认同理论认为，人们在很大程度上从他们的社会群体中获得自尊，以及在这些群体地位上获得意义感。增强自尊的潜在动机驱使人们强调他们内在积极的品质，并夸大其他群体的不积极品质。换句话说，通过积极评价来增强群体内的自尊，那些积极的自我形象受到威胁的人通过对他们的群体进行更有利的评价和诋毁其他群体来确认他们的自我价值。此外，使用最小群体范式的研究表明，即便决定群体成员身份的基础相对琐碎（如对两个抽象画家的偏爱），群体团结和优越感也会产生。

3. 情境因素

社会情境以多种方式滋生并维持着偏见的存在。在社会中处于支配地位、强势的群体力图维持其在经济和社会方面的特权，于是将弱势群体较低的社会地位合理化。比如，认定女性是“柔弱的”，所以只适合在家中操持家务，而不适合到社会中“经历风雨”。

刻板印象和偏见的另一个社会根源是从众。刻板印象形成后会长期存在，如果大多数人接受了这种观念并对其他群体表现出偏见态度与歧视性行为，那么许多社会成员就会出于被群体接受和喜欢的需要，而发生从众行为。另外，新生代社会成员也通过家庭、学校、媒体等途径，观察学习到父母、教师或其他社会成员的偏见态度，并模仿其歧视性行为。

8.2.5　社会群体印象评价的后果

尽管刻板印象有利于节省认知资源，加速信息加工的过程，提高人们的认知效率；从进化心理学的视角来看，偏见甚至是有利于个体生存的一种进化心理机制，能够使个体更有效地避免受到伤害（魏铮等，2013）。但是总的来看，刻板印象和偏见是制约社会和谐的心理因素（贾林祥，2010），是导致社会矛盾和冲突的“火药桶”（高明华，2015），可能会给人们和社会带来严重的后果。

1. 引起刻板印象威胁

刻板印象威胁是指当个体感知到情境中对其存在相关刻板印象时，其会变得担心和焦虑并表现失常，最终验证了相应的刻板印象。在许多领域中，刻板印象威胁均存在。例如，要求白人和黑人被试在规定时间内完成一项言语测验，其中实验组被试被告知这是一项测试智力能力的测验。其研究结果发现，实验组中的黑人被试成绩明显低于白人被试的成绩，而这是因为实验组中的黑人被试在得知任务与智力有关后，担心自己的表现符合种族刻板印象所出现的失常表现。阮小林等（2009）还指出，刻板印象威胁不但会导致个体的行为表现下降，还会引起个体出现心理上的分离和不认同，即受刻板印象威胁影响个体的自尊和行为动机不受外在反馈的影响，自我价值感不依赖于成功和失败，而长期的分离又会导致个体对刻板印象化群体的不认同和回避。

2. 引起负面自我实现预言

社会偏见给受偏见者的社会心理和生活带来了极为严重的消极影响。受偏见者往往以其他群体的评价来规范和约束自己的行为，并将这种评价作为标签来标志自己和自己的行为。社会心理学中的标签理论认为，社会和他人是否把一个人视为越轨者，对一个人是否产生越轨行为起关键作用。继发的越轨行为就是社会对某个人初次的越轨行为贴上标签后，而个人又对这种标签产生消极认同的结果。因此，一旦社会和他人对某个群体或个人产生了偏见并为其贴上这种带有偏见的标签，就会导致其自我实现预言效应，即自己的行为验证了自己或他人的预言。莫顿将这种现象解释为，对一种情境的最初错误解释会引起某种预料的行为，使错误观念变成了现实。如此一来，就会形成一种恶性循环，社会越是以某种偏见的方式看待某个群体或个人，这个群体或个人就越是表现出社会所预料的行为，而这种行为又进一步强化了社会对他们的偏见，从而导致他们“破罐子破摔”，严重影响其自身的心理和谐，对社会的和谐发展也构成了新的危害（贾林祥，2010）。

3. 引起自我刻板印象

自我刻板印象是指个体，尤其是被污名化群体成员，对自己的看法趋向于和内群体刻板印象一致的现象。自我刻板印象的产生是一种自我保护的行为，被污名化群体的成员为了维持自我幸福感不因外群体的偏见或歧视而降低，往往需要增加自己对内群体的归属感，也因此出现了自我刻板印象的现象。

4. 引起元刻板印象威胁

元刻板印象是指个体关于外群体成员对其所属群体所持的刻板印象的信念或看法；元刻板印象威胁是指消极元刻板印象所导致的群体成员的一种社会心理困境和认知不平衡状态，会诱发压力和害怕体验，进而损害其行为表现（徐璐璐等，2018）。在群体间相互作用中，偏见水平会影响人们与外群体成员的关系及元刻板印象的形成。研究发现，一方面，低偏见者比高偏见者更希望与外群体保持积极的关系，低偏见者比高偏见者更可能认为自己与外群体成员相似，这种知觉使得他们认为自己会被外群体成员积极刻板化。另一方面，他们也更可能认为消极的刻板印象缺乏有效性，不适用于自己；而高偏见者对外群体持有更强的刻板印象，反过来他们也会认为外群体对他们持有较强的刻板印象，于是产生元刻板印象威胁（贺雯和梁宁建，2008）。

5. 引起歧视

在社会心理学理论中，刻板印象被视为态度的组成部分，偏见则是负面态度的统称，歧视又是偏见的结果，因此歧视一直被认为与刻板印象和偏见关系密切（李乐和贾林祥，2013；张中学和宋娟，2007）。受社会偏见的影响，受偏见者往往会产生无力、疏远、冷漠等主观上的心理感受和体验，这种疏离感反过来又进一步强化社会偏见，致使受偏见者对周围人产生强烈的敌意感。对偏见者来说，偏见的进一步发展又会导致歧视和攻击的偏见行为。这种歧视性的社会偏见不仅剥夺了受偏见者的发展机会，使其处于一种弱势状态和相对剥夺状态，而且伤害了他们的尊严，使其产生强烈的不公平感，不仅强化了受偏见者对社会的不满态度，而且使他们在与其他群体的相互比照中产生对立的社会情绪，出现失范行为甚至违法犯罪，从而影响着社会的和谐发展（贾林祥，2010）。

6. 引起污名

污名本质上是一种消极的刻板印象（张宝山和俞国良，2007）。污名是社会大众给某些具有特殊属性、特质的个体或群体贴上负面的、贬损性和侮辱性的社会标签，它不仅使受污者对这种贬损产生认同进而形成自我贬损的心理，也导致社会大众对受污者产生歧视和排斥的结果。污名化体现了施污者对受污者的一种单向命名的权力关系，它通过前者对后者加诸一种刻板印象进而形成对后者的社会贬损和歧视来构建双方的互动关系，体现了群体之间的一种社会不平等（张昱和杨彩云，2013）。

总之，群体印象评价的认知偏差即刻板印象和偏见是社会歧视的心理根源。一些学者提出思维的双加工理论来解释评价认知偏差发生的心理机制。双加工理论认为人类的行为判断分别受两种性质不同的认知加工过程支配。一种是以内隐、快速、自动化的启发式加工；另一种是以意识、慢速、控制性为特点的分析式加工。从加工机制上看，社会成员在互动中形成的对他人或事件的刻板印象、社会态度、偏见和歧视等认知图式，均受启发式加工和分析式加工的影响。在实际生活中，启发式加工的思维更有利于检索、过滤社会情境中的重要信息，从而更快速地形成有效判断。从逻辑上讲，三段论式的推理形式可以保证内容正确的有效性。以上内容所持有的信念与三段论式的推理相冲突，其前提无法必然推出结论，属于无效推论。但该结论却与人们日常的经验知识相符，因而更容易快速地做出可信判断。这种基于日常经验做出的直觉性启发式加工保证了人们在信息过量、认知能力有限、时间压力等情境下大概率地做出有效的正确判断。

然而启发式加工不是一个准确无误的过程，而是一种充满了偏差、误读和矛盾的过程。相反，社会态度、刻板印象、偏见和歧视在为我们简化复杂社会信息分类、认知的同时，最直接的负面后果是产生了大量对社会群体或事件的“认知偏差”。该过程不仅受到认知负荷、调整不足、直觉信心、冲突监控等认知加工自身因素的影响，也往往受到情绪、动机、信念和情感等因素的影响。尤其是情绪在推理与决策中的作用在当前的研究中获得了更多学者的关注。我们在日常生活中经常注意到，由强势群体针对弱势群体的认知评价偏差所致的社会歧视现象，其后果往往增加了弱势群体的消极态度和对立情绪。这种消极的社会情绪一旦形成就会渗透到社会生活的各个领域，如果得不到及时疏导和排解，任由其积聚酝酿，就会引起爆发，导致一些突发的群体性事件发生。少数受偏见者甚至会产生对社会的仇视心理，以极端方式报复社会，造成新的社会冲突和反社会行为。如果这种消极情绪被一些别有用心者利用和煽动，就极易诱发规模性的社会动乱，直接危害公共秩序和社会稳定，这对构建和谐社会是极为不利的。因此，注重认知角度之外的情绪、情感等因素有助于对互联网空间中大量不纯粹理性的网络行为进行深入的分析。值得注意的是，经验告诉我们大多数互联网信息偏差行为都与人们的群体情绪有关，特别是与群体的道德情绪有关，但目前鲜有群体情绪与互联网信息偏差行为之间关系的研究。在与心理学有关道德推理与判断的实证研究中，大量数据表明，日常的网络空间中由特定事件引发的道德推理和判断很大程度上受到情绪、情感的影响。因此也有必要通过对道德推理有关的研究进行梳理，进一步说明情绪在道德行为中的作用。

8.2.6　互联网信息行为中的群体情绪

1. 互联网信息行为与网络道德行为

互联网信息行为很大程度上涉及网络道德行为。网络科技的进步推动了网络生活的形成，其内容包括网上社交、线上购物、网络娱乐、在线传播新闻和网上发表言论等多样化的人际交往形态。网络生活是现实生活的重构和延伸，但由于网络监管缺位造成了现实中的道德困境在网络中不断扩大，甚至出现了对社会稳定具有不良影响的互联网信息行为（严耕等，1998）。例如，虚假信息、恶意传播、隐私窃取等。然而，以上行为在研究领域中往往被认为涉及道德行为。道德是人们处理人与自然、社会和他人关系的一种共同行为准则。生活中的道德行为受到社会文化、风俗习惯、个人信念等因素共同影响。互联网因其开放互联、信息容量大、匿名性等特点突破了传统的传播方式，在传统社会中一些无法实现的心理需求和个人权利在网络空间得以满足，但同时也形成了网络社会中的道德问题（陈万求，2002）。如何认识人们在网络中的道德行为？个人情绪如何影响道德行为？对以上问题的回答有助于理解网络空间中信息行为的非理性特征。

互联网信息行为在伦理范畴中属于网络道德判断行为。尽管针对网络道德领域的研究方兴未艾，但一般意义上讲，网络道德判断是指网民针对发生在网络中的事件及人士发表个人褒贬的评价。网络道德判断就是个体在网络空间内，依据已有的道德观念和行为准则对网络道德实践做出是非善恶的判断。那么个体针对网络事件的道德判断过程是怎样的？一般认为，道德判断是由道德直觉和道德推理两个过程组成。道德直觉是一个快速的、自动化的直觉加工过程。道德推理属于认知过程，是一种有意识成分参与，基于已有的知识图式对道德情境做出精细思考和推理的过程（谢熹瑶和罗跃嘉，2009；Haidt，2001）。

2. *群体道德情绪的特征*

涉及道德情境的群体情绪助推网络道德判断行为。群体情绪（group-based emotion）是指在某个社会成员认同自身群体时所体验到的情绪（Smith and Crandell，1984；Kuppens and Yzerbyt，2012）。群体中成员产生的情绪通常以群体利益为核心，是对现实情境做出集体趋向性评价后体验到的情绪，这种情绪更多是在群体价值认同的基础上体验到的情绪，它既可以指向内群体也可以指向其他群体。群体层面的情绪明显有别于个体水平情绪，表现为以下四个特征。首先，某一特定群体内的成员不一定需要经历某一事件才能产生相应情绪。相比较而言群体情绪更加客观、真实。比如，即使是同属于某社会群体的陌生成员，当在网络中看到同群体的成员受到攻击时同样也能体验到愤怒，进而在现实社会或社交平台中做出抨击或反对的行为。其次，群体情绪受群体认同水平调节，群体认同的程度影响群体成员对情绪意义感的体验。通常情况下，人们在网络信息传播或网络社交中表达的情绪被大多数人共享，此时具有较高群体认同感的个体相比较于低群体认同感的个体会体验到更强的群体情绪。再次，个体的群体情绪更能很好地预测自身以外群体的态度、行为，它可以激发和调节群际态度和群际行为，如群体自豪感有助于促发内群体的亲社会行为，群体烦怒更可能导致对外群体的攻击或诋毁行为。最后，群体情绪具有弥散性，当某一群体情绪被称为社会群体的典型情绪时，社会成员将掩蔽个体自身身份而更多以群体典型成员的身份参与评价外部信息（Smith et al.，2007）。

群体道德情绪是群体成员面对涉及道德困境时产生的群体情绪，具体指群体内的大多数成员，由于群体中的其他成员在做出不符合道德规范或道德准则行为时而体验到的情绪（Haidt，2003）。判定某种情绪是否为群体道德情绪需要满足群体情绪和道德情绪两个方面特征。群体情绪特征标准主要看该情绪是否涉及群体认同、是否群体内共享、有无激发或调节群体态度和行为。而判定是否符合道德情绪主要依据涉及利益是个体性的还是集体性的、是否违反了道德规范、某种行为会不会给他人带来伤害（李丹等，2013）。

3. 群体道德情绪推动激发群体态度和行为

在人际交往过程中，当个体认识到自己或他人言行举止的性质及效价之后就会产生相应情绪体验，而这些情绪反应会影响个体随后的态度或行为反应。目前有关情绪的心理学研究发现，情绪既有个体层面上的情绪也有群体层面上的情绪。群际情绪理论指出，人们认同并将自己归类为某一群体时，该群体就成为自身的内群体，此时人们就会从内群体和外群体的关系特征角度对自身群体相关事件进行认知评价和判断，群体情绪就在此基础上产生，继而激发相应心理倾向或行为，对群际行为或态度具有调节作用。群体情绪与个体情绪不同，个体只要认同自身群体，即使他自己没有实际参与内群体有关的事件也因自身的群体身份而体验特定群体情绪（Smith et al，2007）。大量研究也已证明，人类特定的群体情绪会导致特定的行为或心理倾向，调节个体群际关系的态度和行为倾向，可见群体情绪与个体随后的心理反应和行为是存在相同价值的（Yzerbyt et al.，2003；Frijda et al.，1989）。例如，儿童判断自己是过错方时将会体验的消极情绪，与亲社会行为倾向之间存在显著正相关关系（Malti et al.，2007）；愤怒导致对引发该情绪的人或事表现出反抗行为（Smith et al.，2007）；内疚情绪启动的个体在社会两难游戏中表现出更多的合作行为；当个体产生羞愧情绪时，会促使个体采取亲社会行为修护自我（Gibbons，1990）。另外，群体情绪不仅影响行为还会在很长时间范围内影响人们的群体态度。例如，研究显示，对“9・11”事件表现出害怕和愤怒的人，4 个月后对外群体表现出不同程度的容忍（Skitka et al.，2004）。从情绪对行为或态度的影响角度来讲，个体情绪与群体情绪是一样的，不同的情绪会引发不同的行为或心理倾向，群体情绪作为群体水平的情绪，它所引发的心理反应和行为倾向也是相同的（Smith et al.，2007）。例如，因内群体伤害行为而产生的群体内疚会增加内群体及其成员对受害群体的补偿行为或意向，以此来达到群体自我价值的平衡（Maitner et al.，2006）。

研究表明，道德情绪在人们道德机制的形成中起着举足轻重的作用，也在道德规范和道德行为间起着重要的调节作用（Jørgensen，2008），群体道德情绪也同样调节着群体及其成员道德的、公正的、平等的行为。而对群体道德情绪的研究主要集中于群体内疚和群体羞愧两种情绪。已有研究发现，因偏见行为而体验到群体内疚的个体，将来类似的行为就会减少（Amodio et al.，2007）；群体内疚和群体羞愧会调节道德行为（Baumeister et al.，2007；Haidt，2007）；群体内疚和群体羞愧会抑制不道德的内群行为或群际关系的发生。从群际态度和冲突解决的角度来讲，群体内疚对消除外群体的负面感受及促进积极的群际关系的功能作用依然非常重要。例如，印度尼西亚共和国的宗教群体因其对宗教群体的不公对待而引发的内疚情绪能预测他们会产生对劣势群体的补偿和援助行为；Doosje 等（1998）以荷兰入侵印度尼西亚共和国的历史事件为实验材料进行研究发现，即使被试没有实际参与侵略行为也体验到了一定程度的内疚，而且对受害外群体表现出了补偿意向；Brown 和 Cehajic（2008）通过追踪研究考察了群体内疚和群际补偿意向之间的关系，结果发现，群体内疚对受害外群体的补偿意向具有显著的影响且有跨时间的稳定性和一致性；也有研究显示，群体内疚能降低内群体偏爱和外群体偏见，提高群际和谐关系（吕丽，2017）。对群体羞愧的研究显示，羞愧常会引起很多适应不良行为或心理倾向，如回避、冲突、敌对攻击等，而不会对外群体表现出补偿倾向。Sheikh 和 Janoff-Bulman（2010）的研究发现，羞愧常激发个体的拒绝或逃避行为（Sheikh and Janoff-Bulman，2010）；感到羞愧的个体会表现出更少的共情和观点采择（Yang and Chiou，2010），还会与指责他人（Bear et al.，2009）或各种形式的攻击性存在显著的正相关关系。但也有研究指出，羞愧具有积极的社会适应价值，而并没有发现其对适应不良行为或心理倾向的预测效应（Brown and Cehajic，2008）。研究发现，群体羞愧威胁到了个体自身的群体形象从而会采取某些措施，如以亲社会心理或行为倾向等来恢复个体自身或群体形象，改善群际关系；羞愧和群际情境中体验群体羞愧的个体为了改善群体形象，通过对受害外群体的补偿行为来减少羞愧体验，从而促进积极的群际关系（Gausel et al.，2012）；Brown 和 Cehajic（2008）通过 8 周的追踪研究考察了群体内疚、群体羞愧和群际补偿意向和行为之间的关系，结果发现，除了引发群体内疚还引发了被试的群体羞愧，因为内群体的不合理行为威胁到了内群体的社会声誉，从而个体由此产生羞愧情绪并欲在短期内改善群体形象，因此为达到该目的会及时做出补偿意向或行为，但他们没有发现个体群体羞愧对受害外群体补偿意向的预测性具有跨时间的稳定性和一致性；最近也有研究表明，群体羞愧能显著负向预测内群体偏爱程度，而且群体羞愧的预测程度比起群体内疚更强（Shepherd et al.，2013），这可能是因为群体羞愧与个体的群体身份认同联系更密切，为了改善或恢复群体形象会采取一定的亲社会策略并保持积极的群体身份认同，因此相比于群体内疚，群体羞愧更可能通过抑制内群体偏爱水平来短暂地恢复或改善受损的内群体形象。

另外，有研究指出羞愧与社会文化密切关系，羞愧的产生有很大的文化差异。尤其在中国这个集体主义文化国家里，不仅因对内群体消极行为的评价，更因损坏了自身群体形象或声誉而感到羞愧。中国的传统文化是“知耻”文化，人们的行为违背了社会规范或准则时，就会体验到羞愧情绪，“知耻”是维护个人权益和社会稳定、进步的重要约束机制（傅小兰，2016）。以上研究说明，内群体偏爱并不一直是稳定的，也不是跨社会类别一致性的，它会受到很多不同因素的影响。

此外，国内对有关群体道德情绪的研究很少，更少见到探讨群体道德情绪与内群体偏爱之间关系的研究，因此还需深入探讨，若能拓展内群体偏爱及其前因变量，将是对内群体偏爱研究的理论拓展。

4. 群体道德情绪的作用机制

群际情绪理论认为，第一，特定的认知评价会导致特定的情绪状态，如个体感知到其他群体对自身群体有威胁时，就会体验到害怕等负性群体情绪。认知评价的主要类型有：①一致性评价，即外部对内群体的评价与内群体需求的一致性程度，如果二者一致，个体就会表现出积极情绪，否则会表现出消极情绪；②合理性评价，即评价情景是否公平合理；③对象评价是指谁对情景负责，是自身群体负责还是自身以外的其他群体负责，抑或是外界环境负责；④实力评价，是指评价者是否相信他们在情景中可获得利益；⑤确定评价，是指评价者对事件结果是否可以确定。第二，情绪过程。群际情绪理论的基本准则即是个体情绪和群体情绪间的差异（Mackie et al.，2000），该法规和准则的假设基础是当群体间的差异非常显著时，个体会根据他们的群体成员身份考虑自己与他人的关系。研究指出，指向外群体的情绪有很多，如群际焦虑、群际厌恶等。人们也会产生习惯性的情绪状态，它是在没有任何事物和情景的参照下发生的而且持续时间较长的一种情绪，具有较强的普遍性和弥散性，如群际幸福、群际焦虑等（Seger et al.，2009）。第三，行为倾向过程。群际情绪理论认为，不同的群际情绪会激发不同的群际行为（Mackie et al.，2000），如对外群体的愤怒情绪，会导致对外群体的反对或敌对行为。害怕的情绪与躲避外群体的行为倾向相联系。

以上可知，认知—情绪—行为三个心理过程之间的关系彼此互涉，不可或缺。首先，个体通过认知过程对外界信息进行反应，或者对内、外群体特征及个体已有观念中对该内、外群体的整体印象、社会态度、偏见等进行评估。认知结果的胜负评价会导致群体产生相应的好或坏的情绪，进而增加了针对某一特定群体目标的行为倾向。

8.3　网络社会张力的内涵、治理意义及测量

8.3.1　网络社会张力的起源

网络新媒体革命使人们步入了信息化、网络化、数据化和智能化的社会新时代。在线上线下趋于融合的趋势中，如何在分享和维持信息革命带来巨大成果的

同时，更加有效地管理由此带来的负面影响，这已成为管理学科的理论热点和政府监管部门的实践问题。我们知道，网络中面向国家公共安全的信息行为通常是一种违反社会规范甚至法律的行为，本质上是社会冲突的特定表现形式，因此属于社会学研究范畴。与此同时该行为背后又是人们认知、情感、评价等心理过程加工后的结果，因此也属于心理学研究范畴。如果“社会张力”是用于解释现实社会中发生各种冲突形式背后力量总和的话，那么，“网络社会张力”的提出则是致力于在网络空间场域中解释和预测网络中各种面向国家公共安全的偏差信息行为的概念。这两个概念共享了社会冲突理论的分析框架，而由于受网络社会特征制约，“网络社会张力”则只能表示社会结构中宏观冲突在微观的人际交往层面展现的结果。因此，我们将要提出的网络社会张力的着力点也应该突出个体互动中的心理维度。

在定义网络社会张力概念之前，我们有必要回顾和辨析与之相近的概念，如社会张力和社会心态等，在继承传统社会冲突理论和近年来社会心理认知的理论资源的基础上，建构网络社会张力的维度，并形成网络社会张力的测量指标体系，从而对当下网络中面向国家公共安全的信息行为整体状况形成全景式监测，以期达到今后预防和干预的目的。

社会张力（social tension）是指社会系统在运行和变迁过程中，由于结构失调或人们的无序互动导致的紧张状态及由此产生的种种社会冲动力量。Osipov（1998）最早提出了社会张力概念，它是指社会或个别社会团体的紧张状态，其特点是冲突趋于成熟，并以各种形式的不满和抗议活动表现出来。Osipov（1998）在针对 2008 年、2014 年、2015 年和 2016 年莫斯科社会状况的监测数据显示，莫斯科已成为群众抗议行动和潜在性改革运动的起始与发展中心。Gurr（2015）指出社会张力与社会良性运转状况、社会期望具有动态的紧密相关。其中，相对剥夺感的概念至关重要，个人或群体的情绪、期望是依据相对剥夺感——作为评估特定情况的参照系的比较和观察的总和——为参照系所决定的。期望与现实间出现的无法弥补的差异导致群体不满意程度的加大。整个社会稳定性和社会福利保障水平影响“剥夺–抗议”中的动态关系（Gurr，2015）。国内引用社会张力的学理研究并不多见，通常仅用这一概念描述社会系统运行中出现的各种形式的无序化冲突，并认为社会结构中的群体性事件，包括现实中的暴力对抗事件及互联网空间中的网络群体事件是由社会张力增大引起的（Steinberg and van Deveer，2012）。社会张力作为社会运动领域的概念定义在研究社会抗争运动方面有其学理上的合理性，然而使用这一概念来解释微观层次互联网中面向国家公共安全信息行为时却存在问题，原因至少有三：首先，社会张力概念在社会学学理基础方面指向不清晰，概念试图阐述在社会系统运行中出现的各种阻碍社会正常功能的动力的总和，但对于社会张力究竟是什么，它和传统社会学理论中的冲突理论流派有何渊源，以及在国内外的社会学领域的文献中，无论是对该概念的理论研究还是经验性的实证研究都几乎没有涉及。其次，社会张力概念没有给出实质性的操作定义。该概念试图包含所有导致社会不和谐的因素，然而却没有明确地指出无序互动的性质及各种冲动力量背后的因素是什么，概念定义上的模糊导致在具体经验研究中无法有效度量社会张力性质或大小。因此无法对社会张力所刻画的原因与特定的冲突后果进行研究检验。最后，在关于该概念在解释网络中面向国家公共安全信息行为时是否具有解释力的问题上，我们不否认现实社会中危害国家公共安全的行为与网络中的危害国家公共安全信息行为存在相同点，如都涉及一些根本性的经济利益问题或国家统治的合法性问题。但由于互联网空间自身的特点，网络中呈现的危害国家公共安全信息行为可能更多地表现在弱群际交往形式这一微观层面上。社会张力概念本身立足于对社会宏观冲突问题的解释，因此将这一概念直接借用来解释网络中个体或群体的信息行为存在层次谬误这一方法论错误。由于存在诸多学理问题尚未清楚，社会张力并不能帮助我们在纷繁复杂的网络信息背后找到有效解释的宏观因素。因此，我们有必要针对互联网领域信息行为的特殊性，提出网络社会张力这一概念来有效地解释和预测网络中面向国家公共安全行为的动态演化过程。

同样，社会心态一般是指一段时间内凝聚在整个社会或社会群体类别中的宏观社会心境状态，是整个社会的情绪基调、社会共识和社会价值取向的总和（杨宜音，2006）。网络社会心态在内涵上只是社会心态在网络视阈中的延展，网络社会心态被界定为一定时期内存在于网络社会或网络群际间的社会认知、社会情绪、社会价值观和社会行为倾向的总和（余建华，2014）。桂勇等（2015）在网络社会心态特征的实证研究中认为其有以下 4 个特征：①网络心态在表达上具有一定稳定性和结构。就是说，网络上的社会心态表达水平呈现稳定的层级结构，高表达的心态始终处于层级结构的上端。②社会心态对特定社会议题具有敏感性。好感度表达较高的心态具有更多的抽象色彩和公共含义，反感度表达较高的心态更有针对性和生活含义。③高表达的网络社会心态焦点化与态度分化倾向突出，且与现实联系紧密。焦点化、热议化倾向具体表现为，好感度表达与反感度表达具有较高的同步性，即对特定对象的正面态度在网络上被高表达，则对该对象的负面态度也很可能在网络上被高表达。④娱乐化心态呈现上升趋势。社会心态和网络社会心态具有很多共同点，如都是社会整体意识的反映，它们都凝聚了某一时段内社会整体的某种认知共识和情感状态，也都是通过交流、舆论、言语抗议等形式表达。网络社会心态具有共享性、现实性、形式多样性的传播学特点。但两者又有差异：其一，网络心态是可以在个体非亲身体验的基础上产生和传播的，网络心态可以通过视频、图片、言语等符号进行传播感染，可以短时间内在网络中形成认知或情绪共振。其二，网络社会心态是社会心态在网络世界的一种“再呈现”，具有现实意义，网络社会心态往往依赖具体的网络实践得以表达，但“再呈现”有可能失真于民众真实的民意。其三，网络心态的表达可以是直接的也可以是间接的，不同形式的符号能够更快速、精确地表达精细微妙的情绪。从社会学角度看，网络社会心态至少还具有阶级性、整合性和表演性。从心理学角度看，网络社会心态还具有非理性、感染性、宣泄性等。从心态内容上看，网络社会心态呈现巨大的群体一致性，如底层意识与弱势心态凸显、群体性的仇官心态和怨恨情绪不减、信任危机衍生的安全意识等，同时也呈现出群体间的复杂特殊性，如青年群体的泛娱乐恶搞心态、对网络事件的泛道德化评判心态等。从传播形式来看，社会网络心态的信息可以通过多种媒体形式进行生产、加工、扩散。媒体的宣传形式有网页、微博、微信公众号、视频、社会论坛等，各种反映社会心态的信息突破传统纸媒文字编辑的单一性，而是可以通过视频编辑、图片展示、表情包符号表征等形式加速和夸大网络社会心态的传播（毕宏音，2007）。

目前国内的研究主要关注对网络社会心态的特征进行抽象总结和解释。例如，桂勇（2016）通过网络大数据的研究表明，网络社会心态具有社会群体上的稳定性，同时高表达性促进了态度焦点化和分化。唐子茜和曹勇（2015）通过对网络流行语的分析，得出网民表达现实批判、反抗话语权、追求差异等社会群体心态凸显的结论。毕宏音（2007）基于对微博大数据的观察，分析得出网民“安全感”“底层”变成传播符号具有典型性和敏感性。也有研究聚焦于不同群体对象在社会心态表达方面的异同，一项研究表明青年群体和大学生群体更多表现为焦虑情绪、社会公平感缺失及阶层固化导致的流动停滞感。尽管学界的探讨有助于形成对网络社会心态的整体性认识，但对以往研究的梳理我们认为至少存在以下不足：首先，对基于网络社会心态的研究并未形成统一的分析框架，在概念界定、特征、类型等方面的探讨还处于起步阶段。其次，以往研究多从单一的角度切入，获得的结论往往是对社会心态的一种概括和解读，缺乏从理论角度回答网络社会心态产生的动力来源、传播机制、干预措施等深层次的理论争议。最后，在方法论上，由于网络社会心态缺乏统一的概念化定义，导致不同学科的研究者在具体的研究中定义和测量网络社会心态的方式不同。例如，社会心态与社会态度如何区分，以及在研究测量上是否具有指标上的不同。这一后果将导致不同学科谈及网络社会心态和社会态度时所指的社会现象并非一致。社会态度是指个体的态度同时由情感因素、认知因素和行为要素构成，而态度的形成与维持反过来会满足人们情绪体验的基本需求。从社会心理学角度看，社会态度强调的是一种心理上的准备状态，是个体对社会整体或社会某一对象所持有的评价与行为倾向。社会心态侧重对社会成员的思想观念、思维方式、价值观及道德行为准则整体的把握。社会心态和社会态度概念建构的目标都试图以一种“整体论”的路径测量方法，覆盖多元社会群体并从长期稳定的视角探测深层次社会各阶层的真实意愿。然而各领域的研究结果因测量操作的不一致而无法进一步讨论澄清，造成学术讨论的混乱。

同样，网络民意和网络舆论也存在界定与测量准确性的问题。网络民意是指网民就热点问题或重大的议题展开激烈的讨论，形成强大的舆论影响力。近几年的研究探讨了网络民意中的“现实性”“代表性”“群体极化”等特征。其一，网络民意不能表征现实社会成员的真实民意。网民与公民在结构组成和分布上均存在较大差异。例如，网民主要分布在社会中间阶层，社会高层和底层人群较少，尤其是占中国总人口较大比例的农民或外出务工人员群体较少。其二，网络民意中充斥着大量舆论操纵、公选刷票、隐瞒真实民意主体等行为。比如，中国社会科学院《中国新媒体发展报告（2014）》蓝皮书的数据显示，2012 年 1 月至 2013 年 1 月的 100 件热点舆情案例中，出现谣言的比例超过 1/3。其三，由于大量“沉默网民”的存在，针对某一事件的舆论可能朝向极端化形式发展。类似地，网络舆论也表现出了相似的现象。现有的网络民意调查或舆论调查实际上都归结于把“事件”或“议题”作为测量对象。“网络民意”的研究和测量极具价值，但重点是尽可能科学、准确地得到“真实的网络民意”。

综上可知，尽管以往有关网络的“社会心态”和“网络民意”的研究能够帮助我们理解互联网空间中的群体活动，但我们还是有必要建构“网络社会张力”这一概念来更好地解释和测量出现在互联网中的面向国家公共安全的信息行为，并与其他相似概念做出有效区分。更好地解释和预测“面向国家公共安全的互联网信息行为”需要从其来源、性质和表现形式多方面考察。因此，回顾和汲取社会学领域的社会冲突和心理学领域的社会认知的理论资源，形成网络社会张力的概念内涵和数据发掘的维度，以期达到对面向国家公共安全的互联网信息行为背后的社会结构性原因和人的原因进行整体性评价，进而尝试通过确立各维度的测量指标对互联网中偏差信息的采集和模型比对，进行系统性修正和干预。

互联网领域存在大量危害人民财产安全、文化安全和政治安全的信息行为，这对国家公共安全构成严峻挑战。互联网信息行为治理的基本目标是实现网络信息行为有序化和秩序化。为实现这一目标，必须要探究造成这种信息行为产生和传播的动因，尽管互联网用户的网络信息行为在样态方面具有复杂性和动态性，但追根溯源是社会冲突的中观表现。社会学对社会冲突最早的解释视角源于马克思、韦伯和齐美尔的分析传统。

马克思在其著作《资本论》中最早指出，人们在生产中的不平等关系特别是对财产和生产资料占有的不平等是冲突的根源。这些资源占有的不平等产生了固有的利益冲突。马克思进一步提出了冲突产生的命题假设。首先，当被统治者对其真正利益的认识越深化时，就越怀疑现在对稀缺资源分配的合法性。其次，社会系统中的被统治群体越是意识到其集体利益并怀疑稀缺资源合法性的时候，被统治者就越可能卷入与统治者的冲突中。再次，系统中被统治群体的意识形态统一性越强，他们的政治领导性越强，统治群体和被统治群体之间的利益与关系就越有可能极端化，而这种极端化最终会表现为冲突。在以上马克思有关冲突产生原因的分析中，我们看到他强调了经济基础是产生不平等的根源，被统治者对自我切身利益的觉醒及对统治者分配资源的合法性质疑时更可能产生冲突（特纳，2006）。这一见解对于深刻理解当下互联网中的种种有关网络群体事件具有启示意义。比如，网民在网上有意无意地表达了个体在现实生活中物质利益或精神利益受损时在心里产生的不公平感或被剥夺感，其本质是对社会系统中某些利益分配不平等、不合理的表达。最后，网络本身加速了不同群体间的交流，因此在生活中并未意识到自我利益被剥夺的个体在网络信息互通的条件下，更容易获得相关的不平等信息，进而促进自我利益意识的觉醒，冲突发生的可能性概率也较传统的现实社会有所提高。

韦伯的立场与马克思不同，抛开二者理论中的一致之处不论。韦伯的社会冲突理论分析的视阈主要集中于以传统权威为基础的社会向以理性权威为基础的社会转型展开论述。韦伯展开的分析是，首先当权力、财富、声望资源在社会成员之间存在高度相关时、当资源在各社会等级间分布的不连续或不平等程度加深时、当各种资源在社会等级间的社会流动率很低时，被统治者群体更容易质疑政治权威的合法性。在以上三个条件出现的情况下，如果在被统治者群体中出现了魅力型领袖，那么该领袖的出现更容易动员群体挑战传统的权威，从而增大了引发冲突的可能性。与马克思注重经济利益的分配不同，韦伯认为，权力、财富和声望的分布状况和变化，以及一种资源的获得者占有其他资源的程度成为导致冲突产生的关键（特纳，2006）。这一观点对认识网络中危害国家公共安全信息同样具有重大价值。比如，与同样发生在网络中的“王某离婚案”和“范某逃税案”相比，具有公众效应的王某本身合法地享有职业带来的声誉和财富，本人的离婚事件并不会对王某财富和声誉来源的合法性带来质疑。而在“范某逃税案中”，同样是具有公众效应的范某在逃税案件中使关注媒体报道的大众质疑明星在获得巨大财富和声誉背后的合法性问题。因此，在分析社会内部冲突的动因时，韦伯合法性的分析框架仍具有研究指导价值。

与马克思和韦伯在社会宏观冲突理论注重分析阶级斗争、劳资纠纷等问题的路径不同，两者并没有对造成冲突的微观因素进行深入讨论。齐美尔的分析框架围绕着基本社会过程展开。与马克思认为冲突必然会演化为革命性和暴力性不同，齐美尔首先区分了冲突的类型，当社会成员视冲突超越其自身利益和个人目标的时候，冲突才会向暴力性转变。当冲突派别的利益展现得越清晰时，他们的目标就越明确，冲突就越具有工具性，因此基于理性化的讨价还价或妥协的策略就越会被用于实现群体利益或群体的客观目标。相反，当冲突目标越不明确时，冲突性质越显示价值偏好；当群体投入的情感力量越强时，群体可能越团结。在这两个条件下冲突暴力发生的可能性就会进一步加大（特纳，2006）。

由此，将网络中危害国家公共安全的互联网信息行为与社会冲突的本质和起源联系起来，可以使不同学科的学者和政策实践者从浩瀚繁杂的数据本身的管理和干预中跳出来。网络的各种偏差行为只不过是现实社会系统中社会真实矛盾在网络世界这一特殊场域中的延伸。通过对社会冲突理论各流派的追根溯源，有助于回答网络空间的面向国家公共安全的互联网信息问题的背后的社会性起因。首先，利益冲突被认为是所有冲突的根源所在，是对现实空间和网络空间中安定有序运行的最大挑战。改革开放 40 多年来，不断加强的经济、政治、文化上的改革涉及了社会中大部分人的物质利益和精神权益，但利益主体是多元的，人们在社会转型这一特殊的历史时期，每个个体在追求自我利益的同时必然与另一些主体的利益和价值产生冲突，而且这种利益冲突相互依赖无法根本上消除。同样地，社会结构整合缺失，也是社会冲突的另一根源。随着科技进步和社会逐步成熟，社会高度分化并呈现出异质性和高流动性等特征。不断进行的社会分化和流动，也使得各个群体之间的关系变得越来越脆弱和不稳定。如果整个社会整合的有效性问题不能得到解决，那么社会冲突依然无法从本质上得到解决。

8.3.2　网络社会张力的心理学基础

我国目前处在深化改革开放的阶段，经济结构持续转型，全国社会各阶层的利益都在重新分配，正如上文提到的，个体或群体间利益矛盾和社会发展进程中整合功能的缺失必然会产生或积蓄社会的不稳定因素。社会性矛盾的根本性决定了危害国家安全的行为必然会发生，但具体特定的危害国家公共安全行为的发生则往往具有偶然性。社会安全的不稳定因素往往是多种条件协同引发的，具有很强的不确定性。这种不确定性，表现在所发生的时间和空间的不确定性，又表现在发生的规模、后果的不确定性。如果有关部门没有切实有效的干预方案，仓促应对，不仅无法平息社会恐慌，甚至会造成更严重的社会后果。

面向国家公共安全的互联网信息行为是影响社会稳定和网络空间和谐的一个因素。尽管从宏观的层面上讲，由经济利益冲突和社会整合失败所引发的社会张力是发生面向国家公共安全的互联网信息行为的社会根源，但社会张力无法预测具体发生的某一特定时空条件下的面向国家公共安全的互联网信息行为。人的社会存在决定社会意识，社会意识是社会存在的反映。人们在现实生活中对社会张力这一社会事实的反映是通过主观意识来表达的。社会心理学的研究表明，生活在同样社会情境中的个体由于利益立场的不同，必然持有不同的社会态度。人们的社会态度指引其社会行为。因此，把握网络空间中网民个体对一些危害国家公共安全的敏感信息态度，了解各个社会群体对引发安全事件和政府处理措施的态度，在一定程度上就可以了解大多数网民的行为意向。有研究表明，公众的社会态度状况成为社会多方面的发展状况的晴雨表。解决问题的关键在于通过数据科学领域的实证研究获得真正能揭示公众社会心理特征的、具有预测功能网络信息的社会心理预警指标体系。如果国家在执行决策过程时能够增加针对某一特定网络事件发生后对公众就此事的态度的考虑，公共政策制定与问题解决就更具有群众基础，可接受性和可实施性就会更高。从这个意义上讲，网络社会张力作为针对网络上面向国家公共安全信息引发的公众态度的定义和测量，不仅能够在实际操作的层面上更为敏感地捕捉到社会问题和社会不稳定因素的主观表达，而且有助于有关政府部门较早识别有害国家公共安全的不确定性事件，并及时处理。

8.3.3　网络社会张力的建构

正如前文分析，理论上讲，网络社会张力内涵要素应该既包括源自现实社会冲突的客观条件，又包含由信息在传播信息事实时产生的认知偏差和社会情绪。在研究操作层面上，是指在互联网情境中由特定社会冲突议题引起的，特定群体在受特定认知偏差与群体情绪信息影响下，由特定规模群体引起的互联网信息行为。网络社会张力具有三个维度：第一，网络社会张力的本源来自现实社会中由利益冲突和合法性质疑引起的真实冲突，具有客观性。第二，网络社会张力不仅仅是现实冲突在网络空间中的反映，同时也是社会冲突的事实转化为新闻信息事实时进一步有偏于真实冲突的反映，表征社会冲突的新闻信息事实在人们的“有限理性”的认知加工下，产生的进一步偏离真实信息的“过度冲突”，具有主观性。第三，网络社会张力总是在特定议题的诱发下，由网络公众在网络社会心态和社会舆论认同的基础上产生的互联网信息行为。网络社会张力的分析框架见图 8-2。

网络社会张力有以下特征：①从性质上看，网络社会张力表现为非对抗性冲突。网络空间中传播或彰显出的社会矛盾是社会群体在根本利益一致的基础上因具体利益差异引起的冲突，特点是群体的内聚差，组织化程度不高，信息交流频率高但强度较低。②从体制上看，网络社会张力属于政治体制外的、在群体层次上表达的网络集体行动，网络群体性事件是当前网络社会张力的主要表现形式，它主要是指当人们由于网络信息感受到个体或集体利益受损，但又没有明确利益诉

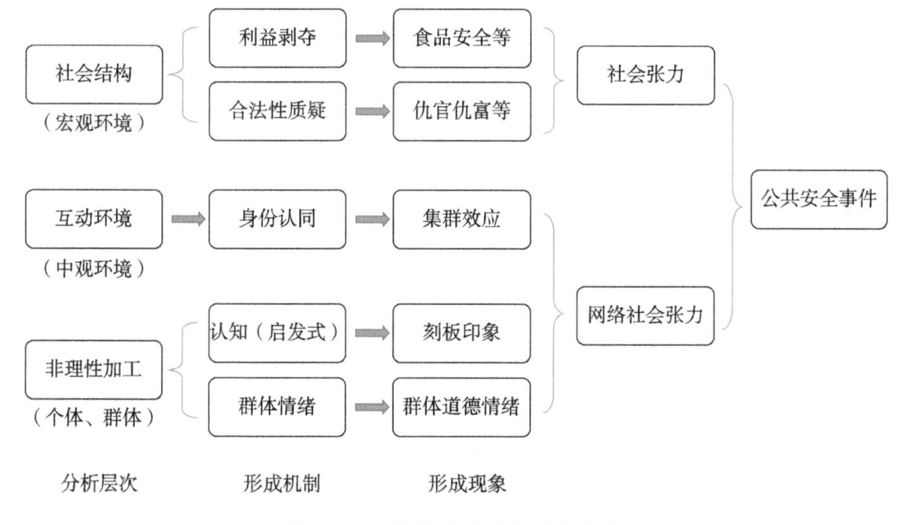

图 8-2 网络社会张力的分析框架

求时表现出的冲突无序化，并不具有政治意义上的社会运动或革命的性质。③从情感卷入上看，无论是由个人或集体利益被剥夺还是由利益分配不平等引起对统治权威合法性所产生的冲突，都会涉及主观上自我剥夺感、不公平感、流动停滞感等负面群体情绪。社会张力、社会冲突和网络社会张力之间的关系见图 8-3。

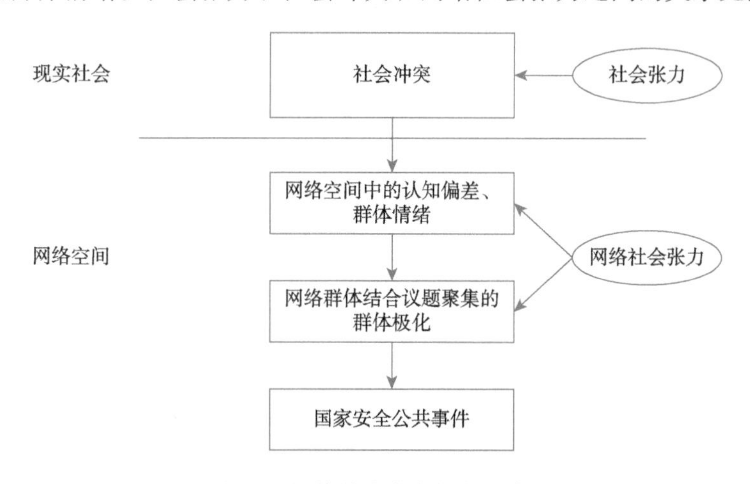

图 8-3 网络社会张力的表达路径

从网络社会张力概念内涵出发，对其测量的指标至少应包括事件性质、事件与信息间的认知偏差、群体情绪激活程度、高表达信息行为的议题、网络群体规模 3 个维度和 6 个指标（图 8-4）。首先，现实社会冲突事件的性质决定了网络社会张力的性质，不同性质的冲突类型引起公众的关注度、认同度和情绪表达意愿也存在较大差异。引发网络社会张力的冲突性质依据马克思和韦伯的理论可分为两大类，即利益斗争和政治合法性。利益斗争包括物质利益，如自然灾害、社会贫富差距过大或社会治安较差和精神利益受损，如隐私权或个人财产安全权益受损。政治合法性包括国外政治势力的谣言、国内统治阶级内部的权力滥用、腐败、行政部门管理决策失误等。因此，网络中利益争斗的信息，如仇官仇富、草根心态、阶层意识；合法性受质疑的信息，如官员贪污、教授性侵等更容易演变为引发国家公共安全的事件。可以通过监督学习模型分析的指标覆盖整个社会各方面议题中有关利益诉求与质疑合法性的新闻发布信息，也可以运用字典模型分析的指标覆盖对各阶层、各类别人群的网络评价信息。其次，人们并不是在“大脑白板”上接受刺激，个体在已有经验基础上形成的认知图式、社会态度、刻板印象、偏见会有意无意地反映在对当前社会事实的认知和评价中。当社会现实冲突所反映的客观事实以网络信息或评论信息的形式进入互联网场域中时，信息的传播者和受众并不会完全以客观中立的态度倾向介入，而是将个体对此冲突事件的刻板印象、态度倾向等带入传播中的信息中，其结果会导致危害国家公共安全的事件的危害性在网络中认知偏差的作用下被进一步夸大。因此，认知偏差和群体情绪应在效价（积极评价和消极评价）和强度（强和弱）两个指标上进行测量。最后，面向国家公共安全事件的信息传播的效果上往往是负面的，个体在接受负面夸大的网络信息后，在认知偏差和群体情绪及其他多方面因素的综合影响下，会导致认同该信息并出现群体心理极化、社会恐慌，甚至引发新的危害国家稳定的网络安全事件。

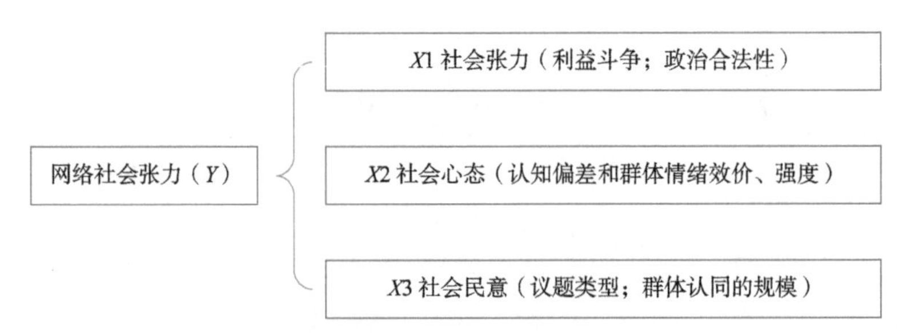

图 8-4　网络社会张力的测量指标

社会张力（Social_tension）　社会心态（Social_mentality）　社会民意（Public_opinion）　网络社会张力（Network_social_tension）

$$\text{Social\_tension} = \alpha_0 + \alpha_1 \text{Deprivation} + \alpha_2 \text{Political\_legitimacy} + \varepsilon_0 \quad (8\text{-}1)$$

$$\text{Social\_mentality} = \beta_0 + \beta_1 \text{Cognitive\_bias} + \beta_2 \text{Group\_emotion} + \varepsilon_1 \quad (8\text{-}2)$$

$$\text{Public\_opinion} = \gamma_0 + \gamma_1 \text{Topic\_type} + \gamma_2 \text{Group\_size} + \varepsilon_2 \quad (8\text{-}3)$$

$$
\begin{aligned}
\text{Network\_social\_tension} &= F(\text{Social\_tension}, \text{Social\_mentality}, \text{Public\_opinion}) \\
&= \delta_0 + \delta_1\left(\theta_1 \text{Social\_mentality} + \theta_2 \text{Public\_opinion}\right) \\
&\quad \times \text{Social\_tension} + \varepsilon_3
\end{aligned} \tag{8-4}
$$

8.3.4　网络社会张力的意义

网络社会张力概念的建构及测量指标体系在理论、方法和实践层面有以下意义。网络社会张力的建构目标在于预测现实社会冲突在网络空间中的动态效果。危害国家公共安全的互联网信息行为在网络上的蔓延和发展过程具有很强的不确定性。尽管社会结构性特征，如阶级利益矛盾和对权威的合法性质疑会是导致网络中危害国家安全的事件的原因，但无法预测同样的事件，网络公众的群体行为无论在规模上还是范围上都比现实社会中的行为更大。网络社会张力的建构结合了社会冲突事件本身的性质及事件转换为信息在网络中表达时的现实传播效果。通过大数据方法进行信息收集，不仅可以对有关事件在网络中的舆论发展起到追踪监控作用，同时也能将该事件在网络中的危害效果与该事件在真实世界中的冲突性质联系起来，使得网络事件的解决在现实中找到原因依据，推动数据科学对互联网公共安全治理提供有效的理论洞见。

社会意识是社会事实的反映，因此传统上社会学和心理学采用问卷调查法来研究公众对突发性安全事件的感受和态度（王二平等，2003）。但在实践中，问卷调查法不仅有研究周期较长、不能获得因果结论等缺点，更重要的是人们在问卷上的作答反应与其对某一事件的真实态度并不一致。关于心理学中的态度研究表明，态度主体对态度对象的评价通常是稳定的，而行为总是具体的、工具性的。迫于外部压力，或群体性规范的潜在约束，人们可能表达非真实的社会态度，往往倾向表达和社会评价的方向保持一致的态度倾向，以维护良好的自我形象。这一问题表明人们在调查问卷中的作答不具有科学上的有效性，因而无法获得研究变量间真实的因果关系。而网络空间中大多数个体评论或转发行为更表达了个体对实践的真实态度倾向，社会网络张力的建构更多依据大数据科学的研究思路，通过对网络中信息数据的挖掘分析，来测量和预测网络事件的危害性效果的强弱，有效回避以问卷调查为导向中的有效性问题。问卷法调查结果的推广效度有赖于采取调查时样本选择的规模和代表性。似乎抽样过程越随机及规模越大，越能代表整体，结论就越可靠。然而在调查实践中，很难保证这一点。设想如果针对某一特定面向国家公共安全的突发性事件的调查采用问卷法，那么抽样的样本为了研究取样方便很难做到完全抽样。

围绕网络社会张力建立起的预警指标将引导国家行政部门制定和实施干预政策。不同社会群体人的利益和需求、不同群体对各种公共事件和行政决策的社会态度、社会舆论都应该在网络社会张力中有所体现。首先在责任上，由于涉及国家公共的安全事件具有较强的社会敏感性，因此网络社会张力指标的搜集和研究工作应旨在为国家行政部门负责。其次在合作上，任何网络中的突发性安全事件都有其经济的、社会的、心理的诱因和过程。单一的学科研究难以深入揭示其内在规律。网络社会张力及指标体系的建构，就是打破学科界限，以实际问题为中心，融合多学科的理论用于满足日益严峻的网络安全的需要。尽管不同学科背景的学者对网络治理的认识和操作存在差异，但对治理本身的实际意义还是容易产生共识的。

8.3.5 面向国家公共安全的互联网社会张力测量

在公众情感分析的基础上，该节主要对国家公共安全领域的网络社会张力的整体态势进行研判，以便未来能够为面向国家公共安全的网络治理提供有效的手段支撑。

随着信息社会的发展，网络空间对国家公共安全逐渐呈现嵌入态势，主要体现为网络空间信息对于国家公共安全的碰撞与融合。网络空间上的信息内容不断扩展，涉及国家公共安全问题的信息行为日益增多，这是信息社会发展的不可逆结果。互联网网络社会张力的发展反映了公众对热点事件的态度和倾向，使得网络空间中的网络社会张力事件与现实空间中的实体事件相互作用，对国家公共安全产生重要的影响。所以，针对网络社会张力的整体态势进行研判很有必要。

本节研究主要针对网络社会张力进行研判，具体研究包括时间序列分析、指标体系构建、网络社会张力态势研判三个方面：①对舆情文本提取情感特征、网络社会张力关联特征，据此构建时间序列，对网络社会张力发展进行建模；②构建面向国家公共安全的网络社会张力指标体系，以量化的方式对网络社会张力进行刻画；③在提出时间+用户双注意力机制的基础上，对网络社会张力的发展进行有效预测。

1. 研究背景

近年来，针对网络社会张力态势的分析与预警已经成为研究的热点，对公众在网络社交媒体上发布的信息进行有效的分析研究可以更好地为用户和相关利益部门服务，对舆情监测和科学管控具有重要意义。网络社会张力是本章最新提出的创新概念，之前并没有相关文献，因此主要调研了与传播学角度类似的舆情相关文献。

赵萌和齐佳音（2014）提出了网络舆情态势的概念，从创作主体、内容和社会影响力三个维度出发构建了针对企业危机事件的舆情态势评价指标体系，并且将 AHP 熵方法和模糊数学方法相结合进行权重确定，构建了评判模型。刘晓勤等（2012）探讨用人人网进行高校舆情分析的可能性，以状态、日志、视频为因子，通过大样本测算出的敏感性权重系数构建舆情态势量化研判体系，对舆情当前程度及未来趋势进行研判，最终提出社交网络时代的高效舆情应对策略。程倩（2011）通过内容分析法对网络舆情事件进行研究，通过统计分析事件持续时间、报道强度、网民情绪倾向等建立评价指标体系，以此模拟出网络舆情形成和扩散模型、网络舆情阶段模型图，构建完整的舆情。Wenlei 和 Mao（2016）考虑使用组合权重，并且提出了一种改进的 AHP 熵方法，综合了主观权重和客观权重，以此建立了网络舆论的评价体系，并且证明其对网络舆情风险评价的可靠性和有效性。

随着近些年机器学习的快速发展，使用机器学习来进行网络舆情研判的研究也逐渐增多。Cheng 等（2010）基于语义内容识别建立了网络舆情监测分析系统框架，应用在长度较短且含有较多情感词汇的网络评论中，解决了一些网络舆情中的关键问题。王国华（2016）提出了基于大数据语义特征分析提取的网络舆情监管预测算法，采用二元语义信息表达方法，对网络舆情进行主题词表构建和匹配，并且结合时间序列分析方法实现了预测算法的改进。张一文等（2012）针对非常规危机事件建立贝叶斯网络模型，使用最大期望（expectation-maximization，EM）算法进行参数学习，将危机预警分为三个等级，并且使用相关软件完成对危机事件的仿真预测。Lao 等（2016）针对 Web 2.0 时代公众广泛参与的在线社交活动，提出了一种针对社交媒体网站舆论分析的新方法，采用潜在狄利克雷分配（latent Dirichlet allocation，LDA）主题模型来提取公众对于某些事件不同主题的意见观点，然后使用词向量的深度学习模型计算文本的情感极性与强度，基于时间序列对情感极性与强度进行建模跟踪。通过对实际案例的分析，验证了该方法的合理性和有效性。沈阳和夏日（2015）选取了 2010~2014 年发生的 30 个热点旅游突发事件，结合微博舆情数据，使用自组织映射（self-organizing maps，SOM）神经网络进行聚类，并采用指数函数方法进行拟合，将网络舆情传播态势分为了六类，并分析其不同的传播特征差异。

由以上内容我们可以看到，网络舆情研判、文本情感分析和时间序列应用都是十分重要的研究领域，虽然前人已经做了不少相关研究工作，但是已有研究大多针对单个文本进行情感分类，没有对多文档集合的整体进行融合分析。此外，已有研究更多的是关注文本所挖掘出的信息，对于文本在社交网络情景下关联的多种特征，特别是社交网络中的不同用户及其身份差异、发表时间及其先后序列等特征关注过少。因此，本节从社交网络平台的网络社会张力信息出发，结合情感时间序列和神经网络等算法，着重考虑相同主题、相同时间段内不同用户创作的多文档情感融合分析，并且综合考虑不同用户身份、时间序列等文本关联特征的影响，提出并实现了一种有效的双注意力机制模型对相关舆情文本集合信息进行情感态势分析，研究实现一种有效的包含情感特征的表征方式和一种基于情感时间序列的网络社会张力态势研判算法。

态势主要包括态和势两个方面，其中“态”是静态的概念，指的是当前所处的状态；“势”是动态的概念，即表示动态的变化，是指可能的发展趋势（张琦等，2012）。由此，本章中对 P2P 网贷相关企业网络社会张力的态势研判也主要包括两个方面：①基于当前网络社会张力发展情况给出网络社会张力态势阶段评价，如网络社会张力发展处于成长期、成熟期或者平息期等，即所谓的“态”。②对网络社会张力后续发展趋势给出合理预测分析，即所谓的“势”。

在基于时间序列的舆情分析方面也有不少研究工作。Le 等（2012）重点关注整体上的公众情感伴随时间的变化，而不是单一微博的情感分析。通过对时间窗口、反应时间、持续时间等参数的学习建立一个最优的舆情分析模型。通常无法准确识别文本中的歧义及讽刺的情感倾向。对单个的微博情感倾向判断可能会出现错误，但是本节关注的是大数据下的整体趋势，在这种条件下，对单个微博的情感判断错误产生的影响会减小到一定程度甚至可忽略不计。

随着机器学习、神经网络的高速发展和广泛使用，其与时间序列数据挖掘相结合的研究也成为热点。由于深度学习算法具有自学习、自适应及非线性逼近的能力，可以克服传统时间序列分析方法的缺点，在时间序列预测研究上取得突出的效果。Thissen 等（2003）使用差分自回归移动平均（autoregressive integrated moving average，ARIMA）、SVM、RNN 模型在不同的时间序列数据集上进行预测，对比不同任务下各个模型的效果。Tian 和 Pan（2015）、Fu 等（2016a）实现了利用 LSTM 对交通流量的预测。Wang 等（2017）使用 LSTM 对地震进行预测。范竣翔等（2017）针对空气污染物所形成的时间序列，构建了以 RNN 模型为基础的时空预报框架，并证实了其有效性。Kim（2003）使用 SVM 在金融时间序列上实现预测。

O’Connor 等（2010）将时间序列与情感分析相结合，以大量 Twitter 用户发布的文本数据作为基础，构建公众情感时间序列，从而实现对消费者信心指数和总统大选支持率的预测。对 Twitter 文本进行分析，找到与相关主题的信息，对其情感极性进行判断，以平滑过后的情感形成情感时间序列，据此使用线性模型对舆情进行预测分析。

可见，之前的网络社会张力研究大多都是针对突发性公共事件的预警，主要集中于社交用户的文本分析，而较少针对 P2P 网贷平台做专门的分析，对社交平台上的相关新闻、官方通告的研究较少。而对于新兴的 P2P 网贷平台，大部分网络社会张力信息都会较为及时地发布在微博等一些社交网络平台上，并且这些网络社会张力都是随着时间进一步发展的。在已有研究中，将情感分析和时间序列分析相结合的工作较少，通常只是专门进行情感分析或者只是利用已知数据构建时间序列进行预测，而本章将二者结合，在对语料完成情感分析的基础上，利用得到的情感特征再次构建时间序列。已有的时间序列预测算法大多使用自回归移动平均（autoregressive moving average，ARMA）、ARIMA 等传统算法，以及 SVM、RNN、LSTM 等机器学习、神经网络算法。在此基础上，我们进一步对网络社会张力研判展开研究，探索多特征融合及多模型融合创新，研究实现一种有效的网络社会张力趋势发展预测方法。

2. 时间序列分析

情感特征抽取及时间序列构建：对于文本的情感特征抽取，已经有很多成熟的方法。本章借鉴了 Wang（2017）所提出的一种具有较好效果的方法，即基于词性、情感得分等特征的方法，共选取了五类微博文本特征，分别为词性、情感词、否定词、程度副词及特殊符号，共同构成一个 12 维的特征向量表示。其中，第 1 维到第 12 维分别代表：形容词、动词、名词、副词、介词、叹词的个数，正向情感词的个数、负向情感词的个数，情感得分，情感词之前是否出现否定词，情感词之前是否出现程度副词，问号和感叹号的个数。本书将正向情感词的基本情感分值置为 1，负向情感词的基本情感分值置为−1，将不同程度副词分别置为 0.5、1.0、1.5、2.0 四种不同的权重，否定词权重置为−1，再将不同情感词之前出现的否定词和强度副词的权重与情感词的基本分值相乘再做加和，获得微博的总体情感得分。

情感得分计算如式（8-5）所示：

$$\text{score}_{\text{sentiment}} = \sum_{i=1}^{N} n_i \cdot w_i \cdot s_i \tag{8-5}$$

其中，s_i 是情感词存在，正向情感词置为 1，负向情感词置为−1；w_i 是当前情感词前面的情感副词的权重，有四种，即 0.5、1.0、1.5、2.0；n_i 是当前情感词前面是否出现了否定词，有则置为−1，否则置为 1；N 是一段微博文本中的情感词个数。

基于上述已抽取的情感特征表示，我们选取合适的单位时间和时间窗口来构建时间序列进行预测分析。

3. 指标体系构建

作为网络社会张力态势研判的依据，我们需要构建一个面向国家公共安全主题集合的研判指标体系，在参考已有相关指标体系基础上，专门针对国家公共安全领域的特殊性实施。一方面，按照主题类别不同基于层次分析法进行研究，根据主题整体热度、局部热度、主题内容倾向性、主题权威度、主体间交叉性、国家和社会背景等因素来建立评价指标；另一方面，分析单一事件的发展规律，针对发生、传播、高潮、衰退、消亡的不同阶段，以及多个事件之间的关联，建构反映网络社会张力传播深度和广度的定性与定量相结合的指标体系。

网络社会张力是随着网络发展的产物，是公众围绕当前社会热点事件在网络平台上发表的意见和看法，它会随着事件的发生、发展、衰退而变化，通常会以言论为其载体和表达形式。

自媒体的兴起和微博等网络社交平台的快速发展，赋予了人们更多的话语权，使得网络舆情越来越复杂多变。网络社会张力的监测和预警工作一旦做不好，当热点事件或敏感话题爆发时，任由网民情绪在网络上病毒式蔓延，很容易引起“蝴蝶效应”，由网络讨论演化成群体性事件，爆发网络社会张力危机，对社会的稳定有着极大的影响。

通过建立网络社会张力指标体系，能够有效地反映网络社会张力的发展演化和影响程度，更好地反映出广大网民对当前热点事件的态度和看法，在科学的评价指标体系的基础上，以从各种网络舆情信息源收集的舆情信息数据为基础，可以对特定的网络社会张力的影响程度进行科学的定量评价，能够更有效地帮助监管机关，及时、准确地指导、预测及应对网络社会张力的发展。因此，建立科学、有效的网络社会张力指标体系显得尤为重要。

建设网络社会张力指标体系想要达到的目的是在相应的数据和技术支持下，依据热点事件网络社会张力的真实发展情况，能够正确地量化反映网络社会张力的发展演化和未来趋势。这个体系的建成会对网络社会张力产生如下影响。

（1）可以对网络社会张力进行及时的监测。如果不对具有潜伏期的危机进行及时的监测，有一些不好的网络社会张力产生，就会使危机转变为恶性事件，这样会扩大事件传播的领域，更不容易解决危机，由此看来，对网络社会张力进行及时的监测十分有意义。

（2）能对网络社会张力危机的爆发做出正确的预测。根据对不同种类的网络社会张力危机进行的分析与观察，概括总结出能够爆发网络社会张力危机的特点，并以此为基础，对有可能爆发的危机做出正确的预测，为解决网络社会张力危机做准备。

（3）能够阻止网络社会张力危机的爆发。建成网络社会张力体系可以对各种类型的网络社会张力进行分析与观察，总结出能够爆发巨大危机的网络社会张力的类型，再通过不同的手段减少这类网络社会张力的产生，以此来阻止网络社会张力危机的爆发。

基于 P2P 借贷领域，我们尝试建立如表 8-1 所示的网络社会张力指标体系。

表 8-1　网络社会张力指标体系

一级指标	二级指标	三级指标	量化方法
网络社会张力测量	群体情绪	情感得分	情感得分计算公式
		持续时长	起止时长
		主题关键词	分词+情感词表
	群体影响力	参与用户	数据统计
		参与媒体	数据统计
	群体情绪倾向性	情感标签	情感分类、预测
网络社会张力发展	群体权威性	媒体性质	媒体分类
		意见领袖（大 V）	用户分类
		粉丝数	数据统计
	群体热度	单位时间内信息数量变化	单位时间数量趋势统计
		单位时间内参与人数变化	单位时间人数趋势统计

网络社会张力测量主要是指网络信息的自身特征，是根据不同网络社会张力的特点构建的指标，包括群体情绪、群体影响力和群体情绪倾向性三部分。具体指标含义如下。

（1）群体情绪。①情感得分：根据文本本身所包含的信息，对其进行情感特征提取，根据时间序列分析中所设计的情感打分公式（$\text{score}_{\text{sentiment}} = \sum_{i=1}^{N} n_i \cdot w_i \cdot s_i$）计算所得，可以反映不同文本的情感强度。②持续时长：根据所获得的微博等文本，由起始时间可以计算出其持续的时长，能够反映其持续关注时间，衡量其发展程度。③主题关键词：由自身文本信息，可以提取相关的主题关键词，更有针对性地反映相关网络社会张力的特征，含有关键词的多少也可以作为关联度的体现。

（2）群体影响力。①参与用户：参与用户的数量可以由数据统计得出，能够直观反映出关注度和参与度及影响的广度。②参与媒体：参与媒体的数量同样也能反映影响的范围大小，并且由媒体性质也能反映出一些地域性影响和官方介入程度。

（3）群体情绪倾向性。情感标签：情感标签主要根据网络社会张力自身所得，代表网络社会张力发布者、参与者的观点、态度。

网络社会张力发展主要反映的是对网络社会张力发展产生影响的一些客观条件及相关网络社会张力的发展变化指标，主要包括群体权威性和群体热度两部分。具体指标含义如下。

（1）群体权威性。①媒体性质：在网络平台上，很显而易见的是不同的媒体发声所产生的效果和影响力不同，官方媒体、普通网络媒体等性质不同，在指标体系中起到的作用也不同。②意见领袖（大 V）：对个人用户而言，名人、大 V 等社会意见领袖对网络社会张力发展的影响力也不同，意见领袖发布的信息往往具有更大的传播范围。③粉丝数：如微博中，粉丝数较大的用户，起到的作用类似于大 V，其发布的网络社会张力信息会让更多的粉丝关注和传播。

（2）群体热度。①单位时间内信息数量变化：观测单位时间内相关信息的数量变化，能够更好地反映网络社会张力的发展趋势。②单位时间内参与人数变化：和信息数量变化一样，参与人数的变化也能反映网络社会张力传播发展的范围变化和热度变化。

建立评价指标体系，能够利用相关网络社会张力信息更好地做出决策。根据网络社会张力的各项指标，能够对网络社会张力发展演化的整体阶段做出合理判断，在“成长期”“爆发期”“衰退期”反映出不同的特点，更有效地进行网络社会张力指导和控制。此外，根据指标内容，也可以对网络社会张力未来趋势做出合理预测，为相关监管机构提供更有效的管理决策帮助。

4. *研究方法*

本章旨在通过情感时间序列技术，实现一个针对社交网络平台上面向特定领域的网络社会张力态势研判系统。首先，我们提取文本特征，构建情感时间序列，实现多文档情感融合分析，使用 SVM、LSTM 等算法实现情感分析的基线模型，之后我们考虑不同社交用户身份和时间序列等关联特征，提出并实现了一种有效的时间—用户注意力机制对模型进行改进，针对社交网络文本信息实现了网络社会张力态势预测和分析，通过实验，验证了其有效性。本书研究的关键技术如下。

1）预测算法

RNN 是近年来比较流行的一种深度学习模型，相对于传统的神经网络，RNN 加入了循环结构，可以保持信息的持久记忆性。所以，RNN 是一种适用于序列数据的深度学习模型。而 LSTM 是在 RNN 基础上的一个变种，其对每个神经元增加了遗忘门、输入门和输出门。遗忘门用来选择性地保留之前的信息，让细胞状态保留一部分信息，忘记一部分信息；输入门用来决定哪些信息需要新加入到细胞状态中；输出门则用来决定输出的信息，生成新的细胞状态。LSTM 正是通过对这些神经元内部的“门”的控制，增加了其记忆序列信息的优点，达到保持信息持久性的目的，同时，也避免了 RNN 中存在的梯度爆炸和弥散，以及记忆信息长期依赖的问题。本次实验基于情感时间序列进行，考虑到时序数据的特点，我们选择使用 LSTM 作为基础模型，并在此基础上尝试加入时间和用户两种注意力机制对模型性能进行改进与提升。同时，为了对比不同算法的实验效果，我们也加入了 SVM 和 CNN 模型来进行对比实验，考察我们所提出的算法的有效性。

2）双注意力机制融合模型

Bahdanau 等（2014）针对机器翻译提出了在 sequence-to-sequence（seq2seq）翻译模型中引入注意力机制，有效解决了语句过长时信息丢失严重的问题，提高了翻译的效果。其中，注意力机制可以理解为“词对齐”的表示，通过每一次翻译时加强注意力，使得模型能够找到当前翻译的结果与输入文本中哪些词联系更加紧密，从而尽量避免一些干扰词所带来的影响。根据这种思想，结合我们前面分析的微博等社交网络文本所特有的时间特性及不同用户身份特性，我们提出了一种时间+用户身份的双注意力机制。

首先，我们设计实现了一种在时间序列上的 time-attention（时间注意力）机制。我们输入的是一个时间序列，每一个单位时间内微博文档集包含的特征不同，每一个时间点的重要性和对网络社会张力预测结果的影响力也是不同的，通过加入 time-attention，使得序列更好地把握不同时间点所带来的影响，以此来提升时间序列的预测效果。需要特别说明的是，我们所提出的这种 time-attention 机制与通常 seq2seq 翻译模型中的注意力机制是不同的，在 seq2seq-attention 翻译模型中，attention 机制由 encoder 端到 decoder 端实现“词对齐”的功能，以此找到输入序列中与当前翻译词关系更为密切的词，从而得到翻译结果。而我们的 time-attention 中，如图 8-5 所示，没有直接采用 encoder 结构，而是选择常用的 LSTM 模型对序列数据进行高维特征提取。同时，我们并没有直接在 decoder 端输出结果，而是根据隐藏层输出的值 h，经过和 LSTM 中间输出结果运算得到了针对不同时刻输入的权重因子，经过权重因子加权运算之后最终得到 time-attention 层的输出结果 Y。

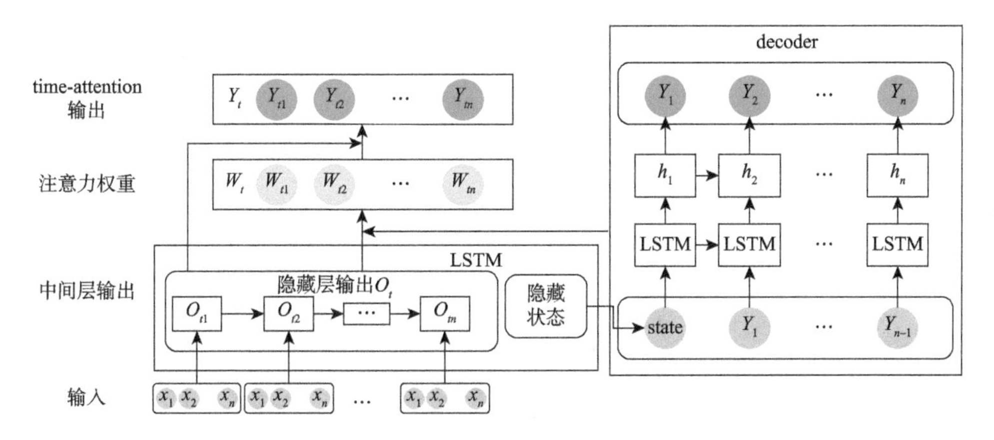

图 8-5　双注意力机制融合模型

其中，O_t（O_{t1}~O_{tn}）是时间序列特征数据输入 LSTM 所得到的输出；state 是 LSTM 的隐藏层状态；h（h_1~h_n）是 decoder 隐藏层的输出；W_t 是时间注意力机制得到的权重；Y_t是最终的输出。

$$W_t = \text{softmax}\left(h \times O_t\right) \tag{8-6}$$

$$Y_t = O_t \times W_t \tag{8-7}$$

接下来，我们又设计实现了一种考虑不同用户身份的用户注意力机制。这里我们借鉴了 Chen 等（2016）的工作，其在对用户商品评价进行情感分类时，在模型中引入了 user 和 product 注意力机制，使得模型加入用户和商品之间的关系度量。通过两层 LSTM 分别作用于 word representation（词汇表征）和 sentence representation（句子表征），并且在每一层中加入 user-product attention（用户–产品注意力），以此提升情感分类的效果。根据微博类的社交文本特点分析，我们也考虑加入与用户身份相关的特征。对于社交网络社会张力发展来说，不同用户身份所带来的影响也是不同的，媒体与个人的影响不同、大 V 与普通用户的影响也不同，所以我们提出了如图 8-6 所示的 user-attention（用户注意力）机制，在模型中加入 user 的影响因素，考察其对预测结果的影响。同样地，我们所提出来的 user-attention 与 Zhou 和 Feng（2017）也有所不同，文献中以向量表示 user 和 product，并且将其作用于文本的 word representation 和 sentence representation 中，而我们提出的 user-attention 模型，设计了图 8-6 中 user 所代表的用户属性矩阵表示，包括用户类别（user category）、大 V 类别（V category）、粉丝数量（number of fans）等信息，充分结合了微博类社交网络平台的用户特征。同时，我们的 user-attention 在每一次输入中考虑了不同时间点所对应的不同用户角色，实现了多文档、多用户的融合。将其应用于经过 time-attention 选择过的输入，将多维度的不同用户特征融入模型特征中，以此来提高情感分析的效果。

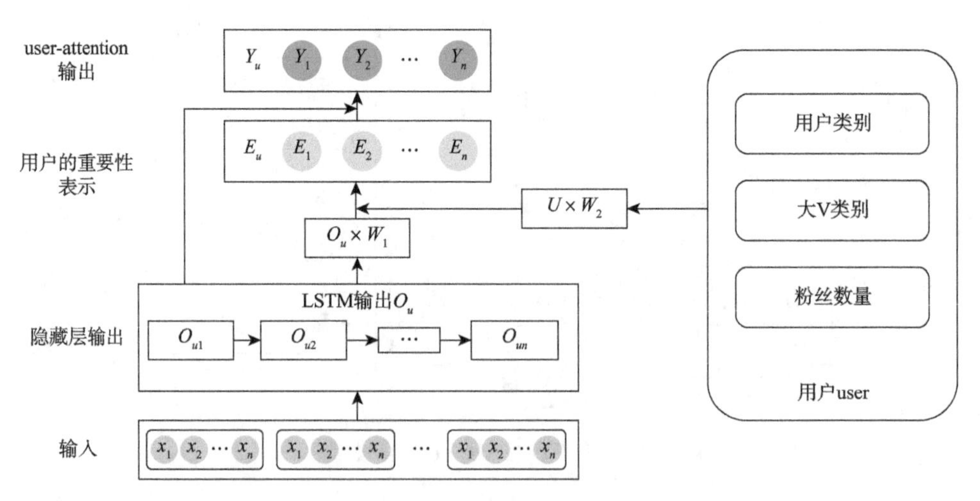

图 8-6　用户注意力机制

O_u（O_{u1}~O_{un}）是 LSTM 输出的隐藏层结果；user 是相应的不同类别用户所得到的用户特征矩阵，根据用户的身份类别，大 V 的类别及粉丝数相关信息构成。U 是当前时刻对应用户的权重矩阵，从 user 得到；E_u（E_1~E_n）是增加用户注意力机制之后的表示；Y_u 是输出结果。其中

$$E = O_u \times W_1 + U \times W_2 \tag{8-8}$$

$$Y_u = \text{sigmoid}\left(E \times O_u\right) \tag{8-9}$$

整体的模型结构如图 8-7 所示。

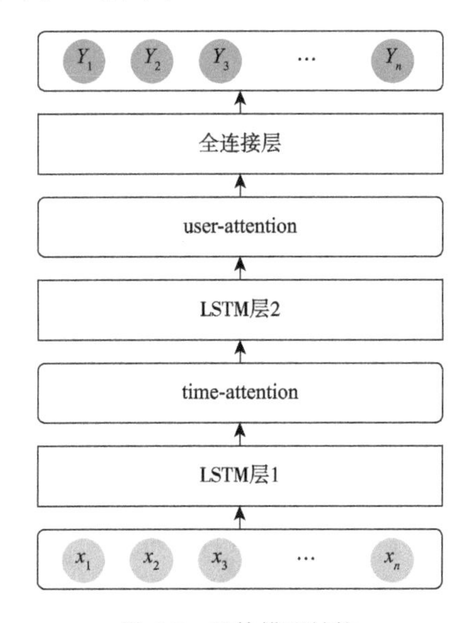

图 8-7　整体模型结构

3）多粒度扫描

考虑到所采集的 P2P 网贷平台网络社会张力相关的真实微博数据尚不足以达到大数据的规模，我们希望通过深入挖掘已有数据特征的方法来获得更好的特征表示，从而有助于进一步提升模型预测的效果。受到 Li 等（2017）工作的启发，其提出了一种 gcforest 组合模型，以 random forest（随机森林）作为基础模型，对样本特征进行多粒度扫描，训练不同的 random forest，进行级联组合得出最后的分类结果，解决了深度学习中需要大量训练数据和参数的问题。于是我们在实验中也尝试对上述输入序列特征表示引入多粒度扫描的方法来改善实验结果。如图 8-8 所示，假设一个样本原始特征为 400 维，我们使用大小为 100 维的滑动窗口进行滑动，那么在 400 维原始特征上，可以得到新的 301 个样本，且每个样本的特征维度都是 100。使用这种方法，我们可以成倍地扩大样本数量。

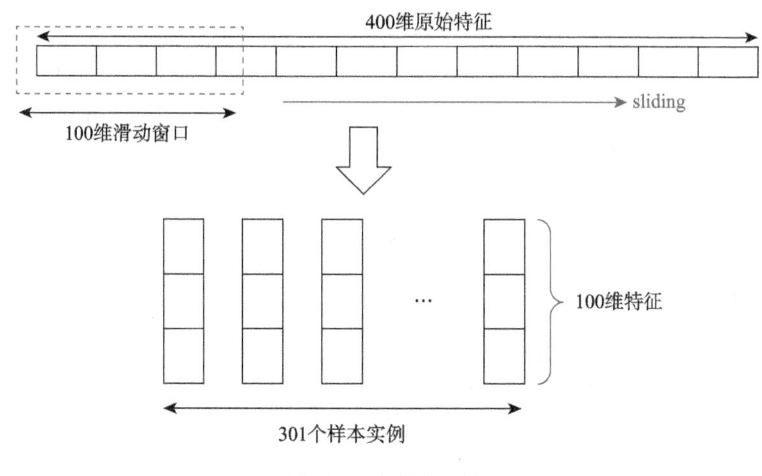

图 8-8　多粒度扫描

5. 网络社会张力态势研判

本章对 P2P 网贷机构的社交网络平台网络社会张力态势信息进行研判，使用情感分析和时间序列技术，结合时间—用户注意力机制，提出了一种网络社会张力态势研判模型，系统架构如图 8-9 所示。

1）数据预处理

本次实验采用从新浪微博采集的 P2P 相关恶性事件的网络社会张力相关数据。实验数据主要包括比较典型的 P2P 恶性事件相关企业：钰诚系、快鹿系和中晋系三大类微博，共有 11 913 条。其中，钰诚系包含 574 条，时间跨度为 2014 年 7 月 8 日~2017 年 2 月 1 日；快鹿系包含 1079 条，时间跨度为 2016 年 3 月 9 日~2017 年 3 月 14 日；中晋系包含 5784 条，时间跨度为 2015 年 3 月 2 日~2017 年 3 月 22 日。我们对原始数据进行预处理，包括清洗，去除无效、重复的数据，保留所需信息字段，并将数据按照时间进行排序，为后续处理奠定良好的基础。

2）特征提取

对微博网络社会张力文本信息进行情感特征提取，共 12 维，每一维度代表含义为 8.3.5 节中 2. 所述。根据已抽取的情感特征表示来构建时间序列进行预测。假设时间窗口为 T，即表示我们选用 T 个单位时间长度的微博数据构建时间序列，使用此 T 个时间窗口的数据来预测第 T+1 个单位时间的情感态势情况，在本实验中则表示预测相关 P2P 事件的网络社会张力情感发展分类结果。

3）模型构建及网络社会张力预测

使用 SVM、LSTM 等算法来构建网络社会张力研判系统的基线模型，通过实验选取最佳的时间序列参数，比较实验结果，得到最优的参数及模型。

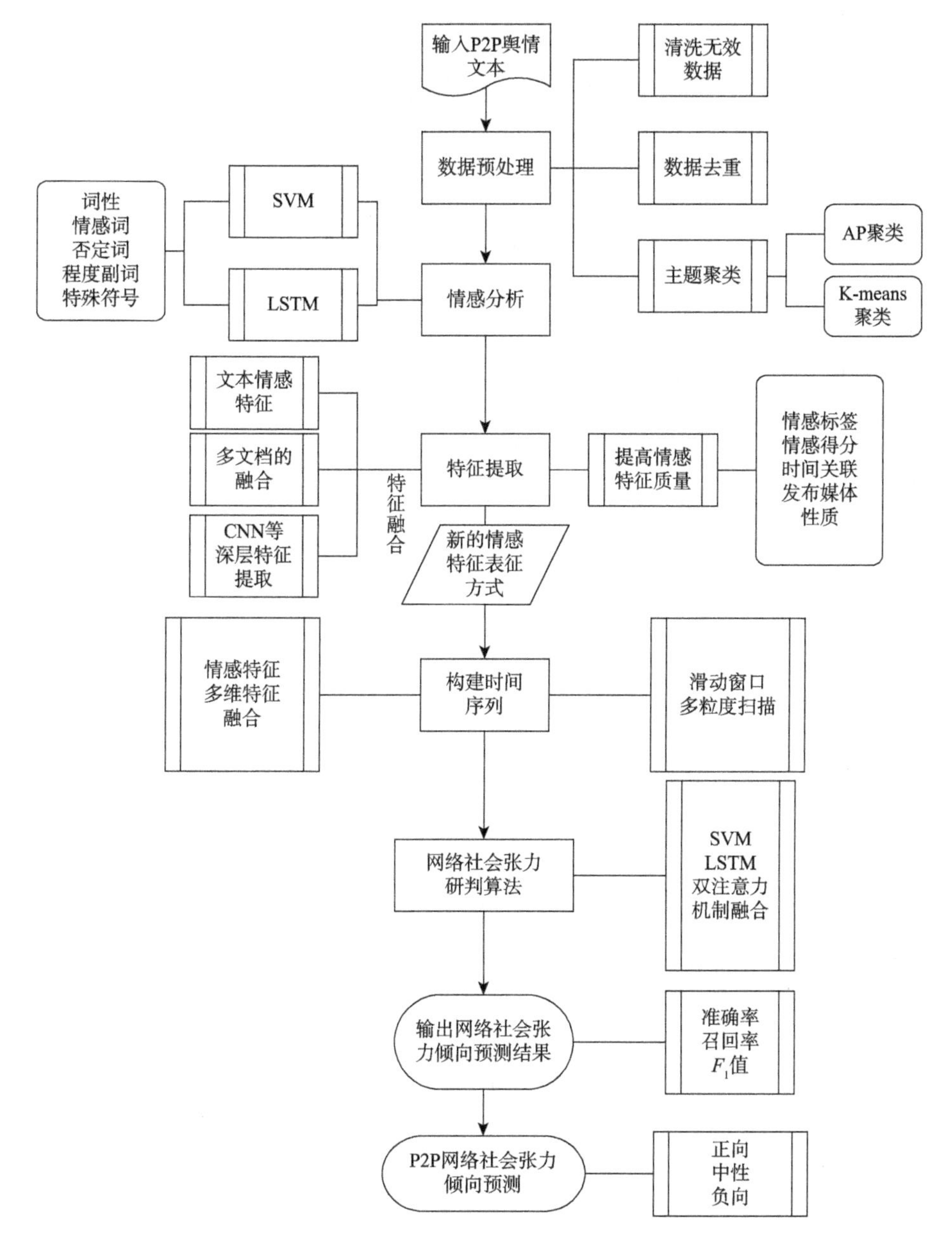

图 8-9　网络社会张力研判系统架构

4）模型改进

使用提出的时间—用户双注意力机制来改进模型，重新实验，比较改进前和改进后的实验结果，验证改进方法的有效性。

根据所采集的真实微博数据分布特点，钰诚系和中晋系的网络社会张力更具有爆发性，大多集中在几天之内，其他时间段几乎没有数据。而快鹿系的网络社会张力发展持续时间较长，同时也更为平稳。所以我们在实验中对钰诚系和中晋系的数据主要采用爆发期数据，其中，对钰诚系数据，我们选择了（2016 年 1 月 31 日~2016 年 2 月 2 日）三天内的网络社会张力微博信息，而对中晋系，选择了（2016 年 4 月 6 日~2016 年 4 月 15 日）10 天内的网络社会张力微博信息。对于平稳的快鹿系数据，我们则采用了所有时间段内的网络社会张力微博信息。

5）实验结果和分析

在后续实验中，选择了 LSTM 模型作为基线系统，以 F_1 值作为指标对实验结果进行衡量。根据数据和模型实验要求，先后进行了四组实验，具体实验设计方法及其结果分析详述如下。

实验一：单位时间及时间窗口参数选择。

为了构建时间序列，首先需要对数据进行时间单位的划分。使用三系不同数据，以一小时、半小时、十分钟、五分钟分别进行实验，找出最佳的单位时间，并根据最佳结果来进行后续实验。同样地，需要确定时间窗口的大小，即确定需要用多少个时间单位来预测下一个时间单位的结果。根据经验，选择以时间窗口大小为 5、7、10 来进行实验，确定出最佳的时间窗口。针对单位时间内包含多篇微博文档的特点，采用各文档情感特征相加的方式来处理，以实现对单位时间内多文档的情感倾向判断。

首先选取了钰诚系三天的数据来进行实验，分别采用一小时、半小时、十分钟和五分钟作为单位时间进行划分，同样地，也选取时间窗口大小为 5、7、10 分别进行实验，通过实验来选择最合适的时间序列参数，以下为实验结果。

以一小时为单位时间，35 个样本进行训练，其他用来测试，使用不同的时间窗口来进行实验得到结果如表 8-2 所示。需要说明的是，由于本次实验数据主要都是关于 P2P 恶性事件相关企业的，其中微博数据的情感倾向绝大多数都是负向和中性的，正向情感的微博几乎没有，因此，表格中所列的主要就是两种情感倾向结果，“−1”表示负向情感，“0”表示中性情感，下同。

表 8-2　一小时为单位实验结果

类别	时间窗口		
	5	7	10
−1	0.84	0.94	0.91
0	0.00	0.00	0.00
最佳时间窗口	0.77	0.84	0.76

由表 8-2 的结果可以看到，以一小时为单位时间来划分，样本数量过少，不

同类别间很难平衡，其中 0 类的样本均无法进行有效预测，对实验来说不够稳定，意义不大，不太适用。

同样，以半小时为单位时间，75 个样本进行训练，其他用来测试，使用不同的时间窗口来进行实验，结果如表 8-3 所示。

表 8-3　半小时为单位实验结果

类别	时间窗口		
	5	7	10
−1	0.69	0.71	0.17
0	0.25	0.00	0.55
最佳时间窗口	0.48	0.39	0.32

可见，以半小时为单位时间进行划分，同样具有样本数量较少的问题，实验结果不具有代表性且效果较差。

接着，以十分钟为单位时间，260 个样本进行训练，其他用来测试，使用不同的时间窗口来进行实验，结果如表 8-4 所示。

表 8-4　十分钟为单位实验结果

类别	时间窗口		
	5	7	10
−1	0.000	0.000	0.615
0	0.750	0.794	0.772
最佳时间窗口	0.450	0.543	0.728

可以看到，与之前的实验相比，以十分钟为单位的实验结果有所提升，但是仍然存在着占比较少的−1 类无法预测的情况，可进一步缩小单位时间来观察实验结果。

以五分钟为单位时间，400 个样本进行训练，其他用来测试，使用不同的时间窗口来进行实验，结果如表 8-5 所示。

表 8-5　五分钟为单位实验结果

类别	时间窗口		
	5	7	10
0	0.000	0.207	0.494
−1	0.882	0.867	0.878
最佳时间窗口	0.696	0.720	0.770

可见，以五分钟为单位时间的实验结果整体均有所提升，比之前 3 组实验的效果要好。并且，在时间窗口选择 10 的时候，能够得到最好的实验效果，对两类都能有效预测，同时整体预测效果的 F_1 值达到最高。

由以上的实验结果可以看到，对于钰诚系数据，以五分钟为时间单位，10 为时间窗口能够取得比较好的实验效果。所以，在以下几组实验中，对钰诚系数据的参数保持不变，即选择以五分钟为单位时间，以 10 为时间窗口。

通过同样的实验方法，也分别确定了中晋系和快鹿系数据的实验参数，均选择使用五分钟为单位时间，以 10 为时间窗口来进行实验。

实验二：基线实验。

考虑到序列数据的特点，选择 LSTM 作为我们实验的基线，同时也使用 SVM 和 CNN 进行对比实验。在此基础上，尝试使用双层的 LSTM 模型进行深入实验，考察其是否能更进一步地提取序列特征并对实验预测结果准确性起到一定的效果。同时，基于此前的时间序列相关研究工作发现，通过加入 SVM 学习层，可以使分类效果有所提升，并在实验中进行了验证。所以，本节也在 LSTM 模型之后加入 SVM 学习层，观察其是否能够改进预测结果的准确性。根据三个系的数据实验参数以及实验一中得到的结果，得到不同模型的预测结果如表 8-6 所示。

表 8-6　基线系统各模型实验结果

算法	LSTM	2-LSTM	LSTM-LSTM-SVM	SVM	CNN
钰诚系	0.68	0.80	0.81	0.60	0.12
中晋系	0.74	0.76	0.76	0.63	0.12
快鹿系	0.72	0.78	0.77	0.99	0.00

由实验结果可以看到，CNN 的实验结果非常差，观察预测结果可知，CNN 将所有测试样本均预测为−1。对于时序性的特征来说，CNN 的卷积不能起到有效的作用，无法在时序上学习到信息，不适用于时序预测。对于钰诚系和中晋系，LSTM 的结果都比 SVM 要好，但是快鹿系的 SVM 达到了异常的 0.99。对快鹿系 SVM 的实验结果具体分析，如表 8-7 所示，可以看到 SVM 也是把所有样本都预测为 0 类，导致了预测结果较为异常，没有起到有效的预测作用。三系实验在两层 LSTM 上的实验结果（表 8-9）比单层 LSTM（表 8-8）都有所提升，而对于 LSTM-LSTM-SVM 的实验结果（表 8-10），中晋系和快鹿系的 F_1 值有略微下降。进一步对钰诚系的三种算法各类预测结果进行具体分析。对比实验结果可以看到，加入 SVM（表 8-11）对占比小的类别会起到很大的改善作用，即对−1 类的预测效果提升明显，可以验证 SVM 对占比小的类别具有明显提升作用。其他两系结

果分析相同，在此不再赘述。

表 8-7　快鹿系 SVM 实验结果

类别	指标		
	准确率	召回率	F_1 值
−1	0.00	0.00	0.00
0	0.99	1.00	1.00
整体	0.00	0.00	0.00

表 8-8　LSTM 实验结果

LSTM	准确率	召回率	F_1 值
−1	0.00	0.00	0.00
0	0.78	1.00	0.88
整体	0.61	0.78	0.68

表 8-9　2-LSTM 实验结果

2-LSTM	准确率	召回率	F_1 值
−1	0.83	0.38	0.52
0	0.82	0.97	0.89
整体	0.82	0.82	0.80

表 8-10　LSTM-LSTM-SVM 实验结果

LSTM-LSTM-SVM	准确率	召回率	F_1 值
−1	1.00	0.41	0.58
0	0.82	1.00	0.90
整体	0.87	0.84	0.81

表 8-11　SVM 实验结果

SVM	准确率	召回率	F_1 值
−1	0.00	0.00	0.00
0	0.72	0.99	0.83
整体	0.52	0.71	0.60

表 8-12　CNN 实验结果

CNN	准确率	召回率	F_1 值
−1	0.28	1.00	0.44
0	0.00	0.00	0.00
整体	0.07	0.28	0.12

实验三：双注意力机制融合模型。

在前文中提出了 time 和 user 两种注意力机制，接下来考虑加入两种注意力机制与实验二中的基础模型结果进行对比，考察 time-attention 和 user-attention 对预测效果的影响，结果如表 8-13 所示。其中，l-t-l-s 是在实验二中的 LSTM-LSTM-SVM 加入了 time-attention 的模型；同样地，l-l-u-s 是加入了 user-attention 的模型；l-t-l-u-s 是加入了 time-attention 和 user-attention 两种注意力机制的模型。

表 8-13　双注意力机制模型实验结果

算法	l-t-l-s	l-l-u-s	l-t-l-u-s
钰诚系	0.820	0.827	0.837
中晋系	0.751	0.745	0.756
快鹿系	0.850	0.794	0.850

从实验结果（表 8-13）中可以看到，在 LSTM 模型中只加入 time-attention，即表中 l-t-l-s，结果相较于实验二中的 LSTM-LSTM-SVM，三系预测结果均有所提升，说明 time-attention 机制可以起到提升预测效果的作用。究其原因，是通过加入 time-attention 机制，模型能够更好地捕捉到不同时间点的重要性，在预测下一个时间的情感倾向时，能够在输入的时间序列中更好地选择出对预测影响更大的时间点，从而起到了提升预测效果的作用。

同时，在 LSTM 之后加入了 user-attention 机制，得到了 l-l-u-s 模型，结果比实验二中 LSTM-LSTM-SVM 有所提升，说明 user-attention 也起到了一定的改善作用，user 因素对于预测的准确性有一定的积极作用。当然，这也是很容易理解的，不同的用户所带来的影响不尽相同，“重要性”更强的用户相较于一般的用户来说，在网络上会有更多的话语权，所以对于网络社会张力的发展也会起到更大的作用，user-attention 很好地捕捉到了这一点，使得不同的用户在预测模型中起到不同的作用，对预测结果起到了改善作用。

接着，综合 time-attention 和 user-attention 两种注意力机制，将二者一起加入模型，修改模型为 l-t-l-u-s，由表 8-13 可以看到，在同时加入两个注意力之后，time-attention 和 user-attention 同时起到了作用，得到了目前最好的实验结果。可见，本章所提出的两个 attention 机制在对时间特征选择和用户身份影响上都能捕捉到一些特性，并且这些特性可以更好地在预测结果时“注意”到那些已有的强关联信息，减小噪声数据带来的影响，起到提高预测效果的作用。可见，通过这些实验，能够验证 time-attention 和 user-attention 机制在情感分类预测上的有效性。

实验四：多粒度扫描。

由于实验数据样本量不够大，所以实验结果会存在一些小范围的波动，为此，本章采取了对样本进行多粒度扫描的方法来解决深度学习需要大量训练数据的问题，并通过实验考察是否能够起到改善作用。考虑到原始的样本特征为 12 维，所以设置 sliding=12，即以长度 12 对样本特征进行细粒度滑动，那么 120 维的特征就可以滑动出 109 个样本。通过这种方法样本数量就可以扩大 109 倍。使用扩大后的数据再次进行训练和预测，最后将各样本分类概率相加求平均，再以最大的概率类别作为最终对应于原始样本的预测结果，如表 8-14 所示。

表 8-14　各模型多粒度扫描实验结果

算法	LSTM	LSTM-LSTM-SVM	l-t-l-u-s
钰诚系	0.68	0.81	0.848
快鹿系	0.58	0.77	0.716
中晋系	0.58	0.69	0.780

由以上结果可以看到，在 sliding 之后，随着样本数增多，对于模型的训练更加充分，所以钰诚系和中晋系的预测结果都有所提升，而快鹿系结果有所下降，并没有起到一定的改善作用。分析实验结果，多粒度扫描应用在钰诚系和中晋系上，能够变相地扩充样本数量，所以使得模型训练更为充分，预测效果有一定的提升，并且稳定性得到提高。而对于快鹿系来说，预测效果却没有提高。因为快鹿系网络社会张力发展较为平稳，采取的数据并非爆发期的集中时间，而是所有样本数据，所以整体的时间跨度较大。在这种长时间的情况下，根据单位时间所得到的样本数本身就比较多，再进行多粒度扫描并不能从增加样本数量上对模型进行改善。同时，对特征进行多粒度的滑动，可能会产生较多的不完整噪声样本，所以对模型的训练产生了一定的影响，导致快鹿系的结果有所下降。综上，通过实验发现，多粒度扫描的方法在一定程度上可以用来改善数据量小的问题，对预测的效果和稳定性有一定的提升作用，但是对样本数已经够多的快鹿系并不适用。

8.4　面向国家公共安全的互联网信息行为的心理治理策略研究

8.4.1　从传统治理到心理助推治理模式

互联网自出现之后就迅速成为重要的信息发布渠道和信息来源工具。根据中国网络空间研究院（2017）的整理，网络谣言、网络诽谤和网络欺诈等偏差信息大量存在于世界各国（地区）的互联网上。在一定耦合条件下，这些偏差信息会溢出网络空间，和现实社会中的各种事件叠加互动，使这两类事件的处置具有极大的复杂性（齐佳音和张一文，2016）。当前，各国都用行动表明，在网络空间中，人们的行为不仅应该符合公共秩序，而且应该受到规则的约束。自 20 世纪 90 年代末“互联网治理”（internet governance）的概念被正式提出以来，包括中国在内的世界各国（地区）都针对网络空间里的偏差信息进行了大量治理工作，具体体现在各种行政干预、法律规范、技术手段和专项行动等（方兴东，2016）。本书认为，虽然这些治理工作是绝对必要的，并且它们也取得了很大成果，但不得不承认，传统的互联网信息治理针对的都是“互联网信息”本身，没有考虑到互联网信息背后“人”的心理特征和心理规律，这导致现有的互联网治理工作浮于“脚痛医脚”。可以看到，各国（地区）虽然都对互联网信息进行了大量治理，但各种偏差信息还是在网络空间中频频出现，影响也越来越大（桂勇等，2015）。

从演进角度看，公共事务的治理模式经历了科层治理、市场治理和网络治理的发展（李维安等，2014）。科层治理依靠的是等级权力，其作用方式是通过约束性规则来限制不合作行为，使得治理对象依从权威。市场治理依靠的是利益，其作用方式是让个体在公平竞争中能够达到利益最大化，使得治理对象配合。网络治理依靠的是政府部门、社会组织、商业团体和公民个人等众多行为主体彼此合作，其作用方式是通过众多参与者的互利互惠和相互依赖，使得治理对象参与到治理活动中来。Bell 等（2010）在上述基础上提出了“劝导治理”（governance by persuasion）的思路。这种治理思路强调转变治理对象的观念和态度，使得治理对象自觉自愿地按照治理主体的意愿行动，以此达到治理的目的（例如，与其直接禁止吸烟，不如转变公众对吸烟的态度）。劝导治理是一种软性的、非侵入性的治理，治理主体可以采取各种方法，使得治理对象在心理上接受和参与治理。Mols 等（2015）在劝导治理基础上提出了“助推治理”模式。该治理模式基于心理学的认知不足理论和有限理性理论，强调治理主体应该创造决策环境，引导个体“不知不觉”地做出有利于治理的行为（例如，多报道好人好事，少报道负面新闻，使民众在从众效应等心理趋势下多帮助别人）。它与之前的治理模式的区别在于，助推治理强调改变民众的观念态度，使得民众在决策环境中无意识地改变行为；而之前的治理模式强调通过规则约束、利益引导等方式让民众行为发生变化，在之前的治理模式中，虽然民众改变了行为，但其很大程度上是“非自愿”的，因此治理效果不能长久。卡梅伦政府于 2010 年在英国率先实践了助推治理模式，并在治理偏差行为上取得了良好效果（Jones et al.，2013）。

可以清晰地看到，科层治理、市场治理和网络治理在各国的互联网治理实践中都有着广泛运用。根据中国网络空间研究院（2017）的整理，各国（地区）都出台了大量法律、采取了许多技术手段、进行了很多专项行动，并且，各国（地区）的互联网企业都与政府积极合作，对偏差的互联网信息开展了全社会的网络式治理。但正如前文所述，虽然这些治理方法实施简单、手段直接、见效迅速，但应该看到，这些互联网信息治理方式普遍存在介入晚、反弹大等问题，因此，当前的互联网信息治理实践多是治标不治本的（方兴东，2016）。本书认为，要实现对偏差网络信息的有效治理，其目的并不是让这些偏差网络信息本身消失，而是要让这些偏差网络信息背后的“人”的认知发生转变。只有当“人”的观念态度和治理主体保持一致时，他们在网络空间中的信息行为才是真实的、自然的、持久的。

因此，延续助推治理模式的思路，本节将探讨偏差网络信息的心理治理模式及其治理效果的测量指标，为相关互联网信息治理的实践提供参考。

8.4.2　心理治理的对象

“人”是网络空间中一切活动的主体，互联网上的任何信息，都是个体信息行为的结果。《人民日报》的评论认为网络治理关键是凝聚人心，强调网络治理要重点做好“人”的工作。对偏差网络信息行为进行心理治理，首先必须梳理网络信息中“人”的类型，找出有效的治理对象。

Bennett 和 Segerberg（2012）认为在公共事件中，网络社交媒体使得每个个体都可以对事件发表观点，这些观点在网络空间中不断碰撞、发酵，进而引发联结行为（connective action）。联结行为是一种新型的群体行为，它的特征是多方参与者自发地、非正式地聚集在一起，通过使用社交媒体参与共同生产和分享内容。在联结行为中，参与者并不需要成为正式组织的一部分，通过分享链接或发表评论，他们已经开始从事公共活动。联结行为有助于快速形成强有力的舆论力量，有效地敦促事件相关方面妥善处置和止损。Benkler（2016）认为网络空间中的联结行为已经成为一种“新的力量来源”，其对公共事务的影响力非常大，经常能够改变政府的态度。

联结行为的影响虽大，但其蕴含的能量必须要被捆绑起来才能发挥效果，因此联结行为是否成功，其舆论方向能否保持集中十分重要。Vaast 等（2017）的研究表明，联结行为中的参与者可以分为倡导者、支持者和传播者三类。倡导者通过大量使用社交媒体的各种功能（如评论、转发、定向回复、加标签等）主导内容的创造和传播，他们的行动依赖于支持者和传播者。支持者部分使用了社交媒体的创作功能，进一步促进了联结行为的产生。传播者主要使用了社交媒体的转发功能，回应和扩散了他人的内容。在这三类人群中，倡导者和支持者更多地表达个人观点，进而创造内容，而传播者则倾向回应和分享上述两者的创作内容。Vaast 等（2017）认为，联结行为需要三种角色共同作用，形成团队依赖。在这三种角色中，倡导者由于原创了很多内容，因此支持者都是围绕着倡导者展开联结行为的。Vaast 等（2017）通过研究发现，当倡导者的活动强度降低时，其他两种角色的作用将无法充分呈现，导致后续联结行为的作用强度也持续降低。

虽然联结行为有助于互联网公共监督力量的形成，但在偏差网络信息中，如果不正确的内容持续碰撞发酵，则此种联结行为会对社会正常秩序造成冲击。如前所述，倡导者是联结行为的中心点，一旦倡导者的行为得到治理，联结行为将得到抑制。因此，在对偏差网络信息的治理时，偏差信息的倡导者应该成为心理治理的主要对象。

要实现精细有效的心理治理，我们还需要对倡导者的行为进行进一步分析。认知心理学认为“行为”只是心理活动的外在表现，如果只对行为本身进行治理，而不深入改变行为者的认知观念，则治理行动无异于隔靴搔痒。认知行为理论认为，个体的心理活动可以分为认知、情感和行为三部分（Nurius and Macy，2008）。认知是人们对于某事件的基本观念和基本看法，它的一个基本特性就是对事物进行分类，从而达到简化和概括信息的目的。当人们在判断某一物体是否属于某种认知范畴或类别时，通常会以“原型”为基础来衡量。原型是关于某一类事物的典型特征模式，物体特征与原型认知范畴越接近，就越有可能被划归到某一原型范畴中。情感涉及感受、情感反应和情绪。个人对社会信息的加工往往具有情绪性和情绪唤醒的功能，因此个体不可避免地要与情感反应发生联系。对情境特征的情感反应通常是在意识之外即时和自动产生的，它会反过来影响着相关的认知和行为（Dolan，2002）。而行为则是认知和情感共同作用的结果，它反映着个体对某事物的基本认知和情感反应。

在认知、情感和行为中，认知居于核心地位，直接影响着情感和行为。Lazarus

（1991）认为，情感是在认知过程中产生的某种意义，而且认知过程的目的之一就是实现这一意义，因此认知是情感的充分和必要条件。同时，情感能提供关于价值判断的具体信息，情感激活和情绪效价都会影响个体对事物的知觉水平，所以情感也在很大程度上影响着个体认知风格。总之，认知和情感二者相互作用，共同导致了个体的行为。

可见，认知对具体事物进行解读，这种解读直接影响着个体的情感和行为，因此，认知扮演着中介与协调的角色，是心理治理的着力点。同时，情感也对个体的认知水平造成了影响，所以对于个体情感的调节也是心理治理的重要方面。综上所述，对于偏差网络信息，心理治理的对象应着眼于偏差信息倡导者的偏差性认知和非理性情感。

8.4.3　偏差信息倡导者：心理管制策略

在偏差网络信息行为中，对于"故意"煽风点火的偏差信息倡导者应采取心理管制策略。因为这些"倡导者"就是传播偏差信息以达到不良目的，因此对于他们应该采用科层治理的方式，通过约束性规则来限制其不恰当行为，鼓励其恰当行为。心理震慑是一种具有威胁性的引导方法，阻断被震慑对象产生一定的态度和行为，其途径往往是指出相应态度和行为可能出现的严重后果，予以警戒，使被震慑对象确立应有的态度，不产生某种行为。例如，当偏差信息倡导者行动时，可直接向他们发送信息，告知他们的某些信息行为已经违反相关法规，若继续传播相关信息，将会受到法律惩处。而对于其有益于国家或公众的传播行为则进行强化。具体措施如下。

1. 个体化策略

加强网络信用体系及实名制建设，以高度鲜明的个体化网络角色震慑个体网络行为。去个体化是指个体在群体中时，被群体的行为意识和目标所控制，失去大部分的自我意识和评价，难以意识到自己的价值与行为，自我控制能力严重下降，从而加入群体中情绪化的、冲动的行为的现象。也就是说在一个较大规模的群体中，个体往往受身旁事物的影响，他们无法以自己内在的价值标准和态度来支配自己的行为，而是根据别人的反应来反应。

新媒体自身具有的匿名性、海量性等特点使得网络信息传播出现"去个体化"现象。网络个体以发布或传播虚假、未经证实信息、非理性言语，以及人肉搜索的形式呈现"去个体化"现象。津巴多认为这种现象的产生与三个方面的因素有关：激起（arousal）、匿名性（anonymity）及责任分担（diffused responsibility），而其他心理学家在解释去个体化的原因时认为其主要有两个方面。一是匿名性。匿名性是引起此现象的关键，团体成员越隐匿，他们就越会觉得不需要对自我认同和行为负责。在一群暴民中，大部分人觉得他们不代表自己，而是混杂于群众中，也就是说他们没有自我认同。相反，如果他们具有某种程度的自我认同，并且保持着个体存在的感觉，就不会出现不负责任的行为。二是个体自我意识功能的下降。引发去个体化行为最主要的认知因素是缺乏自我意识，人们的行为通常受道德意识、价值系统及所习得的社会规范的控制。但在某些情境中，个体的自我意识会失去这些控制功能。比如，在群体中个体认为自己的行为是群体行为的一部分，这使得人们觉得没有必要对自己的行为负责，也不顾及行为的严重后果。

因此，实现个体化是从信息倡导者根源降低偏差公共安全的网络事件的一大措施。各官方或非正式媒体平台都可以通过建立平台自身的信用体系、实名制等方式强化网络个体的形象，以扣除信用、警告等方式对带有负面偏差的信息发布进行震慑，以阻断个体行为。

2. 强化策略

建立对信息发布的奖惩机制，其中以正强化方式为主。斯金纳提出操作条件反射理论，认为人或动物为了达到某种目的，会采取一定的行为作用于环境。当这种行为的后果对他有利时，这种行为以后就会重复出现；当这种行为的后果对他不利时，这种行为就减少或消失。人们可以用这种正强化或负强化的办法来影响行为的后果，从而修正其行为，这就是强化理论，也叫作行为修正理论。根据强化的性质和目的可以把强化分为正强化和负强化。在管理上，正强化就是奖励那些组织上需要的行为，从而加强这种行为；负强化是指为了使某种行为不断重复，减少或消除施于其身的某种不愉快的刺激。负强化的方法包括撤销批评、处分、降级等，有时恢复减少的奖金也是一种负强化。正强化的方法包括奖金、对成绩的认可、表扬、改善工作条件和人际关系、安排担任挑战性的工作、给予学习和成长的机会等。

研究发现，最有效的方式是正强化，在对信息倡导者的管制当中，我们同样可以利用正强化的方式进行管理，如凡积累 X 天未发布不良消息，发布的接收者数量可以扩大至 Y 人；或是以信息发布等级评定的方式，根据影响对信息发布做正负性归类，再根据其影响程度给予相应奖励。

3. 认知修正策略

对于跟歧视、偏见相关的偏差信息倡导者，可以采用群际接触的方式修正其认知。群际接触假说认为，最佳条件下的接触是消除或减少群际偏见的主要方式。

许多研究已经证明群际接触可以有效地减少群际偏见。群际接触的作用机制是增进了解、缓解焦虑、产生共情。通过建立群体间积极的依存关系、群际互动和群际接触，可以减少对外群体的负性情绪或者增加正性情绪，增加对外群体的了解，促使内群体进行再评价，从而改变刻板印象，减少偏见，进而缓解乃至消除冲突。

例如，我们可以导入共同内群和交叉类别化弱化群体意识，进而降低内群偏好和外群歧视，缓解群际心理冲突。首先，引入“中国人”这一高于各社会群体的共同内群，增进共同群体归属感；其次，引入性别、年龄、地域等多重分类维度，使群体成员重新分类，互相在对方内部“筑巢”，使同一个体同时属于不同群体，弱化其群体意识，建立对多个群体的多重认同，不仅使个体部分地参与不同群体活动，同时也使得个体不可能在情感上绝对卷入群际冲突，从而降低群际冲突强度。有研究指出，当不同群体的成员能够将自己视为一个共同群体的成员，能够看到彼此的相似之处并且彼此建立友谊时，刻板印象和偏见就会显著减少（Nelson，2009）。

8.4.4　偏差信息支持者：心理劝导策略

对于偏差信息的支持者，应该采取市场式和网络式的心理劝导策略。研究认为，信息支持者是受信息倡导者所影响的，他们并非偏差网络信息的原创者。因此，对于少部分“铁杆”的偏差信息支持者，心理震慑策略是有必要的，但对于大部分普通的偏差信息支持者，采用较为柔性的心理劝导策略更好。心理劝导的治理方法强调转变治理对象的观念和态度，使得治理对象自觉自愿地按照治理主体的意愿行动，以此达到治理的目的。具体措施如下。

1. 信息源调整策略

通过改变信息源在信息支持者心中的权威性，从而降低其对偏差国家公共安全信息的信任程度，增加其对官方可靠信息的信任度。霍夫兰德提出改变—说服模型，认为说服者、说服对象、说服信息和说服情境构成态度改变所关联的四个基本要素，其中说服者、说服信息和说服情境构成了态度改变的外部刺激，也构成了说服对象的态度对象。该模型主要说明说服在什么时候产生和怎样产生。他们认为，只有当他人注意到说服信息，理解信息内容，并且接受了这些信息的时候，说服才能发生，而注意、理解及接受三个阶段中任何一个阶段出问题，说服都不能引发态度改变。当态度发生改变后，新态度会经历以下几个发展阶段：保持，态度转变为行为，一旦态度转变为行为，该行为将加强或激化新态度，逐步固化为信念，成为持久的行为模式。

在说服的影响因素中，其中最重要的就是信息源的权威性，即人们往往愿意相信、听从行业专家的意见。在对信息源进行把控时，可以通过向信息支持者明确其所信任的，偏差国家公共安全信息来源的非权威性，且强调自身信息的权威性、全面性等方式增强信息源的有效性，提供精确的说服性信息。一般情况下，可以通过权威部门直接发声，对某些不实信息进行详尽驳斥，以从根本上转变信息支持者的观念和态度。

2. 内容辩驳策略

通过指出偏差信息的矛盾之处，使得偏差信息支持者认识到偏差信息的不合理性。由于文化、知识水平及周围环境背景的差异，人们对问题往往有不同的理解和认知。所谓认知一般是指认识活动或认识过程，包括信念和信念体系、思维和想象。具体来说，认知是指一个人对一件事或某个对象的看法，对自己的看法、对人的想法、对环境的认识和对事的见解等。认知的关键不是事物客观上是什么，而是被不同的人认知或看成什么。不同的认知就会滋生不同的情绪，从而影响人的行为反应。认知理论认为人的情绪来自人对所遭遇的事情的信念、评价、解释或哲学观点，而非来自事情本身。情绪和行为受制于认知，认知是人心理活动的决定因素，认知疗法就是通过改变人的认知过程和由这一过程中所产生的观念来纠正本人适应不良的情绪或行为。

辩驳策略的主要着眼点放在偏差信息支持者的非功能性的认知问题上，试图通过改变偏差信息支持者对网络信息中人或事的看法与态度来改变人的行为。在具体操作的过程中，首先识别自动思维，发现和识别自动化的思维过程。咨询师可以采用提问、自我演示或模仿等方法，找出导致某种反应的网络信息。其次识别认知错误，所谓认知错误，即来访者在概念和抽象上常犯的错误，需帮助偏差信息支持者归纳出它们的一般规律。最后是真实性检验，即将受干预者的自动思维和错误观念作为一种假设，鼓励他在干预者设计的网络信息行为模式或情境中对假设进行检验，使之认识到原有观念中不符合实际的地方，并自觉纠正。

同时，还可以引导偏差信息支持者采用中枢路径加工信息。20 世纪 80 年代佩蒂、卡西窝波和休曼等提出精细加工可能性模型（elaboration likelihood model，ELM），该理论把态度改变归纳为两个基本的路径：中枢的和边缘的。中枢说服路径把态度改变看成是个体认真考虑和信息综合的结果。边缘说服路径的看法与中枢的相反，认为个体对客体的态度改变不在于考虑对象本身的特性或证据，而是将该对象同诸多线索联系起来。这线索可能是肯定的，也可能是否定的。ELM的基本原则是不同的信息传播方法依赖于对传播信息做精细加工的可能性高低。当精细加工的可能性高时，说服的中枢路径特别有效；而当这种可能性低时，则边缘路径有效。两条说服路径的效果有两点重要的区别：一是中枢路径所引起的态度变化比边缘路径的要持久；二是中枢路径所形成的态度可能比边缘路径预测后来的行为更好。

3. 信息框架策略

针对不同个体，采用不同的信息描述框架进行劝导。2002 年诺贝尔经济学奖得奖人，普林斯顿大学心理学教授卡尼曼通过心理学研究发现，针对同一个问题，两种在逻辑意义相似的说法会导致不同的决策判断。他把这种现象称为框架效应。简单来说就是当一个人描述同样一件事情的时候，不同的表达方式会给倾听者不一样的感觉，从而使倾听者做出两种截然相反的决策。在网络信息传播中，我们可以利用框架效应针对不同个体采取更加合适的表述方式。

利用材料数据引导认知。材料因素研究发现，不同的材料要素在不同程度上直接或间接影响着框架效应。例如，一则网络信息问："在太平洋上有小岛遭受台风袭击，联合国决定到底给这个小岛支援多少钱？"假设这个小岛上有 1000 户居民，90%居民的房屋都被台风摧毁了。如果你是联合国的成员，你认为联合国应该支援多少钱？假如这个岛上有 18 000 户居民，其中有 10%居民的房子被摧毁，你又认为联合国应该支援多少钱呢？从客观的角度来讲，后面的那种情况下损失显然更大。可实验的结果显示，人们觉得在前面一种情况下，联合国需要支援 1500 万美元，但在后面一种情况下，人们觉得联合国只需要支援 1000 万美元。这就是问题的框架设计中材料数据不同，导致的决策偏误。

向不同认知需求的个体提供不同信息，其中向认知需求较低的个体提供更多表面线索，而对于认知需求较高的个体给予更多、更严密的逻辑论证。认知需求是人类需求和动机之一，泛指个体对事物的追寻、认知、了解的内在动力，如求知欲、好奇心等。研究表明认知需求是一个稳定的人格变量，认知需求得分高的人会对书面信息给予更多的思考、分析，更深入地搜索信息，并且较少地注意表面线索，且认知需求高的人比认知需求低的人表现出较少的框架效应。

向不同性别群体提供不同的信息呈现方式。年龄、性别与性格研究表明，男女的大脑在左右半球结构上存在着性别差异，这种差异导致男女的脑半球功能有了特殊化发展的倾向。其中，与男性相比，女孩的大脑右半球的语言能力、情绪易感性比男性更优。而男孩在算术推理能力、逻辑推理能力、问题解决能力方面比女孩有优势。因此，在呈现信息时，对于女性，可以采取利用更多能够勾起同理心、情绪反应的配图等方式，而对于男性则需要更加直线的逻辑论述。

4. 权威亲近策略

减少权威信息发布者和偏差信息支持者之间的距离感，可以使信息接收者感到亲近，从而转移其支持对象。这种距离感的减少是为了获得对方的好感。好感原理指出，人们通常喜欢与那些认可、欣赏自己的人相处，也更容易信任他们，被他们的言辞打动。在人际理论中也提出，人际吸引的四大因素分别是熟悉性、接近性、相似性和互补性及个人特征，个体对于那些行为像自己，语言像自己的人的反应更加积极，换句话说，亲近可以增加融洽和积极的感觉。

因此，在网络信息传播中，若想要获得网络群体对官方信息的认同，远离负面甚至非法信息，就要学会避免过于官方和有距离感的措辞，在保证权威和准确的前提下尽量保持亲近，如媒体平台或发言人可以利用同理心（empathy）揣摩信息受众心理。同理心，即设身处地地对他人的情绪和情感的认知性的觉知、把握与理解，主要体现在情绪自控、换位思考、倾听能力及表达尊重等与情商相关的方面。在网络信息编辑中，主要需要尝试从换位思考的角度审视问题，将自己带入网络事件角色和情境，从行动者角度进行重新思考，再以群体可接受、可理解、能取得最大程度认可的方式进行发声，尽可能采取先理解再解释的方法。

5. 公开承诺策略

公开承诺是指个体在公开场合声明其观点立场，个体越公开地声明其态度和立场，就越能坚定对其立场的承诺（Hollenbeck et al.，1989），做出公开承诺的个体越能抵制随后信息的影响，但也越容易受到与其态度相一致的信息的影响。公开承诺能强化个体对已有态度的信心，而且为个体随后的行为诉求设定一个锚，从而使个体不会轻易地改变态度。公开承诺能使参与者较好地抵制说服效应的影响，一致性偏好有利于对抗说服效应的影响，即高偏好一致性的个体，在面临反态度信息时较少地改变对广告的评价。在做出公开承诺的情况下，对标准性影响敏感性较高的个体也表现出较强的抗说服性。此外，态度确信度（attitude certainty）和事件重要性（issue importance）也能够很好地增强公开承诺在抵制说服效应中的作用。

在偏差性网络事件当中，多数信息支持者所占立场都处于随大流的状态，并未意识到其立场对于网络事件本身的发酵效应。若相关部门、机构、新媒体这时要求偏差信息支持者进行公开承诺，则能够让信息支持者意识到其所站立场的重要性，从而重新思考其态度与立场是否正确。若同时能再对信息支持者进行说服，并且使其对权威信息的支持做出公开承诺，则其态度很难再次倒向偏差信息一边。

8.4.5 偏差信息传播者：心理助推策略

理查德·泰勒提出助推理论，认为我们可以利用人类认知的特殊性，设计一些方法来帮助人们纠正认知偏差，引导其做出更好的选择。“助推”（nudge）一词的原意是指“用胳膊肘等身体部位助推或者轻戳别人的肋部，以提醒或者引起别人的注意”。泰勒提出，实现助推，我们可以采取“自由主义的温和专制主义”。“自由主义”是目的，即保证人们的选择自由；“专制主义”是选择设计者用带有强制色彩的方法来左右人们的选择，引导人们的决策。

古典主义经济学理论认为，人是“经济人”，有进行理性思考并做出最优选择的能力，只要保证他们的自由，他们就能做出最符合自身利益的选择。而助推理论指出，人并非“经济人”，而是“社会人”，有理智却并非完全理性。人的两套认知系统：一套是出于本能和经验的；另一套是出于理性的。在网络社会中，由于信息量多而杂、传播速度快、信息内容不全面等特点，个体往往会用直觉控制“直觉思维系统”做出选择，在不自觉中传播了偏差国家公共安全的信息或是参与了网络事件的发酵。因而对于这类人群，我们可以采用助推的方式引导其进行理性认知，或者通过对直觉思维方式的利用引导其信息传播方向。具体措施如下。

1. 信息锚定策略

信息锚定策略是及时发布具有专业性和准确性的权威信息，抢占信息高地。铺定效应是指人们倾向把对将来的估计和已采用过的估计联系起来，同时易受他人建议的影响。这也就是说，当人们对某件事的好与坏做估计时，其实并不存在绝对意义上的好与坏，一切都是相对的，关键看如何定位“锚”。“锚”定了，评价体系也就定了，好坏也就评定出来了。

在网络信息行为过程中，锚定效应同样会发生。个体在决策的时候，会不自觉地给予最初获得的信息过多的重视。锚定效应可以帮我们助推个体的认知和选择。多数情况下，我们可以为信息传播者的思想施加一个巧妙的起点，从而影响他们在特殊情况下所做出的选择，如在一开始就发布权威信息，让公众在第一时间知晓，从而对传播者的态度进行引导。

主流媒体在传递信息的同时肩负着社会瞭望及舆论引导功能，即充分掌握负性框架的传播规律、预测舆情动态并及时进行舆论引导。例如，微博中对烂皮革制老酸奶事件的传播框架经历了由关注事件框架到现象框架，由现象框架到问责框架，最后到监督框架的过程，之后自媒体中对食品安全的传播框架也均遵循这一规律。负性效应的传播框架经过一段时间的酝酿和螺旋式上升的阶段，这也正是每一次非理性舆论爆发阶段的框架传播规律。利用主流媒体认清传播规律并及时介入，以正面框架进行引导，就能跳出自媒体负性框架的“怪圈”。

2. 观点引导策略

观点引导策略是采取先引导网络意见领袖，再以意见领袖引导其身后群体的方式引导信息传播者的观点。如果个体所敬佩的人正在做或思考某事，则个体很容易接受类似的做法或想法。由于中国网民普遍比较年轻，在网络舆论酝酿发酵过程中也更容易受到意见领袖的影响。权威定律认为，对于某一观点，发表言论的人如果地位高、有威信、受人敬重，那么他所说的话就容易引起别人的重视，并相信其正确性，即“人贵言重”。权威定律的普遍存在，首先是由于人们有“安全心理”的需要，即人们容易认为权威人物往往是正确的楷模，服从他们会使自己具备安全感，增加不犯错误的“保险系数”；其次是由于人们有“赞许心理”的需要，即人们总认为权威人物的要求往往和社会规范相符，按照权威人物的要求去做，会得到各方面的赞许和奖励。一般网民受生活范围、信息来源和知识经验的限制，对某些社会问题不如网络意见领袖敏感，因而其个人的态度往往是不明朗的，需要别人指点、引导，这正是网络意见领袖得以产生、存在的根本原因。另外，当网络上出现大量虚假信息和极端言论，普通网民感到无所适从、将信将疑时，他们对权威意见的依赖感会更加强烈，更需要网络意见领袖为自己解惑。

因而，在出现网络事件时，我们可以先引导网络意见领袖。一方面，引导既有的网络意见领袖。许多网络意见领袖与网民身份接近，更容易交流意见，有独特的优势和长处。对他们的积极建言，应当鼓励。有关方面要加强与网络意见领袖的沟通，引导他们成为网络环境中的建设力量而非破坏力量。另一方面，更可以主动培养网络意见领袖以引导网络的主流舆论。精心打造、培养一批主流新闻网站的优秀强势论坛，让主流、权威、真实、可靠的声音占领公众意见市场。

3. 情境明确策略

情境明确策略是帮助信息传播者在其传播信息之前明确情境，以助推信息传播者在客观衡量之后做出选择。

个人对某一网络事件的评价，实际上往往是个人和他人社会比较综合的结果。社会比较理论认为，在遇到不明确情境、没有客观的物理性标准可比较时，个体往往以他人的意见和行为作为自己的参照依据。当个体受到群体的影响时，会改变自己的观点、判断和行为，朝着与群体大多数人一致的方向变化。可以重点发布大多数人的观点和态度，引导偏差信息传播者进行模仿。在评价某一社会事件时，网络社群往往会通过一致性压力来促使成员之间态度一致化以形成强有力的团体规范，这是改变态度和行为的一种群众性动力。当团体成员通过社会比较，发现自己跟他人的态度和意见不一致时，可能会对他人进行有关伪传播，试图改变其态度；或是直接改变自己的态度，与他人保持一致。

因此，可以通过设立机制帮助个体在网络信息的加工过程中寻找一个客观参考框架的方式改变其传播路径。比如，在某新闻发布端评论板块设置赞成、反对及中立板块，防止由于大量某种偏向信息导致个体以偏概全。当个体能够看到多种态度的存在时，就会更多考虑情境本身的正确与否，从而降低盲目从众的可能性。

4. 信息网络策略

信息网络策略是构建多种渠道的信息网络，使得偏差信息传播者处于多种信息的影响中。心理学研究发现，人们在认知的过程中，往往会把信息进行归类、整合并形成新的知识框架和图式，再利用这些图式去解释新的信息。通过分类和简化信息，个体容易形成刻板印象和偏见，进而影响到自身行为。McGuire（1969）认为，人是一个认知的吝啬者（cognitive misers），在知觉他人时，常常试图去掉琐碎的信息以节省精力；人们并不去知觉或记下所有信息，而只是从发生的事件中挑出对形成印象所必要的信息。这种分类和简化在网络信息的环境构建中表现为“群体协同过滤效应”，协同过滤是随着网络时代的发展而出现的概念，简单来说，是利用兴趣相投、拥有共同经验的群体的喜好来推荐用户感兴趣的信息。个人通过合作的机制给予信息相应程度的回应（如评分）并记录下来以达到过滤的目的，进而帮助别人筛选信息。在日常生活中，我们往往在有意识或无意识层面，倾向选择具有某类共同特性的东西，这样一种倾向性也表现在媒体平台的选择、朋友圈的特征、信息的择取等方面。

为避免这种倾向性发生，个体需要防止由于微博、微信、社交媒体平台所关注对象的同质化而造成对信息择取的偏向。这种择取容易验证个体的已有思维并对其进行固化，从而使基于全面信息的理性对话变得困难。一方面，处在享有相同观点的社会网络中的个体容易被其所处的社会网络改变态度。另一方面，在网络媒介本身的选择方面，要注意避免受单一媒体平台的影响。网络信息传播本身具有宽而浅的特点，自媒体中的意见领袖从某种程度上降低了网络信息传播的真实性与权威性。因而加工者在解读时要尝试思考平台本身所具有的特点，尝试采取批判性思维方式，在认知过程中衡量信息传播者本身的特点，在此基础上评价信息。

5. 环境引导策略

环境引导策略是构建相互支持的信息环境，使得个体在给定的信息环境中活动。营造良好的舆论环境是减少社会偏见的一个重要举措。表面上看起来，受众可以主动对信息进行选择与过滤，选择自己感兴趣的内容进行反馈与互动，然后在失去兴趣的时候转而关注其他。正是基于这种主观能动性的假设，许多人对当前微媒体热点事件舆论周期大约只能持续 15 天的现象倍感焦虑，认为这是网民的自主行为，对任何一件事情的关注时间都不长，精力和关注点都极易被分散。但事实上我们会发现，任何事件的舆论周期其实仍旧由公共媒体控制。受众只不过是在高密度的信息接收过程中被领着跑而已。长期以来，由于新闻媒体在一些敏感问题上对某一社会群体的某些成员进行大量负面报道，导致人们往往根据这些片面甚至错误的信息形成对这些成员所属群体的认知偏差和社会偏见。当个体受到群体的影响时，会改变自己的观点、判断和行为，朝着与群体大多数人一致的方向变化。

新闻媒体代表的是社会盛行的文化态度，是一种社会心态和政治态势的反映，因此，为了减少社会偏见，就必须通过新闻媒体进行大量正面的客观报道和宣传，增加人们对受偏见群体的全面认识。通过新闻媒体对某个群体或个人的正面宣传，还可以重塑受偏见者良好的社会形象，打破对其形成的刻板印象，进而消除社会对他们的偏见（贾林祥，2010）。

8.5 关于加强网络综合治理体系建设中心理疏导治理能力的建议

习近平总书记指出："建设网络强国"，"加强互联网内容建设，建立网络综合治理体系，营造清朗的网络空间。"[①]为了更有效地建立我国的网络综合治理体系，我们建议应加强心理疏导治理能力建设。

8.5.1 心理疏导治理能力建设契合全球社会公共治理趋势

从全球社会公共治理模式的演进来看，从依靠强制性行政手段的科层治理，到依靠市场化经济手段的市场治理，到有赖多主体相互规制的协同治理，再到重视治理对象的心理认同的劝导治理及治理对象主动习惯性接受的助推治理，都反映出了全球在社会治理方面越来越重视预防性治理，越来越重视治理对象对于治理行动的意愿认同与认知行为改变。在这一大趋势下，心理疏导治理作为影响治理对象认知行为的重要手段。

---

① 加强网络内容建设 推进十九大精神进网络. http://theory.people.com.cn/n1/2017/1117/c40531-29652035.html [2019-10-08].

8.5.2　当前互联网治理存在的问题及心理疏导治理的必要性

自 1996 年“互联网治理”的概念被正式提出以来，世界各国通过行政干预、法律规范、技术手段和专项行动等来推动互联网治理。虽然这些治理方法是非常必要的，并且取得了很大成就，但不得不承认，传统的互联网信息治理针对的多是“互联网信息”本身，较少考虑到互联网背后的网民。我们认为，世界各国在过去所实践的互联网信息治理多数是“治标”的方法，虽然它们实施简单、方法直接、见效迅速，但不得不承认，传统的互联网信息治理普遍存在着介入晚、成本高、反弹大等问题，因此，这些互联网信息治理模式多是治标不治本的。可以看到，虽然世界各国都对互联网信息进行了大量治理，但各种偏差信息还是在网络空间中频频出现，影响也越来越大。

管理在内的各种社会活动，其最终目标都是要回归到人性和人心上来。虽然网络空间是一个虚拟社会，但是网络空间中的网民是真实存在的“人”。要达到对互联网偏差信息“标本兼治”的目的，就要从浩瀚的互联网信息中跳脱出来，紧紧围绕着网络空间背后的“人”来展开。当下的互联网治理亟须从以前面向突发事件、面向信息内容网上应急处置的被动应对方式转变到面向关心基层群体疾苦，主动为群众排忧解难的线下帮扶与线上心理疏导联动上来。

8.5.3　心理疏导治理已经在社区综合治理中取得良效

江苏省常州市在社会综合治理实践方面一直走在全国的前列。2017 年我们多次在常州市进行调研。常州新北区公安局新北分局三井派出所飞龙社区警务室在社区治理中充分运用心理疏导治理的方式，有效化解民众冲突，极大地削减了冲突的社会风险，取得了很好的治理效果。

通过积极主动的心理疏解，徐卫星警官说：“小矛盾不出小区，大矛盾不出社区，民间纠纷尽量不打 110，如果不行，调解员上报，启动大联调机制，多方力量共同参与。这种模式下，我们社区还没有出现一起因矛盾纠纷引发的上访事件。”徐卫星警官借用专业心理疏导团队，已成功帮助 30 余名社区矫正人员回归社会，有效预防肇事肇祸精神病人 22 人次，提前介入有家暴倾向的家庭 17 户，调解社工协助民警成功调处矛盾纠纷 142 起。

目前，心理疏导的方式已经在全国各地的社区治理中被广泛地使用。但遗憾的是，对于互联网综合治理体系建设来讲，心理疏导治理还是一块“处女地”。

8.5.4 心理疏导治理在网络综合治理体系中的运用途径

构建网络综合治理体系，应是以心理疏解治理为基础、以法律治理为核心、以大数据技术为手段、以改变偏差互联网信息行为为目标的融合治理模式。它是一种“治本为宗、标本兼治”的全新治理模式，其原理是通过多种策略，转变偏差互联网信息背后的“人”的心理认知和偏差行为，使得偏差互联网信息行为背后的“人”在心理上遵守相关法律，抵制偏差信息，从而使得互联网环境得到有效的、长期的、根本的治理。

当下，网络综合治理体系建设要将心理疏导治理提到议事日程上，多思考如何通过线下与线上相结合的方式，科学合理地实现精准的、针对个体与群体的预防性心理疏导与事件处置中的及时心理干预。这是网络综合治理体系建设的新任务，是形成网络综合治理能力的硬功夫，需要在研究上和实践上重视起来。

（1）针对互联网中普遍存在的“主流疲劳”心理效应，研究和实践互联网中政府权威性与灵活性兼顾的新型主流声音的发声体系。现在大家多数认为政府应对舆论处理得不好。政府应对舆论处理不好要看本质，为什么政府应对不好呢？一是因为政府太权威，一旦太权威，政府就没有纠错的机会；二是政府应对舆论是有一套决策程序的，使得它没法快速应变；三是应对舆论时，由于网民的“主流疲劳”心理，政府应对太快也不见得是最好效果。这种策略是让政府培养各种有影响力的角色，在舆情应对早期先进行舆情沟通，让代表性的观点在可控的情况下进行充分沟通，为政府的官方应对提供了大量有价值的信息，并争取了宝贵的决策时间，一旦官方出场，就可以起到一锤定音的处置效果。

（2）针对互联网中普遍存在猎奇围观心理的现象，权衡政府治理行为的代价，把握好尺度。与网民的“主流疲劳”相联系，网民更加倾向选择阅读网络“小道消息”。互联网要允许社会产生舆论氛围，允许不同试水声音产生，百姓可以看，甚至可以信，但不可传播反动、违法信息，一旦传播，就是违法。互联网内容海量、复杂，模糊地带多，不宜使用过于刚性、简单的方式，否则很容易引起民怨，导致民众在心理上抵触，加剧民众的“主流疲劳”效应，陡增政府网络综合治理的隐性社会代价。

（3）针对互联网中影响广泛的从众心理，建议规范网站新闻评论信息的展示方式。根据沉默的螺旋理论，在大众舆论场中，少数持不同意见的人会因为大多数人持与自己不同的意见而放弃表达自己的意见。长此以往，就会导致媒介上只有一种意见。为了避免沉默的螺旋效应，让不同的观点尽可能都在网络上得到表达，就要将不同的观点都呈现出来，通过不同观点的信息对峙自然达到信息均衡，从而让网络的自净能力发挥作用。为此，我们建议论坛网站，每一个评论之前加一个摘要，利用大数据技术自动为评论提取摘要，并分成支持、中立、不支持三类，并自动累加，让网民可以看到全面的观点，从而更加理性地参与。

（4）针对少数网民希望通过互联网实现体制外利益诉求的心理，建议尽早识别这类诱发因素，并量化由此而带来的社会张力。互联网提供了任何人都可以说，任何人都可以听的可能，这就为个人在现实中利益受损投诉不能达到预期的情况下，提供了一个组织大量支持者从而给相关方施压的途径。从大的方面讲，经济社会转型过程中社会分配不均产生的贫富差距加大、社会监管不力产生的贪污腐败、经济发展带来的环境污染等现象导致社会张力加强，当社会张力表面化并累积到一定程度时，一条普通互联网信息就可能点燃公民危机情绪，形成网络空间的公共危机。为此，我们建议相关的机构能够通过大数据技术，预警式识别出某些个人的异常言论、某些群体的特殊诉求、社会公众的普遍社会诉求，提前部署，做好问题的解决工作及解决过程中的沟通工作，防患于未然，化解风险，确保网络空间晴朗、社会长久和谐安定。

8.5.5　国家公共安全事件政府信息发布的五空间原则

国家公共安全事件发生后，为最大限度降低影响社会稳定的风险，政府需要及时、有选择性地公布相关信息。当事人、发生时间、发生地点、事件过程及处置状态通常是信息披露的五个要素。这五个要素的信息形成信息空间，包括事实信息空间、掌握信息空间、猜度信息空间、预案信息空间、披露信息空间是政府信息披露决策的五个基本信息空间。事实信息空间由事件五要素的客观信息构成；掌握信息空间由政府所拥有的事件五要素的信息构成；猜度信息空间由社会公众对于事件五要素的猜测信息构成；预案信息空间由可供政府披露的多种可能事件要素信息构成；披露信息空间是政府最终在预案信息空间中选择出来的向社会公众披露的事件信息空间。

政府信息发布的原则是：尽量使掌握信息空间逼近事实信息空间，以此保证信息供给的数量和质量；通过平衡猜度信息空间和掌握信息空间，确定预案信息空间，以此实现信息供给与信息需求的平衡；通过对预案信息空间进行社会风险评估，确定披露信息空间，以此实现社会在国家公共安全事件冲击下的基本稳定。

执行的操作程序是：首先，事实信息空间由事件五要素的客观信息构成，根据事件五要素，形成掌握信息空间，明确信息供给量；其次，通过对网络舆情分析，形成猜度信息空间，抽取社会公众对于事件的迫切关注点，明确信息需求点；

再次，依据信息需求点和信息供给量，形成在不同事件要素基础上的预案信息空间；最后，通过社会风险评估，从预案信息空间中选取社会风险最小且能够有效化解社会公众猜度的方案作为最终的信息披露方案，披露信息空间是政府最终在预案信息空间中选择出来的向社会公众披露的事件信息空间。

8.5.6 国家公共安全事件政府信息发布的 *N* 法则

国家公共安全事件发生后，为最大限度降低影响社会稳定的风险，政府需要及时、有选择性地公布相关信息。当事人、发生时间、发生地点、事件过程及处置状态通常是信息披露的五个要素。这些事件要素一旦涉及民生、社会公平等公众敏感性比较高的因素，若信息发布不当，就会埋下社会不稳定的隐患。对于非常规突发事件的信息披露应该在掌握真实信息和社会公众敏感信息需求之间实现信息供给与信息需求的平衡。信息供给如果小于信息需求，公众将通过猜度信息来弥补信息缺口，导致谣言四起，政府被动；信息供给如果大于信息需求，过剩的信息供给将“诱导”出“额外”的信息需求，迫使政府不断供给。

对于事件的每一个要素，可以具体分析各要素下的信息维度，假设每个要素下的信息维度为 Ni（i=1，2，…，5，表示第 i 个信息要素）。对于一个既定突发事件的信息披露，通过对五个要素下的信息维度进行组合，就得到含有 N 个事件信息发布的预案，其中 $N=\prod_{1}^{5}P_{N_i}^{k_{ji}}$，$k_{ji}$ 是对第 i 个要素的 k_{ji} 个信息维度进行信息公布；k_{ji} 是自然数。之后，可对每一个预案进行公众信息需求敏感性测试，并从中选出公众敏感性最高的预案首先进行信息发布，而对于公众不敏感的信息可以不予发布。

以上即为国家公共安全事件政府信息披露的 N 法则原理及操作程序。

8.6 本 章 小 结

本章重点在网络空间的特性、网络中网民个体的身份特性、网络信息中的认知偏差论述的基础上，对网络社会张力理论的起源、心理学基础进行系统性梳理并对网络社会张力的建构和意义进行创新性论述，为开创性地将心理学理论和方法融入互联网信息行为治理理论和实践中提供了心理学的理论基础。网络社会张力态势研判主要对国家公共安全领域的网络社会张力态势进行研判，包括时间序列分析、指标体系构建和网络社会张力态势研判，以便未来能够为面向国家公共安全的网络治理提供有效的手段支撑。

在偏差网络信息行为干预的环节中，我们将互联网中的活动主体区分为倡导者、支持者和传播者。在偏差网络信息发生的初期，对于大部分普通的信息支持者，本书认为采用较为柔性的心理劝导策略更好。心理劝导的治理方法强调转变治理对象的观念和态度，使得治理对象自觉自愿地按照治理主体的意愿行动，以此达到治理的目的。基于心理治理这一理论创新，我们提出了在网络综合治理中运用心理治理在操作层面的策略建议；提出了国家公共安全事件政府信息发布的五空间原则及 N 法则。

第 9 章　专题应用研究

9.1　金融专题应用

9.1.1　上海自贸区应用 1：大数据在市场主体风险防控中的应用

1. 研究问题

上海自贸区成立以来，由于市场准入放开、注册手续便利化等改革举措的实施，新注册企业数量大规模增长，带来市场繁荣的同时也为事中事后监管带来了极大的挑战。

2. 研究过程

e 租宝、中晋系等新创涉金融企业违法经营给投资者造成极大损失，凸显了以大数据技术进行市场主体风险防控的重要性和急迫性。为此，上海自贸区于 2016 年 3 月份委托上海对外经贸大学数据科学与管理决策重点实验室研究。研究团队非常重视该决策咨询项目，联合齐佳音教授在北京邮电大学的团队一起组成联合科研团队，超预期完成了课题任务。

3. 研究成果

（1）非许可经营的市场主体的辨识问题长期以来都是市场主体风险监管中的难点和隐患。针对新业态类金融企业的辨识问题，提出了通过网络信息采集、运用大数据技术自动判别企业是否经营新业态类金融业务的模型与算法，从而为监管部门准确辨别监管对象、主动掌握市场动态提供了有效途径。为解决这一问题，团队首创基于网络大数据的企业业务自动识别技术，对自贸试验区域新业态类金融企业中从事风险高发的互联网金融业务的公司进行了识别，形成了区域网络借贷 P2P 企业、股权众筹企业和商品交易中心企业等企业名单。这些企业名单为准确定位重点监管对象提供了极大的帮助，在 2016 年度金融风险排查活动中起到了重要的信息支撑作用。

（2）商事制度改革以来，市场管理原则从以往的严格准入、强调源头管控转变为放宽准入、加强过程监管。面对海量的管理对象群体，政府迫切需要探索大数据驱动的风险监管新方式。以互联网金融企业风险评价为切入点，探索综合利用政府部门共享数据和互联网数据，提出企业风险评价模型，并导出风险分级企业名单，使得监管部门可以通过风险分级管理，有针对性地对高风险企业实施精准监管，切实提高事中事后监管能力和效率。同时，结合梳理出的高风险因素，对互联网金融企业的监管政策提出建议。在区域信息共享平台数据基础上，全方位收集区域内、外互联网金融企业的网络信息，在数据集成的基础上，开展企业活跃度评价、互联网金融业务领域识别和分类、企业风险评价等研究。利用研究所提出的模型，精准提示高风险 P2P 企业 58 家（其中多家已被监管部门采取措施）、涉嫌未经批准经营商品交易中心企业 16 家、高风险股权众筹企业 4 家。这些高风险企业的提示，帮助监管部门及时采取措施，避免了社会投资风险的进一步扩大，产生了良好的经济社会效益。

（3）要获得持续、良好的互联网金融市场监管效果，必须对相关经营主体进行实时监测和动态预警。结合互联网金融企业风险评价模型结构，提出对企业开展动态、主动、免打扰监测，并对高风险企业进行预警的方法，为监管部门及时了解市场动态、主动开展监管干预提供信息支撑。在基础模型与算法开发的基础上，对自贸试验区区域互联网金融企业的大数据监管平台进行了框架设计。

4. 应用效果

该成果对于新业态类金融企业风险监管具有重要的应用价值，已经在自贸试验区关于互联网金融企业的市场风险监管中应用，发挥了突出的社会经济效益。这个项目中所探索的基于大数据的市场主体风险监管模式也成为创新监管模式的重要成果，为加强事中事后监管提出了切实可行的方案。

9.1.2　上海自贸区应用 2：我国股权众筹平台风险指标体系研究

1. 研究问题

在国家提倡金融服务改革与创新的大环境下，金融市场逐渐会从以银行为主导的间接融资模式转向以资本市场为主导的直接融资模式。作为互联网技术进步与金融服务革新相结合的产物，股权众筹以互联网为媒介，将小微企业和投资者直接连接起来，使融资者和投资者可以方便、快速、低成本地实现直接融资，为解决中小微企业融资难问题提供了新途径。一方面，这种基于互联网的投资方式，使得投融资双方之间信息传播的真实性和准确性难以审核，信息严重不对称，导致股权众筹存在高风险。另一方面，股权众筹在我国仍处于探索阶段，尚未形成明晰的监管机制，对投资者的保护力度存在不足。鉴于此，充分认识股权众筹融资风险的因素构成，把握诱发风险的关键要素并形成风险指标体系，对我国股权众筹平台的风险监管及投资者应对风险的自我防范具有一定的现实意义。

2. 研究过程

1）基于扎根理论的股权众筹平台风险因素识别

采用扎根理论基于几点考虑：股权众筹平台风险归因和传导路径难以通过量化的方法发掘和探讨其本质，相比之下，定性研究则是通过在研究者与被研究对象之间展开互动，不局限于可量化的部分，可以较为全面地对事物本质进行解释性理解，更符合对特定风险产生归因和传导路径这一研究目标。股权众筹平台风险理论体系是一个新的研究思路，探究如何将市场监管风险预警与平台运营各项指标相结合并形成新的理论，选择质性研究方法更符合理论的生成过程。同时，本次研究中收集到关于样本平台的大量线上资料和电话访谈文档记录可供编码与分析。

2）数据来源与收集

本节整理了 110 家股权众筹平台线上共计 113 个数据项，其中包括“天眼查”和“企查查”上的工商信息；在 113 家平台中选择具有典型代表性、同一模式、不同背景的平台 16 家，将其作为文本挖掘的对象，挖掘的文本主要有线上的各项业务规则，包括投融资规则、风险提示、信息披露规则等；以投资者身份对上述 16 家平台线上的从业人员进行电话访谈，访谈采用半结构化和开放的方式，每个访谈大约持续 60 分钟。

3）资料分析

将收集到的一手资料和二手资料进行开放性编码、主轴编码和选择性编码。根据程序化扎根理论三级编码原则，已初步构建了股权众筹平台风险因素模型，再结合原始访谈资料和编码过程，结合调研文献，并与访谈专家讨论并不断修正完善，最终确定了我国股权众筹平台风险因素的模型。之后结合访谈资料进行二次编码分析，并没有新的范畴和关系产生，因此，已建立的股权众筹平台风险体系理论模型是饱和的。

3. 研究结果

1）股权众筹平台风险指标体系构建

根据程序化扎根理论三级编码原则，已初步构建了股权众筹平台风险因素模型，再结合原始访谈资料和编码过程、调研文献，并与访谈专家讨论并不断修正完善，最终确定了我国股权众筹平台风险因素的模型。之后我们结合访谈资料进行二次编码分析，并没有新的范畴和关系产生，因此，已建立的股权众筹平台风险体系理论模型是饱和的，如图9-1所示。

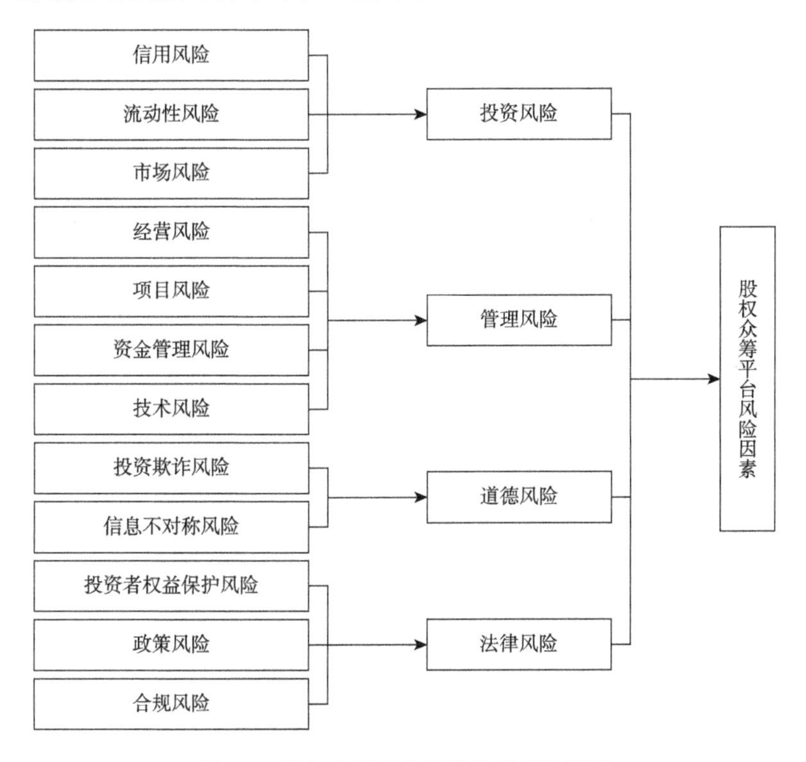

图9-1　股权众筹平台风险体系理论模型

2）指标体系评价

通过程序化扎根方法，结合文献资料，与访谈专家讨论并不断修正完善，最终形成四维度的股权众筹平台风险因素指标体系。

（1）投资风险。在投资风险维度，股权众筹平台风险因素主要体现在三方面：信用风险、流动性风险和市场风险。互联网信贷平台企业面临的最主要的挑战是信用风险管理，其中包括股权众筹平台。而互联网金融行业在面临资金缺口时更易引发流动性风险，理财资金在债权资产的匹配在数量、时限上形成不合理错位，导致预期收益受损。三方面因素具体表现为：不完善的平台从业人员资质标准、不完善的合格投资者身份审核及资信评估、不完善的融资方身份审核及资信评估、不完善的领投人资格审核、股权缺乏流动性、合伙企业的资产不能迅速转变成现金、经济周期波动情况和利率风险。

（2）管理风险。对股权众筹平台的管理能力会直接诱发平台风险。融资参与主体的审核、项目审核、资金流管理、入资方式等都是要重点关注的对象。股权众筹平台管理风险主要体现在经营风险、项目风险、资金管理风险和技术风险这四个方面，具体表现为：平台背景实力不够、项目审核不规范、平台权利义务模糊、平台风控能力欠佳、平台业务规则缺乏规范、融资主体背景实力不够、项目创意信息可能会被复制、项目经营失败、项目投资期限不确定、股权退出机制不清晰、平台不承担项目质量审核与投后监督管理的职责、平台设立资金池、第三方支付风险、平台系统运行与维护效果、用户信息数据安全问题。

（3）道德风险。在股权众筹融资模式中，融资方在财务审核和信息披露方面获得极大豁免，融资更加开放、自由和高效，但保护投资者利益的制度还不完善，众筹平台存在较大的道德风险。主要体现在投资欺诈风险和信息不对称风险两个方面，具体表现为：尽职调查真实性、项目经营管理人不诚信、项目估值权在项目方、领投人无法代表众多跟投人的利益、领投人权利义务模糊、平台与项目方存在内幕交易或关联交易的可能、信息披露机制不完善、创业项目信息过度包装。

（4）法律风险。股权众筹本质是一种小额私募权益性融资，但全网络化的融资流程并不符合传统证券融资的法律法规，因此股权众筹在各国发展中的共同问题之一就是合法性问题，如容易涉及非法集资活动。无明确的法律规定股权众筹平台应尽的谨慎义务，可能会导致短期内股权众筹领域乱象丛生。在法律风险维度，风险主要体现在投资者权益保护风险、政策风险和合规风险三个方面，具体表现为：无合理的赔付制度、是否设置打款冷静期、平台应对投融资双方纠纷的能力较差、投后监管于法无据、相关法律政策滞后、平台准入门槛不明确、缺乏有效的行业监督规范、平台进行股权代持、平台参与自融、平台参与项目融资过程、平台宣传预期收益、存在股权众筹和 P2P 网贷混合经营的现象、平台提供股权转让服务、非法发行证券问题和非法集资犯罪问题。

3）基于 AHP 的股权众筹平台风险因素评价

（1）构建股权众筹平台风险因素评价模型。根据上述模型来构建风险因素指标体系列表，如表 9-1 所示，以便进一步构建 AHP 评价分析模型。

表 9-1　股权众筹平台风险因素指标体系

一级风险	二级风险	序号	三级风险
B1 投资风险	C1 信用风险	1	D1 不完善的平台从业人员资质标准
		2	D2 不完善的合格投资者身份审核及资信评估
		3	D3 不完善的融资方身份审核及资信评估
		4	D4 不完善的领投人资格审核

续表

一级风险	二级风险	序号	三级风险
B1 投资风险	C2 流动性风险	5	D5 股权缺乏流动性
		6	D6 合伙企业的资产不能迅速转变成现金
	C3 市场风险	7	D7 经济周期波动情况
		8	D8 利率风险
B2 管理风险	C4 经营风险	9	D9 平台背景实力不够
		10	D10 项目审核不规范
		11	D11 平台权利义务模糊
		12	D12 平台风控能力欠佳
		13	D13 平台业务规则缺乏规范
	C5 项目风险	14	D14 融资主体背景实力不够
		15	D15 项目创意信息可能会被复制
		16	D16 项目经营失败
		17	D17 项目投资期限不确定
		18	D18 股权退出机制不清晰
		19	D19 平台不承担项目质量审核与投后监督管理的职责
	C6 资金管理风险	20	D20 平台设立资金池
		21	D21 第三方支付风险
	C7 技术风险	22	D22 平台系统运行与维护效果
		23	D23 用户信息数据安全问题
B3 道德风险	C8 投资欺诈风险	24	D24 尽职调查真实性
		25	D25 项目经营管理人不诚信
		26	D26 项目估值权在项目方
		27	D27 领投人无法代表众多跟投人的利益
		28	D28 领投人权利义务模糊
		29	D29 平台与项目方存在内幕交易或关联交易的可能
	C9 信息不对称风险	30	D30 信息披露机制不完善
		31	D31 创业项目信息过度包装
B4 法律风险	C10 投资者权益保护风险	32	D32 无合理的赔付制度
		33	D33 是否设置打款冷静期
		34	D34 平台应对投融资双方纠纷的能力较差
		35	D35 投后监管于法无据

续表

一级风险	二级风险	序号	三级风险
B4 法律风险	C11 政策风险	36	D36 相关法律政策滞后
		37	D37 平台准入门槛不明确
		38	D38 缺乏有效的行业监督规范
	C12 合规风险	39	D39 平台进行股权代持
		40	D40 平台参与自融
		41	D41 平台参与项目融资过程
		42	D42 平台宣传预期收益
		43	D43 存在股权众筹和 P2P 网贷混合经营的现象
		44	D44 平台提供股权转让服务
		45	D45 非法发行证券问题
		46	D46 非法集资犯罪问题

决策评价系统中 A 层是目标层，目标定位股权众筹融资风险因素评价。B1~B4 是维度层，C1~C12 是指标层，D1~D46 是在股权众筹平台风险的具体表现，视为方案层。上述股权众筹平台风险因素评价模型如图 9-2 所示。

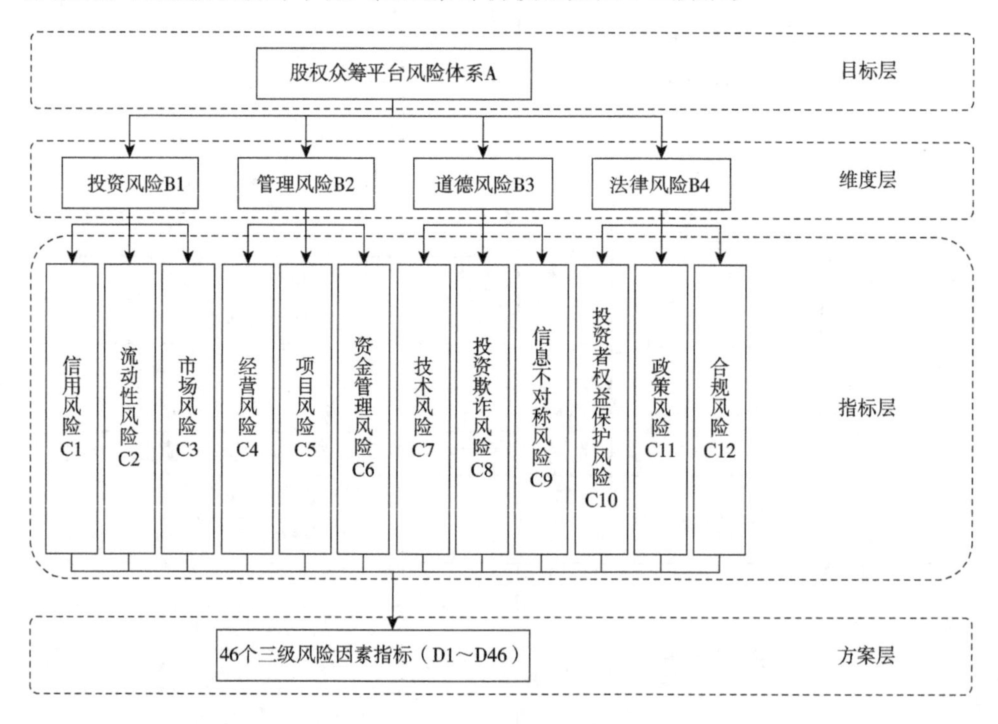

图 9-2　股权众筹平台风险因素评价模型

（2）基于层次分析法的股权众筹平台风险因素评价。对于已识别出的股权众筹融资风险因素，采用 AHP 对其进行评价。根据扎根理论已识别出的风险因素来设计调查问卷，然后组织专家对风险因素之间的相对重要性进行打分，结合专家评分结果，通过层次分析法进行各指标综合权重计算和排序，筛选出主要风险要素，为实现股权众筹融资风险的有效管理提供参考依据。

4. 应用效果

将股权众筹平台风险确定为十二种：信用风险、流动性风险、市场风险、经营风险、项目风险、资金管理风险、技术风险、投资欺诈风险、信息不对称风险、投资者权益保护风险、政策风险和合规风险。通过扎根理论对股权众筹平台风险因素的识别，建立了其风险评价指标体系，运用层次分析法合理地确定了各风险因素的权重。通过研究，我们得出以下结论并给出相关建议。

（1）股权众筹平台按照风险发生的可能性和重要性排序依次为合规风险、政策风险、信用风险、投资欺诈风险、经营风险、资金管理风险、投资者权益保护风险、流动性风险、项目风险、市场风险、信息不对称风险、技术风险。因此，股权众筹平台的风险控制应该重点放在合规风险、政策风险、信用风险、投资欺诈风险、经营风险、资金管理风险，投资者权益保护风险，对这几大风险应采取有效的管理措施。流动性风险、项目风险、市场风险、信息不对称风险、技术风险重要性虽相对于其他风险而言较低，但一旦发生则会造成无法估计的影响，尤其是信息不对称风险，正是由于没有规范的信息披露机制，股权众筹投融资双方信息严重不对称，使得投资者盲目投资，进而导致损失。因此，相关部门应当建立合理的信息披露机制。

（2）对于合规风险和政策风险，应当加强相关法律政策的明确界定和行业监管体系的建立；对于资金管理风险，必须禁止平台自设资金池行为及实施中间账户法律监管；对于经营风险和项目风险，需要对股权众筹平台运营规则进行统一规范，包括设立项目的审核标准框架，要求明确平台的权利与义务等；对于信用风险，关注的重点是投融资双方的身份审核及资信评估；对于技术风险的防范应关注平台系统运行来维护用户数据信息的安全问题。

9.1.3　上海自贸区应用 3：基于移动应用 App 的 P2P 企业排查方法和经营规模排查

1. 研究问题

以往针对 P2P 企业的监管多从网页端出发，但是随着移动互联网的兴起，越来越多的 P2P 企业开始在移动端做理财 App，以期跟随顾客使用习惯扩展市场规模。而事实上，对理财 App 的监管一直缺乏行之有效的手段和路径。为了能够全方位、多角度的监测 P2P 企业，不让 App 成为法外之地，有必要发展出一条道路并结合相应的技术手段自动化地对 P2P 企业进行监测。该课题成果是对本报告第 3 章、第 5 章和第 9 章的部分研究成果的应用。

2. 研究过程

基于移动应用 App 排查 P2P 企业的第一步是找出企业是否有相关的 App。第二步是判断其 App 是不是与投资理财相关，从而将这部分企业识别出来并对其相关的 App 进行有效监管。故本项研究的目标概括为：找出技术路径识别公司是否在移动端做 P2P 或者其他金融类业务；制定监测 App 重要信息的方案；制定以上过程自动化的实现方案，并以实验证明监测方案的可行性。

在 App 应用信息的获取上，目前流行的在线工具有 Appduu、App Annie、ASO（App store optimization）、应用雷达等。本节经过对比测试发现，ASO 100 的功能较为广泛，用户除了可查看关键词热度、排名信息、下载量等信息外，最重要的是可以根据公司名称查询企业 App 应用信息。因此，选取了 ASO 平台作为信息来源。

为了兼顾对 App 的风险评估，将辖区 190 家数据名单作为排查的基础，第一步是根据企业名称作为关键词进行信息检索，将所有与企业相关的 App 信息抓取出来。第二步是根据平台名称进行检索，这样做的目的有两个：一是进行查全性验证；二是为了对比验证相关假设是否成立，并给予正确的判断方案。

3. 研究结果

通过以上研究，基本实现了当输入公司名称时，能判断其是否有 App 相关信息，进而提供一个较为准确的金融类应用的分类方法，并给出监管部门需重点监管的 17 个指标建议。

4. 应用效果

对于监管部门的建议如下：考虑到现在普惠金融和现金贷等类金融应用有高下载量、排名靠前、存在潜在风险的特点，监管部门也应该将这类企业纳入监管范围。

在判断企业 App 是否有金融类应用时，看其 IOS 分类和安卓分类即可。只要其 IOS 分类是财务类或者安卓分类是理财类，那么这个企业经营网络借贷 P2P 业务的可能性就比较高，就予以监测。这种分类方法准确率高达 94.6%。

9.1.4 上海自贸区应用 4：基于苹果热搜榜单的 P2P 类移动应用排查

1. 研究问题

监管部门很关心辖区企业中是否有业务量比较大的 P2P 网络借贷企业仅仅通过移动 App 开展业务，且并不在当前的网络借贷企业名单上。于是本书对 ASO 100 上面苹果应用热搜榜与辖区企业的名单进行了交叉排查。

2. 研究过程

基于 ASO 100 网站上提供的苹果应用热搜榜单，ASO 100 提供了苹果商店各分类热点榜单下载量前 1500 名的应用，这份榜单约 2 小时更新一次。根据 ASO 100 提供的“财务类”热搜榜单、“生活类”热搜榜单和“工具类”热搜榜单下共计 4500 款应用的应用名称抓取其开发商信息。之所以对生活类应用和工具类应用进行排查，是因为之前发现过有 P2P 企业的应用自己申报分类的时候分为生活类和工具类。然后再与辖区目前在册的企业进行比对，若名称匹配一致，则将该应用的具体信息提取出来。

3. 研究结果

通过热点榜单查询出了 8 款开发商为辖区企业的应用，这 8 款应用中有 7 款属于财务类应用，1 款属于生活类应用。辖区 App 排名较高企业排查出来后，将排查出来的企业与辖区 P2P 企业名单进行了交叉对比，对于不在 P2P 企业名单上的企业，排查了其网址，并从其网址内容判断了其业务性质。

另外有两家企业通过 App 从事放贷业务，是否属于需要持牌经营业务，目前没有找到特别的法律依据。一些新闻文章将这种业务也视作网络借贷信息中介业务。近期关于移动端放贷业务的负面报道较多，银监会等部门也下发了文件，要求加强对这类业务的监管。

4. 应用效果

得出以下结论及政策建议。

通过对高排名 App 开发商与辖区企业名单进行交叉对比，排查出了不在辖区现有 P2P 企业名单上，但是从事放贷业务的辖区企业。说明这种排查思路对于辅助监测新业态的类金融业务企业是非常有效的。

苹果商店提供了各种分类的 1500 款热点应用，通过查询热点应用匹配开发商的方式，不仅可以解决热点应用的漏查问题，排查的效率也比较高。

可考虑建立自动排查系统，每星期进行一次排查。同时将热点应用的企业加入监测名单之中，从而将“企业名称进行查询”和“热点榜单查询”这两种排查方式有效地结合起来。从检测出来的热点应用看，网络借贷企业有通过分离理财和放贷业务逃避银监会“网络借贷信息中介业务管理方法”的倾向，监管部门需要引起注意。

9.1.5　上海自贸区应用 5：基于互联网文本的金融突发事件分析与研究

1. 研究问题

金融通过优化资产配置促进经济的发展，而现代社会的发展离不开经济发展的良好作用。因此，金融本身虽然不创造财富，但金融为社会创造财富提供条件，能够促进社会的发展。但财富的利润与风险成正比，金融促进社会发展的同时，也带来了风险，金融突发事件就是风险的一种。金融突发事件是指金融机构（包括金融市场及登记结算公司等）或其他金融领域突然发生的、无法预期或难以预期的、严重影响或可能严重影响金融稳定、需要立即处置的金融事件。而随着中国社会全面进入风险社会，金融突发事件发生的数量呈逐年上升的趋势。常见的金融突发事件有以下几种。

（1）因自然灾害、事故灾难、公共卫生事件、社会安全事件等引发的，危及金融安全与稳定的突发事件。

（2）因被冲击、被盗、被抢、被袭击等引发的金融突发事件。

（3）因计算机系统硬件设施受损或普遍遭受病毒侵袭、网络攻击、黑客入侵等情况，造成系统性故障而引发的金融突发事件。

（4）因高级管理人员集体辞职、失踪、发生重大意外事件或者高级管理人员、业务人员携巨款潜逃，发生特大金融诈骗等重大金融犯罪案件而引发的金融突发事件。

（5）因发生支付困难、偿付能力恶化或者出现巨额亏损等引发的金融突发事件。

（6）因对金融业、金融机构等进行负面失实报道，严重影响金融业健康发展而引发的金融突发事件。

（7）发生其他影响金融稳定运行的突发事件。

得益于互联的发展，互联网金融作为互联网与传统金融业相结合的新兴领域，为大众创业、万众创新产生了积极的作用。借助互联网的便利性，能够为中小微企业带来融资的便利性，补充传统金融的不足。而作为互联网金融的代表，P2P 金融吸引了很多投资者的眼球，备受大众的关注。因此，在近年发生的金融突发事件中，P2P 金融导致的金融突发事件频频掀起社会舆论。本书希望以 P2P 金融为研究对象，研究投资者与金融突发事件的关系，并对 P2P 问题所引起的金融突发事件进行预测分析。

截至 2017 年 12 月底，正常营运的平台达到 1931 家，但由于停业、经营路线、欺诈等问题而关闭的问题平台数达到 645 个。这些问题平台一部分会退市或者转型，但是也有一部分会引起金融突发事件。这些由 P2P 借贷引起的金融突发事件产生的原因多种多样，通常是企业低估市场风险和盲目扩张造成的，但也有企业恶意吸收公众存款潜逃和自融诈骗等类型的事件。尽管近年来相关政策的出台减少了这类问题的发生，但是仍然无法完全避免。

这些事件发生都对经济社会产生了严重危害和损失，造成了广泛的影响。例如，e 租宝事件非法融资 500 亿元、空中巴士骗局、云在指尖被查处事件、3M 互助金融社区金字塔骗局、中晋 340 亿元兑付危机等。2018 年又爆发大规模的 P2P 平台“跑路”和倒闭潮，其中善林财富和唐小僧等 P2P 平台产生的影响十分严重。善林财富涉嫌非法吸收公众存款，实际控制人周伯云等 8 人当天被警方批捕，此案涉案金额高达 600 余亿元。唐小僧六月份疑似暴雷，总部被查，无法提现，涉案金额更是高达 800 亿元。

由此可见，金融突发事件不仅危害着人民群众的财产安全，也危害着社会的繁荣与稳定。在十九大后，为了贯彻习近平总书记关于打好防范化解重大风险攻坚战的系列指示精神，各地纷纷设立金融突发事件应急预案，就是为了有效地防范和化解金融突发事件。因此，金融突发事件是值得我们关注、研究及预防的。

互联网金融与互联网密不可分，特别是 P2P 引发的金融突发事件，从事件酝酿、曝光、扩散到引起广泛关注，互联网社交平台都扮演着不可或缺的角色。因为人们会在社交平台上分享对不同的 P2P 平台投资的心得与评价。当某一平台评价持续变差，就可能引起投资者的疑虑，引发投资者集中提现的行为，从而导致 P2P 平台出现运营危机。在国内，投资者除了会在微博、朋友圈及贴吧等影响力大的社交平台进行讨论外，还会在较有影响力的 P2P 第三方平台进行讨论和获取消息，如网贷之家、天眼贷和贷罗盘等。投资者会在这些平台上进行讨论、评价、质疑和曝光，分享与 P2P 相关的信息。

因此，如果对其中有用的信息进行分析和研究，包括其中投资者对 P2P 平台的褒贬态度和意见，分析其中隐藏的规律。就可以将这些信息有效地运用到商务智能、舆情监控等领域中。这也将有助于完善互联网的舆情监控系统，防范金融风险，为决策制定者和执行者提供科学的参考依据，故对于金融突发事件的社交平台数据进行分析的研究有着很重要的现实意义。

2. 研究过程

关于 P2P 的互联网文本的产生源自投资者的评论与分享，因此利用互联网文本对金融突发事件的研究就是研究投资者与金融突发事件的关系。我们期望通过对海量的互联文本进行提取和分析其中有用的信息，将其利用到金融突发事件的预防和治理中去，然而依靠人工的方法应对互联网海量信息的收集和处理是难以胜任的。得益于机器学习和深度学习的迅速发展，我们可以将自然语言处理技术应用到此处。本节的研究框架如图 9-3 所示。

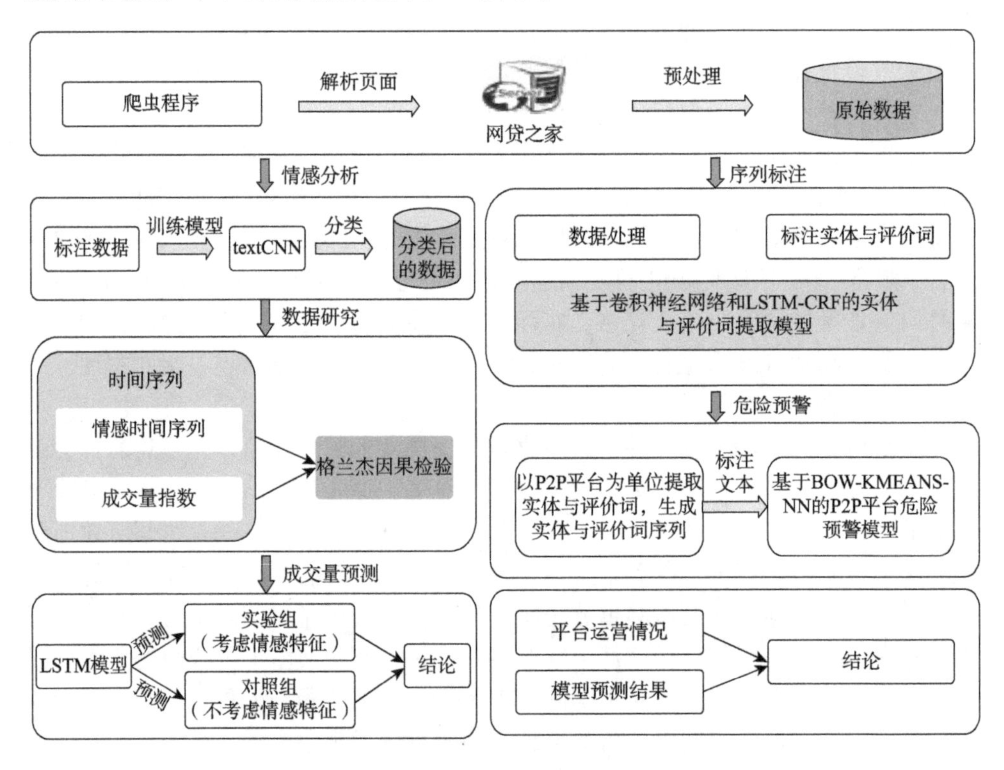

图 9-3　研究思路

研究步骤如下。

（1）数据采集和预处理：利用 Python 语言编写爬虫程序来抓取网贷之家所有 P2P 平台的评论数据、每日成交量指数（trading volume index，TVI）、全部的平台名称、问题平台信息、质疑和曝光模块帖子等。并将采集的原始数据进行清洗和分词处理，形成原始数据集。

（2）关于对投资者情感变化趋势与 P2P 市场关系的研究：从原始数据集数据中选取部分数据进行正负两种情感的人工标注。使用标注数据训练 textCNN 模型。使用训练好的模型将数据进行情感分类。将分类好的情感数据集按天计算每日负情感的评论占当日全部评论的比例。按照日期顺序生成时间序列。利用格兰杰因果关系检验情感变化对 P2P 市场的影响。将负情感时间序列作为特征预测成交量，并与对照组比较。最终基于情感倾向的 P2P 市场成交量预测。

（3）投资者评价词的提取与危险平台预警：将质疑和曝光模块的文本以句子为单位进行逐字序列标注。使用序列标注模型对标注文本进行训练，提取其中的实体与评价词。最终建成危险平台预测模型，以平台为单位，使用提取出的实体与评价词对平台是否危险进行预测。

经过比较，我们最终选择网贷之家这家资讯网站作为我们的数据来源。网贷之家是第三方网贷资讯平台，于 2011 年 10 月上线，它是网贷行业最有影响力的资讯门户之一。投资者在此网站比较活跃，会及时地分享、评论、曝光和质疑一些 P2P 平台及相关热门事件。同时，网贷之家也会搜集 P2P 平台的信息，实时更新 P2P 平台状态等。因此，网贷之家这些数据十分适合我们去研究由 P2P 引起的金融突发事件。

1）关于对投资者情感变化趋势与 P2P 市场关系的研究

P2P 市场成交量可以反映 P2P 市场的繁荣程度。P2P 成交量的变化是由投资者决策造成的。我们从心理学研究得知，除了信息之外，情感在人类决策中起着重要的作用。Chi 等（2012）发现情感变化对股票收益有至关重要的影响。情感变化与股票市场的波动有关，那么类似的情感变化也与 P2P 市场有关吗？因此，我们提出问题：投资者的情感变化是否可用于预测 P2P 市场成交量？

通过深度学习技术对投资者评论文本进行了情感分类，并采用格兰杰因果检验验证了投资者情感变化对 P2P 市场成交量的影响，建立了用于预测 P2P 市场成交量的深度学习模型，对政府和企业具有重要的现实意义和参考价值。

2）投资者评价词的提取与危险平台预警

投资者虽然无法完全判断一家平台是否会成为问题平台，但是投资者好恶变化也隐含 P2P 企业运营状态的线索。特别是 P2P 问题平台出事前，往往显现出一些端倪，诸如平台回收资金困难、资金链断裂、投资者利息本金延迟提现甚至无法提现等情况。这时有经验的投资者就有可能发现平台经营不善的情况，及时退出止损。但是还会有一些 P2P 平台故意隐瞒运营情况的真相，甚至恶意欺骗，通过超高利息吸引投资者进行投资，达到吸收投资者存款的目的后卷款潜逃。并非所有投资者都能对此警觉，一旦平台出事，大部分投资者的损失难以挽回。所以，对大量的评价进行提取关键信息，对分析和预测金融突发事件都是非常有帮助的。

3. 研究结果

金融突发事件是复杂和值得深入研究的问题，本次研究只是以互联网金融中具有代表性的 P2P 借贷作为研究对象，分别研究了投资者情感变化与 P2P 市场的关系和 P2P 平台危险判别模型。该课题成果是对本报告第 3 章、第 5 章和第 9 章的部分研究成果的综合应用。

在投资者情感变化与 P2P 市场成交量关系的研究中，我们首次证明了投资者情感变化与 P2P 市场成交量具有相关性，并可以将投资者情感应用于 P2P 成交指数的预测。这也意味着，我们可以通过观测投资者情感的变化来判定 P2P 市场发展的状态。这将有利于我们把握市场变化的整体趋势，为我们监控金融突发事件从另一个角度提供参考依据。

金融突发事件分析和研究是一个非常广泛的应用课题。本节只是选择金融突发事件中具有代表性的 P2P 突发事件作为研究对象，利用情感分析与序列标注两个技术方向对投资者与金融突发事件的关系做了分析与研究。这为金融突发事件研究提供了一种方向和视角，说明仍然有很多可以尝试的方法与技术。此外受限于数据语料，我们模型的最终效果相比于主流数据集仍有很大进步空间。因此，以后的研究工作也可以在本节的数据集进行进一步的扩充。

4. 应用效果

在 P2P 平台危险判别模型中，我们使用投资者的评论数据，提取其中关键的评价词和实体，并通过提取出的信息对 P2P 平台是否危险做出预测。实验结果通过真实出事的平台与预测危险的平台进行比较，结论验证我们的想法是切实可行的。这也代表着我们可以通过爬虫持续获取数据，对每家平台进行实时的分析预测。一旦发现某家平台处于危险异常状态可以紧密地关注，必要时可以及时地介入，以此减少金融突发事件损失甚至避免金融突发事件发生。而投资者也可以凭借预测的结果，进行投资理财，合理地保证自己的权益。将投资者情感变化和评价用于研究市场变化和危险预警是一个不错的选择，也可以为政府和企业做决策时提供重要的参考依据。

9.1.6　社会共治理视角下的互联网金融 P2P 平台风险预警应用

1. 研究问题

现阶段我国 P2P 网络借贷行业关于备案、存管、信息披露的法律法规悉数落实，监管制度日趋完善，但监管效用难以显现，P2P 平台非法集资、提现困难、“跑路”等问题仍旧屡屡发生，如何从“鱼龙混杂”的平台中有效地识别出潜在的问题平台仍是政府监管部门、行业协会、网贷参与者等社会各界面临的重大问题。

2. 研究过程

考虑目前“政府中心规制”式监管的局限性，本节基于社会共治的视角，分别从政府监管、行业协会监管、平台自监管和公众参与监管等 4 个维度来挖掘用于识别问题平台的风险因素。首先，梳理以往有关 P2P 网络借贷和社会共治领域的代表性文献。其次，基于社会共治的视角，从政府监管、行业协会监管、平台自监管和公众参与监管等 4 个维度来选取潜在的风险因素，进行理论分析并做出研究假设；通过网贷之家、网贷天眼、第一网贷、天眼查等门户网站及 P2P 平台官网，采集了共 886 家 P2P 平台的相关字段数据；利用逻辑回归实证检验了研究假设，筛选出用于识别问题平台的风险因素，构建风险预警模型；通过变量替换、数据再采集及利用 Probit 模型等方法进行模型的稳健性检验。最后，结合社会共治的深刻内涵，从政府监管、行业协会监管、平台自监管和公众参与监管等方面给出相应建议。

3. 研究结果

从政府监管、行业协会监管、平台自监管和公众参与监管 4 个维度来选取可能的风险因素。其中，政府监管维度的风险因素包括股东背景、注册资本和经营风险披露等 3 个变量；行业协会监管维度的风险因素包括高管金融从业经验和运营时间 2 个变量；平台自监管维度的风险因素包括标的收益率和标的借款期限 2 个变量；公众参与监管维度的风险因素包括口碑评分和关注人数 2 个变量。此外，本书控制因平台所属地域的差异对平台运营状态产生的影响。

从平台整体来看，中国 P2P 平台民营公司居多，这决定了平台股东整体实力较弱，且两极分化严重；样本中超过 40%的平台注册资本不足 5000 万元，1 亿元以上的占比不到 7%；在风险披露方面，约 70%的平台没有经营风险公告，这与样本中近 80%的平台为正常平台的事实相符。平台具有金融从业经验的高管较少，平均不到 2 个人，近 30%的平台高管不具有金融从业经验，这意味着平台的风控能力堪忧，平台风险较高；从平台运营时间来看，平均运营时间不足 3 年，行业年轻态，泡沫化严重，需要更多时间沉淀；在投资收益率上，平均水平为年化 12.4%，近 30%的平台收益超过 14%，行业利率整体偏高，而高收益伴随着高风险，以致平台问题频发；对于投资期限而言，平均投资期限为 4.4 个月，时间较短，平台还款压力大，也是诱发平台出现问题的潜在因素。平台口碑评分整体一般，关注人数两极分化较严重，这意味着 P2P 行业有待进一步发展。此外，在行业协会方面，约 75%的平台未加入行业协会，加入中国互联网金融行业协会的平台占比不到 9%，协会监管的覆盖率较低，但会员平台中问题平台占比明显低于非会员平台，其中互金协会的会员平台未出现一例问题平台，这说明协会监管表现出不错的效用；在地域风险方面，不同地区的问题平台占比存在差异，其中山东地区的风险值高达 85，即该地区 85%的平台都出现了问题，北京、浙江、上海等地区的风险值相对较低，这与其经济、金融、互联网技术等发展水平及政策和信用环境有密切关系。

从两类平台的特征差异来看，问题平台与正常平台在股东背景、注册资本、经营风险披露、高管金融从业经验、运营时间、标的收益率、标的借款期限、口碑评分、关注人数及所属协会规格等 10 个特征上均存在显著差异。具体而言，正常平台的股东背景明显强于问题平台，问题平台具有国资系、银行系、上市系及风投系背景的寥寥无几，而正常平台中超过 30%的平台具有国资系、银行系、上市系和风投系等背景。正常平台注册资本高于问题平台，一般而言，注册资本越多，平台抵御风险的能力就越强。问题平台受到风险披露的次数要显著高于正常平台，风险较高的平台在运营中暴露的问题也较多。在高管金融从业经验方面，正常平台具有金融从业经验的高管平均有 1.5 人，是问题平台的两倍。P2P 行业仍属于金融行业，具有金融从业经验的高管可以更好地掌舵 P2P 平台，平台出现问题的概率也更小。在运营时间方面，问题平台平均运营时间仅约 1.5 年，正常平台为 2.6 年，存在较大差异；运营时间越长，表明平台具有更为丰富的网贷行业经验，其商业模式、运营管理、技术水平等软硬实力均得到了市场的认可，出现问题的概率更低。在投资收益率上，问题平台比正常平台平均高出 4.1 个百分点，高投资回报率意味着平台可能将资产投向高信用风险领域，甚至存在道德风险，平台出现问题的概率也因此增大。在投资期限上，问题平台要显著短于正常平台，平台为迎合投资者短线投资的喜好，可能存在不同标的间资金错配的情况，增大平台运营风险；设置较短的投资期限，平台将承担较大的还款压力，资金链易断裂，发展成为问题平台的概率较大。公众对于正常平台和问题平台的口碑评分和关注度也存在显著差异，相较于正常平台，公众对问题平台的评分更低、对其关注度也更少，公众舆情可以有效显示平台“孰优孰劣”。在平台所属协会方面，问题平台基本不属于任何协会，而互联网金融行业协会的会员平台未曾发生问题，协会的自律公约及相关举措在一定程度上降低了平台发生问题的概率，发挥了良好的监管作用。

随后的逻辑回归分析发现，股东背景、经营风险披露、高管金融从业经验、运营时间、标的收益率、标的借款期限、口碑评分这 7 个变量对平台是否出现问题存在显著的影响。股东背景实力越强、具有金融从业经验的高管越多、运营时间越长、标的借款期限越长、口碑评分越高，平台出现问题的概率就越低；有关平台的经营风险披露越多、标的收益率越高，平台出现问题的概率就越大。上述风险因素中，运营时间、股东背景和口碑评分这 3 个因素对平台是否出现问题的影响程度最大。运营时间每增加 1 年，平台出现问题的概率将下降 12.7%；国资系、银行系、上市系或风投系平台发生问题的概率要比民营系平台低 10.6%；口碑评分每增加 1 分，平台发生问题的概率将下降 10.2%。此外，其余变量对平台是否出现问题的影响相对较小。经营风险公告每增加 1 次，平台发生问题的概率将提升 4.3%；具有金融从业经验的高管每增加 1 位，平台发生问题的概率将下降 3.7%；标的收益率每增加 1%，平台发生问题的概率将提升 1.8%；标的投资期限每增加 1 个月，平台发生问题的概率将下降 0.8%。此外，关注人数在取自然对数后在模型中显著，自然对数每增加 1 个单位，平台发生问题的概率将下降 5.8%。

4. 应用效果

基于前文的研究发现，有效地识别问题平台并实现风险预警有赖于政府部门、行业协会、平台自身及社会公众等各方主体的协同合作，因此提出以下建议。

1）对政府部门的建议

（1）适当的金融规制理念。随着我国金融市场和金融消费者日趋成熟，互联网金融作为非传统金融体系的重要成员，市场规模飞速膨胀、消费者数量与日俱增，以政府为主的中心治理模式已不能满足行业和社会发展的需求，因此政府部门要转变传统的监管思维，推动构建由行政监管、行业协会监管、公众参与监管组成的多元共治规制模式。

（2）培育各方监管主体意识，推动建立合作伙伴关系。政府应积极培育行业协会（如互联网金融行业协会、各地区行业协会）的监管主体意识，大力支持、激励协会开展监管督查工作，并加强对话沟通、信息共享，实现协同共治；政府同时要鼓励社会公众参与监管，一方面要培育社会公众监管主体的意思；另一方面要广泛开通公众表达意愿、传递信息的渠道，借力第三方平台（如网贷之家、网贷天眼、第一网贷等）开通论坛或平台评价功能，减少信息不对称，降低投资者利益受损的可能性。

（3）持续健全行业监管法律法规，加强事中监管。倡导社会共治不是要否定政府监管的效用，而是为了弥补政府监管的不足，法律法规仍是行业规制的“基础建设”，政府部门要继续划清、划准 P2P 平台的行为“红线”。基于本书研究结果，政府部门应考虑提升 P2P 行业准入门槛，明文规定，如股东背景、注册资本等限制条件。具体而言，P2P 公司具有双重属性，既是金融公司又是互联网公司；不仅要具有开展金融业务的能力，还要具有金融科技实力，这表明 P2P 公司的股东背景应当实力雄厚，资源欠佳的民营系企业不宜涉足，勉强为之只会使平台经营举步维艰，甚至沦为问题平台、“害人害已”。一般而言，优质的股东出于对自身形象和利益的考虑及连带责任的约束，几乎不可能出现诈骗、“跑路”等恶性事件，同时可以提供平台软硬需求的支持，增强平台综合能力，出现问题的可能性较小。而高额的注册资本可以体现平台法人的良好动机及风险承担能力，也可以在一定程度上降低平台风险。因此，政府部门应要求 P2P 平台具有优质的股东背景，如股东背景为国资企业、上市公司、金融机构等；或在注册资本上达到一定标准，如实缴资金达到 5000 万元。

此外，工商部门应加强事中监管，对 P2P 平台的关键风险因素实施动态监测，当平台出现经营异常、受到行政处罚、严重违法、股权出质、动产质押及欠税等或轻或重的情节时，要及时加以处理并做出风险批示，确保利益相关者知情，及时止损。

2）对行业协会的建议

（1）科学设置协会准入门槛及自律公约。目前而言，P2P 网络借贷仍属新兴行业，虽备案、存管、信息披露等主要监管文件悉数出台，但监管细则方面尚存不足，同时在政府倡导“大众创业、万众创新”的政策背景下，赋予了 P2P 平台较大的发展空间，监管弹性较大。但本书的研究结论显示，标的收益率、标的投资期限、平台高管金融从业经验、运营时间等因素可有效预测平台风险，显著影响平台出现问题的概率。因此，本书提议行业协会应在其准入规则或自律公约中对这类因素加以限制，只有满足运营时间达到一定年限（如 3 年）、平台具有金融从业经验的高管达到一定数目（如 3 位以上）、标的收益率不能过高（如不超过 16%）、标的投资期限不能过短（如不低于 3 个月）等条件的平台才能批准加入协会，或对不满足这类条件的会员平台加强监督。

（2）组织搭建信用信息平台。平台违法违规信息流动不畅是诱发大规模恶性金融事件的重要原因之一，因此，需要具有一定专业知识的社会组织建立互联网金融信用信息平台。首先，中国互联网金融协会作为业内最高规格的专业性第三方组织，应承担起建立互联网金融信用信息平台的职责，通过收集、筛选、发布 P2P 平台的信用信息，使其成为公众举报和获取有关 P2P 平台有效信息的集散器。其次，信息要能够被公众成功解码，要充分考虑到广大公众对互联网金融专业知识的认知能力，信息披露用语尽量通俗易懂。再次，确保信息能有效传播。在信息过载的时代，信息披露需要通过既有权威性又被公众所熟知的渠道进行传播，可在互联网金融行业协会官网上开通 P2P 平台信用信息披露窗口，负责专项任务。最后，建立正反双向的信号反馈机制，在披露负面评价以驱逐不良平台的同时，要褒奖“口碑”良好的平台，为其带来价格溢价，帮助公众识别高信用平台，激励平台“恪尽职守”。

3）对 P2P 平台的建议

P2P 平台兼具互联网企业和金融机构的“基因”，其应具备互联网技术和金融业务能力，尤其是风险管控能力，这要求平台在其股东背景、注册资本、高管团队运营和风控能力等方面均达到一定水平。因此，对于业内平台而言，应该在股东背景实力和高管团队能力方面积极寻求进一步提升。

要加强对借款标的的资格审查，同时要科学地协调、设置合理的标的收益率和标的借款期限。要树立稳健可持续的经营理念，杜绝为迎合投资者喜好、抢占市场份额而暗自操纵“短期高利”标的等急功近利的行为，以免“作茧自缚”。

4）对社会公众的建议

P2P 平台数量庞大且形态复杂，仅依靠政府甚至联合行业协会的资源和能力，无法实现“全覆盖式”监管，需引入社会公众参与监管，弥补监管缺位，提升监管效果。前文研究结果已表明，社会公众给予 P2P 平台的口碑评分可有效揭示平台风险，在识别问题平台方面具有显著效力。因此，社会公众应树立监管主体意识，积极分享实践中所得的信息资料，同时要做到三点：一是确保传递的信息要真实可靠，切忌空穴来风、人云亦云；二是信息分享要及时，“时过境迁”的信息传递将丧失对违法违规平台的事中约束；三是信息传递要选择权威的或被公众熟知的渠道，保证信息传递的高效率。

9.2　新闻线索专题应用

9.2.1　新华社应用：新闻线索发现

1. 研究问题

在新闻行业，寻找新闻的传统方式通常是依靠新闻工作者个人的经验直觉或者社会公众主动提供有关信息等手段去发掘新闻线索，但在面对海量的信息数据时，这种方式往往会显得力不从心。随着以微博为代表的社交网络应用的普及，越来越多的人倾向在微博平台等社交网络上发布自己身边的事件，这些大量的事件很有可能成为新闻记者发现有价值的线索，从而形成新闻报道的源头。因此，众多传统媒体试图将微博作为信息源，从中寻找有价值的新闻线索，基于互联网海量数据的新闻线索挖掘逐渐成为新闻生产实践发展的重要方向。

在新闻实践中，新闻价值通常都是由记者或编辑依靠经验和直觉来进行新闻事件的选择和优先级排序。但在学术界，学者发现，新闻价值是可以通过一系列的标准来进行判断的。新闻价值评价，是对一个事件能否值得被报道、是否可以成为新闻的综合评估，具有高新闻价值的事件往往会成为新闻线索。以传统的方式从海量的数据中挖掘新闻线索很依赖记者的个人经验，而一套自动化的模型可以将大量事件按照新闻价值排序，过滤掉低新闻价值的事件，减轻对人工的依赖，提高新闻发布的时效性。因此，核心问题变成了如何设计出具有合理的新闻价值评价的模型，并能够自动化地进行新闻要素的抽取，从而实现新闻线索的发现。

2. 研究过程

提出了一种基于自然语言处理技术的新闻价值评价模型的计算方法，通过对微博用户创作内容（user generated content，UGC）进行信息抽取和处理，并将抽取的相关信息实体分为多个变量维度，根据建立的新闻线索发现模型进行计算，从中找到有价值的新闻线索，用更加高效、智能的方式帮助媒体随时获知网络中发布报道的价值指数，缩短新闻生产链长度，提高时效性，在竞争中获取更大的优势。

1）模型改进

Shoemaker（2006）提出了一个综合模型和新闻价值的三个因素：偏差、社会重要性和权变条件。偏差行为是指不寻常的程度（突出、新奇/怪异/非同寻常、耸人听闻和冲突/争论）。社会重要性是指重要程度（影响、后果和兴趣）。权变条件是对时间和空间条件（时效性和接近性）的度量，也就是说，越是地方性事件或越新的事件，就越有新闻价值。我们采用了这个框架作为评估新闻价值的初始模型，并对其进行了改进。

为了建立一个可信度较高的微博线索新闻价值评价方法，我们对相关从业人员及专家进行访谈。

访谈对象主要有三类：第一类是新闻记者，选取从事采编工作的新闻记者或编辑作为访谈对象。选取原则包括：具有五年及以上工作经验，最好有在网络中寻找新闻线索的经验，因为本节的研究主题与新闻价值的影响因素有关，有较多工作经验可以提供更多可靠的信息；从不同的新闻领域中分别选取访谈对象，以获得更加丰富的信息。主要问题包括：在决定事件/新闻线索的价值时关注它们的哪些特征？这些特征在重要性上是否有区别？或者其在实际工作中的优先级如何划分？这些特征之间有什么样的相互作用关系？第二类是领域专家，选取有相关理论积累和研究的领域内专家作为访谈对象。选取原则包括：对于新闻理论有深厚的积累和独立的观点有哪些，对互联网和新媒体新闻生产有自己的理解和看法，或进行过相关的研究。研究的主要问题包括：事件的新闻价值这一概念的理论结构是什么形态（它包含的维度、层次和影响因子）？互联网新闻生产与传统新闻生产相比，对线索价值的定义和考量方式有何变化？新闻生产过程中业内人士对事件价值的评价方式和最终新闻成品的受众和消费者对信息特征的偏好是否具有一致性？两者之间是什么关系？当前记者在实际工作中所使用的评价标准是否合理？第三类是普通公众，选取普通公众作为访谈对象。选取原则包括：经常在网络中关注新闻和各种资讯；在社交网络中活跃，经常发布自己的状态，并与他人互动；从不同专业和年龄段选取对象，以获得更加丰富的信息。研究的主要问题包括：普通公众对互联网资讯的接受和消费呈现哪些特征？普通公众进行自新闻生产和参与网络新闻传播的行为呈现哪些特征？普通公众对当前的网络新闻报道的事件有哪些看法？

访谈结果表明，人们普遍认为，初始模型的各个指标过于粗糙，无法区分，需要进行细化。具体建议包括：原始模型的社会重要性是有意义的，可以将其细化为可测量的指标，如位置的重要性、参与者的重要性等；应该考虑信息的完整性，这是一个在原始模型中不存在的指标，记者强调，线索的完整性越高，被报道的概率就越高；另外，大众认为影响力是很重要的因素，因此我们保留了公众人物的影响力（参与者的重要性）和及时性等指标。

我们以 Shoemaker（2006）的模型为初始框架，在其提出的三个维度上，根据访谈结果，对原始模型的每个维度进行了重新定义，引入了新的指标。社会重要性引入的三个指标：参与者重要性、事件位置重要性和事件重要性。偏差的两个指标：事件冲突程度、统计稀缺性。两个权变条件的指标：信息及时性和信息完整性（图 9-4）。

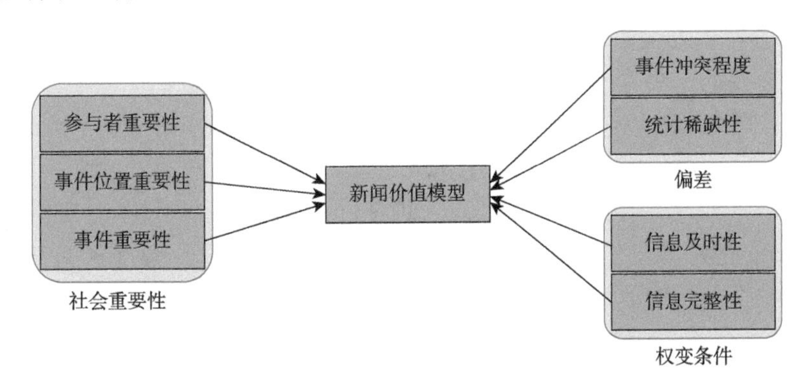

图 9-4　新指标

参与者重要性：事件参与者是指事件涉及的人物、组织、团体等实体。参与者重要性是事件参与者的社会地位、社会声望的高低程度及其社会影响力的大小。

事件位置重要性：事件发生的地理位置。事件位置重要性是指该位置在政治、经济、社会领域的重要程度，在重要或著名地点发生的事件具有重要意义。

事件重要性：事件重要性指的是由事件本身属性决定的，是其可能造成的社会影响力的大小及后果的严重程度。

事件冲突程度：事件冲突程度是指事故中包含矛盾和敏感因素的程度，以及它对社会造成负面影响和危害的可能性。

统计稀缺性：统计稀缺性是指从历史记录来看，相同或类似的事件发生的可能性的大小。

信息及时性：指事件从事件发生到收集和评估新闻价值标准的时间跨度。

信息完整性：事件信息的完整程度。

2）量化分析

为了量化新闻价值模型，将每个指标进行了细化，并给出了计算公式。

对于社会重要性的三个指标：参与者重要性、事件位置重要性和事件重要性，我们使用参与者、位置和事件的词库来计算。词库来源于中国较权威的新闻媒体机构新华社，其中包含经常传达社会重要性的词汇，用于定量计算事件的社会重要性。例如，在交通事故领域，位置的重要词汇包括“高速公路”、“收费站”和“住宅区”。参与者的重要词汇包括“警察”、“官员”、“孕妇”、“未成年人”、“明星”和“领导者”。事件的重要词汇包括“醉酒驾驶”、“假期”和“高峰期”。我们计算检测到的重要词汇的数量和文本中的重要等级，以获得社会重要性指标的得分。

$$\text{Social significance} = \sum\nolimits_{\text{S\_word}} \text{sig\_degree} \tag{9-1}$$

其中，S_word 是重要词汇的集合；sig_degree 是每个重要词汇的重要等级。

对于偏差的两个指标：事件冲突程度和统计稀缺性，我们使用事件的后果来量化计算。例如，对于交通事故，这些后果可以通过事故造成的伤亡人数来衡量。同时，也要考虑后果的严重程度，如死亡比受伤的后果更严重。

$$\text{Deviance} = \text{Death} + \left(\text{Injury} / n\right) \tag{9-2}$$

其中，Death 是死亡人数；Injury 是受伤人数；n 是根据伤害程度等因素给出的值。

对于权变条件中的信息及时性，可以通过从微博文本或其发布时间中提取时间来计算。越新鲜的事件将被赋予越高的价值。由于提取的时间 t 是以小时计算的，需要将其转换为天，因此将 t 的值除以 24。一般来说，新闻线索的新闻价值呈指数下降，因此我们在这里使用指数。为了统一幅度，该值不能超过 100，所以如式（9-3）所示：

$$\text{Timeliness} = 100 - 2^{t/24} \tag{9-3}$$

其中，t 是事件时间和评估时间之间的差异。通常，如果差异很小，则评估的效率高，这也意味着时间线很短。如果及时性的值在 7 天内降至 0，则表明在事件发生 7 天后发布微博文本的可能性为零。

对于权变条件下的信息完整性，可以通过已发布的微博文本中的命名实体数量来计算。在微博文本挖掘中，命名实体包括人名、地名、机构名。通常，命名实体越多，描述越清楚，也就是说，命名实体的类型越丰富，信息完整性的价值就越高。

$$\text{Completeness of information} = n_{\text{entity}}\text{type} \tag{9-4}$$

其中，n_{entity} 是命名实体的数量，type 是命名实体类型的数量。

通常，如果命名实体的类型较多，描述中涉及的范围较大，那么新闻的清晰度（新闻价值）较高。新闻命名实体有 3 种类型（人名、地名和机构名），因此类型的值为 1~3。微博文本为仅 140 字的短文本，如果此微博文本中的实体类型更多，相信信息的完整性是更高的，而且这种增长是指数级的。

当我们具有上述值时，可以使用加权求和的方法计算事件的整体新闻价值得分，如式（9-5）所示：

$$\begin{aligned}\text{Newsworthiness score} = &\ \omega_1 \times \text{Social significance} + \omega_2 \times \text{Deviance} \\ &+ \omega_3 \times \text{Timeliness} + \omega_4 \times \text{Completeness of information}\end{aligned} \tag{9-5}$$

其中，$\omega_1 \sim \omega_4$ 是新闻价值的每个指标的权重。

对于式（9-5）中每个指标的权重，采用 Delphi（专家调查法，又叫德尔菲法）来确定。研究团队邀请了包括 5 名研究人员和 5 名记者在内的 10 位专家对 4 项指标进行成对比较，并对每项指标的相对强度进行评分。Delphi 是严格按照 Dalkey 和 Helmer 提出的指导方针进行的。表 9-2 给出了 Delphi 分析的结果。

表 9-2　每个指标的权重

指标	Social significance	Deviance	Timeliness	Completeness of information
权重	0.381	0.256	0.159	0.204

3）模型验证

我们将模型应用到交通领域。下面给出了从信息抽取、模型计算到模型验证的全过程。

（1）信息抽取。为了从微博数据中定量评估出新闻价值，我们需要对微博数据中的信息要素进行提取，将抽象的文本信息转化成可量化处理的数字信息。具体内容如图 9-5 所示。

（2）社会重要性信息抽取。对新闻样本进行重要词抽取，并通过 Delphi 对其重要程度进行打分比较，得出重要词及其权重，并将重要词划分为四种等级，如表 9-3 所示。根据我们构建的重要词库，从新闻文本中进行匹配抽取，并计算其重要等级，作为本条新闻的社会重要性评判标准。

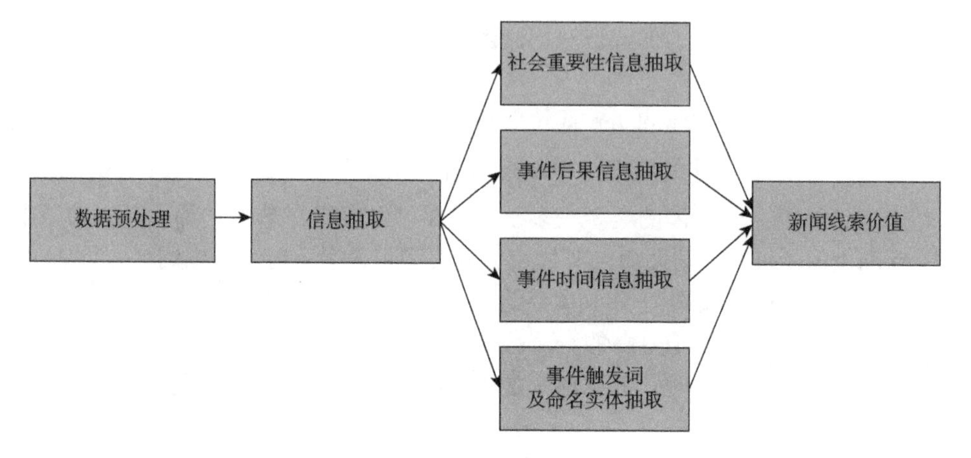

图 9-5　事件抽取过程

表 9-3　重要程度等级解释说明

重要等级	解释
1	几乎不敏感（如茶馆、理发师、公共浴室等一些并不是很受公众关注的词语）
2	比较敏感（节假日、公交车、富二代等一些相对上一个等级比较敏感的词汇，但是又不是特别敏感）
3	非常敏感（歌手、明星、警察、城管等一些经常出现在新闻报告中的词语，往往代表着一些影响力比较大的角色或场合，受到人们的高度重视）
4	高度敏感（人大代表、孕妇、男婴、校车等一些受到广大人民群众关注的敏感词，代表着最高敏感程度）

（3）事件后果信息抽取。事件的后果是一个非常重要的因素，但后果信息的表述在微博文本中并不能非常轻易地判断。例如，在交通事故新闻事件中，可能包含了多个数字信息（时间、死亡人数、受伤人数、重伤人数等），对于自动化抽取系统造成了比较大的干扰，很难准确抽取出其中的有效信息。为此本节为提高事件后果信息抽取的准确性，将后果信息抽取进行了优化。我们将抽取系统分为了正则表达式模式识别、构建并规范化信息节点、包含关系判定、伤亡结果计算等四个步骤，具体如图 9-6 所示。

（4）事件时间信息抽取。开发出一套有关短文本时间信息抽取系统，采用三个步骤对时间信息进行抽取。分别是正则表达式模式识别、推测时间及计算机规范化表示，其步骤过程如图 9-7 所示。

按照图 9-7 中的步骤，对于预处理后的文本，先对其进行时间模式匹配。如果能够匹配出足够的信息，则直接进行规范化，转化为计算机规范化的表示；如果发现其中的时间信息不足，仅仅是一种比较模糊的时间表达，则将根据微博发布时间及微博中一些表达时间的词语，如今天、昨日、本月等，进行时间推理，

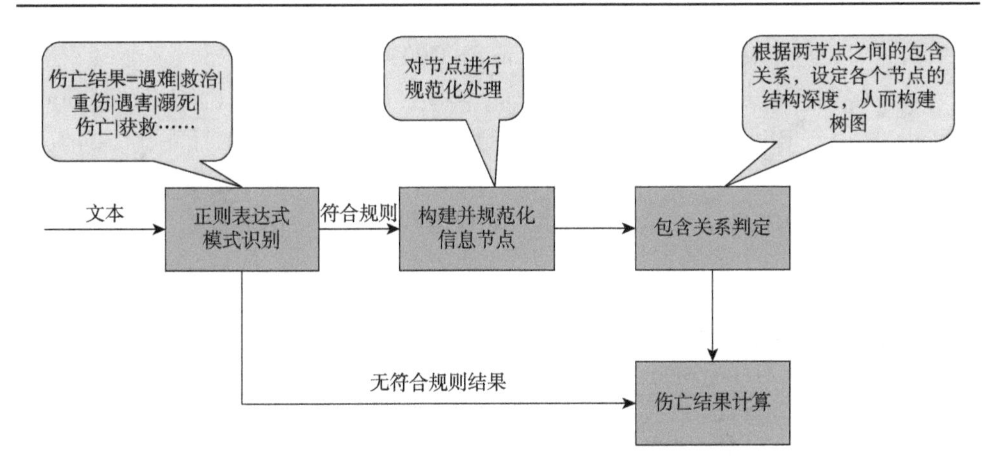

图 9-6　事件后果信息抽取过程

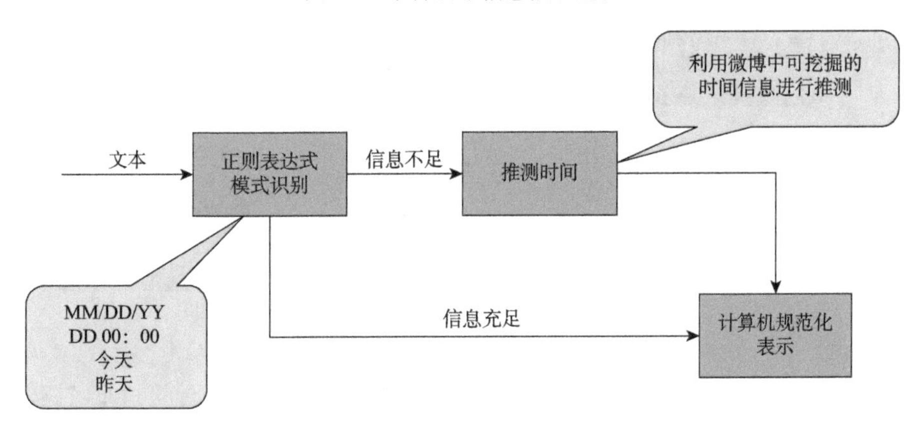

图 9-7　事件时间信息抽取过程

从而获得相对准确的事件发生时间。本书将时间要素进行了规范化的处理，设计了多种时间识别模式，并且该方法可以随时扩充添加新的时间识别模式，具有很好的扩展性。

以下两个案例演示了事件时间信息提取过程。

案例 1：“目击者声称，2014 年 8 月 6 日，京广高速公路的两辆轿车被追尾，没有人员伤亡”。

使用正则表达式,我们获得时间戳输出“2014 年 8 月 6 日”和标准化表示“Aug Wed 06 CST 00：00：00 2014”。

案例 2：“6 日，当一辆大型卧铺巴士离京港澳高速公路 938 公里时，由于大量危险化学品突然爆炸，造成 41 人死亡，6 人受伤”。

在这种情况下，正则表达式方法不起作用。因此，我们将“6th”与微博文本结合使用，该文本于 2017 年 8 月 7 日 14：20 发布。我们可以推断实际日期是 2017

年 8 月 6 日，标准化表示为“Aug Sun 06 CST 00：00：00 2017”。

（5）事件触发词及命名实体抽取。本书主要使用条件随机场（conditional random field，CRF）模型设计信息抽取工具。通过对相应要素的标注、CRF 模型的训练及对模型的反复调整来识别出微博文本中的事件触发词及命名实体要素。

本书利用 CRF 对信息进行抽取，CRF 结合分词信息、词性、上下文等特征进行模型训练，符合本书的数据需求。需要对模型进行训练，我们通过人工标注得到训练样本，对训练样本进行训练得到标注模型。本节以事件触发词的抽取为例，抽取流程如图 9-8 所示。

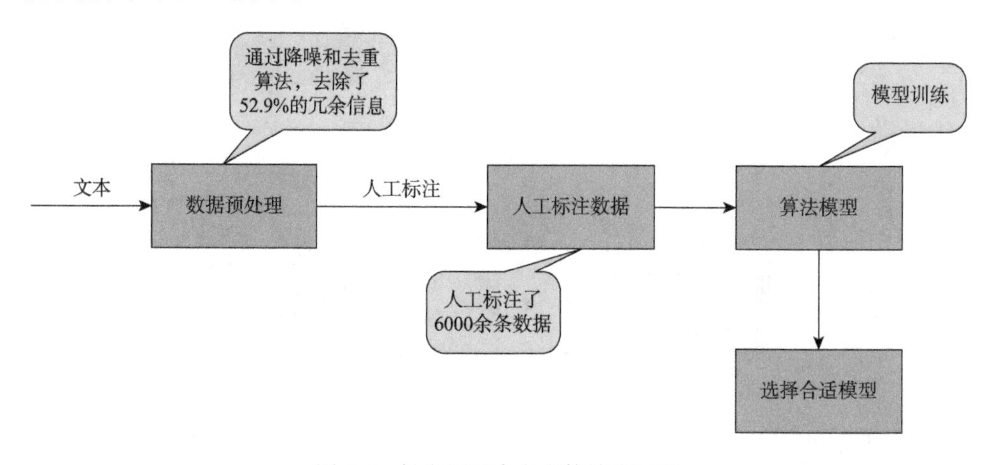

图 9-8　触发词和命名实体抽取过程

信息抽取完成之后，抽取得到的重要词、事件后果、事件时间和命名实体四类信息，将作为后续模型验证的依据。

（6）模型计算。在微博平台上收集了 2017 年 8 月 1 日~2018 年 3 月 19 日与交通事故相关的原始数据。使用的是关键词的组合，包括车辆、交通和事故的同义词和下义词，如车祸、交通事故和撞车等，共检索到 32 471 条微博。然后，我们使用余弦相似性的向量模型来计算微博之间的相似性，以去除重复微博，达到数据预处理的目的。在比较两条微博之间的相似性时，当相似度高于 95%时，我们删除了其中一条微博；当相似度不超过 95%时，这两条微博没有被处理。选择 95% 的相似度作为筛选标准是基于以下因素。首先，从交通事故特定内容中收集数据，这增加了文本特征的相似性。因此，我们选择具有超过 95%余弦相似性的高度相似的对作为冗余。其次，处理相似度较低的文本可能会删除错误的内容。较低的相似性并未反映出不连贯的结构。它可能与推导上下文有关。因此，95% 的相似性标准是最佳标准。最后，我们在处理后有 21 846 条微博。

然后，通过模型来计算每条微博的新闻价值得分。如表 9-4 所示，每条微博的新闻价值评分按降序排序。把所有微博分成 7 个分组，每个分组包含大约 3000

条微博。得分越高，新闻价值越高，被报道的可能性越大。总的来说，第一分组中的事件比其他分组中的事件更有可能被报道，因为它们通常具有更高的新闻价值。

表 9-4　计算新闻价值后的微博分段、排序和分数

分组	排序	分数
1	1~3 000	99.66~89.05
2	3 001~6 000	89.05~78.03
3	6 001~9 000	78.01~66.19
4	9 001~12 000	66.17~54.18
5	12 001~15 000	54.18~40.38
6	15 001~18 000	40.31~31.91
7	18 001~21 846	31.89~5.01

3. 研究结果

1）基于微博交通领域的文本数据进行验证

验证过程中将模型判断出的有新闻价值的事件与媒体实际报道的事件进行比较，也就是说，使用实际在新闻媒体上发布的新闻作为标准，来计算所提出模型的精确度和召回率。验证过程中的步骤如图 9-9 所示。

在验证过程中，我们将新闻的报道率近似为新闻的价值率。如果事件被报道，它被认为是有新闻价值的；反之，如果事件未被报道，则认为是新闻价值较低。对于一个数据集来说，如果该数据集中被报道的新闻所占比例越大，则可近似认为，该数据集中越多的新闻具有新闻价值，成为记者的新闻线索来源的可能性也就越大。

我们从所爬取的微博中随机抽样，然后基于它们是否被报道来判断他们的新闻价值，这种随机抽样方法的实验结果是我们模型验证的基线。在上一步骤中，我们的模型将新闻按照新闻价值的高低做了排序并分为不同的分数段。如果在高分数段的新闻中，被报道的新闻的比率高于随机抽选得到的基线；同时，在低分段的新闻中，被报道的新闻的比率低于随机抽选得到的基线，则可认为模型有效。

因此，为了方便验证，我们选取了分组一内的 3000 条微博，并检查这些微博是否被媒体报道，3000 条微博均被贴上了“被报道”或者“未报道”的标签。其中被报道的新闻有 557 篇，占分组 1 所有新闻的 18.5%。此外，分组一的 3000 条

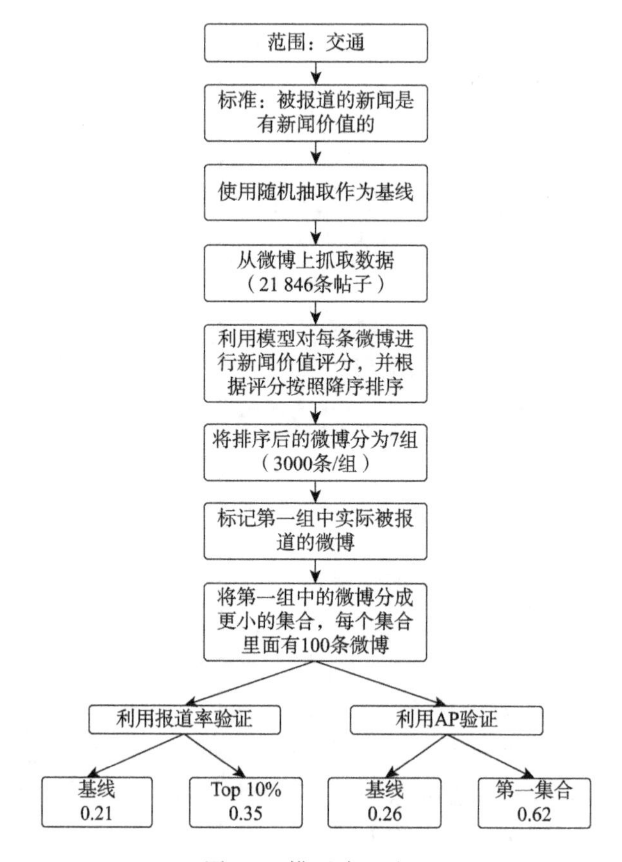

图 9-9　模型验证过程

微博被分成 100 条微博的子集合，新闻报道所涵盖的每个部分的事件数量如图 9-10 所示。可以看出，在前 100 条微博中，报道了 41 条新闻。此外，在前 100~200 条的集合中报道了 35 条，在 2900~3000 条的集合中报道了 6 条。下降趋势在图 9-10 中清晰可见，表明一篇微博的排名越高，它被报道的概率就越高。

2）与随机抽选的对比验证

对基线而言，我们在分组 1 的 3000 条微博中选择 10%的文章，重复实验 10 次，最终的平均新闻价值率为 21%。这意味着，当我们想要从大量的微博中获得有新闻价值的线索时，该微博在被模型排序之前具有新闻价值的概率是 21%。

对于模型而言，3000 条微博根据他们的分数排序。从前 10%条微博中，可以很容易地计算出微博具有新闻价值的概率是 35%。与基线相比，有很大的提高。此外，在最末尾的 10%条微博，新闻价值的概率是 9%。结果表明，该模型是有效的。

3）利用 AveP 计算的验证

信息检索评价采用平均精度（average precision，AveP，AP），强调对相关文

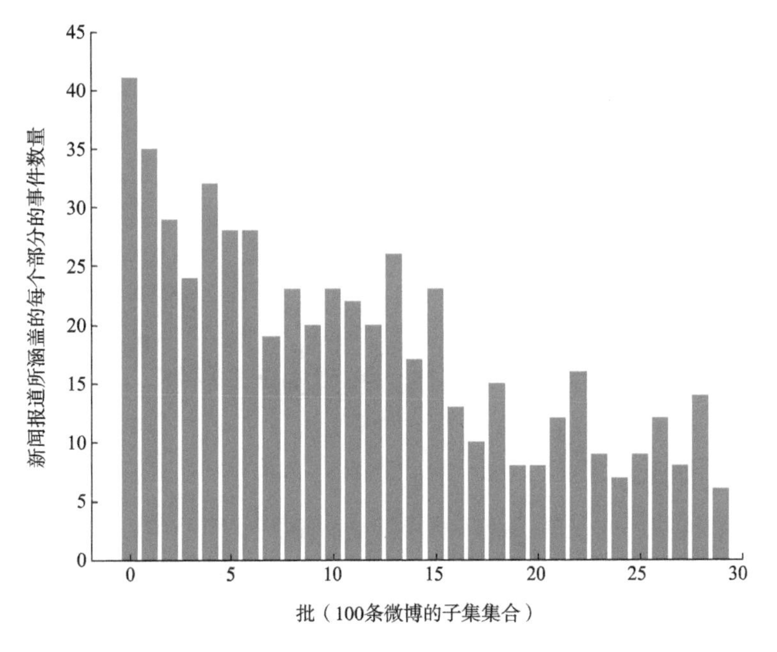

图 9-10　组 1 的推文数

献的排序。它是在排序序列中的每个相关文档的点处计算的精度的平均值。AveP 值在 0~1，具有较高的值表示较高的性能。我们可以使用 AveP 来衡量新闻的微博检索的性能，这提供了其他比较验证。AveP 公式如下：

$$\text{AveP} = \frac{\sum_{r=1}^{N} P(r) \times \text{rel}(r)}{\text{number of relevant documents}} \tag{9-6}$$

其中，r 是排名；N 是被检索的数量；$\text{rel}(r)$ 是一个与给出的排名相关的二元函数；$P(r)$ 是一个给定的 cut-off rank 准确率。

$$P(r) = \frac{\left|\{\text{relevant retrieved documents of rank } r \text{ or less}\}\right|}{r} \tag{9-7}$$

对于基线，我们在包含 3000 条微博的分组 1 中随机选择了 100 条微博。在这 100 条微博中，把被报道的微博视为相关文件，并且将抽取微博的顺序视为文件的排序。实验重复 10 次，AveP 为 26%。

对于模型，我们计算图 9-10 中的第一集合（100 条微博）的 AP 值，有 41 条微博可以在新闻网站上找到。因此，为了计算批次 1 的 AveP，对于 41 条微博中的每一个，我们获得其排序 R_k，并使用该值如下：

$$\text{AveP}_{\text{batch1}} = \frac{1}{41} \sum_{k=1}^{41} \frac{k}{R_k} \tag{9-8}$$

其中 R_k 是在图 9-10 中的第一集合被报道微博的排序。

AveP 值越高，检索到的相关文档就越多。这意味着更多的微博被报道在新闻网站上。

4. 应用效果

上述研究成果已经提交给新华社相关部门，帮助新华社从新浪微博中快速发现新闻线索。

9.2.2 人民网应用：新闻影响力模型构建与分析

1. 研究问题

随着互联网技术的发展，新闻的传播更加便捷，而且微博、微信等新媒体的出现，带来了传播主体和传播内容的多元化，两者结合，给新时期的新闻传播带来了巨大的变革。CNNIC 在北京发布第 40 次《中国互联网络发展状况统计报告》显示，截至 2017 年 6 月中国网民规模达到 7.51 亿人，占全球网民总数的 1/5。互联网已经成为电视、报纸和广播三大传统媒体之后的新型的媒体，并且已经在新闻传播方面占据了主导地位。在互联网上，因为身份并不公开，所以网民会积极表达出自身对于新闻事件的真实想法，特别是那些热点新闻事件关系到网民利益的时候，网民们会非常积极地关注和展开讨论，产生大量的舆论信息，所以互联网成为最主要的舆论传播和交流平台，具有重大意义。而网络新闻又是网络舆论和社会舆论的主要源泉，准确分析和判断网络新闻的影响力有重要意义，政府宣传部门可以根据影响力指标来分析网络新闻事件，从而准确地引导社会舆论或者应对突发事件。特别是突发性事件或者是重大新闻事件发生后，政府能够快速根据新闻事件的发展趋势来把握事态发展，从而快速地处理应对。

虽然当前对于新闻影响力的研究国内外学者取得了一定的成果，但是没有一个全面的模型来对新闻影响力各个方面进行度量，大多数只考虑到了其中几个方面，如新闻传播速度、新闻源的质量等。本书通过分析研究背景和研究意义之后，同时参照了国内外对于新闻事件影响力的现状评估，对新闻影响力各个方面进行综合度量，提出了新闻影响力模型的定义及其相关指标的计算方法。而且国内各大新闻网站，如网易、人民网等没有一个足够清晰明了的模型来计算各个新闻事件的影响力指数，各种舆情检测网站也仅是对网民发表的信息进行分析，没有针对新闻事件影响力的一个监测系统。各大新闻网站均没有一个成熟的可视化网站来展示各个新闻事件的影响力的指数，如新浪的微舆情网站，并没有全面的新闻事件影响力的分析，这使得新闻研究人员难以直观地发现新闻事件中影响力变化的规律。对于这样的现状，我们需要根据上文提出的新闻事件影响力模型的各项指标，做出一套从数据获取至影响力分析最终进行可视化展示的系统。

2. 研究过程

对研究的系统架构及各个模块的设计和实现方法进行详细分析之后，确定核心为新闻事件影响力的分析和数据挖掘，通过学习网络爬虫、信息追踪、数据挖掘、自然语言处理、可视化展示等技术并使用，最终做出新闻影响力分析可视化系统。最终的系统能根据用户在搜索框输入的查询条件，返回查询条件相关的新闻事件的影响力的可视化展示图表，准确反映该新闻事件的影响力随着日期变化的趋势，让用户能直观地了解新闻事件的发展。本书流程如图 9-11 所示。

图 9-11　研究流程图

新闻影响力模型构建如下。

（1）新闻影响力概念界定和指标体系构建。如何评估新闻的影响力，必须先界定好何谓新闻影响力，厘清新闻影响力是如何发生的，以及如何来测量新闻的影响力。上述华文（2003）对新闻影响力定义的研究对本书具有借鉴意义，据此以下给出本书的新闻影响力的定义。

新闻影响力是对新闻传播效果的量化评估。通过对信息发布主体、发布内容、受众群体、传播渠道及受众反馈进行综合评定可计算出影响力。在一定程度上，影响力受新闻传播力、公信力、说服力和号召力的共同影响。根据该定义，影响力主要包括四部分内容，如图 9-12 所示。

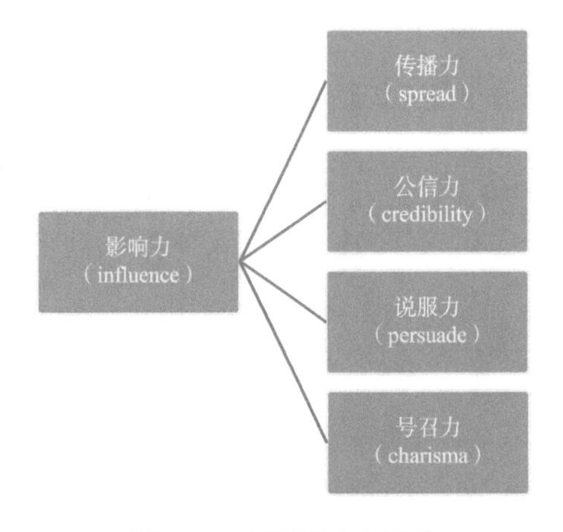

图 9-12　新闻影响力组成

（2）新闻传播力概念界定和指标体系构建。结合新媒体时代的特征，针对某一次新闻报道，主要是内容和效果层面的刻画，而新闻传播的效果又包括新闻传播过程本身的效果和新闻传播后产生的影响。因此，本书将新闻传播过程本身的效果定义为新闻传播力，具体表述为：新闻传播力指的是新闻发布主体（媒体）的传播能力，包括传播范围、传播持续时间、传播速度和目标群体覆盖率等。通过对媒体的传播力进行赋值，可以累加多个渠道发布信息的整体传播力来衡量新闻传播力。根据该定义，新闻传播力主要包括四部分内容，定义如表 9-5 所示。

表 9-5　传播力指标定义

参数名	参数解释	计算说明
传播范围（range）	各类新闻源中该新闻事件占比大小	截止到当日 24 时，各类新闻源中该新闻事件新闻数除以新闻总数
传播持续时间（duration）	截止到当日 24 时，同一事件的相关新闻累计报道的天数	由 0 开始，每持续一天加 1
传播速度（speed）	在传播持续时间内，同一事件的相关新闻的条数除以传播持续时间	截止到当日 24 时，之前关于该事件的全部新闻数除以传播持续时间
目标群体覆盖率（coverage）	同一新闻事件发布及转载的媒体的对目标群体的影响能力大小	截止到当日 24 时，同一新闻事件的每条新闻的发布及转载的媒体人民网传播力排行榜数据值为 c（由高至低分别为 9~1），则当天目标群体覆盖度 coverage = $\sum c$

（3）新闻公信力概念界定和指标体系构建。新闻公信力，一般是指新闻媒体自身在长期的新闻传播实践过程中所形成并累积的、赢得社会和广大受众普遍信任的程度或能力。随着媒介的不断发展，互联网不断发展为影响力巨大的新媒体，新闻公信力研究也被赋予了新的内涵和形式。与此同时，结合本书的研究对象，将新闻公信力定义如下。

新闻公信力由三部分组成，即信息创作者、信息呈现者和媒介平台。具体来说，信息创造者是新闻的撰写者，信息呈现者是新闻传播的转发节点，媒介平台指包括北京人民在线网络有限公司（以下简称人民在线）在内的新闻发布源。信息创造者和媒介平台都属于新闻信源层面。具体新闻公信力指标定义如表 9-6 所示。

表 9-6　公信力指标定义

参数名	参数定义	计算说明
信息创作者（author）	同一新闻事件创作者对新闻公信力的影响表示	截止到当日 24 时，同一新闻事件每条新闻的创作者的公信力数值为 a，则当日的媒介平台的公信力 author = $\sum a$

续表

参数名	参数定义	计算说明
媒介平台（medium）	同一新闻事件发布及转载的人民网媒体网站使大众信任的程度	截止到当日 24 时，同一新闻事件的每条新闻的发布及转载的媒体对应的人民网媒体网站公信力数值为 m（由高至低分别为 9~1），则当日的媒介平台的公信力 medium= $\sum m$

注：公信力（credibility）计算公式为 credibility = author + medium

（4）新闻说服力概念界定和指标体系构建。新闻作为一门宣传和传播的艺术，它不同于报告或文件，不能以强制手段来强加于人，而要以深刻的思想内容、强烈的逻辑力量来说服人、教育人。新闻的说服力取决于受众对新闻是否相信、接受及信任的程度。因为新闻接受者不是毫无思维、消极被动地接受新闻信息的，而是以一种由于主体需要来选择接受新闻信息，形成肯定或否定等不同情绪。如果新闻具有说服力，就完全相信、全盘接受；否则，就要么半信半疑，要么反感厌恶、毫不相信，从而影响着新闻的作用及效果。因此，新闻的说服力是新闻发挥作用的前提和基础，是衡量新闻效果的首要条件，是决定宣传成功与否的关键。

新闻说服力是受众接受新闻事实和观点的基础，也是记者升华新闻感染力、吸引力的首要条件，离开了这个基础和条件，新闻价值就无法实现，新闻的感染力、吸引力也无从谈起，所以说，新闻说服力是新闻活的灵魂，它对实现新闻价值和宣传效果具有决定作用。据此，给出本书的新闻说服力的定义如下。

新闻说服力是反映新闻稿件质量的直接指标。内容的真实性、报道的感染力、编排的合理性等因素都会影响一篇新闻的说服力。新闻观点被采用程度，以及新闻发布前后舆情信息总量和观点占比的变化，都是新闻说服力数字化呈现的方式。新闻说服力指标定义如表 9-7 所示。

表 9-7　说服力指标定义

参数名	参数定义	计算说明
报道说明性信息量（information）	截止到当日 24 时，针对同一新闻事件相关的新闻，通过网站链接等方式找到网页源码，识别源码中图片、视频标签，并对其数量进行加总	如一篇新闻中对其爬取结果分析标签得到正文中图片数量为 m；视频数量为 n，则该篇新闻信息量 $i=m+n$。当天的信息量为该新闻事件所有新闻的信息量求和 information= $\sum i$
词频（frequency）	截止到当日 24 时，针对同一新闻事件相关的新闻报道中的关键词进行识别，然后统计关键词出现的频次	首先，针对该新闻事件所有新闻使用 TF-IDF 等方法提取出关键词；其次，使用 Python 程序统计每篇新闻中关键词出现次数为 f，则 frequency= $\sum f$

注：说服力（persuade）计算公式为 persuade = information + frequency

（5）新闻号召力概念界定和指标体系构建。新媒体时代，从新闻的传播规律、舆论的形成与引导过程来看，构成新闻媒介舆论引导力的核心要素主要包括受众的关注度和参与度，并以合力的方式作用于舆论引导的各个环节。因此，本节对新闻的号召力的定义如下。

新闻号召力是指新闻对受众造成的影响，包括受众关注度和受众参与度，即影响范围越广、受到关注度与参与度越高，新闻号召力越大。另外，不同受众的影响权重不同（两级传播），即受众自身的影响力越大，权重越高。根据新闻号召力的定义，结合新媒体时代主要新闻媒体源（新闻网站、微信、微博、贴吧和论坛），对其进行了概念指标体系的构建，定义如表 9-8 所示。

表 9-8　号召力指标定义

参数名	参数定义	计算说明
评论数（comment）	截止到当日 24 时，针对同一新闻事件相关的新闻的各个新闻媒介的评论数	爬取新闻时使用 Python 获取该篇新闻的评论数 c，则该新闻事件当日的评论数 comment= $\sum c$
转发数（forward）	截止到当日 24 时，针对同一新闻事件相关的新闻的各个新闻媒介的转发数	爬取新闻时使用 Python 获取该篇新闻的转发数 z，则该新闻事件当日的评论数 forward = $\sum z$

注：号召力（charisma）计算公式为 charisma = comment + forward

3. 研究结果

在分类之后的文本中进行新闻事件的相关新闻发掘，如 2017 年下半年“红黄蓝幼儿园虐童事件”，要发掘出其所有相关新闻。主要流程如下：训练词向量模型、训练 TF-IDF 模型、新闻文本向量的计算、不同新闻文本相似度的计算。

1）词向量计算

这里使用 word2vec 表示词向量。自从 Google 的 Tomas Mikolov 提出 word2vec，其就成为深度学习在自然语言处理中的基础部件。word2vec 的基本思想是把自然语言中的每一个词，表示成一个统一意义、统一维度的短向量。word2vec 通过训练，可以把对文本内容的处理简化为 K 维向量空间中的向量运算，而向量空间上的相似度可以用来表示文本语义上的相似度。因此，word2vec 输出的词向量可以被用来做很多 NLP 相关的工作，如聚类、找同义词、词性分析等。使用 word2vec 处理后的词可以对它们做向量的加、减、乘、除等操作。这样将词的表示进行量化，更易计算它们之间的相似度。

首先，对于分词后的数据进行读取，这里读取的是全部的新闻文本共 38 万条；其次，将读取之后的语料库放入 word2vec 模型中去训练，设置各个参数，使用 CBOW 模式训练模型，词向量维度为 200 维，上下文窗口为值 4，使用 Negative

Sampling 技术加速训练。最终得到效果如下所示。查找与“北京”相似度最高的词语。

[('北京市', 0.641 859 471 797 943 1), ('上海', 0.629 048 287 868 499 8), ('南京', 0.621 865 034 103 393 6), ('天津', 0.621 555 864 810 943 6), ('北平', 0.577 742 576 599 121 1), ('沈阳', 0.571 273 565 292 358 4), ('武汉', 0.564 050 078 392 028 8), ('燕京', 0.550 277 471 542 358 4), ('杭州', 0.548 465 847 969 055 2), ('中国', 0.525 761 306 285 858 2)]

2）训练 TF-IDF 模型

TF-IDF 是一种统计方法，用来评估一字词对于一个文件集或一个语料库中的其中一份文件的重要程度。字词的重要性随着它在文件中出现的次数成正比增加，但同时会随着它在语料库中出现的频率成反比下降。

在一份给定的文件里，词频（term frequency，TF）指的是某一个给定的词语在该文件中出现的次数。这个数字通常会被归一化（分子一般小于分母区别于 IDF），以防止它偏向长的文件（同一个词语在长文件里可能会比在短文件里有更高的词频，而不管该词语重要与否）。

IDF 是一个词语普遍重要性的度量。某一特定词语的 IDF，可以由总文件数目除以包含该词语的文件的数目，再将得到的商取对数得到。

某一特定文件内的高词语频率，以及该词语在整个文件集合中的低文件频率，可以产生出高权重的 TF-IDF。因此，TF-IDF 倾向于过滤掉常见的词语，保留重要的词语。

具体流程为，把新闻语料库中按类别读入分词完的新闻文本，数据格式为[‘word1 word2 word3’，‘word4 word5 word6’]，每个新闻文本中的词用空格隔开，然后所有新闻文本放入一个文本集中，训练 TF-IDF 模型得到 TF-IDF 权重值，对于不同的新闻文本中的不同词均有不同的权重，如下所示。

文本一：

想象 0.041 418 784 526 4

战略 0.070 419 501 733 4

所用 0.041 418 784 526 4

文本二：

手段 0.035 209 750 866 7

打通 0.061 608 742 753 5

打造 0.022 234 772 675 7

3）新闻文本向量的计算

新闻文本的格式均比较固定，出现在正文首部的文字就能概括整个新闻所描述的事件。所以本实验取新闻前 30 个词来对新闻文本向量进行计算。

新闻的六要素是 5 个“W”和 1 个“H”，即 Who、What、When、Where、Why 和 How，即人物、经过、时间、地点、起因、结果。这里挑选出可以利用的关键词，即时间、地点、人物被判定为关键词，在计算向量时赋予其更高的权重。这里利用到之前分词时确定的命名实体，对于每个新闻类别使用 Python 程序自动测试选取最优的权重值，对于不是关键词的普通词语，权重为 1。

因为新闻之中的时间关键词会有歧义。例如，“昨晚”这个词出现在不同时间的新闻稿件中所指代的实际时间肯定是不同的，所以本实验中利用规则对这些时间关键词进行了转换。统一格式为：YYYY 年 MM 月 DD 日，以方便后续的计算。

所以最终新闻文本的向量计算公式为

$$D_j = \sum_{i,j} \text{key}_i \times \text{TF-IDF}_{i,j} \times \text{word2vec}_i \tag{9-9}$$

其中，D_j 是新闻文本 j 的词向量；key_i 是词 i 的关键词权重；$\text{TF-IDF}_{i,j}$ 是文本 j 中词语 i 的 TF-IDF 权重值；word2vec_i 是词语 i 的词向量，i 的词语范围是文本 j 的前 30 个词语。最终求和即为文本 j 的向量。

4）新闻事件新闻发掘

因为新闻事件具有时效性，尤其是网络新闻，生存周期一般不超过一个月。所以设置持续时间权重，利用已知新闻文本的发布时间为中心点，对于有待比较的新闻，如果与初始时间相差越久则权重越低，超过 30 天时权重为 0。

对于两个文本的向量之间相似度使用余弦相似度来计算，所以相似度计算公式为

$$\text{sim}_{i,f} = \cos(i,j) \times \text{timekey}_{i,j} \tag{9-10}$$

其中，$\text{sim}_{i,f}$ 是文本 i 与初始中心点 j 的相似度；$\cos(i,j)$ 是文本 i 与初始中心点 j 向量的余弦相似度；$\text{timekey}_{i,j}$ 是两者时间差距的权重。只有 $\text{sim}_{i,f}$ 大于设定的阈值时才认为两者属于同一新闻事件。

5）实验结果

实验使用准确率和查全率及 $F1$ 值作为验证指标。

准确率公式如式（9-11）所示：

$$P = \frac{\text{TP}}{\text{TP} + \text{FP}} \tag{9-11}$$

其中，P 是准确率；TP 是识别准确的文本个数；FP 是识别错误的文本个数。

召回率如式（9-12）所示：

$$R = \frac{\text{TP}}{\text{TP} + \text{FN}} \tag{9-12}$$

其中，R 是召回率；TP 是识别准确的文本个数；FN 是标注正确但是识别错误的

文本个数。

$F1$ 值如式（9-13）所示：

$$F = \frac{2 \times P \times R}{P + R} \tag{9-13}$$

其中，F 是 $F1$ 值；P 是准确率；R 是召回率。

本次实验共标注了 3000 条数据，标出的部分新闻事件主题如下所示："一带一路"、功守道、战狼、中国有嘻哈、禁酒令 、戚继光舰出国访问、辽宁舰香港、建军 90 周年朱日和阅兵、中印对峙、世界机器人大会、王者荣耀防沉迷、苹果电池门、十九大。

本次实验是在不同的新闻类别下分别识别上述新闻事件的相关新闻文本，总共搜索的数据规模为 38 万条。输入要查询的新闻事件的相关原始文本，然后找寻相似度大于阈值的其他新闻文本。例如，搜索"王者荣耀防沉迷"结果如下所示，上方数值为每条文本对应的与原始文本的相似度，下方文字是每条文本对应的新闻标题。

0.955 816 560 253

王者荣耀的社交：时间、金钱、杀人游戏

0.974 033 536 79

记者亲测王者荣耀为何让你着迷：花钱就成大侠?

0.967 141 859 087

新华社："荣耀"还是"农药"？健康游戏不止于防沉迷

0.958 191 911 27

是否比麻将更容易上瘾：王者荣耀为何让人着迷?

0.961 726 969 44

通向王者荣耀的奴役之路：无法下线的"王者"

0.955 020 467 616

王者荣耀深陷舆论风暴：巨头如何权衡利益与责任?

0.966 630 783 757

五六亿人每天"玩掉"数小时：网游在和我们争时间?

部分热点新闻事件的效果如表 9-9 所示。

表 9-9　部分热点事件实验结果

热点事件	准确率	召回率	$F1$ 值
战狼 2 票房爆发	83%	92%	87%
王者荣耀防沉迷	80%	77%	78%
苹果电池门	95%	85%	89%
…	…	…	…

最终调试完之后试验结果如表 9-10 所示。

表 9-10　整体实验结果

准确率	召回率	$F1$ 值
81%	79%	80%

实验结果显示总体准确率为 81%，召回率为 79%，$F1$ 值为 80%，即在搜索新闻事件时，预测样本中能有 81%是正确识别的，对于该事件中的所有样本，能够识别出 79%，说明实验在样本中取得了较好的效果，比起前人的研究取得了一定的进步。

4. 应用效果

上述研究成果已经提交给人民在线，用于人民在线对于新闻传播力的跟踪评价。

9.2.3　共青团中央应用：网络舆情信息分类体系建设与智能化实现研究

1. 研究问题

在 Web 2.0 时代，互动类社交网站兴起，以用户生成内容为代表的网络信息资源迅速增加。面对复杂多变的网络信息资源，传统的分类体系暴露出了类目严重不均衡等弊端，图书分类法难以满足网络信息资源分类的需要，而科学的分类体系是对信息资源进行有效组织和利用的基础。因此，研究如何将网络社交平台上的用户创造的文本信息资源进行科学的分类有十分重要的意义。

在科学的分类体系基础上，面对规模巨大且不断增长的文本信息，依靠人工将海量的文本信息归入建立好的分类体系也是不现实的。近些年来，借助机器学习技术完成分类任务已成为主流，计算机可以通过不断学习获得经验技能，对未知的问题给出一个正确的分类标签。因此，通过机器学习，可以对互动类社交平台上的大量数据进行自动化分类，帮助用户提高检索效率，提升用户使用体验，同时可以在分类的基础上分析与挖掘有用的信息，协助网站运营人员了解用户需求，让信息更有效地被利用。

2. 研究过程

本节选取“青年之声”互动社交平台（以下简称青年之声平台）作为研究对象，青年之声平台是共青团中央于 2015 年创办的面向青年的大型社交互动平台，用户在平台上可以阅读、提问、回答、点赞等。截至 2017 年 4 月，青年之声平台提问 2000 多万条，回复千万余条，而且提问和回答的数量在以每日十几万条的速度增长。本书基于青年之声平台上的用户提问数据，力图构建一个有科学理论指导、面向平台实用、有前瞻扩展性的网络信息资源分类体系，借助机器学习的方法给予分类体系数据支持，并对后续的数据进行自动的智能分类。

本书先针对研究背景和研究意义进行了阐述，制定了研究技术路线和研究方法。针对青年之声平台，首先提出了科学合理的一、二、三级分类体系的构建过程；其次建立智能分类程序。从 2015~2017 年的 150 万条数据中抽取部分语料进行人工标注，同时利用相关算法对原始数据进行清洗、分词、去停用词、向量化等预处理，通过机器学习算法和深度学习算法建立模型，用人工标注的语料对模型进行训练，确定了最优模型。基于提出的分类体系和智能分类程序的结果，对青年之声平台上的数据进行了分析。技术路线如图 9-13 所示。

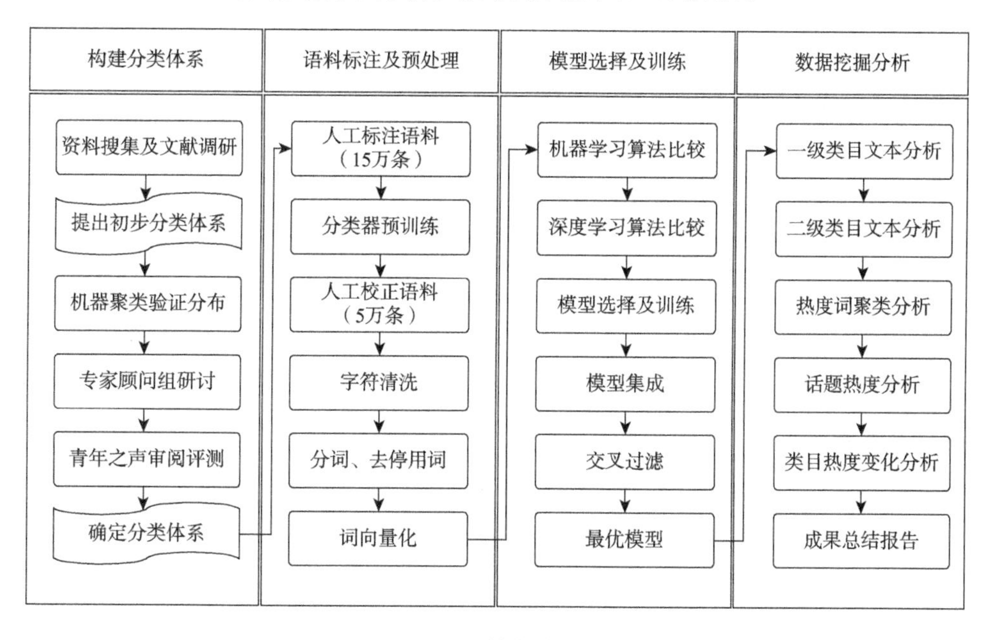

图 9-13　技术路线图

第一阶段是构建分类体系。在广泛的文献调研之后，依托于信息资源分类理论基础，面向青年之声平台的特色，在青年之声平台原有的分类体系框架基础上，提出了一级分类体系 V 1.0 版，同时采用了机器聚类的方式验证数据的分布情况。组织项目专家顾问组举行了现场研讨会，在此基础上形成了 V 2.0 版本，V 2.0 版本经过多轮测试验证，修改为 V 3.0 版本，V 3.0 版本又经过专家顾问组的多轮研讨，最终确定了具有前瞻性的一、二类目体系。

第二阶段是语料标注及预处理。基于上一阶段提出的分类体系，共计标注了近 20 万条青年的提问，给每一个青年的提问标注出最合适的一级类目和二级类目，该标注工作烦琐耗时却很重要。人工标注的语料是给机器的“教科书”，大量高质量的已标注语料是训练智能分类模型的关键。接下来是字符清洗、分词、去停用词、词向量化等数据预处理工作，使得青年之声平台上的提问变为机器可以直接理解、处理的数据。

第三阶段是模型选择及训练，其也是建立智能分类程序最核心的部分。在这个阶段，分析比较多种算法模型，选取性能较好的算法，构建机器学习算法与深度学习算法集成的模型，构建标签词表，对模型进行优化调参，得到最优算法模型。

第四阶段是数据挖掘分析。通过利用上述分类体系和分类程序对数据进行分析，分析青年关注的热点，了解青年思想动态。

3. 研究结果

本节选用随机梯度下降（SGD）、在线被动攻击算法（PA）、线性支持向量分类（Linear SVC）、岭回归（Ridge）、梯度提升（Gradient Boosting）五种机器学习算法进行实验，因为这些算法均是基于词袋模型，自变量是特征词典的大小，所以为了后期更方便地进行模型调优，在自变量的初步筛选中，按照特征工程的流程，对特征词典进行了分组测试，选取特征词典维度为[10 000，45 000]，分 8 组进行实验。

在自变量初步筛选的基础上，对各个算法进行参数调优，从而得到算法的初步调优结果。将初步调优的算法进行比较。经实验对比发现，当特征数为 35 000 时，各个模型的 *F*1 值达到最好。

表 9-11 是特征数为 35 000 时，各个模型的准确率、召回率和 *F*1 值的分布。实验结果如表 9-11 所示，各个模型的指标值均超过 80%，为了提高整体模型的泛化能力和分类性能，本节采用了 ensemble 集成的思想，将 5 个机器学习算法集成使用。

表 9-11　机器学习算法准确率、召回率和 *F*1 值

机器学习算法	PA	SGD	Linear SVC	Gradient Boosting	Ridge
准确率	86.9%	86.5%	87.2%	81.1%	85.9%
召回率	87.6%	87.1%	87.5%	81.8%	86.3%
*F*1 值	87.4%	86.8%	87.3%	81.3%	86.1%

为了更好地捕捉上下文语义，本节同时采用 CNN 和 LSTM 模型，借助 TensorFlow 开源工具构建上述深度学习模型，下层利用 CNN 对邻接词的语义捕

捉的特点得到文本可能的邻接词语义组合序列，上层利用 LSTM 来整体把握文本的上下文语义关系。同时尝试引用时下热门的 attention 机制，对 LSTM 的时序输出进行加权，最后通过全连接层进行类目预测。和机器学习算法一样，我们将深度学习模型与机器学习模型 ensemble 集成在一起，各取所长，在分类效果上取得了更好的结果。值得注意的是，在对文本进行相同方法的预处理以后，并非像机器学习那样利用词袋模型构建文本向量，而是采用预训练的 word2vec 进行词到语义空间的映射。每个词 ID 都被表征为语义空间的 100 维的向量，每条文本表示为 sequence_len × 100 的二维数组。

4. 应用效果

经过上述过程，分类体系的一级类目在测试集上的准确率如表 9-12 和图 9-14 所示，均在 76%以上，达到了较好的效果。

表 9-12　一级类目分类准确率分布

类目名	准确率	类目名	准确率
理想信念	0.77	党建团建	0.76
教育成长	0.86	生活休闲	0.83
身心健康	0.82	人文科技	0.83
社团公益	0.90	情感家庭	0.90
创业就业	0.79	权益维护	0.91
政策法规	0.77	—	—

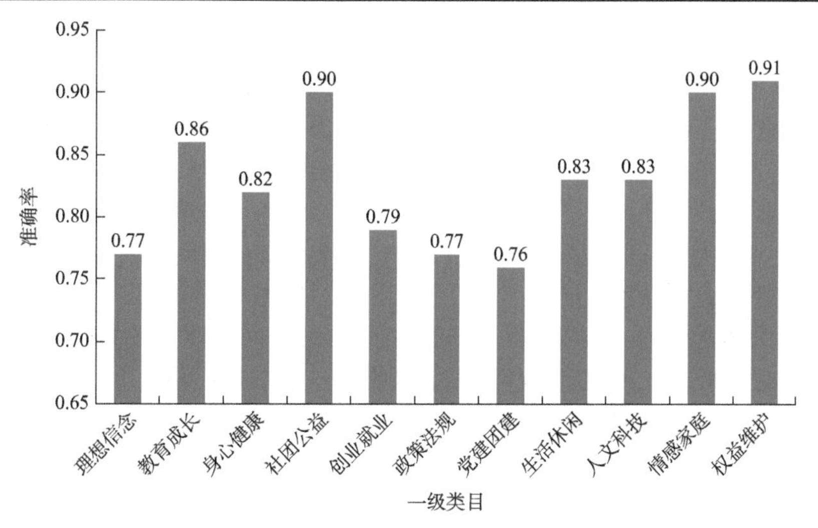

图 9-14　一级类目分类准确率分布

9.3　青少年群体专题应用

9.3.1　共青团中央应用：青年之声平台智能建设

青年之声平台以反映青年呼声、回应青年诉求、维护青年权益、服务青年成长为宗旨，是共青团组织牵手青年，感知青年脉搏的心之桥。截至 2017 年 4 月，全国已开通 5863 个青年之声平台，“网上共青团”门户网站 4299 个，支部专区 909 个，青年之声平台提问 2000 多万条，回复千万余条，而且提问和回答的数量在以每日十几万条的数量增长，这些海量的用户提问是了解青年关注、理解青年心声的重要数据来源。但是面对海量的文本数据，如何能够自动理解和分析这些数据，是目前迫切需要解决的问题。为此，共青团中央网络影视中心与面向国家公共安全的互联网信息行为及治理研究的研究团队联合组成将机器学习应用于青年之声平台的智能建设项目组。该项目建设的工作目标是基于青年之声平台上的用户提问数据，力图构建一个有科学理论指导、面向平台实用、有前瞻扩展性的网络信息资源分类体系，借助机器学习的方法给予分类体系数据支持，并对后续的数据进行自动的智能分类。本书工作自 2016 年 10 月开始启动，经过一年的探索与努力，项目联合团队构建出了科学、合理、实用、有覆盖深度和广度的，面向青年工作领域的，一、二、三级信息分类体系，实现了智能自动分类，并通过对青年之声平台的 150 万条提问数据的分析结果进行了验证。

（1）建设科学系统、特色使用的青年之声平台信息资源分类体系。目前的各大网站均未有科学合理的网络信息资源分类体系，为构建青年之声平台系统科学的分类体系，需要在保证知识领域完整性的前提下，突出网络信息重要性。项目建设确定了分类体系建设的四大原则：①以科学的理论和技术为基础；②面向网络信息资源和技术环境；③分类主题一体化；④强调实用性和易用性。在广泛调研现有理论分类体系的基础上，参照青年之声平台类似的网站平台分类体系，结合青年之声平台的特色，面向“十三五”中长期规划中的青年发展规划方向，构建了青年之声平台的一、二、三级分类体系，并经过信息资源分类及青年工作领域专家的多轮评审，形成了青年之声平台信息资源分类体系一、二级类目体系。该分类体系经过全网数据的测试，既保证了分类的区分度，也保证了类目覆盖的全面性。

（2）集成机器学习和深度学习的智能分类程序建设。项目利用机器学习和深度学习集成的方法，首先通过抽取 2015 年 7 月~2016 年 6 月全网数据（约 150 万条）的 15%进行了人工分类标注。然后通过机器学习算法和深度学习算法训练模型，进行了数十种算法模型的不断训练，从中选取了 4 种最适合的模型进行了集成，再用训练好的模型对未标注语料进行预测和分类，实现了对数据的智能分类及分析，经过测试，其平均准确率达到了 85%。在此基础上，针对青年之声平台 150 万条的数据从青年关注类目、青年关注话题，以及每个一级类目下具体的关注内容、关注的热词等方面进行了时间维度的对比分析，从而很好地反映出了青年群体的成长规律。对比 2016 年 7 月~2017 年 7 月（100 万条数据）和 2015 年 7 月~2016 年 6 月的数据（51 万条数据），可以看出，青年群体中关注理想信念、创业就业、权益维护、情感家庭这几大类的比例有所上升；党建团建、政策法规相比 2015 年占比有所下降；社团公益占比基本不变。在青年群体热议的 TOP10 话题中，衣食住行成为最热门的议题；健康美味的饮食、放飞心情的绿色出行、温馨经济的小窝环境已成为当下青年群体主流的生活节奏。此外，近一半的热议话题涉及文哲史地和科学技术。文哲、艺术和科技已成为当下青年群体风格的三驾马车，“文艺范”依旧拔得头筹。新形势下，青年群体对国情政策的关注不减反增，青年群体开始挑起为祖国效力的大梁。

青年群体对就业创业类话题关注度持续上升，对 2017 年上半年关于 95 后就业相关信息进行分析后发现，95 后的就业观和职业选择成为公众的关注焦点。随着就业环境及择业观的变化，“慢就业”的概念正在逐渐被接受和实践。在就业之前从事一段时间支教、创业等活动，也不失为一种“冷思考”。根据话题热度对青年之声平台 2017 年热点话题进行排名后发现，话题主要集中在理想信念、时事热点、情感家庭、教育成长几大类目中。青年群体对党和国家的重大活动保持着密切关注，尤其是一些教育、就业等与其自身相关的重要问题；同时青年群体也挑起了肩上的重担，为家乡脱贫出谋划策，期待政府出台更有利的政策。青年之声平台文本分类标准及智能分类程序建设项目的成功实施，给青年之声平台提供了良好的理论和技术支持，给其未来的发展奠定了坚实的基础。而且青年之声平台是面向青年群体的服务平台，将青年群体关注的问题进行科学合理的分类，对团中央的青年工作有很好的推动作用，从理性角度了解青年群体、帮助青年群体。更重要的是，这是人工智能在社会科学领域的一次开创性尝试，这也是本书的创新之处。这种跨学科的融合与交流对未来人工智能的发展和应用都起到了很好的推动作用。

9.3.2　应用 2：青少年网络素养教育策略研究

推进国家治理体系和治理能力现代化，是实现“两个一百年”奋斗目标的重大任务。互联网在我国经过 20 多年的广泛应用，已经与现实社会深度融合，网络治理成为社会治理的重要组成部分，对推动国家治理能力的提升具有重要而现实的意义。

青年是用网和建网的主要群体，是社会治理中公众参与的重要代表，也是网络综合治理的多元主体之一。重视网络综合治理体系构建中的青年参与，事关网络空间清朗、事关社会长治久安、事关青年健康成长、事关国家和民族的未来。

1. 青年网民是公众参与网络综合治理的主体

网络综合治理体系，从概念上理解，指的是以网络为对象多元主体协同下的综合治理系统。“网络”是指规制的对象，“治理”是指规制的过程，包括政策讨论、政策制定、政策实施三个过程。“体系”是指规制的主体，由党委、政府、社会、公众等多元利益相关方组成。网络综合治理体系的目标是在党的领导下，通过政府监管、社会倡导、企业和网民道德自律，在法治保障下实现良性互动，达到网络善治、实现网络空间清朗。

公众参与是网络综合治理体系中的重要一环。青年网民是互联网的主要用户和从业主体。

青年是社交平台的活跃主体。互联网和手机已经成为青年的日常必需品，成为他们了解社会、结交朋友的第一通道，并对提高青年的社会参与起到了积极的推动作用。社交网络正发展成为“连接青年一切”的生态平台，青年因相同的兴趣爱好在网上聚集，并实现了活跃参与。这些青年网民主要通过微信朋友圈、QQ 空间、微博、知乎、豆瓣、天涯社区、领英等社交平台表达观点、发表意见。例如，2017 年微信朋友圈的用户使用率已达 87.3%；微博月活跃用户已达 3.76 亿人，其中，92%来自移动端，他们的一言一行对网络话题影响较大。

青年是互联网行业的创业就业主体，青年是互联网行业的主要从业者。拉勾发布的《2017 年互联网职场白皮书》显示，互联网从业者平均年龄为 27.5 岁。其中，20 岁及以下的占 3.9%，21~30 岁的占 67.9%，31~35 岁的占 14.7%，36~40 岁的占 10.3%，40 岁以上的占 3.2%。互联网从业者中多是“85 后”和“95 后”，占 80%以上。青年成为互联网职场的主要从业人群，“互联网+”掀起了青年创新创业潮流。清华大学经济与管理学院中国创业研究中心 2017 年初发布的《全球创业观察 2015/2016 中国报告》显示，中国创业活动的主体是青年，占创业者总体比例的 41.67%。网易云发布的《2017 年互联网创业群体调查报告》显示，互联网创业者以“80 后”“90 后”为主。其中，首先是主流年龄区间为 25~30 岁，占 58.06%；其次是 30~35 岁，占比 20.65%；再次是 18~25 岁，占比 15.48%；最后是 35 岁以上的仅占 5.81%，互联网创业群体年轻化趋势明显。

青年网民在我国网络发展中发挥着重要作用，同时也成为受网络影响最大的一代，他们的思维方式、生活样式、行为范式和交流形式都因新媒体发生了改变。青年不仅是互联网发展的受益者，而且正成为互联网发展和网络综合治理的有生力量。青年在互联网中不同程度的社会参与使他们实践了更多的社会角色，提高了他们的自我认同感，为青年真正步入社会树立了自信。

2. 网络综合治理中的青年参与困境

在中共中央网络安全和信息化委员会办公室、公安部、工业和信息化部等部委和地方政府部门、社会各界和网络企业的共同努力下，网络风清气正已成大势。但是，构建新时代的网络综合治理体系，必须看到网络文化两个阵营的斗争与较量，网上乱象依然存在。

网络文化中的殖民现象直接影响青少年价值观，威胁国家文化安全。在全球化和网络互联的背景下，来自国内外的各类异质文化借助社交媒体平台对我国文化安全的各方面，如意识形态、价值观念、风俗习惯、生活方式、语言文字等均带来威胁。这些外来文化突破我国“文化边疆”，强烈冲击我国的主流意识形态、核心价值观、传统文化和社会道德等，严重影响青年价值观和我国的文化安全。

网络文化中的病态萎靡现象危害青少年身心健康、威胁国家主流机构的引领力。一些商业网络平台传播低俗、庸俗、媚俗的网络信息或色情内容，围攻、嘲弄、批判主流意识形态，不法分子实施网络犯罪，特别是近年来出现的一些恶性针对青少年的网络犯罪，如引诱青少年自杀的蓝鲸游戏，国外敌对势力进行网络渗透等。通过网络团结青年跟党走、传播社会主义核心价值观仍然是一个重大的历史性课题，网络综合治理任重而道远。

在网络综合治理体系构建中，一方面应重视上述网络文化中的不良因素对青年成长产生的不利影响；另一方面，更要看到当前青年网民参与网络治理的困境。

一是规模参与社会突发事件缺乏理性表达。和单向传播的传统媒体相比，新媒体最大的传播特点是个人性、交互性和参与性。当社会重大突发事件发生时，一些青年网民在社交平台上表达诉求的方式呈现标签化、情绪化传播的特点，并出现了群体无理性行为。一些青年网民参与社会突发事件的动机呈现出利益导向。

二是青年群体参与政策讨论缺乏权威通道。目前，在政策制定过程中，针对青年群体的利益诉求，缺乏制度化、常态化安排。使用调查研究和大数据挖掘手段，对青年群体特别是新兴青年群体的思想脉搏和发展状况缺乏持续深入和系统化、垂直化、专业化研究，青年群体缺乏权威的意见表达通道。

三是青年群体参与的网络自治生态需要培育。青年群体思维活跃，对社会的思考往往没有过多的现实顾虑，但与此同时，青年群体也善于倾听、接纳，并且愿意分享个人见解。青年群体的这种特性使得他们非常喜欢使用社交媒体发表自我观点、驳斥不同观点。所谓真理愈辩愈明，通过不同观点的充分表达，互联网也达到了自净和自治的效果。青年群体参与的网络自治生态建设，政府有关部门应该高度重视并积极加以培育。

构建网络综合治理体系，关键在内容建设。青年是网民中占比最多、最活跃的群体，也是最容易受影响的群体。因此，应该发挥他们的积极性，引导他们文明上网、文明建网，做合格好网民，通过有效参与网络综合治理，实现其和政府的良性互动。

3. 推动青年有效参与网络综合治理的路径

建立网络综合治理体系是一项长期的系统工程，强调在党的领导下，以政府为主导，充分调动社会和公众等各方协同治理的积极性。推动青年网民积极参与网络综合治理，有助于防范和化解重大政治风险，有助于维护社会和谐稳定，有助于构建清朗的网络空间。

应对重大突发社会事件，应发挥主流媒体对青年的思想引领作用。目前，我国社会正处于转型期，矛盾多发。社会重大突发事件时有发生，由于其突发性和不可控性，导致政府部门经常陷入被动境地。如果不及时应对或处置不力，传播的首因将直接影响广大青年网民获得信息的准确性，影响他们的正确判断，让他们对政府产生不信任感，甚至可能产生反作用力。因此，当社会重大突发事件发生时，政府主管部门应及时通过主流媒体特别是青年聚集的网络空间进行舆论引导，和青年网民进行互动，及时疏导网上郁结情绪。

强化网络素养教育，应特别关注对特殊青年群体的网络行为引领。政府相关部门可借助互联网协会等社会组织或共青团等群团组织，进一步发展壮大青年网络志愿者队伍，培育青年的公民意识；同时，依托主流新闻网站和中国青年网、未来网、青年之声平台等主要青少年网站，大力普及网络素养教育，探索开展网络素养测评，提升青年网民的网络操作能力、网络信息获取和鉴别能力、网络行为自我管理能力、利用网络技术发展自我能力、网络安全意识、网络伦理道德和网络法规意识等；另外，要特别关注对困境家庭青少年的网络行为引导，这类特殊青少年群体除了在现实生活中存在着生存风险，在虚拟世界中同样存在着网瘾、沉迷手游、轻信网友、自我保护能力弱等网络风险和不安全因素，需要社会协同给予积极帮扶。

公共决策出台前，应注重听取青年网民意见。网络空间虽已日趋清朗，但不可否认，目前的治理手段仍是堵多于疏。深入贯彻党的十九大精神，需要我们从更高的政治站位和更辽阔的视野来推动网络综合治理，让多元主体特别是青年网民与政府之间建立一种更平等的互动关系。因此，各级政府部门在出台涉及民生的重大政策前，在处理复杂的社会矛盾时，要正视青年的合理诉求和意见表达。

公共决策前应注重听取青年网民的意见，共同致力于解决网络运行与发展中的问题，最终实现网络空间的有序发展。

治理互联网信息行为，应注意吸纳青年主动参与。公民第一时间举报互联网中的不良信息是互联网信息行为源头治理的重要途径。公民在互联网平台发表言论、表达观点、传播正能量是互联网信息行为治理的隐形方式，尤其是具有社会影响力的意见领袖是偏差网络信息行为方向引导和对互联网信息行为背后的“人”进行心理疏导的重要力量。意见领袖具有高可信度和强亲和力，他们的正向言论属“软”服务，往往比行政法规的“硬”手段具有更大的影响力。因此，具有意见领袖作用的青年网民是互联网信息行为治理不可或缺的重要力量，也是建设网络综合治理体系公民自治的重要形式。最终，通过推动合格的青年网民意见领袖主动参与网络综合治理，实现政府治理、社会调节和网民自治的良性互动。

青年是网络空间的主力军，构建网络综合治理体系不能缺少青年群体的参与。只有青年广泛地参与到网络综合治理中，才更可能营造清朗的网络空间。当前，政府主导的网络综合治理需要从机制、途径、措施和帮扶体系等各个方面来推动各类青年更加顺畅地参与网络治理。

9.3.3 应用 3：青少年网络素养调查报告

怀着对青少年健康成长的殷切期望，本书研究小组在 2017 年 1 月~2018 年 12 月的两年期间进行了大量的实地调研和访谈，涉及国家、省、市、区、街道、社区各级政府机构，还涉及传统媒体、网络新媒体、社会组织、企业、公民、中小学生等各类群体，整个调研过程以深度访谈形式为主，群体访谈方式为辅，累计访谈近 300 人。为了确保得到真实和有价值的一手调查数据，根据研究需要，从我国西部、中部和东部各选择了一个省份做深度访谈调研。

2018 年 2 月 18 日~2018 年 2 月 25 日，集中对贵州安顺市普定县白岩镇白岩村、江西鹰潭市余江县邓埠镇西坂村、山东德州市夏津县苏留庄镇小石堂村和山东德州市武城县郝王庄镇谷刘庄村的部分家庭和青少年进行了调研；2018 年 3 月 16 日~2018 年 3 月 17 日，集中对江西赣州兴国中学、兴国职业中等学校、兴国电子商务培训中心、江西瑞金二中、瑞金市金穗小学、瑞金市青少年校活动中心的青少年进行了调研。通过大量访谈和调研，发现农村青少年互联网信息行为具有以下特点。

（1）智能手机的普及让农村青少年走向屏幕化。调研发现农村青少年上网方式主要为手机上网。受访的农村青少年绝大多数用手机上网玩游戏，仅 10%左右的人因学习需要会少量用电脑上网。在三个省农村调研发现，农村少了许多过去儿童的嬉笑打闹和独有的集群式成长的场景，多的是随处可见的“低头族”。有孩子在接受访谈时说，爸爸妈妈不是在“身边的”，而是在“屏幕中的”，我国农村孩子的童年正在走向“屏幕化”。另外，上网地点与往年相比发生较大变化，前些年主要集中在网吧和少数家中接入宽带并有台式机的农村家庭，近两年因智能手机的普及，农村青少年上网地点主要集中在农村家庭。少部分年龄较长的青少年仍选择在城乡网吧上网。

（2）农村青少年手机上网呈显著超低龄化特点。三个省受访的农村青少年中，均存在低龄化触网趋势。调研组对江西瑞金金穗小学 5 名学生进行了访谈，有 2 人从幼儿园开始玩手机，剩下 3 人从一年级开始玩手机，他们都表示主要是通过哥哥姐姐知道了怎么玩手机。调研发现，手机在农村成为儿童的玩具。适合农村青少年和低龄儿童的手机游戏和网络应用内容十分有限。往年农村青少年网民主要集中在小学高年级、初中生和高中生。伴随上网方式从台式机转移到手机，手机游戏品种增多，农村青少年网民年龄跨度增大，越来越多年龄较小的孩子开始接触手机网络。在农忙季节，父母辈因工作忙无暇照顾 3~5 岁的孩子，如果没有祖父母辈的照顾，手机游戏则成为“照顾”幼儿的工具；在节假日或休闲季节，成人打麻将、打扑克、喝酒、聊天等娱乐现象非常普遍，手机则成为“安抚”幼儿的工具，成为创造成人娱乐机会和时间的工具。

（3）农村青少年网络安全意识极为淡薄。调研发现，受访的农村青少年在玩手机游戏时，有近一半人发生过游戏账号被盗、游戏财产丢失的情况；这些受访的农村青少年对个人隐私保护、网络欺诈、网络成瘾、网络成迷、网络暴力、网络欺凌等网络安全概念模糊，网络安全意识极为淡薄，应有的防范知识和防范能力极度欠缺。

（4）农村青少年网络信息行为主要是游戏、视频、社交和娱乐节目等。农村青少年上网主要行为是网络游戏、网络视频，其次是网络社交和娱乐。除上述应用之外，网络学习、网络购物、网络旅游、网络交通、网络音乐、网络搜索、网络购物、网络新闻、网络文学等其他应用在农村青少年中的应用很少，有些青少年甚至不知道并且从来没应用过。网络游戏是农村男青少年最主要的应用。农村男青少年游戏的学习过程主要是从同学或高年级的同伴模仿得来，少数是模仿父母辈得来。年少者主要玩休闲益智类游戏（如泡泡龙等）；初中生和高中生主要玩战略竞技类游戏和动作射击类游戏（如王者荣耀、穿越火线、英雄联盟、魔兽争霸、狼人杀、绝地求生、大逃杀等）。多数青少年是从无聊消遣变成游戏爱好，也有不少农村青少年以游戏为学习动力和父母商谈条件。网络娱乐是农村女青少年的主要应用。网络娱乐行为主要集中在青春偶像剧、娱乐节目等。网络音乐、网络文学等休闲式的网络娱乐活动应用不多。网络社交是农村青少年的第三大应用，在男、女青少年中均有应用，其主要是通过 QQ 与同学互动；也有不少留守儿童通过网络社交平台与父母远程视频，达到感情沟通和学习汇报等目的。受父母网络素养水平和学校信息技术教育水平的限制，农村青少年利用网络优秀资源进行学习的现象并不多见。许多青少年不知道有什么样的网络学习资源，对网络学习资源好坏缺乏评判能力，更不知道如何利用网络学习资源。特别是在贵州和江西两省的农村，表现较为明显。

目前农村青少年在用手机上网的过程中已出现越来越多的不当行为，如果不及时纠正和救助，将给农村青少年的成长带来严重危害。

（1）长时间玩手机游戏影响农村青少年的身心健康。在调研的农村青少年中，存在很多因过度玩手机游戏严重影响身心健康的案例。首先，受影响最大的是视力发育不完全或视力下降。调研发现，贵州农村青少年中出现了多个“斗鸡眼”案例；其次，长期伏案、低头玩手机游戏，对青少年颈椎、腰椎发育带来潜在影响；最后，逆反期的青少年因无法上网、上网受限、上网受管教等原因，与父母辈或祖父母辈发生语言冲突，甚至身体冲突，给青少年心理成长和家庭和睦造成严重影响，甚至产生严重心理疾病和自残、自杀等恶性事件。

（2）缺乏家长监督长时间玩手机游戏影响学习成绩。大量农村留守儿童缺乏合理引导、农村中小学作业布置手机App化（如山东德州部分中小学作业通过App布置），导致农村中小学生使用手机和网络正常化，致使中小学生处于自觉和不自觉的手机游戏和聊天环境中，成片的学习时间被“嘀嘀嘀”的提醒声不断“碎片化”，不写作业只玩游戏的现象普遍存在，上述现象已经导致了部分农村中小学生学业成绩下滑，甚至提前辍学。调研发现，农村青少年的“触网”行为基本呈现无约束状态，已经对其成长产生了严重的负面影响。

（3）农村青少年经常被低俗、欺诈、非主流等不良信息干扰，对其人生观、世界观、价值观产生负面影响。调研中发现，农村青少年在用手机上网时，遇到各类不良信息是常事。青少年三观尚未成熟，不良信息对青少年思想道德、文化素养、价值取向等会产生一定影响。正如贵州省安顺市白岩镇白岩村的村支书所言：“以往农村青少年接触外界信息比较有限，但现在不一样了，网络的开放性、网络游戏传递的不良信息和网络炒作信息对青少年三观影响巨大。”

调研发现，农村青少年产生大量偏差网络信息行为原因主要有以下几方面。

（1）家庭监护能力不足。由于互联网在农村普及较晚，农村青少年的父母辈或祖父母辈网络素养先天不足，难以提供给孩子合格的网络应用指导。在受调查的农村中，绝大部分父母辈文化水平在初中及以下，与孩子的沟通少、陪伴少、引导少，特别是对逆反年龄阶段的青少年的思想、社交、情感和陪伴需求缺乏理解，手机和网络对父母辈的应用也仅限于通话、游戏、聊天、视频等基本应用，自身网络素养低下，致使父母辈无法做到对青少年网络应用的正确引导和管教，致使手机和网络除了基本的通信和娱乐应用之外充斥着负面作用，并损毁一代又一代的农村青少年。

（2）家庭核心亲情缺位。农村青壮年劳动力大多进城务工，农村家庭教育功能不断弱化，特别是留守儿童长期缺乏父母的亲情关爱和监护，容易移情于手机来寻求寄托、获得认可、打发“无聊时光”。孤独感和无助感导致孩子迷恋虚拟网络，并可能形成难以戒除的网瘾。

（3）校园课堂教学不足。一是专门教材不足。针对中小学生，教育部有《信息技术基础》的课程与教材，但是没有专门进行网络素养教育的教材开发与课程设置。二是师资不足。调研发现，多数农村中小学学校难以找到能够胜任网络素养教育的教师。三是教学不足。调研发现，受小学、初中、高中升学仅考核主干学科课程这一指挥棒影响，多数术课重视程度不高，学习效果一般，如农村学校有关基本网络素养内容的教学并没有严格按照教学目标和要求来执行，受调查的中小学生普遍反映小学阶段计算机课堂仅以计算机画画、拼音输入等基本内容为主。近年来，农村中小学和农村家庭的网络通信基础设施建设得到显著发展，为人们的生活创造了极大便利。但学校网络素养基础教育师资建设、内容建设等软件设施未能及时跟上，产生了许多新的农村网络社会现象，并可能在不远的将来导致严重的社会问题。

9.3.4　应用 4:“提升网络素养 助力青少年文明上网”研讨

为更好地营造清朗的网络空间，提升青少年的网络素养，2018 年 3 月 1 日，“青年之声 · 提升网络素养 助力青少年文明上网”研讨会在北京举行。

该活动由团中央网络影视中心、国家社会基金重大项目“面向国家公共安全的互联网信息行为与治理研究”课题组共同主办，“青年之声”综合服务办公室、“青年之声”网络安全服务联盟承办，中国青年网、未来网、中青视讯 · 手机电视协办。

上海对外经贸大学人工智能与变革管理研究院院长、教授齐佳音在致辞中提到：“在过去的工作中我们一直在思考什么才能成为面向国家公共安全的互联网信息行为治理的抓手。经过了很多专家的论证和我们自己的思考，我们认为面向国家公共安全的互联网信息行为治理，最长远、最根本的是要从青少年做起，而且从青少年做起就要从培育网络素养做起。”为了做好青少年网络素养研究，研究团队走访了三个不同的省，真正深入到农村去了解农村青少年是如何在当今信息化时代接受时代的洗礼，他们需要怎样的引领。研究团队还决定撰写《生活中的互联网》这一科普读本，让更多青少年受益于科研项目研究成果。

河海大学企业管理学院副教授邓建高分享了网络素养的概念、内涵及发展演化过程，并认为，只有从青少年个人、家庭、社会的方方面面入手才能提升青少年网络素养，引导青少年网络行为，并帮助其防范和应对网络欺诈、网络欺凌、网络暴力等失范的网络信息行为问题。他还补充道，《生活中的互联网》科普读本编写的出发点是在研究团队通过一年的大量调查，以及三个代表性省份深度访谈的基础上拟定的，读本将为广大青少年建立良好互联网信息行为习惯，为防范和应对失范互联网信息行为提供有力帮助。

团中央网络影视中心党委常委、副主任，“青年之声”综合服务办公室副主任蔺玉红表示，网络已经成为青少年了解社会、结交朋友重要的通道和社会参与的重要平台。然而在推进青少年网络素养教育的过程中，发现青少年在网络操作、网络信息的获取和鉴别、网络行为的自我管理、网络安全意识、网络伦理道德等方面均存在大量失范行为，因此，在青少年群体中开展网络素养教育是非常紧迫且必要的。她建议编写中学生网络素养读本时，要注重遵循让青少年“安全地、创造性地、建设性地、有道德地”上网用网的原则。

首都互联网协会自律发展部副主任张韧提议，在青少年触网低龄化趋势越来越明显的前提下，普及网络知识、提升网络素养的另一个抓手就是成立了“妈妈评审团”，要积极把家长纳入未成年人保护的体系中去。

千龙网新媒介素养学院主任、北京联合大学网络素养教育研究中心副主任龙广涛认为，网络素养是公民素养的一部分，培养好网络素养对提升公民的整体素质非常有帮助，这项工作很有意义。另外，他认为提高国民的网络素养水平，推出测评标准、手册、视频、音频等产品都是起辅助提升作用，最终还需要监管部门介入。他呼吁相关部门应积极发力，深入研究如何用技术手段来防范青少年群体过度沉迷于网络、赌博，如何借助于身边的工具摆脱在网络中遇到的困境，真正提升自己，做一个优秀合格的网民。

中国网络视听节目服务协会常务副秘书长周结呼吁在场的专家、学者强强联手，让媒体融合绽放光彩，让提升网络素养的进程更加趣味化。

北京邮电大学软件学院副教授傅湘玲称，针对各位专家、学者的讨论意见，将继续进行青少年网络素养研究，真正提升网络素养、助力青少年文明上网。

9.3.5　应用5：全国两会提案

提案1：构建社会支持系统，帮扶困境家庭未成年人提升网络素养。

困境家庭未成年人是青少年群体中的特殊弱势群体，这一群体包括孤儿、监护人监护缺失的未成年人、遭遇家庭暴力的未成年人、留守流动未成年人、流浪乞讨未成年人、单亲贫困未成年人、父母一方服刑或戒毒家庭或其他特殊困难的未成年人群体。

本书研究团队在贵州、江西、山东、江苏等地的调研中发现困境家庭未成年人相较于正常家庭未成年人普遍存在上网时间更长、更加沉溺于网络虚拟空间、不良网络行为更多等现象。

对于大多数困境家庭未成年人来说，作为提供网络安全的第一道“防火墙”和网络素养教育的第一位“老师”的作用是欠缺的，需要构建社会支持系统、整合社会力量来关注困境家庭未成年人的网络素养教育。为此，我们提出如下建议。

（1）教育部加快青少年网络素养教育读本的教材建设及对配套师资、设施条件的保障，让学校能够守好困境家庭未成年网络素养教育的基础关。

（2）各级共青团组织应发挥调度和协调作用，整合各类社会组织资源，为困境家庭未成年人网络素养教育提供课堂之外的帮扶。中国共产主义青年团中央委员会应协调国家互联网和信息化办公室、民政部、中华全国妇女联合会、企业、高校等合力培育一批社会组织，成为青少年网络素养教育先行者。

（3）各个社会组织在共青团的组织下，充分发挥其扶贫帮困的组织优势和专业优势，以个案访谈、团辅活动、社区项目、认知干预等专业的心理帮扶手段与社会工作方法链接整合社会资源帮助困境家庭未成年人提升认识网络、安全触网、善用网络、理性上网、阳光用网的网络技能。

（4）社会组织通过公益创投项目或政府购买服务项目获得相应支持，可以担任起青少年群体尤其是困境家庭未成年人群体网络素养教育拓荒者的新任务，肩负起网络素养教育政府合作伙伴的新使命。

（5）大力培育网络文明志愿者队伍。在共青团的协调下，整合互联网企业、高校专家、大学生、青少年家长、中小学教师、社区社工等社会力量形成困境家庭未成年人网络素养教育志愿者队伍，提升困境家庭未成年人及监护人的网络安全意识和网络法治思维，帮助困境家庭监护人能够更好地管理未成年人的网络活动和网上行为并建立良好的监护关系。

困境家庭未成年人自身对网络诱惑的免疫力提升及健康上网和安全上网的理念与行为的养成需要形成全社会的合力机制，在政策支持层面应充分发挥社会力量的作用，调动社会组织、互联网企业、社区民众参与网络素养教育的积极性，切实兜住困境家庭未成年人尤其是900多万位农村留守儿童网络健康和网络安全教育的底线。

提案2：启动绿色网络进农家大行动，提升农村青少年网络素养。

习近平总书记在十九大报告中提出要建立网络综合治理体系，营造清朗的网络空间[1]。网络素养是现代社会人们认识网络、理解网络、安全触网、善用网络、从容对网、理性上网、高效用网、阳光上网、智慧融网及依法上网的基本意识与能力。网络素养决定了人们的网络行为与社会行为，公民的网络素养不仅直接影响网络社会的健康发展，而且关系到国家公共安全。

我们在山东、贵州、江西等地的调研中发现，网络素养缺失带来的青少年不良上网行为正成为影响农村社会稳定、败坏农村社会风气、损害青少年身心健康的重要因素。

调研发现，相当多的农村少年儿童“低龄化触网”（我们的调研中农村儿童三岁开始通过手机触网），美好的童年被智能手机“绑架”。少数中小学生沉迷网游或手游而导致厌学、逃学或辍学，还有的青少年因参与网上赌博欠下巨额债务，更有甚者为寻求网络世界的另类体验变成了违法事件的施害者。农村少年儿童对亲情、对大自然的亲近和对学习的欲望被网游中的暴力、色情信息所影响。

上述现象背后反映出的问题是：①农村青少年的父母辈或祖父母辈网络素养天然缺失，难以给孩子提供合格的网络应用指导；②农村家庭功能教育弱化，孩子特别是留守儿童长期缺乏亲情关爱和有效监管；③农村学校网络素养教育严重不足，尤其是部分边远山区学校网络教育阵地处在“无人值守”的状态；④农村家庭对少年儿童“触网”行为基本呈现无约束状态，智能手机成为家长安抚少年儿童最重要的“玩具”。

为此，我们建议启动农村“绿色网络进农家”大行动计划，具体包括以下内容。

（1）开展“绿色网络农家”评选活动，从科学利用网络脱贫致富、合理利用网络维护社会稳定、正确利用网络教育管理子女等方面，引导农村家长提高网络素养，培养他们对子女“触网”的正确监管意识与能力。

（2）政府部门特别是教育部门应加快农村网络教育阵地建设，加大农村网络教育条件改善、师资力量投入、网络素养教材开发等基础性工作。

（3）构建社会帮扶体系，引导农村青少年正确使用互联网。共青团可借助青年之声平台，结合大学生暑期“三下乡”社会实践活动、大学生支教、青年志愿者活动等招募大学生，面向农村青少年开展网络教育，形成农村青少年网络素养与网络行为教育的重要协同力量。

（4）开展“农村网络小能手”推选活动，激发农村青少年的创造力，引领他们通过互联网实现创新创造。

---

① 习近平的网络强国策. http://news.youth.cn/sz/201804/t20180419_11602513.htm[2019-12-5].

9.3.6 应用6：安全e起来——常州市困境家庭未成年人网络素养教育及心理帮扶行动

2018年5月，河海大学企业管理学院邓建高副教授和常州市天问职业学校联合获批常州市公益创投项目“安全e起来——常州市困境家庭未成年人网络素养教育及心理帮扶行动”。该项目是研究团队科研成果在困境家庭青少年网络素养提升领域的应用，是《生活中的互联网》科普读本出版之后的另一个社会应用创新工程。

项目实施过程中，本书研究团队和常州天问职业学校在对常州市近150多户困境家庭未成年人和监护人上网行为、网络安全防护、网络技能使用等进行前期调研基础上，主要针对钟楼区、武进区60位困境家庭未成年人受益群体及家长以个案工作、小组工作、社区活动等多种形式开展网络安全及素养培育，引导困难家庭未成年人科学、依法、文明、理性用网。进而推动项目成果向更多青少年群体推广，帮助困难家庭未成年人成为“好网民”。

在常州市民政局支持下，“安全e起来——常州市困境家庭未成年人网络素养教育及心理帮扶行动”公益创投项目共开展五次社会公益行动，详情见表9-13。

表9-13 常州市民政局公益创投项目“安全e起来——常州市困境家庭未成年人网络素养教育及心理帮扶行动”活动明细

序号	时间	地点	青少年人数/人	活动形式	干预实践
1	2018.5.13	河海大学常州校区	20	1.“大手牵小手”1对1带领游览河海大学 2.游戏互动：乌鸦与乌龟 3.专家讲座1：大数据时代如何提升网络安全意识 4.专家讲座2：网络海量信息的甄别与选择 5.专家讲座3：网络正能量——互联网技术给青少年带来的机会 6.专家讲座4：网络暴力可怕吗	青少年信息收集 青少年认知调整
2	2018.6.30	常州市青韵汉服文化中心	15	1.互动体验：穿汉服、逛老街、听汉文化、学汉礼仪 2.专家讲座：拒绝沉迷——青少年暑期网络素养及安全意识培育	青少年信息收集 青少年关系建立 青少年认知改变
3	2018.8.25	常州市浦北社区	19	1.专家讲座：网络犯罪预防《莫让“网”事不堪回首》 2.心理寄语：赠送笔记本，并附上开学寄语，陪伴 3.实践体验：乐高机器人创作	青少年信息评估 情感心理干预 团体心理干预 个体行为引导干预

续表

序号	时间	地点	青少年人数/人	活动形式	干预实践
4	2018.10.27	常州市二十四中雅正茶修课堂	15	1. 互动体验：学习茶文化 2. 心理寄语：赠送茶包，分享活动感受 3. 实践体验：回家为父母泡茶	情感心理干预 个体行为引导干预 青少年认知改变
5	2018.11.24	常州市弘阳广场	10	1. 大学生志愿者与困境家庭青少年结对 2. 互动体验：参与“提高青少年网络素养”宣传活动 3. 互动学习：学习网络安全知识，成为网络素养学习倡导者 4. 实践体验：参与心理游戏助力宣传推广	情感心理干预 青少年互动参与 个体行为引导干预 青少年认知改变

“安全 e 起来——常州市困境家庭未成年人网络素养教育及心理帮扶行动”公益活动以正式的社会组织、专业的心理帮扶手段与社会工作方法，帮助受益群体中的困境家庭未成年人提升认识网络、安全触网、善用网络、理性上网、阳光用网的网络技能，使得众多困境家庭青少年群体掌握了避免网络沉迷的自我控制能力和防范网络有害信息的自我保护能力，产生了良好的社会效用。

9.4　隐形群体发现及其心理干预应用

9.4.1　研究问题

本节的研究内容主要是社会网络分析在强制隔离戒毒管理中的应用探究。首先，通过客观叙述强制隔离戒毒管理工作的背景和现状，研究目前管理中存在的问题，思考管理中是否有非正式结构的影响；其次，借鉴国内外有关社会网络分析对隐形群体的理论研究，提出在强制隔离戒毒人员中是否存在隐形群体的疑问；再次，通过查阅文献资料，进行相关社会网络分析的实验和干预实验并记录结果，通过分析目前强制隔离戒毒中所使用的管理手段和方式方法，引出本节下面两个实验的可操作性，结合全国统一的司法行政戒毒工作基本模式和“应收尽收”的大背景，分析并提出隐形群体存在这一很大的可能性；最后，在结果中寻找规律，来论证开始提出的疑问，并根据论证的内容对强制隔离戒毒管理提出可行性的建议。研究过程设计如图 9-15 所示。

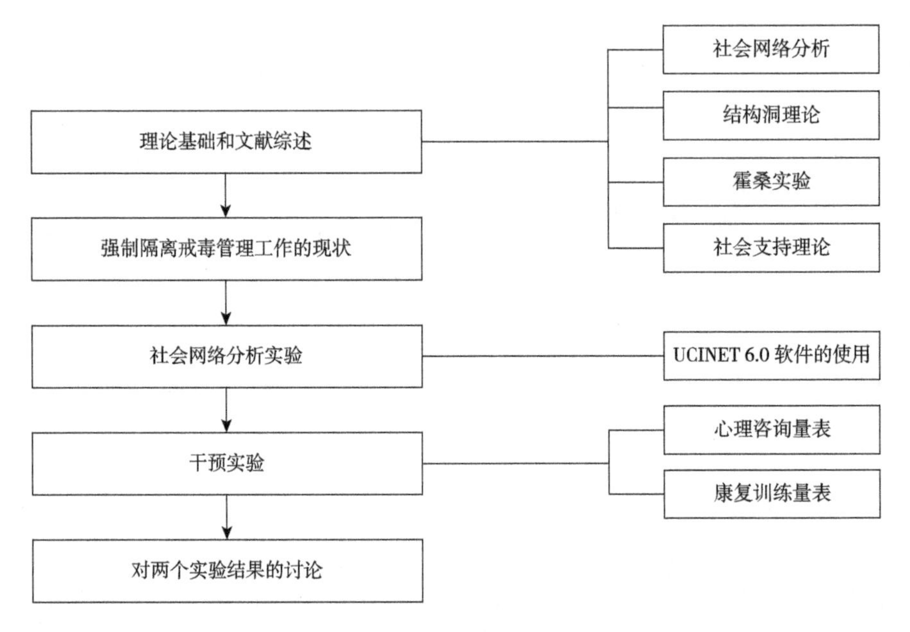

图 9-15　研究过程设计

研究的目的是在强制隔离戒毒人员中尝试寻找隐形群体，找到关键连接点，看是否能够对管理起到一定的促进作用。社会网络分析在本书中作为一种分析研究方法，主要是通过人员之间的关系反映出的关系，进行量化分析。

目前，有关社会网络分析在国内的文献大多涉及方法和工具的使用方面，其大多数的应用也是用于提高学习教研质量方面，尤其对在线网络学习的造诣颇深，主要是通过干预小群体中的连接点而提高学习教育质量，而应用于强制隔离戒毒管理方面，用于挖掘隐形群体，对管理起到一定带动作用的研究的少之又少，除了因为上一节中提到的强制隔离戒毒背景的相关因素，还有就是因为社会网络分析在国内研究中也是一个相对其他研究理论来说较新的研究，有一定的研究探索价值。

强制隔离戒毒管理在一个极其有限的空间、时间维度之下进行，有其局限性。但因管理对象是人，人与人之间的关系会产生隐形社会网络，在这种无形环境下，就会产生相互作用，形成一个个小群体结构。本节旨在探索社会网络分析量化后的数据结果，寻找重要的连接点进行干预实验，根据实验结果探寻管理方面的合理方法并给出建议，以供强制隔离戒毒所进行参考，为平安 S 市的建设、国家总体安全观的建设贡献自己的一份力量。

9.4.2　研究过程

1. 社会网络分析实验

1）实验目的

从正式组织中随机抽取20人，共同进行戒治，最终让他们再回归正式组织，这一段期间的戒治让这20个人隐形地形成了一个小群体。我们再用社会网络分析方法去挖掘强制隔离戒毒人员中的隐形群体人与人之间的关系，找到关键连接点，为第二个干预实验（激励实验）打好基础。

2）实验对象

X市S强制隔离戒毒所戒毒人员A大队1~3组人员，共20人，性别均为男性，为顺利进行下述实验且对个人情况进行保密，故采用编号的形式进行数据统计，编号为001~020（顺序）。

3）实验流程

（1）问卷调查（客观项目）。采用自编问题，包括个人年龄、家庭年收入状况、接受强制隔离戒毒次数（含本次）、文化程度、居住地地址。

统计结果见表9-14~表9-18。

表9-14　年龄分布表

项目	年龄/岁			
	20~35	35~45	45~55	55及以上
人数/人	1	10	8	1

表9-15　家庭年收入分布表

项目	年收入/万元			
	5以下	5~10	10~20	20及以上
人数/人	3	3	14	0

表9-16　接受强制隔离戒毒次数（含本次）

项目	次数/次				
	1	2	3	4	4以上
人数/人	7	9	2	1	1

表9-17　文化程度分布表

项目	文化程度			
	小学及以下	初中	高中	大学及以上
人数/人	4	3	6	7

表 9-18　居住地地址分布表

项目	居住地			
	S 市内环	S 市中环	S 市外环	外地
人数/人	4	7	6	3

（2）观察 1 个月的沟通情况（主观项目）。通过观察 1 个月内 20 个人之间的沟通情况，沟通完全出于自愿，把沟通的次数汇总到 Excel 电子表格得到图 9-16。

	1	2	3	4	5	6	7	8	9	10	11	12	13	14	15	16	17	18	19	20
1						8						1			1					
2						9									1					
3		1		1		3			1		1	1			1	1				
4						1						3			4			1		1
5	1			1		1								2						5
6		2	5					2		1										
7						1							9							
8	1			1		2									4			1		1
9					1			1				1					5		1	1
10	1					9														
11						3									6					1
12	8					1									1					
13			8	1																1
14	1	1	1			1														6
15	2					1		1												6
16	1														8					1
17						5														5
18	1	2				2														5
19	1					7									1					1
20						8									2					
	17	6	14	4	1	62	0	4	1	1	1	6	9	2	29	1	5	2	1	34

图 9-16　沟通情况分布图

阴影部分为显性连接点

图 9-16 中，第一行和第一列的数字代表人员编号，中间数字表示实际沟通的次数。

为什么不直接做成点线的表达形式呢？点线的表达形式可能看上去很直观，但是不便于我们做下一步的隐形群体的划分，我们在 Excel 中将单向沟通次数按照从多到少排列，这个排列是为了下一步将此隐性群体单独列出来。

观察组内沟通情况，按照沟通的情况，有过沟通就记作 1，没有过沟通的记作 0，得到矩阵如图 9-17 所示。

	1	2	3	4	5	6	7	8	9	10	11	12	13	14	15	16	17	18	19	20
1	0	0	0	0	0	1	0	0	0	0	0	1	0	0	1	0	0	0	0	0
2	0	0	0	0	0	1	0	0	0	0	0	0	0	0	1	0	0	0	0	0
3	0	1	0	1	0	1	0	0	1	0	1	1	0	0	1	1	0	0	0	0
4	0	0	0	0	0	1	0	0	0	0	0	1	0	0	1	0	0	1	0	1
5	1	0	0	1	0	1	0	0	0	0	0	0	0	1	0	0	0	0	0	1
6	0	1	1	0	0	0	0	1	0	1	0	0	0	0	0	0	0	0	0	0
7	0	0	0	0	0	1	0	0	0	0	0	0	1	0	0	0	0	0	0	0
8	1	0	0	1	0	1	0	0	0	0	0	0	0	0	1	0	0	1	0	1
9	0	0	0	0	1	0	0	1	0	0	0	1	0	0	0	0	1	0	1	1
10	1	0	0	0	0	1	0	0	0	0	0	0	0	0	0	0	0	0	0	0
11	0	0	0	0	0	1	0	0	0	0	0	0	0	0	1	0	0	0	0	1
12	1	0	0	0	0	1	0	0	0	0	0	0	0	0	1	0	0	0	0	0
13	0	0	1	1	0	0	0	0	0	0	0	0	0	0	0	0	0	0	0	1
14	1	1	1	0	0	1	0	0	0	0	0	0	0	0	0	0	0	0	0	1
15	1	0	0	0	0	1	0	1	0	0	0	0	0	0	0	0	0	0	0	1
16	1	0	0	0	0	0	0	0	0	0	0	0	0	0	1	0	0	0	0	1
17	0	0	0	0	0	1	0	0	0	0	0	0	0	0	0	0	0	0	0	1
18	1	1	0	0	0	1	0	0	0	0	0	0	0	0	0	0	0	0	0	1
19	1	0	0	0	0	1	0	0	0	0	0	0	0	0	1	0	0	0	0	1
20	0	0	0	0	0	1	0	0	0	0	0	0	0	0	1	0	0	0	0	0

图 9-17　沟通矩阵

再运用 UCINET 6.0 软件，计算得出网络密度：Density=0.4762。

从密度分析中得出此 20 人的网络密度为 0.4762，联系并不是特别紧密，这可能与平时的日常管理有关。

（3）个别访谈（主观项目）。除了这些客观项目的调查问卷之外，还进行了主观的个别访谈。

访谈问题主要涉及一些较为常见的问题：①如果你在吃饭的时候筷子少一根，你会求助谁？②在看电视遇到一个有意思的话题，你最想跟谁进行分享？③如果在一起学习，有字不会写，你第一个想问谁？④如果主管民警说今天要奖励一个人，此时你想到的是谁？⑤如果主管民警说今天有一个人可以外出探视，你想到的是谁？⑥如果此时要参加一项团体活动，你会推荐谁作为领队？⑦如果你们之间要选出一个人可以在房间休息一天，不用参加学习和劳动，你会推荐谁？⑧如果你在超市购物的时候，需要选一名同伴在旁边帮助你们结账，你会推荐谁？⑨如果让你们之间评选这一个月康复最好的人，你会推荐谁？⑩如果这个时候需要给戒治情况最好的人投票，你会投给谁？按照被访谈者提到的人员编号的次数，得出得票数最多或最少的几个人员。

结果票数最多的是 6 号、其次是 20 号；最少的是 7 号、其次是 10 号。

这是最简单的数据分析，因为只有 20 个人，10 个问题。如果数据量大的话，一个节约时间的做法就是利用 UCINET 6.0 软件。将源数据 Excel 表格导入到程序中，分析出单向连接最多（17 个）的人，也是 6 号。但也要看到 20 号的影响力，虽然没有 6 号的多，但是却实实在在影响着整个队伍。

再看看得票数较少的 7 号和 10 号，我们通过图 9-17 看出，他们平时的交流也很少，所以，这两个较为孤立的个体值得关注。

4）结果运用

（1）寻找连接点。毫无质疑，可以说 6 号是这个实验组公认的戒治情况好、其他人又甘愿接受其领导和影响的人。现实中，6 号也同时担任着强制隔离戒毒人员中的班组长职务，但是 20 号却没有担任任何职务，而且文化程度只有高中。

再次对 20 号进行访谈，20 号自述在进入戒毒所之前，是一家民营老板的助理，在待人待物方面，具有比较高的情商。但因自制力较差，沾染了毒品，这已经是第三次进戒毒所了。20 号表示愿意帮助民警和研究团队一起完成一个观察自我影响度的测试。

对 20 号进行观察，发现其情绪对其身边的人影响较大，如果 20 号今天一天不开心，那么周围人爆发负面情绪的可能性就会增大。

但是，同时要清醒地看到被孤立的个体现象：7 号与 10 号。7 号不善言谈，但是单向地比较依赖 20 号；10 号比较活泼，但是访谈表示，10 号个体比较“虚假”，行为有点拖沓，但是很恰巧，10 号也对 20 号有一定的单向连接指向。

下面就通过第二个干预实验来看看通过干预 6 号这个显性连接点和 20 号这个隐性连接点，是不是可以在管理上帮助戒毒人员更好地进行戒治。

（2）隐性群体划分。根据问卷、沟通观察记录、个别访谈记录，看到隐性群体存在的可能性。如果说 6 号是显性的连接点，那么 20 号就是要寻找的隐性的人与人之间的连接点。通过 20 号这个连接点，找出由 20 号为中心点，辐射开一个人群，那么这个以 20 号为中心的人群，就是要挖掘的隐性群体。它产生的原因很多，主要有以下几个：①年龄相近的人更愿意在一起交流；②在强制隔离戒毒的大环境下，有经验（进来次数多）的人更受其他人的欢迎；③地域的差异性也是一个重要原因；④文化程度的差异性并没有体现。

（3）孤立个体的个性。7 号比较依赖 20 号，那么 20 号就能够通过言行对 7 号产生一定的影响。

10 号有点拖沓，喜欢讨巧，平时对其进行单独的关注，特别是通过美国心理学家简·尼尔森的正面管教的方式，对他进行肯定性的指令，而减少说“不”，同时，和 6 号、20 号进行谈话，希望他们能够用自己的影响力对周边环境起到一个好的引领作用。

2. 干预实验

1）干预实验设计

（1）干预实验目的。通过对连接点进行干预，即正向激励，然后观察是否对20 人群体在戒治方面有激励作用。

（2）干预实验对象。实验组：实验一中是经过社会网络分析出来的一个群体，即此实验中的实验对象一共 20 人，编号分别为 001~020（顺序），按照上一个实验中的 6 号、20 号编号不变，其他人按照顺序编号，方便此实验进行表述。

对照组：X 市 S 强制隔离戒毒所戒毒人员 A 大队 7~9 组人员，性别均为男性，为顺利进行下述实验，故采用编号的形式进行数据统计，编号为 021~040（顺序）。

干预的连接点：6 号，20 号。

（3）干预方法。首先，对两组同样进行心理团询的组织实验组和对照组进行生理康复训练。其次，着重对实验组中的 6 号、20 号进行谈话暗示，表达对他们的激励，即如果 6 号、20 号有更好的表现的话，我们会在后续的诊断评估和减期评估中考虑到他们的表现情况。再次，对实验组的人进行观察记录，对同期对照组的人也进行记录。最后，对两组的实验数据进行对比分析。

（4）教育矫治的干预。因为较为显著的体现方式就是教育矫治方面的团体心理辅导，这是针对群体的一个心理教育的方式，非常适合我们的群体的比较，而且通过量表的一系列显性数据，可以反映出干预效果。通过经常性地对 20 号进行表扬，对 20 号所在的组室进行正面话语的激励，在教育矫治的条件下，经常性地对 20 号所在的群体开展心理团询等内容的教育矫治内容。（因对照组有人提前解除强制隔离戒毒，故实验中，对照组人数变为 19 人。）

团体心理辅导的操作程序与内容如下。

实验组在接受常规脱毒治疗及日常生产教育活动的基础上，同时在每周四接受以动机+脱敏+技能干预为主的团体辅导，共持续 16 周。看两组最后的团体心理结果对比。活动安排如下。

第 1~2 周，团体关系的建立，主要以活动形式展开，共 2 次，每次为 1.5 小时。

第 3~7 周，进行动机强化，主要根据戒毒人员所处的动机阶段（懵懂期、思考期、准备期、行动期）来开展干预措施。共干预 4 次，每周 1 次，每次 1.5 小时。

第 8~15 周，进行技能训练干预措施，具体干预内容包括：①吸毒渴求的应对技能；②吸毒借口的应对技能；③毒品拒绝技巧及问题解决技能；④情绪和压力管理；⑤时间管理；⑥制定目标。共开展 6 次，每周 1 次，每次 1.5 小时。

第 16 周，团体告别，分享成果及祝福。共 1 次，为 1.5 小时。

（5）生理康复训练的干预。生理康复训练的指标也是一个存在显著差异的指标因素。社会体育指导员、心理咨询师根据初次评估出具的康复训练意见，再根据此次实验中的两个组共同制订评估训练计划。项目主要有：广播体操、健心康复操、太极康复操、队列训练、球类运动、器械运动 6 个项目，根据每日考核给出一个分数，最终给出一个综合测评的平均分数。每个项目每周均开展一次，为期四周。

2）实验数据对比

团体心理咨询干预数据对照表。对实验组改变阶段及治疗迫切程度量表上前后测数据进行比较，结果如表 9-19 所示。

表 9-19　实验组动机改变前测、后测的比较结果

因子	前测平均分（20 人）	后测平均分（20 人）	t	p
治疗动机改变总分	74.125 ± 8.53	75.792 ± 11.53	−0.626	0.537
对问题的认识	25.125 ± 4.46	26.833 ± 5.71	−1.583	0.127
矛盾状态	14.375 ± 2.34	14.792 ± 3.19	−0.497	0.624
行为改变	34.625 ± 4.19	33.833 ± 4.04	0.749	0.461

由表 9-19 可以看出，实验组前测和后测相比，通过团体心理辅导，治疗动机改变总分、对问题的认识、矛盾状态得分均有提高，行为改变分数略有降低，但均不存在统计学差异。

由表 9-20 可以看出，对照组通过团体心理辅导，治疗动机改变总分、对问题的认识、矛盾状态得分前测和后测相比，除了矛盾状态分数有所上升外，其余因子均有所下降，但均没有出现统计学差异。

表 9-20　对照组动机改变前测、后测的比较结果

项目	前测平均分（19 人）	后测平均分（19 人）	t	p
治疗动机改变总分	72.222 ± 12.61	72.222 ± 8.51	0	1.000
对问题的认识	26.500 ± 5.47	26.056 ± 5.13	0.279	0.784
矛盾状态	12.389 ± 3.18	12.444 ± 3.36	−0.050	0.961
行为改变	34.000 ± 5.43	33.764 ± 3.93	0.156	0.878

团体心理辅导后，为了解戒毒人员一般自我效能方面的干预情况，对实验组成员进行前后测比较，结果如表 9-21 所示。

表 9-21　实验组一般自我效能前测、后测的比较结果

项目	前测（20 人）	后测（20 人）	t	p
一般自我效能	26.542 ± 6.33	29.250 ± 6.83	−2.101**	0.047**

**表示在 0.05 水平下有显著性差异

由表 9-21 可知，实验组前后测相比，通过团体心理辅导，实验组成员一般自我效能水平明显升高，并呈统计学上差异。

由表 9-22 可知，对照组没有经过干预，一般自我效能得分稍微上升，不存在统计学上差异。

表 9-22　对照组一般自我效能前测、后测的比较结果

项目	前测（19 人）	后测（19 人）	t	p
一般自我效能	26.611 ± 6.17	27.500 ± 4.69	−0.605	0.553

为了解团体心理辅导在缓解戒毒人员抑郁情绪方面的干预效果，对实验组成员在抑郁自评量表上的结果进行前后测比较，结果如表 9-23 所示。

表 9-23　实验组抑郁自评量表前测、后测的比较结果

项目	前测（20 人）	后测（20 人）	t	p
抑郁自评量表	50.990 ± 13.91	45.792 ± 11.29	2.507	0.020**

**表示在 0.05 水平下有显著性差异

由表 9-23 可知，实验组前测和后测相比，通过团体心理辅导，抑郁水平明显下降，并呈现显著性差异。

由表 9-24 可知，对照组没有经过干预，抑郁水平有所上升，未出现显著性差异。

表 9-24　对照组抑郁自评量表前测、后测的比较结果

项目	前测（19 人）	后测（19 人）	t	p
抑郁自评量表	48.819 ± 12.98	52.000 ± 9.24	−1.115	0.280

为了解团体心理辅导在缓解戒毒人员焦虑情绪方面的干预效果，对实验组成员在焦虑自评量表上的结果进行前后测比较，结果如表 9-25 所示。

表 9-25　实验组焦虑自评量表前测、后测的比较结果

项目	前测（20 人）	后测（20 人）	t	p
焦虑自评量表	45.604 ± 13.12	42.583 ± 12.95	1.896	0.071

由表 9-25 可知，经过实验干预，实验组成员焦虑水平有所下降，但未有统计学差异。由表 9-26 可知，对照组成员焦虑水平有所升高，未有统计学差异。

表 9-26　对照组焦虑自评量表前测、后测的比较结果

项目	前测（19 人）	后测（19 人）	t	p
焦虑自评量表	45.903 ± 10.97	49.222 ± 11.49	−1.351	0.194

为了解团体心理辅导在戒毒人员社会支持方面的干预效果，对实验组成员在社会支持量表上的结果进行前后测比较，结果如表 9-27 所示。实验组前测和后测相比，后测分数反而有所下降，未有统计学差异。

表 9-27　实验组社会支持量表前测、后测的比较结果

项目	前测（20 人）	后测（20 人）	t	p
社会支持量表	39.000 ± 3.58	38.875 ± 4.66	0.151	0.881

由表 9-28 可知，对照组后测分数比前测分数有所上升，但未达到显著性差异。为了解团体心理辅导在缓解戒毒人员应对方式方面的干预效果，对实验组成员在应对方式量表上的结果进行前后测比较。

表 9-28　对照组社会支持量表前测、后测的比较结果

项目	前测（19 人）	后测（19 人）	t	p
社会支持量表	37.556 ± 7.47	38.278 ± 4.39	−0.589	0.563

由表 9-29 可知，经过实验干预，实验组积极应对方式分数有所上升，消极应对方式分数也有所上升，但均未有统计学差异。

表 9-29　实验组简易应对方式量表前测、后测的比较结果

项目	前测（20 人）	后测（20 人）	t	p
积极应对方式	2.202 ± 0.50	2.299 ± 0.58	−1.008	0.324
消极应对方式	1.609 ± 0.60	1.851 ± 0.63	−1.798	0.085

由表 9-30 可知，未经过干预，对照组积极应对方式有所下降，消极应对方式也有所下降，但均未有统计学差异。

表 9-30　对照组简易应对方式量表前测、后测的比较结果

项目	前测（19 人）	后测（19 人）	t	p
积极应对方式	2.153 ± 0.70	2.0172 ± 0.42	0.996	0.333
消极应对方式	1.771 ± 0.55	1.613 ± 0.57	1.697	0.108

为了解团体心理辅导在戒毒人员技能掌握方面的干预效果，对实验组成员在技能掌握问卷上的结果进行前后测比较，结果如表 9-31 所示。实验组成员在经过实验干预后，技能掌握情况有明显好转，呈现显著性差异。

表 9-31　实验组技能掌握问卷前测、后测的比较结果

项目	前测（20 人）	后测（20 人）	t	p
技能掌握	70.958 ± 15.36	80.958 ± 9.83	−2.966	0.007**

**表示在 0.05 水平下有显著性差异

由表 9-32 可知，对照组未接受实验干预，技能掌握情况有所下降，但未呈现显著性差异。

表 9-32　对照组技能掌握问卷前测、后测的比较结果

项目	前测（19 人）	后测（19 人）	t	p
技能掌握	69.941 ± 14.48	66.647 ± 16.68	0.677	0.508

3）关键项对比

团体心理辅导结束后，将两组成员的前后测差异进行比较，结果如表 9-33 所示。

表 9-33　两组成员在各量表前后测差异上的结果比较

项目	对照组差异平均分	实验组差异平均分	t	p
治疗动机改变总分	0 ± 16.63	1.667 ± 13.04	−0.364	0.718
对问题的认识	−0.444 ± 6.77	1.708 ± 5.29	−1.158	0.254
矛盾状态	0.556 ± 4.70	0.417 ± 4.11	−0.265	0.792
行为改变	−0.556 ± 6.07	−0.792 ± 5.18	0.424	0.674
一般自我效能	0.889 ± 6.23	2.708 ± 6.31	−0.929	0.358
社会支持量表	0.722 ± 5.20	−0.125 ± 4.06	0.594	0.556
积极应对方式	−0.136 ± 0.58	0.969 ± 0.47	−1.436	0.159
消极应对方式	−0.241 ± 0.66	0.158 ± 0.40	−2.282	0.028**
焦虑自评量表	3.319 ± 10.42	−3.020 ± 7.80	2.257	0.030**
抑郁自评量表	3.180 ± 12.10	−5.198 ± 10.16	2.437	0.019**
技能掌握	−2.833 ± 19.55	10.000 ± 16.52	−2.303	0.027**

**表示在 0.05 水平下有显著性差异

由表 9-34 可知，在各量表前后测的差异中，实验组和对照组在消极应对方式上的差异呈现显著性差异，实验组在经过连接点的干预后，消极应对方式有所上升，而对照组未接受干预，消极应对方式反而下降。在焦虑、抑郁自评量表中，实验组分数均有所下降，焦虑和抑郁情绪有所缓解，而对照组分数均有所上升，且分数变化两组呈现显著性变化。在技能掌握问卷中，实验组和对照组分数变化呈现显著性差异。这说明了我们的干预起到了非常大的作用。

表 9-34　康复训练中实验组与对照组的平均分对比

对照组康复训练中日考核平均分	实验组康复训练中日考核平均分	分数变化
4.071 428 571	4.364 285 714	0.292 857 143

根据表 9-34 中的数据，我们可以看出，正方向引导最关键的 6 号（非民管、班组长），对于实验组的日常表现有潜移默化的效果。如果时间足够长，我们可以引入诊断评估的成绩来对实验组与对照组进行分析，可能更加具有说服力。

9.4.3　研究结果

1. 效果分析

1）干预效果明显因素

将管理中戒毒人员的个人行为转化为源数据，建议以后利用这些数据逐步形成大数据库，利用可行的工具对个人行为进行解析。例如，戒毒人员 M 在强制隔离戒毒的某段期间内易怒，除了人为对其进行主客观原因分析外，可以利用数据库中的数据，如睡眠时间、学习时间、饭量、走路频次等可量化的数据对其进行分析。并对同一群体的戒毒人员进行量化分析，梳理共性与个性，探索归纳结构稳定且起积极作用的隐性小群体的构成要素，在后续分类管理工作中，逐步尝试构建此类隐形小群体。

2）干预效果不明显因素

人与人组成的社会是一个复杂的群体，每个人的个性的差异，特别是当戒毒人员在一起接受强制隔离戒毒的时候，不乏出现各种问题，涉及较多的就是人性层面的问题。一是部分强制隔离戒毒人员有前科劣迹，多次进入监管场所，与管理的民警虚与委蛇；二是部分强制隔离戒毒人员在心理上将自我进行等次划分，等次高的会看不起等次低的；三是部分强制隔离戒毒人员抗挫折能力较差。这些都是安全管理面临的各种困难。

2. 对策分析

1）戒毒工作理念的重塑

逐步树立“重戒去罚”的工作理念，推进法治化的戒毒工作价值引领。

在戒毒工作中树立“重戒去罚”的执法观念，就是要准确定位戒毒人员的身份属性，把戒毒人员“病人”的属性放在首位。围绕帮助“病人”康复这一最终目标，把戒毒工作理念从“以罚代戒”向“以戒为本”转变，从“强制为主”向“法治人文”转变。

重戒，就是要克服经验为主的消极思维，坚持科学戒毒的理念，充分运用戒毒科学理念，强化对戒毒科技的研发和成果转化。遵循戒毒规律，将医学、心理学、生理学、社会学等多方面理论成果进行综合，运用一切手段最大限度地帮助吸毒人员戒掉毒瘾，重获新生。去罚，就是要克服权力本位的消极思维，以法治的理念保障戒毒人员的基本权益。充分认识到强制是手段而非目的，是为戒毒人员创造无毒戒治环境的特殊手段措施。去罚目的是为戒毒人员更全面、更深入参与戒治活动提供保障。

不断完善“开放融合”的治理理念，构建一体化的戒毒工作治理体系。

从社会形势来看，中共十八届三中全会提出的推进国家治理体系和治理能力现代化是对社会管理的一次重大创新，从“管理”到“治理”这一字之差，显示了政府部门在社会事务中角色的转变，也体现了从劳教戒毒管理到强制隔离戒毒的工作治理理念的转变，戒毒工作作为一项社会治理工作，也应当从强调场所的单一主体管理向社会多元主体参与的理念转变。

从戒毒工作的特殊规律来看，戒毒工作具有复杂性，需要各方的参与，戒毒工作是一项系统的社会工程，回归社会更是戒毒工作流程中一个不可缺少的阶段，场所职能的偏单一性和戒毒工作的社会性的矛盾，要求社会和公民积极参与到戒毒工作中去，成为戒毒工作的治理主体。

坚持开放融合的工作理念，一方面是坚持“场所资源为社会所用”的戒毒理念。根据解除出所戒毒人员在所内的戒治表现，为社区、街道提供包括戒毒人员性格特点、处事方式、身体疾病、康复训练等信息在内的对接建议。区别于劳教戒毒期间，工作开展基于戒毒事实，强制隔离戒毒期间，工作开展应该是基于戒毒人员。以问题为本位，以问题背后的戒毒人员为本位。

坚持开放融合的工作理念，另一方面是坚持“社会资源为场所所用”的戒毒理念。进一步增加开门戒毒的主动性，在社区帮扶方面，强调家庭和社区的作用，区别于劳教戒毒时间形式性、僵化性、被动性的社区帮扶形式，实现主动利用社会上专业性戒毒技术资源，在开放的广度上进一步拓展，在开放的准度上进一步提高。

努力践行“底线安全”与“治本安全”辩证统一的价值理念，实现优质化的戒毒工作目标追求。从社会形势来看，2017 年 5 月，司法部提出“从底线安全观向治本安全观转变”的要求，其目标是向社会输出合格产品，这是基于当前戒毒工作面临的新形势、新任务、新要求，从契合总体安全观的角度而提出的。戒毒工作的安全不仅仅是场所的底线安全，同时也应该是社会安全的支撑。在工作中，我们既要重视维护场所的安全，更要重视对戒毒人员的戒治康复。戒毒场所作为维护社会稳定的组成部分，通过树立治本安全观，把场所安全置身于国家安全的大框架中。

从新阶段戒毒工作发展的形势来看，劳教戒毒期间，由于场所设施设备和科技运用水平所限，为了防止违禁品流入，场所在安全防范、安全排查、安全警戒、应急处置方面投入大量警力资源，深化劳教工作的底层安全观。强制隔离戒毒期间，一方面，场所的功能、布局、硬件配备和科技化运用水平较劳教戒毒有了大幅的改善，为实现“治本安全观”提供了坚实的基础保障。另一方面，戒毒工作进入了新的发展阶段，特别是劳教戒毒废除以来，戒毒工作的目标价值发生了大的变化。树立治本安全观，就是对劳教戒毒以来，戒毒工作发展到新的阶段的全新认识。

坚持治本安全观的理念，就是要树立通过解决根源问题来解决安全隐患，其本质在于提高对戒毒人员的教育戒治的实效和质量。将劳教时期“底线安全观”的工作目标当作当前工作的起点。把劳教时期“压制矛盾”转化为当前“消除矛盾”。

始终坚持“以人为本”的关怀理念，落实科学化的戒毒工作流程再造。在戒毒工作中，改变民警为主的工作导向，摒弃“绝对服从”和“集中统一”的理念，尝试契约式管理，把戒毒人员放在戒治工作的主体地位上，最大限度地激发戒毒人员自身的戒毒意愿，调动戒毒工作的积极性。因人而异，制订针对性的戒治方案，提升戒毒工作的成效，从而实现戒除毒瘾的目标价值。

坚持以人为本的工作理念，就是要以需求为导向，充分凸显戒毒人员的主体地位，在戒毒工作中，应充分尊重戒毒人员的戒毒意愿，根据戒毒人员的戒毒需求配置戒毒资源，摒弃过往绝对服从的管理理念，一切戒毒活动的开展紧紧围绕戒毒人员展开，不能抛开戒毒人员的戒毒意愿而安排康复项目。主张介入而非干预、引导而非强制、帮助而非驱使的观念，激发戒毒人员的内心戒毒意愿。以问题为导向，尊重戒毒人员的个体差异性，找准某个大队、某个群体、某个戒毒人员存在的差异性，做到戒毒人员的短板在哪里，戒毒工作资源就往哪里倾斜，用精准戒毒的方式来进一步提升戒毒的工作成效。以效果为导向，充分利用好一切可利用的专业化戒毒资源，为提升戒毒工作的效果提供有力的保障。建立戒毒效果反馈机制，认真倾听戒毒人员的真实反馈，对戒毒康复训练效果进行评估。

思想是行动的指引，有思想上的破冰，才能有行动上的突围，只有树立起适合戒毒工作规律和符合戒毒工作目标的工作理念，才能建立起科学的工作机制、工作方式方法，从而为 S 市司法行政戒毒工作科学发展注入全新的、持久的活力，推动戒毒工作科学发展。

2）分类分级管控

（1）为分类分级管理提供合法性依据。推进分类分级工作离不开法律的保障：第一，要明确分类分级标准等重大问题；第二，要完善戒毒人员管理制度体系；第三，需要在理论上进行创新。这样才能有助于推进吸毒人员分类分级管理制度的不断深化与进步。

（2）建立完整的吸毒人员分类程序及体系。初次分类：一是分类信息，在获取完备的戒毒人员个人信息的基础上，进行分类登记造册；二是分类鉴定，在之前分类信息的基础上，对信息进行筛选，依据各分类标准对每一名强制戒毒人员做出适当的评估，并以此做出分类管理的决定。二次分类：定期对戒毒人员进行追踪评估。根据戒毒人员分类管理后在戒毒期间的实际表现，重新评估分类。调整分类：根据客观的戒治程度，辅以一定的社会网络分析手段，对一些动态因素进行分析，及时对戒毒人员的分类进行调整，注重隐性群体的作用，发挥 UCINET 6.0 软件等一系列社会网络分析软件在人员分类中的应用。

（3）设立区域分类体系。区域分类体系基于吸毒人员戒治的复吸率，在上述两个阶段中，各大队或者部门既要相互配合，根据测评情况调配合适的戒毒人员至相对应的区域进行戒治，又要根据客观的戒治程度，辅以一定的社会网络分析手段，对一些动态因素进行分析，及时对戒毒人员的分类进行调整，注重隐性群体的作用。当今的管理中，分类应结合劳动情况、戒治情况及现有的教育矫治配套标准来确定（即第 3 章戒毒环境中我们提到的一些管理手段）。

3）建立完善全面的分类分级管理理论体系

分类管理理论方面可借鉴综合学科理论来进行创新，如将心理学 ABC 理论引入分类管理，成为分类管理理论（又称 ABC 分类理论），即在起到决定作用的众多因素中区分出主要因素和次要因素，区别对待次要因素（可能数目较多，但是影响较小）和关键性因素（虽不多，但是起到决定作用）。

分类管理理论以“关键的动因和必然的结果及人的特定性”作为理论依据，一般可把因素分为三类，分别对其进行定义就是：A 是人的因素，决定了事物发展的主要方向；B 是人的动因，不同性格的人决定了不同的处事方法；C 是事情的结果。A 因素和 B 因素对 C 结果有引导作用。应分清主次，抓好关键。

9.4.4 应用效果

本节旨在挖掘强制隔离戒毒人员中的隐性群体关系，进行干预的数据分析研究。在探索 S 市 X 戒毒所强制隔离戒毒人员群体结构量化后的数据分析结果时，寻找重要的连接点进行分组干预管理，寻找相对于目前更加优化的管理方法，以供强制隔离戒毒所管理进行参考。

本节的研究在此领域应该是较少见的，希望通过此研究能够为后续其他相关研究提供参考，有助于国家总体安全观的建设，有助于 S 市的平安建设。

在戒毒场所内，戒毒人员除了民管班组长的特定分班分组外，内部有一个隐性小群体，如果不用心关注，疏忽这个隐性群体（非正式组织），会产生很大的问题。

本节通过社会网络分析研究，提出每隔一段时间就进行一次小群体的社会网络分析，对关键连接点进行正面干预的建议。例如，分析出某个群体中的连接点，这时候可以重点在其一人身上下功夫，加强对属于关键连接点的戒毒人员积极性的引导，利用其传导正能量，相对而言比对整个群体进行管理转化有针对性，真正起到以点带面的作用。

随着经济全球化的不断发展和推进，若有的企业对这类非正式组织还存在漠视、不以为意的态度的话，那么，这种管理方式将会制约企业的生存和发展。

社会网络分析，更大的程度上来说，是一种分析方法，只要在特定的场合下，运用得当，那么将会产生不可小觑的作用。通过本节，也恰好说明了社会网络分析应用领域的广阔性。

9.5 科普应用

研究过程中，形成了针对新业态金融风险分析的语料库、特征词库、情感词库及知识库，其中前三种数据资料可以共享给其他研究者使用。研究团队已开设专用邮箱：buptcist812@163.com，方便社会公众获取数据资源。

1. 新业态金融风险分析的语料库、特征词库及情感词库

在互联网上公开合法获得的及政府部门在监管过程中所积累的，涉及某行政辖区内所有的企业的数据，涉及 46 000 多家企业的相关动态数据，每扫描一次约 50G 的数据，数据来源包括政府共享信息平台数据、第三方平台公开数据、企业

网站数据等，并对概念进行优化、分析和筛选，把同一类属的概念聚集形成同一范畴，对概念进一步抽象并命名，形成针对新业态金融风险分析的语料库、特征词库和情感词库。

2. 金融反欺诈知识图谱及知识图谱库

构建了面向消费金融反欺诈领域的知识图谱，提出了融合机器学习和知识图谱的金融行为欺诈识别方法，实现对消费类金融场景的欺诈识别。研究所用数据源为金融企业自有数据、工商部门存储的企业年报、企业信用网站公开信息及新浪微博、在线旅游口碑平台、股票社区中的用户生成内容，既包括结构化的数值型数据，也包括非结构化的文本型数据。

3. 科普丛书

“人工智能与变革管理”系列丛书——大学与城市专题——基础教育服务篇，共计五本图书——《生活中的互联网》《生活中的法律》《生活中的管理》《生活中的金融》《生活中的投资》，该丛书入选《光明社科文库》出版计划。“人工智能与变革管理”系列丛书——大学与城市专题——基础教育服务篇，试图在人工智能所带来的知识快速更新的时代，迅速将大学的前沿知识，对接于基础教育阶段的人才培养，是一套以“专家看正确、中学生看能懂”为定位的科普性质工具书。

人工智能时代，智能设备就像是冲浪板一样，让大多数人都能够自由地在互联网中冲浪。但是，能够在海里冲浪，并不意味着真正地了解海洋。互联网背后都有些什么故事？互联网的应用都有哪些？互联网的信息及服务如何能够获得？互联网的安全问题都表现在哪些方面？《生活中的互联网》涉及大数据、云计算、人工智能、网络安全等领域的知识，用科普将中学生想知道、该知道，但不理解、不明白的问题讲清楚，调动读者对人工智能时代热点问题的兴趣和关注。

我们总是会从不同的地方听到或看到法律这个词，但如果仔细想想，似乎又觉得法律离我们很遥远，跟我们的生活没有什么关系。但其实生活中处处充满了法律，很多我们习以为常的事情背后，都是法律在保护和规范着我们。《生活中的法律》一书通过三个部分：法律与生活、法律和经济与基本司法流程，详细介绍了不同法律文化、公民的基本权利和义务、经济法等相关知识，精心挑选高等学科资源核心元素并展示给中小学生及其家长。

管理既是一门科学，又是一门艺术。管理潜藏于人类生活的各个角落，管理活动所引出的一切问题推动着社会的发展和人类的进步。管理不管在理论还是实践上都有其无可取代的作用，未来的社会更离不开管理。《生活中的管理》一书涉及管理学概念、时间管理、经济管理、人际关系管理、团队管理等多方面管理学知识，同时融合人工智能时代的前沿知识，是“人工智能+管理”模式的实践。

金融本身并不创造财富，但金融通过优化资产配置促进经济的发展，为社会创造财富提供条件，能够促进社会的发展。日常生活中，每个人都能够使用金融工具为自身与社会创造经济价值。《生活中的金融》一书由货币讲起，介绍了金融机构、金融市场等知识，调动读者对金融学热点问题的兴趣和关注。

随着社会发展，财富的内涵随之深化与复杂化，财富的外延随之扩展，不动产、股票、期货、保险甚至经济学经常强调的各类“机会成本”，都成为我们财富的一部分。学会管理自己的财富是一个人成长的标志。《生活中的投资》通过介绍投资的概念、理财工具、理财观念等知识，揭开投资理财的神秘面纱。

9.6　本章小结

本章是核心研究成果的实践应用篇，总结了本书的五个核心研究内容的落地应用情况。

（1）服务于政府管理：成果在共青团中央、人民网、上海自贸区、中吴网、某市戒毒所等数家单位应用，效果很好。共青团中央评价研究成果“为准确把握我国的青年思想脉搏提供了很好的基础工作”。

（2）服务于国家政策：提供决策咨询政策建议 13 份；提交全国政协提案 3 份，并被正式采纳和督办；融合治理相关的 2 份提案被光明日报《情况反映》录用；其他还有相关提案、建议、专报等 7 份。

（3）服务于企业决策：成果转化到互联网金融市场风险监管中，应用于上海自贸区，预计带来的经济效益约 5000 万元。

（4）转化为科普读本：编写科普著作 5 本，即《生活中的互联网》《生活中的法律》《生活中的管理》《生活中的金融》《生活中的投资》，获《光明社科文库》资助。

（5）深入到基层普及：义务到基层社区、农村中小学进行网络安全教育十多场。

（6）公益帮扶活动：在常州市组织了 5 场帮扶困境青少年网络安全应用的公益活动；在上海进入社区进行互联网金融反欺诈宣传活动 2 场。

第 10 章　总结与展望

10.1　总　　结

本书各章的内容均来自以齐佳音教授为首席专家的国家社会科学基金重大项目“面向国家公共安全的互联网信息行为及治理研究”（16ZDA055）。该项目的主体研究内容是在充分理解互联网信息行为与国家公共安全的作用机制的基础上，构建一套完备的、融合了当前各种治理模式的融合治理模式，让偏差互联网信息行为背后的“人”在心理上遵守相关法律，抵制偏差信息。同时，在深入研究面向国家公共安全的互联网信息的感知、理解和传播、演化的基础上，从多学科的视角发展互联网信息行为的融合治理能力与手段，并进行示范应用和效果评估。

该重大项目围绕“一个范围、两个重点、三个视角、四个层面、五个内容”展开。“一个范围”是指服务于“国家公共安全”；“两个重点”指围绕着“国家公共安全”的核心，互联网信息行为的“影响”和“治理”是重点；“三个视角”是指系统论视角、大数据视角和互联网法治观视角；“四个层面”指治理机制、治理体系、治理技术和治理能力四个层面；“五个内容”指的是学理剖析、框架构建、感知理解、演化研判和心理治理五个具体研究点。

在本书中，主要呈现了该重大项目的如下研究成果。

第一，学理剖析。借用哲学及社会学相关的理论来剖析互联网信息行为与国家公共安全之间的作用机制，成果包括以下几个方面。①理论成果一：提出了哲学视角下的现实——虚拟互动的社交媒体理论分析的二维框架，即生活世界（world of life）和对他人的考虑（considerations of others）；阐述了戈夫曼的自我呈现、布迪厄的社会资本、萨特的存在投射和海德格尔的“共享世界”在该二维框架下对社交媒体行为的解读。②实证成果一：对微博和微信用户行为的哲学解释进行实证。实证结果发现微信使用行为主要由戈夫曼的“自我呈现”、萨特存在主义和布迪厄社会实践理论交互解释，与海德格尔“真实性”理论呈反向联系；新浪微博使用行为主要由萨特“绝对自由”和布迪厄社会实践理论来解释，与海德格尔“真实性”、戈夫曼符号互动主义、萨特“塑造未来可能的自己”呈反向联系。③理论成果二：基于戈夫曼的自我呈现理论建构互联网信息行为的用户社会学机制。④实证成果二：自我呈现理论下的互联网金融 P2P 平台安全预警研究。依据戈夫曼的自我呈现理论，将互联网金融 P2P 平台的互联网信息内容发布为作为信号，运用扎根理论方法，构建网络借贷企业自披露新闻的信号类型；之后，通过实证分析，提取出能够指示平台风险的信号，用于平台风险预警模型构建，并在应用方面取得显著效果。

第二，框架构建。对比分析面向国家公共安全的互联网信息行为的国内和国外治理现状，提出面向国家公共安全的互联网信息行为融合治理框架，成果包括以下几个方面。①理论成果一：通过大量实地调研和文献分析，构建影响国家公共安全的互联网信息演化过程模型，为互联网信息行为融合治理理论框架构建奠定基础。②理论成果二：创新性构建了互联网信息行为融合治理模式基础理论框架，给出了互联网信息行为融合治理模式定义，从治理主体、治理客体、治理组织、治理工具、治理机制五方面论述其构成要素，并从主体融合、过程融合、规则融合、知识融合、资源融合五方面解析其理论内涵，为解决谁去治理、对谁治理、如何治理等问题提供理论参考。③策略成果：提出了基于多主体协作的协同治理、基于心理疏导的深度治理、基于社会张力测量的精准治理和基于社会诱发因素识别和预警的前置治理四大策略，可为面向国家公共安全的互联网信息行为治理提供新思路。

第三，感知理解。面向国家公共安全的互联网信息的感知与理解研究，它既是解决“治理的对象是什么”的关键研究，也是在大数据层面上对偏差互联网信息行为进行深入的融合治理和提升心理治理能力与手段的基础和前提，成果包括以下几个方面。①线索发现理论成果：提出了一种基于经验回放和优先采样的动态更新样本权重的强化学习方法。该方法既能较好地应对数据较少且数据不平衡的问题，也能加速模型的训练，增强了模型的实用性。②线索发现应用成果：提出了面向公司简介和高管简介的互联网金融 P2P 平台网贷企业风险评估方法。从网贷之家爬取了 4554 家真实 P2P 网贷企业信息的文本型数据（高管简介、公司简介），抽取关键词、词向量、主题模型三类特征进行实验，将基于经验回放和优先采样的动态更新样本权重的强化学习方法用于上述 P2P 网贷企业风险评估问题中，实验结果显示该方法与传统的机器学习方法相比有较好的效果。③互联网舆情情感态势分析理论成果：提出了一种基于情感时间序列的双注意力机制分析模型。结合情感时间序列和神经网络等算法，着重考虑相同主题相同时间段内不同用户创作的多文档情感融合分析，并且综合考虑不同用户身份、时间序列等文本关联特征的影响。④情感态势分析应用成果：完成了面向 P2P 网贷平台公司所关联的微博舆情信息的情感态势分析。采用从新浪微博采集的 P2P 相关恶性事件的舆情数据，提取文本特征，实现多文档情感融合分析，通过与时间序列结合，建立舆情情感时间序列，应用双注意力机制分析模型进行舆情态势研判，实验结果显示该模型能够更好地捕捉到不同时间点的重要性，发挥不同用户在预测模型中的作用，整体预测效果优于其他对比方法。

第四，演化研判。面向国家公共安全的互联网信息传播与演化研究，它将承接子课题三对偏差互联网信息的感知与理解的研究成果，进一步从大数据层面探究偏差互联网信息的传播与演化，成果包括以下几个方面。①话题发现：提出了基于结构化信息新闻表示学习的双层聚类事件发现模型，从文本中捕获 4W + H 结构背后的信息，并以精细的方式集成它们，从而提升事件发现效果。同时，提出了利用主题中的单通道和人工监视器发现事件，并提出具有 TF × IEF 和 TDC（EEMBTT）的事件演化模型来构建事件演化关系。通过构建对分散的新闻信息进行话题发现和演化分析的模型，可以抓住事件核心，把握事件发展的趋势，实现对公共安全信息的高效发现。②信息传播挖掘：通过对互联网上多源信息和多模态信息处理方法进行研究，实现了基于分层注意力双向门控递归神经网络处理多源文本信息的模型。此外，提出 MoCNR 方法利用两次聚类方法进行人物节点识别，进行视频数据的处理，并设计了 PF-Face 并行框架处理视频中的海量人脸数据。在视频和文本处理方法的基础上，提出了 StoryRoleNet 模型，整合视频和文本信息，进行多模态信息挖掘。文本多模态信息的综合处理，提高了互联网信息的处理能力。最后，通过引入图演化博弈论对异质平均场理论加以改进，构建新的 SIR 模型，对互联网信息的传播动力过程进行了建模，实现对公共安全信息传播过程的充分感知。③影响力和流行度评估：设计了基于 LR 和 SVR 模型和基于时间特征的新 MF 方法用于图片流行度预测。同时对互联网上重要的社交平台，即微博平台中微博的流行度和影响力评估方法进行了设计，基于微博流行度和影响力可以进一步进行谣言信息检测模型的构建。④意见领袖挖掘：通过建立基于有向拓扑势的节点重要性评价，可以识别互联网上的重要节点，实现对意见领袖的挖掘，进而实现对舆论的良性引导。

第五，心理治理。如何对这些信息行为背后的"人"的行为、认知和态度进行有效的融合治理，让偏差互联网信息行为背后的"人"在心理上尊法、信法、守法、用法、依法，使得网络空间成为保卫国家公共安全的坚强阵地？这是本书的重要特色研究内容，也是本书第 8 章的核心内容。主要成果包括以下几个方面。①理论成果：构建了心理学范畴下的网络社会张力定义、内涵与测量。②策略成果：设计了心理震慑、心理劝导和心理助推三种心理手段的十五种心理干预手段。③心理干预应用研究：以某市戒毒所戒毒人员为研究对象，运用社交网络分析方法，发现戒毒人员中的隐性群体，并设计心理实验来干预隐性群体，通过多组对照试验，验证了心理干预的良好效果。

本书的研究内容在五方面实现了理论观点创新。

理论观点一：互联网信息行为治理的思路创新，即从“以信息为出发点”到“以人为出发点”。“以信息为出发点”是治标，“以人为出发点”是治本。“人”是网络空间活动的主体，互联网上的任何信息，都是个体信息行为的结果。要达到对互联网偏差信息的“标本兼治”，其关键是要从浩瀚的互联网信息中跳脱出来，紧紧围绕着网络空间背后的“人”来展开。传统的互联网信息治理针对“互联网信息”本身，虽然实施简单、方法直接、见效迅速，但存在着成本高、介入晚、反弹大等问题，治标不治本。“以人为出发点”，找到治理的本源，早发现、早干预，能够实现源头治理和标本兼治。

理论观点二：互联网信息行为治理的模式创新，即提出第六种互联网治理模式——融合治理。结合面向国家公共安全这一特殊场景，本书在现有的五种互联网治理模式的基础上，提出第六种治理模式“融合治理”。在管控理论的实践层面，对应着互联网信息行为的科层治理模式；助推理论强调政府在进行公共政策设计时，应扮演辅助性政府角色，调动更广泛资源发挥“助推力”效应。为此，我们提出面向国家公共安全的互联网信心行为融合治理模式。该模式是以心理治理为基础的、以法律治理为核心的、以大数据技术为保障、以改变偏差互联网信息行为背后“人”的认知为目标，通过主体融合、过程融合、规则融合、工具融合、数据融合等，构建一套完整的网络综合治理体系。融合治理强调在治理的前期运用心理治理方法，充分调整个体认知，做出理性的“自主决策”；在治理的中后期强调运用大数据手段及时发现危害国家公共安全的个体互联网行为，并运用法律工具形成足够的震慑和惩罚。

理论观点三：互联网信息行为治理的手段创新，即从“管控手段”到“心理手段”。面向国家公共安全的互联网行为治理中，最重要的就是要治理互联网信息联结行为中的偏差性认知和非理性情绪。本书认为，在偏差网络信息的治理中，应该针对不同情境和不同用户，使用不同的心理治理策略。结合偏差网络信息中心理发展的三个阶段和场依存性和场独立性两种人格差异，针对偏差信息的倡导者、支持者和传播者，我们设计了心理震慑、心理劝导和心理助推三种心理手段的十五种心理干预手段，这是本项目在理论指导下的重要实践创新。

理论观点四：互联网信息行为治理的信息空间创新，即从“单一信息空间”到“五维度信息空间”。当事人、时间、地点、事件过程及处置状态是公共安全事件信息披露的五个要素，构成事件信息空间。根据信息量的不同，事件信息空间可以分为事实信息空间、掌握信息空间、猜度信息空间、预案信息空间、披露信息空间五个基本信息空间。基于这五种基本信息空间做出互联网行为治理决策是本书的又一理论创新。

理论观点五：互联网信息行为治理的效果评价创新，即从“信息和谐”到“人心和谐”。“以信息为出发点”的治理目标是达到“信息和谐”，强调见效快，但可能会带来长期的负面社会治理成本。融合治理的目标是“人心和谐”，我们提出网络社会张力这一指标的波动来观测人心和谐，使得互联网信息行为的治理真正从“人心和谐”的本质上表现出“信息和谐”的现象，而不是本末倒置，治标不治本。互联网信息行为治理的效果应该是公众幸福感的提升，“人心和谐”才是最终的治理目标。

基于上述五个主要理论创新，本书提出如下政策建议。

政策建议一：加强网络综合治理体系建设中心理疏导治理能力的建议。网络综合治理体系建设要将心理疏导治理提到议事日程上，思考如何通过线下与线上相结合的方式，科学合理地实现精准的、针对个体与群体的预防性心理疏导与事件处置中的及时心理干预。为此，本书提出以下建议：针对互联网中普遍存在的“主流疲劳”心理，研究和实践互联网中政府权威性与灵活性兼顾的新型主流声音的发声体系；针对互联网中普遍存在的猎奇围观心理，权衡政府直接治理行为的代价，多运用助推方式，设计低成本、易接受的更加人性化的心理作用方式；针对互联网中影响广泛的从众心理，建议运用助推理论，科学设置新闻评论信息的展示方式，降低沉默的螺旋效应，增强互联网的自净能力；针对少数网民通过互联网实现体制外利益诉求的心理，建议运用大数据工具，尽早识别这类诱发因素，隔离相关主体，引导其到线下进行个案排解。

政策建议二：依据信息五空间法则，做出科学信息披露决策的建议。我们建议政府信息发布的原则是尽量使掌握信息空间逼近事实信息空间，以此保证信息供给的数量和质量；通过平衡猜度信息空间和掌握信息空间，确定预案信息空间，以此实现信息供给与信息需求的平衡；通过对预案信息空间进行社会风险评估，确定披露信息空间，以此实现社会在非常规事件冲击下的基本稳定。在应用中，首先，根据事件五要素，掌握信息空间，明确信息供给量；其次，通过对网络舆情分析，形成猜度信息空间，抽取社会公众对于事件的迫切关注点，明确信息需求点；再次，依据信息需求点和信息供给量，形成事件要素基础上的预案信息空间；最后，通过社会风险评估，从预案信息空间中选取社会风险最小且能够有效化解社会公众猜度的方案作为最终的信息披露方案。新媒体环境下，政府信息披露的时效性是非常重要的，但不合适的信息量披露会使事态恶化。五空间法则的灵活使用，会帮助政府确定合适的信息披露量。

政策建议三：数字金融安全建设刻不容缓，应高度重视。数字金融是指通过互联网及信息技术手段与传统金融服务业态相结合的新一代金融服务。数字金融包括互联网支付、移动支付、网上银行、金融服务外包及网上贷款、网上保险、网上基金、区块链金融等金融服务。经济数字化已经成为全球趋势，数字金融是经济数字化的核心驱动力，数字金融已经成为现代金融的重要发展方向，各国对此都十分重视。但是，与此同时，数字金融业带来全新的安全问题，甚至是国家安全问题。为此，我们建议：第一，要加快研究数字金融业务的风险模型、数字金融项目风险评估及潜在风险预测；第二，要加快研究数字金融的风险防范措施和风险应对策略、风险化解方案等；第三，要制定相关的防范数字金融风险的政策建议，包括管理方式、监管策略、法律法规和制度建议；第四，加快数字金融安全技术研究和产品开发，制定相关的数字金融安全技术标准；第五，加强对于数字金融产品的合规性制度建设，只有有了合规的政策保障，才能促进数字金融发展。

政策建议四：构建网络综合治理体系应重视青年参与。青年是用网和建网的主要群体，是社会治理中公众参与的重要代表，也是网络综合治理的多元主体之一。重视网络综合治理体系构建中的青年参与，事关网络空间清朗，事关青年健康成长，事关社会长治久安，事关国家和民族的未来。为此，我们建议：一要发挥主流媒体对青年的思想引领作用；二要加强对青年（特别农村地区青年）的网络素养教育，培养合格网络公民；三要发布公共决策前应注重听取青年网民的意见；四要吸纳青年主动参与互联网信息行为治理；五要特别关注对特殊青年群体的网络行为引领，如困境家庭青年。当前，政府主导的网络空间综合治理需要从机制、途径、措施和帮扶体系等各个方面来推动各类青年更加顺畅地参与网络治理。

政策建议五：互联网综合治理是凝聚人心的工程，应从理解人心出发，回到人心评估。在融合治理的实践中，应始终将人心的聚合作为治理效果评价的客观标准。彼得·德鲁克指出，包括管理在内的各种社会活动，其最终目标都是要回归到人性和人心上来。虽然网络空间是一个虚拟社会，但是网络空间中的网民是真实存在的"人"。只有从理解人心出发，通过互联网及时捕捉社情民意，在实际工作中积极解决矛盾纠纷，才能真正赢得人心，凝聚人心，营造出清朗的网络空间。

本书中涉及的研究成果在上海自贸区、共青团中央网络影视中心、人民网、华融科技公司、中吴网等应用上取得了很好的效果。上述政策建议也通过不同的渠道提交给政府部门，并得到采纳。本书是国家社会科学基金重大项目"面向国家公共安全的互联网信息行为及治理研究"（16ZDA055）的理论成果专著。在该理论成果的基础之上，齐佳音教授团队也为社会公众编写了科普图书《生活中的互联网》，通过科普图书来提升社会公众防范偏差互联网信息行为的素养和能力。

10.2　研究展望

面向国家公共安全的互联网信息行为治理是一个十分宏大的研究选题，主要有三点原因：一是国家公共安全涉及的范围较大，具体到不同类型的国家公共安全还有更为专业的知识领域；二是互联网信息行为随着互联网信息技术的不断发展而不断演化，新的信息行为不断出现，因而研究将永无终止；三是该选题是一个典型的多学科交叉领域的研究选题，需要多个学科的学者长期专注地进行合作研究。尽管本书的研究团队成员都是来自管理学、计算机科学、金融学、传播学、心理学、物理学、政治学、社会学等各个学科的年轻有为的学者，集中攻关数年，但是面对这一个宏大的选题，在未来还是有大量的研究需要更多的学者来攻坚克难。

互联网信息行为与国家公共安全的作用机制研究方面，还应进一步研究：偏差互联网信息行为形成的心理认知机制是什么；哪些认知和环境变量影响了个体发布、扩散、获取和浏览面向国家公共安全的互联网信息；这些变量之间的中介和调节关系是怎样的；这些信息的传播者究竟“长什么样”；他们是否具有多元归属感（在网络社区归属感强烈，在现实社区格格不入）；他们的基本社会联系方式是否呈现“传统社区—网络社区”的分裂性；究竟是哪些人更容易被网络上的信息所感染；他们与那些“不易被感染个体”的根本特征区别在哪里；如何才能增加他们的“免疫力”，使得他们不被错误信息所干扰；面向国家公共安全的互联网信息治理是否存在“行为阈值”；如何量化和监测“阈值”；等等。

面向国家公共安全的互联网信息行为的融合治理模式研究方面，还应进一步研究：心理治理的理论如何渗透入现有的各种治理模式中；如何将本应该起“外在强制”作用的互联网法律，通过一定的心理学策略，将其内化为网民自觉自发的行为模式；政府、企业和网民如何共同构建有利于引导合规互联网信息行为的行为环境；如何利用“人”的行为和认知模式，使得这个行为环境发挥最大效力；不同个体的心理和行为变量，将如何影响融合治理的实际效果；在融合治理中，政府、企业和网民的角色是怎样的；要让以心理治理为基础的、以法律治理为核心的融合治理模式发挥最大作用，治理主体和治理参与者应该怎样进行有机结合；等等。这些都是在基于系统论视角构建融合治理模式时面临的研究问题。

面向国家公共安全的互联网信息的感知与理解研究方面，还应进一步研究：如何利用相关研究成果，准确反映国家公共安全相关的信息特征，指导后续选择多种处理技术；如何调整某些技术以适应这些特性的要求；不同技术在各自领域的应用中表现出的优缺点是怎样的；哪些优点对于面向国家公共安全相关的网络信息的哪些特点是适合的；哪些缺点对于国家公共安全相关的网络信息的哪些特点是不适合的；不同技术之间的互补性如何；在开放性元学习框架中如何更好地融合这些技术之间的互补性；融合的过程如何高效地实现性能优异的整体创新成果；如何区分不同特性数据的多样性；如何理解深层语义信息；如何挖掘深层语义信息；如何表示和利用深层语义信息；如何将其与语法信息和浅层语义信息结合起来；如何理解语用信息；如何探索语法、语义和语用三位一体的理解途径；等等。研究了以上问题，才能够更好地支撑国家公共安全相关的各个信息处理任务，提高系统的整体性能。

面向国家公共安全的互联网信息传播与演化研究方面，还应进一步研究：互联网环境下信息是海量的，如何对面向国家公共安全的互联网信息进行有效的聚合，形成有条理的对国家公共安全事件的话题描述；考虑到国家公共安全领域相关的信息涉及政府门户网站、新闻网站、论坛、微博、博客等多渠道的信息源，并且与国家公共安全相关事件的发展演化具有特殊性质，如何对这类信息的传播规律进行研究；如何在面向国家公共安全的领域内，对信息的影响力和信息传播者的影响力进行评估；如何衡量并预测该话题的影响力和流行程度；等等。

面向国家公共安全的互联网信息行为治理效果评估方法方面，还应进一步研究：网络社会张力和现实社会张力之间的关系是什么；如何基于大数据实现网络社会张力的测量；如何在互联网信息行为治理中实现短期目标与长期目标的平衡；如何在治理效果评估中实现对公众社会心态的有效监测；如何通过心理助推的方式积极引导公众社会心态；等等。

本书是研究团队协同合作的研究成果，虽然取得了一定进展，但在未来仍有很大研究空间。

参 考 文 献

白茹. 2014. 基于信号分析的食品安全预警研究[J]. 情报杂志，33（9）：13-16，32.
包蕾萍. 2008. 独生子女公众观的变迁：一种刻板印象的社会心理溯源[J]. 当代青年研究，（6）：58-64.
鲍文，胡清华，于达仁. 2003. 基于K-近邻方法的科技文献分类[J]. 情报学报，22（4）：451-456.
鲍宗豪，宋贵伦. 2014. 重视大数据时代的社会治理创新[J]. 红旗文稿，（11）：30-32.
毕宏音. 2007. 网络语言与网民社会心态的折射[J]. 社科纵横，22（3）：151-152，60.
蔡剑，詹庆东. 2012. 研究生群体网络信息分享行为动机研究[J]. 图书情报知识，（2）：81-86.
蔡立辉，杨欣翥. 2015. 大数据在社会舆情监测与决策制定中的应用研究[J]. 行政论坛，22（2）：1-10.
曹梅. 2011. 网络图像检索行为与心理研究[J]. 中国图书馆学报，（5）：53-60.
曹双喜，邓小昭. 2006. 网络用户信息行为研究述略[J]. 情报杂志，25（2）：79-81.
曹越. 2018. 网络信息资源的整合利用[J]. 中国新通信，20（13）：39.
陈浩，薛婷. 2010. 精细化的社会认同模型——集群行为理论的新发展[J]. 南开学报（哲学社会科学版），（6）：77-83.
陈炯，张永奎. 2005. 一种基于词聚类的中文文本主题抽取方法[J]. 计算机应用，25（4）：754-756.
陈梅，黄丽霞. 2010. 高校图书馆用户信息行为研究[J]. 高校图书馆工作，30（6）：79-81.
陈庆彬，张智彬，侯振鹏，等. 2013. 基于网络舆情的情报分析技术研究[J]. 警察技术，（5）：11-14.
陈世平，崔鑫. 2015. 从社会认同理论视角看内外群体偏爱的发展[J]. 心理与行为研究，13（3）：422-427.
陈树年. 2000. 搜索引擎及网络信息资源的分类组织[J]. 图书情报工作，44（4）：31-37.
陈万求. 2002. 网络伦理难题和网络道德建设[J]. 自然辩证法研究，18（4）：43-44，52.
陈文理. 2011. 美国信息基础设施发展中的政府行为及其借鉴[J]. 湖北社会科学，（1）：35-37.
陈向明. 2000. 质的研究方法与社会科学研究[M]. 北京：教育科学出版社.
陈兴良. 2013. 口袋罪的法教义学分析：以危险方法危害公共安全罪为例[J]. 政治与法律，（3）：2-13.
陈阳波. 2010. 谁是“网络风暴”幕后推手[J]. 人民论坛，（13）：18-19.
陈宇. 2014. 风吹江南之互联网金融[M]. 北京：东方出版社.
程春雷，夏家莉，曹重华，等. 2016. 关系概念的Web文本主题抽取模型研究[J]. 小型微型计算机系统，37（5）：972-977.
程婕婷，张斌，汪新建. 2015. 道德：刻板印象内容的新维度[J]. 心理学探新，35（5）：442-447.
程倩. 2011. 网络舆情模型构建与网民分析[D]. 郑州：郑州大学.
褚宸舸. 2008. 中国禁毒立法三十年——以立法体系的演进与嬗变为视角[J]. 中国人民公安大学学报（社会科学版），24（3）：47-53.
崔连超. 2015. 互联网评论文本情感分析研究[D]. 济南：山东大学.
崔连义. 2011. 近十年内我国新型毒品滥用问题的总体变化趋势[J]. 辽宁警专学报，13（5）：48-52.
党宝宝，高承海，万明钢. 2016. 民族刻板印象：形成途径与影响因素[J]. 西南民族大学学报（人文社科版），37（5）：202-206.
党宝宝，万明钢. 2017. 基于族群面孔分类的内隐民族刻板印象激活与抑制作用[J]. 西北师大学报（社会科学版），54（2）：111-117.
德鲁克 P F. 1973. 管理：使命、责任、实务[M]. 王永贵，译. 北京：机械工业出版社.
邓刚宏. 2015. 构建食品安全社会共治模式的法治逻辑与路径[J]. 南京社会科学，（2）：97-102.
邓明，刁克. 2017. 社会治理视角下的政府购买服务研究[J]. 江西社会科学，37（5）：226-232.
邓欣媚，林佳，曹敏莹，等. 2008. 内群偏私：自我锚定还是社会认同？[J]. 社会心理科学，（5）：3-11，24.
丁煌，孙文. 2014. 从行政监管到社会共治：食品安全监管的体制突破——基于网络分析的视角[J]. 江苏行政学院学报，（1）：109-115.
丁懿南. 2007. 欧盟及成员国对互联网信息内容的治理[J]. 信息网络安全，（10）：70-72.
丁兆云，贾焰，周斌. 2014. 微博数据挖掘研究综述[J]. 计算机研究与发展，51（4）：691-706.
杜友文，王建冬. 2008. 美国国家信息安全政策综述[J]. 晋图学刊，（6）：63-70.
法波 T. 2011. 独生子女大学生的心理健康和人际关系——兼对独生子女“刻板印象”的讨论[J]. 陶艳兰，译. 广西民族大学学报（哲学社会科学版），33（5）：10-14.
范超，王磊，解明明. 2017. 新经济业态 P2P 网络借贷的风险甄别研究[J]. 统计研究，34（2）：33-43.
范竣翔，李琦，朱亚杰，等. 2017. 基于 RNN 的空气污染时空预报模型研究[J]. 测绘科学，42（7）：76-83，120.
范敏，邓小昭. 2011. 网络环境下消费者信息查寻行为研究[J]. 现代情报，31（12）：37-40.
范维澄. 2016-04-18. 健全公共安全体系，构建安全保障型社会[N]. 人民日报，9 版.
方滨兴，杜阿宁，张熙，等. 2016a. 国家网络空间安全国际战略研究[J]. 中国工程科学，18（6）：13-16.
方滨兴，贾焰，李欲晓，等. 2016b. 社交网络分析与网络信息传播的基础研究年度报告[J]. 科技资讯，14（11）：175.
方滨兴，邹鹏，朱诗兵，2016c. 网络空间主权研究[J]. 中国工程科学，18（6）：1-7.
方微，邵波. 2009. 基于弱信号分析的企业风险识别[J]. 图书情报工作，53（14）：80-83.
方兴东. 2016. 中国互联网治理模式的演进与创新——兼论“九龙治水”模式作为互联网治理制度的重要意义[J]. 人民论坛·学术前沿，3（6）：56-75.
费绍栋. 2015. 网络舆情突发事件检测与追踪关键技术研究[D]. 济南：山东师范大学.

费伊 L. 2004. 竞争者：以才智、谋略与绩效制胜[M]. 朱丹，译. 北京：中国人民大学出版社.
费钟琳，王京安. 2010. 社会网络分析：一种管理研究方法和视角[J]. 科技管理研究，30（24）：216-219.
风笑天. 2010. 独生子女：媒介负面形象的建构与实证[J]. 社会学研究，25（3）：177-198，245-246.
冯果，蒋莎莎. 2013. 论我国 P2P 网络贷款平台的异化及其监管[J]. 法商研究，30（5）：29-37.
冯鹏志. 2000. “虚拟安全阀”：网络社会张力的根源及其调适[J]. 自然辩证法研究，16（4）：32-36，45.
傅向华，刘国，郭岩岩，等. 2013. 中文博客多方面话题情感分析研究[J]. 中文信息学报，27（1）：47-55.
傅小兰. 2016. 情绪心理学[M]. 上海：华东师范大学出版社.
高承海，万明钢. 2013. 民族本质论对民族认同和刻板印象的影响[J]. 心理学报，45（2）：231-242.
高明华. 2010. 刻板印象内容模型的修正与发展 源于大学生群体样本的调查结果[J]. 社会，30（5）：193-216.
高明华. 2013. 教育不平等的身心机制及干预策略——以农民工子女为例[J]. 中国社会科学，（4）：60-80，205-206.
高明华. 2015. 偏见的生成与消解 评奥尔波特《偏见的本质》[J]. 社会，35（1）：206-228.
高岩. 2014. 微博情感分析的相关技术研究[D]. 北京：华北电力大学.
龚洪烈. 2006. “9·11”事件以来美国的反核恐怖主义政策[J]. 国际论坛，8（4）：12-17，79.
龚维斌，龚春明. 2016. 中国特色社会主义社会治理体制基本框架论略[J]. 社会科学研究，（5）：86-92.
龚文庠，张向英. 2008. 美国、新加坡网络色情管制比较[J]. 新闻界，（5）：131-134，145.
管健，程婕婷. 2011. 刻板印象内容模型的确认、测量及卷入的影响[J]. 中国临床心理学杂志，19（2）：184-188，191.
桂勇，李秀玫，郑雯，等. 2015. 网络极端情绪人群的类型及其政治与社会意涵基于中国网络社会心态调查数据（2014）的实证研究[J]. 社会，35（5）：78-100.
桂勇. 2016. 高度关注“高表达”的网络社会心态[J]. 探索与争鸣，（11）：52-53.
郭春涛. 2009. 欧盟信息网络安全法律规制及其借鉴意义[J]. 信息网络安全，（8）：27-30.
郭海霞. 2013. 网络浏览中的信息偶遇调查和研究[J]. 情报杂志，32（4）：47-50，62.
郭兰平. 2010. 强制卫离戒毒导论[M]. 成都：西南交通大学出版社.
郭良. 1998. 网络创世纪：从阿帕网到互联网[M]. 北京：中国人民大学出版社.
郭亚军，姚远，易平涛. 2007. 一种动态综合评价方法及应用[J]. 系统工程理论与实践，27（10）：154-158.
国家禁毒委员会办公室. 2017. 2016 年中国禁毒报告[M]. 北京：社会科学文献出版社.
国家信息技术安全研究中心. 2009. 欧盟信息安全建设研究[J]. 信息网络安全，（8）：31-32.
韩家炜，孟小峰，王静，等. 2001. Web 挖掘研究[J]. 计算机研究与发展，38（4）：405-414.
韩金凤，谈大军. 2012. 出声思考法：网络信息查寻行为的研究方法[J]. 新世纪图书馆，（4）：58-61.
郝晓玲. 2012. 网络舆情研判技术的研究进展[J]. 情报科学，30（12）：1901-1906.
何百华. 2001. 因特网的新界线[J]. 国外社会科学文摘，（11）：27-28.

何光辉，杨咸月，蒲嘉杰. 2017. 中国 P2P 网络借贷平台风险及其决定因素研究[J]. 数量经济技术经济研究，34（11）：44-62.
何剑，王小康，于淑利. 2015. 中国 P2P 网贷行业的风险评析——基于 126 家 P2P 网贷平台的实证[J]. 嘉应学院学报，33（6）：34-39.
何精华. 2006. 网络空间的政府治理[M]. 上海：上海社会科学院出版社.
何明升. 2014. 虚拟社会治理的概念定位与核心议题[J]. 湖南师范大学社会科学学报，43（6）：5-12.
何明升. 2016. 中国网络治理的定位及现实路径[J]. 中国社会科学，（7）：112-119.
何哲. 2014. 网络社会的基本特性及其公共治理策略[J]. 甘肃行政学院学报，（3）：56-66，127.
贺敏，王丽宏，杜攀，等. 2013. 基于有意义串聚类的微博热点话题发现方法[J]. 通信学报，34（S1）：256-262.
贺雯，梁宁建. 2008. 元刻板印象的研究及其进展[J]. 心理科学，31（3）：759-761.
洪红，徐迪. 2015. 移动社交应用的持续使用意愿影响因素研究——探讨网络外部性和羊群行为的共同作用[J]. 经济管理，37（5）：40-50.
胡启恒. 2006. 关于《中国科学技术协会章程（修改草案）》审议情况的报告[J]. 科协论坛，21（6）：30.
胡庆亮. 2015. 推进国家治理体系现代化的逻辑与理路：从党政二元一体到主体多元共治[J]. 求实，（9）：12-17.
胡蓉，赵宇翔，朱庆华. 2017. 移动互联环境下的跨屏行为研究综述[J]. 情报理论与实践，40（3）：119-125.
胡威. 2007. 网络安全态势感知若干关键性问题研究[D]. 上海：上海交通大学.
胡晓荷. 2009. 从美国《网络安全空间评估报告》谈起——访国防科大计算机学院网络与信息安全研究所龚正虎教授[J]. 信息安全与通信保密，（10）：18-20.
胡艳丽，白亮，张维明. 2012. 网络舆情中一种基于 OLDA 的在线话题演化方法[J]. 国防科技大学学报，34（1）：150-154.
胡艳丽. 2011. 在线社会网络中的舆论演化关键技术研究[D]. 长沙：国防科学技术大学.
胡昭阳. 2015. 虚拟组织概念及沟通问题探讨[J]. 新闻与传播研究，22（4）：110-117.
华文. 2003. 媒介影响力经济探析[J]. 国际新闻界，25（1）：78-83.
黄旗绅，李留英. 2017. 网络空间信息内容安全综述[J]. 信息安全研究，3（12）：1115-1118.
黄震，邓建鹏. 2014. 互联网金融法律与风险控制[M]. 北京：机械工业出版社.
嵇灵. 2018. 美国基于关键基础设施的信息安全法规概述[J]. 科技管理研究，38（2）：19-22.
吉登斯. 2003. 社会学[M]. 李康，译. 北京：北京大学出版社.
纪诗奇. 2014. 复杂网络环境下舆情演化机理研究[D]. 北京：北京工业大学.
贾凤芹. 2013. 大学生性别偏见内隐与外显双系统研究[D]. 苏州：苏州大学.
贾磊，刘春雷，张庆林. 2010. 群体实体性在社会认知中的作用[J]. 宁波大学学报（教育科学版），32（2）：30-34.
贾林祥. 2010. 社会偏见：制约和谐社会构建的社会心理因素[J]. 陕西师范大学学报（哲学社会科学版），39（3）：18-23.
江小平. 2000. 法国对互联网的调控与管理[J]. 国外社会科学，（5）：47-49.

姜群. 2006. 英国互联网管理体制透视[D]. 武汉：华中科技大学.

姜晓琳，王鹏，王美芳. 2010. 大学生性别、性别角色与职业性别刻板印象的关系[J]. 中国临床心理学杂志，18（3）：366-368.

姜晓伟，王建民，丁贵广. 2013. 基于主题模型的微博重要话题发现与排序方法[J]. 计算机研究与发展，50（S1）：179-185.

蒋彧，施一舟. 2017. P2P 网络借贷中的婚姻歧视现象——基于“人人贷”的经验数据[J]. 财经论丛，（9）：45-55.

金晶. 2018. 欧盟《一般数据保护条例》：演进、要点与疑义[J]. 欧洲研究，36（4）：1-26.

卡麦兹 C. 2009. 建构扎根理论：质性研究实践指南[M]. 边达英，译. 重庆：重庆大学出版社.

赖茂生，屈鹏，李璐，等. 2009. 网络用户搜索的语言使用行为研究——实验设计与搜索价值[J]. 情报理论与实践，32（2）：95-98.

蓝志勇，魏明. 2014. 现代国家治理体系：顶层设计、实践经验与复杂性[J]. 公共管理学报，11（1）：1-9，137.

蓝志勇. 2016. 论社会治理体系创新的战略路径[J]. 国家行政学院学报，（1）：55-61.

黎耀奇，谢礼珊. 2013. 社会网络分析在组织管理研究中的应用与展望[J]. 管理学报，10（1）：146-154.

李丹，宗利娟，刘俊升. 2013. 外化行为问题与集体道德情绪、集体责任行为之关系：班级氛围的调节效应[J]. 心理学报，45（9）：1015-1025.

李鼎鑫，黄蕙. 2009. 宏观经济报道四“守则”[J]. 中国记者，（7）：46-47.

李红星，王曙光，李秉坤. 2017. 应对网络群体性事件的政策工具分析[J]. 中国行政管理，（2）：149-151.

李晶. 2014. 信息安全行为研究现状与发展动态述评[J]. 图书情报工作，58（24）：126-130，137.

李岚. 2011. 强制隔离戒毒矫治与管理实务[M]. 广州：暨南大学出版社.

李乐，贾林祥. 2013. 我国关于偏见研究的现状综述[J]. 江苏师范大学学报（教育科学版），4（S1）：84-87.

李磊，刘继，张竑魁. 2016. 基于共现分析的网络舆情话题发现及态势演化研究[J]. 情报科学，34（1）：44-47，57.

李青. 2017. 美国网络安全审查制度研究及对中国的启示[J]. 国际安全研究，35（2）：47-65，150.

李少鹏. 2013. 美、俄、法、日四国信息安全十年[J]. 信息安全与通信保密，11（12）：44-47.

李纾，梁竹苑，孙彦. 2012. 人类决策：基础科学研究中富有前景的学科[J]. 中国科学院院刊，27（S1）：52-65.

李树春. 2010. 企业办公室文书写作规范与经典范本大全[M]. 北京：中国纺织出版社.

李婷婷，姬东鸿. 2015. 基于 SVM 和 CRF 多特征组合的微博情感分析[J]. 计算机应用研究，32（4）：978-981.

李维安，林润辉，范建红. 2014. 网络治理研究前沿与述评[J]. 南开管理评论，17（5）：42-53.

李溪，郑馨，张建琦. 2016. 大数据背景下的信号发送与信号甄别研究[J]. 情报科学，34（7）：46-50.

李小林. 2016. 美国网络安全立法研究及启示[D]. 重庆：重庆大学.

李小青，张凤琴，严晓梅，等. 2018. 国外典型用户信息行为模型发展综述及启示[J]. 情报杂志，

37（2）：194-200.
李晓明，闫宏飞，王继民. 2005. 搜索引擎：原理，技术与系统[M]. 北京：科学出版社.
李欣颖，徐恺英，张响，等. 2020. 基于情感视角的国内外在线评论研究动态及发展趋势研究[J]. 情报科学，38（11）：148-154.
李焰，高弋君，李珍妮，等. 2014. 借款人描述性信息对投资人决策的影响——基于 P2P 网络借贷平台的分析[J]. 经济研究，49（S1）：143-155.
李阳. 2015. 危机管理模式下新媒体网络舆情治理路径研究[J]. 社会科学辑刊，（4）：49-53.
李永健，谭恩花. 2006. 和谐社会建设中的不谐和音——大众传媒中的农民工刻板印象浅析[J]. 新闻记者，（4）：17-20.
李勇，张科，周明. 2010. 基于社会网络分析的网络论坛舆论管理探讨[J]. 重庆大学学报（社会科学版），16（3）：59-64.
李欲晓，谢永江. 2016. 世界各国网络安全战略分析与启示[J]. 网络与信息安全学报，2（1）：1-5.
李月琳，胡玲玲，刘济群. 2013. 个体投资者网络信息搜寻行为：模式与特征[J]. 图书情报工作，57（10）：45-50，57.
李振林. 2019. 非法利用个人金融信息行为刑法规制强化论[J]. 华东政法大学学报，22（1）：81-93.
李忠昌. 2003. 试论大众传媒的公信力[J]. 西安建筑科技大学学报（社会科学版），22（1）：59-61.
连淑芳. 2003. 内隐社会认知：刻板印象的理论和实验研究[M]. 上海：华东师范大学.
连志英. 2015. 数字档案资源整合影响因素分析：基于建构型扎根理论的研究[J]. 档案学通讯，（6）：52-56.
廖理，李梦然，王正位. 2014. 聪明的投资者：非完全市场化利率与风险识别——来自 P2P 网络借贷的证据[J]. 经济研究，49（7）：125-137.
廖理，张伟强. 2017. P2P 网络借贷实证研究：一个文献综述[J]. 清华大学学报（哲学社会科学版）. 32（2）：186-196，199.
林丹华，方晓义，李晓铭. 2005. 健康行为改变理论述评[J]. 心理发展与教育，21（4）：122-127.
林丽枚. 2015. 欧盟网络空间安全政策法规体系研究[J]. 信息安全与通信保密，13（4）：29-33.
林巧明，石向实. 2010. 当代大学生对老年人刻板印象的调查——与年轻人刻板印象比较[J]. 东南大学学报（哲学社会科学版），12（S2）：146-148.
林玉. 2006. 企业报道的分类与采集渠道[J]. 中国记者，（5）：16-18.
刘春年，陈通. 2015. 移动互联时代用户信息行为视角下的图书馆信息服务创新研究[J]. 图书馆学研究，（21）：75-77，74.
刘德隆，余功才，方华坤. 2011. 关于强制隔离戒毒人员教育矫治方法的实践与思考[J]. 中国司法，（1）：49-52.
刘恩东. 2019. 美国网络内容监管与治理的政策体系[J]. 治理研究，35（3）：102-111.
刘国翰，郅玉玲. 2014. 生态文明建设中的社会共治：结构、机制与实现路径——以“绿色浙江”为例[J]. 中国环境管理，6（4）：38-43.
刘合翔. 2010. 基于社会化推荐的网络浏览行为分析[J]. 图书情报工作，54（16）：50-53.
刘建明，刘冬梅，叶进星. 2009. 信息系统灾难的超前防范与安全预警[J]. 信息网络安全，（6）：

53-54，72.
刘建明. 2003. 当代新闻学原理[M]. 北京：清华大学出版社.
刘金龙，吴斌，陈震，等. 2015. 基于领域划分的微博用户影响力分析[J]. 计算机科学，42（5）：42-46，66.
刘静羽，朱泳瑛，刘一芃，等. 2010. 当今图书馆员刻板印象分析[J]. 图书情报知识，（4）：27-32，38.
刘千里，童悦. 2009. 信号分析的若干理论与方法探析[J]. 图书情报工作，53（20）：15-19，113.
刘少杰. 2014. 网络化时代社会认同的深刻变迁[J]. 中国人民大学学报，28（5）：62-70.
刘少杰. 2015. 网络化的缺场空间与社会学研究方法的调整[J]. 中国社会科学评价，（1）：57-64，128-129.
刘腾飞. 2009. 基于互联网能力成熟度模型的中美互联网治理研究[D]. 北京：北京邮电大学.
刘向蓉. 2005. 网络犯罪中的电子特征信息分析[D]. 武汉：华中科技大学.
刘晓勤，孙新翔，郑齐. 2012. 基于人人网的高校舆情态势研判与应对[J]. 中国传媒科技，（4）：111-112.
刘学斌. 2013. 基层干部负面刻板印象的形成与破解之道[J]. 领导科学，（34）：6-8.
刘玉琢. 2018. 欧盟个人信息保护对我国的启示[J]. 网络空间安全，9（7）：42-46.
刘云. 2017. 欧洲个人信息保护法的发展历程及其改革创新[J]. 暨南学报（哲学社会科学版），39（2）：72-84.
刘知远，张乐，涂存超，等. 2015. 中文社交媒体谣言统计语义分析[J]. 中国科学：信息科学，45（12）：1536-1546.
刘峙廷. 2013. 我国 P2P 网络信贷风险评估研究[D]. 南宁：广西大学.
刘智斌，曾晓勤，刘惠义，等. 2015. 基于 BP 神经网络的双层启发式强化学习方法[J]. 计算机研究与发展. 52（3）：579-587.
刘助仁. 2003. 美国维护信息网络安全的政策措施[J]. 信息安全与通信保密，1（11）：73-76.
卢达. 2013. 警用信息智能分析系统的研发与应用[D]. 北京：华北电力大学.
卢代富. 2001. 国外企业社会责任界说述评[J]. 现代法学，23（3）：137-144.
卢太宏，杨联纲，李贤辉. 1988. 我国科技文献布局优化方案的研究[J]. 情报科学，6（6）：14-20，59，96.
卢桃坚. 2015. 社交网络中的短文本情感分析[D]. 上海：上海交通大学.
卢因 K. 2015. 理解社会冲突（英文版）[M]. 北京：中国传媒大学出版社.
陆岷峰，杨亮. 2015. 关于 P2P 平台风险评估与监管策略研究——基于 P2P 平台双重属性视角的分析[J]. 西南金融，（11）：45-49.
栾丽华，吉根林. 2004. 决策树分类技术研究[J]. 计算机工程，30（9）：94-96，105.
罗富碧. 2009. 上市公司股权激励条件下的信息操纵机理研究[D]. 重庆：重庆大学.
吕丽. 2017. 群体内疚与群体羞耻的差异研究[D]. 北京：中国地质大学.
吕敏康，冉明东. 2012. 媒体报道影响审计师专业判断吗？——基于盈余管理风险判断视角的实证分析[J]. 审计研究，（6）：82-89.
吕永卫，霍丽娜. 2018. 网络餐饮业食品安全社会共治的演化博弈分析[J]. 系统科学学报，26（1）：78-81.

马芳，梁宁建. 2008. 数学性别刻板印象的内隐联想测验研究[J]. 心理科学，31（1）：35-39.
马海群，王茜茹. 2016. 美国数据安全政策的演化路径、特征及启示[J]. 现代情报，36（1）：11-14.
马骏，殷秦，李海英. 2014. 中国的互联网治理[M]. 北京：中国发展出版社.
马民虎，方婷，郝文江，等. 2011. 欧美网络电话监听的法律规制分析[J]. 信息网络安全，（8）：87-90.
马民虎，赵婵. 2008. 欧盟信息安全法律框架之解读[J]. 河北法学，26（11）：152-156.
马双刚. 2016. 基于深度学习理论与方法的中文专利文本自动分类研究[D]. 镇江：江苏大学.
马玉娟. 2015. 互联网金融风险预警研究——以 P2P 网络借贷模式为例[D]. 锦州：辽宁工业大学.
麦库姆斯 M. 2018. 议程设置：大众媒介与舆论[M]. 郭镇之译. 北京：北京大学出版社.
毛立鹏. 2014. 互联网舆情监控分析系统的设计与实现[D]. 西安：西安电子科技大学.
毛龙龙. 2015. 基于 LDA 模型的微博情感分析技术研究[D]. 兰州：西北师范大学.
苗文龙，严复雷. 2016. 品牌、信息披露与互联网金融利率——来自 P2P 平台的证据[J]. 金融经济学研究，31（6）：3-14.
莫关耀. 2011. 《戒毒条例》释义[M]. 北京：中国人民公安大学出版社.
莫琼琼，贺雯. 2014. 城市农民工子女刻板印象威胁效应的实验研究[J]. 中国特殊教育，（2）：85-89.
倪斌. 2015. 探究美国网络信息安全治理机制及其对我国之启示[J]. 网络安全技术与应用，（3）：120-121.
牛静. 2010. 扎根理论及其在新闻传播学的运用[J]. 东南传播，（4）：14-16.
潘静. 2018. 从政府中心规制到社会共治：互联网金融治理的新视野[J]. 法律科学（西北政法大学学报）. 36（1）：67-77.
彭小兵，谭志恒. 2017. 信任机制与环境群体性事件的合作治理[J]. 理论探讨，（1）：141-147.
平源. 2012. 基于支持向量机的聚类及文本分类研究[D]. 北京：北京邮电大学.
亓光，李广文. 2014. 多元化治理过程中的公共事务协商机制[J]. 探索，（6）：69-74.
齐佳音，张一文. 2016. 突发性公共危机事件与网络舆情作用机制研究[M]. 北京：科学出版社.
钱炳. 2015. 借款人声誉对融资成本的影响研究——来自 P2P 网络借贷平台“拍拍贷”的经验证据[J]. 东北大学学报（社会科学版），17（2）：141-147.
乔欢，陈颖颖. 2009. 基于“沉默螺旋”理论的网络信息行为研究[J]. 情报资料工作，（2）：33-36.
邱长波，孙凯，古安伟. 2016. 移动互联网环境下品牌信息内容呈现对消费者参与影响的理论模型研究[J]. 图书情报工作，60（10）：40-46.
瞿晓萍，叶旭春. 2012. 不同群体对医生、护士、患者角色认知的刻板印象[J]. 解放军护理杂志，29（13）：1-4，12.
曲凯扬. 2016. 基于支持向量机的文本分类研究[J]. 无线互联科技，（5）：116-117.
任宏，施阳，李燕婷，等. 2016. 上海市居民对乙型肝炎病毒感染认知、社会偏见和歧视行为调查[J]. 中国公共卫生，32（10）：1309-1314.
任剑涛. 2012. 在正式制度激励与非正式制度激励之间——国家治理的激励机制分析[J]. 浙江大学学报（人文社会科学版），42（2）：140-147.
任淑宁. 2011. 视频捕捉法：研究用户网络信息行为的有效方法[J]. 图书馆学研究，（16）：45-48.
任旭日. 2005. 主流媒体如何提升舆论引导能力[J]. 青年记者，（12）：50-51.

任玉，樊勇，郑家恒. 2009. 基于分块的网页主题文本抽取[J]. 广西师范大学学报(自然科学版)，27（1）：141-144.

阮小林，张庆林，杜秀敏，等. 2009. 刻板印象威胁效应研究回顾与展望[J]. 心理科学进展，17(4)：836-844.

申林. 2012. 互联网用户行为信息的数据挖掘技术研究[D]. 哈尔滨：黑龙江大学.

沈固朝. 2009. 专题：情报分析研究领域的新命题——情报预测和预警研究要关注信号分析[J]. 图书情报工作，53（20）：10.

沈阳，夏日. 2015. 基于SOM神经网络的旅游突发事件网络舆情的传播态势[J]. 宜春学院学报，37（4）：92-95.

施灿业. 2017. 互联网使用对公民政治价值观的影响——基于CGSS2010数据的工具变量分析[J]. 江淮论坛，（2）：122-128.

石长慧，王卓妮. 2017. 刻板印象内容模型的验证及修正：以典型职业群体为例[J]. 首都师范大学学报（社会科学版），（2）：83-92.

史波，吉晓军. 2014. 社会化媒体环境下公共危机信息网民再传播行为——基于扎根理论的一个探索性研究[J]. 情报杂志，33（8）：145-149.

宋文龙. 2017. 欧盟网络安全治理研究[D]. 北京：外交学院.

苏昊. 2014. 维、汉大学生的民族刻板印象：外显和内隐[J]. 中国青年研究，（12）：21-24，20.

苏为华，陈骥. 2005. 省级重点学科的识别模型研究——以浙江省为例[J]. 科技进步与对策，22（12）：156-158.

孙宝文，牛超群，赵宣凯，等. 2016. 财务困境识别：中国P2P平台的风险特征研究[J]. 中央财经大学学报，（7）：32-43，55.

孙多勇. 2005. 突发性社会公共危机事件下个体与群体行为决策研究[D]. 长沙：国防科学技术大学.

孙晓宇. 2015. 政府危机决策的信息态势感知研究[D]. 长春：东北师范大学.

泰普思科 D. 1998. 泰普思科预言：21世纪人类生活新模式[M]. 卓秀娟，陈佳伶译. 北京：时事出版社.

谭雪. 2017. 行业竞争、产权性质与企业社会责任信息披露——基于信号传递理论的分析[J]. 产业经济研究，（3）：15-28.

汤志伟，龚泽鹏，韩啸. 2016. 基于扎根理论的政府网站公众持续使用意向研究[J]. 情报杂志，35（5），180-187.

唐子茜，曹勇. 2015. 网络社会心态的特征及调适对策[J]. 北京交通大学学报（社会科学版），14（1）：132-136.

特纳 J H. 2006. 社会学理论的结构[M]. 邱泽奇，张茂元译. 北京：华夏出版社.

田梅，朱学芳，张军亮. 2018. 移动互联网信息偶遇影响因素研究——基于关键事件技术[J]. 现代情报，38（10）：91-98.

汪新建，程婕婷. 2015. 刻板印象内容模型的本土研究路径[J]. 南开学报（哲学社会科学版），（6）：143-149.

汪玉凯. 2014. 中央网络安全和信息化领导小组的由来及其影响[J]. 信息安全与通信保密，（3）：24-28.

王成. 2015. 基于半监督机器学习的文本情感分析技术[D]. 南京：南京理工大学.
王达. 2014. 美国互联网金融的发展及中美互联网金融的比较——基于网络经济学视角的研究与思考[J]. 国际金融研究，(12)：47-57.
王二朋. 2012. 食品安全事件冲击下的消费者食品安全风险感知与应对行为分析——以三聚氰胺事件的冲击为例[D]. 南京：南京农业大学.
王二平，张本波，陈毅文，等. 2003. 社会预警系统与心理学[J]. 心理科学进展，11(4)：363-367.
王芳，陈锋. 2015. 国家治理进程中的政府大数据开放利用研究[J]. 中国行政管理，(11)：6-12.
王冠. 2013. 网络社会的流动空间集聚与扩散[J]. 人文杂志，(3)：111-115.
王国华. 2016. 基于大数据分析的网络舆情监管预测研究[J]. 计算机与现代化，(12)：62-66.
王继成，潘金贵，张福炎. 2000. Web 文本挖掘技术研究[J]. 计算机研究与发展，37(5)：513-520.
王剑峰. 2007. 创新网络的结构特征对集群创新影响的理论与应用研究[D]. 成都：电子科技大学.
王静静. 2006. 从美国政府的互联网管理看其对中国的借鉴[D]. 武汉：华中科技大学.
王侃. 2015. 党政关系现代化是国家治理现代化的核心内容——基于马克思主义总体方法论的视野[J]. 浙江社会科学，(5)：13-20，155.
王蕾. 2013. 基于信息需求的消费者网络信息搜寻行为研究[J]. 情报理论与实践，36(7)：90-93.
王陆. 2009. 典型的社会网络分析软件工具及分析方法[J]. 中国电化教育，(4)：95-100.
王名，蔡志鸿，王春婷. 2014. 社会共治：多元主体共同治理的实践探索与制度创新[J]. 中国行政管理，(12)：16-19.
王名，李健. 2014. 社会共治制度初探[J]. 行政论坛，21（5)：68-72.
王沛. 1999. 刻板印象的社会认知研究述论[J]. 心理科学，22（4)：342-345.
王沛，贺雯. 2015. 社会认知心理学[M]. 北京：北京师范大学出版社.
王沛，尹志慧，罗芯明，等. 2018. 医患沟通对医生刻板印象表达的影响[J]. 心理与行为研究，16（1)：119-124.
王伟，许鑫. 2009. 基于聚类的网络舆情热点发现及分析[J]. 现代图书情报技术，(3)：74-79.
王祥兵. 2015. 金融监管信号传递与金融市场有效运行[J]. 财经理论与实践，36（5)：2-8.
王岩，魏崇辉. 2016. 协商治理的中国逻辑[J]. 中国社会科学，(7)：26-45，204-205.
王祎珺，张晖，李波，等. 2016. 一种基于话题演化的意见领袖发现方法[J]. 山东大学学报（工学版)，46（2)：35-42.
王臻. 2015. 微博用户信息接受的影响因素研究[J]. 情报探索，(10)：129-131，135.
魏丽萍，陈德棉，谢胜强. 2017. 谁动了“我”的绩效？——P2P 平台成交量的驱动要素和影响机制研究[J]. 外国经济与管理，39（6)：114-124.
魏铮，葛操，屈艳. 2013. 偏见，进化的生存机制[J]. 心理学探新，33（2)：105-109.
魏治勋. 2014. “善治”视野中的国家治理能力及其现代化[J]. 法学论坛，29（2)：32-45.
吴成军. 2005. 非正式组织结构中的群体越轨机制和治理策略——对我省某强制戒毒群体越轨现象的定性研究[C]. 社会学与贵州‘十一五’社会发展学术研讨会暨贵州省社会学学会第四届会员代表大会论文集.
吴海霞，邢春华，孙婵娟. 2004. 运用信号分析法建立我国的金融风险预警系统[J]. 金融论坛，9（6)：51-56，63.
吴联仁. 2013. 基于人类动力学的社交网络信息传播实证分析与建模研究[D]. 北京：北京邮电

大学.
吴松江，刘锋，米正华. 2017. 社会治理组织结构创新：网络化、互动化与弹性化[J]. 江西社会科学，37（4）：214-220.
吴晓光，曹一. 2011. 论加强 P2P 网络借贷平台的监管[J]. 南方金融，（4）：32-35.
吴羽翔. 2014. 互联网个人信息挖掘模型设计[J]. 网络安全技术与应用，（6）：32-33.
吴湛微，禹卫华. 2016. 大数据如何改善社会治理：国外“大数据社会福祉”运动的案例分析和借鉴[J]. 中国行政管理，（1）：118-121.
伍新春，季娇，尚修芹，等. 2010. 初中生的科学家形象刻板印象及科技场馆学习经历对其的影响[J]. 华南师范大学学报（社会科学版），（5）：58-64，159.
西尔弗. 2013. 信号与噪声[M]. 北京：中信出版社.
夏红星，朱红，蓝文耀. 2014. 安全监管数据融合与预警决策软件[J]. 中国公共安全（学术版），（3）：28-32.
夏宽云. 2003. 美国的自愿披露研究[J]. 上海会计，（8）：48-49.
夏梦南. 2015. 中文微博情感倾向性分析与情感要素抽取方法[D]. 北京：北京工业大学.
夏若云. 2017. 新媒体现状及未来发展趋势[J]. 北方文学，（24）：200.
向德平，陈琦. 2003. 社会转型时期群体性事件研究[J]. 社会科学研究，（4）：99-103.
向宏，傅鹂. 2012. “五月花号”的星际远航——美国网络信息安全战略浅析[J]. 中国信息安全，（7）：39-43.
肖大成. 2004. 网络信息查询中的浏览行为研究[J]. 图书馆杂志，23（2）：20-21.
肖鹏，潘燕桃，张久珍. 2018. 中国大陆大学生学术阅读载体偏好与行为研究：基于全球调查数据的比较研究[J]. 中国图书馆学报，44（1）：62-75.
谢康，赖金天，肖静华. 2015. 食品安全社会共治下供应链质量协同特征与制度需求[J]. 管理评论，27（2）：158-167.
谢康，刘意，肖静华，等. 2017. 政府支持型自组织构建——基于深圳食品安全社会共治的案例研究[J]. 管理世界，（8）：64-80，105.
谢科范，赵湜，陈刚，等. 2010. 网络舆情突发事件的生命周期原理及集群决策研究[J]. 武汉理工大学学报（社会科学版），23（4）：482-486.
谢联江. 2012. 强制隔离戒毒人员管理难点及其对策[J]. 新疆社科论坛，（6）：56-59.
谢熹瑶，罗跃嘉. 2009. 道德判断中的情绪因素——从认知神经科学的角度进行探讨[J]. 心理科学进展，17（6）：1250-1256.
徐朝娜，赵玉芳，毕重增. 2017. 镜中我们：新市民元刻板印象研究[J]. 西南师范大学学报（自然科学版），42（2）：91-96.
徐春光. 2014. 基于语义分析和改进 K-means 算法的新闻热点提取方法研究[D]. 北京：北京化工大学.
徐迪. 2013a. 基于群体性突发事件的网络舆情预警研究文献计量分析[J]. 图书情报工作，57（S2）：224-227.
徐迪. 2013b. 网络舆情研判指标体系与理论模型建构研究[J]. 现代情报，33（10）：6-11.
徐会. 2014. 基于贝叶斯理论的网络舆情主题分类模型研究[D]. 镇江：江苏科技大学.
徐建华，王翩然. 2015. 图书馆员刻板印象的形成与矫正研究[J]. 图书情报知识，（4）：47-54.

徐澜波. 2006. 信息法的理论与实践[M]. 上海：上海人民出版社.
徐龙顺. 2009. 社会网络结构对等性分析方法及其在集群创新研究中的应用[D]. 成都：电子科技大学.
徐璐璐，吴佩佩，贺雯. 2018. 贫困大学生元刻板印象威胁对群际关系的影响：群际焦虑的中介和自尊的调节作用[J]. 心理发展与教育，34（4）：426-433.
徐茹枝，王宇飞. 2013. 面向电力信息网络的安全态势感知研究[J]. 电网技术，37（1）：53-57.
许斌. 2013. 中文微博的情感分析和影响力技术研究[D]. 郑州：解放军信息工程大学.
闫春英，张佳睿. 2015. 完善我国 P2P 网络借贷平台风险控制体系的策略研究[J]. 经济学家，（10）：78-83.
闫丁. 2016. 社会认同理论及研究现状[J]. 心理技术与应用，4（9）：549-560，573.
闫强，吴联仁，郑兰. 2013. 微博社区中用户行为特征及其机理研究[J]. 电子科技大学学报，42（3）：9-14.
闫泽华. 2012. 基于 LDA 的新闻线索抽取研究[D]. 上海：上海交通大学.
严耕，陆俊，孙伟平. 1998. 网络伦理[M]. 北京：北京出版社.
严久步. 2001. 国外互联网管理的近期发展[J]. 国外社会科学，（3）：70-75.
阳爱民. 2005. 模糊分类模型的研究[D]. 上海：复旦大学.
阳翼，宋鹤. 2015. 政务微信受众的“使用与满足”研究[J]. 现代传播（中国传媒大学学报），37（4）：137-140.
杨东. 2015. 互联网金融风险规制路径[J]. 中国法学，（3）：80-97.
杨东，文诚公. 2016. 互联网金融风险与安全治理[M]. 北京：机械工业出版社.
杨乐，曹建峰. 2016. 从欧盟“被遗忘权”看网络治理规则的选择[J]. 北京邮电大学学报（社会科学版），18（4）：58-62.
杨丽，赵小平，游斐. 2015. 社会组织参与社会治理：理论、问题与政策选择[J]. 北京师范大学学报（社会科学版），（6）：5-12.
杨善林，王佳佳，代宝，等. 2015. 在线社交网络用户行为研究现状与展望[J]. 中国科学院院刊，30（2）：200-215.
杨阳，张新民. 2009. 信息觅食理论的研究进展[J]. 现代图书情报技术，（1）：73-79.
杨宜音. 2006. 个体与宏观社会的心理关系：社会心态概念的界定[J]. 社会学研究，21（4）：117-131，244.
杨永红. 2010. 基于数据挖掘技术的网络舆情研究[D]. 重庆：重庆大学.
杨勇，孙宇清，周丽. 2010. FSP：一种基于风险的安全策略[J]. 计算机工程与应用，46（13）：82-86，111.
姚海燕，邓小昭. 2010. 网络用户信息行为研究概述[J]. 情报探索，（2）：14-16.
姚海燕，李健，邓小昭. 2010. 网络用户信息行为研究中的隐私问题探讨[J]. 情报探索，（7）：14-16.
姚琦，马华维，阎欢，等. 2014. 心理学视角下社交网络用户个体行为分析[J]. 心理科学进展，22（10）：1647-1659.
姚全珠，刘波. 2010. 一种高效的基于刻面分类的构件检索算法研究[J]. 计算机工程与应用，46（2）：118-120，153.

叶青，李增泉，徐伟航. 2016. P2P 网络借贷平台的风险识别研究[J]. 会计研究，(6)：38-45，95.
叶晓飞. 2008. 基于 TAM 与 TTF 整合模型分析网络信息资源利用[J]. 图书情报工作，52（3）：39-42.
易红发，肖明，彭继春，等. 2014. Twitter 英文用户眼中的中国（2006—2013）——基于主题建模和情感分析的探索[C]. 2014 中国传播论坛："国际话语体系与国际传播能力建设"研讨会会议论文集.
尹建国. 2013. 美国网络信息安全治理机制及其对我国之启示[J]. 法商研究，30（2）：138-146.
印波. 2017.《网络暴恐信息筛查标准》创制的必要性及初步设想——以暴恐有害信息举报状况为出发点[J]. 中国行政管理，(4)：119-124.
应松年. 2015. 加快法治建设促进国家治理体系和治理能力现代化[J]. 中国检察官，(5)：75.
于洪，杨显. 2012. 微博中节点影响力度量与传播路径模式研究[J]. 通信学报，33（S1）：96-102.
于雯雯. 2015. 法学视域下的中国互联网治理研究综述[J]. 法律适用，(1)：62-66.
于秀琴，葛喜艳，吴波，等. 2014. "点线成面"的社会治理联动机制研究[J]. 当代世界与社会主义，(1)：192-195.
于泳红. 2003. 大学生内隐职业偏见和内隐职业性别刻板印象研究[J]. 心理科学，26（4）：672-675.
于志刚. 2014. 网络安全对公共安全、国家安全的嵌入态势和应对策略[J]. 法学论坛，29（6）：5-19.
余嘉敏. 2015. 网络借贷（P2P）平台的量化监管研究[D]. 广州：华南理工大学.
余建华. 2014. 网络社会心态何以可能[J]. 北京邮电大学学报（社会科学版），16（5）：16-21.
俞可平. 2000. 治理与善治[M]. 北京：社会科学文献出版社.
袁晓峰. 2012. 基于词语相关度的文档主题抽取算法[J]. 成都大学学报（自然科学版），31（4）：367-369.
乐国安. 2010. 网络集群行为过程解析[J]. 人民论坛，(13)：18-19.
岳剑波. 1999. 论战略信息系统的形成与发展[J]. 情报科学，17（2）：113-121，168.
詹姆斯 N R. 2001. 没有政府的治理[M]. 张胜军，刘小林，等译. 南昌：江西人民出版社.
张宝山，俞国良. 2007. 污名现象及其心理效应[J]. 心理科学进展，15（6）：993-1001.
张琛，王君彩. 2016. 互联网金融信号显示、融资价格与风险水平——基于 P2P 网贷平台的经验证据[J]. 价格理论与实践，(8)：121-124.
张东. 2010. 中国互联网信息治理模式研究[D]. 北京：中国人民大学.
张国良，王振波. 2014. 美国网络和信息安全组织体系透视（上）[J]. 信息安全与通信保密，12（3）：64-69.
张国良，王振波. 2014. 美国网络和信息安全组织体系透视（下）[J]. 信息安全与通信保密，12（4）：59-61.
张海洋. 2017. 信息披露监管与 P2P 借贷运营模式[J]. 经济学（季刊），1，371-392.
张虎. 2014. 面向中文文本的欺骗行为检测研究[D]. 太原：山西大学.
张康之. 2013. 打破社会治理中的信息资源垄断[J]. 行政论坛，20（4）：1-7.
张蕾. 2014. 基于机器学习的网络舆情采集技术研究与设计[D]. 成都：电子科技大学.
张陆，叶娜，刘峰. 2015. 无偏见动机对刻板印象和偏见激活的抑制作用：基于四分模型的分析[J].

心理与行为研究，13（4）：552-557.
张曼，唐晓纯，普莫喆，等. 2014. 食品安全社会共治：企业、政府与第三方监管力量[J]. 食品科学，35（13）：286-292.
张明华，温晋锋，刘增金. 2017. 行业自律、社会监管与纵向协作——基于社会共治视角的食品安全行为研究[J]. 产业经济研究，（1）：89-99.
张鹏翼. 2013. 在线社交网络中信息寻求行为的实证研究：以微博为例[J]. 情报杂志，32（7）：83-87.
张琦，钟求喜，龚建伟. 2012. 面向移动互联网终端的安全态势感知研究[J]. 网络安全技术与应用，（6）：26-28.
张婍，冯江平，王二平. 2009. 群际威胁的分类及其对群体偏见的影响[J]. 心理科学进展，17（2）：473-480.
张勤. 2014. 网络舆情的生态治理与政府信任重塑[J]. 中国行政管理，（4）：40-44.
张琼，孙论强. 2007. 中国信息安全战略研究[M]. 北京：中国人民公安大学出版社.
张树京，齐立心. 2003. 时间序列分析简明教程[M]. 北京：清华大学出版社.
张薇薇. 2010. 社群环境下用户协同信息行为研究述评[J]. 中国图书馆学报，36（4）：90-100.
张新宝. 2013. 制定“网络信息安全国际公约”正当其时[J]. 学术界，（11）：241-242.
张衍. 2017. 社会变革中的农村留守老人——刻板印象与主观幸福感[D]. 上海：华东师范大学.
张一文，齐佳音，方滨兴，等. 2012. 基于贝叶斯网络建模的非常规危机事件网络舆情预警研究[J]. 图书情报工作，56（2）：76-81.
张莹瑞，佐斌. 2006. 社会认同理论及其发展[J]. 心理科学进展，14（3）：475-480.
张颖，黄洁婷，贺正楚. 2017. 基于非线性组合模型的 P2P 网贷平台危机预警研究[J]. 财经理论与实践，38（6）：23-28.
张有立. 2015. 美国知识产权保护概览[J]. 中国版权，（3）：67-71.
张昱，杨彩云. 2013. 泛污名化：风险社会信任危机的一种表征[J]. 河北学刊，33（2）：117-122.
张志飞，苗夺谦，高灿. 2013. 基于 LDA 主题模型的短文本分类方法[J]. 计算机应用，33（6）：1587-1590.
张中学，宋娟. 2007. 偏见研究的进展[J]. 心理与行为研究，5（2）：150-155.
张紫. 2014. 习近平把我国从网络大国建设成为网络强国[J]. 计算机与网络，40（6）：4.
章人英. 1992. 社会学词典[M]. 上海：上海辞书出版社.
赵翠翠. 2014. 当代中国“网络公众”的崛起——以 2008 年汶川大地震为中心[D]. 上海：华东师范大学.
赵萌，齐佳音. 2014. 基于 Web2. 0 的企业危机事件网络舆情态势研究[J]. 情报科学，32（8）：56-62，67.
赵水忠. 2002. 世界各国互联网管理一览[J]. 中国电子与网络出版，（10）：8.
赵卫星，郑希付. 2016. 香港与内地大学生地域刻板印象比较[J]. 华南师范大学学报（社会科学版），（2）：85-94，191.
赵彦华. 2004. 媒介市场评价研究：理论，方法与指标体系[M]. 北京：新华出版社.
赵玉林. 2015. 构建我国互联网多元治理模式——匡正互联网服务商参与网络治理的“四大乱象”[J]. 中国行政管理，（1）：16-20.

郑春勇，张苏敏. 2013. 宽容视域下的网络社会治理——基于网络宽容度测量的实证研究[J]. 公共管理学报，10（1）：98-106，142-143.
郑健，刘力. 2012. 大学生对农民工的刻板印象内容与结构[J]. 青年研究，（4）：35-44，95.
郑魁，疏学明，袁宏永. 2010. 网络舆情热点信息自动发现方法[J]. 计算机工程，36（3）：4-6.
郑丽勇，郑丹妮，赵纯. 2010. 媒介影响力评价指标体系研究[J]. 新闻大学，（1）：121-126.
郑庆胜，易晓阳. 2003. 从新浪等网站看网络信息分类体系的建立——兼论综合性中文网站分类体系之建立[J]. 图书馆建设，（1）：69-71.
郑中玉，何明升. 2004. “网络社会”的概念辨析[J]. 社会学研究，19（1）：13-21.
中国网络空间研究院. 2017. 国外互联网不良信息监管：方法和技术[M]. 北京：法律出版社.
钟雅琴. 2010. 网络社会的崛起与文化公民身份建构[J]. 江苏行政学院学报，（3）：48-53.
钟瑛. 2006. 我国互联网管理模式及其特征[J]. 南京邮电大学学报（社会科学版），8（2）：31-35.
周感华. 2011. 群体性事件心理动因和心理机制探析[J]. 北京行政学院学报，（6）：1-5.
周国梅，荆其诚. 2003. 心理学家 Daniel Kahneman 获 2002 年诺贝尔经济学奖[J]. 心理科学进展，11（1）：1-5.
周菁，赵子健，赵旭. 2016. 我国 P2P 平台违约风险的实证研究[J]. 价格理论与实践，（5）：137-140.
周少甫，李逸翔，裴逸杰. 2016. P2P 网贷平台资信因素对正常经营影响的实证分析[J]. 武汉金融，（1）：34-36.
周涛，傅忠谦，牛永伟，等. 2005. 复杂网络上传播动力学研究综述[J]. 自然科学进展，15（5）：513-518.
周亚东，孙钦东，管晓宏，等. 2007. 流量内容词语相关度的网络热点话题提取[J]. 西安交通大学学报，41（10）：1142-1145，1150.
周耀明，李弼程. 2013. 一种自适应网络舆情演化建模方法[J]. 数据采集与处理，28（1）：69-76.
周毅，吉顺权. 2015. 公共信息服务社会共治模式构建研究[J]. 中国图书馆学报，41（5）：111-124.
朱彬玲. 2003. 论我国戒毒体制的弊端与重构[J]. 福建公安高等专科学校学报，17（6）：45-48.
朱江，王柏，吴斌，等. 2015.. 一种微博用户情感影响者发现模型[J]. 电子学报，43（12）：2497-2504.
朱江丽. 2017. 新媒体推动公民参与社会治理：现状、问题与对策[J]. 中国行政管理，（6）：49-53.
朱逸. 2015. “缺场”空间中的符号建构[J]. 学习与实践，（1）：103-109.
朱永彪，任彦. 2008. 美国的反网络恐怖主义战略研究[J]. 兰州大学学报（社会科学版），36（2）：93-97.
诸葛栋，封思贤. 2005. 公司业绩与自愿性信息披露的实证研究[J]. 技术经济，24（7）：66-69.
佐斌，张阳阳，赵菊，等. 2006. 刻板印象内容模型：理论假设及研究[J]. 心理科学进展，14（1）：138-145.
Abdullah S，Wu X. 2011. An epidemic model for news spreading on twitter[C]. Boca Raton：In Tools with Artificial Intelligence，In Proceedings of the 23rd IEEE International Conference on IEEE.
Adler P S，Kwon S W. 2002. Social capital：prospects for a new concept[J]. Academy of Management Review，27（1）：17-40.
Amodio D M，Devine P G，Harmon-Jones E. 2007. A dynamic model of guilt：implications for motivation and self-regulation in the context of prejudice[J]. Psychological Science，18（6）：

524-530.

Anandarajan M，Simmers C，Igbaria M. 2000. An exploratory investigation of the antecedents and impact of Internet usage：an individual perspective[J]. Behaviour & Information Technology，19（1）：69-85.

Andrade G，Ramalho G，Santana H，et al. 2005. Extending reinforcement learning to provide dynamic game balancing[C]. Edinburgh：The Workshop on IJCAI Workshop on Reasoning.

Ang J S，Lin J W，Tyler F. 1995. Evidence on the lack of separation between business & personal risks among small businesses[J]. Journal of Entrepreneurial Finance，4（3）：197-210.

Ansoff H I. 1975. Managing strategic surprise by response to weak signals[J]. California Management Review，18（2）：21-33.

Antonides G. 1989. An attempt at integration of economic and psychological theories of consumption[J]. Journal of Economic Psychology，10（1）：77-99.

Anwar T，Abulaish M. 2014. A social graph based text mining framework for chat log investigation[J]. Digital Investigation，11（4）：349-362.

Arndt J. 1967. Role of product-related conversations in the diffusion of a new product[J]. Journal of Marketing Research，4（3）：291-295.

Aronson E，Wilson T D，Akert R M. 2012. Social Psychology[M]. 8ed. Upper Saddle River：Prentice Hall.

Avery R B，Bostic R W，Samolyk K A. 1998. The role of personal wealth in small business finance[J]. Journal of Banking & Finance，22（6/7/8）：1019-1061.

Ayres L P，McKinnie A. 1916. The Public Library and the Public Schools[M]. Cleveland：Survey committee of the Cleveland foundation.

Backman K，Kyngäs H A. 1999. Challenges of the grounded theory approach to a novice researcher[J]. Nursing & Health Sciences，1（3）：147-153.

Bagnoli F，Carletti T，Fanelli D，et al. 2007. Dynamical affinity in opinion dynamics modeling[J]. Physical Review E，76：066105.

Bahdanau D，Cho K，Bengio Y. 2014. Neural machine translation by jointly learning to align and translate[J]. arXivpreprintarXiv，1409：0473.

Bakshy E，Messing S，Adamic L A. 2015. Exposure to ideologically diverse news and opinion on facebook[J]. Science，348（6239）：1130-1132.

Bar-Tal D. 1990. Causes and consequences of delegitimization：models of conflict and ethnocentrism[J]. Journal of Social Issues，46（1）：65-81.

Bar-Tal D. 1997. Formation and change of ethnic and national stereotypes：an integrative model[J]. International Journal of Intercultural Relations，21（4）：491-523.

Baumeister R F，Brewer L E，Tice D M，et al. 2007. Thwarting the need to belong：understanding the interpersonal and inner effects of social exclusion[J]. Social and Personality Psychology Compass，1（1）：506-520.

Bear G G，Uribe-Zarain X，Manning M A，et al. 2009. Shame，guilt，blaming，and anger：differences between children in Japan and the US[J]. Motivation and Emotion，33（3）：229-238.

Becker M H，Maiman L A. 1975. Sociobehavioral determinants of compliance with health and medical care recommendations[J]. Medical Care，13（1）：10-24.

Been H，van Keulen M. 2014. Finding you on the internet an approach for finding on-line presences of people for fraud risk analysis[J]. Scitepress，1：697-706.

Bell S，Hindmoor A，Mols F. 2010. Persuasion as governance：a state-centric relational perspective[J]. Public Administration，88（3）：851-870.

Benabou R，Laroque G. 1992. Using privileged information to manipulate markets：insiders，gurus，and credibility[J]. The Quarterly Journal of Economics，107（3）：921-958.

Benkler Y. 2016. Degrees of freedom，dimensions of power[J]. Daedalus，145（1）：18-32.

Bennett W L，Segerberg A. 2012. The logic of connective action：digital media and the personalization of contentious politics. Information[J]. Information，Communication & Society，15：739-768.

Benson A R，Gleich D F，Leskovec J. 2016. Higher-order organization of complex networks[J]. Science，353（6295）：163-166.

Berk L E. 2001. Development Through the Lifespan[M]. Boston：Allyn & Bacon.

Blanchard M，Metcalf A，Burns J. 2007. Bridging the Digital Divide：Creating Opportunities for Marginalized Young People to Get Connected Report[M]. Sydney：Inspire Foundation.

Bliss D W，Parker P A，Margetts A R. 2007. Simultaneous transmission and reception for improved wireless network performance[C]. New York：Workshop on Statistical Signal Processing.

Boland Jr R J. 1986. Phenomenology：A Preferred Approach to Research on Information Systems[M]. Amsterdam：North-Holland Publishing.

Bourdieu P，Wacquant L J D. 1992. An Invitation To Reflexive Sociology[M]. Chicago：The University of Chicago Press.

Bourdieu P. 1977. Outline of A Theory of Practice[M]. Cambridge：Cambridge University Press.

Bourdieu P. 1987. Distinction：A Social Critique of The Judgement of Taste[M]. Cambridge：Harvard University Press.

Boyd D. 2007. Why Youth K Social Network Sites：The Role of Networked Publics in Teenage Social Life[M]. Cambridge：The MIT Press.

Brewer M B. 1999. The psychology of prejudice：Ingroup love and outgroup hate?[J]. Journal of Social Issues，55（3）：429-444.

Brown R，Cehajic S. 2008. Dealing with the past and facing the future：mediators of the effects of collective guilt and shame in Bosnia and Herzegovina[J]. European Journal of Social Psychology，38（4）：669-684.

Brown R. 2000. Social identity theory：past achievements，current problems and future challenges[J]. European Journal of Social Psychology，30（6）：745-778.

Brush S G. 1967. History of the lenz-ising model[J]. Reviews of Modern Physics，39（4）：883-893.

Bryant A. 2002. Re-Grounding Grounded Theor[J]. Jitta Journal of Information Technology Theory & Application，4（1）：25-42.

Burgess R L，Akers R L. 1966. A differential association-reinforcement theory of criminal behavior[J]. Social Problems，14（2）：128-147.

Burrell G，Morgan G. 1979. Sociological Paradigms And Organisational Analysis：Elements of the Sociology of Corporate Life[M]. London：Heinemann Educational Books.

Cai Y，Li Q，Xie H R，et al. 2013. Event relationship analysis for temporal event search[C]. Wuhan：Database Systems for Advanced Applications.

Carrington P J，Scott J，Wasserman S. 2005. Models and Methods in Social Network Analysis（Structural Analysis in the Social Sciences）[M]. Cambridge：Cambridge University Press.

Carter K M，Idika N，Streilein W W. 2014. Probabilistic threat propagation for network security[J]. IEEE Transaction on Information Forensics and Security IEEE Transactionson，9（9）：1394-1405.

Cattuto C，Schmitz C，Baldassarri A，et al. 2007. Network properties of folksonomies[J]. Ai Communications，20（4）：245-262.

Chai W L，Cheng M. 2016. The research on the network public opinion risk assessment based on the CWAHP-entropy method[J]. International Journal of Security and Its Applications，10（4）：197-208.

Charmaz K. 2000. Handbook of Qualitative Research[M]. 2nd Ed. California：SAGE Publications Inc.

Chen H M，Sun M S，Tu C C，et al. 2016. Neural sentiment classification with user and product attention[C]. Austin：Proceedings of the 2016 Conference on Empirical Methods in Natural Language Processing.

Cheng J J，Liu Y，Shen B，et al. 2013. An epidemic model of rumor diffusion in online social networks[J]. The European Physical Journal B，86（1）：29.

Cheng X Y，Zhu L L，Zhu Q，et al. 2010. The framework of network public opinion monitoring and analyzing system based on semantic content identification[J]. Journal of Convergence Information Technology，5（10）：48-55.

Chi L X，Zhang G S，Zhuang，et al. 2012. A study on investor sentiment index and Chinese stock market based on the extended Kalman filter method[J]. Journal of Industrial Engineering and Engineering Management，3：19.

Chomsky N. 1959. A review of BF skinner's verbal behavior[J]. Language，35（1）：26-58.

Cobb N J. 1995. Adolescence：Continuity，Change，and Diversity[M]. Houston：Mayfield Publishing.

Coglianese C，Lazer D. 2003. Management-based regulation：prescribing private management to achieve public goals[J]. Law & Society Review，37（4）：691-730.

Coleman S，Rowe C. 2004. Remixing Citizenship：Democracy and Young People'S Use of the Internet Report[M]. London：Carnegie Young People Initiative.

Collange J，Fiske S T，Sanitioso R. 2009. Maintaining a positive self-image by stereotyping others：self-threat and the stereotype content model[J]. Social Cognition，27（1）：138-149.

Connelly B L，Certo S T，Ireland R D. 2015. Signaling theory：a review and assessment[J]. Journal of Management Official Journal of the Southern Management Association，37（1）：39-67.

Cuddy A J C，Fiske S T，Kwan V S Y，et al. 2009. Stereotype content model across cultures：towards universal similarities and some differences[J]. British Journal of Social Psychology，48（Pt 1）：1-33.

Cui Y D，Matsubara T，Sugimoto K. 2017. Kernel dynamic policy programming：applicable reinforcement learning to robot systems with high dimensional states[J]. Neural Networks，94：13-23.

Cunningham C M. 2013. Social Networking and Impression Management：Self- Presentation in the Digital Age[M]. Lanham：Rowman and Littlefield Publishing Group.

Demers D，Merskin D. 2000. Corporate news structure and the managerial revolution[J]. Journal of Media Economics，13（2）：103-121.

Deng Y，Bao F，Kong Y Y，et al. 2017. Deep direct reinforcement learning for financial signal representation and trading[J]. IEEE Transactions on Neural Networks and Learning Systems，28（3）：653-664.

Dolan R J. 2002. Emotion，cognition，and behavior[J]. Science，298：1191-1194.

Donath J，Boyd D. 2004. Public displays of connection[J]. BT Technology Journal，22（4）：71-82.

Doosje B，Branscombe N R，Spears R，et al. 1998. Guilty by association：when one's group has a negative history[J]. Journal of Personality and Social Psychology，75（4）：872-886.

Du N，Liang Y，Balcan M F，et al. 2014. Influence function learning in information diffusion networks[J]. JMLR Workshop ConfProc，32（2）：2016-2024.

Du N，Song L，Gomez-Rodriguez M，et al. 2013. Scalable influence estimation in continuous-time diffusion networks[J]. Advances in Neural Information Processing Systems，26：3147-3155.

Duarte J，Siegel S，Young L. 2012. Trust and credit：the role of appearance in peer-to-peer lending[J]. The Review of Financial Studies，25（8）：2455-2484.

Durkheim E. 1984. The Division of Labour in Society[M]. London：Palgrave MacMillan Ltd.

Dyck I J A，Morse A，Zingales L. 2013. How Pervasive Is Corporate Fraud?[M]. Chicago：University of Chicago.

Dye R A. 2001. An evaluation of "essays on disclosure" and the disclosure literature in accounting[J]. Journal of Accounting and Economics，32（1/2/3）：181-235.

Eckes T. 2002. Paternalistic and envious gender stereotypes：testing predictions from the stereotype content model[J]. Sex Roles，47（3/4）：99-114.

Edwards R. 2015. An Investigation Into the Use of Social Networking Sites by Young People and The Perceived Benefits[M]. Hamburg：Anchor Academic Publishing.

Ellison N B，Steinfield C，Lampe C. 2007. The benefits of facebook "friends"：social capital and college students' use of online social network sites[J]. Journal of Computer-Mediated Communication，12（4）：1143-1168.

Emekter R，Tu Y B，Jirasakuldech B，et al. 2015. Evaluating credit risk and loan performance in online Peer-to-Peer（P2P）lending[J]. Applied Economics，47（1）：54-70.

Evans L. 2015. Locative Social Media：Place In The Digital Age[M]. London：Palgrave Macmillan.

Fairman R，Yapp C. 2005. Enforced self-regulation，prescription，and conceptions of compliance within small businesses：the impact of enforcement[J]. Law & Policy，27（4）：491-519.

Ferrara E，De Meo P，Catanese S，et al. 2014. Detecting criminal organizations in mobile phone networks[J]. Expert Systems with Applications，41（13）：5733-5750.

Fibich G. 2016. Bass-SIR model for diffusion of new products in social networks[J]. Physical Review E，94（3）：032305.

Fishbein，Ajzen. 2005. Theory-based behaviour change interventions：comments on hobbis and sutton[J]. Journal of Health Psychology，10（1）：27-31.

Fiske S T，Cuddy A J C，Glick P，et al. 2002. A model of（often mixed）stereotype content：competence and warmth respectively follow from perceived status and competition[J]. Journal of Personality and Social Psychology，82（6）：878-902.

Fiske S T，Gilbert D T，Lindzey G. 2010. Handbook of Social Psychology（Vol. 1）[M]. New York：John Wiley & Sons.

Fiske S T，Xu J，Cuddy A C，et al. 1999. （Dis）respecting versus（dis）liking：status and interdependence predict ambivalent stereotypes of competence and warmth[J]. Journal of Social Issues，55（3）：473-489.

Fortunato S. 2010. Community detection in graphs[J]. Physics Reports，486（3/4/5）：75-174.

Foster G. 1986. Financial statement analysis[J]. Econometrica，40（1）：105-134.

Frijda N H，Kuipers P，ter Schure E. 1989. Relations among emotion，appraisal，and emotional action readiness[J]. Journal of Personality and Social Psychology，57（2）：212-228.

Fu R，Zhang Z，Li L. 2016a. Using LSTM and GRU neural network methods for traffic flow prediction[C]. Wuhan：2016 31st Youth Academic Annual Conference of Chinese Association of Automation.

Fu X H，Li J Q，Yang K，et al. 2016b. Dynamic online HDP model for discovering evolutionary topics from Chinese social texts[J]. Neurocomputing，171：412-424.

Fullwood C，Melrose K，Morris N，et al. 2013. Sex，blogs，and baring your soul：factors influencing UK blogging strategies[J]. Journal of the American Society for Information Science and Technology，64（2）：345-355.

Gamst F C. 1991. Foundations of social theory[J]. Anthropology of Work Review，12（3）：19-25.

Gausel N，Leach C W，Vignoles V L，et al. 2012. Defend or repair? Explaining responses to in-group moral failure by disentangling feelings of shame，rejection，and inferiority[J]. Journal of Personality and Social Psychology，102（5）：941-960.

Ge R Y，Feng J，Gu B. 2016. Borrower’s default and self-disclosure of social media information in P2P lending[J]. Financial Innovation，2（1）：1-6.

George F. 1986. Financial Statements Analysis. 2’d Edition[M]. New York：Prentice Hall International.

Gers F A，Schmidhuber J，Cummins F. 2000. Learning to forget：continual prediction with LSTM[J]. Neural Computation，12（10）：2451-2471.

Gibbons R J，Hay D I，Childs Ⅲ W C，et al. 1990. Role of cryptic receptors（cryptitopes）in bacterial adhesion to oral surfaces[J]. Archives of Oral Biology，35：S107-S114.

Glik D C. 2007. Risk communication for public health emergencies[J]. Annual Review of Public Health，28：33-54.

Goffman E. 1959. The Presentation of Self in Everyday Life[M]. New York：Bantam Doubleday Dell

Publishing Group.

Goffman E. 1969. Strategic Interaction[M]. Philadelphia：University of Pennsylvania Press.

Granger C W J. 1969. Investigating causal relations by econometric models and cross-spectral methods[J]. Econometrica，37（3）：424-438.

Gray R，Kouhy R，Lavers S. 1995. Constructing a research database of social and environmental reporting by UK companies[J]. Accounting Auditing & Accountability Journal，8（2）：78-101.

Griliches Z. 1979. Issues in assessing the contribution of research and development to productivity growth[J]. Bell Journal of Economics，10（1）：92-116.

Grinter R E，Palen L. 2004. Instant messaging in teen life[C]. New York：Association for Computing Machinery.

Guan Y，Deng H，Bond M H. 2010. Examining stereotype content model in a Chinese context：inter-group structural relations and Mainland Chinese's stereotypes towards Hong Kong Chinese[J]. International Journal of Intercultural Relations，34（4）：393-399.

Gurr D.2015. A model of successful school leadership from the international successful school principalship project[J]. Societies，5：136-150.

Habermas J. 1984. The Theory of Communicative Action[M]. Boston：Beacon Press.

Haidt J. 2001. The emotional dog and its rational tail：a social intuitionist approach to moral judgment[J]. Psychological Review，108（4）：814-834.

Haidt J. 2003. The moral emotions[J]. Handbook of Affective Sciences，11：852-870.

Haidt J. 2007. The new synthesis in moral psychology[J]. Science，316：998-1002.

Hamilton D L，Sherman S J，Ruvolo C M. 1990. Stereotype-based expectancies：effects on information processing and social behavior[J]. Journal of Social Issues，46（2）：35-60.

Hamouda A，Marei M，Rohaim M. 2011. Building machine learning based senti-word lexicon for sentiment analysis[J]. Journal of Advances in Information Technology，2（4）：199-203.

Harandi M T，Ahmadabadi M N，Araabi B N. 2004. Face recognition using reinforcement learning[C]. Singapore：International Conference on Image Processing.

Hegselmann R，Krause U. 2002. Opinion dynamics and bounded confidence models，analysis，and simulation[J]. Journal of Artificial Societies and Social Simulation，5（3）：1-33.

Heidegger M. 1996. Being and Time：A Translation of Sein Und Zeit[M]. Albany：State University of New York Press.

Heil O，Robertson T S. 1991. Toward a theory of competitive market signaling：a research agenda[J]. Strategic Management Journal，12（6）：403-418.

Heinström J. 2005. Fast surfing，broad scanning and deep diving：the influence of personality and study approach on students' information-seeking behavior[J]. Journal of Documentation，61（2）：228-247.

Hennig-Thurau T，Gwinner K P，Walsh G，et al. 2004. Electronic word-of-mouth via consumer-opinion platforms：what motivates consumers to articulate themselves on the Internet?[J]. Journal of Interactive Marketing，18（1）：38-52.

Herzenstein M，Sonenshein S，Dholakia U M. 2011. Tell me a good story and I may lend you money：the role of narratives in peer-to-peer lending decisions[J]. Journal of Marketing Research，48：138.

Hewstone M，Hopkins N，Routh D A. 1992. Cognitive models of stereotype change：（1）. Generalization and subtyping in young people's views of the police[J]. European Journal of Social Psychology，22（3）：219-234.

Hillier L，Harrison L. 2007. Building realities less limited than their own：young people practising same-sex attraction on the Internet[J]. Sexualities，10（1）：82-100.

Hilton J L，von Hippel W. 1996. Stereotypes[J]. Annual Review of Psychology，47（1）：237-271.

Hirschheim R，Klein H K，Lyytinen K. 1996. Exploring the intellectual structures of information systems development：a social action theoretic analysis[J]. Accounting，Management and Information Technologies，6（1/2）：1-64.

Hochreiter S，Schmidhuber J. 1997. Long short-term memory[J]. Neural Computation，9（8）：1735-1780.

Holland P W，Leinhardt S. 1970. A method for detecting structure in sociometric data[J]. American Journal of Sociology，76（3）：492-513.

Hollenbeck J R，Williams C R，Klein H J. 1989. An empirical examination of the antecedents of commitment to difficult goals[J]. Journal of Applied Psychology，74（1）：18-23.

Honey C J，Kötter R，Breakspear M，et al. 2007. Network structure of cerebral cortex shapes functional connectivity on multiple time scales[J]. Proceedings of the National Academy of Sciences，104（24）：10240-10245.

Hornsey M J，Wohl M J A. 2013. We are sorry：intergroup apologies and their tenuous link with intergroup forgiveness[J]. European Review of Social Psychology，24（1）：1-31.

Huang C Y，Shen Y C，Chiang I P，et al. 2007. Characterizing Web users' online information behavior[J]. Journal of the American Society for Information Science and Technology，58（13）：1988-1997.

Huddart S，Hughes J S，Levine C B. 2001. Public disclosure and dissimulation of insider trades[J]. Econometrica，69（3）：665-681.

Huy Q，Shipilov A. 2012. The key to social media success within organizations[J]. MIT Sloan Management Review，Fall，54（1）：73-81.

Hwang S H，Kim E H. 2012. An approach for mining folksonomies based on the triadic class hierarchies[J]. Journal of Computational & Theoretical Nano science，9（1）：844-849.

James A. 2002. Topic Detection and Tracking-Event-based Information Organization[M]. Topic Detection and Tracking：Event-Based Information Organization. Kluwer Academic Publishers.

Jianping Zeng J P，Shiyong Zhang S，Y，Chengrong Wu C G，et al. 2007. Predictive Model for Internet Public Opinion[J]. IEEE，3：7-11.

Jing M，Wei G，Wei Z，et al.2017. Detect rumors using time series of social context information on microblogging：natural language processing and beyond[C]. New York：Proceedings of the 24th ACM International on Conference on Information and Knowledge Management.

Johnson S A，Cubberley G，Bentley D L. 2009. Cotranscriptional recruitment of the mRNA export factor Yra1 by direct interaction with the 3' end processing factor Pcf11[J]. Molecular，33（2）：215-226.

Jones R，Pykett J，Whitehead M. 2013. Psychological governance and behaviour change[J]. Policy & Politics，41（2）：159-182.

Jørgensen M，Norrman K，Krebs F C. 2008. Stability/degradation of polymer solar cells[J]. Solar Energy Materials and Solar Cells，92（7）：686-714.

Julien H，McKechnie L E F，Hart S. 2005. Affective issues in library and information science systems work：a content analysis[J]. Library & Information Science Research，27（4）：453-466.

Jurek A，Mulvenna M D，Bi Y X. 2015. Improved lexicon-based sentiment analysis for social media analytics[J]. Security Informatics，4（1）：1-13.

Kalchbrenner N，Grefenstette E，Blunsom P. 2014. A convolutional neural network for modelling sentences[C]. Stroudburg：Proceedings of the 52nd Annual Meeting of the Association for Computational Linguistics.

Kang D H，Bong J H，Park J，et al. 2017. Reinforcement learning strategy for automatic control of real-time obstacle avoidance based on vehicle dynamics[J]. Journal of Korea Robotics Society，12（3）：297-305.

Kervyn N，Fiske S T，Yzerbyt V Y. 2013. Integrating the stereotype content model（warmth and competence）and the osgood semantic differential（evaluation，potency，and activity）[J]. European Journal of Social Psychology，43（7）：673-681.

Kim H N，Rawashdeh M，Alghamdi A，et al. 2012. Folksonomy-based personalized search and ranking in social media services[J]. Information Systems，37（1）：61-76.

Kim K J. 2003. Financial time series forecasting using support vector machines[J]. Neurocomputing，55（1-2）：307-319.

Kim Y. 2014. Convolutional netural networks for sentence classification[D]. New York：New York University.

Kite M E，Deaux K，Miele M. 1991. Stereotypes of young and old：does age outweigh gender?[J]. Psychology and Aging，6（1）：19-27.

Klibanoff P，Lamont O，Wizman T A. 1998. Investor reaction to salient news in closed-end country funds[J]. The Journal of Finance，53（2）：673-699.

Kragh S V. 2012. The anthropology of nepotism：Social distance and reciprocity in organizations in developing countries[J]. International Journal of Cross Cultural Management，12（2）：247-265.

Kulviwat S，Guo C Q，Engchanil N. 2004. Determinants of online information search：a critical review and assessment[J]. Internet Research. 14（3）：245-253.

Kuppens T，Yzerbyt V Y. 2012. Group-based emotions：the impact of social identity on appraisals，emotions，and behaviors[J]. Basic and Applied Social Psychology，34（1）：20-33.

Kwon N，Song H. 2011. Personality traits，gender，and information competency among college students[J]. Malaysian Journal of Library and Information Science，16（1）：87-107.

Kwon S，Cha M，Jung K，et al. 2013.Prominent features of rumor propagation in online social media[C]. Dallas：Proceedings of 2013 IEEE 13th International Conference on Data Mining

（ICDM）.

Laitinen E K，Laitinen T. 2000. Bankruptcy prediction：application of the taylor's expansion in logistic regression[J]. International Review of Financial Analysis，9（4）：327-349.

Lao X，Ma B，Zhang N，et al. 2016. Public opinion analysis based on probabilistic topic modeling and deep learning（in Chinese）[C]. Dalian：Cnais National Congress.

Latour B. 1987. Science In Action：How To Follow Scientists And Engineers Through Society[M]. Cambridge：Harvard University Press.

Layder D. 1993. New Strategies in Social Research[M]. Cambridge：Polity Press.

Lazarus R S. 1991. Emotion and Adaptation[M]. New York：Oxford University Press.

Le T N，Wu P，Chan W，et al. 2012. Predicting collective sentiment dynamics from time-series social media[C]. Beijing：International Workshop on Issues of Sentiment Discovery and Opinion Mining.

Lee J C，Myers M D. 2004. Dominant actors，political agendas，and strategic shifts over time：a critical ethnography of an enterprise systems implementation[J]. The Journal of Strategic Information Systems，13（4）：355-374.

Lee S G，Chung T C. 2015. A reinforcement learning algorithm using temporal difference error in ant model[J]. Computational Intelligence and Bioinspired Systems，3512：217-224.

Levina N，Orlikowski W J. 2009. Understanding shifting power relations within and across organizations：a critical genre analysis[J]. Academy of Management Journal，52（4）：672-703.

Li L，Wu Y B，Ou Y H，et al. 2017. Research on machine learning algorithms and feature extraction for time series[C]. Monteral：2017 IEEE 28th Annual International Symposiumon.

Lin M F，Prabhala N R，Viswanathan S. 2013. Judging borrowers by the company they keep：friendship networks and information asymmetry in online peer-to-peer lending[J]. Management Science，59（1）：17-35.

Lin M H，Kwan V S，Cheung A，et al. 2005. Stereotype content model explains prejudice for an envied outgroup：scale of anti-Asian American stereotypes[J]. Personality & Social Psychology Bulletin，31（1）：34-47.

Linville P W，Fischer G W，Salovey P. 1989. Perceived distributions of the characteristics of in-group and out-group members：empirical evidence and a computer simulation[J]. Journal of Personality and Social Psychology，57（2）：165-188.

Liu Y，Wang B，Wu B，et al. 2016. Characterizing super-spreading in microblog：anepidemic-based information propagation model[J]. Physica A：Statistical Mechanics and Its Applications，463：202-218.

Livingstone S. 2008. Taking risky opportunities in youthful content creation：teenagers' use of social networking sites for intimacy，privacy and self- expression[J]. New Media and Society，10（3）：393-411.

Ludlow P. 1996. High Noon on the Electronic Frontier：Conceptual Issues in Cyberspace[M]. Boston：MIT Press.

Lux M，Dosinger G. 2007. From folksonomies to ontologies：employing wisdom of the crowds to serve learning purposes[J]. International Journal of Knowledge and Learning, 3(4/5): 515-528.

Ma J, Li D, Tian Z H. 2016. Rumor spreading in online social networks by considering the bipolar social reinforcement[J]. Physica A: Statistical Mechanics and its Applications, 447: 108-115.

Ma L, Ma S P, Wu Z J. 2015. WNN-based prediction of security situation awareness for the civil aviation network[J]. Journal of Intelligent Systems, 24(1): 55-67.

Mackie D M, Devos T, Smith E R. 2000. Intergroup emotions: explaining offensive action tendencies in an intergroup context[J]. Journal of Personality and Social Psychology, 79(4): 602-616.

Magalingam P, Davis S, Rao A. 2015. Using shortest path to discover criminal community[J]. Digital Investigation, 15: 1-17.

Maitner A T, Mackie D M, Smith E R. 2006. Evidence for the regulatory function of intergroup emotion: emotional consequences of implemented or impeded intergroup action tendencies[J]. Journal of Experimental Social Psychology, 42(6): 720-728.

Malan D J, Welsh M, Smith M D. 2004. A public-key infrastructure for key distribution in tiny OS based on elliptic curve cryptography[C]. New York: Sensor and Ad HOC Communications and Networks.

Malti T, Gummerum M, Buchmann M. 2007. Contemporaneous and 1-year longitudinal prediction of children's prosocial behavior from sympathy and moral motivation[J]. The Journal of Genetic Psychology, 168(3): 277-299.

Mangan S, Alon U. 2003. Structure and function of the feed-forward loop network motif[J]. Proceedings of the National Academy of Sciences, 100(21): 11980-11985.

Manove M, Padilla A J, Pagano M. 2001. Collateral versus project screening: a model of lazy banks[J]. The RAND Journal of Economics, 32(4): 726-744.

Martinez M G, Fearne A, Caswell J A, et al. 2007. Co-regulation as a possible model for food safety governance: opportunities for public-private partnerships[J]. Food Policy, 32(3): 299-314.

Marvin M. 1954. Theory of neural-analog reinforcement systems and its application to the brain-model problem[D]. Princeton: Princeton University.

Marwick A. 2013. Status Update: Celebrity, Publicity, and Branding in the Social Media Age[M]. London: Yale University Press.

McCornack S A, Levine T R, Solowczuk K A, et al. 1992. When the alteration of information is viewed as deception: an empirical test of information manipulation theory[J]. Communication Monographs, 59(1): 17-29.

McGuire W J.1969. The nature of attitudes and attitude change[C]. Boston: The Handbook of social psychology.

Meyer I H. 2003. Prejudice, social stress, and mental health in lesbian, gay, and bisexual populations: conceptual issues and research evidence[J]. Psychological Bulletin, 129(5): 674-697.

Michels J. 2012. Do unverifiable disclosures matter? Evidence from peer-to-peer lending[J]. The Accounting Review, 87(4): 1385-1413.

Milne S, Orbell S, Sheeran P. 2002. Combining motivational and volitional interventions to promote exercise participation: Protection motivation theory and implementation intentions. British

Journal of Health Psychology，7（2）：163-184.

Milo R，Shen-Orr S，Itzkovitz S，et al. 2002. Network motifs：simple building blocks of complex networks[J]. Science，298：824-827.

Mitchell M L，Mulherin J H. 1994. The impact of public information on the stock market[J]. Journal of Finance，49（3）：923-950.

Mnih V，Badia A P，Mirza M，et al. 2016. Asynchronous methods for deep reinforcement learning[C]. NewYork：Proceedings of the 33rd International Conference on Machine Learning.

Mols F，Haslam S A，Jetten J，et al. 2015. Why a nudge is not enough：a social identity critique of governance by stealth[J]. European Journal of Political Research，54（1）：81-98.

Montano D E，Kasprzyk D. 2015. Theory of reasoned action，theory of planned bahavior，and the integrated bahavioral model[J]. Health Behavior：Theory，Research，and Practice，15（6）：95-124.

Montgomery K，Gottlieb-Robles B，Larson G O. 2004. Youth As E-Citizens：Engaging the Digital Generation Report[M]. Washington：Center for Social Media，American University.

Morrison P J. 2008. Tagging and searching：Search retrieval effectiveness of folksonomies on the world wide web[J]. Information Processing & Management，44（4）：1562-1579.

Munt S R，Bassett E H，O'Riordan K. 2002. Virtually belonging：risk，connectivity，and coming out on-line[J]. International Journal of Sexuality and Gender Studies，7（2/3）：125-137.

Naderpour M，Lu J，Zhang G Q. 2014. An intelligent situation awareness support system for safety-critical environments[J]. Decision Support Systems，59（1）：325-340.

Nallapati R，Feng A，Peng F，Allan J. 2004. Event threading within news topics[C]. New York：In Proceedings of the Thirteenth ACM International Conference on Information and Knowledge Management.

Nelson T D. 2009. Handbook of Prejudice，Stereotyping，and Discrimination[M]. London：Psychology Press.

Nesdale D. 2004. Social Identity Processes and Children's Ethnic Prejudice[M]. Abingdon：The Development of the Social Self.

Niederhoffer V. 1971. The analysis of world events and stock prices[J]. Journal of Business，44（2），193-219.

Nov O，Naaman M，Ye C. 2010. Analysis of participation in an online photo-sharing community：a multidimensional perspective[J]. Journal of the American Society for Information Science and Technology，61（3）：555-566.

Nurius P S，Macy R J. 2008. Heterogeneity among violence-exposed women：applying person-oriented research methods[J]. Journal of Interpersonal Violence. 23（3）：389-415.

O'Connor B，Balasubramanyan R，Routledge B R，et al. 2010. From tweets to polls：linking text sentiment to public opinion time series[C]. Washington：Proceedings of the Fourth International Conference on Weblogs and Social Media.

Oh S. 2012. The characteristics and motivations of health answerers for sharing information，knowledge，and experiences in online environments[J]. Journal of the American Society for

Information Science and Technology，63（3）：543-557.

Osipov G V，Kozlov A K，Shalfeev V D. 1998. Impulsive control of chaos in continuous systems[J]. Physics Letters A，247：119-128.

Papacharissi Z. 2010. A Networked Self：Identity，Community，and Culture on Social Network Sites[M]. New York：Routledge.

Pedersen A，Beven J，Walker I，et al. 2010. Attitudes toward indigenous australians：the role of empathy and guilt[J]. Journal of Community & Applied Social Psychology，14（4）：233-249.

Pei S，Muchnik L，Tang S T，et al. 2015. Exploring the complex pattern of information spreading in online blog communities[J]. PloS one，10（5）：e0126894.

Peter J P，Tarpey L X. 1975. A comparative analysis of three consumer decision strategies[J]. Journal of Consumer Research，2（1）：29-37.

Pirscoveanu R S，Hansen S S，Larsen T M T，et al. 2015. Analysis of malware behavior：type classification using machine learning[C]. London：International Conference on Cyber Situational Awareness.

Pope D G，Sydnor J R. 2011. What's in a Picture? Evidence of discrimination from prosper.com[J]. Journal of Human Resources，46（1）：53-92.

Porter M E. 1980. Competitive Strategy：Techniques for Analyzing Industries and Competitors[M]. New York：Free Press.

Prentice-Dunn S，Rogers R W. 1986. Protection motivation theory and preventive health：beyond the health belief model[J]. Health Education Research，1（3）：153-161.

Prochaska J O. 2013. Transtheoretical Model of Behavior Change[M]. Berlin：Springer.

Puro L，Teich J E，Wallenius H，et al. 2010. Borrower decision aid for people-to-people lending[J]. Decision Support Systems，49（1）：52-60.

Quinlan K B，McCaul K D. 2000. Matched and mismatched interventions with young adult smokers：testing a stage theory[J]. Health Psychology，19（2）：165-171.

Rosenstock I M. 1974. Historical origins of the health belief model[J]. Health Education Monographs，2（4）：328-335.

Rossel P. 2012. Early detection，warnings，weak signals and seeds of change：a turbulent domain of futures studies[J]. Futures，44（3）：229-239.

Rosvall M，Esquivel A V，Lancichinetti A，et al. 2014. Memory in network flows and its effects on spreading dynamics and community detection[J]. Nature Communications，5：4630.

Roussos G，Dunham Y. 2016. The development of stereotype content：the use of warmth and competence in assessing social groups[J]. Journal of Experimental Child Psychology，141：133-144.

Rouvière E，Caswell J A. 2012. From punishment to prevention：a French case study of the introduction of co-regulation in enforcing food safety[J]. Food Policy，37（3）：246-254.

Rudman L A，Moss-Racusin C A，Phelan J E，et al. 2012. Status incongruity and backlash effects：defending the gender hierarchy motivates prejudice against female leaders[J]. Journal of Experimental Social Psychology，48（1）：165-179.

Santos C N D，Gattit M. 2014. Deep convolutional neural networks for sentiment analysis of short texts[C]. Washington：International Conference on Computational Linguistics.

Savolainen R. 2007. Information behavior and information practice：reviewing the "umbrella concepts" of information-seeking studies[J]. The Library Quarterly，77（2）：109-132.

Schultze U，Boland Jr R J. 2000. Knowledge management technology and the reproduction of knowledge work practices[J]. The Journal of Strategic Information System，9（2/3）：193-212.

Schwartz R，Halegoua G R. 2015. The spatial self：location-based identity performance on social media[J]. New Media & society，17（10）：1643-1660.

Seger C R，Smith E R，Kinias Z，et al. 2009. Knowing how they feel：perceiving emotions felt by outgroups[J]. Journal of Experimental Social Psychology，45（1）：80-89.

Shahaf D，Guestrin C，Horvitz E，et al. 2015. Information cartography[J]. Communications of the ACM，58（11）：62-73.

Sheikh S，Janoff-Bulman R. 2010. The "shoulds" and "should nots" of moral emotions：a self-regulatory perspective on shame and guilt[J]. Personality & Social Psychology Bulletin，36（2）：213-224.

Shepherd L，Spears R，Manstead A S. 2013. When does anticipating group-based shame lead to lower ingroup favoritism? The role of status and status stability[J]. Journal of Experimental Social Psychology，49（3）：334-343.

Shimeall T J，Williams P. 2002. Models of information security trend analysis. proceedings of sPIE-the international society for optical[J]. Engineering，80（10）：1518-1524.

Shoemaker P J. 2006. News and newsworthiness：a commentary[J]. Communications，31（1）：105-111.

Siering M，Koch J A，Deokar A V. 2016. Detecting fraudulent behavior on crowdfunding platforms：the role of linguistic and content-based cues in static and dynamic contexts[J]. Journal of Management Information Systems，33（2）：421-455.

Sin S C J，Kim K S. 2013. International students' everyday life information seeking：the informational value of social networking sites[J]. Library & Information Science Research，35（2）：107-116.

Sinclair D. 1997. Self-Regulation versus command and control？Beyond false dichotomies[J]. Law & Policy，19（4）：529-559.

Skinner B F. 1950. Are theories of learning necessary？[J]. Psychological Review，57（4）：193-216.

Skitka L J，Bauman C W，Mullen E. 2004. Political tolerance and coming to psychological closure following the September 11，2001，terrorist attacks：an integrative approach[J]. Personality and Social Psychology Bulletin，30（6）：743-756.

Smith E R，Seger C R，Mackie D M. 2007. Can emotions be truly group level？Evidence regarding four conceptual criteria[J]. Journal of Personality and Social Psychology，93（3）：431-446.

Smith K K，Crandell S D. 1984. Exploring collective emotion[J]. American Behavioral Scientist，27（6）：813-828.

Smith N，McCray R. 2007. Shell-shocked diffusion model for the light curve of SN 2006gy[J]. The Astrophysical Journal Letters，671（1）：L17-L20.

Spearman C. 1913. Correlations of sums or differences[J]. British Journal of Psychology, 5 (4): 417-426.

Spence A M. 1974. Market signaling: informational transfer in hiring and related screening process[J]. Industrial and Labor Relations Review, 29 (1): 213-217.

Spence M. 1973. Job market signaling[J]. The Quarterly Journal of Economics, 87 (3): 355-374.

Spence M. 1974. Competitive and optimal responses to signals: an analysis of efficiency and distribution[J]. Journal of Economic Theory, 7 (3): 296-332.

Spink A, Park M, Koshman S. 2006. Factors affecting assigned information problem ordering during web search: an exploratory study[J]. Information Processing & Management, 42(5): 1366-1378.

Sprecher S. 2009. Relationship initiation and formation on the Internet[J]. Marriage & Family Review, 45 (6/7/8): 761-782.

Stangor C. 2009. The study of stereotyping, prejudice, and discrimination within social psychology: a quick history of theory and research[J]. Handbook of Prejudice, Stereotyping, and Discrimination: 1-22.

Stefanone M A, Hurley C M, Yang Z J. 2013. Antecedents of online information seeking[J]. Information, Communication & Society, 16 (1): 61-81.

Steinberg P F, van Deveer S D. 2012. Comparative Environmental Politics: Theory, Practice, and Prospects[M]. Boston: MIT Press.

Stephen A. Ross. 1979. Disclosure regulation in financial markets: implications of modern finance theory and signaling theory[J]. Issues in Financial Regulation. 10: 177-202.

Stiglitz J E, Weiss A. 1981. Credit rationing in markets with incomplete information[J]. American Economic Review, 71 (3): 393-410.

Sturges D L. 1994. Communicating through crisis: a strategy for organizational survival[J]. Management Communication Quarterly, 7 (3): 297-316.

Suzuki M, Kubo R. 1968. Dynamics of the Ising model near the critical point. I[J]. Journal of the Physical Society of Japan, 24 (1): 51-60.

Sznajd-Weron K. 2004. Dynamical model of ising spins[J]. Physical Review E, 70 (3): 037104.

Tan A H. 1999. Text mining: the state of the art and the challenges[C]. Beijing: Proceedings of the PAKDD Workshop on Knowledge Disocovery from Advanced Databases.

Tapscott D. 1998. Growing Up Digital: The Rise of the Net Generation[M]. New York: McGraw Hill.

Tetlock P C, Saar-Tsechansky M, Macskassy S. 2008. More than words: quantifying language to measure firms' fundamentals[J]. The Journal of Finance, 63 (3): 1437-1467.

Thissen U, van Brakel R, de Weijer A P, et al. 2003. Using support vector machines for time series prediction[J]. Chemometrics and Intelligent Laboratory Systems, 69 (1/2): 35-49.

Tian Y X, Pan L. 2015. Predicting short-term traffic flow by long short-term memory recurrent neural network[C]. Chengdu: 2015 IEEE International Conference on Smart City / Socialcom / Sustaincom (Smart City).

Todorov A, Engell A D. 2008. The role of the amygdala in implicit evaluation of emotionally neutral faces[J]. Social Cognitive and Affective Neuroscience, 3 (4): 303-312.

Vaast E，Safadi H，Lapointe L，et al. 2017. Social media affordances for connective action：an examination of microblogging use during the gulf of Mexico oil spill[J]. MIS Quarterly. 41（4）：1179-1205.

Valentine G，Holloway S L. 2002. Cyberkids? Exploring children's identities and social networks in on-line and off-line worlds[J]. Annuals of the Association of American Geographers，92（2）：302-319.

Valtysson B. 2010. Access culture：Web 2.0 and cultural participation[J]. International Journal of Cultural Policy，16（2）：200-214.

van Hasselt H，Guez A，Silver D. 2015. Deep reinforcement learning with double Q-learning[J]. Computer Science，AAAI-16：2094-2100.

von Bertalanffy L. 1951. General system theory：a new approach to unity of science[J]. Human BIOL，23（4）：346-361.

Walzer A S，Czopp A M. 2011. Able but unintelligent：including positively stereotyped black subgroups in the stereotype content model[J]. The Journal of Social Psychology，151（5）：527-530.

Wang L，Meric I，Huang P Y，et al. 2013. One-dimensional electrical contact to a two-dimensional material[J]. Science，342：614-617.

Wang Q L，Guo Y F，Yu L X，et al. 2017. Earthquake prediction based on spatio-temporal data mining：an LSTM network approach[J]. IEEE Transactions on Emerging Topics in Computing，8（1）：148-158.

Wei C P，Chang Y H. 2007. Discovering event evolution patterns from document sequences[J]. IEEE Transactions on Systems，Man，and Cybernetics-Part A：Systems and Humans，37（2）：273-283.

Wei C P，Lee Y H，Chiang Y S，et al. 2014. Exploiting temporal characteristics of features for effectively discovering event episodes from news corpora[J]. Journal of the Association for Information Science and Technology，65（3）：621-634.

West R. 2005. Time for a change：putting the transtheoretical（stages of change）model to rest[J]. Addiction，100（8）：1036-1039.

Williams M L，Edwards A，Housley W，et al. 2013. Policing cyber-neighbourhoods：tension monitoring and social media networks[J]. Policing and Society，23（4）：461-481.

Wilson T D. 1981. On user studies and information needs[J]. Journal of Documentation，37（1）：3-15.

Wilson T D. 1999. Models in information behaviour research[J]. Journal of Documentation，55（3）：249-270.

Yang L，Geng X Y，Liao H D. 2016. A web sentiment analysis method on fuzzy clustering for mobile social media users[J]. EURASIP Journal on Wireless Communications and Networking，1：1-13.

Yang M L，Chiou W B. 2010. Looking online for the best romantic partner reduces decision quality：the moderating role of choice-making strategies[J]. Cyberpsychology，Behavior，and Social Networking，13（2）：207-210.

Yin R K. 1981. The case study crisis：some answers[J]. Administrative Science Quarterly，26（1）：58-65.

Yoo Y G. 2010. Computing in everyday life：a call for research on experiential computing[J]. MIS Quarterly，34（2）：213-231.

Yzerbyt V，Dumont M，Wigboldus D，et al. 2003. I feel for us：the impact of categorization and identification on emotions and action tendencies[J]. British Journal of Social Psychology，42（4）：533-549.

Zafarani R，Liu H. 2013. Connecting users across social media sites：a behavioral-modeling approach[C]. New York：Knowledge Discovery and Data Mining.

Zeng J，Zhang S，Wu C，et al. 2007. Predictive model for Internet public opinion[C]. Hai Nan：Fourth International Conference on Fuzzy Systems and Knowledge Discovery（FSKD 2007）.

Zhang S H，Liu Z P. 2012. Hotspot detection method of Internet public opinion based on key words extraction[J]. International Journal of Digital Content Technology and Its Applications，6（16）：340-347.

Zhang X M，Chen X M，Chen Y，et al. 2015. Event detection and popularity prediction in microblogging[J]. Neurocomputing，149（3）：1469-1480.

Zhao L J，Qiu X Y，Wang X L，et al. 2013. Rumor spreading model considering forgetting and remembering mechanisms in inhomogeneous networks[J]. Physica A：Statistical Mechanics and Its Applications，392（4）：987-994.

Zhao L J，Wang J J，Chen Y C，et al. 2012. SIHR rumor spreading model in social networks[J]. Physica A：Statistical Mechanics and Its Applications，391（7）：2444-2453.

Zhou C T，Sun C L，Liu Z Y，et al. 2015. A C-LSTM neural network for text classification[J]. Computer Science，1（4）：39-44.

Zhou Y J，Xu B，Xu J M，et al. 2016. Compositional recurrent neural networks for Chinese short text classification[C]. Omaha：2016 IEEE/WIC/ACM International Conference on Web Intelligence.

Zhou Z H，Feng J. 2017. Deep forest：towards analternative to deep neural networks[J]. ArXivpreprintarXiv，1702：08835.

后　　记

当我打开电脑，准备写下这篇文字之时，外面下着淅淅沥沥的雨，天色阴沉，一点也不明媚，更不令人心动。但是，我的内心却泛起波澜。

2016年，我主持申报了国家社会科学基金重大项目“面向国家公共安全的互联网信息行为及治理研究”（16ZDA055），项目于2016年11月正式成立，2017年1月举行项目开题报告会，并于2019年3月以免于鉴定结题。这个项目是我目前唯一承担过的社会科学基金项目，也终于体会到了社会科学研究的种种艰辛和不易！2018年1月，该项目的年度总结报告撰写时，第一次知道社科项目执行效果的评价指标，而我们还没有成果的评价维度，不免十分焦虑。此后，迅速调整研究计划，马上调配研究力量，全体项目成员第一时间进入全力研究状态。到2019年1月，清点我们团队的研究成果，为项目结题做准备的时候，我们的团队在提案、获奖、论文等几个国家社科项目看重的考核维度，都取得显著进展，我们终于有底气向全国哲学社会科学规划办公室申请结题了！看着一千多页的结题报告，心中无限感慨，这些年来，从北京到上海，人生几多变更，但老朋友还在，新朋友增多，团队依然坚定，团队浴火重生，我们一起走过万水千山，经历泥泞与险滩，信念的火把更加明亮，信念的火焰在每一个人心中燃烧！感谢大家不计付出的全力以赴，将一个个“不可能”变成了“可能”！

罗马不是一天建成的，科学研究上的任何进展都是学者们长期埋头钻研的结晶。《面向国家公共安全的互联网信息行为及治理研究》一书虽然依托于国家社会科学基金重大项目（16ZDA055），但也是过去的十年来，我们团队承担的国家自然科学基金“新冠肺炎疫情等公共卫生事件的应对、治理及影响”专项项目——“重大突发公共卫生事件中的舆情应对与治理”（72042004）、国家重点研发项目（2017YFB0803304）、中国工程科技中长期发展战略研究领域研究项目“面向2035的网络舆情管理发展战略研究”、国家自然科学基金重点项目“面向不确定性的Web 2.0用户创作内容管理研究”（71231002）、国家自然科学基金重大研究计划项目“大数据驱动的管理与决策研究”培育项目——“大数据驱动的三类典型工商市场主体风险识别决策研究”（91546121）、973 基础重大课题“社交网络分析与网络信息传播的基础研究”（2013CB329604）等一系列项目研究成果的集成之作。在此，我谨代表研究团队向科学技术部、全国哲学社会科学工作办公室、国家自然科学基金委员会、中国工程院等机构的研究资助表示衷心感谢！

这本学术著作是国内多所高校联动、多个研究团队协同、几十位研究人员历时数年合作完成的！北京邮电大学“可信分布式计算与服务教育部重点实验室”、河海大学、复旦大学与上海对外经贸大学“数据科学与管理决策重点实验室”和人工智能与变革管理研究院等多个研究团队，围绕科研任务，长期合作攻关。在此，也要对上述大学和科研机构的鼎力支持表示衷心感谢！

这本学术著作的研究过程得到了国家市场监督管理总局、公安部第三研究所、江苏省网信办、共青团中央网络影视中心、上海自由贸易试验区、新华社、中国网、光明网、人民网、常州反信息诈骗中心等几十家单位的大力协助，为研究调研提供了最大支持，让研究团队可以深入到基层、社区、农村进行调研四十余次。在此，向这些部门的所有协助我们完成研究任务的人员表示深切的感谢！特别感谢中国青年出版社蔺玉红副总编辑（时任共青团中央网络影视中心副主任）、新华社世界问题研究中心孙时联研究员，对项目调研工作给予的重要支持！

要特别地向方滨兴院士与赖茂生教授表示最诚挚的感谢！首先，感谢两位老师在我人生道路上给予我个人的无比宝贵的提携与帮助！其次，感谢两位老师长期以来对于我们团队研究工作的毫无保留的、悉心细致的指导！人生何其幸运，有师可每日问道！

再次感谢为本书付出辛苦劳动的每一位成员！他们是北京邮电大学计算机学院吴斌教授、李蕾副教授、傅湘玲副教授，河海大学邓建高副教授，复旦大学孙时进教授，上海对外经贸大学冯彦杰副教授、吴联仁博士、邓士昌博士、张钰歆老师等。我也要特别感谢参与本书工作的研究生们，他们是复旦大学博士研究生郭栋，北京邮电大学博士研究生张镇平、硕士研究生曾令昱、赵天远，上海对外经贸大学硕士研究生孙传超、陈璐婷、徐鑫等。

最后，我要特别地感谢科学出版社李莉编辑及相关人员对本书出版工作的大力支持。这本学术著作字数近七十万，涵盖多个跨学科领域，对出版编辑是一个挑战，李莉和同事们为本书的高质量出版付出了极大的心血，深深致谢！

一个好的研究团队一定是每个人都成长，每个人都发光。聚是一团火，散作满天星，面向探索的星辰大海，我们满怀热情，随时蓄势待发！出走半生，归来我们仍是少年！